AF357318

DICTIONNAIRE

DES

SCIENCES NATURELLES.

TOME LVIII.

VERT = VY.

DICTIONNAIRE

DES

SCIENCES NATURELLES,

DANS LEQUEL

ON TRAITE MÉTHODIQUEMENT DES DIFFÉRENS ÊTRES DE LA NATURE, CONSIDÉRÉS SOIT EN EUX-MÊMES, D'APRÈS L'ÉTAT ACTUEL DE NOS CONNOISSANCES, SOIT RELATIVEMENT A L'UTILITÉ QU'EN PEUVENT RETIRER LA MÉDECINE, L'AGRICULTURE, LE COMMERCE ET LES ARTS.

SUIVI D'UNE BIOGRAPHIE DES PLUS CÉLÈBRES NATURALISTES.

Ouvrage destiné aux médecins, aux agriculteurs, aux commerçans, aux artistes, aux manufacturiers, et à tous ceux qui ont intérêt à connoître les productions de la nature, leurs caractères génériques et spécifiques, leur lieu natal, leurs propriétés et leurs usages.

PAR

Plusieurs Professeurs du Jardin du Roi, et des principales Écoles de Paris.

TOME CINQUANTE-HUITIÈME.

F. G. LEVRAULT, Editeur, à STRASBOURG,
et rue de la Harpe, N.º 81, à PARIS.
LE NORMANT, rue de Seine, N.º 8, à PARIS.

1829.

Liste des Auteurs par ordre de Matières.

Physique générale.

M. LACROIX, membre de l'Académie des Sciences et professeur au Collége de France. (L.)

Chimie.

M. CHEVREUL, Membre de l'Académie des sciences, professeur au Collége royal de Charlemagne. (Ch.)

Minéralogie et Géologie.

M. Alexand. BRONGNIART, membre de l'Académie royale des Sciences, professeur de Minéralogie au Jardin du Roi. (B.)

M. BROCHANT DE VILLIERS, membre de l'Académie des Sciences. (B. de V.)

M. DEFRANCE, membre de plusieurs Sociétés savantes. (D. F.)

Botanique.

M. DESFONTAINES, membre de l'Académie des Sciences. (Desf.)

M. DE JUSSIEU, membre de l'Académie des Sciences, prof. au Jardin du Roi. (J.)

M. MIRBEL, membre de l'Académie des Sciences, professeur à la Faculté des Sciences. (B. M.)

M. HENRI CASSINI, associé libre de l'Académie des Sciences, membre étranger de la Société Linnéenne de Londres. (H. Cass.)

M. LEMAN, membre de la Société philomatique de Paris. (Lem.)

M. LOISELEUR DESLONGCHAMPS, Docteur en médecine, membre de plusieurs Sociétés savantes. (L. D.)

M. MASSEY. (Mass.)

M. POIRET, membre de plusieurs Sociétés savantes et littéraires, continuateur de l'Encyclopédie botanique. (Poir.)

M. DE TUSSAC, membre de plusieurs Sociétés savantes, auteur de la Flore des Antilles. (De T.)

Zoologie générale, Anatomie et Physiologie.

M. G. CUVIER, membre et secrétaire perpétuel de l'Académie des Sciences, prof. au Jardin du Roi, etc. (G. C. ou CV. ou C.)

M. FLOURENS. (F.)

Mammifères.

M. GEOFFROY SAINT-HILAIRE, membre de l'Académie des Sciences, prof. au Jardin du Roi. (G.)

Oiseaux.

M. DUMONT DE S.te CROIX, membre de plusieurs Sociétés savantes. (Ch. D.)

Reptiles et Poissons.

M. DE LACÉPÈDE, membre de l'Académie des Sciences, prof. au Jardin du Roi. (L. L.)

M. DUMÉRIL, membre de l'Académie des Sciences, professeur au Jardin du Roi et à l'École de médecine. (C. D.)

M. CLOQUET, Docteur en médecine. (H. C.)

Insectes.

M. DUMÉRIL, membre de l'Académie des Sciences, professeur au Jardin du Roi et à l'École de médecine. (C. D.)

Crustacés.

M. W. E. LEACH, membre de la Société roy. de Londres, Correspond. du Muséum d'histoire naturelle de France. (W. E. L.)

M. A. G. DESMAREST, membre titulaire de l'Académie royale de médecine, professeur à l'école royale vétérinaire d'Alfort, membre correspondant de l'Académie des sciences, etc.

Mollusques, Vers et Zoophytes.

M. DE BLAINVILLE, membre de l'Académie des Sciences, professeur à la Faculté des Sciences. (De B.)

M. TURPIN, naturaliste, est chargé de l'exécution des dessins et de la direction de la gravure.

MM. DE HUMBOLDT et RAMOND donneront quelques articles sur les objets nouveaux qu'ils ont observés dans leurs voyages, ou sur les sujets dont ils se sont plus particulièrement occupés. M. DE CANDOLLE nous a fait la même promesse.

M. PRÉVOT a donné l'article *Océan*; M. VALENCIENNES plusieurs articles d'Ornithologie; M. DESPORTES l'article *Pigeon domestique*, et M. LESSON l'article *Pluvier*.

M. F. CUVIER, membre de l'Académie des sciences, est chargé de la direction générale de l'ouvrage, et il coopérera aux articles généraux de zoologie et à l'histoire des mammifères. (F. C.)

DICTIONNAIRE

DES

SCIENCES NATURELLES.

VER

VERT. (*Ichthyol.*) Nom spécifique d'un CRÉNILABRE, d'un SCARE et d'une GIRELLE. Voyez ces mots. (H. C.)

VERT. (*Erpétol.*) Nom spécifique d'un LÉZARD. Voyez ce mot. (H. C.)

VERT ANTIQUE. (*Min.*) C'est un marbre composé de calcaire compacte en morceaux anguleux, de calcaire spathique en veines et de serpentine. Voyez OPHICALCE VEINÉE. (B.)

VERT-BLANC. (*Ichthyol.*) Voyez GALILÉEN. (H. C.)

VERT-DES-BOIS. (*Bot.*) Champignon ainsi nommé par Paulet (Traité des champ., 2, p. 151, pl. 57, fig. 3 et 4), de la famille qu'il désigne par les *retroussés*. Il a une taille de cinq à six pouces : son chapeau est vert en dessus, avec les feuilles et son stipe blancs. On le trouve dans les bois. Il a une saveur âcre. (LEM.)

VERT-BRUNET. (*Ornith.*) Espèce d'oiseau du genre Fringille. (DESM.)

VERT CAMPAN. (*Min.*) Marbre composé de parties amygdalaires de calcaire compacte, réunies par un réseau de serpentine. Voyez OPHICALCE RÉTICULÉE. (B.)

VERT DE CORSE ou VERDE-DI-CORSICA. (*Min.*) Roche polissable, composée de jade ou de felspath compacte et de diallage smaragdite. Voyez EUPHOTIDE à l'article ROCHES, tome XLVI, page 76. (B.)

58.

VERT DE CUIVRE. (*Min.*) Cuivre malachite soyeux. Voyez Cuivre. (B.)

VERT DES DAMES. (*Bot.*) Paulet désigne ainsi l'*agaricus viridis* de Schæffer. (Lem.)

VERT-DORÉ. (*Entom.*) Nom donné par Geoffroy à une sorte de lépidoptère noctuelle, qu'il a décrite sous le n.° 81, tom. 11 , pag. 149. (C. D.)

VERT-DORÉ. (*Ichthyol.*) Voyez Macropode. (H. C.)

VERT-DORÉ. (*Ornith.*) Nom spécifique d'un colibri et d'une grive. (Desm.)

VERT D'ÉGYPTE. (*Min.*) Voyez Ophicalce veinée. (B.)

VERT-DE-GRIS. (*Chim.*) C'est un mélange d'hydrate de deutoxide de cuivre et d'acétate de ce même oxide. M. Proust nie que ce soit, ainsi qu'on le pense assez généralement, un sous-acétate. Il se fonde sur ce que celui-ci, délayé dans l'eau, n'éprouve aucun changement de la part de l'acide carbonique qu'on y fait passer; sur ce que l'eau froide, appliquée au vert-de-gris, se colore, et sur ce que la partie qui reste en suspension, est convertie par l'acide carbonique en carbonate. (Ch.)

VERT-MAMER. (*Ornith.*) En Picardie le martin-pêcheur est ainsi nommé. (Ch. D. et L.)

VERT DE MER. (*Min.*) Voyez Ophicalce veinée. (B.)

VERT DE MONTAGNE. (*Min.*) C'est le cuivre carbonaté impur, tantôt compacte, tantôt terreux. Voyez Cuivre. (B.)

VERT-MONTANT. (*Ornith.*) Espèce du genre Bruant. (Ch. D. et L.)

VERT OCELLÉ. (*Erpétol.*) Nom spécifique d'un Lézard. Voyez ce mot. (H. C.)

VERT DES ORTIES. (*Bot.*) Paulet (Traité des champ., 2, p. 248, pl. 120) donne ce nom à un *agaricus* de la famille des mamelonnés de couleur. Il a deux pouces et demi de haut : son chapeau est humide, glaireux, d'un beau vert naissant, avec les feuillets roux foncé ; le stipe, d'abord lavé de vert, devient roux. Cette espèce croît au milieu des orties, dans le bois de Boulogne , près Paris. (Lem.)

VERT-PERLÉ. (*Ornith.*) Espèce du genre Colibri. (Desm.)

VERT-PLEIN. (*Ornith.*) Nom donné à une variété du chardonneret. (Desm.)

VERT DE SCHÉELE. (*Chim.*) Cette couleur , employée pour la peinture des papiers et même pour la peinture à l'huile , est essentiellement formée d'acide arsenieux , de deutoxide de cuivre et d'eau probablement. Pour la préparer, on fait dissoudre à chaud $1^{liv}\ 7^{onc}\ 2^{gros}\ 17^{grains}$ de sulfate de cuivre dans $16\frac{1}{2}$ pintes d'eau : on fait dissoudre à chaud , d'une autre part, $1^{liv}\ 7^{onc}\ 2^{gros}\ 17^{grains}$ de potasse blanche et $10^{onc}\ 1^{gros}\ 18^{grains}$ d'acide arsenieux dans $5\frac{1}{2}$ pintes d'eau. On filtre la liqueur, puis on y ajoute la solution de sulfate de cuivre encore chaude, peu à peu , et on remue continuellement avec une spatule de bois. On laisse ensuite reposer pendant quelques heures : le vert de Schéele se précipite. On décante la liqueur surnageante et on lave le résidu avec quelques pintes d'eau chaude : on fait deux ou trois lavages, puis on jette la couleur sur une toile , pour qu'elle s'égoutte : on la met en trochisques, et on la fait sécher sur du papier gris. La quantité de vert de Schéele est de $1^{liv}\ 1^{onc}\ 7^{gros}\ 22^{grains}$. (CH.)

VERT DE SCHWEINFURT, VERT DE MILIS, VERT DE VIENNE. (*Chim.*) La préparation de cette couleur, qu'on fabrique en Allemagne et qu'on emploie aujourd'hui de préférence au vert de Schéele, a occupé plusieurs chimistes, le docteur Liebig , MM. Braconnot et Vauquelin.

Le procédé du docteur Liebig est très-simple. On dissout à chaud, dans une chaudière de cuivre, 1 partie de vert-degris dans du vinaigre pur ; on y ajoute une solution aqueuse de 1 partie d'acide arsenieux. S'il se forme un précipité d'un vert sale, il faut le redissoudre dans du vinaigre. On fait bouillir le mélange : il dépose après quelque temps une matière cristalline, grenue, du plus beau vert. On filtre, on lave la matière et on la fait sécher. Si la liqueur contient un excès de cuivre, on y ajoute de l'acide arsenieux ; si elle contient, au contraire, de l'acide arsenieux , on y ajoute de l'acétate de cuivre.

Ce *vert* tire sur le bleu. Si on veut qu'il tire sur le jaune il suffit de chauffer le vert dans de l'eau contenant une quantité de sous-carbonate de potasse égale à $\frac{1}{10}$ du poids du vert. Si on faisoit bouillir trop long-temps, la couleur ressembleroit au vert de Schéele.

Le vert de Schweinfurt est surtout employé pour les papiers peints. (Cʜ.)

VERT DE SUZE. (*Min.*) Voyez Oᴘʜɪᴄᴀʟᴄᴇ ᴠᴇɪɴᴇ́ᴇ. (B.)

VERT DE VESSIE. (*Chim.*) On donne ce nom à une couleur peu solide que l'on emploie en peinture. On la prépare
en versant de l'alun dans le suc des baies de nerprun : on y
ajoute de la chaux ; on fait évaporer à siccité ; puis on renferme le résidu dans des vessies : de là le nom de cette préparation. (Cʜ.)

VERT VIOLET. (*Ichthyol.*) Nom d'un poisson des eaux
de la Chine, qui doit être rapporté au genre des Cᴀʀᴘᴇs.
Voyez ce mot. (H. C.)

VERTAGUS. (*Mamm.*) Dénomination latine de la race de
chien connue sous le nom de bassets. (Dᴇsᴍ.)

VERTE. (*Ichth.*) Nom spécifique d'une Coᴜʟᴇᴜᴠʀᴇ. Voyez
ce mot. (H. C.)

VERTE ET BLEUE. (*Erpét.*) Nom spécifique d'une couleuvre décrite précédemment, tom. XI, p. 214. (H. C.)

VERTE ET JAUNE. (*Erpét.*) Nom spécifique d'une couleuvre décrite dans ce Dictionnaire , tom. XI , page 174.
(H. C.)

VERTE-LONGUE. (*Bot.*) C'est une variété de poire. (L. D.)

VERTE - LONGUE PANACHÉE ou SUISSE. (*Bot.*) C'est
une variété de poire qui a beaucoup de rapports avec la précédente. (L. D.)

VERTEBRARIA. (*Bot.*) Roussel (Fl. du Calv.) avoit proposé d'établir sous ce nom un genre pour placer le *Conferva
fluviatilis*, Linn., devenu depuis le type du genre *Lemanea* ,
établi par Bory de Saint-Vincent et adopté par les botanistes.
Voyez Lᴇᴍᴀɴᴇᴀ. (Lᴇᴍ.)

VERTÈBRES. (*Anat. comp.*) Voyez Sqᴜᴇʟᴇᴛᴛᴇ. (H. C.)

VERTÉBRÉS. (*Zool.*) Voyez Aɴɪᴍᴀʟ , Sqᴜᴇʟᴇᴛᴛᴇ , Zooʟoɢɪᴇ.
(H. C.)

VERTÉBRITES. (*Foss.*) On a désigné par ce nom , tantôt
de vraies vertèbres d'animaux pétrifiés, tantôt des articulations séparées de moules de certaines coquilles cloisonnées,
telles que des baculites, des ammonites, et plus souvent
encore des portions séparées des tiges d'entroques. (Dᴇsᴍ.)

VERTET. (*Bot.*) En Vivarais et dans le ci-devant Rouergue

●n donne ce nom à la grande coulemelle, *agaricus procerus*, Pers., excellente espèce de champignons. Voyez l'article FONGE. (LEM.)

VERTEX. (*Entom.*) On nomme ainsi dans les insectes le sommet ou la partie supérieure de la tête, qui se trouve placée entre les antennes et le haut de la bouche : c'est sur le vertex que sont situés les stemmates ou yeux lisses. (C. D.)

VERTICILLARIA. (*Bot.*) Même genre que le CHLOROMYRON. Voyez ce mot. (POIR.)

VERTICILLE. (*Bot.*) Ensemble de parties (rameaux, feuilles, fleurs), naissant au nombre de trois au moins, en anneau, autour de leur support. (MASS.)

VERTICILLÉ. (*Bot.*) Disposé en verticille ; exemples : branches et rameaux de l'*abies picea*, du *pinus strobus*; feuilles du *convallaria verticillata*, du *lilium martagon*; cotylédons du cèdre, du pin; camares du fruit de la pivoine, du *sempervivum*; cloisons du fruit des rhodoracées, etc. (MASS.)

VERTICILLIFLORE [ÉPI.] (*Bot.*) Composé de verticilles, exemples : *lythrum salicaria*, *mentha rotundifolia*, *myriophyllum spicatum*, etc. (MASS.)

VERTICILLITE. (*Foss.*) On trouve dans une couche crayeuse et pétrifiée, à Néhou, département de la Manche, des morceaux d'un polypier qui ne paroit pouvoir se rapporter à aucun des genres de cette famille connus et décrits. Quelques morceaux ont trois pouces de longueur ; mais étant brisés aux deux bouts, ils ont dû nécessairement en avoir davantage. Ceux-ci ont près de deux pouces de diamètre ; mais on en trouve d'une dimension et d'un diamètre moins grands.

Ce polypier est fasciculé, subdendroïde, subcylindrique et tronqué à ses sommets. Il porte à son centre un axe annelé circulairement, et de cet axe il sort des expansions circulaires qui se renversent extérieurement en s'appuyant les unes sur les autres. Ces expansions sont couvertes de petits points enfoncés, distribués irrégulièrement.

Je propose de donner à ce polypier le nom de *verticillite*, et à l'espèce qu'on trouve à Néhou, celui de *verticillites cretaceus*. On trouve une figure de ce polypier dans les planches des fossiles de ce Dictionnaire.

On trouve dans le troisième Mémoire de Guettard, pl. 14,

fig. 1 et 2, les figures d'un polypier qui pourroit avoir quelques rapports avec celui ci-dessus décrit, mais il devroit dans ce cas dépendre d'une autre espéce, à cause de sa forme évasée. Ce polypier a été trouvé à Mézières, et Guettard lui a donné le nom de *porite à grand chapeau et à pédicule feuillé.* (D. F.)

VERTICILLIUM. (*Bot.*) Genre de la famille des champignons, de l'ordre des *mucédinées*, fondé par Nées, adopté par Ehrenberg et Link. Il comprend deux espèces, placées depuis dans les *botrytis* par Persoon. Les caractères du genre sont ceux-ci : Champignon filamenteux, à filamens réunis en touffes, droits, rameux, tous cloisonnés; sporidies simples, point cloisonnées, placées à l'extrémité redressée des rameaux et intérieurement; les rameaux verticillés, d'où vient au genre le nom de *Verticillium*, que lui a imposé Nées d'Ésenbeck.

Les champignons de ce genre ont le port des moisissures et sont très-voisins de l'*Acremonium* de Link, dont ils se distinguent très-peu, et principalement par les filamens redressés.

1. Le Verticillium fluet: *Verticillium tenerum*, Nées, *Fung.*, page 57, fig. 55; Link, *in* Willd., *Sp.*, pag. 6, part. 1, pag. 75; *Botrytis tenera*, Pers., *Myc. eur.*, 1, page 38; *Botrytis elegans?* Spreng., *Syst.*, 4, part. 2, page 551. En forme de couche, qui, à l'œil nu, paroit farineuse, composée de filamens floconneux, sporidifères, agrégés, d'un rouge grisâtre, ayant leurs rameaux ternés et étalés; les sporidies sont globuleuses et blanches. On trouve cette espèce sur les tiges des plantes desséchées vers la fin de l'automne. Nées l'a observée sur la rose trémière (*alcea rosea*, Linn.), et si le rapprochement de Curt Sprengel est juste, elle se rencontreroit aussi sur les bouses de vaches.

2. Le Verticillium en tête : *Verticillium capitatum*, Ehr., *Syst. mycol.*, pag. 13 et 25 ; Link, *loc. cit.* ; *Botrytis capitata*, Pers., *Myc.*, *loc. cit.* Filamens ou flocons sporidifères, disposés en coussinets blancs; les rameaux rassemblés vers les extrémités; sporidies globuleuses. Cette espèce a été observée par Ehrenberg aux environs de Berlin, sur les troncs d'arbres pourris et sur des excrémens de larve. Curt Sprengel la donne avec doute pour une variété de son *botrytis sparsa*. (Lem.)

VERTIGO. (*Malacoz.*) Sous ce nom Muller a formé un genre très-voisin de celui des maillots, et dont l'animal n'est pourvu que de deux tentacules. Ce genre a été réuni à celui des MAILLOTS. Voyez ce mot et l'article MOLLUSQUES, t. XXXII, page 1. (DESM.)

VERTOR. (*Ichthyol.*) Nom spécifique d'un SPARE. Voyez ce mot. (H. C.)

VERTU BLANC. (*Ornith.*) Martinet a décrit sous ce nom, t. 4, p. 12 de son Histoire des oiseaux, un figuier. (CH. D. et L.)

VERTU BLEU GRAND et PETIT. (*Entom.*) Ce sont les noms par lesquels Geoffroy a désigné de belles espèces de chrysomèles à élytres dorés et à bandes bleuâtres; telles que celles dites du *gramen* et *fastueuse*. (C. D.)

VÉRULAME, *Verulamia*. (*Bot.*) Genre de plantes dicotylédones, à fleurs complètes, monopétalées, régulières, de la famille des *rubiacées*, de la *tétrandrie monogynie* de Linnæus; offrant pour caractère essentiel: Un calice campanulé, à quatre divisions; une corolle infundibuliforme; le tube barbu à son orifice; le limbe à quatre lobes; quatre étamines insérées à l'orifice du tube; les anthères saillantes, torses après la fécondation; un ovaire supérieur; un style; un stigmate simple; une baie sèche à deux loges; une semence dans chaque loge; le périsperme cartilagineux; l'embryon droit, cylindrique.

VÉRULAME A CORYMBES: *Verulamia corymbosa*, Dec., Mém. du Mus., tab. 1; Poir., Encycl. Arbrisseau chargé de rameaux opposés ou alternes, glabres, cylindriques. Les feuilles sont un peu pétiolées, opposées en croix, glabres, elliptiques, entières, acuminées à leurs deux extrémités, longues de six ou sept pouces, larges de deux; deux stipules courtes, entières, adhérentes par leur base, persistantes. Les fleurs sont terminales, disposées en un corymbe ramifié; les ramifications opposées, plusieurs fois trichotomes; les pédicelles uniflores; point de bractées; les stipules supérieures en prennent la forme à la base des corymbes. Le calice est campanulé, plus ample et plus court que le tube de la corolle, à quatre divisions très-obtuses, un peu membraneuses à leurs bords; la corolle pourvue d'un tube court, barbu à son orifice: le limbe à quatre lobes oblongs; les filamens courts, les anthères droites;

linéaires , torses après la fécondation ; l'ovaire presque globuleux , ombiliqué au sommet ; le style de la longueur des étamines. Le fruit est une baie de la forme et de la grosseur d'un pois, un peu comprimée, à deux loges ; dans chaque loge une semence hémisphérique, luisante, noirâtre. Cette plante croît en Afrique, proche Sierra-Leona. (Poir.)

VÉRUTINE , *Verutina*. (*Bot.*) Ce genre de plantes, que nous avons déjà indiqué dans ce Dictionnaire (tom. XLIV, page 58), appartient à l'ordre des Synanthérées, à la tribu naturelle des Centauriées , à la section des Centauriées-Prototypes, à la sous-section des Calcitrapées , et au groupe des Calcitrapées vraies, dans lequel nous l'avons placé entre les deux genres *Mesocentron* et *Triplocentron*. (Voyez notre tableau des Centauriées , tome L , page 247.)

Voici les caractères génériques du *Verutina*.

Calathide discoïde : disque multiflore, obringentiflore, androgyniflore ; couronne unisériée , ambiguïflore , neutriflore. Péricline ovoïde , très-supérieur aux fleurs par ses appendices , inférieur sans eux ; formé de squames régulièrement imbriquées, interdilatées, appliquées, coriaces ; les intermédiaires ovales , surmontées, derrière le sommet, par un appendice bien distinct, extrêmement long , très-étalé , très-droit, très-roide , spiniforme , subcorné , demi-cylindrique inférieurement, cylindrique supérieurement , parfaitement simple à sa base , muni de deux (rarement quatre) petites épines latérales , ordinairement alternes , mais rapprochées, situées vers le milieu de sa longueur. Clinanthe planiuscule, épais, charnu, garni de fimbrilles nombreuses, libres , longues , inégales, filiformes-laminées. *Fleurs du disque :* Ovaire couvert de poils fins, et portant une aigrette normale, double, mais dont l'intérieure est peu distincte de l'extérieure. Corolle obringente. Étamines à filets papillés ; appendices apicilaires des anthères très-longs, aigus. Style à deux stigmatophores longs et entregreffés. *Fleurs de la couronne :* Faux-ovaire grêle, presque inaigretté. Corolle ambiguë , presque analogue à celle des fleurs du disque , mais ne contenant point d'organes sexuels ; à limbe divisé en quatre ou cinq lanières longues, linéaires-aiguës.

Nous ne connoissons qu'une seule espèce de ce genre.

Vérutine a feuilles dissemblables : *Verutina heterophylla*, H. Cass.; *Centaurea verutum*, Linn.; *Spec. pl.*, pag. 1299. C'est une plante herbacée, dont la tige, haute d'environ deux pieds et demi, est dressée, rameuse, striée, glabre, ailée par les décurrences des feuilles, à ailes entières ; les feuilles sont alternes, étalées, glabriuscules, d'un vert glauque, un peu charnues; les inférieures peu décurrentes, subpétiolées, lyrées-pinnatifides; les supérieures graduellement moins grandes, très-décurrentes, sessiles, oblongues-lancéolées, aiguës au sommet, entières sur les bords; les calathides, composées de fleurs jaunes, sont grandes et solitaires au sommet de la tige et des rameaux ; leur péricline est épais, subglobuleux, un peu tomenteux, armé de très-grands appendices, longs d'environ un pouce et demi, jaunâtres, noirâtres à la base.

Nous avons fait cette description spécifique, et celle des caractères génériques, sur des individus vivans, cultivés au Jardin du Roi, où ils fleurissoient en Juillet. Cette plante est, dit-on, annuelle et originaire du Levant.

Le genre *Verutina* se distingue bien des autres genres de Calcitrapées, par la structure des appendices de son péricline.

Le mot latin *veru* signifie broche ou dard ; on en a dérivé le substantif *verutum*, qui signifie petit dard, et l'adjectif *verutus*, *a*, *um*, qui signifie armé d'un dard. Nous avons cru devoir modifier la terminaison du mot *verutum*, pour en faire un nom générique de plantes. Ce changement nous semble d'autant plus convenable, qu'il préviendra toute confusion avec le *Verutum* de M. Persoon, qui n'a aucun rapport avec notre *Verutina*.

La description exacte et complète des vrais caractères du genre *Centaurium* n'ayant pas encore été donnée dans ce Dictionnaire, nous devons l'insérer ici.

Centaurium. Calathide discoïde ou quasi-radiée : disque multiflore, subrégulariflore, androgyniflore intérieurement, masculiflore extérieurement: couronne unisériée, inampliatiflore, neutriflore. Péricline ovoïde, très-inférieur aux fleurs, formé de squames régulièrement imbriquées, appliquées, interdilatées, obtuses, inappendiculées, coriaces, membraneuses sur les bords: les extérieures ovales, les intérieures oblongues. Clinanthe planiuscule , épais , charnu , garni de fimbrilles nombreuses , libres , longues , inégales , subfiliformes. *Fleurs du disque :* Ovaire des fleurs intérieures oblong, comprimé bilatéralement, très-glabre , portant une aigrette normale , avec une petite aigrette intérieure. Faux-ovaire des fleurs extérieures petit, glabre , inaigretté , stérile. Corolle subrégulière ou un peu obringente , portant quelquefois de longs poils capillaires disposés en forme de collerette autour de la base du limbe. Étamines à filets poilus; appendices apicilaires des anthères longs, aigus. Style à deux stigmatophores longs et entregreffés. *Fleurs de la couronne :* Faux-ovaire grêle, glabre , inaigretté. Corolle aussi longue ou un peu plus longue que celle des fleurs du disque, à tube grêle , à limbe non amplifié , divisé jusqu'a sa base en trois ou cinq lanières à peu près égales , longues , étroites , linéaires, divergentes.

Nous avons fait cette description générique sur les *Centaurea centaurium , ruthenica* et *africana*, que nous nommons *Centaurium officinale , ruthenicum* et *africanum*.

Dans le *C. officinale* le disque offre plusieurs rangs extérieurs de fleurs, qu'il faut considérer comme mâles, puisque leur ovaire est petit, semi-avorté, inovulé, stérile ; la couronne n'est composée que d'environ trois fleurs neutres, qui ne sont pas plus longues que celles du disque, et dont la corolle n'a que trois lanières ; les corolles du disque ne sont pas sensiblement obringentes , et elles portent autour de la base du limbe une collerette de poils.

Dans le *C. ruthenicum* les fleurs extérieures du disque paroissent être mâles par imperfection de l'ovaire, qui est petit, inaigretté, analogue aux faux-ovaires de la couronne ; la calathide est quasi-radiée, les fleurs de la couronne étant plus longues que celles du disque ; leur corolle est divisée en cinq ou six lanières très-étalées, et elle offre quelquefois des rudimens d'étamines ; les corolles du disque sont subrégulières, et ne portent aucun poil.

Dans le *C. africanum* le disque ne présente qu'un seul rang extérieur de fleurs mâles, à ovaire petit, inaigretté, probablement stérile , quoiqu'il contienne un ovule, et que le stigmate paroisse presque aussi bien conformé que dans les fleurs

intérieures ; les corolles de la couronne sont un peu plus longues que celles du disque, et divisées en cinq lanières très-
étalées en forme de roue.

Les principaux caractères du genre *Centaurium* sont d'avoir
les corolles de la couronne non amplifiées, les fleurs extérieures du disque stériles, les squames du péricline absolument privées d'appendices et obtuses au sommet, l'ovaire
très-glabre et portant une aigrette normale avec petite aigrette intérieure.

On peut nommer ce genre *Centaurium*, comme les anciens
botanistes, comme Tournefort, comme M. De Candolle (Ann.
du Mus., tom. 16, p. 158); ou *Centauria*, comme Linné le
nommoit dans les premières éditions de son *Genera plantarum*;
ou *Centaurea*, comme il l'a nommé depuis : le choix du nom
est fort indifférent; mais il importe de remarquer que notre
genre *Centaurium* est loin de correspondre exactement, par
ses caractères et sa composition, aux genres précédemment
nommés *Centaurium*, *Centauria* ou *Centaurea*. Ainsi, M. De
Candolle, qui caractérise son genre *Centaurium* par les squames du péricline inermes, obtuses, ordinairement marces-
centes, au moins sur les bords, y admet non-seulement nos
Centaurium, mais encore nos *Chryseis*, *Chartolepis*, *Phalolepis*,
etc.

Il suffit d'insister ici sur la distinction des deux genres *Centaurium* et *Chryseis*, qui, vus superficiellement, ne semblent
pas pouvoir être distingués.

Notre genre *Chryseis*, fondé sur le *Centaurea suaveolens*,
Willd., se distingue très-bien du vrai genre *Centaurium*, par
les corolles de la couronne amplifiées, par les ovaires très-
velus, et par leur aigrette composée de squamellules paléiformes, non barbellées, et ne recélant point au milieu d'elles
une petite aigrette intérieure.

Les *Centaurea moschata* et *glauca*, quoique absolument privés d'aigrettes, doivent certainement être rapportés au genre
Chryseis, et non au genre *Centaurium*, puisque les corolles de
leur couronne sont amplifiées, et que leurs ovaires sont très-
velus. C'est ce que nous avons plus amplement démontré dans
nos Observations sur le genre *Chryseis* et sur le *Centaurea moschata*, insérés dans le Bulletin des sciences de Septembre

1820 (pag. 140), et dont nous empruntons les considérations suivantes.

Dans la tribu des Centauriées l'ovaire est presque toujours aigretté ; mais souvent l'aigrette est réduite à un état de foiblesse qui dénote évidemment un avortement incomplet, et quelquefois elle disparoît sans laisser aucun vestige de son existence. Remarquez que les espèces dépourvues d'aigrette sont infiniment analogues, sous tous les autres rapports, avec d'autres espèces pourvues d'aigrette. Il faut en conclure que, dans la tribu des Centauriées, l'absence de l'aigrette doit être attribuée à un avortement complet de cette partie ; d'où il résulte que ce caractère ne peut pas être élevé, dans cette tribu, au rang des caractères génériques, et qu'il doit y être considéré seulement comme un caractère spécifique. La structure de l'aigrette, au contraire, fournit d'excellens caractères génériques. Mais comment rapporter à un genre caractérisé par la structure de l'aigrette, une espèce qui n'a point d'aigrette ? Comment peut-on connoître la structure d'une partie qui n'existe point ? Comment deviner quelle seroit la conformation de cette partie, si elle n'étoit point complètement avortée ? Cela paroît absurde, cela paroît contraire à ce principe : *priùs est esse quàm esse tale.* Nous répondons à ces objections que le principe dont il s'agit n'est pas généralement exact en histoire naturelle, et surtout en botanique. Nous pourrions nous appuyer sur une foule d'exemples, mais il suffira d'en citer un bien connu : La Cuscute n'a point de cotylédons, et cependant les botanistes n'hésitent pas à classer cette plante parmi les dicotylédones, parce qu'ils attribuent à un avortement l'absence des cotylédons dans la Cuscute, et qu'ils sont convaincus, par les analogies, que si les cotylédons de cette plante n'étoient point avortés, ils seroient au nombre de deux, et opposés l'un à l'autre. C'est par des motifs de la même nature que nous nous sommes déterminé à rapporter les *Centaurea moschata* et *glauca* au genre *Chryseis*, quoique ce genre soit principalement caractérisé par la structure de l'aigrette, et que les deux espèces en question soient dépourvues d'aigrette. Pour faire apprécier les analogies sur lesquelles nous nous sommes fondé, nous renvoyons nos lecteurs au Mémoire cité ci-dessus, dans lequel nous

avons décrit successivement la calathide de l'espèce qui a
servi de type au genre *Chryseis*, et celle des deux espèces
que nous avons cru pouvoir associer à la première, malgré
l'anomalie qu'elles présentent. (H. Cass.)

VERUTUM. (*Bot.*) Voyez VELTIS. (J.)

VERVEINE; *Verbena*, Linn. (*Bot.*) Genre de plantes dicotylédones monopétales, qui a donné son nom à la famille
des *verbénacées*, Juss., et qui appartient à la *didynamie angiospermie* du Système sexuel. Ses principaux caractères sont
d'avoir : un calice monophylle, tubulé, à cinq dents, dont
une un peu plus courte que les autres; une corolle monopétale, courbée, infondibuliforme, ayant son limbe partagé
en cinq lobes irréguliers; quatre étamines didynames, à filamens courts, portant de petites anthères non saillantes; un
ovaire supère, tétragone, à style simple, filiforme, terminé par un stigmate obtus : quatre graines oblongues, envi-
ronnées dans leur jeunesse par un tissu utriculaire qui se
rompt de bonne heure, de manière qu'à la maturité le fruit
paroit composé de quatre graines nues.

Les verveines sont des plantes dont les tiges sont ordinairement quadrangulaires, herbacées, quelquefois ligneuses;
leurs feuilles sont opposées, et leurs fleurs forment des épis
souvent disposés en panicule. On en connoît maintenant une
cinquantaine d'espèces, parmi lesquelles deux seulement croissent en Europe. Plusieurs autres plantes ont d'ailleurs été
séparées de ce genre, dont elles s'écartoient par quelques-uns
de leurs caractères, et elles ont été placées dans d'autres
genres ou ont servi à en former de nouveaux. C'est dans les
genres *Lippia*, *Priva*, *Stachytarpheta*, *Tamonea* et *Zapania*
qu'il faut aujourd'hui chercher ces espèces.

* *Feuilles entières.*

VERVEINE PANICULÉE; *Verbena paniculata*, Lamk., *Ill. gen.*,
1. p. 57. Ses tiges sont droites, striées, brunâtres, presque
glabres, divisées en rameaux opposés, garnies de feuilles pétiolées, lancéolées, acuminées, rudes au toucher, bordées
de dentelures assez larg s. Ses fleurs sont petites, sessiles,
nombreuses, très-rapprochées, accompagnées de bractées subulées, disposées en épis grêles, filiformes et formant une

panicule au sommet des tiges et des rameaux. Cette plante croît naturellement dans la Caroline et la Virginie.

VERVEINE DE CAROLINE; *Verbena caroliniana*, Linn., *Spec.* 29. Ses tiges sont droites, cannelées, très-velues, rameuses, hautes de deux à trois pieds, garnies de feuilles ovales-lancéolées, pétiolées, dentées en scie, presque glabres en dessus, légèrement pubescentes en dessous. Ses fleurs sont d'un rouge clair, très-petites, disposées sur des épis très-grêles, rapprochés en faisceau au sommet de la tige et des rameaux, et presque paniculés. Cette espèce croît dans les États-Unis d'Amérique et principalement dans la Caroline.

VERVEINE DE BUÉNOS-AYRES; *Verbena bonariensis*, Linn., *Spec.* 28. Ses tiges sont droites, striées, rameuses, rudes au toucher, hautes de cinq à six pieds, garnies de feuilles lancéolées, sessiles, amplexicaules, disposées par paires éloignées les unes des autres, ridées, velues surtout en dessous et dentées en leurs bords. Ses fleurs sont bleues, petites, munies de bractées lancéolées, presque aussi longues que le calice; elles forment au sommet des tiges et des rameaux plusieurs épis courts, épais, presque disposés en faisceau. Cette espèce est originaire des environs de Buénos-Ayres; on la cultive au Jardin du Roi à Paris.

** *Feuilles trifides.*

VERVEINE A MASSUE; *Verbena clavata*, Ruiz et Pav., *Fl. peruv.*, 1, p. 21, tab. 33, fig. *B.* Ses tiges sont cylindriques, droites, ligneuses, velues, blanchâtres, divisées en rameaux nombreux, garnis de feuilles verticillées par cinq à six ensemble, les unes entières et linéaires-lancéolées, les autres bifides ou trifides, médiocrement velues et un peu ciliées. Ses fleurs sont d'un rouge pourpre, sessiles, munies d'une ou deux bractées linéaires, et disposées en tête ou en ombelle terminale; leurs anthères sont sagittées, surmontées d'un petit filet terminé en massue. Cette espèce croît naturellement au Pérou.

VERVEINE HISPIDE; *Verbena hispida*, Ruiz et Pav., *Fl. peruv.*, 1, p. 22, tab. 34, fig. *A.* Ses tiges sont herbacées, hispides, hautes d'un pied ou environ, étalées, rameuses, garnies de feuilles opposées ou ternées, semi-amplexicaules, ovales-oblongues et entières, ou trifides, ridées, bordées de dentelures inégales. Ses fleurs sont purpurines, mêlées de bleu, accompagnées chacune d'une bractée ciliée et plus longue que le calice, très-serrées et disposées sur des épis épais, cylindriques, droits, ordinairement au nombre de trois au sommet de chaque rameau. Cette plante croît au Pérou.

*** *Feuilles laciniées ou multifides.*

Verveine cunéiforme; *Verbena cuneiformis*, Ruiz et Pav., *Fl. peruv.*, 1, p. 22, tab. 52, fig. *A.* Ses tiges sont herbacées, droites, hispides, hautes de deux pieds, rameuses dans leur partie supérieure, garnies de feuilles sessiles, rétrécies en coin dans leur partie inférieure, et divisées jusque vers leur milieu en trois lobes oblongs, incisés et dentés. Ses fleurs sont bleues, munies de bractées lancéolées, ciliées et disposées en épis courts, épais, communément au nombre de trois au sommet des rameaux; les lobes de leur corolle sont échancrés. Cette espèce croît au Pérou, dans les terrains sablonneux.

Verveine officinale, vulgairement Verveine commune, Herbe sacrée: *Verbena officinalis*, Linn., *Spec.*, 29; Bull., Herb., t. 215. Sa racine est fibreuse, vivace; elle produit une ou plusieurs tiges effilées, tétragones, rudes en leurs angles, hautes d'un à deux pieds, simples inférieurement, souvent rameuses dans leur partie supérieure, garnies de feuilles ovales-oblongues, rétrécies en pétiole à leur base, les inférieures simplement dentées, les moyennes et les supérieures profondément incisées et même pinnatifides. Ses fleurs sont petites, d'un blanc tirant sur le violet, presque sessiles, alternes, disposées dans la partie supérieure des tiges et des rameaux, en longs épis filiformes. Cette plante croît sur les bords des champs et des chemins en France, dans toute l'Europe et dans le nord de l'Afrique. Elle fleurit depuis le mois de Juin jusqu'à la fin de l'été.

La verveine étoit chez les anciens une plante recommandable, à cause de l'emploi qu'on en faisoit dans certaines pratiques de la religion. Elle figuroit avec le gui dans les cérémonies religieuses des Celtes. Leurs druides s'en servoient pour prédire l'avenir. Chez les Romains elle servoit à faire les aspersions d'eau lustrale et pour purifier les autels avant les sacrifices ; l'eau dans laquelle elle avoit été trempée , répandue dans les salles de festin , animoit la gaieté des convives ; à la guerre , les héraults envoyés à l'ennemi , portoient la verveine comme un signe de paix ; les jeunes mariés croyoient assurer leur bonheur en marchant à l'autel avec un bouquet de verveine caché sous leur robe. On la suspendoit aux lits et aux portes des maisons pour dissiper ou prévenir les maladies, écarter les enchantemens et chasser les génies malfaisans. Mais pour que la verveine pût jouir de ces vertus merveilleuses , il falloit la cueillir avec certaines pratiques particulières. Les sorciers du moyen âge n'ont pas négligé cette plante plus que ceux de l'antiquité , et ils l'ont employée de même dans leurs prétendus charmes. Ils la faisoient surtout entrer dans les philtres qu'ils donnoient comme propres à rallumer les feux d'un amour prêt à s'éteindre , et c'est de cette propriété que lui attribuoit la superstition , que lui est venu , selon quelques auteurs, le nom de *Veneris vena*, veine de Vénus, d'où on a fait le mot *verbena*. D'autres, au contraire , pensent que ce dernier mot vient de *verrere* , balayer , parce qu'on l'employoit à cet usage pour nettoyer les autels.

Une plante consacrée par la religion et la superstition, ne pouvoit manquer d'avoir des propriétés en médecine ; aussi les médecins avoient-ils mis la verveine au nombre des plantes salutaires. Entre autres propriétés qu'on lui attribuoit , on la regardoit comme astringente, fébrifuge, céphalique, résolutive, vulnéraire, etc. , et on en conseilloit l'usage dans les maux de gorge, les fièvres intermittentes, les vapeurs, les coliques, la chlorose, l'ictère, l'hydropisie. Aujourd'hui que la verveine est reconnue pour être une plante inodore, à peine amère, on ne croit plus qu'elle puisse avoir les propriétés qu'on lui supposoit autrefois, et les médecins en ont généralement abandonné l'usage. Cependant les feuilles de verveine, écrasées et appliquées contre les douleurs pleurétiques, sont un remède populaire dans lequel le vulgaire a beaucoup de confiance. Comme le suc de la plante teint les linges et la peau d'une couleur rougeâtre, on s'imagine que le sang est attiré au dehors par la vertu de cette application , et on ne manque jamais de la regarder comme la

cause de la guérison lorsqu'elle arrive à la suite. L'eau distillée de verveine, qu'on regardoit jadis comme utile dans
les maladies des yeux, est maintenant tombée en désuétude,
ainsi que quelques compositions officinales dans lesquelles en-
troit cette plante.

VERVEINE COUCHÉE; *Verbena supina*, Linn., *Spec.*, 29. Sa
racine, qui est annuelle, produit plusieurs tiges pubescentes,
très-rameuses, couchées et étalées sur la terre, garnies de
feuilles d'un vert blanchâtre, profondément découpées ou
presque deux fois pinnatifides. Ses fleurs sont petites, bleuâtres, disposées sur des épis simples, solitaires, situés à l'extrémité des rameaux. Cette espèce croit naturellement dans
le midi de la France et de l'Europe. (L. D.)

VERVEINE PUANTE. (*Bot.*) C'est le *petiveria alliacea*, Linn.
(LEM.)

VERVEX. (*Mamm.*) Nom latin du belier. (DESM.)

VERZELLE. (*Bot.*) Voyez TROUGNE. (J.)

VERZELLINO. (*Mamm.*) Nom du venturon aux environs
de Rome. (DESM.)

VESCE; *Vicia*, Linn. (*Bot.*) Genre de plantes dicotylédones polypétales, de la famille des *légumineuses*, Juss., et
de la *diadelphie décandrie*, Linn., dont les principaux caractères sont les suivans : Calice monophylle, tubuleux, à cinq
dents, dont les deux supérieures plus courtes et conniventes;
corolle papilionacée, à étendard ovale, muni d'un onglet
alongé, et à limbe échancré, rabattu sur les côtés; les ailes
droites, oblongues, plus courtes que l'étendard, mais plus
longues que la carène longuement unguiculée et partagée en
deux; dix étamines diadelphes; un ovaire alongé, supère,
surmonté d'un style filiforme, velu supérieurement et en
dessous vers le sommet, formant un angle droit avec l'ovaire,
terminé par un stigmate obtus; une gousse oblongue, à deux
valves, à une seule loge, contenant plusieurs graines arrondies, dont l'ombilic est latéral, ovale ou linéaire.

Les vesces sont des plantes le plus souvent herbacées, à
tiges droites ou grimpantes, à feuilles ailées, munies de stipules, et ayant leur pétiole terminé par une vrille simple
ou rameuse; leurs fleurs sont axillaires, portées plusieurs ensemble sur un pédoncule plus ou moins long, et disposées en

grappes, ou presque sessiles et peu nombreuses. On en connoît quatre-vingts et quelques espèces, dont la plus grande
partie croît naturellement en Europe ou dans l'ancien continent; dix seulement viennent en Amérique; parmi les espèces européennes, trente-deux se trouvent en France.

* *Fleurs portées sur un pédoncule alongé.*

VESCE PISIFORME : *Vicia pisiformis*, Linn., *Sp.*, 1034; Jacq.,
Fl. Aust., t. 364. Sa tige est glabre, striée, rameuse, grimpante, haute d'un pied et demi à deux pieds, garnie de
feuilles ailées, composées de six à huit folioles ovales, parfaitement glabres. Ses fleurs sont d'une grandeur médiocre,
d'un blanc jaunâtre, disposées, au nombre de trente au plus,
en grappe serrée et portée sur un pédoncule plus court que
les feuilles. Les gousses qui leur succèdent sont oblongues,
comprimées, glabres, et elles renferment chacune cinq à huit
graines. Cette plante est vivace; elle croît dans les bois en
France et dans le midi de l'Europe.

VESCE DES BUISSONS; *Vicia dumetorum*, Linn., *Spec.*, 1035.
Cette espèce, au premier aspect, ressemble assez à la précédente; mais elle en diffère parce que les pédoncules sont en
général plus longs que les feuilles, parce que les grappes qu'ils
portent ne sont composées que de dix à douze fleurs, et parce
que leur calice est membraneux en son bord. Ses fleurs sont
plus souvent violettes que blanches. Cette vesce croît dans
les buissons et les forêts des pays montagneux.

VESCE DES BOIS; *Vicia sylvatica*, Linn., *Sp.*, 1035. Ses tiges
sont anguleuses, glabres, rameuses, grimpantes, hautes de
trois pieds et plus, garnies de feuilles ailées, composées de
douze à seize folioles ovales, mucronées à leur sommet. Ses
fleurs sont mélangées de bleu et de blanc, disposées en grappe,
au nombre de dix à vingt ensemble, sur un pédoncule axillaire plus long que les feuilles. Les dents de leur calice sont
menues et alongées. Cette espèce est vivace; elle croît dans
les bois des montagnes en France et dans plusieurs autres
parties de l'Europe.

VESCE DE PROVENCE; *Vicia gallo-provincialis*, Poir., Dict.,
Suppl., 5, p. 471. Ses tiges sont droites, anguleuses, velues,

hautes de deux à trois pieds et plus, garnies de feuilles ailées, composées de vingt à trente folioles lancéolées, velues
de même que les tiges, et acuminées à leur sommet. Les stipules, placées à la base des feuilles, sont semi-sagittées et très-
entières. Ses fleurs sont bleuâtres, disposées, au nombre de
vingt-cinq à trente et même plus, en grappes axillaires, de la
longueur des feuilles ou à peu près. Cette plante croit dans
les prés et les bois en Dauphiné, en Provence, en Languedoc, en Piémont, en Allemagne, etc.

Vesce cracca; *Vicia cracca*, Linn., *Spec.*, 1035. Ses tiges
sont anguleuses, foibles, rameuses, légèrement velues ou
pubescentes, hautes de deux à trois pieds, quelquefois plus,
garnies de feuilles ailées, composées de seize à vingt-quatre
folioles oblongues, ou linéaires pubescentes. Le pétiole est
accompagné à sa base de stipules semi-sagittées, linéaires,
entières. Ses fleurs sont d'un bleu clair, quelquefois violettes
et assez rarement blanches, disposées, au nombre de vingt ou
davantage, en grappes ordinairement plus longues que les
feuilles. Cette plante est commune dans les prés, les bois et
les buissons. M. Bosc pense qu'elle pourroit être avantageuse
à cultiver pour fourrage.

Vesce noire-pourpre; *Vicia atro-purpurea*, Desf., Atl., 2,
p. 164. Ses tiges sont striées, rameuses, velues, ainsi que
toute la plante, foibles, hautes d'un pied à un pied et demi,
garnies de feuilles composées de douze à dix-huit folioles oblongues ou lancéolées, terminées par une pointe particulière.
Les stipules sont ovales-lancéolées, munies à leur base d'une
oreillette étroite. Les fleurs sont d'un pourpre foncé, disposées, au nombre de six à dix, en une grappe ordinairement
plus courte que les feuilles. Il leur succède des légumes très-
velus. Cette espèce croît naturellement en Provence, aux
iles d'Hières et en Barbarie.

Vesce ligneuse; *Vicia fruticosa*, Willd., *Spec.*, 5, p. 1102.
Ses tiges sont ligneuses, hautes de deux pieds, divisées en
rameaux nombreux, cotonneux, comme toute la plante,
garnis de feuilles ailées, dépourvues de vrilles, composées de
quarante petites folioles ou environ, ovales, blanchâtres,
rapprochées les unes des autres. Les fleurs sont jaunes, portées une ou deux ensemble sur des pédoncules axillaires,

filiformes, beaucoup plus courts que les feuilles. Cette espèce croît naturellement au Pérou.

Vesce grêle ; *Vicia gracilis*, Lois., *Fl. Gall.*, p. 460, t. 12. Sa racine est annuelle, fibreuse ; elle produit une ou plusieurs tiges grêles, foibles, redressées, grimpantes, hautes d'un pied à dix-huit pouces, glabres ou presque glabres, garnies de feuilles terminées par une vrille simple, et composées de six à dix folioles linéaires-lancéolées, aiguës. Ses fleurs sont d'un bleu clair ou purpurines, petites, portées une à quatre ensemble au sommet d'un pédoncule plus long que les feuilles. Cette espèce croît dans les moissons et les lieux cultivés en France et dans plusieurs parties de l'Europe.

** *Fleurs axillaires, sessiles ou presque sessiles.*

Vesce de Hongrie ; *Vicia pannonica*, Jacq., *Fl. Aust.*, t. 34. Sa tige est droite, striée, pubescente, haute d'un pied à dix-huit pouces, assez simple, garnie de feuilles composées de dix à seize folioles oblongues, tronquées ou échancrées à leur sommet, avec une pointe particulière dans le milieu de l'échancrure. Les stipules sont lancéolées, marquées d'une tache noire à leur base. Ses fleurs sont jaunes ou purpurines, pendantes, portées deux à trois ensemble sur un pédoncule très-court. Leur étendard est velu en dehors. Cette espèce croît dans les moissons et les champs cultivés dans le midi de la France, en Hongrie, en Autriche, etc.

Vesce cultivée ; *Vicia sativa*, Linn., *Spec.*, 1057. Ses tiges sont droites, grimpantes, plus ou moins glabres, striées, hautes d'un à deux pieds, garnies de feuilles composées de huit à douze folioles ovales-oblongues, tronquées ou échancrées, avec une pointe particulière. Les stipules sont dentées, marquées d'une grande tache noire. Ses fleurs sont d'un pourpre violet, quelquefois blanches, droites, assez grandes, presque sessiles, solitaires ou deux à trois ensemble dans les aisselles des feuilles ; leur calice a le tube un peu alongé, terminé par cinq dents lancéolées. Les gousses sont alongées, étroites, comprimées, à peine velues ; elles contiennent des graines arrondies, légèrement comprimées, non chagrinées ni tuberculeuses. Cette plante est commune en France et en

Europe dans les champs et les moissons ; on la trouve aussi sur les côtes de Barbarie.

On cultive deux variétés de vesce sous le rapport de la graine ; l'une grise, qu'on sème ordinairement avant l'hiver, et la noire, qui réussit mieux quand on ne la sème qu'au printemps. Cependant on peut sans inconvénient, selon M. Bosc, intervertir les époques auxquelles on est dans l'habitude de les confier à la terre, en semant avant l'hiver celle du printemps, et en ne le faisant qu'après l'hiver pour celle qu'on est dans l'usage de semer avant cette saison.

La vesce n'est pas délicate sur la nature du terrain ; il suffit que le sol ne soit ni tout-à-fait marécageux, ni par trop aride. Elle prospère d'ailleurs davantage dans les expositions sèches et chaudes, et elle aime surtout un sol où le calcaire domine.

Dans les fonds légers un seul labour suffit pour semer de la vesce ; dans les terres fortes il faut en donner deux. Rarement on répand des engrais sur les terres destinées à recevoir de la vesce. Dans le climat de Paris, l'époque la plus favorable à faire les semis de cette plante est le mois de Novembre, et lorsque les vesces semées ainsi avant l'hiver n'ont pas souffert par l'effet de trop fortes gelées, elles donnent, à la récolte, un tiers et même moitié plus de produit que celles qui ont été semées au printemps.

On coupe la vesce à plusieurs époques de sa végétation. Premièrement au moment où elle commence à fleurir, et c'est alors pour la donner à manger en vert aux bestiaux, ou bien on la leur laisse paître sur place. Secondement, lorsque la moitié de ses graines est prête à mûrir, et dans ce cas c'est pour en faire du fourrage sec que l'on conserve pour être donné pendant l'automne, l'hiver et en général comme les autres fourrages secs. Troisièmement, enfin, lorsque la plus grande partie des graines est arrivée à sa maturité, et cette dernière récolte est faite seulement dans le but de récolter les graines, qui servent, soit pour être données à manger aux bestiaux, soit à toute espèce de volailles, et surtout aux pigeons qu'on en nourrit le plus souvent exclusivement pendant toute l'année. Dans ce dernier cas, la fane, devenue dure, n'est plus guère propre qu'à faire de la litière. La vesce coupée dans le second état est un bon fourrage, que tous les bestiaux aiment beaucoup , surtout les bœufs et les vaches.

Il est d'observation que les récoltes des céréales ou autres plantes qu'on fait succéder à la culture de la vesce, sont plus abondantes après cette espèce qu'après toute autre. Quelques cultivateurs sèment la graine de vesce pour faire enterrer à la charrue les tiges qu'elle donne au moment où elles commencent à porter des fleurs , et les faire ainsi servir d'engrais. Les avantages de cette espèce d'engrais étoient déjà connus des agronomes grecs .et romains , qui en ont parlé.

Vesce fausse-gesse; *Vicia lathyroides*, Linn., *Sp.*, 1037. Ses tiges sont rameuses dès leur base , grêles, foibles, le plus souvent couchées, longues de six à huit pouces, garnies de feuilles composées de deux à six folioles ovales ou presque en cœur dans les inférieures . et linéaires-oblongues dans les supérieures. Les stipules sont entières , non tachées. Les fleurs sont petites, d'un pourpre bleuâtre, solitaires et sessiles dans les aisselles des feuilles. Ses gousses sont glabres et renferment des graines arrondies, chagrinées de petits points tuberculeux. Cette plante est commune dans les lieux sablonneux. Les poules, les pigeons et autres oiseaux sont très-friands de ses graines. La vesce fausse-gesse est, selon M. Bosc, très-précieuse pour certains cantons de pâturages. Ainsi les habitans de la Sologne, qui sont exposés à manquer de fourrage à la fin de l'hiver, lui doivent souvent la conservation de leurs moutons.

Vesce a double fruit ; *Vicia amphicarpos*, Gouan, Herb. de Montp., p. 48. Ses racines sont fibreuses, blanchâtres, filiformes; elles produisent près de leur extrémité inférieure une ou plus rarement deux fleurs souterraines, dans lesquelles on peut reconnoître un calice et une corolle de couleur blanchâtre , mais dans lesquels je n'ai point vu d'étamines. Quelquefois l'extrémité de ces racines, au lieu de rester en terre, se relève pour paroître à la lumière, et elle se change alors en tiges qui ne diffèrent pas de celles qui sortent du collet de la racine. Celles-ci sont le plus souvent rameuses dès leur base, foibles, plus ou moins couchées, anguleuses, légèrement pubescentes, longues de six à huit pouces, garnies de feuilles composées de deux à dix et même douze folioles, disposées

par paires. Dans les feuilles inférieures, ces folioles, d'abord
au nombre de deux sur les parties les plus basses des tiges,
puis de quatre, puis de six, sont en cœur renversé, et leur
pétiole commun est dépourvu de vrille, ou n'en porte qu'une
très-petite. Dans les feuilles supérieures le pétiole est toujours terminé par une vrille simple, en partie roulée sur elle-
même. et les folioles, au nombre de six à huit, plus rarement de dix à douze, sont étroites, linéaires, aiguës, ou
tronquées et mucronées; elles paroissent d'ailleurs susceptibles de varier beaucoup, car j'en ai des échantillons sur lesquels elles sont ovales-oblongues, rétrécies en coin à leur
base, échancrées en cœur à leur sommet, et chargées d'une
pointe particulière en forme d'arête. Les stipules sont semi-
sagittées, entières dans les échantillons qui ont les folioles
très-étroites. et dentées dans ceux qui les ont ovales-oblongues. Les fleurs sont d'un pourpre bleuâtre, assez grandes,
solitaires et portées sur de très-courts pédoncules. Les gousses
sont alongées, un peu comprimées, presque cylindriques,
acuminées; elles renferment six à neuf graines globuleuses,
légèrement comprimées, parfaitement lisses, d'un jaune brunâtre, avec des taches plus claires. Aux fleurs souterraines,
dont il a été parlé plus haut, succèdent des légumes ovales
ou ovales-oblongs, selon qu'ils ne renferment qu'une ou deux
graines plus grosses que les premières et noirâtres. Cette singulière plante croît dans les lieux incultes et pierreux du
Languedoc et de la Provence; elle fleurit en Avril.

Vesce jaune; *Vicia lutea*, Linn., *Spec.*, 1057. Sa racine est
annuelle, fibreuse: elle produit une tige souvent rameuse
dès sa base, anguleuse, foible, légèrement pubescente, haute
de quinze à vingt pouces, garnie de feuilles composées de
huit à douze folioles oblongues, mucronées, légèrement velues,
dont celles de la partie inférieure des tiges sont tronquées. Ses
stipules sont entières, marquées d'une tache noirâtre. Ses
fleurs sont jaunes. solitaires et presque sessiles dans les aisselles des feuilles; leur étendard est glabre. Il leur succède
des gousses comprimées, réfléchies et hérissées de poils. Cette
espèce croît sur les bords des champs, dans les haies et les
buissons, en France et dans le midi de l'Europe.

Quelques essais faits par la Société d'agriculture de Versailles prouvent, dit M. Bosc (*Nouveau cours complet d'agriculture*, vol. 16, p. 191), que la culture de cette espèce est plus avantageuse que celle de la vesce ordinaire, principalement parce que ses tiges peuvent être coupées jusqu'à trois fois dans le courant de l'été, et encore fournir un pâturage abondant pour l'hiver; saison pendant laquelle cette plante végète et même fleurit.

Vesce des haies; *Vicia sepium*, Linn., *Spec.*, 1038. Ses racines sont vivaces, fibreuses; elles produisent ordinairement plusieurs tiges anguleuses, droites. hautes de deux à trois pieds, presque glabres, garnies de feuilles composées de dix à quatorze folioles ovales-oblongues ou ovales-lancéolées, mucronées. légèrement velues. Les stipules sont dentées. Les fleurs sont d'un pourpre violet, portées deux à quatre ensemble sur des pédoncules axillaires et très-courts. Il leur succède des légumes oblongs, noirâtres, glabres, contenant cinq à dix graines d'un brun noirâtre, avec des taches de la même couleur, mais un peu plus claire. Cette vesce croît fréquemment dans les bois et les buissons en France et dans le reste de l'Europe. Jusqu'à présent elle n'est point cultivée; mais, d'après quelques expériences faites par MM. Swaine et Thouin, il paroîtroit qu'on peut en retirer un grand produit. (L. D.)

VESCE NOIRE. (*Bot.*) Nom vulgaire de la lentille ervilie. (L. D.)

VESEL. (*Mamm.*) Nom de la belette en Danemarck. (Desm.)

VÉSICAIRE; *Vesicaria*, Lamk. (*Bot.*) Genre de plantes dicotylédones polypétales, de la famille des *crucifères*, Juss., et de la *tétradynamie siliculeuse* du système sexuel, dont les principaux caractères sont les suivans : Calice de quatre folioles ovales-oblongues, conniventes; corolle de quatre pétales opposés en croix, à onglets de la longueur du calice et à limbe obtus ou un peu échancré; six étamines, dont deux, opposées, plus courtes que les autres; un ovaire supère, ovale, surmonté d'un style simple, à stigmate obtus; une silicule globuleuse, renflée, non échancrée, à deux valves hémisphériques, divisée en deux loges par une cloison membraneuse, parallèle aux valves et contenant dans chaque loge quatre à six graines arrondies, comprimées.

Les vésicaires sont des plantes herbacées ou suffrutescentes à leur base, à feuilles oblongues ou linéaires, entières ou un peu sinuées; leurs fleurs sont jaunes, pédonculées, dépourvues de bractées et disposées en grappe terminale. On en connoit maintenant une douzaine d'espèces, dont la plus grande partie croît dans l'ancien continent.

Vésicaire utriculée : *Vesicaria utriculata*, Lamk., *Ill.*, t. 559, fig. 1 ; *Alyssum utriculatum*, Linn., *Mant.*, 92. Le collet de la racine, qui est dur, ligneux, produit plusieurs tiges droites, cylindriques, presque ligneuses à leur base, herbacées dans leur partie supérieure, hautes d'un pied ou environ, glabres, le plus souvent simples, garnies de feuilles oblongues, très-entières, éparses ; les inférieures presque spathulées, ciliées en leurs bords ; les supérieures oblongues-linéaires, aiguës, glabres, sessiles. Les fleurs sont d'un jaune clair, assez semblables à celles de la giroflée de muraille, d'abord resserrées en corymbe et s'alongeant ensuite en grappe, à mesure que la floraison s'avance. La silicule est membraneuse, glabre, globuleuse, surmontée d'un style droit, persistant ; elle renferme dans chacune de ses loges quatre à six graines comprimées, roussâtres, membraneuses en leurs bords, légèrement échancrées à leur base. Cette espèce croît naturellement dans le midi de la France, dans les parties méridionales de l'Europe et en Orient.

Vésicaire de Crète ; *Vesicaria cretica*, Poir., Dict., 8, pag. 570. Sa tige est ligneuse, haute d'un pied ou environ, divisée en rameaux diffus, blanchâtres, garnis de feuilles éparses, lancéolées, obtuses ou arrondies à leur sommet, entières ou légèrement dentées, pubescentes et d'un blanc argenté. Ses fleurs sont jaunes, disposées, à l'extrémité des rameaux, en petites grappes étalées. Les silicules sont ovoïdes, légèrement pubescentes, à valves épaisses, coriaces ; elles renferment des graines comprimées, d'un brun noirâtre, entourées d'un rebord membraneux. Ce petit arbrisseau croît dans l'île de Crète et en Espagne. (L. D.)

VÉSICANS ou ÉPISPASTIQUES. (*Entom.*) Nom donné par nous à une famille d'insectes coléoptères hétéromérés, qui comprend les cantharides, les mylabres, les méloës, les cérocomes, etc. Voyez Épispastiques. (C. D.)

VESICARIA. (*Bot.*) On a donné ce nom ancien à des plantes dont le calice est renflé en forme de vessie, telles que le *cardiospermum*, le *physalis alkekengi*. Le *vesicaria* de Tournefort, donné à une plante crucifère dont la silicule est renflée, avoit été réuni à l'*alyssum* par Linnæus. MM. de Lamarck et De Candolle l'ont rétabli en y ajoutant quelques espéces. (J.)

VESICARIA. (*Entoz.*) Schrank a donné ce nom aux vers intestinaux, appelés par Goëze, polycéphales, et par M. Rudolphi, cœnure. (DESM.)

VÉSICULAIRES [GLANDES]. (*Bot.*) Vésicules sphériques, remplies d'huile volatile, disséminée dans le parenchyme des feuilles, des fleurs, des fruits, de la plupart des aurantiacées, du myrte, etc. (MASS.)

VESICULARIUS. (*Bot.*) Roussel (Fl. du Calv.) a proposé de faire sous ce nom un genre des *Fucus* qui sont munis de vésicules aériennes, comme les *fucus spiralis, serratus*. Ce genre ne diffère pas assez par ce caractère pour mériter d'être adopté. (LEM.)

VÉSICULE AÉRIENNE. (*Ichthyol.*) Voyez VESSIE AÉRIENNE. (H. C.)

VÉSICULES. (*Bot.*) Renflemens pleins d'air, qu'on observe, par exemple, sur certains *fucus*, dans le pétiole du *trapa natans*, etc. Vésicule est aussi synonyme de cellule. (MASS.)

VÉSICULEUX. (*Entom.*) M. Latreille nomme ainsi une tribu d'insectes diptères, dont le ventre est comme rempli d'air. Il y rapporte en particulier les cyrtes, les ocgodes. (C. D.)

VÉSITARSES ou PHYSAPODES. (*Entom.*) Noms sous lesquels nous avons désigné la petite famille des hémiptères, qui comprend les thrips. Voyez aussi l'article PHYSAPODES. (C. D.)

VESLINGIA. (*Bot.*) Heister et Adanson donnoient ce nom à la languette, *aizoon canariense* de Linnæus. (J.)

VESME. (*Bot.*) Un des noms arabes du pastel, *isatis*, cités par Daléchamps. (J.)

VESO. (*Mamm.*) Nom du putois en espagnol. (DESM.)

VESPARIA. (*Ornith.*) Aldrovandi avoit adopté ce nom pour désigner le genre Guépier, *Merops*, des auteurs actuels. (CH. D. et L.)

VESPE. (*Entom.*) Ancien nom de la guêpe, du latin *vespa*. (C. D.)

VESPERTILIO INGENS. (*Mamm.*) Dénomination d'une espèce de roussette, selon Clusius. (DESM.)

VESPERTILION, *Vespertilio.* (*Mamm.*) Genre de mammifères carnassiers de la famille des chéiroptères.

Le genre *Vespertilio* de Linné comprenoit d'abord toutes les espèces de mammifères pourvues de membranes alaires et qui peuvent voler, c'est-à-dire toutes celles qui portent vulgairement en françois le nom de *chauve-souris.* Brisson divisa ensuite ce genre en deux, qu'il nomma CHAUVE-SOURIS, *Vespertilio*, et ROUSSETTE, *Pteropus*, lesquels restèrent intacts pendant long-temps, c'est-à-dire jusqu'à l'époque où M. Geoffroy entreprit, dans les *Annales du Muséum*, de faire une revue générale de tous les animaux de cette famille, en les partageant en un certain nombre de genres nouveaux, auxquels il donna les noms de CÉPHALOTE, PHYLLOSTOME, RHINOLOPHE, MÉGADERME, STÉNODERME, MOLOSSE, TAPHIEN, MYOPTÈRE, NOCTILION, NYCTINOME, NYCTÈRE, RHINOPOME, VESPERTILION et OREILLARD. Plus tard le même zoologiste proposa l'établissement des genres VAMPIRE et GLOSSOPHAGE, qu'il forma, le premier de plusieurs espèces de ses roussettes, et le deuxième de quelques-uns de ses phyllostomes.

Le nombre de ces genres a été ensuite augmenté par divers naturalistes, parmi lesquels nous citerons Illiger et MM. Rafinesque, Leach et Frédéric Cuvier. Illiger créa le genre HARPYIA; M. Rafinesque les genres NYCTICEUS, ATALAPHA et HYPEXODON; M. Leach, les genres ARTIBÆUS, MONOPHYLLUS, MORMOPS, NYCTOPHYLLUS, ŒLLO, CELENO et SCOTOPHYLLUS; enfin, c'est à M. F. Cuvier qu'on doit la fondation des genres MACROGLOSSE, CYNOPTÈRE, DYSOPE et FURIE, et à M. Savi celle du genre DINOPS.

Tous ces genres composent actuellement la famille des chéiroptères, qui peut être considérée comme correspondante au genre *Vespertilio* de Linné, si ce n'est qu'elle renferme de plus les GALÉOPITHÈQUES de Pallas, qui ont été considérés par quelques anciens voyageurs comme de véritables chauve-souris, bien que leur organisation les éloigne beaucoup de ces animaux et les rapproche de ceux de l'ordre des quadrumanes qui composent la famille des makis.

Le mot VESPERTILION, considéré comme nom de genre, se

trouve avoir maintenant rapport à un nombre assez restreint de chéiroptères, bien qu'il se rattache encore à plus de trente espèces, et c'est sous cet état de restriction que nous en traiterons dans cet article, en y joignant toutefois ce qui est relatif aux genres appelés Oreillard, *Plecotus*, par M. Geoffroy, et Furie, *Furia*, par M. F. Cuvier, parce que ces genres sont ceux qui présentent le plus d'analogie avec celui des vrais vespertilions.

Nous allons exposer leurs caractères, en renvoyant, pour ce qui concerne l'organisation générale des animaux qu'ils comprennent, au mot Chéiroptères, où l'on trouvera tous les renseignemens nécessaires à cet égard [1]. Nous nous bornerons à remarquer ici que ces trois genres comprennent des espèces à molaires garnies de pointes aiguës; à incisives foibles, au nombre de six à la mâchoire inférieure et de quatre ou de deux à la supérieure; et enfin, à face velue et dépourvue de feuilles cartilagineuses et de bourrelets sur le chanfrein, ou de fossettes plus ou moins profondes sur cette partie; nous ferons aussi remarquer que tous ces animaux ont les membranes très-étendues, le doigt index de l'aile formé d'une seule phalange, la membrane interfémorale très-ample et comprenant la queue dans toute sa longueur.

Genre Vespertilion; *Vespertilio*, Geoff.

Ce genre comprend toutes les chauve-souris d'Europe, si l'on en excepte l'*oreillard*, le *dinops* de Savi et les *rhinolophes*, et il renferme aussi un assez grand nombre d'espèces étrangères. Quant à celles de notre pays, c'est Daubenton qui, le premier, a signalé les différences caractéristiques de cinq d'entre elles, et plus tard Bechstein, MM. Geoffroy, Leisler,

---

1 Nous devons néanmoins rapporter ici une jolie observation qui a été publiée par M. Isidore Geoffroy Saint-Hilaire dans le *Bulletin des sciences naturelles*, 1827; c'est celle de l'existence, dans les chéiroptères, d'une rotule antérieure extrêmement petite et seulement sous la forme d'un petit osselet caché dans le tendon de l'extenseur de l'avant-bras (ou triceps brachial), manquant chez les vespertilions, tandis que dans toutes les autres chauve-souris, soit frugivores, soit insectivores, cette rotule est bien développée et même assez grosse.

Natterer, Kuhl, Leach et Brehm, ont fait connoître les autres.

Les incisives sont le plus ordinairement au nombre de quatre à la mâchoire supérieure, mais aussi quelquefois on n'en compte que deux (vespertilions de l'île de Bourbon, de Java, lasiure et de New-York). A la mâchoire inférieure il y en a toujours six ; celles d'en haut sont séparées par paires, quand il y en a quatre, ou très-écartées l'une de l'autre, quand il n'y en a que deux ; celles d'en bas sont très-rapprochées, à tranchant bilobé, couchées et dirigées en avant. Les canines, qui sont au nombre de deux à chaque mâchoire, une de chaque côté, sont médiocres, de façon que celle d'un côté ne touche pas sa correspondante par sa base, comme cela se remarque dans les phyllostomes. Les molaires présentent quelques variétés dans leur nombre ; savoir : six de chaque côté en haut et en bas (dans les vespertilions murin, à moustache, de Bechstein, et émarginé) ; cinq en haut et cinq en bas de chaque côté (dans les vespertilions noctule, pipitrelle, lasiure, de New-York et de Leisler) ; quatre en haut et cinq en bas de chaque côté (dans les vespertilions de Bourbon, de Java, sérotine et de la Caroline) : le nombre des vraies molaires est toujours de trois de chaque côté, de sorte que les variations ont lieu dans les fausses molaires, parmi lesquelles il y en a toujours une normale. Les fausses molaires sont simplement coniques, et les vraies ont la couronne large, hérissée de pointes ; les inférieures sont sillonnées sur les côtés, et les supérieures, deux fois larges comme celles-ci, ont une couronne à tranchant oblique. Le nez est dépourvu de feuilles membraneuses, telles que celles qu'on voit chez les phyllostomes, les mégadermes et les glossophages ; la lèvre n'a pas de bourrelet en fer à cheval, comme celle des rhinolophes ; les narines ne sont pas bouchées par des opercules, comme dans les rhinopomes et les nyctères, et le chanfrein n'est pas tel que celui de ces derniers chéiroptères, creusé par une gouttière longitudinale profonde. La gueule est très-fendue, et comme les lèvres sont fort mobiles, les dents sont presque toujours très-apparentes : les joues, plus ou moins renflées et velues, portent quelquefois de petites verrues ; le mufle est nu, assez petit et légèrement échancré en dessus ; les yeux

sont très-petits, noirs et brillans, placés tout-à-fait latéralement; les oreilles sont plus ou moins grandes, mais moins
longues que la tête, pourvues d'un oreillon bien distinct,
arrondies dans leurs contours, placées aux côtés de la tête et
n'étant pas réunies sur le front par un prolongement de leurs
membranes. Des glandes sébacées, de forme différente, selon
les espèces, se trouvent placées sous la peau de la face. La
langue est lisse, moyenne, non protractile. Les ailes sont
très-grandes et soutenues par les os métacarpiens, fort alongés, et par les phalanges, dont on compte une seule à l'index, trois au médius et deux à l'annulaire et au petit doigt;
le pouce, qui est séparé, court et assez robuste, est terminé
par un ongle crochu. La membrane interfémorale, très-grande,
enveloppe la queue de toute part, depuis sa base jusqu'à
sa pointe. Le poil est doux, généralement de couleur brune,
tirant tantôt sur le gris et tantôt sur le roux. Les membranes
des ailes et de la queue, et les oreilles, sont à peu près nues,
si l'on excepte une espèce (le vespertilion lasiure), dont la
membrane interfémorale est couverte en dessus d'un poil
abondant, particulièrement au voisinage du corps. Les ma-
melles, qui sont au nombre de deux, sont placées sur la poitrine.

Nous avons dit que les espèces de ce genre étoient fort
nombreuses; nous devons ajouter qu'elles sont fort difficiles
à distinguer, et que souvent on est obligé, pour les déterminer. d'avoir égard aux différences que présente le nombre
des dents de diverses sortes, ou à des caractères anatomiques,
tels, par exemple, que celui que fournit l'examen des formes qu'affectent les glandes sébacées, qui sont placées sous
la peau de la face.

Les vespertilions ont été observés en Europe, en Asie et en
Amérique. Certaines espèces sont propres aux contrées inter-
tropicales, mais la plupart habitent les zones plus élevées, et
c'est parmi elles que l'on trouve les chéiroptères, qui vivent
sous les latitudes les plus septentrionales. Ces animaux, éminemment nocturnes, ne sortent de leur retraite qu'au crépuscule du soir pour y rentrer au crépuscule du matin, et c'est
pendant la nuit qu'ils se livrent à la recherche de leur nourriture, qui consiste en petits insectes, et surtout en phalènes,
en noctuelles et autres lépidoptères nocturnes. Les uns vol-

tigent en troupes, les autres isolément; leur vol est irrégulier, incertain et peu élevé. Pendant le jour, selon les espèces,
ils se retirent dans les cavités des vieux arbres des forêts, dans
les parties les moins accessibles des anciens édifices, dans les
trous de rochers. Souvent ils sont en nombre dans le même
gîte, surtout pendant la saison d'hiver, qu'ils passent dans
un état complet d'engourdissement, pour ne reparoître qu'aux
premiers beaux jours du printemps. Lorsqu'ils sont isolés sous
des voûtes souterraines ou dans des cavités de rochers, ils se
suspendent, la tête en bas, accrochés, par les pieds de derrière, aux anfractuosités des parois de ces lieux, et enveloppés par les membranes de leurs ailes, qui leur font comme
l'office d'un manteau. Les femelles ne produisent à chaque
portée que peu de petits, qui naissent totalement nus et
aveugles; ils sont soignés bien tendrement par leur mère, qui
les transporte suspendus par la mamelle qu'ils sucent, et fortement attachés à son corps au moyen des crochets qui garnissent leurs pouces. Quelquefois plusieurs femelles se réunissent dans le même trou pour déposer leur progéniture et pour
l'y élever, et si on enlève leurs petits pour les placer dans un
lieu où elles puissent se rendre sans danger, on les voit
bientôt y voler pour les allaiter.

Les sens des vespertilions, et principalement ceux du tact
et de l'ouïe, paroissent jouir d'une grande perfection, du
moins c'est ce qu'ont prouvé les expériences de Spallanzani,
toutes faites sur des animaux de ce genre.

Lorsqu'on saisit ces animaux, ils se défendent avec un grand
courage et cherchent à mordre.

§. 1.er *Espèces européennes.*

Vespertilion murin : *Vespertilio murinus*, Linn.; la Chauve-
souris, Daubent., Mém. de l'Acad., 1759; la Chauve-souris,
Buffon. Il a quinze à seize pouces d'envergure, mesuré de
l'extrémité d'une aile à l'autre. Ses oreilles sont ovales, de
la longueur de la tête; ses oreillons sont falciformes; le pelage des adultes est d'un brun roussâtre en dessus, d'un gris
blanc en dessous; celui des jeunes est généralement d'un gris
cendré.

La face est presque entièrement nue; le front très-velu;

les narines ont leur bord renflé: les yeux sont grands; les oreilles sont fortement inclinées en arrière, avec la pointe dirigée en avant, à bords simples et un peu velus; l'oreillon est falciforme, avec le bord extérieur terminé par un petit lobe lisse. Les glandes sébacées de la face sont indiquées par M. Kuhl comme étant d'un jaune citron, ovales, appliquées des deux côtés du museau, ne dépassant pas les yeux et ne les entourant pas. Dans l'état de repos et les ailes pliées, le carpe dépasse un peu le museau.

Les animaux de cette espèce habitent les vieux édifices très-élevés, tels que les tours et les clochers. Ils se tiennent écartés des autres espèces et même quelquefois les combattent. Lorsqu'on en place plusieurs dans une cage, ils se déchirent mutuellement et se brisent les os des ailes et des jambes.

Leur espèce habite l'Europe centrale, et est plus commune en Allemagne qu'en France.

Vespertilion de Bechstein : *Vespertilio Bechsteinii*, Leisler; Kuhl, *Deutsch. Flederm.*, p. 22, pl. 22. Cette espèce a moins de vol que la précédente, aussi son envergure n'est que de onze pouces. Ses oreilles sont arrondies à l'extrémité et plus longues que la tête, avec l'oreillon falciforme, un peu courbé en dehors vers sa pointe; le dessus du corps est d'un gris roux ou d'un gris fauve, et le dessous blanc. Les ailes sont aussi larges, mais moins étendues et d'un brun plus foncé, que celles du vespertilion murin; ses pouces sont plus grêles et son pelage est plus blanc inférieurement.

Le museau est long et conique; le nez est assez étroit, déprimé au milieu; les yeux sont petits et noirs; les glandes sébacées de la face sont linguiformes, et s'étendent jusqu'au front, en remontant de chaque côté depuis le museau et s'éloignant des yeux.

Cette espèce, qui a de la ressemblance avec celle de Natterer, en diffère par le manque total des festons à la membrane interfémorale. On la trouve en Allemagne, particulièrement dans la Thuringe et la Wettéravie. Elle habite par troupes, d'une douzaine environ, les creux des vieux arbres des forêts.

Vespertilion de Natterer; *Vespertilio Nattereri*, Kuhl, *Deutsch. Flederm.*, pag. 25, pl. 23. Il a neuf pouces et demi d'enver-

gure. Sa tête est petite, son museau mince ; sa face, excepté
le tour des yeux, est couverte d'un poil laineux, parsemé de
quelques soies plus longues. Ses oreilles sont ovales, assez
larges, un peu plus longues que la tête, avec l'oreillon lancéolé, très-mince, attaché sur une protubérance de la conque.
Son pelage est d'un gris fauve en dessus, blanc en dessous,
et les poils du tour du cou sont plus longs que ceux des autres
parties du corps. Les yeux sont petits et entourés de jaune,
à cause du voisinage de la glande sébacée ; la partie supérieure des oreilles est d'un gris brunâtre, et l'inférieure jaunâtre ; la bouche est moins fendue que dans les espèces précédentes. Le bord de la membrane interfémorale est festonné.

Cette espèce, établie par Kuhl, a été observée près du
Laacher-Sée.

Vespertilion noctule : *Vespertilio noctula*, Gmel., Erxl. ; la
Noctule, Daub., Mém. de l'Ac. des sc. de Paris, 1759, p. 380,
tab. 15, fig. 1 ; *Vespertilio proterus*, Kuhl, *Deutsche Flederm.*,
p. 55. esp. 5 ; *Vespertilio lasiopterus*, Schreb., *Säugthiere*, pl. 58.
L'envergure de cette espèce est de quinze pouces environ. Sa
tête est forte et large ; son museau court, épais et relevé ; son
front plat et très-velu ; le reste de sa face nu ; ses oreilles
sont ovales, triangulaires, réniformes, plus courtes que la
tête, avec l'oreillon arqué et à tête large et arrondie ; sa
langue a une proéminence épineuse à sa base ; les glandes sébacées de sa face, petites et peu remarquables, sont situées
en avant et de chaque côté du museau.

Le pelage de la noctule est très-doux au toucher et épais,
et les poils qui le composent sont d'un roux-fauve très-égal
depuis leur base jusqu'à leur pointe ; seulement ceux des parties inférieures sont d'une nuance plus claire que ceux des
parties supérieures. Les membranes sont d'un brun très-obs-
cur, et sur celles des ailes on remarque le long du bras et de
l'avant-bras une partie velue, qui a fait donner par Schreber
à cette espèce le nom de *vespertilio lasiopterus*.

Selon Kuhl, la noctule présente dans la région du dos un
corps glanduleux qui manque aux autres espèces.

Les mâles ne diffèrent des femelles qu'en ce que celles-ci
sont plus sveltes.

Cette espèce sort de sa retraite avant toutes les autres, ce qui l'a fait nommer *vespertilio proterus* par Kuhl (dès cinq heures du soir en été, et lorsque le soleil est encore fort élevé sur l'horizon). Tant que le jour est plein, elle se tient très-haut dans les airs et ne se rapproche de terre, et particulièrement de la surface des eaux, que vers le crépuscule. Ses troupes sont composées d'une vingtaine d'individus, qui se retirent, pendant le jour et lorsqu'il fait trop de vent, dans les vieilles tours et les clochers de villages, et également dans les trous des vieux arbres.

Selon M. Kuhl, les chauve-souris de cette espèce se rassemblent par milliers en hiver, afin de se tenir chaud mutuellement, et passent ainsi la saison rigoureuse. Les glandes sébacées qui sont situées près de la commissure de leurs lèvres, sont très-développées, et laissent suinter à travers la peau une liqueur d'une odeur très-désagréable.

Cette espèce est commune en Europe et plus encore en Allemagne qu'en France.

Vespertilion sérotine : *Vespertilio serotinus*, Gmel.; la Sérotine, Daubent., Mém. de l'Acad. des sc. de Paris, 1759, pag. 380, pl. 2, fig. 1.

La sérotine a beaucoup de ressemblance, par ses formes et sa taille, avec la noctule, et a quelquefois été confondue avec elle. Son envergure est de treize à quatorze pouces. Sa face est presque nue, avec la lèvre supérieure très-renflée et garnie de verrues, desquelles sortent quelques poils; son museau est court, épais, large et renflé; son front est très-velu; ses yeux sont petits; ses oreilles ovales, triangulaires, plus courtes que la tête, avec les oreillons en demi-cœur. La couleur générale du pelage du mâle est d'un brun-châtain foncé, qui passe en dessous au jaunâtre et au gris, et les femelles diffèrent des vieux mâles, en ce que les couleurs de leur pelage sont beaucoup moins foncées.

La forme de l'oreillon et la couleur plus brune du pelage sont les traits qui distinguent principalement cette espèce de la précédente. Mais si elle s'en rapproche beaucoup par les formes, elle en diffère notablement par les habitudes naturelles.

La sérotine ne paroit que très-tard au printemps, et il y a lieu de croire que son sommeil est plus profond que celui des autres espéces. Elle vit isolée ou par paire, et ne produit qu'un petit vers la fin du mois de Mai. Elle fait sa demeure habituelle dans les creux des arbres des forêts et de la campagne, ou bien dans les piles de bois des chantiers, le plus souvent au voisinage des eaux. Chaque soir elle sort plus tard que la noctule et fait entendre sa voix, qui est très-sifflante. Son odeur est fade.

La sérotine est commune en France et en Allemagne.

VESPERTILION DE LEISLER; *Vespertilio Leisleri*, Kuhl, *Deutsch, Flederm.*, pag. 38, esp. 6. Cette espéce, qui a encore de la ressemblance avec les deux précédentes, n'a que onze pouces d'envergure. Sa tête est courte et plate, mais beaucoup moins forte que celle de la noctule; ses narines sont lunulées, ses lèvres renflées; son front est très-velu; ses yeux sont fort petits et cachés dans le poil, entourés de glandes sébacées petites et jaunâtres. Ses oreilles sont ovales-triangulaires, courtes, avec un oreillon terminé par une partie arrondie; la bouche est médiocrement fendue, et il existe près des commissures des lèvres une forte glande blanche; le pelage est composé de longs poils de couleur marron à l'extrémité et d'un brun foncé à la base; une bande poilue s'étend le long des bras, sur la face inférieure de l'aile; les membranes sont d'un noir brunâtre. Dans cette espéce, les jeunes individus sont d'une couleur plus foncée que les adultes et les vieux.

Cette espéce a été trouvée en Allemagne par Leisler. Elle habite en troupes nombreuses les creux des vieux arbres qui sont situés aux environs des mares ou des étangs.

VESPERTILION DE SCHREIBERS: *Vespertilio Schreibersii*, Natterer; Kuhl. *Deutsche Flederm.*, page 47, esp. 7. Son envergure est de dix à onze pouces; sa tête est petite; son front élevé; ses yeux sont petits et enfoncés; son museau est épais, et sa lèvre supérieure renflée; ses oreilles sont petites, plus courtes que la tête, larges, droites, triangulaires, arrondies aux angles, avec un rebord interne velu, et leur oreillon est lancéolé, droit d'abord, puis recourbé en dedans vers l'extrémité. Son pelage est d'un gris cendré, plus pâle en dessous qu'en dessus, et souvent mêlé de blanc jaunâtre.

Ce vespertilion a été trouvé par M. Schreibers dans les cavités souterraines du bannat de Temeswar.

Vespertilion discolor : *Vespertilio discolor*, Natterer ; Kuhl. *Deutsche Fledermäuse*, pag. 43, pl. 25, fig. 2. Ce vespertilion a dix ou onze pouces d'envergure. Il a le museau long, large et renflé ; le nez épais et très-large ; les lèvres très-renflées ; les yeux très-petits ; les oreilles courtes, arrondies, ovales, recourbées en dehors, avec un lobe arrondi très-saillant au bord interne et près de la tête, leur moitié inférieure étant velue ; les oreillons presque aussi larges en haut qu'en bas, opaques et nus. Le pelage est soyeux et composé de poils bruns et terminés de blanc sur le dos, ce qui donne à cette partie une teinte variée et comme marbrée ; le ventre est couvert de poils gris et terminés de blanc, et ceux de la gorge et du dessous du cou sont blanchâtres et quelquefois très-légèrement teints de roux.

Cette espèce, de l'Allemagne australe, et qui est assez rare en Autriche, se tient dans les granges et les habitations, et jamais dans les cavités des vieux arbres. Elle vole le soir de très-bonne heure, comme la noctule.

Vespertilion pipistrelle : *Vespertilio pipistrellus*, Gmel. ; la Pipistrelle, Daubent., Mém. de l'Ac. des sc. de Paris, 1759, pag. 381, fig. 3. C'est la plus petite espèce d'Europe et une des plus communes aux environs de Paris. Son envergure est de six pouces et demi. Ses formes ont de l'analogie avec celles de la noctule. Sa tête est large, convexe ; son occiput arrondi, et son nez large et déprimé. Les oreilles sont ovales, triangulaires, plus courtes que la tête, échancrées sur le bord extérieur au-dessous de l'extrémité ; les oreillons sont presque droits et terminés par une tête arrondie ; la queue est comparativement beaucoup plus longue que celle des autres espèces. Le pelage est doux et soyeux, et les poils surtout sont longs : leur couleur est le brun noirâtre, ceux du dessous du corps étant d'un brun fauve. M. Geoffroy Saint-Hilaire a rapporté d'Égypte une variété de cette espèce, qui est particulièrement caractérisée en ce que les poils bruns du dos ont la pointe cendrée.

La pipistrelle est commune en France, en Allemagne et en Italie. Elle se tient sous les combles des habitations rurales et y dépose ses petits, au nombre de trois à quatre par portée. A l'époque du part, les femelles se réunissent pour

mettre bas ensemble, et paroissent soigner leur progéniture
en commun. En 1825, une nichée de douze jeunes pipis-
trelles ayant été prise et déposée dans un pot de terre, à
quelque distance de la maison où elle avoit été trouvée, les
mères, au nombre de quatre, qui d'abord s'étoient envolées,
attirées par les cris des petits, vinrent les rejoindre dans la
nuit suivante pour les allaiter, et se laissèrent prendre sur
eux sans chercher à se sauver.

VESPERTILION ÉCHANCRÉ : *Vespertilio emarginatus*, Geoffr.,
Ann. du Mus., tom. 8, pag. 198, pl. 46 et 48; *Vespertilio
murinus*, Leisler. Cette espèce, trouvée en Angleterre et aux
environs d'Abbeville en France, a neuf pouces d'envergure.
Sa tête est assez semblable à celle de la pipistrelle. Ses oreilles,
oblongues, sont de la longueur de la tête et présentent une
échancrure peu large, mais profonde, à leur bord extérieur;
l'oreillon, qui est subulé, a environ la moitié de la longueur
de l'oreille. Le pelage a beaucoup de rapports avec celui du
vespertilion murin, en ce qu'il est d'un gris roussâtre sur les
parties supérieures du corps, et d'un cendré blanchâtre sur
les inférieures; tous les poils de ces parties ayant leur base
brune.

VESPERTILION A MOUSTACHES : *Vespertilio mystacinus*, Leisler,
Kuhl. *Deutsche Fledermäuse*, pag. 58, esp. 14. Cette jolie espèce
n'a que sept à huit pouces d'envergure. Elle a la tête petite,
le nez renflé, avec une fissure au milieu, qui se perd vers le
front, sous les poils; les oreilles, assez grandes, sont oblongues, arrondies au sommet, arquées sur le bord interne,
repliées et pourvues d'une échancrure large et peu profonde
au bord extérieur; l'oreillon subulé, de moitié moins long
que l'oreille; la face velue, avec des poils doux, laineux,
assez longs, formant de chaque côté une sorte de moustache
sur la lèvre supérieure, qui est renflée. Le pelage, très-fourni
et laineux, est d'un brun lavé de marron en dessus, les extrémités des poils étant de cette couleur; d'un gris blanchâtre
en dessous, et tirant au jaunâtre sous le cou, tous les poils
de ces parties inférieures ayant leur base brune. La femelle
a des teintes moins foncées que le mâle, mais du reste lui
ressemble entièrement.

Cette espèce a été trouvée en Allemagne, où elle paroît

être rare. Elle vit indifféremment dans les lieux habités par l'homme et dans les trous des vieux arbres, mais au voisinage des eaux. Son vol est rapide et très-rapproché de terre. Au printemps elle sort plus tôt de sa retraite que ne le font les autres espèces.

VESPERTILION DE KUHL : *Vespertilio Kuhlii*, Natterer; Kuhl, *Deutsche Fledermäuse*, p. 55, esp. 13. Cette chauve-souris, trouvée à Trieste, a huit pouces huit lignes d'envergure. Sa tête est large, épaisse; son museau arrondi, obtus; son front couvert de poils laineux; les yeux sont peu cachés par ces poils; les oreilles sont très-simples, presque triangulaires, sans échancrures ou replis remarquables, et leur oreillon, large, obtus et velu, est en forme d'arc recourbé en dedans; un faisceau de longs poils soyeux et roides se voit au-dessus des yeux, et il y a une ligne de poils sur la lèvre supérieure. Pelage long, doux, laineux, d'un brun-roux clair en dessus, d'un brun fauve en dessous. ce qui est dû à ce que les poils de ces parties, bruns à leur base, sont terminés de roux ou de fauve; la première moitié de la face supérieure de la membrane inter-fémorale est très-velue.

VESPERTILION DE DAUBENTON : *Vespertilio Daubentonii*, Leisler; Kuhl, *Deutsche Fledermäuse*, pag. 51, tab. 51, fig. 1. Leisler a dédié à Daubenton cette chauve-souris, qu'il a trouvée à Hanau en Wettéravie, et que Natterer a aussi rencontrée dans le midi de l'Allemagne.

Elle a neuf pouces à neuf pouces et demi d'envergure, la tête petite, le front élevé et très-velu; le museau renflé, mais déprimé dans le milieu et rentré en dessous; les lèvres très-renflées et garnies de poils roides avec une barbe; les glandes sébacées de la face blanches, faisant une protubérance au-dessus des yeux; les oreilles petites, presque ovales, avec une légère échancrure à leur bord extérieur, nues, ayant à leur bord interne et inférieur un repli fort large et garni de poils rares; les oreillons lancéolés, très-petits et minces. Les poils du dos sont serrés, courts et doux, d'un brun noir à leur base et d'un brun rougeâtre légèrement mêlé de gris à leur pointe; ceux du dessous du corps noirs à leur base et d'un blanc sale à leur extrémité; les poils de la base des oreilles et des oreillons sont jaunâtres; les griffes sont blanches.

La femelle est plus petite que le mâle, et les couleurs de son pelage sont moins foncées que celles du sien.

Ce vespertilion vole très-bas, et fort souvent à la surface des eaux stagnantes.

Toutes les espèces dont nous avons donné la description jusqu'à présent, au nombre de treize, ont été observées en Europe et distinguées par des zoologistes de l'exactitude desquels on ne sauroit douter. Récemment un des plus habiles naturalistes de l'Allemagne en a joint cinq autres, dont nous n'avons encore pu examiner aucun individu ; mais qui, sans doute, devront prendre un rang assuré dans le catalogue des espèces animales. Ce sont :

VESPERTILION SUBMURIN ; *Vespertilio submurinus*, Brehm., confondu jusqu'ici avec le Vespertilion murin. Il a dix-sept à dix-huit pouces d'envergure ; les ailes larges ; les oreilles beaucoup plus courtes que la tête ; le dessus du corps d'un brun foncé tirant un peu au brun grisâtre ; le dessous d'un gris tirant au blanchâtre ; le museau, les membranes et les oreilles d'un gris noirâtre. Dans cette espèce les canines supérieures n'ont point leur face postérieure marquée d'une arête, en sorte que la première fausse molaire est libre ; la seconde fausse molaire supérieure est fort différente de la première ; les deux premières fausses molaires inférieures sont assez longues et très-pointues. Cette espèce rare habite dans les creux des arbres fruitiers.

VESPERTILION DE WIED ; *Vespertilio Wiedii*, Brehm. Espèce qui a quinze pouces et demi à seize pouces d'envergure. Le dessus du corps est couvert d'un long poil doux, d'un gris brunâtre ; le dessous d'un gris clair ; le museau d'un noir grisâtre ; les membranes sont gris noirâtre, et les oreilles noirâtres ; mais ses caractères essentiels consistent dans des oreilles fort petites, dans le prolongement de la queue de deux lignes et demie au-delà de la membrane interfémorale, et dans la largeur médiocre de la membrane de ses ailes.

Elle est rare en Allemagne, et présente des habitudes naturelles très-analogues à celles du vespertilion murin.

VESPERTILION DE OKEN ; *Vespertilio Okenii*, Brehm. Espèce plus petite que la précédente et qui n'a que quatorze pouces et demi à quinze pouces d'envergure. Ses oreilles sont petites ;

ses dents grandes; sa queue dépasse de trois lignes la membrane interfémorale; ses ailes sont d'une largeur médiocre; son pelage est médiocrement long et doux, d'un brun noir sur le dos et d'un gris-terreux foncé sous le ventre.

Vespertilion ferrugineux; *Vespertilio ferrugineus*, Brehm. Cette espèce est voisine de la noctule, mais de moitié plus grande, et elle a son pelage plus foncé. Ses oreilles sont courtes et réniformes; son poil est court et de couleur de rouille. Son envergure est de quinze pouces à quinze pouces et demi; ses ailes sont fort étroites.

Vespertilion de Schinz; *Vespertilio Schinzii*, Brehm. Son envergure est de neuf pouces deux tiers à dix pouces. Son pelage est d'un brun noir sur le dos, et d'un gris noirâtre mêlé de blanchâtre sous le ventre. Il a les oreilles longues de six lignes et de deux lignes plus courtes que la tête; les oreillons longs et lancéolés; la queue dépassant d'une demi-ligne la membrane interfémorale; les ailes larges, et le poil doux, sous lequel le museau, assez court, est presque entièrement caché. Cette espèce est rare en Allemagne, où elle se cache pendant le jour sous le toit des habitations.

Nous terminerons la description des vespertilions européens par l'espèce suivante, dont on trouve la description dans le *Zoological Journal*.

Vespertilion pygmée; *Vespertilio pygmæus*, Leach, *loc. cit.* Cette espèce, qui est la plus petite du genre, est d'une couleur brun foncé passant au gris en dessous; les oreilles sont plus courtes que la tête, à oreillon simple et linéaire; la queue est longue, nue à la pointe, et dépasse un peu la membrane interfémorale.

. Elle est très-commune, selon M. Leach, dans la forêt de Dartmoor en Angleterre. M. Lesson pense qu'elle pourroit ne pas différer spécifiquement d'une espèce qui a été décrite dans les Transactions de la Société linnéenne de Londres, par Montagu, sous le nom de *Vespertilio murinus*.

§. 2. *Espèces d'Afrique.*

Vespertilion de Nigritie: *Vespertilio nigrita*, Gmel., Geoff.; la Marmotte volante, Daub., Mém. de l'Ac. des sc., 1759, p. 385; Chauve-souris étrangère, Buff., tom. 10, pl. 18. Il a

dix-huit pouces d'envergure ; la tête alongée ; le museau large et
gros : les lèvres longues, non renflées, ni variqueuses : le chanfrein busqué ; les oreilles ovales, triangulaires, très-courtes,
du tiers de la longueur de la tête, avec l'oreillon long et terminé en pointe : la membrane interfémorale dépassée par la
queue de la longueur des deux dernières vertèbres de celle-
ci ; le pelage d'un brun fauve en dessus et d'un fauve foncé
en dessous ; les membranes des ailes et les oreilles de couleur
noirâtre.

Cette espèce a été rapportée du Sénégal par Adanson. Les
caractères que présente son système dentaire, pourroient
la faire séparer du genre Vespertilion, ainsi que l'espèce suivante.

Vespertilion de l'île Bourbon ; *Vespertilio Borbonicus.* Geoff.,
Ann. du Mus., tom. 8, pag. 201, pl. 46.

Cette espèce a été trouvée à l'île Bourbon par le voyageur
Macé. Elle est assez voisine de la sérotine d'Europe, mais
néanmoins d'une taille plus considérable. Ses oreilles sont
ovales-triangulaires, de moitié plus courtes que la tête, pourvues d'un oreillon long et en forme de demi-cœur ; sa tête
est courte, large, son museau renflé ; son nez saillant ; l'ongle
du pouce de ses ailes très-foible. Son pelage est doux et luisant, roux en dessus et blanchâtre en dessous : enfin, les
membranes sont d'un brun foncé.

§. 3. *Espèce asiatique.*

Vespertilion kirivoula : *Vespertilio ternatanus.* Seha ; *Vespertilio pictus.* Linn., Pallas : Muscardin volant, Daubent.,
Mém. de l'Acad. des sc. de Paris, 1759, pag. 388.

Ce chéiroptère a deux pouces environ de longueur ; sa
queue, un pouce huit lignes, et son envergure est de sept
pouces. Ses oreilles sont grandes, quoique plus courtes que
la tête, plus larges que hautes et avancées sur les yeux, très-
légèrement échancrées sur le bord extérieur, un peu au-dessous de l'extrémité, qui est un peu recourbée en dehors ;
l'oreillon est très-alongé et subulé. Le pelage est d'un jaune-
roux très-vif sur les parties supérieures et d'un jaune terne
sous le ventre. Les membranes des ailes sont d'un brun marron,
et marquées d'une bande jaunâtre qui suit le corps et le bras,

pour se diviser, à partir du poignet, **en quatre bandes pa-
reilles**, dont chacune suit un doigt jusqu'à son extrémité.

On trouve cette espèce dans l'Inde, et Seba l'indique comme habitant Ternate.

La tête osseuse du kirivoula a beaucoup de ressemblance avec celle de la furie hérissée, que nous décrirons d'après M. Fréderic Cuvier, bien que l'angle que forment les frontaux et toutes les parties postérieures de la tête sur les os propres du nez, soit beaucoup plus ouvert. Par le même caractère, cette tête diffère beaucoup de celles de la noctule et de la sérotine, qui ont les os propres du nez, les frontaux, les pariétaux et l'occipital sur une ligne droite, médiocrement inclinée. (Voyez plus loin, page 53, la partie de cet article qui est relative au genre *Furie*.)

§. 4. *Espèces de l'Amérique méridionale.*

Vespertilion grande sérotine : *Vespertilio maximus*, Desm., Mamm., 218 ; grande Sérotine de la Guiane, Buffon, Hist. nat., Suppl., 7, pl. 73 ; *Vespertilio nasutus*, Shaw. Le chéiroptère décrit par Buffon sous le nom de grande Sérotine de la Guiane, a dix-huit pouces d'envergure ; les oreilles ovales, plus courtes que la tête ; l'oreillon subulé : le museau long et pointu ; les poils du dos, longs de quatre lignes et d'un brun marron ; ceux du dessous du corps plus courts, d'un jaune clair sur les flancs et d'un blanc sale sous le ventre ; les membranes de couleur noirâtre, et les ongles blancs et crochus.

Cette espèce, dont l'existence n'est pas suffisamment établie, vole, dit-on, le soir par troupes très-nombreuses, au-dessus des prairies de la Guiane.

Vespertilion de Buénos-Ayres : *Vespertilio bonariensis*, Lesson et Garnot, Zool. de la Coq., pl. 2, fig. 1, pag. 135 ; Lesson, Manuel de Mamm., n.º 213. Celui-ci, trouvé sur les rives de la Plata, et particulièrement aux environs de Buénos-Ayres, a les oreilles courtes et ovalaires ; les poils du dos d'un jaune piqueté de jaune plus clair ; ceux du museau fauves et ceux du ventre d'un jaune brun ; les membranes d'un rouge noirâtre, l'interfémorale très-velue en dessus et nue en dessous.

Par ce dernier caractère, cette espèce a de la ressemblance avec le vespertilion à queue velue de l'Amérique septentrionale.

Vespertilion du Brésil : *Vespertilio brasiliensis*, Desm., Mamm.; *Vespertilio Hilarii*, Isidore Geoff. Saint-Hilaire, Ann. des sc. natur., tom. 3, Décembre 1824, pag. 441, n.° 222. Cette espèce, que nous avons décrite d'après des individus rapportés du Brésil par M. Auguste Saint-Hilaire, a onze ou douze pouces (324 millimètres) d'envergure; le corps est un peu plus long que le bras et l'avant-bras réunis. Elle a les oreilles médiocres, de forme alongée, triangulaires et velues à leur base, très-légèrement échancrées sur leur bord externe, et leurs membranes sont ridées transversalement; les oreillons sont de forme alongée; les incisives très-petites; la face est nue latéralement; les membranes sont très-étroites et noires; la queue presque aussi longue que le corps, est enveloppée en entier dans la membrane interfémorale, qui n'est pas velue; le pelage très-doux et soyeux, d'un brun obscur, lavé de marron.

Ce vespertilion, qui est le même que celui que M. Isidore Geoffroy a décrit plus tard sous le nom de *Vespertilio Hilarii*, est le plus grand du Brésil, et a été trouvé dans la capitainerie de Goyar et la province des Missions.

Vespertilion polythrice; *Vespertilio polythrix*, Isidore Geoffroy Saint-Hilaire, Ann. des sc. nat., tom. 3, Décembre, pag. 345. Cette espèce est d'une taille un peu supérieure à celle de la pipistrelle d'Europe, et son envergure est de deux cent cinquante-quatre millimètres. Son caractère essentiel consiste dans la forme de ses oreilles, qui sont assez petites, moins larges que longues, échancrées à leur bord extérieur; dans la longueur du corps, à peu près égale à celle du bras et de l'avant-bras réunis; dans celle de la queue, qui est seulement égale à celle de l'avant-bras; dans la légère villosité de la partie supérieure de la membrane interfémorale; et enfin dans l'abondance des poils qui couvrent la face.

Cette espèce se distingue de l'espèce précédente. 1.° par les poils qui se remarquent sur la membrane interfémorale dans la portion qui avoisine le corps; 2.° par des poils très-longs et très-abondans, qui couvrent également et toutes les parties médianes et toutes les parties latérales de la face, l'extrémité du museau étant presque la seule partie qui soit nue; enfin, 5.° par ses oreilles, dont le bord extérieur est largement échancré. La face très-velue de cette chauve-souris lui donne une physionomie tout-à-fait hideuse. Sa couleur est toujours d'un brun-marron très-foncé en dessus et d'un brun-marron tirant sur le grisâtre en dessous. Les poils de la membrane interfémorale sont souvent très-rares.

Elle a été trouvée par M. Auguste Saint-Hilaire dans la capitainerie de Rio-Grande et dans celle des Mines.

VESPERTILION LÉGER; *Vespertilio lævis*, Isid. Geoffr. Saint-Hilaire, Ann. des sc. nat., tom. 5, Décembre 1824, p. 444. L'envergure des ailes de ce vespertilion est de deux cent cinquante-quatre millimètres. Ses oreilles sont longues; son corps est moins long que le bras et l'avant-bras réunis; sa queue est aussi longue que son corps; sa membrane interfémorale porte quelques poils en dessus; sa face est en partie nue.

Cette espèce est remarquable par la petitesse de sa taille, encore moindre que celle de la précédente et de la pipistrelle d'Europe, et par le grand développement de toutes ses membranes. Ses oreilles sont presque doubles de celles du vespertilion polythrice, quoique la taille de celui-ci soit supérieure à la sienne, et ses oreillons sont alongés dans le même rapport : du reste, les oreilles du vespertilion léger ressemblent pour la forme à celles du vespertilion polythrice; la membrane interfémorale est très-peu velue. Les couleurs de son pelage sont les mêmes que dans l'espèce précédente.

Le vespertilion léger a été rapporté du Brésil par M. Auguste Saint-Hilaire.

VESPERTILION A LONG NEZ; *Vespertilio naso*, Pr. Maximilien de Neuwied, Voy. au Brésil. Dans cette espèce on remarque un singulier caractère, qui consiste dans l'alongement du nez, qui est tel qu'il dépasse d'une ligne la mâchoire. Les oreilles sont petites et très-pointues; le pelage est d'un gris brun en dessus et d'un gris jaunâtre en dessous.

Sa patrie est le Brésil.

A ces espèces de l'Amérique méridionale nous ajouterons les trois suivantes, qui ont été décrites par d'Azara : mais peut-être pas avec assez de détail pour qu'on soit assuré du genre dans lequel elles doivent être définitivement placées.

VESPERTILION TRÈS-VELU : *Vespertilio villosissimus*, Geoff., Desm., Mamm., n.° 219; CHAUVE-SOURIS SEPTIÈME, ou CHAUVE-SOURIS BRUN-BLANCHATRE, d'Azara, Essai sur les quadr. du Parag., tom. 2, pag. 284. Son envergure est de onze pouces. Il a les oreilles un peu aiguës à la pointe, longues de sept lignes et demie, ouvertes en avant, un peu inclinées vers le front; les oreillons aigus, en forme d'épée; le museau obtus et pouvant se retrousser facilement; les canines fort longues; les incisives très-petites; le poil extrêmement doux, fort long, d'un brun très-pâle; la membrane interfémorale de la même couleur et velue en dessus, excepté dans sa bordure; les vertèbres de la queue très-longues et très-minces. Il habite le Paraguay.

VESPERTILION ROUGE : *Vespertilio ruber*, Geoffr., Desm., Mamm., 220; CHAUVE-SOURIS ONZIÈME ou CHAUVE-SOURIS CANNELLE, d'Azara, Essai sur les quadr. du Parag., tome 2, page 292. Son envergure est de neuf pouces deux lignes. Selon d'Azara, il n'a que deux très-petites incisives à chaque mâchoire, ce qui devroit, si ce caractère étoit constant, le faire placer dans un genre différent. Ses oreilles sont très-aiguës; ses oreillons étroits, aigus, comme des poinçons; son museau est un peu pointu; son poil est court, de couleur cannelle sur les parties supérieures, et fauve dessous les inférieures. Cette espèce est aussi du Paraguay.

VESPERTILION POUDRÉ : *Vespertilio albescens*, Geoffr., Desm., Mamm., n.° 221; CHAUVE-SOURIS DOUZIÈME ou CHAUVE-SOURIS BRUN OBSCUR, d'Azara, Essai sur l'histoire naturelle des quadrupèdes du Paraguay, tom. 2, pag. 294. Ce troisième vespertilion du Paraguay a huit pouces dix lignes d'envergure; le museau un peu aplati et semblable à celui d'un chien dogue; la mâchoire supérieure paroissant pourvue de quatre incisives, et celles de la mâchoire opposée si petites qu'on ne peut les apercevoir; les oreilles semblables à celles d'un rat, avec leur pointe assez aiguë, et l'oreillon très-pointu; le pelage des parties supérieures d'un brun presque noir, et celui des inférieures obscur, mais piqueté de blanc, parce que les poils de cette partie sont terminés de cette couleur.

Une variété a le pelage d'un brun obscur en dessus et d'un brun qui blanchit en dessous.

Vespertilion queue velue : *Vespertilio lasiurus*, Schreb., tab. 62, *B*; Gmel., Desm., 215; Chauve-souris a grosse queue, *Rough tailed bat*, Penn., Shaw, Encycl., pl. 31, fig. 4. Cette espèce, dont le corps et la tête ont un pouce dix lignes et demie de longueur totale, et dont la taille est à peu près égale à celle du vespertilion échancré, a la membrane inter-fémorale velue en dessus; les oreilles ovales, plus courtes que la tête; l'oreillon étroit et en demi-cœur; la couleur générale des parties supérieures du corps rousse, légèrement variée de gris jaunâtre, qui est celle des poils à leur base; les parties inférieures jaunâtres, et les poils qui les couvrent d'un cendré foncé à leur base : des rayures d'un gris brun partent du corps et s'étendent le long des doigts de l'aile. Cette espèce, qui a la plus grande analogie avec le vespertilion de New-York, a deux incisives supérieures et six inférieures, selon M. F. Cuvier. Elle est de Cayenne.

§. 5. *Espèces de l'Amérique septentrionale.*

Vespertilion de la Caroline ; *Vespertilio caroliniensis*, Geoffr., Ann. du Mus., tom. 8, pl. 47. Il a neuf pouces sept lignes d'envergure, et ressemble assez au vespertilion de Bechstein. Son chanfrein est plus large et plus court que celui du V. murin ; ses oreilles, oblongues, sont de la grandeur de la tête, sans replis sur leur bord interne, et ont la base de leur face postérieure velue ; l'oreillon est presque en cœur; le pelage est d'un brun marron, moins obscur que celui du vespertilion pipistrelle en dessus et jaunâtre en dessous; la queue dépasse de bien peu la membrane interfémorale.

Le seul individu qui ait été observé et sur lequel l'espèce est fondée, a été trouvé dans la Caroline du sud, auprès de Charlestown.

Vespertilion de New-York ; *Vespertilio Noveboracensis*, Penn., Erxleb., Gmel. Cette espèce, dont M. Lesueur nous a fait parvenir un individu, est de la taille de la noctule; c'est, sans contredit, le plus joli mammifère de tout le genre et même de toute la famille. Sa tête est courte et large, très-velue partout, excepté sur les oreilles et sur le bout du museau, qui est assez fortement échancré dans son milieu. Ses oreilles sont médiocres, plus courtes que la tête, de forme ovale, et leur oreillon, qui est de moitié moins long, est aminci vers le bout, droit à son bord interne, large à sa base extérieurement, et en totalité sa figure est celle d'un demi-cœur renversé ; ses yeux sont très-petits et cachés par le poil, qui est fort long ; sa membrane interfémorale, de moitié aussi longue que le corps et la tête réunis, enveloppant la queue jusqu'à son extrémité, est velue comme le dos en dessus, et totalement nue en dessous ; le bras et l'avant-bras, à la face inférieure de l'aile, sont garnis dans toute leur longueur d'une bande de poils fins et serrés, qui forment un prolongement le long du métacarpien du doigt médius. Le pelage de toutes les parties du corps est d'un joli jaune roux, plus foncé supérieurement qu'inférieurement, et chaque poil, aussi partout, est de trois couleurs, noir à la base, jaune dans la plus grande partie de sa longueur et roux vif à la pointe ; une tache transverse, d'un blanc jaunâtre, est de chaque côté sur la poitrine, à la base de l'aile, et varie un peu la couleur de cette région ; ici les poils, au lieu d'être terminés de roux, le sont de blanc, les poils de la face supérieure de la membrane interfémorale sont plus laineux que ceux des autres parties du corps ; les membranes des ailes sont d'un brun noir, et les oreilles sont beaucoup plus claires ; le pouce des ailes est long et grêle ; les ongles sont noirs.

Les couleurs que nous venons de décrire ne s'accordent pas avec celles que Pennant donne au *vespertilio Noveboracensis*, quant au fond du pelage, qu'il dit être d'un brun pâle et que nous avons vu d'un jaune roux ; mais, comme nous, il signale la tache blanche de la base de chaque aile, qui est caractéristique. Nous avons examiné les dents de notre individu, et quelle qu'ait été notre attention, nous n'avons pu découvrir d'incisives supérieures, quoique M. Fréd. Cuvier, dans le tableau qu'il donne du système dentaire des vespertilions, en reconnoisse deux à cette espèce, ainsi qu'au vespertilion queue-velue.

Cette différence d'observation n'est pas la première que nous remarquions dans le nombre des incisives des chéiroptères ; aussi sommes-nous très-portés à considérer comme à peu près

nuls les caractères que ces dents peuvent fournir. On a rap‑
porté cette chauve‑souris au genre Atalaphe de M. Rafines‑
que, quoique le caractère de celui‑ci soit de n'avoir pas d'in‑
cisives, ni en haut ni en bas ; mais nous pouvons assurer
qu'elle possède six incisives inférieures bien apparentes, et
particulièrement caractérisées par leur extrémité, qui offre
des mamelons mousses, comme la couronne d'une molaire de
mammifère omnivore, parce qu'elle est divisée par des sillons
transversaux assez profonds. Les intermédiaires de ces inci‑
sives sont plus petites que les latérales.

Nous allons maintenant rapporter les notes sur lesquelles
M. Rafinesque‑Schmaltz appuie la distinction de plusieurs es‑
pèces de vespertilions des États‑Unis, dont nous ne pouvons
reconnoître définitivement l'existence, n'ayant eu l'occasion
d'en voir aucune, et dont les descriptions ne sont pas assez
complètes pour qu'il soit possible d'établir entre elles et les
espèces admises une comparaison suffisamment exacte.

Vespertilion aux ailes bleues ; *Vespertilio cyanopterus*, Rafin.
Son envergure est de dix pouces ; sa queue est égale à la
moitié de la longueur du corps ; les incisives supérieures sont
au nombre de deux, et on en compte six inférieures ; ses
oreilles sont plus longues que la tête ; son pelage est d'un
gris foncé en dessus et d'un gris‑cendré tirant sur le bleu
en dessous ; les membranes de ses ailes sont d'un gris‑bleuâtre
foncé, avec les doigts noirs.

Vespertilion a dos noir ; *Vespertilio melanotus*, Rafin. Son
envergure est de douze pouces et demi ; ses oreilles sont mu‑
nies d'un oreillon de forme arrondie ; son pelage est noirâtre
en dessus et blanchâtre en dessous ; la queue a en longueur
la moitié de celle du corps ; les membranes sont d'un gris
foncé, avec les doigts noirs.

Vespertilion moine, *Vespertilio monachus*. Il a la taille et
l'envergure du précédent ; mais sa queue est plus courte, car
elle n'a qu'un tiers de la longueur totale de l'animal, au
lieu de la moitié ; le dessus de sa membrane interfémorale
est velu sur la queue, qu'elle renferme en entier ; les oreilles
sont petites et entièrement cachées dans le poil, qui est très‑
long ; le pelage est d'un fauve‑rouge foncé en dessus et fauve
en dessous ; les pattes de derrière sont noires ; les membranes

de ses ailes d'un gris foncé, et ses doigts, ainsi que son nez, de couleur de rose.

Vespertilion a face noire; *Vespertilio phaiops*, Rafin. Son envergure est de treize pouces; la longueur de son corps est de quatre pouces et demi, et celle de sa queue de deux pouces trois lignes. Cette partie dépasse un peu la membrane interfémorale à son extrémité; les incisives supérieures sont au nombre de quatre, et les inférieures de six; le pelage est d'un brun-bai obscur en dessus, et plus pâle en dessous; la face, les oreilles et les membranes, sont noires.

Vespertilion éperonné; *Vespertilio calcaratus*, Rafin. Cette espèce, sur l'existence de laquelle nous partageons les doutes que nous ont inspirées les précédentes, est, selon M. Rafinesque, principalement caractérisée par une sorte d'éperon à la partie interne de la première phalange (sans indication des membres où cet éperon existe, quoique ce soit probablement aux postérieurs, où toutes les espèces de ce genre présentent un prolongement osseux de cette sorte, sur lequel s'attache la membrane interfémorale). Le pelage est d'un brun noirâtre en dessus et d'un fauve foncé en dessous; les ailes sont noires, avec les doigts roses, et les pieds de derrière sont noirs.

M. Say a aussi fait connoître trois espèces de vespertilions dans la Zoologie de l'expédition du major Long: savoir: les *V. pruinosus, arquatus* et *subulatus*. Nous ne saurions affirmer qu'elles diffèrent toutes de celles qui ont été signalées par M. Rafinesque-Schmaltz; car les unes et les autres sont décrites trop brièvement pour que la comparaison en puisse être faite.

Vespertilion pruineux; *Vespertilio pruinosus*, Say. Cette espèce, de la Pensylvanie, a les oreilles plus courtes que la tête. Les oreillons arqués et très-obtus à la pointe; le pelage d'un brun noirâtre sur le dos et piqueté de blanc; d'un ferrugineux foncé vers le bas du dos et d'un blanc-jaunâtre terne sous la gorge.

Vespertilion arqué; *Vespertilio arcuatus*, Say. Des états de l'Ouest. Il a les oreilles plus courtes que la tête, marquées de deux petites échancrures obtuses à leur bord postérieur, avec l'oreillon arqué et obtus à la pointe; sa membrane interfémorale est nue.

Vespertilion subulé ; *Vespertilio subulatus*, Say. Des montagnes rocheuses (*Mountain rocky*). Il a les oreilles plus longues que larges, et à peu près aussi longues que la tête ; les poils de son pelage sont brunâtres à la base et cendrés à leur pointe sur le dos, noirs à la base et terminés de blanc jaunâtre sur le ventre ; la membrane interfémorale est velue en dessus près du corps, et un peu dépassée par la queue à son extrémité. Cette partie a un peu plus du tiers de la longueur totale du corps et de la tête.

Genre Oreillard ; *Plecotus*, Geoffr.

Les oreillards de M. Geoffroy ont la plus grande ressemblance avec les vespertilions, sous les rapports du système dentaire, des formes des membres et de la disposition de la queue dans la membrane interfémorale ; mais chez eux les oreilles sont toujours très-grandes ou énormes, et liées entre elles par un prolongement de leur bord interne, qui traverse le front vers son milieu. M. Fréd. Cuvier a compté dans l'oreillard commun quatre incisives supérieures ; six inférieures ; deux canines à chaque mâchoire ; cinq molaires de chaque côté en haut et six en bas.

Les habitudes naturelles de ces animaux ne diffèrent pas de celles des vespertilions.

Oreillard d'Europe : *Plecotus vulgaris*, Geoffr. ; *Vespertilion auritus*, Gmel. ; l'Oreillard, Buff. ; Daub., Mém. de l'Ac. des sc. de l'ar., 1759, p. 576 et 579, pl. 1, fig. 2. L'oreillard est la plus petite espèce de chauve-souris des environs de Paris et de France. Sa longueur totale est d'un pouce neuf lignes, et son envergure est de dix pouces cinq lignes. Sa tête est aplatie ; son museau conique, très-renflé des deux côtés et derrière les narines, échancré au milieu ; les yeux sont petits ; les sourcils épais ; les oreilles sont excessivement grandes (un pouce six lignes), rabattues sur le corps, ayant en largeur les deux tiers de leur longueur, marquées d'un repli longitudinal et saillant en avant sur le bord interne et d'un repli plus petit sur le bord externe ; elles sont réunies par leur base ; l'oreillon est long, pointu, plat, proportionné à l'oreille ; les glandes sébacées de la face sont jaunes et placées devant les yeux ; la queue est très-grande ; les membranes sont très-amples : le pelage est d'une couleur mêlée de noirâtre et de gris roussâtre en dessus, et d'une teinte moins foncée en dessous ; la base de tous les poils est noire ; les oreilles et les oreillons sont d'un gris mêlé de brun.

Une variété d'Égypte a le pelage plus roux, et une petite partie de la queue hors de la membrane interfémorale. Une seconde variété, qui se trouve en Autriche, est un peu plus grande que l'oreillard de France et son pelage a des teintes plus foncées.

L'oreillard proprement dit habite les vieux édifices.

OREILLARD BARBASTELLE : *Plecotus barbastellus*, Geoffr. ; *Vespertilio barbastellus*, Gmel. ; la BARBASTELLE, Buff. ; Daubenton, Mém. de l'Acad. des sc., 1759, page 582, pl. 2, fig. 5. La barbastelle a dix pouces et demi d'envergure, et son corps a plus de taille que celui de l'oreillard commun. Son aspect est remarquable à cause de la forme de ses oreilles, qui, beaucoup moins amples que celles de l'espèce précédente, sont de forme triangulaire, se touchent à leur base et ont le bord extérieur fortement échancré ; leur oreillon est très-large à son origine et terminé en pointe.

Le museau de cette chauve-souris est comme tronqué. Les joues sont renflées ; le chanfrein est enfoncé et dégarni de poils ; les glandes sébacées de la face sont triangulaires, avec une de leurs pointes au-dessus des yeux ; la gueule est très-fendue ; le pelage est très-doux et très-fourni de poils, surtout sur la tête et sur la nuque, partout d'un brun noir, avec leur petite pointe fauve ; les membranes des ailes sont d'un brun obscur et assez pourvues de poils au voisinage du corps ; la membrane interfémorale est très-velue en dessus jusqu'à la moitié de sa longueur.

On trouve aussi cette espèce dans les édifices, où elle vit en société et hiverne avec le vespertilion pipistrelle. Son odeur est très-désagréable ; elle n'est pas commune.

OREILLARD CORNU ; *Plecotus cornutus*, Faber, Isis, 1826. Cette nouvelle espèce, observée, il y a quelques années, dans le Jutland, par M. Faber, a les oreilles aussi longues que le corps (un pouce sept lignes), et réunies sur le front à leur base. Les oreillons sont plus longs que la moitié des oreilles et ont l'apparence de cornes sur les côtés de la tête de l'animal. Le dessus du corps est d'un noir lavé de brun, et le dessous est d'un noir bleuâtre, mêlé de blanc grisâtre sur le ventre et sur la gorge.

Oreillard de Maugé, *Plecotus Maugei.* Nous avons décrit pour la première fois (Nouv. Dict. et Mamm., n.° 225) cette espèce de Porto-Rico, très-voisine de la barbastelle : elle est de la même taille ; son museau est court, mince et pointu ; son nez est assez large ; ses oreilles sont grandes, très-larges, réunies, échancrées extérieurement vers la pointe, qui est arrondie ; les oreillons sont pointus et n'atteignent pas la moitié de la hauteur des oreilles ; le pelage est long, soyeux, d'un brun noirâtre en dessus et plus clair en dessous, particulièrement dans le voisinage de la membrane interfémorale, où il devient presque blanc ; la queue est à peu près aussi longue que le corps ; les membranes sont d'un gris obscur.

Oreillard voilé ; *Plecotus velatus*, Isidore Geoffroy Saint-Hilaire, Ann. des sciences natur. Cette nouvelle espèce d'oreillard est de la taille du vespertilion murin. Son envergure est de trois cent vingt-quatre millimètres ; son pelage est brun ou marron en dessus, brun plus ou moins grisâtre en dessous ; les poils, toujours noirâtres à l'origine, quelle que soit leur couleur à l'extrémité, sont moelleux, doux et abondans ; la queue est de la longueur du corps et entièrement enveloppée dans la membrane interfémorale ; les oreilles sont aussi longues et plus larges que celles du vespertilion murin ; on y remarque deux replis longitudinaux, dont l'un, interne, va de la base de l'oreille à sa pointe, et borne ainsi un petit espace triangulaire, garni en dessus de poils plus ou moins abondans ; l'autre, externe, est plus considérable et disposé de telle façon que le bord extérieur paroît largement échancré. Les oreilles présentent des stries transversales, mais elles sont surtout remarquables en ce qu'elles sont couchées sur la face, comme cela se voit chez les nyctinomes et les molosses, dont cet oreillard se rapproche à plusieurs égards. Leur réunion se fait aussi à peu près comme dans ces genres, et non pas comme chez les autres oreillards. L'oreillon est de forme alongée ; il présente en dehors et tout-à-fait à sa base une petite échancrure demi-circulaire. Le museau est assez court, et la face est nue en grande partie.

Cette espéce a été trouvée par M. Auguste Saint-Hilaire dans le district de Curityba et dans plusieurs autres parties du Brésil.

Oreillard de Timor ; *Plecotus timoriensis*, Geoffr. Cette espèce, de l'archipel indien, a dix pouces environ d'envergure. Son museau est assez pointu : ses oreilles sont amples, quoique moins que celles de l'oreillard commun, et réunies à leur base interne par une petite membrane : son oreillon est en demi-cœur : le pelage est d'un brun noirâtre en dessus et d'un brun cendré en dessous ; il est composé de poils assez longs et doux au toucher.

M. Rafinesque a indiqué sous le nom de *vespertilio megalotis*, une espèce de chauve-souris qui, à cause même de ce nom, nous paroit devoir être rapportée au genre Oreillard ; ce seroit :

L'Oreillard de Rafinesque. *Plecotus Rafinesquii*, ainsi que M. Lesson a proposé de l'appeler dans son *Manuel de mammalogie*, page 96, n.° 233. Sa longueur totale est de quatre pouces, et l'envergure de ses ailes d'un pied : sa queue a un peu moins de deux pouces ; son pelage est d'un gris foncé en dessus et d'un gris pâle en dessous ; les oreilles, très-grandes et doubles, ont un oreillon aussi grand qu'elles.

Cette espèce, encore douteuse pour nous, habite les États-Unis.

Genre Furie ; *Furia*, F. Cuvier.

Le système dentaire des chéiroptères de ce nouveau genre, établi par M. F. Cuvier, dans les Mém. du Mus., tome 16, page 149 et suivantes, n'est pas différent de celui des vespertilions à quatre incisives supérieures et six inférieures, et il y a aussi beaucoup de ressemblance avec les vespertilions et les oreillards en général dans les formes des ailes, dans les proportions de la queue et dans l'inclusion complète de celle-ci au milieu de la membrane interfémorale : mais ce qui caractérise surtout ce nouveau genre, ce sont des considérations anatomiques, tirées des caractères que fournissent les formes de la tête et la disposition des diverses parties qui la composent : ainsi les os frontaux et les pariétaux se relèvent presque à angle droit au-dessus des os du nez, et toutes les parties postérieures suivent ce mouvement. Les os de l'oreille sont fort au-dessus de la partie antérieure de l'arcade zygomatique, qui, au lieu d'être horizontale, forme un arc, dont l'extrémité postérieure est très-relevée au-dessus de l'antérieure. La hauteur du maxillaire supérieur est presque nulle, tandis que la branche montante de la mâchoire inférieure est remarquablement grande, et les os du nez laissent entre eux une dépression sensible, quoiqu'elle ne s'aperçoive pas sur la tête non dépouillée. Dans les vespertilions proprement dits, et par exemple dans la noctule, on trouve des formes très-opposées ; ainsi les os du nez, les frontaux, les pariétaux et l'occiput, sont sur une ligne droite oblique. L'arcade zygomatique est horizontale ; le maxillaire supérieur a une grande hauteur, et la branche montante de l'inférieur est médiocrement élevée.

Ces caractères anatomiques sont importans, sans doute ; mais malheureusement ils ne sont pas traduits au dehors par des formes qu'on puisse mettre en opposition avec celles qu'on remarque dans les vespertilions, à qui les furies ressemblent plus qu'aux oreillards, à cause de leurs oreilles placées sur les côtés de la tête et non réunies entre elles.

Furie hérissée ; *Furia horrens*, F. Cuv., *loc. cit.* Cette chauve-souris, de petite taille, est d'abord remarquable par son museau camus et hérissé de poils, et par ses yeux fort saillans.

Les quatre incisives supérieures sont pointues et de même grandeur ; les six inférieures, placées régulièrement en arc de cercle, sont à trois dentelures ; les canines supérieures sont épaisses et à trois pointes, une antérieure, une postérieure, petites, et la moyenne, forte, grande et conique ; les canines inférieures ont aussi trois pointes, dont la moyenne est grande et cylindrique ; il y a deux fausses molaires et trois vraies de chaque côté à la mâchoire supérieure, trois fausses molaires et trois vraies à l'inférieure. Le pouce est si court qu'il ne se montre au dehors de la membrane que par son ongle ; la queue, très-mince, et les vertèbres qui la composent, finissent d'être distinctes vers le milieu de la membrane interfémorale, et elle se continue par un simple ligament jusqu'à l'extrémité de cette membrane fort étendue, qui se termine par un angle dont le sommet dépasse de beau-

coup les pieds ; les yeux sont gros ; les narines rapprochées
et séparées seulement par un petit bourrelet ; les lèvres sont
entières ; la langue est douce, et la bouche est sans abajoues ;
quatre ou cinq verrues se voient de chaque côté de la lèvre
supérieure , et huit autres se remarquent sur la mâchoire inférieure. Les oreilles sont grandes, à peu près aussi larges
que longues, simples de structure, et pourvues d'un oreillon
à trois pointes disposées en croix ; le pelage est doux et
épais, excepté sur le museau, où il est plus long que roide,
et plus hérissé que sur les autres parties du corps. La longueur
totale de cet animal est d'un pouce et demi, et son envergure
est de six pouces. Son pelage est d'un brun-noir uniforme.

Elle a été trouvée par M. Leschenault à Lamana, dans
l'Amérique méridionale. (Desm.)

VESPERTILION. (*Ichthyol.*) Nom spécifique d'un Platax.
Voyez ce mot. (H. C.)

VESPERUS. (*Entom.*) M. le comte Dejean a donné dans
son Catalogue, page 111, ce nom à un genre de coléoptères, qu'il a séparés de celui des stencores de Fabricius. Il
y a inscrit deux espèces d'Italie. (C. D.)

VESPETUM. (*Amorphoz.*) Rumph a employé ce nom, auquel il a ajouté l'épithète de *marinum*, *Amboin.*, 6, p. 259,
pour désigner l'*alcyonium cydonium*, Linn. (De B.)

VESPIÉ. (*Entom.*) Nom languedocien des nids de guêpes
ou guépiers. (Desm.)

VESPILLO ou ENTERREUR. (*Entom.*) Nom d'une espèce
d'insecte coléoptère, appelée par Geoffroy dermeste à points
de Hongrie. Voyez Nécrophore. (C. D.)

VESPO. (*Entom.*) Nom languedocien des guêpes. (Desm.)

VESSE-LOUP et VESSE-DE-LOUP. (*Bot.*) Noms vulgaires
donné aux champignons du genre *Lycoperdon*, tel que Linnæus l'avoit considéré. Maintenant qu'il est divisé, on doit
remarquer que les vesses-de-loup étoilées ne doivent plus
y rentrer, mais composent le *Geastrum*.

Paulet nomme *vesses-de-loup*, un ordre de champignons
où il place non-seulement tous les *lycoperdons*, mais encore
d'autres plantes qui ne sont plus du même ordre ; il nomme :

1.° *Vesses-de-loup truffeuse* ou *souterraine*, deux plantes,
qu'il désigne spécialement par *truffe du cerf* et *truffe en rein*

de Brandebourg (voyez à la fin de l'article Tauffe), et qui rentrent dans le genre Hypogeon, Pers.

2.° *Vesses-de-loup à une écorce, non rameuses*; il comprend : la *fausse truffe du cerf* (*lycoperdon proteus cepæforme*, Bull.), et la *vesse-de-loup à grains*, qui est le *lycoperdoides*, Mirbel.

3.° *Vesses-de-loup molles à une écorce et farineuses*, qui sont les vrais lycoperdons, dont il décrit huit espèces.

4.° *Vesses-de-loup à plusieurs écorces*, ou les *geastrum*.

5.° *Vesses-de-loup vésiculeuses*. Paulet range ici la fleur de tan (*mucor septicus*), la nielle ou charbon des blés; la carie des blés; le *lycoperdon epidendrum*, L., et le *lycogala* de Mich.

6.° *Vesses-de-loup tubuleuses*, où il place, sous le nom de *vesse-de-loup guépier*, le *stemonitis ferruginosa*, Batsch, *Elench.*, pl. 30, fig. 175. (Lem.)

VESSERON. (*Bot.*) La grande gesse, *lathyrus latifolius*, est ainsi nommée par les Languedociens, selon Gouan. (J.)

VESSIE. (*Anat.*) Voyez Voies urinaires. (H. C.)

VESSIE ou VÉSICULE AÉRIENNE DES POISSONS. (*Ichth.*) Cet organe, propre aux poissons, ressemble si peu à ce que l'on trouve dans l'économie des autres animaux vertébrés, que depuis long-temps déjà il a fixé l'attention des zootomistes et des naturalistes les plus distingués, tels que Needham, Borelli, Ray, Redi, Perrault, Pourfour du Petit, Monro, Kœlreuter, François Delaroche, Lacépède, Fourcroy et MM. Geoffroy Saint-Hilaire, G. Cuvier, Humboldt, Biot, etc.

La vessie à air des poissons, qu'on appelle aussi *vessie natatoire* ou *vésicule hydrostatique*, est une poche située dans l'intérieur de leur corps et remplie d'un fluide gazeux, probablement dans le but de les rendre à leur volonté plus lourds ou plus légers et de faciliter ainsi leur natation.

Elle présente une foule de différences spécifiques.

D'abord, elle n'existe point dans tous les poissons. Plusieurs en sont entièrement privés, et dans ce cas il faut ranger les raies, les torpilles, les pastenagues, les plies, les soles, les turbots, les flétans, les myliobates, les céphaloptères, en un mot, presque toutes les espèces dont le corps est aplati et qui nagent sur une des larges faces de celui-ci.

On ne la rencontre point non plus dans l'*orthagoriscus mola*, au poisson-lune, dans la baudroie, l'ammodyte appât, le stromatée, le blennie sourcilier, le chabot, le thon, le lump, le maquereau ordinaire, etc.

Elle manque également dans les carcharias, les roussettes, les squatines, les aiguillats, les humantins, les émissoles, qui n'en nagent pas moins bien pour cela; dans la lamproie et la pricka parmi les cyclostomes ; dans la chimère, dans la vive, dans la cépole, dans l'échénéis.

Lorsqu'elle existe, elle est toujours logée dans la partie supérieure ou dorsale de la cavité abdominale, au-dessous des reins et du rachis, et au-dessus des organes de la digestion et de la génération.

Elle varie d'ailleurs beaucoup pour ses dimensions et son volume proportionnel.

Quelquefois elle règne dans toute la longueur de la cavité abdominale; d'autres fois elle n'en occupe qu'une plus ou moins petite partie.

Dans la morue, le merlan, le dorsch, le colin, le congre, le gymnonote électrique, le pollak, les holocentres, le polyptère bichir, elle est très grande, très-développée.

Elle est fort petite, au contraire, dans l'anguille et la murène.

Sa forme n'est pas moins variable.

Dans la tanche de mer, elle est partagée en trois cavités, situées sur une même ligne, les unes au-devant des autres.

Dans la trigle hirondelle, ces trois cavités sont placées sur une ligne transversale.

Dans le polyptère bichir, elle est composée de deux vésicules complétement isolées.

Dans la carpe, la brême, la tanche et les autres cyprins, elle offre deux cavités, situées l'une devant l'autre, et communiquant entre elles par un canal étroit.

Dans les silures et quelques diodons, ces deux cavités sont placées à côté l'une de l'autre. Dans le lieu où elles se réunissent par leur partie moyenne, il en est de même.

Dans la plupart des trigles elle est simple, et ovalaire ou arrondie.

Dans le *tetrodon oblongus*, son grand diamètre est transversal.

Elle est en cône simplement alongé dans le brochet et la truite, et fort effilée en arrière dans l'éperlan.

Dans le hareng elle est pointue aux deux extrémités.

Dans la murène elle est courte et ovale.

Dans l'anguille et le congre elle est plus étroite et plus alongée.

Dans la morue elle est conique et divisée en lobes par plusieurs étranglemens.

Elle est en massue dans l'anableps de Surinam.

Sa cavité, quand elle est simple, ou celle de chacune de ses portions, quand elle est double ou triple, est ordinairement sans cellules ni anfractuosités; cependant, chez plusieurs silures, des cloisons transversales la divisent en un nombre plus ou moins grand de cellules ou poches secondaires; ce que Broussonnet a observé aussi dans quelques diodons.

Ses parois sont presque constamment formées de deux membranes superposées, une extérieure fibreuse, une intérieure cellulo-muqueuse, lisse, molle et humide, lesquelles sont en général unies d'une manière assez lâche et simplement à l'aide de quelques filamens nerveux et vasculaires.

La membrane externe varie beaucoup en épaisseur et en consistance.

Quelquefois elle est opaque; mais le plus communément elle est transparente.

Dans la donzelle barbue elle est d'une dureté presque cartilagineuse.

Dans les loches, et surtout dans le *cobitis fossilis*, elle paroît osseuse.

Chez les carpes, cette même membrane semble manquer dans toute l'étendue des parois de la cavité postérieure, dont la membrane interne se trouve fortifiée par des plans de fibres aponévrotiques.

En outre, la vessie à air est encore recouverte en grande partie par un prolongement du péritoine.

Souvent aussi les parois de cet organe sont fortifiées par des muscles, lesquels viennent rarement des parties voisines, et sont le plus souvent propres aux parois mêmes de l'organe.

Dans le cabillaud, ces muscles s'étendent des apophyses transverses des premières vertèbres aux parties latérales antérieures du réservoir à air.

Chez le ptéroïs volant, ils s'insèrent d'une part à la base

du crâne, et de l'autre, à l'extrémité postérieure de la vessie, dont ils embrassent les côtés.

Dans la donzelle (*ophidium barbatum*), où la vésicule hydrostatique présente une organisation plus compliquée que dans aucun autre poisson, et où une lame osseuse mobile et de figure trapéziforme s'avance dans sa cavité de manière à comprimer le gaz, on observe des muscles particuliers qui, nés les uns du crâne, les autres de la colonne vertébrale, servent à mouvoir cette plaque.

Du reste, cette poche à air tient aux parties environnantes avec plus ou moins de force, suivant l'espèce de poisson où on l'examine.

Quelquefois l'adhérence n'a lieu que par le moyen du péritoine et d'un tissu cellulaire rare et lâche.

Plus souvent la membrane externe envoie des prolongemens aponévrotiques ou tendineux qui vont s'insérer ou à la colonne vertébrale, ou aux arêtes costiformes.

Il n'est point rare non plus de voir cette même membrane se confondre par son bord externe avec le périoste des apophyses costiformes ou des vertèbres.

Enfin, comme nous l'avons déjà dit, dans quelques poissons c'est par des muscles qu'elle tient aux organes du voisinage.

Dans le plus grand nombre des animaux de cette classe, la vessie aérienne n'est point un sac sans ouverture, car elle communique avec l'œsophage ou l'estomac par un conduit qu'on appelle ordinairement *canal aérien*, et que quelques naturalistes, Redi entre autres, regardent comme existant constamment, tandis que Monro, Kœlreuter et François Delaroche en ont nié l'existence dans un certain nombre d'espèces. Il paroît sûr, par exemple, que tous les poissons jugulaires et thoraciques sont dépourvus de ce canal, et que, parmi les abdominaux, il manque au spet et à l'orphie.

L'orifice, par lequel ce canal s'ouvre dans la vessie, est toujours très-facile à reconnoître à l'intérieur de celle-ci, parce qu'il pénètre dans la cavité même que tapisse la membrane interne.

Ce même orifice existe tantôt à la partie moyenne de la vessie, comme dans le congre, la murène et l'anguille, tantôt dans son tiers antérieur, comme chez la plupart des siluroïdes, tantôt à son extrémité antérieure, ainsi que cela a lieu dans les ésoces, la truite, la lotte, le merlan, l'esturgeon.

Presque toujours le conduit aérien est simple. Dans la morue cependant il est double, et chacun des lobes antérieurs de la vésicule natatoire offre une embouchure de laquelle part un conduit fort étroit à parois robustes.

Dans les carpes, les tanches, les barbeaux, les meuniers, les ablettes, les vérons, il est long et grêle.

Dans l'anguille, il est long également, mais il est large. Ses parois d'ailleurs sont minces.

Chez le brochet, il est large et court.

On le distingue à peine de la vessie dans l'esturgeon, et dans le bichir il est si raccourci, qu'il semble que les deux portions qui constituent la vessie natatoire de ce poisson s'ouvrent à la fois et immédiatement dans l'œsophage, par leur extrémité antérieure.

Quant à l'orifice externe du conduit, celui-ci perce le plus communément les parois de l'œsophage et ne pénètre que rarement dans l'estomac. Ce dernier cas est celui de l'esturgeon en particulier, et de la plupart des clupées.

Dans les saumons, cet orifice est presque aussi large que le canal lui-même.

Chez les cyprins, selon Pourfour du Petit et Kœlreuter, il est muni de valvules qui s'opposent à l'introduction des matières contenues dans les voies digestives.

Dans le bichir, il est entouré par un véritable sphincter, dit M. Cuvier.

Chez l'esturgeon, il est fort long et bordé, selon ce dernier et Monro, de fibres charnues propres à le fermer par l'effet de leur contraction.

On trouve généralement aussi dans l'épaisseur des parois de la vessie aérienne des poissons une réunion de corpuscules rouges et d'apparence charnue, qui manque dans plusieurs espèces, mais que l'on retrouve constamment dans toutes celles qui sont privées de canal.

Il est des poissons où cet organe est fort apparent; tels sont les trigles, les merlans, les morues, les colins, les merluches, les perches, etc.

Dans les labres et l'orphie, il l'est fort peu.

Son aspect, son volume, sa structure, varient infiniment.

Dans la plupart des gades de Linnæus il forme une masse épaisse, arrondie, d'apparence spongieuse.

Chez les trigles, les holocentres et la perche commune, il est composé de corpuscules isolés, de forme alongée et presque quadrilatère, et disposés en guirlande autour du point par lequel les vaisseaux qui les nourrissent pénètrent dans les parois de la vessie.

Dans les spares, ces mêmes corpuscules sont accolés par leurs bords latéraux et constituent une longue frange différemment contournée autour d'un espace vide, de forme variable lui-même.

Dans l'athérine, ils représentent une grappe alongée.

Dans le *blennius phycis* de Linnæus, ils forment une croix dont chaque branche est racémifiée pareillement.

Au reste, malgré ces différences de proportion et de disposition relative, les corpuscules dont il s'agit sont constamment identiques en situation, en conformation, en structure.

Toujours logés entre les deux membranes de la poche, et plus souvent en avant et en bas qu'ailleurs, ils ont, lorsqu'ils sont ségrégés, une figure oblongue, une couleur d'un rouge sanguin, une consistance un peu ferme et un tissu à peu près homogène dans toute leur étendue.

Ils reçoivent, par une de leurs extrémités, des vaisseaux considérables provenant d'un gros tronc qui rampe dans l'intervalle des deux membranes.

Examinés à la loupe, ils ne paroissent, au reste, eux-mêmes qu'un peloton de petits vaisseaux entrelacés d'abord dans mille et mille directions différentes, puis bientôt rectilignes et parallèles, et tellement serrés les uns contre les autres, qu'il est, pour ainsi dire, impossible de les séparer.

Par leur autre extrémité ils jettent dans un renflement que la membrane interne présente en ce lieu, une foule de ramifications vasculaires, qui divergent en tous sens et ne tardent point à se perdre.

Remarquons aussi que les parois de la vésicule que nous décrivons ne renferment jamais ni follicules, ni glandes, ni cryptes apparens, à l'exception cependant du fégaro (*sciæna aquila*, Cuvier), où M. Cuvier a trouvé sur les côtés de la vessie, et dans toute la longueur de ce réservoir, deux corps d'apparence glanduleuse, formés de lobes sinueux, composés en grande partie de vaisseaux pleins d'air, qui se réunissent les uns aux autres de manière à n'en plus former qu'un seul pour chaque lobe, et dont les orifices, au nombre de trente à quarante de chaque côté, sont rangés sur une même ligne.

L'air, ou plutôt le gaz, contenu dans la vessie natatoire des poissons est sujet à varier beaucoup de nature. Avant Fourcroy et Priestley, on le regardoit comme semblable au fluide atmosphérique, mais ces célèbres observateurs, éclairés par les découvertes récentes de la chimie pneumatique, signalèrent le gaz contenu dans la vésicule aérienne de la carpe comme de l'azote presque pur, ou mélangé d'une fort petite proportion de gaz acide carbonique. Depuis eux, les expériences ont été multipliées un grand nombre de fois, et presque toujours les savans qui les ont faites, ont obtenu des résultats analogues.

C'est ainsi que dans la vessie aérienne des poissons de rivières et d'étangs on ne trouve habituellement qu'un gaz composé d'azote, d'oxigène et d'acide carbonique, et dans lequel le premier de ces gaz est en proportion plus grande que dans l'air atmosphérique.

Quoique les recherches du même genre aient été moins multipliées sur les poissons de mer, on a reconnu que leur vésicule hydrostatique contenoit le plus souvent une énorme proportion d'oxigène, ce que Brodbeldt démontra un des premiers au sujet de l'espadon, et ce qui fut confirmé par le professeur Configliati pour plusieurs espèces de la mer Méditerranée. Dans les Mémoires de la Société d'Arcueil (vol. 1, p. 257 et suiv.), M. le professeur Biot a également démontré que l'oxigène étoit d'autant plus abondant dans le gaz de la vésicule natatoire des poissons de mer que ceux-ci vivoient à de plus grandes profondeurs, tandis que dans ceux de la surface il y en avoit quelquefois aussi peu que dans ceux des eaux douces, ce que François Delaroche a confirmé de point en point.

Ce dernier, en effet, sur un congre pris à 1,10 brasse de profondeur, n'a trouvé dans le gaz de la vessie que 0,8 d'oxigéne, tandis que sur un individu de la même espéce, qui avoit été pris à 70 brasses, il trouva 87,4 du même gaz.

Il paroît que le gaz dont il s'agit ici est, au reste, le résultat d'une sorte de sécrétion particulière, comme l'a voulu jadis Needham et comme F. Delaroche l'a prétendu plus récemment, et non de l'introduction de l'air atmosphérique dans le réservoir par le canal aérien, comme l'ont affirmé François Redi et quelques autres. Sans cela, commént expliqueroit-on la présence d'un gaz dans la vésicule des poissons qui sont dépourvus de ce conduit? Sans cela, à quoi serviroient les corpuscules rouges dont nous avons parlé et les organes glanduleux du fégaro?

En terminant cet article, nous dirons que les zoologistes et les physiologistes ont presque tous regardé la vessie à air des poissons comme propre à faciliter la suspension de ces animaux dans l'eau, et personne ne sauroit lui contester cet usage, puisqu'en diminuant leur pesanteur spécifique elle la met en équilibre avec celle du milieu ambiant et diminue d'autant les efforts continuels auxquels ils seroient obligés de se livrer pour se maintenir en position. Les scorpènes, les vives, l'uranoscope et les baudroies, qui manquent de cette vésicule et dont le système musculaire est peu puissant, se tiennent habituellement au fond de l'eau, dans la vase ou parmi les herbes marines, et si la même chose n'arrive point aux raies, aux requins, aux maquereaux, aux thons, qui sont également privés de cet organe, c'est que leurs organes locomoteurs sont doués d'une prodigieuse énergie.

Needham a cru en outre que l'organe dont nous faisons l'histoire servoit à la digestion par le gaz qu'il verse dans les voies gastriques, et Heslin a avancé qu'il contribuoit à rafraîchir le sang distribué dans ses parois membraneuses et vasculaires. Mais Borelli, et son opinion est assez universellement adoptée, en a fait un véritable instrument de natation, lequel permet aux poissons de s'élever ou de s'abaisser dans l'eau sans le secours de leurs nageoires, soit en se resserrant sur lui-même par l'effet d'une simple pression, soit en se dilatant de nouveau par suite de la cessation de cette pression.

Mais si Ray, parmi les anciens, si MM. Cuvier et Geoffroy Saint-Hilaire parmi les modernes, avec une foule d'autres, ont adopté l'opinion de Borelli, le professeur Fischer de Moscou, après Rondelet et Viridet, et avec Nitsch, a nié cette explication, et a dit que la vésicule aérienne étoit un organe accessoire de respiration, un succédané des branchies : rien n'est encore moins prouvé. (H. C.)

VESSIE DE MER. (*Actinoz.*) Les vélelles et les physales ont quelquefois reçu ce nom. (Desm.)

VESTIA. (*Bot.*) Willdenow a fait sous ce nom un genre du *cantua ligustrifolia*, qui a le port et les caractéres du *Cantua*, dont il différe par ses graines non ailées et par l'addition d'une loge dans sa capsule. Cette différence ne sera peut-être pas jugée suffisante pour conserver ce genre. (J.)

VÉSUVIENNE. (*Min.*) Nom donné par Werner et les minéralogistes de son école, à la pierre qu'Haüy a décrite ensuite sous le nom d'Idocrase (voyez ce mot). Kirwan a aussi donné ce nom à l'amphigène, et Haüy assure qu'il a été appliqué quelquefois au zircon de Norwége. (B.)

VETADAGA. (*Bot.*) Voyez Mani, Polti. (J.)

VÉTADE. (*Conchyl.*) Coquille qui appartient au genre des Vénus. (Desm.)

VÉTAN. (*Conchyl.*) Nom donné par Adanson à une huître du Sénégal, qui a beaucoup de rapport avec l'huître ordinaire, *ostrea edulis.* (Desm.)

VETE. (*Bot.*) Voyez Tsjeru-tsjurel. (J.)

VÉTEROLLE. (*Bot.*) Nom donné dans le Dictionnaire encyclopédique au *Pomaderris* de M. de Labillardière, genre de la famille des rhamnées. Voyez Pomaderris. (J.)

VETONICA. (*Bot.*) Ce nom latin a été donné par quelques anciens et cité par Daléchamps pour la bétoine, *betonica.* (J.)

VÉTOUÉ. (*Echin.*) C'est le nom que porte à Otaïti l'oursin à baguettes, que les naturels aiment beaucoup comme un mets friand. (Lesson.)

VETRAR-SELUR. (*Mamm.*) Voyez Utselur. (Desm.)

VETTAÏ-LAI-KA. (*Bot.*) La plante de ce nom, dans un herbier de Pondichéry, paroît être une espéce de poivre. (J.)

VETTI-TALI, AMVETTI. (*Bot.*) Le petit arbre que Rhéede cite et figure, 5, tab. 54, sous ces noms malabares, a des feuilles alternes, lancéolées, aux aisselles desquelles sont plusieurs épis serrés de petites fleurs. Leur calice est à quatre divisions, contenant plusieurs étamines, et le fruit consiste en des petites graines recouvertes d'une membrane sèche. Cette description incomplète ne suffit pas pour déterminer le genre. On retrouve le port d'un *Acalypha* ou d'un *Tragia*, genres d'euphorbiacées ; mais il n'est point dit si cet arbrisseau a comme eux les fleurs diclines, et d'ailleurs le fruit, devenant une seule graine, ne peut convenir à cette famille. En ce dernier point il auroit plus d'affinité avec l'*antidesma*. On lui en trouveroit aussi avec le *piper*, s'il avoit les feuilles nervées. Cet arbre est différent du WETTA-TALI. Voyez ce mot. (J.)

VETTI-VETTO. (*Ornith.*) C'est ainsi qu'on nomme le pouillot ou chantre dans l'Orléanois, suivant Salerne. (CH. D. et L.)

VETULA. (*Ornith.*) Nom spécifique de l'oiseau des pluies de Cayenne, ou coucou vieillard, ou tacco du genre *Saurothera*. (CH. D. et L.)

VEUE-EPEROU, ABEREMOU. (*Bot.*) Noms galibis, cités par Aublet, de son genre *Perebea*, de la famille des urticées. (J.)

VEUVE. (*Ornith.*) Sous ce nom, les auteurs comprennent un petit groupe d'oiseaux africains, qui ne se distinguent des fringilles par aucun caractère important, et qui n'ont de remarquable qu'un développement particulier des couvertures des rectrices chez les mâles. Les veuves ont été décrites à la suite des pinsons, t. XLI, p. 84 et suiv. de ce Dictionnaire. (CH. D. et L.)

VEUVE. (*Entom.*) Geoffroy désigne sous ce nom un petit lépidoptère, qui est le bombyce rubricolle, la veuve à collier. (C. D.)

VEUVE. (*Conchyl.*) C'est le nom vulgaire que les amateurs de coquilles et les marchands donnent au *turbo pica*. Voyez MÉLÉAGRE et TURBO. (DE B.)

VEUVE, VEUVE EN DEUIL, *Viduita*. (*Mamm.*) Espèce de singe d'Amérique, qui a été décrite par M. de Humboldt, et que nous avons fait connoître dans l'article SAGOIN. (DESM.)

VEUVE COQUETTE. (*Ichthyol.*) Un des noms vulgaires de l'holocanthe bicolor. Voyez HOLOCANTHE. (H. C.)

VEUVE MAURESQUE. (*Conchyl.*) Dénomination vulgaire d'une coquille du genre Olive. (DESM.)

VEXUCO. (*Bot.*) Dans le Petit recueil des voyages ce nom mexicain est donné à la vanille; mais il n'est pas cité par Hernandez, auteur ancien d'un grand ouvrage sur les productions du Mexique. (J.)

VEZÉ. (*Bot.*) Nom provençal, cité par Garidel, de l'osier commun, *salix viminalis.* (J.)

VIALEA. (*Bot.*) Nous trouvons dans le *Synopsis* de M. Persoon (tom. 2, pag. 564), et dans le *Systema* de M. Sprengel (tom. 3, pag. 660), que M. Bellardi a donné le nom (générique? ou spécifique?) de *Vialea* au *Lactuca stricta* de Waldstein et Kitaibel, qui est le *Cicerbita corymbosa* de M. Wallroth, et qui se rapporte probablement à notre genre *Mulgedium.* (H. CASS.)

VIALET. (*Bot.*) Voyez PODOSPERME. (POIR.)

VIAMON. (*Bot.*) Voyez PROSTANTHERA. (POIR.)

VIARTUM. (*Bot.*) Suivant Ruellius et Mentzel, le nom de *viartum nigrum* étoit donné au *Limonium* de Dioscoride, qui est peut-être la même plante que le *beta sylvestris* de Cordus, regardé par C. Bauhin comme synonyme du *pyrola rotundifolia.* (J.)

VIBEX. (*Conchyl.*) M. Oken, dans ses Élémens d'histoire naturelle, part. zool., t. 1, p. 258, a établi sous ce nom un genre de coquilles qui correspond assez exactement à celui que M. de Lamarck a nommé PIRÈNE. Voyez ce mot. (DE B.)

VIBI. (*Bot.*) Voyez VUBŒ. (J.)

VIBO. (*Bot.*) Le *rumex spinosus*, dont les trois divisions extérieures du calice se terminent en une pointe aiguë et recourbée, avoit été séparé comme genre, sous le nom de *Emex*, par Necker, et de *Vibo*, par Medicus, adopté par Mœnch et Steudel. Ce genre n'a pas été adopté. (J.)

VIBORGIA. (*Bot.*) Ce nom, écrit *wiborgia* par Thunberg, a été donné par lui à un genre de plantes légumineuses, voisin de la crotalaire, et lui est resté. Mœnch s'en servoit pour désigner une division du *cytisus* à calice plus court. Le *Wiborgia* de Roth est le même que le *Galinsoga* de Cavanilles. Le *viborgia urticæfolia* de Kunth est maintenant son genre *Sageria.* (J.)

VIBORQUIA. (*Bot.*) Genre établi par Ortega dans la famille des légumineuses, près des *Amerimon*, *Pterocarpus* et *Nissolia*. Ses caractères sont ceux-ci : Calice à cinq dents, dont les deux supérieures plus longues. obtuses; corolle à étendard cunéiforme; ailes spatulées, et carène à dix pétales. Le *Vib. polystachia* (Ort., *Decad.*, p. 67. pl. 9) est un arbrisseau de la Nouvelle-Espagne, dont les feuilles sont ailées avec impaire, et les fleurs en épis terminaux. M. De Candolle conserve ce genre à la suite des légumineuses, et le désigne par *l'arennea*. D'autres botanistes pensent que la plante d'Ortega est une espèce d'*indigofera*. (LEM.)

VIBRA. (*Erpét.*) Nom languedocien de la VIPÈRE. Voyez ce mot. (H. C.)

VIBRE. (*Mamm.*) Ce mot. qui vient évidemment de *fiber*, a été employé pour désigner les castors qui vivent sur les bords du Rhône. (DESM.)

VIBRION; *Vibrio*. (*Entomoz.*) Genre d'animaux extrêmement petits et à cause de cela rangés jusqu'ici parmi les animaux microscopiques. mais qui diffèrent très-peu des gordius, des oxyures, et même des ascarides, et qu'à cause de cela M. de Blainville place maintenant dans sa classe des apodes du type des entomozoaires, en faisant préalablement l'élimination des *V. bipunctatus*, *tripunctatus*, *lunaris*, qui ne sont très-probablement pas des animaux. D'après cela, les caractères du genre Vibrion pourroient être exprimés ainsi : Corps élastique, cylindrique. atténué aux deux extrémités, mais plus en arrière qu'en avant, où il est un peu tronqué; bouche terminale. bilabiée; anus situé un peu avant la pointe de l'extrémité postérieure; terminaison de l'organe femelle un peu avant la moitié de la longueur du corps : celle de l'appareil mâle à l'extrémité d'un petit tube exsertile, placé à la racine de la queue.

En comparant cette caractéristique avec celle que nous avons donnée des oxyures, des gordius et des premiers genres qui constituent l'ordre des oxycéphalés dans notre classe des apodes, il sera aisé de voir que toute la différence consiste dans la forme de l'extrémité postérieure, moins pointue, moins prolongée. surtout dans les individus femelles, que dans les oxyures. et au contraire plus aiguë que dans les filaires

et les gordius. Il n'y a donc rien d'étonnant que l'organisation de ces animaux soit presque complétement semblable à
celle des ascarides, comme nous nous en étions assuré depuis long-temps, et comme M. Dugès l'a montré dans un Mémoire *ad hoc*, inséré dans le tom. 9 des Annales des sciences
naturelles. Ainsi le canal intestinal, étendu d'un bout à l'autre
du corps, offre, après l'œsophage, qui est court, un petit renflement bulboïde pour l'estomac, se prolonge dans l'amincissement caudal du corps, et s'ouvre tout près de son extrémité
postérieure. Les ovaires forment de longs canaux entortillés
autour de l'intestin, et viennent se réunir à un oviducte unique
dont la terminaison à l'extérieur se fait par un orifice transversal, situé un peu au - delà de la moitié de la longueur du
corps. L'appareil mâle a très-probablement une organisation
à peu près semblable, mais sa terminaison se fait à l'extrémité d'un petit prolongement tubuleux qui sort à la racine
de l'amincissement caudiforme par une fente transverse, souvent operculaire. Nous ne faisons aucun doute que le système nerveux n'existe dans ces petits animaux et n'occupe
la même place que dans les ascarides.

Les habitudes naturelles des vibrions sont tout-à-fait semblables à celles de ces mêmes ascarides, avec la différence
qu'ils ne vivent pas à la surface muqueuse d'autres animaux.
On en trouve cependant une espèce dans les végétaux ; les
autres semblent se développer dans la colle de farine ou dans
certains vinaigres.

Leurs mouvemens sont absolument les mêmes que ceux
des ascarides et des oxyures, et la locomotion s'exécute par
des ondulations répétées de tout leur corps, à peu près comme
dans les serpens.

Leur nourriture consiste sans doute dans la substance mu-
cilagineuse qui se trouve dans le milieu qu'ils habitent.

Les sexes diffèrent beaucoup, du moins en grandeur ; les
mâles étant beaucoup plus petits que les femelles, et surtout
étant bien plus rares : ce qui se remarque en général pour
tous les ascaridiens.

Leur mode de rapprochement est aussi tout-à-fait semblable
à ce qu'il est dans le reste de la famille. Manfredi l'avoit
observé depuis long-temps pour le V. de la colle, et derniè-

rement M. Dugès en a observé un exemple pour l'espéce du vinaigre. Il a vu comment le mâle étoit entortillé avec la femelle, son extrémité postérieure en contact avec la vulve de celle-ci; mais il n'a pu s'assurer s'il y avoit introduction de l'organe mâle dans l'organe femelle.

On distingue aisément les petits vivans dans le corps de la femelle, et probablement qu'ils sortent de l'orifice normal; cependant des observateurs prétendent que c'est par une rupture artificielle des deux enveloppes que cela a lieu. M. Dugès est de cet avis.

Malgré l'existence des sexes dans ce genre, comme dans tous les ascaridiens, et la continuation de l'espéce au moyen d'œufs, ou du moins de germes oviformes évidens, plusieurs auteurs admettent encore que les vibrions peuvent se former de toutes pièces, ou par génération spontanée, dans des circonstances favorables. M. Dugès est aussi de cette opinion. (Voy. *Vers intestinaux*, à l'article VERS, où elle a été discutée.)

La distinction des espéces des véritables vibrions est fort difficile, et ne peut porter d'une manière un peu certaine que sur la position des orifices de l'appareil générateur. Nous allons exposer les caractères de celles qui ont été découvertes par Muller, et dont nous n'avons encore rencontré que la moitié au plus, sans avoir rien de certain sur leur distinction.

Le VIBRION GORDIEN : *V. gordius*, Muller, *Infus.*, pag. 60, tab. 8, fig. 13 et 14; cop. dans l'Encycl. méthod., pl. 4, fig. 11 et 12. Corps alongé, cylindrique, obtus à l'extrémité antérieure et terminé à l'autre par un petit nodule.

Cette espéce, qui est souvent entortillée sur elle-même, a été trouvée dans des infusions marines; aussi l'affusion d'eau douce la fait mourir.

Le V. SERPENTULE : *V. serpentulus*, id., ibid., fig. 15; Enc. méthod., pl. 4, fig. 10. Corps arrondi, assez court et renflé au milieu, subtronqué en avant, plus atténué en arrière, mais également obtus.

Cette espéce, trouvée dans une infusion végétale de plusieurs semaines, et plus rarement dans des eaux palustres, se meut à la manière des serpens.

Nous l'avons fréquemment observée dans toute espéce d'eau

douce, sans qu'il y eût besoin d'infusion : elle est en général plus courte que les autres espèces.

Le Vibrion couleuvre : *V. coluber*, Muller, *l. c.*, fig. 16 — 18; Enc. méth., pl. 4, fig. 13 — 15. Corps très-long, très-grêle, obtus en avant, et terminé en arrière par un prolongement caudiforme, brusquement plus grêle que lui, formant comme une sorte de soie roide et géniculée.

De l'eau de rivière, où Muller dit qu'il est très-rare.

Le V. du vinaigre : *V. aceti, Vib. anguillula aceti*, Muller, tab. 9, fig. 1 — 11; Dugès, Recherches sur l'organisation de quelques espèces d'oxyures et de vibrions, Ann. des sc. nat., Nov. 1826, tom. 9. Corps assez court, arrondi, assez renflé au milieu; bouche bilabiée; prolongement caudiforme médiocrement alongé et fort aigu; orifice de l'organe de la génération femelle très-reculé, au quart postérieur du corps. Longueur une ligne.

C'est cette espèce, indiquée quelquefois sous le nom d'anguille du vinaigre, qui a été le sujet des observations d'un grand nombre de personnes qu'il seroit trop long d'énumérer ici. On ne la trouve pas, il s'en faut de beaucoup, dans toutes les espèces de vinaigre, qu'il soit rouge ou blanc, comme j'en ai fait l'épreuve plusieurs fois. C'est elle que M. Dugès a le plus heureusement examinée, puisqu'il a pu voir deux individus accouplés.

Le V. de la colle : *V. glutinis*, Muller, 11, fig. 1 — 4; Dugès, *loc. cit.*, tom. 9, pl. 47, fig. 4. Corps plus court, plus épais, cylindrique; bouche bilabiée; prolongement caudiforme aigu, mais encore plus court que dans l'espèce précédente; orifice de l'organe de la génération femelle presque au tiers postérieur seulement, ou plus avancé. Longueur, trois quarts de ligne.

Cette espèce, à peine distincte de la précédente, et qu'en effet Muller lui a réunie sous le nom commun de *V. anguillula*, a aussi été le sujet de beaucoup d'observations. C'est elle que l'on prend souvent pour démontrer l'emploi du microscope solaire dans les cours de physique. C'est sur elle que Manfredi a le premier distingué le mâle de la femelle et les a observés dans l'accouplement. Il dit avoir distingué trois espèces au moins dans la colle de farine.

Le Vibrion du blé rachitique : *V. tritici*, Gleich., *Microsc.*, p. 61. tab. 28. fig. 6 ; et Bauer. *Observ.* Corps généralement plus long, plus grêle, cylindrique ; prolongement caudiforme aigu et assez long ; orifice de l'organe de la génération vers le tiers postérieur.

C'est encore une espèce célèbre que celle-ci, et dont beaucoup d'auteurs se sont occupés. Gleichen, Fontana, Manfredi, et surtout M. Bauer, dans ces derniers temps, en ont presque complété l'histoire. Nous n'avons pas encore eu l'occasion de l'observer et de nous assurer si réellement elle diffère du V. de la colle.

Le V. fluviatile : *V. fluviatilis*, Muller, *loc. cit.*, tab. 9, fig. 5 — 8 ; cop. dans l'Enc. méthod., pl. 4, fig. 20 — 25. Corps généralement grêle, alongé, cylindrique, s'atténuant fortement et insensiblement en arrière ; prolongement caudiforme très-long, ce qui porte davantage en avant l'orifice des organes de la génération.

Cette espèce se trouve communément dans toutes les eaux douces, et surtout dans celles qui sont stagnantes. Nous l'avons observée fréquemment, mais avec d'assez grandes différences de proportion et même de forme générale. Elle se fixe souvent aux corps submergés au moyen de sa bouche, dont les lèvres sont assez extensibles.

Le V. marin : *V. marinus*, Muller, *ibid.*, fig. 9 — 11 ; cop. dans l'Enc. méthod., pl. 4, fig. 24 — 26. Corps assez court, cylindrique, très-obtus en avant ; prolongement caudiforme médiocrement aigu ; l'orifice de l'oviducte très-reculé.

Cette espèce, que Muller dit se trouver fréquemment dans la mucosité qui recouvre les corps marins ou dans des infusions marines, est confondue par lui avec les quatre précédentes sous le nom de *V. anguillula*.

Le V. serpent : *V. serpens*. Muller, *ibid.*, tab. 6, fig. 7 et 8 ; cop. dans l'Enc. méthod., pl. 6. fig. 9. *a*, *b*. Corps filiforme, gélatineux, extrêmement fin, offrant l'aspect d'un serpent à flexions alternatives, obtuses, bien régulières.

Des eaux de rivière.

Le V. ondulé : *V. undula*, id.. ibid., fig. 4 — 6 ; cop. dans l'Enc. méthod.. pl. 6, fig. 5. *aa*, *bb*. Corps extrêmement petit, mais proportionnellement assez court pour son diamètre. obtus en avant, un peu acuminé en arrière, gélatineux, sans indice de canal intestinal à l'extérieur.

Cette espèce, qui est beaucoup plus courte que la précédente et infiniment petite, se trouve aussi dans l'eau douce de tous nos marais. Nous l'avons observée plusieurs fois et nous doutons si ce ne seroit pas une larve de diptère. Muller dit qu'on en trouve quelquefois des amas considérables sous forme globuleuse. Ses mouvemens ne sont pas tout-à-fait semblables à ceux des vibrions ordinaires : elle monte et descend très-vite et fréquemment.

Le Vibrion spirille : *V. spirillum*, Muller, *loc. cit.*, tab. 6; cop. dans l'Enc. méthod., pl. 6, fig. 8. Corps filiforme, extrêmement grêle, ayant presque la forme d'un morceau de trachée végétale.

Nous avons plusieurs fois vu cette espèce infiniment petite de vibrion : elle ressemble en effet très-bien, comme l'a fait remarquer Muller, à un tronçon de trachée de végétal ou d'un insecte. Ses mouvemens de tortillement sont si rapides, qu'il est souvent difficile de pouvoir l'observer suffisamment.

Le V. rugule : *V. rugula*, id., *ibid.*, fig. 3 ; Enc. méthod., *ibid.*, 3. Corps linéaire, infiniment petit, se mouvant par des flexuosités très-serrées, si ce n'est aux deux extrémités, qui sont droites.

Cette espèce, qui semble intermédiaire à la précédente et à la suivante, se trouve dans les infusions faites avec de l'eau douce, mais aussi dans les infusions marines.

Le V. linéole : *V. lineola*, id., *ibid.*, fig. 1 ; Enc. méthod., *ibid.*, n.° 2. Corps linéaire; le plus petit de tous les animaux microscopiques vermiformes, se réunissant par milliers en masses globuleuses, paroissant un amas de points oblongs sous la lentille du microscope.

Des infusions végétales dans l'eau douce.

Voilà toutes les espèces que l'on peut ranger dans le genre Vibrion, tel qu'il a été défini plus haut, et encore n'est-il pas certain que les dernières espèces en soient réellement. Quant aux autres êtres que Muller a rangés dans le même genre, les uns sont de véritables animaux et les autres doivent sans doute passer dans le règne végétal. Nous n'avons cependant pas encore réussi à les observer d'une manière tout-à-fait suffisante pour assurer ce que c'est. Ainsi ce que nous allons en dire doit encore être regardé comme très-provisoire. Nous les diviserons en quatre groupes.

A. *Espèces appendiculées.*

Le *Vibrio malleus*, Muller, *loc. cit.*, tab. 8, fig. 7 et 8 ; Enc. méthod., pl. 4, fig. 7. Corps linéaire, blanc, transparent, terminé en avant par une sorte de tête en globule arrondi, avec une ligne transverse, et en arrière par une paire d'appendices égaux, obtus et assez longs.

Ce petit animal, que Muller seul paroît avoir rencontré dans l'eau de puits, se meut à l'aide des extensions et des flexions de ses appendices postérieurs. Nous avons donc dû le définir tout autrement que cet auteur et que M. Bory de Saint-Vincent, qui en a fait un genre.

C'est très-probablement quelque larve d'insecte, mais nous ne savons duquel.

B. *Espèces subcylindriques, obtuses, gélatineuses.*

Le *Vibrio verminus*, Muller, *loc. cit.*, tab. 8, fig. 1 — 6 ; rop. dans l'Enc. méthod., pl. 4, fig. 1 — 6. Corps arrondi, hyalin, obtus aux deux extrémités, renflé au milieu, avec deux vésicules sphériques, distantes un peu au-delà de la moitié du corps.

Dans de l'eau de mer fétide.

Nous supposerions volontiers que cet animal n'est qu'un jeune prostome, nouveau genre établi parmi les planaires par M. Dugès pour les espèces qui ont un canal intestinal complet.

Le *Vibrio vermiculus*, id., *ibid.*, fig. 10 et 11 ; Enc. méthod., pl. 5, fig. 1. *a. b.* Corps blanc ou lacté, cylindrique, alongé, obtus aux deux extrémités, mais plus à l'antérieure qu'à la postérieure, qui est un peu aplatie.

Cet animal, trouvé dans l'eau des marais et qui se meut par des ondulations lentes de son corps, pourroit bien n'être qu'un très-jeune individu de fasciole ou une larve de diptère.

M. Bory de Saint-Vincent en a fait son genre *Puppula*.

Le *Vibrio intestinum*, Muller, *ibid.*, fig. 12 — 15 ; Encycl. méthod., pl. 5, fig. 10 — 15. Corps gélatineux, cylindrique, de couleur de lait, obtus aux deux extrémités, sans indices d'intestins autres que trois ou quatre œufs sphériques, occupant la partie postérieure.

Le mouvement de cette espèce, qui se trouve dans les eaux douces, est lent et progressif; l'extrémité antérieure peut rentrer ou se dilater. C'est probablement encore une fasciole ou une larve.

C. *Espèces plus ou moins déprimées, gélatineuses et généralement fort extensibles en avant.*

Ces espèces de vibrions de Muller semblent n'être que de très-jeunes planaires, aussi certainement se rapprochent-elles beaucoup des paramécies. C'est avec quelques-unes d'entre elles, et en n'ayant égard qu'à la forme, que M. Bory de Saint-Vincent a fait son genre Lacrymatoire.

Nous en avons observé quelques espèces.

Le *Vibrio anas*, Muller, tab. 10, fig. 3 — 5; Enc. méthod., pl. 5, fig. 3, 4 et 5.

Le *Vibrio cygnus*, id., ibid., fig. 6; Enc. méth., ibid., fig. 6.

Le *Vibrio anser*, id., ibid., fig. 7 — 11; Enc. méth., ibid., fig. 7 — 11.

Le *Vibrio olor*, id., ibid., fig. 12 — 15; Enc. méth., ibid., fig. 12 — 15.

Le *Vibrio strictus*, id., ibid., fig. 1 et 2; Enc. méth., ibid., fig. 1 et 2.

Corps ovale, déprimé, convexe en dessus, plan en dessous, prolongé en arrière en un petit appendice caudiforme, et en avant par une sorte de col très-extensible, quelquefois linéaire, renflé ou non à son extrémité. Couleur blanche et transparente.

Cet animal, que nous avons rencontré plusieurs fois dans les eaux de marais ou d'étangs, rampe en glissant sur la partie élargie de son corps, portant à droite et à gauche dans tous les sens son extrémité antérieure, dont la forme et la longueur sont extrêmement variables.

Nous réunissons les cinq espèces citées de Muller en une, parce qu'il est évident que les caractères donnés par cet auteur sont loin d'être suffisans.

Le *Vibrio falx*, Muller, l. c., tab. 10, fig. 16 — 18.

Le *Vibrio intermedius*, id., ibid., fig. 19 et 20.

Le *Vibrio colymbus*, id., *ibid.*, fig. 16 et 17.

Le *Vibrio fasciola*, id., *ibid.*, fig. 18 — 20.

Corps ovale, alongé, déprimé, plus convexe en dessus, aplati en dessous, et plus ou moins prolongé en avant en une partie transparente diversiforme.

Nous avons également observé plusieurs variétés de cette espèce : elle varie beaucoup par la longueur de la partie colliforme. Elle se meut quelquefois en glissant la partie postérieure ; mais quelquefois elle nage par l'action de cette même partie.

Le *Vibrio linter*, Muller, 9, fig. 12 — 14 ; Enc. méth., pl. 4, fig. 27.

Le *Vibrio utriculus*, id., fig. 15 ; Enc. méth., *ibid.*, fig. 28.

Corps ovale, ventru, cylindrique, prolongé en avant en une sorte de col extensible.

Des eaux douces, où il se meut en voguant et en portant çà et là son espèce de col.

Le *Vibrio acus*, id., 8, fig. 9 et 10 ; Enc. méth., pl. 4, fig. 8.

Le *Vibrio sagitta*, id., 8, fig. 11 et 12 ; Enc. méth., pl. 4, fig. 8.

Corps alongé, linéaire, atténué en une pointe très-fine en arrière, et prolongé en avant en une sorte de col un peu renflé à son extrémité.

Nous réunissons ces deux espèces, quoique l'une soit d'eau douce et l'autre de mer, et peut-être à tort, parce que Muller, qui les distingue par la forme tronquée ou obtuse du col, dit que l'une se meut comme les planaires et l'autre sans flexion de son corps.

D. *Espèces cylindriques ou fusiformes, également obtuses aux deux extrémités, solides, hyalines.*

Le *Vibrio bipunctatus*, Muller, tab. 7, fig. 1 ; Enc. méth., pl. 5, fig. 14. Corps linéaire, droit, cylindrique, également obtus aux deux extrémités, avec deux globules plus ou moins rapprochés du tiers médian.

Ce corps organisé, que l'on trouve communément dans les eaux de marais, est souvent immobile, mais quelquefois il est en mouvement d'avancement rectiligne ou anguleux, qui ne ressemble à rien de ce qu'on remarque dans aucun animal.

Nous avons dit, à l'article des huitres, que M. Gaillon attribuoit la verdure dont elles sont susceptibles, à la pénétration dans leur tissu de ce corps organisé.

Nous avons souvent observé ce prétendu vibrion; mais nous ne pouvons encore dire ce que c'est, si ce n'est qu'on a confondu souvent avec lui une espèce d'enchélide.

Le *Vibrio tripunctatus*, Mull., tab. 7, fig. 2; Enc. méth., pl. 5, fig. 15. Corps linéaire, fusiforme, également atténué et arrondi aux extrémités, et contenant trois globules intérieurs, dont les extrêmes sont les plus petits.

Ce corps organisé, qui se trouve aussi fréquemment que le précédent dans les eaux de marais, offre aussi le même genre de mouvement. Il est quelquefois entièrement rempli de matière verte.

Le *Vibrio paxillifer*, Muller, tab. 7, fig. 5 — 7; Enc. méth., pl. 5, fig. 16 — 20. Corps linéaire, droit, cylindrique, également atténué et arrondi aux deux extrémités, contenant dans l'intérieur deux ou trois globules pellucides, se réunissant souvent en quantités plus ou moins considérables, soit parallèlement, soit obliquement, et presque bout à bout en longue ligne.

Ce corps organisé, que l'on trouve communément dans les eaux de la mer sur l'*ulva latissima*, a beaucoup de rapports avec le *V. bipunctatus*, car il se trouve aussi solitaire.

Le *Vibrio lunula*, Muller, tab. 7, fig. 8 — 15; Enc. méth., pl. 5, fig. 21 — 27. Corps assez gros, arqué, semi-lunaire, renflé au milieu, également obtus aux deux extrémités, ordinairement de couleur verte, avec une série de globules hyalins.

C'est aussi un corps commun dans toutes les eaux de marais, mais dont les mouvemens sont encore plus obscurs que dans les *V. bipunctatus* et *tripunctatus*. Muller dit cependant positivement qu'il en a vu un de rotation sur une des extrémités appuyée sur le fond du vase. Nous avons bien vu aussi ce mouvement, mais c'est encore quelque chose de tout particulier, qui n'a rien d'animal.

Muller dit en note, pag. 52, que ces quatre espèces, très-rapprochées des conferves, font le passage des animaux aux végétaux; quelques auteurs modernes, sans nous en rien dire davantage que lui, en ont fait des genres nouveaux, ce qui étoit plus aisé que d'en avancer la connoissance.

Le *Vibrio baccillus*, Muller, *l. c.*, tab. 6, fig. 3; Enc. méth., pl. 3, fig. 4. Corps linéaire, extrêmement fin, également tronqué aux deux extrémités, gélatineux, hyalin.

Cette espèce, que nous n'avons jamais vue, est d'eau douce; son mouvement est rectiligne, languissant et avec une flexion seulement dans le milieu du corps.

Nous terminerons cet article en avouant que, malgré des observations nombreuses sur les êtres de ce genre, de même que sur beaucoup d'autres êtres microscopiques, nous sommes encore assez loin de pouvoir assurer ce que nous avons vu. (De B.)

VIBRISSÆ. (*Ornith.*) On nomme ainsi les soies qui garnissent la base du bec d'un très-grand nombre d'oiseaux. (Ch. D. et L.)

VIBRISSEA. (*Bot.*) Genre établi par Fries dans la famille des champignons, voisin du *Leotia* et du *Verpa*, dans le groupe des helvelles. Il est caractérisé ainsi : Chapeau ou réceptacle en forme de tête, fixé par le centre à un pédicule ou stipe, y adhérant d'abord par son contour et s'en détachant bientôt; hyménium couvrant la surface du chapeau, lisse, nu, persistant, prenant ensuite un aspect velouté, dû aux graines et à leurs paraphyses, qui se sont détachés et soulevés.

Ce genre ne comprend que deux espèces, qui se font remarquer par leur stipe alongé et la petitesse de leur chapeau ; on les a comparées à un petit clou pour la forme et la grandeur.

Le VIBRISSEA DES TRONCS : *Vibrissea truncorum*, Fries, *Syst. mycol.*, 2, pag. 31; *Leotia truncorum*, Alb. et Schw., *Consp. fung.*, p. 297, pl. 3, fig. 2; Pers., *Mycol. eur.*, 1, pag. 109. Stipe simple, cylindrique, d'un noir glauque; chapeau orbiculaire, jaune d'or. Ce petit champignon croit en touffes sur le bois, les branches pourries, exposées dans les lieux humides. Il a été observé en Allemagne et dans l'Amérique septentrionale. Fries en donne une description assez étendue. Son stipe n'a généralement que quatre à cinq lignes de long; mais lorsqu'il est enfoncé dans une base meuble, il acquiert un pouce; le chapeau n'a qu'une ou deux lignes de largeur.

Fries pense que le *leotia clavus*, Pers., *Mycol. eur.*, 1, pag. 299, pl. 11, fig. 9, doit rentrer dans l'espèce précédente.

Ce même naturaliste décrit une seconde espèce de ce genre,

le *vibrissea rimarum*, observé dans les fentes du vieux bois de construction, au Kamtschatka. Ce champignon a un pouce de hauteur; il est jaunâtre, avec le chapeau et le stipe comprimés. (Lem.)

VIBURNUM. (*Bot.*) Nom latin de la viorne mancienne et de ses congénères, cité par Matthiole et adopté par Tournefort et Linnæus : c'est aussi le *viurna gallorum* de Ruellius et de Lobel, suivant C. Bauhin, différent du *viburnum gallorum Belloni*, mentionné par le même, lequel est, selon lui, la clématite ordinaire. Voyez Viorne. (J.)

VICE-AMIRAL. (*Conchyl.*) Nom vulgaire d'une espèce de cône. (De B.)

VICE-ROI. (*Ornith.*) Nom que l'on donne dans la Bresse à une espèce de canard, qui paroit être le chipeau. (Desm.)

VICHET. (*Malacoz.*) Bosc dit que c'est le nom de l'ascidie sillonnée. (De B.)

VICHO. (*Bot.*) Nom américain d'une plante amarantacée, croissant sur le bord de la mer, près de Cumana, qui est le *gomphrena aggregata* de Willdenow, congénère du *Philoxerus* de M. R. Brown, suivant M. Kunth. Le *vicho menudito* des mêmes lieux est son *achyranthes canescens*. Un troisième *Vicho*, du même canton, est son *talinum revolutum*. (J.)

VICIA. (*Bot.*) Voyez Vesce. (L. D.)

VICICILIN. (*Ornith.*) Nom par lequel Gomara désigne les oiseaux-mouches dans son Histoire des Indes occidentales. (Ch. D. et L.)

VICIOIDES. (*Bot.*) Mœnch, sous ce nom, séparoit du *Vicia* les espèces à calice simplement denté. (J.)

VICOGNE ou VIGOGNE. (*Mamm.*) Voyez l'article Lama. (Desm.)

VICTORIALIS. (*Bot.*) Les anciens distinguoient deux plantes de ce nom : le *victorialis rotunda* est le glayeul ordinaire, *gladiolus communis;* le *victorialis longa* est un ail, *allium victorialis* de Linnæus. (J.)

VICTOUNETA. (*Ornith.*) Nom piémontois, suivant M. Vieillot, du *falco palumbarius*, L. (Ch. D. et L.)

VICUNA. (*Mamm.*) C'est le nom de la vigogne au Pérou. (Desm.)

VIDALIA. (*Bot.*) Voyez Volubilaria. (Lem.)

VIDARA. (*Bot.*) C'est sous ce nom malais que Rumph cite le *ziziphus napeca*. (J.)

VIDE. (*Bot.*) Nom brésilien ou portugais de la vigne, cité par Vandelli. (J.)

VIDECOQ. (*Ornith.*) Belon cite ce nom, encore usité en Normandie, comme étant celui de la bécasse. (Ch. D. et L.)

VIDI-MARAM. (*Bot.*) Nom malabare, mentionné par Rhéede, du sébestier, *cordia myxa*. (J.)

VID-KIEIT. (*Ichthyol.*) Voyez Soe-Scorpion. (H. C.)

VIDNI. (*Bot.*) C'est sous ce nom que l'on cultive dans les jardins de l'Égypte, suivant Forskal, son *cotyledon deficiens*, que Vahl reporte au *cotyledon nudicaulis*. Il croît naturellement sur le mont Melhar en Arabie, où on le nomme *odejn*. (J.)

VIDORICK. (*Bot.*) Nom malais du *Vidoricum* de Rumph, regardé comme une espèce de vomiquier, *strichnos*. (J.)

VIDORICUM. (*Bot.*) Rumphius décrit, dans son Herbier d'Amboine, deux arbres sous ce nom : l'un paroît être le vomiquier (*strychnos nux vomica*, Linn.), selon Burmann, et le second, le *vidoricum sylvestre*, seroit l'illipe (*bassia longifolia*, Linn.), d'après Gærtner. (Lem.)

VIDRA ou WIDRA. (*Mamm.*) Nom de la loutre d'Europe en Hongrie. (Desm.)

VIDRO. (*Bot.*) A Cumana, en Amérique, on nomme ainsi, selon Lœlling, le *sesuvium portulacastrum*, qui est brûlé et employé comme la soude. M. Kunth le cite sur les rives maritimes du Pérou, sous le nom de *Vidrio*. (J.)

VIDUNDER-FISKEN. (*Ichthyol.*) Un des noms suédois de de la *chimère arctique*. Voyez Chimère. (H. C.)

VIE. (*Physiologie.*) Pour s'élever à l'idée abstraite de la vie, la plus exacte à la fois et la plus complète que possible, dans l'état actuel de la science, il faudroit en observer et en décrire tous les phénomènes et toutes les conditions dans les êtres qui en jouissent. Un tableau régulier de ces phénomènes, une juste appréciation de ces conditions, auroient été bien placés à la fin de ce Dictionnaire, où l'on traite de tous les êtres vivans. Les bornes assignées à cet article nous obligent de remplacer ce tableau par une simple esquisse, qui n'en comprendra que les principaux traits : mais nous aurons soin de renvoyer, pour les détails, aux *mots* qui ont rapport aux phénomènes généraux de la vie, en citant ces articles dans l'ordre que le lecteur devra suivre pour en prendre connoissance.

Tous les corps qui sont du domaine de l'histoire naturelle ne jouissent pas de la vie. Ceux qui en sont privés restent entièrement soumis aux forces générales de la nature, qui déterminent uniquement les combinaisons de leurs atômes, la réunion de leurs molécules et leur cohésion. Ils ne se présentent jamais à nous que dans un seul état de solides, de liquides ou de fluides aériformes, suivant que le calorique écarte plus ou moins leurs atômes ou leurs molécules. Cet agent peut les faire passer d'un état à l'autre, sans changer leur nature : l'eau à l'état liquide, de glace ou de vapeur, est toujours de l'eau. Ces corps, qu'on est convenu d'appeler *bruts*, sont le plus ordinairement des masses informes dont on ne peut assigner positivement le commencement ni la fin. Quand ils s'offrent à nous sous des formes régulières, celles-ci se terminent toujours par des lignes droites, soit que l'on considère le cristal le plus compliqué, soit qu'on cherche à le décomposer, autant que possible, dans sa molécule intégrante. Leur composition chimique peut être simple ou formée de plusieurs élémens. C'est elle qui constitue leur nature, qui sert conséquemment à déterminer les espèces minérales ; et nullement leur volume, qui peut varier, dans la même espèce, depuis la plus petite molécule jusqu'à la plus grande masse ; ni leur forme, qui présente rarement une figure régulière, que peuvent d'ailleurs affecter plusieurs espèces congénères. Leur accroissement, enfin, a lieu indéfiniment au moyen de molécules qui viennent, par l'effet de l'attraction, se *juxtaposer* à la surface de ces corps, et y adhérer aussi long-temps que les agens extérieurs ne détruisent pas cette cohésion ; elle forme pour chaque minéral une véritable agrégation de molécules similaires. (Voyez les mots CORPS, CRISTAL, MINÉRALOGIE.)

Si nous opposons à ces caractères des corps bruts, ceux que nous présentent les corps vivans, nous en tirerons l'idée la plus générale que nous puissions concevoir de la vie. Les forces qui combinent les atômes de ces derniers, qui rappro-

chent leurs molécules et les maintiennent réunies, semblent,
par leurs effets, de tout autre nature que les affinités chimiques: celles-ci font entrer les molécules organiques dans de
nouvelles combinaisons, après les avoir décomposées dans leurs
élémens, dès que ces molécules ne sont plus soumises à l'action de la vie. Elles sont arrangées dans les corps vivans de
manière à intercepter des cellules ou des vaisseaux, dans lesquels se meut un liquide ou un fluide à l'état de vapeur ou
de gaz, destiné à pénétrer dans toutes les parties et à les accroître par développement du dedans en dehors ou par intus-
susception. Ces mêmes molécules, d'après les observations
microscopiques les plus exactes, ont constamment une forme
arrondie, qui semble avoir avec la forme générale des corps
vivans, que l'on voit constamment terminée par des lignes
courbes, un rapport analogue à celui qui existe entre la
forme anguleuse d'un cristal et celui de sa molécule intégrante.

L'arrangement des molécules des corps vivans constitue
leur organisation et détermine leur nature. Les formes intérieures et extérieures qui en résultent, servent à en distinguer les espèces, et non la composition chimique, qui consiste, pour tous, dans les mêmes élémens, au nombre de trois
au moins, ou de quatre au plus.

Tout corps vivant a une existence bornée, qui commence
à sa naissance et finit à sa mort, et dont la durée semble
évidemment en rapport avec son organisation. Ce n'est d'a-
bord qu'un germe ou qu'un abrégé de ce corps, qui se développe dans un être semblable à lui, et s'en détache pour
avoir une existence individuelle et séparée, ou qui lui reste
attaché, comme cela a lieu dans les plantes qui se multiplient
par bourgeons et dans beaucoup de zoophytes, pour former
un agrégat vivant.

Il résulte de cette comparaison que la vie est le résultat
d'une force simple ou compliquée, opposée aux lois générales de la matière morte, source de tous les mouvemens extérieurs ou intérieurs que nous présentent les corps organisés,
qui les fait naître de corps semblables à eux, qui les fait
croître, se développer et durer avec des formes individuelles
bien déterminées; formes qui disparoissent par la dislocation
générale de toutes les molécules de ces corps, bientôt après

5:.   6

que cette force a cessé d'agir et que la mort a arrêté le mouvement de la vie.

L'organisation en est la première condition. Ces formes intérieures et extérieures qui la constituent, se composent de parties plus ou moins nombreuses, plus ou moins distinctes, qu'on appelle *organes*. Les organes sont les instrumens de la vie ; ce sont les moyens mécaniques que chaque individu vivant emploie pour exercer les actions plus ou moins multipliées par lesquelles se manifeste son existence. Ces actions, qu'on désigne sous le nom de *fonctions*, autant qu'on les rapporte à tel ou tel ordre de phénomènes de la vie, ont pour but l'accroissement et la conservation des individus par la nutrition, ou la conservation des espèces par la génération. Les relations plus ou moins multipliées qu'une partie seulement des corps vivans exerce, par les sens et les organes du mouvement, avec le monde extérieur, forment, pour les animaux, les seuls êtres doués des facultés de sentir et de se mouvoir, un ordre supérieur de phénomènes vitaux, qui leur donne des moyens extraordinaires de remplir les deux fonctions essentielles de la vie, celles de se nourrir et de se propager.

Avant de jeter un coup d'œil rapide sur les principaux phénomènes que présentent ces fonctions, cherchons à saisir les traits essentiels de cette organisation, première condition de l'existence.

Des vésicules arrondies, globuleuses ou de forme plus ou moins alongée, composent les tissus vivans de tous les corps organisés; mais la molécule élémentaire de leurs tissus inertes peut être à facettes, comme cela se voit dans les parties terreuses des animaux. Ces vésicules en forment d'autres, qui, par leur rapprochement, par la compression variée qu'elles exercent les unes sur les autres, prennent différentes figures. Tel est le premier degré de l'organisation de ces tissus.

Lorsque ces cellules forment des membranes roulées sur elles-mêmes pour figurer des tubes ou des vaisseaux, il en résulte une complication, une perfection d'organisation, qui distingue, dans les deux règnes, les animaux et les végétaux les plus simples, de ceux dont l'organisation, plus compliquée, nous paroit plus parfaite. Les végétaux cellulaires, dont les

tissus n'ont point de vaisseaux , forment une série nombreuse ,
dans laquelle la plupart des familles sont *agames*, c'est-à-dire
qu'elles n'ont pas d'organes sexuels distincts ; et les autres
cryptogames, c'est-à-dire que l'usage de leurs organes présumés
sexuels n'a pu être jusqu'ici bien déterminé; tandis que dans
l'autre série des végétaux plus parfaits, qui ont le tissu cellulaire entremêlé partout avec le tissu vasculaire, il y a généralement une distinction évidente des organes sexuels et une
plus grande complication de ceux de la nutrition. On pourroit de même distinguer les animaux cellulaires des animaux
vasculaires, et trouver dans cette comparaison des différences
analogues à celles que nous venons d'énoncer pour le règne
végétal. Nous y reviendrons en comparant les fonctions.

Ajoutons encore à ces circonstances, les plus générales de
l'organisation, que les principaux vaisseaux des plantes dans
lesquels circule le fluide nourricier commun, sont cloisonnés;
tandis que dans les animaux ils forment des tubes continus.
Nous en verrons la raison en parlant du mouvement du fluide
nourricier.

La nature des tissus organiques paroit dépendre de deux
causes, de l'arrangement des globules dans ces divers tissus et
de la nature chimique ou de celle des atômes qui entrent
dans la composition de la molécule élémentaire. [1]

C'est dans ces deux causes qu'il faudroit chercher les caractères fondamentaux des deux séries dans lesquelles on sépare
les êtres vivans. C'est la proportion différente des élémens
contractiles ou inertes, dont les uns sont particulièrement
propres aux animaux et les autres aux végétaux, qui nous
paroit constituer la nature des uns et des autres. Ainsi la proposition que la forme des corps organisés leur est plus essentielle que leur matière, n'est incontestable, à notre avis,
que lorsqu'on compare entre eux les êtres d'un même règne;
elle n'est peut-être plus aussi fondée , si l'on oppose les animaux aux végétaux : elle auroit besoin d'être étendue à la
forme même de la molécule organique, si l'on prend l'ensemble de tous les êtres doués de la vie. Encore pourroit-on
soutenir que la nature de cette molécule est aussi importante

---

[1] Voy. Dutrochet, Structure des animaux et des végétaux.

que sa forme et que son arrangement en tissus et en organes,
pour constituer un corps vivant.

Ce tissu aréolaire ou cellulaire, ce tissu vasculaire, les liquides ou les fluides qui se meuvent dans ces différentes cavités, la nature différente des élémens organiques ou chimiques qui entrent dans la composition des uns et des autres,
constituent essentiellement toute l'organisation de chaque être
vivant. Mais cette organisation, très-homogène dans les êtres
les plus simples des deux règnes, se complique et se divise en
un nombre d'organes ou d'instrumens de la vie d'autant plus
grand, que celle-ci doit se composer d'actions plus variées.
Plus elle est simple, plus l'organisation est semblable dans
toutes ses parties; plus elle est multipliée, plus cette organisation est compliquée, plus il y a de parties ou d'organes,
dont chacun remplit un but qui concourt à l'existence.

S'il y a, eu égard à l'uniformité de l'organisation, un grand
rapprochement entre les végétaux et les animaux les plus
simples, si les tissus des uns et des autres paroissent partout
homogènes, si toutes leurs parties semblent également propres à la nutrition, également propres à servir de moule aux
germes, qui s'en détachent ou paroissent à la surface de leur
corps sous la forme de gemmules, comme dans les *polypes*,
les animaux s'éloignent rapidement des végétaux par la distinction, la complication des organes et la multiplicité des
tissus, à mesure que l'on monte l'échelle de ce règne; tandis
que le tissu végétal reste à peu près le même, et que les organes se multiplient et se compliquent beaucoup moins, la
vie végétale étant bornée à la nutrition et à la propagation.
Les animaux dont l'organisation est plus parfaite, ont de plus
des instrumens distincts pour sentir et pour agir.

La plus importante fonction des êtres vivans, celle pour
laquelle les forces de la vie réunissent toute leur énergie et
se consument en plus grande quantité, au point qu'un grand
nombre d'animaux, et peut-être un plus grand nombre de
végétaux, meurent après l'avoir accomplie, est sans contredit
la fonction de la génération.

Elle s'opère, soit par le concours des organes sexuels, qui
peuvent être réunis dans le même individu ou bien être placés dans des individus différens; soit sans le concours de ces

organes et par l'effet de la force assimilatrice qui préside au développement de toutes les parties. Les végétaux, comme les animaux les plus simples. n'ont que cette dernière manière de se propager. Elle se voit encore dans les végétaux qui ont des organes sexuels, au moyen desquels ils se multiplient par graine, mais qui peuvent de plus faire sortir des germes, qu'on appelle *bourgeons*, de différens points de la surface de leur corps, et former ainsi des agrégations d'individus.

Dans la *truffe comestible*, par exemple, toute l'épaisseur de son tissu peut se remplir de vésicules reproductrices, qui s'y développent et prennent tous les caractères des jeunes truffes. (Voyez la planche de ce Dictionnaire qui la représente.)

Les vésicules de différentes figures des *végétaux élémentaires microscopiques* (voyez les planches de ce Dictionnaire), qui se groupent entre elles de tant de manières, mais qui s'articulent le plus souvent en filamens simples ou ramifiés. ne semblent exister que pour se remplir de germes, qui rompent, lorsqu'ils ont atteint un certain degré de développement, les parois de ces vésicules, et deviennent bientôt semblables à elles. en acquérant leur volume et leur forme cylindrique, ovale. globuleuse ou aplatie.

Une circonstance bien singulière et qui a beaucoup embarrassé les naturalistes, est celle que ces germes ou ces vésicules reproductrices, une fois détachées de leur mère, qui appartiennent toutes à des végétaux de la famille des conferves, exercent de suite après leur naissance, pendant peu de temps à la vérité, dans l'eau où ils doivent passer leur vie, des mouvemens qui paroissent spontanés, mais qu'ils perdent dès qu'ils commencent à prendre la forme ramifiée des végétaux, qu'ils doivent conserver le reste de leur vie; ce qui a fait dire à plusieurs observateurs qu'ils passoient successivement de la vie animale à la vie végétale. (Voyez les Annales des sciences naturelles, Avril 1828, et les mots MATIÈRE VERTE, NÉMAZOAIRES, PSYCHODIAIRES et ZOOCARPÉS, de ce Dictionnaire.)

Les séminules ou les corps reproducteurs des autres végétaux. où l'on n'a pas trouvé d'organes sexuels bien distincts, peuvent être concentrés dans des réceptacles particuliers, comme cela a lieu dans les mousses, les lichens. une partie des champignons: ce qui sembleroit indiquer que, chez eux,

certaines parties, douées de plus de vie, sont plus particulièrement destinées à la donner au germe.

Dans le corps gélatineux et transparent du polype à bras,
on remarque des grains un peu opaques, espèces de germes
qui se portent à la surface du corps sous forme de gemmules,
s'y développent et s'en séparent par une sorte de déchirement
spontané.

Dans les polypes à polypiers et dans le reste des animaux
qui n'ont point de sexes, les œufs sont généralement rassemblés dans un réceptacle particulier, où les germes se moulent,
pour ainsi dire, et prennent une vie propre, sans fécondation
apparente. Ils trouvent réunies, dans ce réceptacle, toutes les
circonstances qui sont séparées dans des organes différens,
lorsque les sexes sont distincts.

Ce dernier cas est celui des végétaux et des animaux plus
parfaits. Ils ont, d'un côté, les réceptacles des œufs ou les
ovaires, qui sont attribués au sexe féminin, et, de l'autre,
les organes sécréteurs de la poussière ou de la liqueur fécondante, attributs du sexe masculin. Ces organes peuvent être
réunis dans le même individu, ou bien ils restent séparés dans
des individus différens. Dans les végétaux, cette séparation
n'indique aucune perfection d'organisation de plus. Mais,
pour les animaux, il n'y a que les plus complétement organisés chez lesquels les sexes soient distincts. Il faut, dans ce
cas, que la poussière fécondante des organes mâles, ou la
liqueur prolifique, soit portée sur le germe pour lui donner
la vie. Les vents rendent ce service aux plantes dioïques,
tandis que l'eau se charge de la laite des poissons. Le plus
souvent l'organe mâle est rapproché de l'organe femelle pour
produire dans l'un et l'autre règne cette opération mysté-
rieuse qu'on appelle *fécondation*.

Mais quel est le rôle que chaque organe, que chaque sexe
joue dans cet acte de la vie ? De zélés scrutateurs de la nature
ont cherché tout récemment à le découvrir par de nouvelles recherches, qui offrent, malgré les efforts nombreux qui avoient
été tentés avant eux dans le même but, le plus grand intérêt.
On sait depuis long-temps que la liqueur séminale (voyez au
mot Sperme) contient de petits corps alongés de différentes
formes, suivant les espèces d'animaux, mais de même forme

dans tous les individus d'une même espéce, qui se meuvent avec agilité, qui ne se montrent pas encore dans la semence des jeunes individus, inhabiles à la génération; qui disparoissent dans les vieux animaux, lorsqu'ils sont devenus inféconds; dont les mouvemens s'arrêtent par l'effet de l'étincelle électrique; qui font perdre à la liqueur spermatique sa vertu fécondante, lorsqu'on les en sépare par des filtres. Ces corps, que les naturalistes ont classés parmi les *infusoires*, sous le nom de *cercaires*, qu'on appelle communément *animalcules spermatiques*, seroient, suivant MM. Dumas et Prévost, les premiers linéamens du système nerveux; c'est aussi l'opinion de Rolando. L'un et l'autre de ces physiologistes pensent que dans l'acte de la fécondation un seul de ces prétendus animalcules iroit se greffer dans l'ovule; de sorte que le mâle fourniroit le système nerveux et la femelle le système vasculaire. Cette hypothèse est appuyée d'observations et de raisonnemens qui lui donnent une apparence de fondement dont la science ne peut que profiter, si elle provoque des recherches ultérieures. [1]

Il résulte de celles d'Adolphe Brongniart sur la fécondation et le développement de l'embryon dans les végétaux phanérogames [2], que chaque grain de la poussière des étamines est une vésicule qui contient un certain nombre de granules spermatiques de formes différentes, suivant les espèces; dont la grandeur varie, sans être proportionnée à celle de la plante, puisqu'ils n'ont qu'un sept-centième de millimètre dans le cèdre du Liban, qui les a globuleux; tandis que les granules ovales de l'*hybiscus syriacus* ont leur plus grand diamètre d'un cent-vingt-sixième de cette mesure. Ces granules, qui pénétrent par le stigmate dans l'ovule, paroissent, à l'auteur, jouer dans la fécondation le même rôle que les prétendus animalcules spermatiques. Ils ont avec ces derniers ce singulier rapport, qu'ils manifestent au bout de quelque temps, lorsqu'on les place dans un liquide, des mouvemens qui paroissent spontanés, que Gleichen avoit déjà observés, et qui lui avoient fait croire que la poussière des étamines se transformoit en animalcules infusoires.

---

[1] Voyez Annales des sciences naturelles, tom. 2 et 3.

[2] Mêmes Annales, Octobre et Novembre 1827, et Février 1828.

Si nous rapprochons ces mouvemens des granules spermatiques des végétaux, ceux beaucoup plus marqués, plus constans et plus durables, du sperme des animaux, avec les mouvemens dont nous avons déjà parlé des corpuscules producteurs de beaucoup de conferves, qui sont proprement leurs œufs éclos; avec ceux des œufs non encore éclos des éponges et de plusieurs zoophytes observés par Grant, dont la surface est couverte de cils contractiles, qui nagent dans toutes les directions, au moyen de ces cils, jusqu'à ce qu'ils aient trouvé un lieu convenable, où le polype éclot, se fixe d'abord par ses racines, pousse ensuite le tronc et les branches qui le composent; on ne pourra s'empêcher de trouver que c'est dans l'acte de la génération et à l'origine des corps organisés, que le mouvement de la vie se montre avec le plus d'énergie, même chez ceux qui ne doivent jouir de la mobilité que dans ces premiers momens de leur existence.

Les granules spermatiques concourent à la formation de l'embryon végétal, suivant M. A. Brongniart, comme les corpuscules spermatiques de la semence servent à composer l'embryon animal.

L'une et l'autre hypothéses expliquent beaucoup de faits qui restent incompréhensibles avec le système de l'emboîtement et de la préexistence des germes, défendu, entre autres, avec tant de persévérance par le célèbre Bonnet.

Mais la vie, une fois acquise, une fois commencée par l'acte de la génération, se continue dans les corps organisés par une autre fonction tout aussi nécessaire, celle par laquelle ils se nourrissent. On pourroit même dire que dans les végétaux, comme dans les animaux les plus simples, la *nutrition* et la *génération* se confondent dans une seule et même fonction, puisque les corps reproducteurs de ces êtres se forment et se moulent dans toute l'étendue de leur tissu homogène, et que leur force de *propagation* ne paroît être différente de la force d'assimilation qui nourrit toutes leurs parties.

Considérée de cette manière, la nutrition seroit même une fonction encore plus générale que la génération, qui ne devroit prendre ce nom que lorsque l'organisation se complique et acquiert des organes particuliers pour être les instrumens spéciaux de la *propagation*.

Une vapeur, un gaz ou un liquide, remplit les mailles, les cellules ou les vaisseaux des corps organisés, s'y meut avec plus ou moins de vitesse, et pénètre successivement dans toutes leurs parties, qui en séparent les molécules nécessaires pour réparer leurs pertes et pour leur accroissement, et se les assimilent par une force d'*affinité vitale*[1], qui produit l'agrégation organique, comme l'affinité chimique et l'attraction produisent l'agrégation des corps inorganiques. Mais la nature du liquide ou du fluide nourricier commun, la forme des cavités dans lesquelles il se meut, la cause de ce mouvement, la manière dont il se forme, se renouvelle et s'élabore, la matière qui sert de nourriture au corps organisé, varient extrêmement.

La nature du liquide ou du fluide nourricier est toujours analogue à celle des organes qui doivent y trouver des élémens semblables à ceux dont ils sont composés. Elle nous paroît avoir, dans les animaux et dans les végétaux, des caractères distinctifs importans; du moins je ne sache pas qu'on ait trouvé dans la séve des végétaux ces globules qui entrent dans la composition des fluides animaux.

Toutes les fois que le fluide nourricier se meut dans des tubes ou des canaux continus, il reçoit l'impulsion d'un organe contractile. Cette circonstance d'organisation, qui n'est donnée qu'à un certain nombre d'animaux, plus complétement organisés à cet égard, rend le mouvement du fluide nourricier plus indépendant des milieux dans lesquels ils vivent et de leur température. Chaque fois qu'elle manque, ce qui a lieu dans les animaux les plus simplement organisés et dans tout le règne végétal, alors le fluide nourricier filtre de cellule en cellule, par une force qui paroît être dans une grande dépendance de la température extérieure.[2]

Si le corps organisé absorbe sa nourriture sous forme moléculaire (et c'est le cas de tous les végétaux et de quelques-uns des animaux les plus simples, entre autres de la famille des méduses), le fluide nourricier commun est puisé immédiate-

---

1 Voyez, pour cette expression et l'idée que j'y attache, mes *Réflexions sur les corps organisés*, publiées, en 1799, dans le *Magasin encyclopédique* de Millin.

2 Voy. l'ouvrage de Dutrochet, intitulé *L'agent immédiat du mouvement vital chez les végétaux et chez les animaux*. Paris, 1826.

ment par absorption dans le milieu où se trouve plongé le corps organisé, dont toute la surface semble propre à remplir cette fonction par les pores dont elle est criblée. Si c'est un animal, ce milieu est toujours de l'eau; tandis que le plus grand nombre des végétaux semble se mieux trouver dans l'air, pourvu que leurs racines soient plongées dans la terre humide. L'immense majorité des animaux peut réduire, par la *digestion*, sa nourriture sous forme moléculaire. Cette opération, à la fois mécanique et chimique, se compose de moyens infiniment variés, départis aux animaux pour saisir leur nourriture, la porter à leur bouche, la réduire en parcelles propres à être ramollies, dissoutes par les différens sucs digestifs. Le sac, ou le canal alimentaire, dans lequel se passent ces différentes opérations, absorbe les alimens ainsi préparés, et les verse, médiatement ou immédiatement, dans les réservoirs du suc nourricier.

Mais, avant d'être propre à entretenir la vie, il subit généralement, dans tous les corps organisés, une élaboration par l'influence de l'air atmosphérique ou de l'air combiné à l'eau, qu'on appelle *respiration*. Cette fonction, dans les végétaux, a des résultats tout opposés à ceux qu'elle offre dans les animaux, et sous ce rapport, comme sous celui de la digestion, qui n'a pas lieu dans les végétaux, il y a une immense différence entre les uns et les autres.

Les végétaux vasculaires ont des organes particuliers de respiration; ce sont leurs feuilles. Les végétaux cellulaires respirent par toute la surface de leur corps. C'est aussi le cas des animaux les plus simples. D'autres ont des canaux, dans lesquels pénètre le fluide ambiant pour aller chercher le fluide nourricier et le modifier : tels sont les *échinodermes* et les *insectes*. Tous les autres animaux, dans lesquels ce fluide circule dans des vaisseaux, ont des branchies ou des poumons, où, soit l'air pur, soit l'air mélangé à l'eau, se rencontre avec le sang et s'y combine.

Ce fluide éprouve encore, dans les animaux plus parfaits, d'autres élaborations ou dépurations, qui ont pour effet de le maintenir dans les proportions et les qualités convenables pour nourrir les parties; telles sont les sécrétions des urines et celles dont les tégumens sont les organes plus ou moins actifs.

Pour ce qui est de la matière propre à entretenir la vie des corps organisés, en réparant les quantités du fluide nourricier qu'ils perdent, soit par l'assimilation qui s'en fait dans les organes, soit par les sécrétions des sucs particuliers auxquels il fournit, soit par l'exhalation qui a lieu à la surface du corps, elle nous paroit essentiellement différente dans les deux règnes. Les végétaux semblent destinés, dans l'économie générale de la nature, à commencer l'organisation de la matière inerte, à lui donner une première élaboration, qui la rend propre à être assimilée plus tard au règne animal, dont la vie se manifeste par des fonctions plus relevées.

L'air atmosphérique et l'eau suffisent pour entretenir la vie végétale, qui est surtout alimentée par l'acide carbonique ou par l'oxide de carbone, que le végétal puise dans l'air ou qu'il absorbe dans l'eau ou dans la terre humide. C'est par le carbone qu'ils contiennent que les débris des végétaux qui forment les différens engrais, sont convenables à la végétation, tandis que c'est leur fécule, partie la plus organisée, la plus vitale, si je puis m'exprimer ainsi, de leurs élémens constituans, qui est la plus propre à l'animalisation.

Les animaux ne peuvent vivre que des débris organiques de l'un ou de l'autre règne. Les végétaux leur fournissent principalement cette fécule, si remarquable par la forme globuleuse et la composition de ses molécules, d'après les belles observations de M. Raspail, que Dutrochet regarde comme les analogues des globules nerveux des animaux. Il est à présumer que la mer, qui semble le séjour fécond de la vie animale, dans laquelle elle se multiplie sous toutes les formes au-delà de toute expression, mais où l'organisation animale la plus simple semble plus particulièrement se plaire, n'est si propre au séjour des innombrables mollusques ou zoophytes qui y pullulent, que parce qu'elle tient en dissolution les débris de ceux de ces animaux qui y terminent à chaque instant leur existence.

La vie ne consiste, nous l'avons dit en commençant, pour un grand nombre de corps organisés, que dans les seules fonctions de propagation et de nutrition, dont nous avons cherché à donner l'idée la plus générale. C'est dans l'accomplissement de ces deux fonctions que semble se borner toute

la vie végétale ; mais la vie animale, plus étendue, exerce
sur le monde extérieur des actions, elle en reçoit des impressions qu'il nous reste à examiner.

Pour que les unes et les autres distinguassent nettement
la vie animale, il faudroit, à la vérité, que ces actions fussent volontaires et que ces impressions fussent des sensations ; on est loin de pouvoir l'assurer des animaux les plus
bas dans l'échelle, dont les mouvemens pourroient bien ne
différer que par le degré et non par la nature, de ceux
qu'exécutent certains végétaux. On sait que ceux-ci ne manquent pas d'agir aussi sur le monde extérieur. Leurs racines
pénètrent avec une apparence de choix dans toutes les
parties où elles peuvent se fixer et puiser quelque nourriture. Les végétaux grimpeurs cherchent et trouvent l'appui
dont ils ont besoin pour s'élever, et s'y attachent ; les fleurs
s'épanouissent ou se ferment sous l'influence du soleil ; un
certain nombre suit évidemment la direction de cet astre
sur l'horizon ; les feuilles se rapprochent de leur tige ou s'é-
talent par la présence ou l'absence du jour ; les étamines, à
l'instant de la fécondation, s'inclinent vers l'ovaire et le stigmate, dans lequel les granules spermatiques pénètrent par
un mouvement de progression très-remarquable. Des stimu-
lus extérieurs peuvent quelquefois exciter ce mouvement
avec autant de célérité que la contraction d'un muscle,
comme cela a lieu dans les étamines de l'épine-vinette, etc.
Tout le monde connoît les phénomènes que présentent dans
ce genre la *sensitive*, l'*hedysarum girans*, la *dionæa muscipula*.
Y a-t-il une grande différence entre ces mouvemens qu'offrent
les végétaux et ceux des animaux les plus simples, sinon
dans le degré de contractilité des uns et des autres, et dans
la proportion différente de l'élément organique contractile
dont leurs parties sont composées ?

Ainsi, même à l'égard de la motilité, les deux règnes ne
peuvent être distingués d'une manière absolue, mais seulement par le degré. Au reste, cette faculté est si générale
dans les animaux, et si restreinte dans les végétaux, qu'on
peut cependant fonder leur séparation en deux règnes distincts, sur sa présence ou son absence.

Les actions des animaux dont la motilité est le moyen

pour être appréciés à leur juste valeur, doivent être distinguées en actions sensoriales et en actions non sensoriales;
celles-là viennent évidemment d'un centre de volonté, où le
moi perçoit des sensations et d'où il réagit sur les organes
du mouvement. Les actions non sensoriales ont lieu dans les
animaux sans nerfs visibles et conséquemment sans renflement médullaire qui puisse être considéré comme le centre
des sensations. Cette classe de mouvemens, comparables aux
contractions involontaires de notre cœur, de nos intestins,
ou mieux encore, d'un muscle séparé du corps, qui se con-
tracte par l'effet du fluide galvanique ou de tout autre sti-
mulus, ne suppose ni une sensation préalable ni une volonté,
un *moi* qui la détermine.

Je pense qu'il faut y rapporter les contractions obscures
du tissu gélatineux dont se composent les éponges, les mouvemens très-remarquables de leurs œufs et des œufs de plusieurs zoophytes observés par Grant; les actions de tous les
zoophytes qui n'ont pas de nerfs, actions qui prouvent que
leur tissu est impressionnable et susceptible d'être stimulé par
les agens extérieurs, mais qui ne supposent ni les sensations
ni la volonté. Il faut encore réunir à cette classe les mouvemens qu'on a observés dans les granules de la poussière
des étamines, ceux que manifestent les corps reproducteurs
des conferves, ceux enfin que présentent quelques végétaux
à cotylédons dans leurs feuilles et dans leurs fleurs. Cette distinction nécessaire me paroît lever bien des difficultés qui
rendroient sans cela inexplicables, sous le rapport du principe de leurs actions, l'histoire des animaux inférieurs.

Ceux qui sont plus élevés dans l'échelle ont tous des actions sensoriales; mais ces actions doivent encore être distinguées en instinctives et en intellectuelles. Les premières sont
celles auxquelles les animaux sont nécessairement portés. Elles
prouvent l'effet des modifications opérées dans le centre
des sensations par celles qu'ont éprouvées les autres organes.
Ce sont les actions instinctives simples que déterminent la
faim, le besoin de l'amour, etc. Lorsque ces actions sont très-
compliquées et qu'elles supposeroient une suite de raisonnemens plus ou moins difficiles de la part des animaux qui
les exécutent, on ne peut les expliquer que par des images

qui existent dans leur cerveau, sans impressions préalables sur les organes des sens, images qui les dirigeroient dans leurs actions si remarquables. En s'élevant encore plus haut dans l'échelle, on arrive aux animaux dont l'organisation est la plus parfaite, lesquels manifestent, entre les actions instinctives simples ou compliquées, des actions intellectuelles, suite d'un jugement qu'ils ont porté des sensations qu'ils ont reçues, jugement qui les a déterminé à agir.

Enfin, l'homme seul a des actions morales, c'est-à-dire des actions entièrement libres et indépendantes des impressions intérieures ou extérieures, qu'il fait avec réflexion après avoir eu le libre choix d'agir ou de ne pas agir, et dont il est responsable.

C'est surtout à l'égard des facultés de sentir et de se mouvoir, que la vie, dont le mouvement est l'image, montre toute sa puissance et fait admirer les merveilles de la création, depuis l'instinct compliqué de l'abeille ouvrière, qui la porte à construire ses cellules polygones de différentes dimensions, suivant un but déterminé, et à y déposer son miel; jusqu'à celui du castor, qui met dans l'établissement de ses digues et de sa demeure toute la prudence, toute la prévoyance d'un architecte. L'histoire de la vie des animaux, si nous entrions dans plus de détails à ce sujet, nous entraîneroit dans le domaine de l'histoire naturelle proprement dite, et nous éloigneroit de notre but, qui est purement physiologique.

Avant de terminer la revue, bien générale sans doute, que nous venons de faire des principales fonctions qui remplissent toute la vie des êtres organisés, nous ferons remarquer que des fluides en sont pour nos sens, ou en paroissent à notre raison les premiers mobiles. Ainsi nous voyons le fluide nourricier commun pénétrer dans toutes les parties et y porter la vie; la liqueur spermatique, dans les animaux du moins qui ont des sexes, la communique aux germes, et la vie de relation est sous l'influence plus spéciale de l'action nerveuse, qu'on attribue également à un fluide.

Mais, à en juger par l'effet que l'exercice immodéré de l'une ou l'autre fonction, que la consommation extraordinaire de tel ou tel de ces fluides a sur toutes les forces de la vie, il semble que, dans les animaux élevés dans l'échelle, ces fonctions dépendent d'une cause unique, d'un fluide impondérable, par exemple, répandu dans toutes leurs parties, qui se consommeroit par l'action successive ou simultanée de tous leurs organes, qui se répareroit par le repos, que cette action, poussée à l'excès par des stimulans, accumuleroit dans certaines parties pour en priver d'autres. Les animaux auroient en eux-mêmes, mais à des degrés bien différens, les moyens de l'entretenir dans les proportions nécessaires à leur existence, tandis que les végétaux seroient à cet égard bien davantage, ou même entièrement, sous l'influence des agens physiques, de la lumière, de la chaleur, de l'électricité, avec lesquels l'agent immédiat de leur mouvement vital se confondroit, suivant les recherches ingénieuses de Dutrochet.

Le premier moteur de la vie, animant telle ou telle fonction, tel ou tel tissu, produiroit, dans les fonctions de la respiration et des sécrétions du système capillaire, les phénomènes du développement de la chaleur; dans la fibre celluleuse, dans la fibre musculaire, dans la substance nerveuse, ceux de la contractilité, de l'irritabilité ou de la sensibilité; sans qu'on puisse attribuer ces phénomènes, qui sont absolument dépendans de certaines fonctions ou de certains modes d'organisation, a des propriétés vitales particulières, telles que l'irritabilité de *Haller*, la sensibilité organique et animale de *Bichat*, la caloricité de *Chaussier*.

Nous ne remonterons pas plus haut dans l'examen du principe de la vie des divers corps organisés.

Ce souffle divin, qui au commencement des siècles, a donné le premier mouvement a la matière que la main toute-puissante du Créateur venoit d'organiser, échappera sans doute toujours aux investigations expérimentales de l'homme, quelque effort qu'il fasse pour s'en emparer; et la fiction ingénieuse de Prométhée dérobant au ciel le feu de la vie, restera toujours une fable.

Après avoir mis en regard, en commençant cet article, la nature morte avec la nature vivante, afin de donner, par cette comparaison, une première idée de la vie, nous avons parlé d'abord de sa première condition, de l'organisation. Il nous resteroit encore, pour achever notre tâche, à faire une courte mention de plusieurs autres conditions de l'existence. Nous finirons en disant quelque chose de sa durée, de sa suspension, de son terme et de ses monumens.

Les agens physiques, la chaleur, la lumière, l'air atmosphérique et l'eau, tiennent plus ou moins la vie dans leur dépendance, et favorisent ou contrarient le développement des formes sous lesquelles elle se manifeste. Voilà pourquoi ces formes varient tant dans les différens climats, qui se composent, comme l'on sait, de la latitude, de l'élévation et de l'exposition des lieux.

Le mouvement des liquides dans les solides organiques qui entretient la vie, ne pourroit continuer dans un milieu dont la température baisseroit au degré de la congélation, si les corps organisés n'avoient pas en eux-mêmes, et par l'effet de leur organisation, les moyens de maintenir leurs fluides et leurs solides à un degré de chaleur plus élevé que la température extérieure. C'est une condition essentielle de la vie dans les climats froids. Dans les climats chauds, leur organisation doit pouvoir s'opposer à l'action d'une température trop élevée, qui produiroit l'évaporation complète de leurs liquides, et dessécheroit leurs solides.

Mais si la vie maintient dans chaque corps organisé une température qui lui est propre, qui paroît à la fois le résultat de sa composition chimique, de sa composition organique, de la manière dont il exerce ses fonctions et de leur activité, cette température peut être plus ou moins en rapport avec le milieu dans lequel la vie est soutenue, suivant l'intensité ou la foiblesse de ces différens moyens et l'étendue des variations de température de ce milieu.

Les corps organisés qui vivent dans l'air, dont le degré de chaleur est si différent dans les différentes saisons, et varie tant suivant l'élévation des lieux et leurs latitudes, sont, toutes choses égales d'ailleurs, beaucoup plus sous l'influence de la température extérieure que ceux qui vivent dans l'eau de la mer, dont le degré de chaleur varie très-peu.

La grande quantité de carbone qui entre dans la composition du corps ligneux, de l'écorce des arbres dicotylédonés, des écailles de leurs bourgeons, fait que ces organes qui en-

veloppent de toutes parts ou qui recouvrent seulement leurs
parties tendres, préservent les vaisseaux et les cellules qui
y sont intercalés ou qu'ils entourent, d'un trop grand abaissement de la température extérieure, et empêchent, en général, celle-ci de se mettre en équilibre avec la température
intérieure de ces arbres. Mais comment acquièrent-ils un
degré de chaleur nécessaire a la conservation de leur vie? Il
paroit qu'en hiver, lorsque l'atmosphère se refroidit et que
la terre conserve une température plus élevée, le calorique monte de celle-ci, par les racines, dans l'intérieur de
chaque végétal, en suivant la direction des sucs nourriciers.[1]
On peut très-bien concevoir cette marche du calorique dans
les végétaux ligneux, même à l'époque où le mouvement de
la séve et la nutrition sont suspendus par le froid. Eux seuls,
à peu d'exceptions près, peuvent braver l'hiver de nos climats, et conservent même leurs feuilles, lorsque la résine,
dont toutes leurs parties sont pénétrées, les rend moins accessibles à la soustraction du calorique ; tandis que les végétaux herbacés périssent, en général, s'ils sont exposés aux
rigueurs de nos hivers. Lorsque le froid est excessif et
que la mauvaise saison se prolonge, comme cela a lieu dans
les latitudes plus septentrionales, les végétaux ligneux se
rapetissent, parce que le temps où la chaleur extérieure est
assez forte pour les faire végéter, pour ranimer et entretenir
le mouvement de la séve, est trop court : ils disparoissent
même entièrement à des latitudes encore plus froides. La vie
végétale se réduit alors à des mousses, à des lichens, à un
petit nombre de plantes herbacées, qui forment par-ci par-là
un gazon couvert de neige pendant neuf mois de l'année,
et dont les premières fleurs, analogues à celles de nos printemps, se développent au commencement de Juillet, immédiatement après que ces neiges se sont fondues. Il y a à cet
égard une grande ressemblance entre les hautes montagnes des
latitudes méridionales et les climats des latitudes septentrionales. Telle est, entre autres, la végétation du Pic-du-Midi,
dans les Pyrénées, élevé de 1500 toises au-dessus du niveau

---

[1] Voy. (tom. XVIII, pag. 363, de ce Dictionnaire) l'article de M. De
Candolle *sur la géographie des plantes.*

de la mer, que Ramond compare et trouve tout-à-fait analogue à celle de l'île Melville, située dans le fond de la baie de Baffin, sous le 74.ᵉ degré de latitude nord.

Ainsi, la composition chimique des végétaux et l'arrangement organique de leurs parties nous paroissent les deux principaux moyens qu'ils ont de résister à la congélation. Sans doute que le mouvement général de la séve, que les différentes sécrétions qu'opère la vie végétale, que le passage de l'état de gaz ou de fluide à l'état solide des différentes substances qui servent à les nourrir, doivent contribuer, en dégageant le calorique latent, ou en absorbant le calorique libre, à la température particulière de chaque végétal.

Malgré toutes ces causes, cette température est singulièrement dépendante de la température extérieure, et ce n'est qu'à une certaine élévation de celle-ci que la vie végétale se manifeste au dehors, que la séve se meut, que les feuilles se développent, que la nutrition, l'accroissement et surtout la reproduction des végétaux, qui exige encore un degré de plus d'activité, peuvent avoir lieu.

Mais comment la vie végétale se conserve-t-elle au milieu des chaleurs excessives des climats équatoriaux, quelquefois sur des rochers brûlans ou sur un sable desséché, qui ne peuvent servir que de points d'appui aux racines qui y sont adhérentes? Les formes singulières des végétaux qui vivent au milieu de circonstances aussi défavorables, annoncent qu'ils doivent ce privilége à une organisation particulière. On présume que les pores absorbans de leur surface l'emportent de beaucoup sur les pores exhalans. C'est d'ailleurs la seule explication que nous puissions donner de ce singulier phénomène que présentent les plantes grasses, dont toute la surface puise dans l'air, par absorption, la nourriture qui leur est nécessaire.

La vie animale nous paroît en général beaucoup moins sous l'influence de la température extérieure que la vie végétale, parce que l'organisation des animaux et la plus grande activité de leur vie leur donnent beaucoup plus de moyens de se rendre indépendans de cette température, d'en avoir une qui leur soit propre et de la maintenir la même, nonobstant les variations de celles du milieu où ils vivent.

Il y a cependant à cet égard de très-grandes dissemblances entre les animaux des différentes classes, qui sont l'effet, à notre avis, de leur composition organique.

Ceux dont l'organisation est la plus simple, dont tout le corps ne forme qu'une gelée uniformément contractile, vivent tous dans l'eau, et surtout dans la mer, où ils trouvent le moyen de se soustraire à un grand froid, et où leur vie n'est pas exposée aux variations de température qu'elle ne supporteroit pas. Il paroit même que les mers des pays chauds sont nécessaires à la multiplication des polypes coralligènes qui recouvrent les rochers sous-marins à de grandes distances, et qui étalent près de la surface des eaux les plus éclatantes couleurs.

La respiration est, pour les animaux des classes plus élevées, la source principale de leur chaleur. Le fluide nourricier qui a respiré la porte dans toutes les parties du corps, où les différentes sécrétions peuvent encore développer le calorique latent. Aussi leur température est-elle d'autant plus élevée que leur respiration est plus complète, c'est-à-dire qu'une plus grande quantité de sang est exposée, dans un temps donné, à une plus grande quantité d'air atmosphérique. Les oiseaux et les mammifères sont, à cet égard, les mieux partagés de tous les animaux. Lorqu'à ces circonstances favorables au développement de la chaleur animale, se joignent des tégumens mauvais conducteurs du calorique, qui empêchent celui du corps de se mettre en équilibre avec le calorique extérieur, alors la vie animale peut se soutenir dans les climats les plus froids, même dans ceux où toute végétation a disparu, pourvu que les animaux aient de quoi se sustenter.

Les cétacés et les phoques affrontent les glaces des deux pôles : les premiers couverts d'un cuir très-dense, ceux-ci de leur fourrure ; les uns et les autres au moyen de la couche épaisse de graisse ou d'huile qu'ils ont sous leur peau. L'ours polaire, le glouton, les martes, etc., doivent à leurs longs poils serrés, mêlés de poils courts, fins et laineux, la faculté de supporter les hivers du nord.

Les plumes qui recouvrent les oiseaux sont également pour eux un excellent moyen de rendre leur température intérieure indépendante de la température extérieure; aussi leur vie est-elle active dans tous les climats.

Les reptiles et les poissons n'ont pas les mêmes moyens d'avoir une température indépendante de celle du milieu dans lequel ils vivent. D'un côté leur respiration est incomplète, à cause de la petite quantité de sang qui circule dans les poumons des reptiles, ou de la petite quantité d'air que respirent dans l'eau les branchies des poissons. De l'autre, leurs tégumens sont de nature à permettre au calorique intérieur de s'échapper facilement de leur corps, ou au calorique extérieur à le pénétrer. Ces circonstances expliquent le peu de chaleur de leur sang, et, pour les reptiles en particulier, leur sommeil d'hiver dans les climats froids, le petit nombre d'espèces qui y vivent, les petites dimensions auxquelles elles sont réduites; tandis que les climats chauds pullulent en reptiles de toute espèce, dont plusieurs atteignent de très-grandes dimensions.

Quant aux poissons, ils ont l'avantage de vivre dans un milieu dont la température varie peu. L'activité de leur circulation suffit pour conserver le peu de calorique qui est indispensable à leur existence.

Les insectes ne supportent pas plus que les reptiles l'hiver de nos climats; leurs larves s'enfoncent, durant cette saison, dans la terre, le bois, ou se cachent sous les eaux. Les plus grands et les plus nombreux vivent dans les climats les plus chauds. Ces circonstances de leur vie prouvent qu'elle est soumise, comme celle des reptiles, à la température extérieure, et que celle-ci doit être élevée pour que leurs fonctions s'exercent complétement et sans obstacle. La chaleur singulière d'une ruche d'abeilles, au milieu de laquelle le thermomètre de Réaumur s'élève de 28 à 30°, nous semble une exception en faveur des INSECTES qui vivent en société (voyez ce mot, p. 463, tom. XXIII, de ce Dictionnaire). Les petites *tipules*, dont on voit voler dans l'air des myriades, dans nos beaux jours d'hiver, auroient-elles, comme les abeilles, une température intérieure plus indépendante?

Quoique moins essentielle à la vie que la chaleur, la lumière paroît jouer un rôle important dans les fonctions des corps organisés.

Ce n'est que pendant le jour que la séve s'élabore dans les feuilles, qu'elles exhalent de l'oxigène, qu'elles retiennent le carbone, que la décomposition de l'eau a lieu, et que se préparent les matériaux qui doivent colorer les plantes et leur donner les différentes saveurs qui les distinguent. Ce sont les végétaux qui vivent exposés à la brillante lumière des pays équatoriaux, dont les propriétés sont les plus actives; entre autres le cannellier, le giroflier et cet *upas tieuté*, dont le suc porte une mort si prompte dans le sang des animaux; tandis que les plantes privées de lumière perdent en général leur couleur et deviennent insipides. Les fucus retirés des profondeurs de la mer feroient, suivant Lamouroux, exception à cette règle, puisqu'ils sont aussi fortement colorés et d'un tissu aussi dense que sur le rivage. [1]

Les mêmes influences et les mêmes exceptions s'observent pour le règne animal. Mais il est peut-être plus difficile de distinguer dans ce concours des différens agens physiques ce qui appartient à la chaleur de ce qui doit être attribué à la lumière.

En général, les tégumens des animaux sont plus colorés lorsqu'ils sont plus long-temps exposés à une lumière plus intense. Le pelage des mammifères, le plumage des oiseaux et les écailles des reptiles et des poissons des pays intertropicaux brillent des couleurs les plus vives. Il en est de même des insectes et des autres animaux des classes inférieures. Les méduses de la zone torride montrent dans toutes leurs parties les plus belles nuances, tandis que celles des mers froides sont ordinairement ternes et décolorées. Cependant les chrysochlores, qui vivent habituellement sous terre, ont des couleurs métalliques remarquables, et des poissons pêchés dans les profondeurs des mers, où l'on prétend qu'ils se tiennent habituellement loin de la lumière, ont offert des teintes vives et tranchées.

L'eau, l'air et la chaleur sont les trois principaux agens physiques qui entretiennent la vie. Lorsqu'ils agissent à la fois sur les corps organisés avec une grande intensité, comme

---

[1] Voyez son beau travail sur la Géographie des plantes marines, *Annales des sciences naturelles,* Janvier. 1806.

dans les parties basses des terres équatoriales, ils favorisent d'une manière étonnante la multiplication de la vie sous toutes les formes.

L'eau, en particulier, est le séjour des animaux plutôt que des végétaux. Tous les animaux fixés au sol, et qui ne jouissent que de mouvemens partiels de leurs parties ; tous ceux des classes inférieures qui, comme les méduses, se nourrissent par absorption ; ceux, en un mot, dont tout le corps ne semble former qu'une gelée contractile ; beaucoup de vers ; les échinodermes ; la plupart des mollusques et beaucoup de crustacés, ne vivent que dans l'eau. Ce liquide apparemment pouvoit seul tenir en suspension ou en dissolution les molécules alimentaires qu'une partie de ces animaux absorbe pour se nourrir. Sa température, variant peu, est plus favorable à toutes les existences que celle de l'air.

On a cru long-temps que la végétation étoit à peu près nulle au fond des mers. Les recherches de Lamouroux ont prouvé que les fucus ne se trouvoient pas seulement sur les côtes à de foibles profondeurs, mais qu'on pouvoit en découvrir loin des rivages, à la profondeur de mille pieds. Ces végétaux marins se bornent au reste à une seule famille : celle des algues, dont l'organisation est très-simple. Les conferves vivent généralement dans les eaux douces.

La mer est surtout peuplée d'espèces innombrables d'animaux. Quand les anciens faisoient naître la fécondité de l'écume de la mer, ils l'avoient bien observée. C'est dans ses immenses réservoirs que l'on voit à la fois l'organisation la plus simple et l'une des plus compliquées, depuis l'éponge et le polype coralligène jusqu'à la baleine.

L'eau et l'air sont deux agens physiques également essentiels à la vie. Il est probable que la plupart des animaux qui vivent dans la mer ont besoin de l'influence de l'air, qui se combine à l'eau ; comme l'eau liquide ou en vapeur est nécessaire pour l'entretien de la vie des végétaux et des animaux qui vivent dans l'air. On pourra voir dans les belles expériences de Milne Edwards [1] jusqu'à quel point l'air est nécessaire à la vie et contribue à la soutenir. Des reptiles auxquels

---

1 De l'influence des agens physiques sur la vie ; Paris, 1824.

il avoit arraché le cœur, ont vécu plus long-temps dans l'air
que dans l'eau ; dans une eau aérée que dans une eau privée
d'air ; dans le plâtre, qui laisse passer l'air, que dans l'eau. Il
a fait vivre des grenouilles pendant l'espace de trente à quarante jours, après leur avoir extirpé les poumons, mais en
laissant leur peau exposée au contact de l'air. Bien entendu
qu'il est question ici d'air atmosphérique, composé en partie d'oxigène, de cet agent puissant qui paroît être plus particulièrement la source de la chaleur et de l'irritabilité dans
les animaux qui ont des organes particuliers de respiration,
puisque leur chaleur intérieure et leur force motrice sont,
toutes choses égales d'ailleurs, en raison de la quantité qu'ils
en absorbent dans cette fonction.

Au moyen des agens physiques et d'une nourriture appro-
priée à sa nature, le germe de chaque corps organisé, une
fois détaché de sa mère, parcourt le cercle de sa vie dans un
temps qui est assez généralement proportionné à la durée de
son accroissement, c'est-à-dire qu'il est d'autant plus long que
son accroissement est plus lent. Buffon, qui établit cette loi,
remarque encore que les petits animaux, ayant beaucoup
moins à croître que les grands, ont, en général, atteint beaucoup plus tôt le terme de leur existence. Cela tient, je pense,
au mouvement plus rapide de leurs fluides et à la plus grande
activité de la vie, qui remue plus facilement les petits corps
que les grandes masses, et qui semble devoir faire plus d'efforts, toutes choses d'ailleurs égales, pour animer celles-ci.
En ne considérant que l'accroissement en hauteur, l'homme
et les mammifères seroient destinés à vivre quatre à cinq fois
le temps qu'il leur faut pour en atteindre le terme. Mais, si
l'on passe des mammifères aux oiseaux et de ceux-ci aux reptiles et aux poissons, les observations manquent pour faire
une application aussi précise de la loi de Buffon.

Dans tous les corps organisés qui ont des parties dures,
dont l'accroissement se fait par intus-susception, le temps
de l'accroissement et même la durée de la vie, sont limités par l'excès de proportion des molécules inertes sur les
molécules organiques. Les os des animaux vertébrés, par
exemple, sont composés de molécules de phosphate calcaire,
que la nutrition dépose dans le réseau gélatineux, qui en est

pour ainsi dire le moule. Aussi long-temps que ces molécules terreuses y sont dans une foible proportion, l'accroissement continue avec le développement de ce réseau. C'est ainsi qu'on explique la longue durée de l'accroissement dans les poissons, particulièrement chez ceux dont les vertèbres et les arêtes restent cartilagineuses. Mais lorsque la quantité de molécules terreuses encombre dans tous les sens, si je puis m'exprimer ainsi, le moule vivant dans lequel elles se précipitent, ses mailles ne trouvent plus le moyen de s'étendre, et l'accroissement cesse. Malgré cela, le tissu osseux continue d'admettre de nouvelles molécules terreuses; leur proportion ne cesse pas d'augmenter avec l'àge; ce tissu en devient de plus en plus dense, comme on le remarque dans les os des vieux animaux, jusqu'à ce qu'enfin il ne peut plus en recevoir, ou qu'il n'en reçoit qu'une très-petite quantité comparativement à celles que contient habituellement le fluide nourricier, et qui ne sont pas rejetées par les excrétions. Alors ces molécules se déposent dans les organes mous, qui durcissent à leur tour et perdent leurs facultés vitales. Les tendons, les ligamens, les parois artérielles, les valvules du cœur, etc., s'ossifient; le tissu de tous les organes devient moins perméable au fluide vivifiant; le cœur ne lui donne plus qu'une foible impulsion, en perdant peu à peu son irritabilité; ses efforts ne peuvent plus suffire à ce mouvement; il cesse, enfin, et la mort naturelle a lieu, comme résultat nécessaire des changemens successifs amenés dans les organes par la nutrition.

L'autre fonction, commune à tous les corps organisés, la propagation, nous paroit, avec la nutrition, avoir la plus grande influence sur la durée de la vie. En effet, un très-grand nombre de corps vivans périt dès qu'ils l'ont une fois accomplie. Il semble qu'ils ne puissent communiquer la vie aux germes que par un effort qui consume la leur propre, et borne sa durée à l'époque où l'accroissement a donné à leurs organes le développement et la force nécessaires pour la génération. Tel nous paroît être le cas de la plupart des animaux des classes inférieures, qui se propagent et meurent aussitôt qu'ils ont atteint le dernier degré de leur accroissement; tel est aussi celui des végétaux herbacés. Quand ils ont des parties dures et ligneuses, alors la durée de leur vie semble rentrer sous

l'empire de la loi de Buffon, que nous avons expliquée par
la disproportion des molécules inorganiques qui forment ces
parties dures et finissent par envahir les parties molles, gê-
ner et même en arrêter tout-à-fait le mouvement. C'est, entre
autres, ce qui nous paroît avoir lieu, quoique bien lentement,
dans les arbres dicotylédons, chez lesquels les rayons médullaires, qui jouent un rôle si important dans la nutrition[1],
doivent faire place au duramen ou à la partie ligneuse. On
ne concevroit pas, sans cela, le terme naturel de la vie de
ces arbres, qui s'enveloppent chaque année d'une nouvelle
couche de bois, dont l'épaisseur nous paroît diminuer à mesure qu'ils vieillissent et que la séve élaborée trouve moins
d'issues à travers les rayons médullaires pour pénétrer sous
leur écorce et y déposer le cambium, qui se change successivement en liber, en aubier et en bois.

Ce sujet, de la durée de la vie, seroit susceptible de bien
grands développemens et d'importantes considérations, si les
ouvrages des naturalistes n'étoient pas aussi pauvres en observations faites dans le but de connoître le terme de l'existence de chaque espèce, dont ils ne donnent le plus souvent
qu'une incomplète histoire, et d'en expliquer la cause naturelle. Nous ne le quitterons pas cependant, sans dire quelques mots de la suspension apparente de la vie ou des mani-
festations extérieures du mouvement vital.

Le mouvement de la vie n'a pas la même activité pendant
toute la durée de l'existence. Dans les animaux dont l'organisation est la plus compliquée, le cœur seul et les poumons
sont les organes dont l'action commence avec la vie et ne
s'arrête qu'avec elle[2]. Les autres organes ont, dans leur vie
propre, une alternative d'activité et de repos; alternative
qui permet au principe qui les anime d'employer successivement ses forces dans les différens points de l'organisme. Ainsi
l'estomac digère et se repose; la pâte alimentaire qu'il verse

---

[1] Dutrochet, l'Agent immédiat du mouvement vital; Paris, 1826.

[2] Aussi le nœud vital, le premier moteur de la vie, est-il, dans les
animaux vertébrés, à l'origine de la huitième paire, qui, comme l'on
sait, donne la vie aux poumons. Dès que ce nœud se trouve rompu, la
vie s'arrête. (Voyez les nouvelles expériences sur le système nerveux,
par M. F. Flourens.)

daus l'intestin y subit l'action successive des différens points de ce canal et des organes accessoires de la digestion, tels que le foie et le pancréas, qui sont appelés à y concourir.

Cette alternative est surtout remarquable dans la vie de relation, dont l'activité et l'inactivité caractérisent la veille et le sommeil. L'un et l'autre ont lieu plus ou moins régulièrement pendant la révolution diurne, de manière que l'époque du sommeil des animaux correspond tantôt aux momens de la journée où le soleil est levé sur le point de l'horizon qu'ils occupent, tantôt à celui où il est couché.

Beaucoup d'animaux des classes inférieures, un certain nombre des classes supérieures des pays tempérés ou même des pays froids, éprouvent, à l'approche de la mauvaise saison et lorsque l'atmosphère se refroidit, un besoin de dormir, et se retirent, par instinct, dans un abri obscur, où la température ne baisse pas au-dessous de zéro et ne s'élève pas au-dessus de 20°. Ils tombent alors dans un engourdissement profond, qui dure pendant tout l'hiver et dont ils ne se réveillent qu'au printemps. Durant cette asphyxie incomplète, comme l'appelle le professeur Prunelle[1], ces fonctions de relation sont entièrement suspendues, tout sentiment paroit éteint; l'animal est immobile, roulé en boule, si c'est un quadrupède, avec les membres roides et les muscles contractés. En même temps ses fonctions de nutrition sont singulièrement affoiblies. La digestion a cessé avec la suspension de tout mouvement. Le sang n'est plus renouvelé et entretenu que par les molécules de graisse que les vaisseaux absorbans apportent dans les veines. La circulation et la respiration ne se font plus qu'avec une lenteur extrême; les sécrétions de même. La chaleur du corps baisse beaucoup et ne s'élève que de 2 degrés au-dessus de celle du milieu où l'animal s'est retiré, et ne conserve plus, comme l'on voit, qu'un reste d'activité vitale; mais cette foible lueur est susceptible de se ranimer avec la chaleur du printemps et de reprendre toute son énergie.

Cette espèce de léthargie n'attaque pas au même degré tous les mammifères qui se choisissent une retraite pendant la mauvaise saison. L'*ours* en est parfois réveillé par le senti-

---

[1] Voyez Annales du Muséum 14.ᵉ année, n.ᵒˢ 9 et 10.

ment de la faim. Les *hérissons*, les *loirs*, les *marmottes*, quelques autres rongeurs du nord de l'Asie, observés par Pallas, y sont soumis. Suivant plusieurs observateurs, une espèce d'*hirondelle*, parmi les oiseaux, en éprouve les effets dans nos climats. Ils sont plus universels sur les *reptiles* et sur cette quantité innombrable d'animaux articulés des climats tempérés ou des pays plus froids, qui se cachent, à l'état imparfait de larve, quand ils sont sujets à des métamorphoses, sous toutes sortes d'abris, où ils attendent l'influence vivifiante de la belle saison, pour recommencer leur vie et l'achever en se propageant.

Une circonstance remarquable dans la vie des animaux, c'est que cet engourdissement atteint plus généralement ceux qui respirent l'air élastique que ceux qui vivent dans l'eau, sans doute à cause des variations plus grandes de température de ce premier milieu. Les oiseaux, à la vérité, font une grande exception à cette règle; mais leurs tégumens sont si propres à les préserver du froid, leur abondante respiration est pour eux une source si riche de chaleur, qu'ils peuvent braver impunément les plus grandes rigueurs, sans en ressentir une mauvaise influence; ils ont d'ailleurs dans leurs ailes un moyen si facile de se transporter en peu d'heures, à travers les régions de l'air, dans des climats plus doux, que beaucoup d'entre eux quittent les latitudes septentrionales à l'approche de l'hiver, plutôt encore pour chercher dans d'autres climats une nourriture qui leur manque, que pour se soustraire aux effets du froid sur leur vie. Les animaux des autres classes, qui n'ont ni les moyens ni l'instinct de quitter le climat où ils sont nés, sont forcés d'en subir toutes les conséquences. Ceux qui sont essentiellement aquatiques ne peuvent pas même tous s'exempter de ce sommeil léthargique. Suivant MM. Quoy et Gaimard, les méduses des mers froides restent probablement engourdies au fond des eaux pendant la mauvaise saison.

L'hiver des climats froids étend encore plus son influence délétère sur la vie végétale que sur la vie animale. Ces forêts d'où la plupart des oiseaux ont disparu; qui ne sont plus habitées que par quelques quadrupèdes; qui présentoient, peu de temps auparavant, l'image de la vie sous tant de formes diverses, semblent être livrées à l'empire de la mort, aussitôt que l'hiver fait sentir ses rigueurs. La plupart des végétaux ont péri après la fécondation : dans le petit nombre de phanérogames herbacés qui subsistent, on ne trouve plus que de courtes feuilles sans tige, dans lesquelles la nutrition est suspendue, que la neige, qui ne tarde pas à les recouvrir, préserve de la destruction. La plupart des arbres et des arbrisseaux, dépouillés de leurs feuilles, ressemblent à des cadavres debout, ne présentant plus aucun signe extérieur de vie, que dans la couleur que conserve quelquefois leur écorce, qu'il faut entamer pour trouver encore dans la séve qui les humecte une dernière marque de vitalité.

L'état des corps organisés dans lequel la vie ne se manifeste plus par aucun mouvement intérieur ou extérieur, par aucun changement apparent, et n'est plus caractérisée que par la permanence de l'agrégation des molécules et la conservation de la même forme, est celui des graines hors du moment de la germination. Celles des plantes légumineuses surtout, et de quelques céréales, pourvu qu'elles soient préservées de l'humidité, du contact de l'air et de l'action de la lumière, ont souvent pendant bien des années la faculté de manifester, par la germination, tous les phénomènes de la vie végétale. On dit avoir fait germer des haricots conservés depuis soixante ans, et des graines de sensitive, après cent ans d'existence.

Plus l'organisation est simple, plus la vie est tenace, dans les différens corps organisés. Nous pourrions prouver cette proposition par les mutilations que supportent, sans périr, les animaux des classes inférieures; tandis que ceux des classes supérieures cessent de vivre, dès qu'on arrête le jeu compliqué de leur organisme par la lésion d'une seule partie; toutes étant dans une dépendance mutuelle. Je l'appuierai seulement ici, pour ne pas sortir de mon sujet, de l'espèce de résurrection que plusieurs petits animaux, classés parmi les intestinaux ou parmi les infusoires, éprouvent, lorsqu'après avoir été privés pendant quelque temps de l'humidité nécessaire à leurs mouvemens, on la leur rend. Leuwenhoeck, Spallanzani, Muller et dernièrement M. de Blainville, ont ainsi fait revivre jusqu'à dix fois le *rotifère des toits*, espèce de *furculaire*

qu'on trouve dans la terre des gouttières, en lui ôtant l'eau
et en la lui rendant au bout d'une demi-journée, d'une journée ou même de plusieurs semaines.

Une espèce de vibrion (*vibrio tritici*), qui produit la maladie du blé qu'on appelle *pourpre*, offre un phénomène encore plus remarquable. E. Bauer[1] a observé que l'animal reste immobile et sans aucune apparence de vie, lorsque les grains qu'il a gâtés et dans lesquels il se tient, sont secs, et qu'il reprend ses mouvemens chaque fois qu'on humecte ces grains. Cet observateur a pu le ranimer, par ce moyen, dans des grains secs, après cinq et même six années.

Quelle immense distance ce singulier phénomène ne met-il pas entre la vie d'un tel être et celle de l'homme!

Cette esquisse abrégée des conditions et des phénomènes de l'existence devroit comprendre aussi l'exposition des différentes formes que subissent, dans le cours de leur vie, une partie des êtres animés. (Voyez au mot MÉTAMORPHOSE, pour les *insectes*, et au mot TÊTARD, pour les *reptiles*.) Disons seulement en passant, qu'un beaucoup plus grand nombre qu'on ne le pense communément, éprouve dans le développement de certains organes ou dans la cessation de l'usage, le rapetissement et l'anéantissement même d'autres organes, de véritables métamorphoses, qui font varier le jeu de leur machine compliquée et ses rapports avec le monde extérieur.

Les fœtus des mammifères, par exemple, se nourrissent sans digestion par le sang qui leur arrive du placenta à travers la veine ombilicale. Ce sang ne respire pas dans leurs poumons, qui sont très-petits; il en est détourné par le trou de Botal et le canal artériel : l'air ne pénètre pas dans ces organes. Le foie, le canal alimentaire, les glandes surrénales, le thymus, les organes de la génération, la tête, le tronc et les extrémités, ont des formes et des proportions qui changent beaucoup pendant les premières années de la naissance ou plus tard encore. La couleur, la nature même des tégumens, éprouvent des modifications remarquables.

Les oiseaux subissent aussi des changemens correspondans : si nous les analysions en détail, nous verrions que la vie du

---

[1] Annales des sciences naturelles, tom. 2.

fœtus dans les mammifères et les oiseaux, et la vie de ceux de ces animaux qui sont sujets au sommeil léthargique, ont les plus grands rapports.

Parmi les reptiles, nous trouvons un ordre entier, celui des *batraciens*, ou si l'on veut une sous-classe, dont une partie de la vie se passe avec les formes extérieures, les organes de la respiration et les habitudes des poissons; tandis que dans l'autre partie, qu'on appelle état parfait, parce que leur accroissement s'accomplit dans cet état et qu'ils acquièrent tous les moyens de se propager, ils ont quatre extrémités pour marcher et sauter sur le sol, et des poumons pour respirer l'air élastique. L'histoire de la vie des *insectes* offre encore de bien plus étonnantes variations, ainsi que les formes extérieures ou intérieures de leur organisation.

Si ces modifications organiques, comme nous le pensons, ne changent pas l'individualité, mais seulement l'ordre de ses rapports; si le papillon, comme on ne peut en douter, est le même individu qui rampoit auparavant sous la forme de chenille, il est impossible de ne pas voir, avec le célèbre Bonnet[1], hors de ces changemens quelque chose qui en est indépendant et qui constitue plus essentiellement l'existence.

Mais dès l'instant où le Créateur a voulu que la vie apparût sur la terre, jusqu'au temps présent, elle n'a pas traversé les siècles sous les mêmes formes, dans les mêmes proportions et dans les mêmes lieux où nous l'observons de nos jours. Des ossemens de toute grandeur, des coquilles de toutes les formes, une quantité d'espèces de zoophytes pierreux, des empreintes de nombreux végétaux, qu'on découvre en fouillant la surface de notre globe, sont les monumens de la vie qui décèlent, selon toute apparence, l'ordre dans lequel les êtres vivans se sont succédé dans des temps bien éloignés des nôtres.

On pourra lire dans l'ouvrage important de M. G. Cuvier *sur les Ossemens fossiles*, dont la dernière édition a été publiée en 1824, ou dans son *Discours sur les révolutions de la surface du globe*, qu'il a détaché de ce grand ouvrage en 1825; dans l'*Histoire des végétaux fossiles* d'Adolphe Brongniart; dans le

---

[1] Voyez sa *Palingénésie philosophique*; Neufchâtel, 1783.

Traité de Sowerby *sur les Coquilles*, et dans les recueils scientifiques, où les savans ont consigné leurs nombreuses découvertes, entre autres dans le *Bulletin des sciences* du baron de Férussac, qui en présente un résumé complet, combien ces antiquaires d'une nouvelle espèce ont découvert de monumens des anciennes existences, et de quelle importance ils sont pour l'histoire du globe. Nous terminerons cet article en indiquant d'une manière très-sommaire les principaux résultats de leurs recherches.

Si nous tentons d'embrasser d'un coup d'œil ces nombreux débris de la vie et de les grouper dans leurs règnes, leurs classes et leurs ordres respectifs, nous verrons d'abord que les végétaux étoient pour la plupart, ou des monocotylédonés, particulièrement des arondinacées, des palmiers, des bambous, ou des agames, surtout des fougères, des lycopodiacées et des algues. Il y avoit très-peu de plantes dicotylédones.

Quant aux animaux, nous aurons de suite pour premier aperçu, que les espèces aquatiques l'emportoient de beaucoup en nombre sur les espèces terrestres ou aériennes : ce qui semble prouver que l'eau, dans les temps primitifs, a été plus généralement que la terre le séjour de la vie. Les débris d'animaux de ces temps appartiennent à des zoophytes, à des mollusques, à la classe des crustacés, à celle des poissons et à de nombreuses espèces de reptiles aquatiques de l'ordre des sauriens ou de celui des chéloniens, dont les uns vivoient dans l'eau douce et les autres dans l'eau salée. On a même trouvé parmi ces débris quelques ossemens d'oiseaux de tous les ordres, ceux de plusieurs espèces de mammifères aquatiques et d'un grand nombre de mammifères terrestres, surtout de pachydermes, de ruminans et de carnassiers ; mais on s'étonne de n'en avoir pu découvrir jusqu'à présent aucun de quadrumanes. Les fouilles, à la vérité, n'ont point encore été assez multipliées, assez étendues, pour qu'on puisse affirmer que la vie n'existoit que sous les formes dont on a découvert jusqu'ici les restes, puisque chaque jour enrichit la science de nouveaux faits.

Les plantes, entre autres les *prêles* et les *calamites*, avoient des dimensions extraordinaires, d'autant plus considérables que leur existence se rapporte à des époques plus reculées, et qui ne se rencontrent pas même dans celles des régions équatoriales où une haute température, réunie à l'humidité, favorise tant la végétation. On en conclut que, dans ces temps primitifs, la chaleur et l'humidité étoient encore plus fortes que dans les contrées les plus chaudes des temps actuels.

La vie des reptiles, excitée par ces deux circonstances, si propres à lui donner une inconcevable énergie, se montroit sous des dimensions qu'on ne retrouve plus, même dans ceux des pays les plus chauds : témoin ce grand lézard de Maëstricht, qui devoit avoir de 20 à 30 pieds de long, et ce *megalosaure* de la même famille, dont les restes ont été découverts en Angleterre et en France, et dont la taille égaloit celle de la baleine.

Ces climats brûlans qui réchauffoient les latitudes septentrionales, étoient de même favorables à l'existence des plus grands quadrupèdes, qui s'y multiplioient beaucoup, à en juger par la quantité d'ossemens de *mastodontes*, de *rhinocéros*, d'*éléphans*, d'*hippopotames*, etc., trouvés dans tous les terrains meubles de l'Europe et de l'Asie, depuis la Toscane jusqu'en Sibérie, et par ceux de *megalonix* et de *megatherium*, découverts en Amérique.

La plupart de ces formes de la vie primitive ont des analogues dans la vie actuelle, sans leur ressembler entièrement; mais le type de quelques-unes paroît avoir été tout-à-fait détruit. Rien de ce qui existe ne ressemble à ces étranges *ichthyosaures*, qui avoient bien les caractères généraux de l'ordre des sauriens, sauf les vertèbres aplaties et concaves à leurs deux faces, comme celles des poissons, et dont les singulières extrémités, composées de nombreux petits os immobiles et aplatis, avoient la forme des rames des cétacés et ne pouvoient servir qu'à la natation.

Les *plésiaures* se distinguoient par un cou extraordinairement long, supportant une très-petite tête, ayant tous les caractères de celle des lézards.

La vie a également cessé de s'offrir à nous sous la forme de ces *ptérodactyles*, sortes de lézards volans, ayant le cou fort grand, portant une tête à museau très-alongé, armé de dents aiguës, de hautes jambes, et les extrémités antérieures composées, entre autres, d'un doigt excessivement long, destiné sans doute à soutenir une membrane servant au vol.

La coexistence de toutes ces formes organiques dans les mêmes contrées, n'offre pas moins d'intérêt pour l'histoire de la vie que la considération de ces formes en elles-mêmes.

Tout sembloit rapproché, confondu : l'animal d'Amérique avec celui d'Europe ; l'habitant du Nord avec celui des contrées les plus méridionales, le *renne* avec l'*hippopotame ;* comme si, dans ces temps anciens, les êtres n'avoient point encore été séparés par les différens climats.

A en juger par les couches d'âges différens, où l'on a découvert ces monumens de la vie, il sembleroit aussi qu'elle n'a pas paru à la fois sous toutes ses formes ; elles se sont succédé dans les rapports nécessaires avec les changemens qui se passoient sur notre planète ; habitée d'abord exclusivement par des animaux aquatiques, la végétation n'a pu y montrer sa belle verdure que lorsque quelques points ont été mis à sec. A ces végétaux sont venus se joindre plus tard les animaux amphibies ; puis les animaux terrestres et aériens de toutes les classes, qui se sont réunis aux animaux aquatiques, pour multiplier par tout le globe les formes de l'existence, dont l'organisation si variée, soumise à l'action des différens climats, a dû se répartir comme nous le voyons de nos jours, dans toutes les latitudes où la vie peut exercer sa puissance incompréhensible.

Voyez les mots Animal, Végétal et tous ceux cités dans ces deux articles généraux, entre autres, Muscles, Nerfs, Respiration, Sens. Système circulatoire, Système digestif, Système lymphatique. Système des sécrétions. (G. L. Duv.)

VIEILLARD. (*Mamm.*) L'ouanderou, singe du genre des Macaques, a été ainsi nommé, sans doute parce que son cou est garni d'une grande crinière blanche, qui figure une barbe de vieillard. (Desm.)

VIEILLARD. (*Ornith.*) Synonyme de *Cuculus pluvialis*, Linné. (Ch. D. et L.)

VIEILLARD [Petit]. (*Ornith.*) C'est le coulicou des palétuviers. (Desm.)

VIEILLARD A AILES ROUSSES. (*Ornith.*) Ce nom a été donné au coulicou à ailes rousses. (Desm.)

VIEILLE. (*Ichthyol.*) Nom d'un labre décrit dans ce Dictionnaire, tom. XXV, pag. 20. (H. C.)

VIEILLE-FEMME. (*Ichthyol.*) Voyez l'article VIEILLE DE MER. (H. C.)

VIEILLE DE MER. (*Ichthyol.*) Nom spécifique d'un baliste, *balistes vetula.* Voyez BALISTE. (H. C.)

VIELFRÆS, VIELFRAS, VIELFRASS, VIELFRASZ. (*Mamm.*) Dénominations diverses du glouton dans les langues du Nord. (DESM.)

VIELLE RIDÉE. (*Conch.*) Nom marchand du *murex anus*, Linn., type du genre Masque de Montfort. (DE B.)

VIELLEUR. (*Entom.*) Nom sous lequel Mlle Mérian désignoit la cigale dix-sept-ans de Cayenne, *cicada tibicen*, à cause de son chant, qui a de la ressemblance avec le son d'une vielle. (DESM.)

VIENNE, VIOCHE, VIORNE, VRONE. (*Bot.*) Noms vulgaires, cités dans la Flore de l'Anjou de M. Desvaux, de la clématite ordinaire, *clematis vitalba* : ceux de viorne et herbe aux gueux, sont plus généralement employés. (J.)

VIÉNUSE. (*Bot.*) Un des noms donnés dans les campagnes voisines de Montpellier à la mélongène, *solanum melongena*, selon Gouan. (J.)

VIER-AUGE. (*Ichthyol.*) Nom allemand de l'*anableps Surinam.* Voyez ANABLEPS. (H. C.)

VIERECKIGTER. (*Ichthyol.*) Voyez THURNTRAGER. (H. C.)

VIERHORNIGE. (*Ichthyol.*) Un des noms hollandois du *coffre à quatre piquans.* Voyez COFFRE. (H. C.)

VIERSTACHEL. (*Ichthyol.*) Nom allemand du *spare tétracanthe.* Voyez SPARE. (H. C.)

VIERSTACHELICHTES DREIECK. (*Ichth.*) Voyez TRIANGEL. (H. C.)

VIEUSSEUXIA. (*Bot.*) Genre de plantes monocotylédones, à fleurs incomplètes, de la famille des *iridées*, de la *triandrie monogynie* de Linnæus, offrant pour caractère essentiel : Une corolle non tubulée, à six divisions très-profondes ; les trois extérieures fort grandes, prolongées en un onglet quelquefois barbu ; les trois intérieures à peine plus longues que les onglets ; trois étamines monadelphes ; un ovaire inférieur ; un style ; trois stigmates pétaliformes ; une capsule oblongue, trigone, à trois valves, à trois loges ; plusieurs semences dans chaque loge.

D'après les observations de M. De Candolle, la famille des iridées a été divisée en deux sections, d'après la structure des étamines, lesquelles sont libres ou réunies ensemble par leurs filamens. Le genre Iris a été placé par quelques auteurs modernes parmi les iridées à étamines libres; mais on a réuni à ce genre plusieurs espèces dont les étamines sont réellement monadelphes. M. De la Roche, dans une dissertation imprimée à Leyde en 1766, avoit séparé ces espèces du genre des Iris, et en avoit fait un genre particulier sous le nom de *Vieusseuxia*. Il doit être conservé, soit parce que son port indique un groupe naturel, soit parce que son caractère est assez bien tranché. Ce caractère consiste principalement dans les trois étamines monadelphes et dans les trois stigmates en forme de pétales. Le premier caractère des vieusseuxia les rapproche des *sisyrinchium* et des *ferraria*, le second des *iris*. Ce genre établit donc un passage très-naturel de la première à la seconde section des iridées.

VIEUSSEUXIA DE LA MARTINIQUE : *Vieusseuxia martinicensis*, Decand., Ann. du Mus., 2, p. 136 ; Jacq., *Amer.*, tab. 7 ; *Cipura martinicensis*, Kunth, *in* Humb. et Bonpl., 1, p. 321 ; Burm., *Amer.*, tab. 261, fig. 2. Cette plante a une racine bulbeuse, solide, environnée de fibres blanchâtres ; elle pousse des feuilles distiques, ensiformes, étroites, aiguës, un peu roides, moins longues que la tige ; celle-ci est haute de deux pieds, droite, un peu cylindrique, grêle, presque nue, au moins dans sa partie supérieure ; la spathe bivalve qui la termine donne naissance à quelques fleurs pédonculées, jaunes, petites et qui s'épanouissent successivement. Ces fleurs ont à la base de leurs pétales une fossette glanduleuse et noirâtre. Trois de ces pétales sont ovoïdes, obtus, avec une petite pointe redressée ou un peu réfléchie, et une fois plus grande que les trois autres. Cette plante croit à la Martinique, dans les prés montueux, humides et ombragés des bois.

VIEUSSEUXIA A TROIS PÉTALES : *Vieusseuxia tripetala*, Decand., *loc. cit.* ; *Iris tripetala*, Linné fils, *Suppl.*, 97. Sa racine est une bulbe globuleuse, qui pousse une seule feuille linéaire, canaliculée, glabre, engainée inférieurement, une fois plus longue que la hampe, lâche et pendante ; la hampe est droite, haute d'un pied, cylindrique, articulée, glabre et ordinairement uniflore; ses articulations sont garnies de bractées amplexicaules qui ressemblent aux spathes. La fleur est terminale, solitaire, cachée dans une spathe bivalve; la corolle est bleue, tachée d'un peu de jaune; les trois plus grands pétales ont leur lame ovale, pointue, et sont barbus sur leur onglet; les trois pétales plus petits ont leur onglet très-étroit et leur lame linéaire, subulée. Cette plante croît au cap de Bonne-Espérance.

VIEUSSEUXIA ŒIL-DE-PAON : *Vieusseuxia pavonia*, Decand., *loc. cit.* ; *Iris pavonia*, Thunb., *Diss.*, tab. 1 ; *Morœa pavonia*, *Bot. Magaz.*, tab. 1247. Cette plante a des feuilles velues; elle est de plus remarquable par la beauté de sa fleur, ayant sa couleur d'un beau jaune orangé, avec des points noirs à la base de ses plus grands pétales, et au-dessus de ces points une tache bleue en cœur, dont la base est noire et veloutée. Sa tige est haute d'un pied, simple, cylindrique, articulée, velue, portant à son sommet une ou deux fleurs; elle est garnie inférieurement d'une feuille linéaire, striée, velue, de la longueur de la tige, et dans sa partie supérieure de quelques gaines pointues, dont les supérieures sont chargées de spathes; les trois pétales extérieurs sont plus grands, ovales, obtus, entiers; les trois intérieurs une fois plus courts, beaucoup plus étroits et comme lancéolés; les filamens réunis en cylindre dans plus de la moitié de leur longueur. Cette plante croît au cap de Bonne-Espérance.

VIEUSSEUXIA FUGACE : *Vieusseuxia fugax*, Decand., *loc. cit.*; *Morœa fugax*, Jacq., *Vind.*, 3, tab. 20; *Iris edulis*, Linné fils, *Suppl.*, 98. Cette plante a une racine bulbeuse, garnie de fibres profondément enfoncées dans la terre; elle pousse une tige haute d'un pied, cylindrique, un peu en zigzag, glabre, rameuse à sa partie supérieure. Cette tige est enveloppée inférieurement par la longue gaîne d'une feuille glabre, linéaire, droite, courbée à son sommet, trois fois plus longue que la tige. Les fleurs sont solitaires ou disposées plusieurs ensemble, alternes, un peu unilatérales; elles varient dans leur couleur. La lèvre extérieure du stigmate est obtuse et très-entière. Cette plante croît au cap de Bonne-Espérance. Les Hottentots en recueillent les bulbes et les tiges, dont ils

font des paquets, ils les font cuire légèrement et les mangent;
cet aliment est d'un bon goût et fort nourrissant: les singes
en font aussi leur nourriture.

VIEUSSEUXIA EN SPIRALE : *Vieusseuxia spiralis*, Decand., *loc.
cit.*; De la Roche, Diss., 31, tab. 5. Cette plante a des fleurs
jaunâtres; les onglets sont d'une couleur plus foncée, mou-
chetés de taches purpurines, glabres ou plutôt garnis de poils
si petits, qu'on ne peut les découvrir qu'à l'aide d'une forte
loupe ou d'un microscope. Les divisions intérieures et plus
petites de la corolle sont terminées par trois pointes; celle du
milieu est prolongée en spirale, et les trois divisions extérieures
sont très-grandes et obtuses. Cette plante croît au cap de
Bonne-Espérance.

VIEUSSEUXIA GLAUQUE : *Vieusseuxia glauconis*, Decand., *loc.
cit.*, tab. 42; Red., Lil., tab. 42. Cette plante est glabre sur
toutes ses parties; elle a une racine bulbeuse, arrondie; ses
feuilles sont égales à la longueur de la hampe, étroites, linéaires, aiguës. La hampe est droite, simple; elle porte ordinairement deux fleurs, entourées chacune de deux bractées alongées; ces fleurs sont blanches, avec une tache bleue
sur la base du limbe des trois divisions externes. Leur onglet
est presque droit, couvert de poils dans toute sa surface.
Leur limbe est obtus; les divisions intérieures sont courtes,
à trois lobes, celui du milieu se prolonge un peu plus que
les autres; les étamines forment un tube autour du style; les
stigmates sont à deux lobes redressés et dentelés; l'ovaire est
à trois angles. Cette plante croît au cap de Bonne-Espérance.
(POIR.)

VIF-ARGENT. (*Chim.*) Voyez MERCURE. (LEM.)

VIGEON. (*Ornith.*) Le P. Dutertre, p. 312, désigne ainsi
une espèce de canard dont parle d'Azara, tom. 4, pag. 317.
(CH. D. et L.)

VIGNA. (*Bot.*) Genre de plantes légumineuses, fait sur le
dolichos luteolus de Linnæus, par M. Savi, qui, trouvant le
dolichos trop nombreux en espèces, le divise en plusieurs
genres, d'après des caractères de peu de valeur. Ces genres
ont été en partie adoptés par M. De Candolle, dans son grand
travail sur les légumineuses : il est indécis sur l'admission du
Vigna. (J.)

VIGNE ; *Vitis*, Linn. (*Bot.*) Genre de plantes dicotylédones polypétales, de la famille des *vinifères*, Juss., et de la *pentandrie monogynie*, Linn., dont les principaux caractères sont les suivans : Calice très-petit, à cinq dents ; corolle de cinq pétales se séparant par leur base, mais restant adhérens par le haut en forme de coiffe et tombant ensemble ; cinq étamines opposées aux pétales, à filamens subulés, étalés, terminés par des anthéres simples ; un ovaire supère, à stigmate sessile ; une baie arrondie ou ovoïde, à une seule loge contenant une à cinq graines.

Les vignes sont des arbrisseaux sarmenteux, à feuilles alternes, et à fleurs disposées en grappes opposées aux feuilles. On en connoît une vingtaine d'espèces, dont à peu près la moitié appartient à l'ancien continent, et le reste au nouveau. Parmi les premières, la vigne cultivée présente un grand intérêt à cause de ses produits.

VIGNE A FEUILLES EN CŒUR ; *Vitis cordifolia*, Mich., *Fl. bor. amer.*, 2, p. 231. Sa tige se divise en rameaux nombreux, sarmenteux, cylindriques, glabres, dont ceux de l'année sont garnis de feuilles alternes, cordiformes, glabres des deux côtés, portées sur des pétioles de la longueur de leur limbe qui est bordé de dents inégales et très-aiguës. Les fleurs sont verdâtres, disposées un grand nombre ensemble sur des grappes lâches et latérales ; il leur succède des baies très-petites, qui mûrissent tard. Cette vigne croît naturellement dans l'Amérique septentrionale, depuis la Floride jusqu'en Pensylvanie. Elle est cultivée au Jardin du Roi, à Paris.

VIGNE DE VIRGINIE ; *Vitis virginiana*, Desf., *Hort. par.*, éd. 2, p. 164. Ses tiges se divisent en longs rameaux sarmenteux, glabres, un peu roussâtres, dont les plus jeunes sont garnis de feuilles longuement pétiolées, très-grandes, un peu coriaces, luisantes, glabres en dessus et en dessous, ovales-cordiformes, divisées profondément en cinq lobes inégaux, presque arrondis et bordés de crénelures inégales. Les fleurs sont disposées en grappes presque simples et opposées aux feuilles. Cet arbrisseau est originaire de la Virginie. On le cultive depuis assez long-temps au Jardin du Roi, à Paris.

VIGNE HÉDÉRACÉE, vulgairement VIGNE VIERGE : *Vitis hederacea*, Willd., *Sp.*, 1, p. 1182 ; *Hedera quinquefolia*, Linn.,

Sp., 292; *Ampelopsis quinquefolia*, Mich., *Fl. bor. amer.*, 1. p. 160. La tige de cette vigne se divise presque dès sa base en rameaux nombreux, sarmenteux, radicans, susceptibles de s'élever à une grande hauteur, en s'attachant sur le tronc des arbres ou sur les murailles, et atteignant quelquefois plus de vingt pieds de longueur dans une seule année. Ses feuilles sont composées de trois et le plus souvent de cinq folioles ovales, glabres, coriaces, dentées en leurs bords, pédicellées et réunies au même point d'insertion à l'extrémité d'un pétiole commun. Les fleurs sont petites, verdâtres, disposées au sommet des rameaux en grappes étalées, rameuses, et formant des espèces de panicules. Il leur succède des baies contenant quatre à cinq graines. Cet arbrisseau croît naturellement dans l'Amérique septentrionale, depuis la Virginie jusqu'en Canada. On le cultive depuis long-temps en Europe. On l'emploie dans les jardins à couvrir des berceaux, et surtout pour cacher la nudité des murs exposés au nord. La faculté qu'ont ses rameaux de s'attacher comme le lierre, le rend très-propre à cet usage.

VIGNE ARBORESCENTE; *Vitis arborea*, Linn., *Syst. veg.*, 244. Sa tige se divise en rameaux cylindriques, glabres, un peu rougeâtres, garnis de feuilles deux ou trois fois ailées, pétiolées, composées de folioles ovales-oblongues, incisées ou grossièrement dentées en leurs bords, glabres, pédicellées et opposées les unes aux autres. Les fleurs sont petites, d'un blanc verdâtre, disposées en grappes rameuses et opposées aux feuilles. Il leur succède des baies de la grosseur d'un grain de groseille et d'un blanc jaunâtre. Cette vigne croît naturellement dans la Virginie et les Carolines. On la cultive au Jardin du Roi.

VIGNE DE RENARD; *Vitis vulpina*, Linn., *Sp.*, 293. Sa tige se divise en plusieurs rameaux sarmenteux, glabres, garnis de feuilles pétiolées, grandes, largement échancrées en cœur à leur base, d'un vert luisant en dessus, plus pâles en dessous, glabres, divisées en leurs bords d'une manière très-variable, tantôt incisées ou dentées, le plus souvent partagées en trois à cinq lobes aigus. Les fleurs sont petites, d'un jaune verdâtre, disposées en longues grappes, placées en opposition avec les feuilles. Il leur succède de petites baies globuleuses et noirâtres. Cet arbrisseau croit naturellement dans la Virginie. On le cultive au Jardin du Roi.

VIGNE A SEPT FEUILLES: *Vitis heptaphylla*, Linn., *Mant.*, 212. Ses tiges se divisent, comme dans les espèces précédentes, en rameaux sarmenteux, grimpans, garnis de feuilles longuement pétiolées, composées de cinq à huit, et le plus ordinairement de sept folioles ovales-oblongues, pédicellées, d'une consistance un peu coriace, glabres, très-entières, terminées par une pointe aiguë. Les fleurs sont sessiles, ramassées en petits verticilles distans, et disposées au sommet des rameaux sur plusieurs épis simples, formant dans leur ensemble une grappe très-ample. Cette vigne croit dans les Indes orientales.

VIGNE DU JAPON; *Vitis japonica*, Thunb., *Fl. Jap.*, 104. Sa tige se divise en rameaux anguleux, presque herbacés, foibles, glabres, garnis de feuilles pétiolées, composées de cinq folioles pédicellées, glabres, dentées en scie. Ses fleurs sont disposées en une panicule axillaire très-rameuse. Le calice n'a que quatre dents, et la corolle que quatre pétales. Cette plante croit naturellement au Japon.

VIGNE CULTIVÉE : *Vitis vinifera*, Linn., *Sp.*, 293; Lois., Nouv. Duham., 8, p. 211, t. 61 à 72. La vigne cultivée est un arbrisseau dont la tige acquiert quelquefois, avec les années, la grosseur d'un petit et même d'un moyen arbre, et qui se divise en nombreux rameaux sarmenteux, longs, souples, munis de nœuds, s'attachant aux corps qui les avoisinent au moyen de vrilles fourchues, qui se contournent en spirale, et s'élevant par ce moyen jusqu'à surpasser les plus grands arbres. Ses jeunes rameaux sont garnis de feuilles alternes, pétiolées, échancrées en cœur à leur base, ordinairement partagées en trois à cinq lobes assez profonds, quelquefois à peine ou peu sensiblement divisées, d'un beau vert et souvent glabres en dessus, plus ordinairement chargées en dessous d'un duvet cotonneux. Les vrilles, qui sont opposées aux feuilles, ne paroissent être que les pédoncules des fleurs avortées, car elles occupent la même place que ceux-ci, et elles les remplacent dans la plus grande partie des rameaux où il n'existe point de fleurs. Celles-ci sont nombreuses, disposées en grappes rameuses, toujours opposées aux feuilles et placées une

à une à chaque nœud et au nombre d'une à quatre dans la
partie inférieure de chaque rameau nouvellement développé.
Il succède à chaque fleur une baie de forme, de grosseur,
de couleur et de saveur différentes, suivant la variété, et
ne contenant le plus souvent qu'une à deux graines ou pepins par l'avortement des autres.

La vigne laciniée, connue sous les noms de Ciotat, Raisin
d'Autriche, *vitis laciniosa*, Linn., *Sp.*, 293, ne me paroît être
qu'une variété de la vigne cultivée, quelle que soit d'ailleurs
la différence qu'elle présente dans son feuillage. Ses feuilles
sont palmées, découpées jusqu'à leur base en cinq lobes principaux, eux-mêmes divisés assez profondément en plusieurs
découpures et bordés de dents. Quant à ses fruits, ils ont
beaucoup de ressemblance avec ceux du chasselas doré; sa
grappe est seulement un peu plus petite, et ses grains sont
moins ronds : au reste, sa couleur, sa chair, son goût, sont
absolument les mêmes, ainsi que le temps de la maturité.

La vigne sauvage, qui croît aujourd'hui et depuis plusieurs
siècles dans les départemens du midi de la France et dans les
pays méridionaux de l'Europe, ne diffère de celle qui est
cultivée que parce que ses feuilles sont en général moins
grandes, mais plus cotonneuses, et surtout parce que ses
fruits sont bien plus petits, d'une saveur moins douce et
moins sucrée. Cette vigne sauvage, que les anciens désignoient
sous le nom de *labrusca*, est encore connue maintenant,
dans les départemens méridionaux de la France, sous les
noms de *lambrusco* et de *lambresquiero*, qui ont beaucoup d'a-
nalogie avec l'ancien nom latin. Les petits oiseaux, et surtout
les becs-figues, sont très-friands de ses fruits : ce qui est en
opposition avec ce que dit Pline, que, pour donner du dé-
goût des raisins aux oiseaux, il falloit mêler des grains de
lambruche dans leur nourriture ordinaire.

Aucun arbre fruitier n'a donné autant de variétés que la
vigne. Déjà au temps de Virgile et de Pline on regardoit
comme impossible de déterminer le nombre de toutes les
vignes et d'en dire exactement tous les noms. « Que celui
« qui voudra connoître le nombre et le nom de toutes les
« espèces de vignes, dit Virgile, veuille aussi connoître le
« nombre des grains de sable que le vent soulève sur les

« bords de la mer de Libye, ou combien de flots viennent
« se briser contre les rivages de la mer Ionienne agitée par
« le vent d'est. »

Sed neque quam multæ species, nec nomina quæ sint,
Est numerus; neque enim numero comprendere refert.
Quem qui scire velit, Libyci velit æquoris idem
Discere quam multæ Zephyro turbentur arenæ;
Aut ubi navigiis violentior incidit Eurus,
Nosse quot Ionii veniant ad litiora fluctus.

Virg., Géorg. II, vers 103.

« Démocrite est le seul, dit Pline (liv. 14, ch. 2), qui ait
« cru qu'on pouvoit réduire à un certain nombre les diffé-
« rentes espèces de vignes, et il se vantoit de connoître
« toutes celles de la Grèce. D'autres ont pensé que les diffé-
« rentes espèces étoient innombrables, infinies; opinion qui
« semble bien appuyée sur la diversité des vins. Il y a, dit
« encore Pline dans un autre chapitre, une quantité innom-
« brable d'espèces de vignes, qui diffèrent entre elles par la
« grosseur, la couleur, le goût, la forme des grains et par la
« qualité de leur vin : dans les unes, les raisins sont pour-
« pres; dans les autres, roses ou verts : les blancs et les noirs
« sont les plus communs. »

Cependant Pline cite quatre-vingts et quelques variétés de
vignes ou de raisins. Deux cents ans avant Pline, Caton, qui
est le premier Romain qui ait écrit sur l'agriculture, ne
parle que de huit sortes de raisins, soit qu'il ait négligé à
dessein d'en citer davantage, soit qu'à cette époque on n'en
connût pas réellement un plus grand nombre. Les variétés
de raisin étoient déjà bien multipliées du temps de Virgile,
puisque nous avons vu un peu plus haut combien, selon lui,
il étoit difficile de les compter. Dans ses Géorgiques il en énu-
mère d'ailleurs quinze sortes. Columelle, qui a vécu entre
Virgile et Pline, caractérise cinquante-huit variétés de raisin.

Cette multitude de variétés qui existent dans l'espèce de
la vigne, ont été successivement formées par une culture dont
les commencemens remontent aux siècles les plus reculés,
et qui a modifié ses fruits à l'infini ; et si les semis de raisins
étoient plus multipliés qu'ils ne le sont, le nombre des va-

riétés seroit encore bien plus considérable, car chaque semis
en produit de nouvelles. Cependant, non-seulement dans
les différentes contrées où la vigne est cultivée, mais encore dans chaque pays ou même dans chaque pays vignoble,
on rencontre des variétés de raisin qui y sont particulières
et qui ne sont point connues ailleurs. Ainsi, pour ne parler
que des pays de l'Europe qui sont les plus propres à la culture
de la vigne, comme la France, l'Espagne, le Portugal, l'Italie,
la Hongrie, la Grèce, chacune de ces contrées nourrit des
variétés de raisin qui leur sont particulières. Mais, dans ces
mêmes contrées, chaque province, et dans chaque province
les différens cantons vignobles, possèdent presque toujours
un plus ou moins grand nombre de raisins qui ne sont point
connus dans la province voisine ou dans le canton limitrophe.

Pour donner un exemple combien dans tous les pays les
variétés de vignes peuvent être nombreuses, rien que dans
une province ou dans un canton assez circonscrit, je citerai
seulement quelques auteurs, qui ont donné l'énumération ou
la description des vignes cultivées dans leur province ou dans
le canton qu'ils habitoient. Cupani, en 1696, a donné la description de quarante-huit variétés de vignes cultivées en Sicile,
dans le jardin botanique du prince Catolica, à Misilmeri; Garidel, en 1715, a caractérisé, dans son Histoire des plantes
des environs d'Aix, quarante-six sortes de vignes: en 1729,
Langley a donné la description de vingt-trois, cultivées dans
les serres d'Angleterre; en 1792, Garcia de la Lena, Espagnol,
cite trente-trois variétés comme cultivées dans les vignes de
Malaga: et enfin, Don Simon Roxas Clemente a donné peu
après une description très-exacte de cent vingt variétés qu'il
a observées dans la seule province d'Andalousie.

Bosc, que les sciences naturelles et l'agriculture viennent
de perdre, avoit été chargé par le Gouvernement, il y a environ vingt-cinq ans, de l'étude et de la nomenclature de
toutes les variétés de vignes cultivées en France, et il en avoit
réuni près de mille quatre cents dans la pépinière du Luxem-
bourg. Il est vrai que la différence des noms que portent souvent les mêmes cépages, et qui varie quelquefois d'un vignoble à l'autre, a bien pu donner lieu à ce nombre, qui paroîtra extraordinaire, et dans lequel il y a probablement beau-

coup de doubles emplois. J'ignore si Bosc a laissé un travail pour classer une si prodigieuse quantité de variétés et pour en débrouiller la nomenclature; elle seroit d'ailleurs beaucoup trop longue pour être rapportée ici. Cependant, comme il peut être agréable à quelques lecteurs de connoître les noms d'un certain nombre de raisins, je rapporterai ici une liste de deux cent soixante-dix variétés, que M. Audibert cultive dans ses belles pépinières de Tonelle, près de Tarascon, département des Bouches-du-Rhône. Je suivrai les divisions établies par cet habile cultivateur, et d'après lui je distinguerai par le signe * les variétés qui sont les meilleures comme raisins de table.

§. 1.er *Raisins à grains noirs ronds.*

Alexandrie noire.	Doucinelle noire.
Alicante.	Épicier.
Almandis.	Espar.
Aramon noir.	Folle noire.
Arrouya.	François noir.
Baclan.	Gamet noir.
Balavri.	Grenache.
Balsamina.	Grignoli.
Biron.	Gros-noir.
Blanc-Madame.	Grosse-serine.
Bordelais.	Gruselle.
Bourdoulenque noire.	Iragnan noir.
Bouteillan.	Jacobin.
Calitor noir.	Lambrusquat.
Camarau rouge.	Lardau.
Canut noir.	Lignage.
Chailloche.	Magdeleine noire.
Claveric rouge.	Malvoisie rouge.
Coda di Volpe.	Maclon.
Cornet.	Mansein noir.
Cortese nera.	Maroc ou raisin turc. *
Courbu.	Marroquin ou Espagnin. *
Croq.	Marseillois.
Dégoûtant.	Materot.
Dolceto.	Melon.

Merveillat.
Meûnier.
Morillon hâtif.*
Morillon noir.
Monzac noir.
Moulan.
Mounesten.
Moustardié.
Muscat noir.*
Negret.
Nerre.
Paupegat.
Pascal noir.
Perman.
Peyran noir.*
Picardan (gros).
Picardan noir.
Pied de perdrix.
Pineau franc.
Pineau noir.
Piquepoule sorbier.
Piquepoule noir.
Plant droit.
Plant sauvage.

Raisin noir.
Raisin rouge.
Raisin suisse.
Raisin prune.*
Rive d'alte.
Rochelle noire.
Rothe Hintsche.
Saint-Jean rouge.
Sanmoireau.
Sirodino.
Sparce tirassante.
Sparce menue.
Teinturier.
Terré moureau noir.*
Terré de barri noir.*
Tibouren.
Tinto.
Touzan.
Tripier.
Trompe-chambrière.
Trousseau.
Ugne noire.*
Verjus.

§. 2. *Raisins à grains ovales noirs.*

Asctate-saume.
Aspirant.*
Augibert noir.
Barbera noir.
Bourdalès.
Bourdelas.
Bourguignon noir.
Bouteillant.
Brune.
Carignan.
Chalane.

Charge-mulet.
Grand-Guillaume.*
Liverdun bon vin.
Malaga.
Merbregie.
Merlet d'Espagne.
Muscat violet.*
Navarre.
Olivette noire.*
Ouliven.*
Plant de malin.

Perlosette.

Pineau fleuri.

Pineau de Coulange.

Pineau noir.

Pulsare.

Raisin perlé.

Raisin noir de Pagez. *

Raisin rouge.

Raisin rouge espagnol,

Rochelle noire.

Servant noir.

Teinturier.

Ulliade. *

Ulliade rouge.

§. 3. *Raisins à grains gris ou violets ovales.*

Blanquette violette.

Clarette rose. *

Damas violet. *

Fedlinger.

Gentil-brun.

Martinen. *

Piquepoule gris.

Très-dur ou de poche. *

§. 4. *Raisins à grains gris ou violets ronds.*

Auvergnat gris.

Chasselas violet.

Chasselas royal. *

Fedlinger.

Grec rose. *

Gromier violet.

Marroquin gris.

Marvoisin.

Müller-Reben.

Muscat gris. *

Pineau gris.

Plant de la barre rouge. *

Raisin de Gênes.

Ugne de Marseille. *

§. 5. *Raisins à grains blancs ou dorés ovales.*

Aramon blanc.

Bon blanc.

Bourret.

Boutinoux.

Bourgelas.

Calitor blanc. *

Cecan.

Chalosse.

Chenein.

Clarette blanche. *

Columbau. *

Cornichon blanc. *

Dure-peau. *

Folle blanche.

Galet blanc. *

Gamau.

Gros Orléans.

Grosse perle.

Jacobin.

Joannen blanc. *

Malvasie.

Malvoisie.

Muscat d'Alexandrie. *

Olivette blanche. *

Panse commune. *

Panse musquée. *

Piquant-Paul.
Piquepoule.
Picardan. *
Pied-sain.
Plant Pascal.
Plant de Salès.
Plant vert.
Raisin blanc de Pagés. *

Raisin des dames. *
Raisin perlé.
Rajoulen.
Sauvignon blanc.
Trompe-chambriére.
Verdat.
Vicane.
Weissklefner.

§. 6. *Raisins à grains blancs ou dorés ronds.*

Aligoté.
Arbois.
Assadoule.
Augibert blanc. *
Auvernat.
Blanc doux.
Bourguignon blanc.
Burger.
Cammarau blanc.
Cascarolo blanc.
Chasselas doré. *
Chasselas de Toméry.
Chasselas de la Magdeleine. *
Chasselas musqué. *
Chopine.
Ciotat. *
Clairette ronde. *
Claverie.
Corinthe sans pepins.
Dammery blanc.
Doucet.
Doucinelle. *
Lié jaune.
Lié vert.
Forte-queue.
Fourmenté.
Gouais jaune.

Gouais petit.
Granache blanc.
Grec blanc.
Gros blanc.
Guillandons.
Guillemot blanc.
Gulard.
Hennant blanc.
Herbasque.
Joli blanc.
Kniperlé.
Latrut.
Lourdaut.
Marmot.
Mélier blanc.
Merlé blanc.
Muscat blanc. *
Nebiolo commun.
Pineau blanc.
Piquepoule.
Plant de demoiselle.
Plant de Languedoc.
Printannier.
Prunyéral.
Raisin blanc.
Raisin de crapaud.
Raisin de Notre-Dame. *

Raisin vert.

Rischling.

Rivesalte.

Rochelle blanche.

Rougeasse.

Sainte jaune.

Saint-Pierre blanc.

Saint-Rabier blanc.

Sauvignon blanc.

Semillon.

Servinien cendré.

Ugne blanche. *

Ugne lombarde. *

Ugne de malade. *

Valentin blanc.

La grosseur des grains de raisin et le volume des grappes sont extrêmement variables, et ces deux choses, avec la saveur, le parfum, la consistance, la forme et la couleur, sont à considérer dans la détermination des diverses variétés. Les grains des vignes sauvages ne sont pas plus gros que des grains de groseille ; dans certains raisins des pays méridionaux ils égalent de petites prunes en grosseur. Certaines grappes dans le Nord, celles du morillon hâtif, par exemple, ne pèsent pas plus d'une once et demie à deux onces, et dans le midi de la France on trouve du muscat d'Alexandrie, du gros Guillaume et autres dont les grappes pèsent quelquefois de six à dix livres. L'auteur d'un Voyage à la Terre sainte cite un canton de cette contrée où il y a des grappes de dix à douze livres. Pline dit qu'en Afrique on en voit qui sont grosses comme des enfans. Enfin, on trouve dans la Bible, que lorsque Moïse envoya reconnoître la terre promise, ses émissaires coupèrent une branche de vigne avec sa grappe, que deux hommes portèrent sur un levier. (Nomb., chap. 13, v. 24.)

La connoissance de la vigne, sa culture et l'art de faire du vin avec ses fruits, sont si anciens, que ce qu'on trouve à ce sujet dans l'histoire remonte aux premiers temps dont les hommes aient conservé le souvenir. On lit dans la Bible que peu après le déluge le patriarche Noé planta la vigne, qu'il exprima le jus de son fruit pour en faire du vin, et qu'en ayant bu il s'enivra. (*Cæpitque Noe, vir agricola, exercere terram, et plantavit vineam ; bibensque vinum inebriatus est. Genes.*, chap. 9, vers. 20 et 21.)

Selon les historiens de l'antiquité, ce fut Osyris, que les Grecs ont nommé Bacchus, qui trouva la vigne dans les environs de Nysa, ville de l'Arabie heureuse, la cultiva le premier et la fit transporter dans tous les pays qu'il soumit à ses conquêtes, conquêtes qui lui furent d'autant plus faciles qu'elles avoient moins pour but d'imposer des lois aux peuples vaincus, que de leur apprendre la culture de la vigne.

Quoi qu'il en soit, il paroit hors de doute que l'Europe est redevable de la vigne à l'Asie, comme elle lui doit aussi le blé qui la nourrit aujourd'hui, plusieurs de ses plantes potagères et de ses fruits. Les Phéniciens, qui voyagèrent de bonne heure sur les côtes de la Méditerranée, introduisirent la culture de la vigne dans les îles de l'Archipel, dans la Grèce, la Sicile, l'Italie, l'Espagne et les Gaules. Dans cette dernière contrée ce fut sans doute le territoire de Marseille, dans lequel les Phocéens avoient fondé, vers 600 ans avant l'ère vulgaire, la ville de ce nom, qui posséda les premiers plants de vignes, et c'est de là, qu'après avoir été suffisamment multipliés, ils furent transportés par des routes diverses dans une grande partie des provinces de la Gaule où ils purent être cultivés avec succès et où ils existent encore aujourd'hui.

La culture de la vigne n'avoit encore fait que peu de progrès en Italie lors de la fondation de Rome et sous ses premiers rois. On trouve dans Pline que Romulus faisoit ses libations avec du lait et non avec du vin. Selon le même auteur, la loi Postumia du roi Numa défendoit d'arroser de vin le bûcher des morts, et il n'y a pas de doute, ajoute Pline, que cette défense n'avoit pour cause que la rareté du vin. La même loi défendoit aussi de faire des libations aux dieux avec du vin provenant d'une vigne qui n'auroit pas été taillée, et cela probablement pour faire de la taille des vignes une obligation pour les cultivateurs. Ces défenses n'avoient d'ailleurs lieu que pour Rome et du temps de ses rois; car l'histoire atteste que chez les autres peuples du Latium, et dans les plus anciens âges connus, l'usage d'employer le vin dans les sacrifices et dans les libations des funérailles étoit commun. Ces aspersions se pratiquoient de toute antiquité parmi les Grecs. Aux funérailles de Patrocle, Achille fait répandre du vin sur les cendres brûlantes du bûcher (Homère, Iliade, 25). Virgile (Énéide, 6) transporte ces mêmes usages aux Phrygiens, lorsqu'Énée fait rendre les derniers devoirs à Misène.

« Anciennement, à Rome, il n'étoit pas permis aux femmes
« de boire du vin. On trouve dans l'histoire qu'Egnatius Me-
« cenius tua lui-même sa femme, qu'il avoit trouvée buvant
« à même le tonneau, et qu'il fut absous de ce meurtre par
« Romulus. Caton dit que la liberté qu'avoient les Romains
« de donner un baiser à leurs parentes, avoit pour motif de
« s'assurer si elles ne sentoient pas le vin. Un juge condamna
« une dame romaine à la perte de sa dot pour avoir bu, à
« l'insçu de son mari, plus de vin qu'elle n'en avoit besoin
« pour sa santé. Les Romains pendant long-temps ne firent
« que peu d'usage du vin. Lucius Papirius, commandant l'ar-
« mée romaine, fit vœu, en allant combattre les Samnites,
« d'offrir à Jupiter une petite coupe de vin s'il remportoit
« la victoire. Marcus Varron nous apprend que L. Lucullus,
« étant enfant, ne vit jamais servir plus d'une fois du vin
« grec à la table de son père, quelque magnifique que fût
« le festin. Mais, à son retour d'Asie, le même Lucullus en
« fit de grandes largesses au peuple, car il en distribua plus
« de cent mille pièces. Mais que dirons-nous du dictateur
« César, qui, dans le festin qu'il donna pour son triomphe,
« fit servir à chaque banquet des amphores de Falerne et des
« pièces de vin de Chio, et qui, dans celui qu'il donna pour
« son troisième consulat, fit servir du vin de Falerne, de
« Chio, de Lesbos et de Messine; et ce fut la première fois
« qu'on vit donner dans un même repas quatre sortes de vins. »
(Pline, liv. 14, ch. 14, 15.)

La culture de la vigne, qui, du temps de Romulus et de
Numa, paroît avoir été assez rare aux environs de Rome, fit
par la suite des progrès, et il y a lieu de croire qu'elle s'étoit
étendue dans la haute Italie, l'an de Rome 365, 387 ans
avant Jésus-Christ, puisque des Gaulois, qui, 200 ans auparavant, étoient venus s'établir en Italie et qui y avoient fondé
Milan, Bresce, Vérone, et plusieurs autres villes, cultivoient
la vigne. Ce fut de cette partie de l'Italie, selon Tite-Live
et Plutarque, qu'un nommé Aruns, qui se vouloit venger
d'un affront qu'il avoit reçu de ses concitoyens, appela dans
sa patrie les Gaulois d'au-delà des Alpes, en leur portant du
vin, et la saveur agréable qu'ils trouvèrent à cette liqueur
jusque-là inconnue pour eux, ne contribua pas peu à leur

faire entreprendre le voyage et à leur faire passer les Alpes. On sait ce qui arriva de cette éruption des Gaulois en Italie, et que par elle Rome fut bien près de sa perte. Quoique cette invasion ait failli causer la ruine de sa patrie, Pline (liv. 12. chap. 1) excuse les Gaulois, en disant que s'il y a eu jamais une guerre pardonnable, c'est celle que ces peuples entreprirent pour s'assurer la possession d'un pays où venoient d'aussi excellentes choses que le vin, les figues et l'huile; car le naturaliste latin dit que ce furent ces trois objets qui déterminèrent les Gaulois à se jeter sur l'Italie.

Lorsque Jules César fit la conquête des Gaules, les habitans de la république marseilloise et ceux de la Gaule narbonnoise possédoient déjà une grande quantité de vignobles productifs. Plus tard la culture de la vigne avoit encore fait de plus grands progrès dans les Gaules, puisque Pline parle des vins d'Auvergne et des pays de Vienne et de Sens, et qu'il dit en général qu'on recherchoit le vin de la Gaule en Italie. Mais cet état de prospérité de la vigne dans notre patrie fut de courte durée, car Domitien, quelques années après (l'an 92 de l'ère vulgaire), soit par ignorance, soit par foiblesse, comme dit Montesquieu, ordonna, à la suite d'une année où la récolte des vignes avoit été aussi abondante que celle des blés chétive et misérable, d'arracher impitoyablement toutes les vignes qui étoient cultivées dans les Gaules. Cette proscription de la vigne dura près de deux siècles : ce ne fut qu'en 281 que le sage et vaillant empereur Probus, après avoir donné la paix à l'empire par ses nombreuses victoires, rendit aux Gaulois la liberté de replanter la vigne. Le souvenir de sa culture et des avantages qu'elle avoit produits ne s'étoient point encore effacés de leur mémoire; la tradition avoit même conservé parmi eux les détails les plus essentiels de l'art du vigneron. Probablement même que quelques pieds de vigne avoient échappé au désastre général, en étant abandonnés à la nature, et qu'elles avoient continué à croître à demi sauvages dans les lieux écartés ou dans le voisinage des forêts. Quoi qu'il en soit, les plants apportés de nouveau de l'Italie, de la Sicile, de la Grèce, des côtes d'Afrique, etc., devinrent le type de ces innombrables variétés de cépages qui couvrent encore aujourd'hui les divers

vignobles de la France. « Ce fut un spectacle ravissant, dit
« Dunod (Histoire des Séquanois), de voir la foule des hom-
« mes, des femmes et des enfans, s'empresser, se livrer à
« l'envi et presque spontanément à cette grande et belle res-
« tauration. Tous, en effet, pouvoient y prendre part; car la
« culture de la vigne a cela de particulier et d'intéressant,
« qu'elle offre dans ses détails des occupations proportion-
« nées à la force des deux sexes, à celle de tout âge. Tandis
« que les uns brisoient les rochers, ouvroient la terre, en
« extirpoient d'antiques et inutiles souches, creusoient des
« fosses, les autres apportoient, dressoient et assujettissoient
« les plants. Les vieillards répandus dans les campagnes, dé-
« signoient, d'après les renseignemens qu'ils avoient reçus
« dans leur jeunesse, les coteaux les plus propres à la vigne :
« ivres d'une joie fondée sur l'espoir de partager encore avec
« leurs enfans la jouissance de ses produits, ils les consacroient
« religieusement au dieu du vin, élevoient même sur leur
« cime des temples agrestes en son honneur. »

Ce qui favorisa beaucoup la culture de la vigne en France,
c'est que les grands propriétaires ne dédaignèrent pas de s'en
occuper eux-mêmes. Saint-Martin avoit fait planter des vignes
dans la Touraine avant la fin du quatrième siècle, et Saint-
Remi, qui vivoit sur la fin du cinquième, laissa par testa-
ment à diverses églises les vignes qu'il possédoit dans les territoires de Reims et de Laon, avec les esclaves qu'il employoit
à les façonner. Les souverains même ne furent pas étrangers
à cette partie de l'agriculture. Les capitulaires de Charlemagne
fournissent la preuve que cette culture étoit encouragée et
que les rois de France l'avoient introduite dans leurs do-
maines. On voit que des vignobles étoient attachés à chacun
des palais de nos rois, avec un pressoir et les instrumens nécessaires à la fabrication du vin. L'enclos du Louvre, comme
les autres maisons royales, a renfermé des vignes. En 1160, le
roi Louis-le-jeune fit don au chapelain de Saint-Nicolas du
Palais, de six muids de vin par an, du crû de l'île aux Treilles.
Cette île étoit au milieu de Paris et l'une des deux îles à
l'extrémité desquelles fut commencé la construction du Pont-
Neuf, en 1578. Il y a encore dans les environs de Vendôme
un clos de vigne qu'on appelle *Clos de Henri IV*, parce qu'il

a fait partie du patrimoine de ce prince. Ce clos étoit planté
d'une espèce de raisin que, dans le pays, on appelle *Suren*,
qui produit un vin blanc très-agréable à boire, que les gour-
mets conservent avec soin, parce qu'il devient meilleur en
vieillissant. Henri IV faisoit venir de ce vin à la cour; il le
trouvoit très-bon. C'en fut assez pour qu'il parût délicieux
aux courtisans, et l'on but pendant le règne de ce monarque
du vin de *Suren*. Mais Louis XIII n'ayant pas pour le *Suren*
la prédilection du roi son père, ce vin passa de mode et per-
dit sa renommée. Dans la suite on crut que c'étoit le village
de Surêne près de Paris qui avoit produit le vin qu'on buvoit
à la cour de Henri IV.

On donne généralement dans les vignobles le nom de *cep*
à un pied de vigne; quelquefois aussi le mot *souche* a la même
signification. Les rameaux qu'émet ce cep se nomment *sarmens*, lorsqu'après la vendange ils ont acquis la consistance ligneuse ou sont aoûtés, comme disent les vignerons.

« C'est avec raison, dit Pline (liv. 14, ch. 1), que les an-
« ciens, considérant la hauteur à laquelle s'élève la vigne et
« la grosseur qu'elle est susceptible d'acquérir, l'ont mise au
« rang des arbres. On voyoit dans la ville de Populonium,
« en Toscane, une statue de Jupiter faite d'un seul cep de
« vigne et qui duroit depuis des siècles. A Métapont, toutes
« les colonnes du temple de Junon étoient de bois de vigne.
« A Éphèse, on montoit sur le temple de Diane au moyen
« d'un escalier fait d'un seul cep de vigne de l'île de Chypre,
« car les vignes de cette île deviennent d'une grosseur ex-
« traordinaire. A Rome, dans les portiques de Livie, il y
« avoit une treille sous laquelle on se promenoit à l'ombre
« et qui donnoit par an jusqu'à douze amphores de vin (en-
« viron un muid et demi). »

Des pieds de vigne de cette force et de cette fécondité ont
dû être rares dans tous les temps; cependant je puis encore
citer deux exemples qui en approchent beaucoup, et qui
appartiennent à notre époque. M. Audibert, de Tonnelle,
près de Tarascon, m'a communiqué, il y a quelques années,
qu'il existoit près de Cornillou, village du département du
Gard, sur les bords de la rivière de Cèze, au lieu dit *la Vé-
rune*, sur le chemin de Barjac et auprès d'une fontaine, une

vigne dont le tronc avoit acquis la grosseur d'un homme, et dont les rameaux, ayant grimpé sur un grand chêne, s'étoient étendus sur toutes ses branches. Cette seule vigne a produit, il y a quelques années, trois cent cinquante bouteilles d'un vin fort agréable à boire.

Voici le second exemple qui ne paroîtra pas moins extraordinaire : dans le jardin royal de Hampton-Court, près de Londres, il y avoit encore, il y a quelques années, un cep de vigne qui occupoit à lui seul une serre tout entière, et qui, dans les bonnes années, rapportoit plus de quatre mille grappes. Un jour que les acteurs de Drury-Lane s'étoient attiré d'une manière particulière l'approbation du roi George III, l'un d'eux se permit de demander à ce monarque, pour lui et ses camarades, quelques douzaines de raisins de ce cep : le roi lui en accorda cent douzaines, si son jardinier pouvoit les lui trouver. Celui-ci coupa non-seulement cette quantité, mais il fit aussi savoir au roi qu'il pouvoit encore en faire couper autant sans dépouiller le cep.

Si l'on jugeoit des produits ordinaires des vignes par les exemples de fécondité que je viens de citer, on se tromperoit étrangement. Les vignes proprement dites sont bien loin de donner des récoltes qu'on puisse comparer avec celles vraiment extraordinaires des vignes plantées en treille, dont on laisse, pour ainsi dire, s'étendre les rameaux autant qu'ils le veulent. Ce genre de culture ne conviendroit pas en général à la plus grande partie de la France, dont le climat n'est pas assez chaud pour que les raisins puissent mûrir suffisamment pour en faire du vin, et surtout de bon vin. M. Bosc fait observer, au contraire, que « de toutes les natures de « biens, la vigne passe pour être la moins avantageuse; et, « en effet, on voit une population extrêmement pauvre « dans presque tous les pays de vignobles, et les proprié- « taires qui n'ont que des vignes sont presque tous dans une « gêne continuelle. Ces résultats tiennent et à la nature « même de ce bien, et à des causes politiques, et à des er- « reurs de culture, et à la position du propriétaire. A la « nature du bien : parce que la vigne est sujette à des acci- « dens nombreux, qui la rendent souvent improductive pen- « dant plusieurs années consécutives, et qu'il faut cepen-

« dant lui donner les mêmes façons que si elle avoit payé
« ses frais : à quoi il faut ajouter que lorsque, dans ce cas,
« il survient une année abondante, le prix du vin s'avilit à
« un tel point que la vente de la récolte ne rembourse pas
« des avances des années antérieures. A des causes politi-
« ques : parce que les impôts sur la vigne, sur le vin et ses
« produits, sont extrêmement exagérés, fort inégalement ré-
« partis, puisque les vignes les moins productives paient sou-
« vent autant que celles qui le sont le plus, et que la qualité
« du vin, qui fixe sa valeur, entre rarement avec exacti-
« tude dans les élémens de la taxe qu'il supporte. Les guerres
« maritimes ont aussi les suites les plus funestes pour la plu-
« part de nos vignobles, surtout sur ceux voisins des côtes et
« des grands fleuves. Le perfectionnement de l'art d'extraire
« l'eau-de-vie des graines des céréales, des pommes de terre,
« des fécules, etc., a aussi beaucoup nui à l'exportation
« de nos vins et de nos eaux-de-vie de vin dans le nord de
« l'Europe, en Afrique et en Amérique. A des erreurs de
« culture : il est des vignes si mal placées relativement à la
« nature du sol et à l'exposition, dont les cépages sont si mal
« choisis, dont les labours, la taille, l'échalage, sont si négli-
« gemment exécutés, qu'elles ne rendent pas assez pour rem-
« bourser les frais qu'elles occasionnent. Je dois ajouter que
« la fureur d'avoir des vignes est telle, qu'il est des cantons
« privés d'une population suffisante pour en consommer les
« produits, et de routes pour l'exporter, où on ne cesse d'en
« planter, et où par conséquent le vin tombe au plus bas
« prix. De la position du propriétaire : plusieurs mauvaises
« années se succèdent souvent ; il ne peut, s'il est pauvre,
« ni faire les avances convenables pour entretenir sa vigne
« en bon état, ni attendre que le prix du vin soit remonté :
« aussi la plupart, surtout en Bourgogne, sont-ils à la merci
« des commissionnaires avides, qui s'enrichissent à leurs dé-
« pens. C'est donc entre les mains des riches propriétaires
« qu'il est, sous tous les rapports, avantageux que soient les
« vignes, afin qu'ils puissent y verser libéralement des avances
« en tout temps, et qu'ils puissent attendre que les circons-
« tances ramènent le prix du vin à un taux tel qu'ils trou-
« vent du bénéfice à le vendre. »

Les climats tempérés sont plus favorables à la vigne que ceux qui sont trop chauds, et elle ne peut réussir dans ceux où les froids sont trop rigoureux. Schiras, en Perse, vers le 25.ᵉ degré de latitude méridionale, et Coblentz, à 52 degrés au nord, paroissent être les deux points extrêmes où la vigne puisse être cultivée avec profit.

La meilleure exposition pour la vigne est celle du midi, dans les pays du Nord et dans tous ceux où les chaleurs de l'été ne sont pas trop brûlantes; ensuite celle du levant et celle du couchant. Un vignoble exposé au nord ne peut guère donner de bon vin dans les climats septentrionaux; cependant il y a quelques exceptions. Dans ces mêmes pays, les côteaux sont préférables aux plaines, parce que les rayons du soleil y font sentir leur action avec plus de force, et qu'on a moins à y craindre les influences fâcheuses de l'humidité du sol. Lorsque le climat est plus chaud, les vignes réussissent bien en plaine; et dans les contrées les plus méridionales, l'exposition la plus convenable est celle du nord.

La vigne n'est pas difficile sur la nature du terrain; elle peut s'accommoder de presque tout, pourvu que le sol ne soit ni marécageux, ni d'une sécheresse aride. Mais il ne suffit pas que la vigne puisse vivre dans un terrain dont on veut former un vignoble; il faut encore qu'elle puisse y prospérer, et pour cela il faut le choisir de la nature de ceux que l'expérience a démontré être les meilleurs pour ce genre de culture. Sous ce rapport, les terrains qui conviennent le mieux, sont ceux qui sont calcaires, sablonneux, caillouteux et en général d'une nature légère, plutôt sèche qu'humide. Ces espèces de terrains sont plus propres à réfléchir les rayons du soleil; ils prennent plus facilement la chaleur et la conservent long-temps; ils permettent mieux que tout autre aux racines de s'étendre, à l'eau de les humecter sans les noyer et les pourrir; enfin, ils sont aussi plus perméables aux gaz atmosphériques.

Après le choix du terrain il faut apporter la plus grande attention à celui des variétés de raisin qui doivent composer le plant. On donnera la préférence à celles qui sont connues pour produire le meilleur vin, et il faut faire attention de ne mettre ensemble que celles dont la maturité arrive en même temps; car c'est un grand inconvénient de former une

vigne de plants qui mûrissent à des époques différentes, les
variétés précoces étant souvent passées et quelquefois pourries, lorsque les autres n'ont pas encore acquis le degré de
maturité convenable, ce qui a toujours une influence défa-
vorable sur les qualités du vin. Les variétés hâtives ayant plus
de chances favorables pour acquérir une maturité parfaite,
dans les pays froids, que celles qui sont tardives, il est bon
encore de les prendre de préférence : cette pratique est
d'ailleurs fort ancienne, car elle est recommandée par Pline.
(« D'autres, dit cet auteur, liv. 17, ch. 5, mettent dans les
« lieux froids les vignes qui sont hâtives, afin que leur matu-
« rité ait lieu avant les gelées. ») Cependant cette pratique
n'est pas assez en usage dans les pays du Nord : je crois que,
si elle étoit plus suivie, on y auroit souvent de meilleur vin,
et qu'on pourroit même s'en procurer dans des cantons où
jusqu'à présent on n'a pas vu mûrir le raisin, parce que les
variétés qu'on y a portées étoient trop tardives.

On forme une vigne nouvelle ou on en perpétue une existant déjà, en la plantant de boutures ou de crossettes, de
plant enraciné venant de boutures déjà reprises, ou fait de
marcottes, ou provenant de semis. La bouture et la crossette
sont à peu près la même chose. La simple bouture est formée
d'un brin de sarment coupé en plusieurs morceaux ayant
chacun un pied de longueur; on peut même les faire plus
courts, et il suffit qu'ils aient deux yeux pour reprendre. La
crossette diffère de la simple bouture, parce qu'on n'en peut
faire qu'une seule dans chaque brin de sarment, et qu'au lieu
de couper celui-ci à son insertion sur la branche dont il est
sorti, on le coupe sur cette branche même, en lui laissant un
pouce ou deux de vieux bois.

Le terrain dans lequel on place les boutures ou les crossettes, doit avoir été préalablement défoncé le plus profondément possible, et lors de la plantation on n'a besoin de
faire pour chaque plant qu'un trou suffisant, facile à pratiquer en quelques coups de pioche, et on y met la bouture,
non tout-à-fait perpendiculaire, mais un peu inclinée, en
suivant la pente du terrain, s'il a naturellement cette disposi-
sition, et on l'enterre en ne laissant que deux ou trois yeux
en dehors. Lorsque le sol est très-meuble, on peut se servir

de plantoir, ce qui abrège la besogne. La méthode la plus générale est de planter en lignes parallèles, et la distance à laisser entre le plant qui doit former chaque cep varie selon la
nature du climat, et selon le mode de culture adopté dans
les différens pays. Dans le nord et dans presque toutes les
parties du milieu de la France, on plante en lignes parallèles, en mettant dix-huit pouces à deux pieds entre chaque
cep dans les lignes, et à peu près le même intervalle entre
chaque ligne. Dans plusieurs provinces du midi on plante
sur une ou deux lignes, en mettant quelquefois jusqu'à trois
pieds de distance entre les ceps, et en laissant depuis dix
jusqu'à quinze pieds d'espace entre les rangées. On met en
général d'autant plus de distance que les rangées sont formées de deux lignes de ceps, ou seulement d'une seule. Cet
intervalle est ensemencé en céréales ou en légumes; aux environs de Fréjus et dans quelques autres cantons de la Provence,
on y plante même des oliviers, des figuiers ou autres arbres
fruitiers. Deux binages, dans le courant de la belle saison,
et en outre des sarclages, toutes les fois que les mauvaises
herbes deviennent trop abondantes, sont nécessaires à une
vigne nouvellement plantée. Les années suivantes, on la
taille et on la laboure à la fin de l'hiver, et on lui donne,
pendant le printemps et l'été, les binages et les sarclages nécessaires. A la première taille, on retranche un ou deux des
bourgeons qu'on avoit laissés au plant en le mettant en
terre, s'ils ont tous poussé; c'est toujours l'inférieur qu'on
conserve, et il est taillé à deux yeux, qui donneront chacun un sarment, auquel on laissera encore deux yeux, lorsque la vigne sera taillée pour la seconde fois. A la troisième taille, le cep, s'il a bien poussé, aura quatre branches.
On en retranche une, si l'on veut former une vigne moyenne,
et deux, si l'on ne veut qu'une vigne basse. Les sarmens laissés
sont encore taillés à deux yeux; les autres sont coupés rez
de la souche. A la quatrième et à la cinquième taille et dans
les suivantes, on procède d'après les principes suivans : on
laisse toujours trois à quatre sarmens à chaque cep, en choisissant les plus forts et les plus vigoureux, et on les taille à
deux yeux; on ne laisse qu'un seul œil aux rameaux foibles.
Une vigne ainsi plantée et conduite de cette manière a déjà

acquis de la force à la quatrième année, et elle commence
à donner quelques raisins; la cinquième, elle en donne davantage, et la sixième, elle est en plein rapport.

La première et la seconde année on laisse pousser les rameaux de la vigne, sans en rien retrancher dans le courant
de la saison; ce seroit même leur faire beaucoup de tort que
d'en arrêter la pousse : mais, la troisième année, et surtout
la quatrième et les suivantes, on les rogne et on les ébourgeonne. L'époque pour les rogner, les pincer ou les arrêter,
en en retranchant la partie supérieure, est ordinairement le
moment où la grappe est défleurie et où les grains sont noués.
Dans certains cantons on n'arrête que lorsque les grains sont
parvenus à moitié de leur grosseur. Quant à l'ébourgeonnement, on le pratique à deux reprises différentes. Le premier
se fait selon les cantons, ou un peu avant la floraison, lorsqu'on peut distinguer les bourgeons qui doivent porter fruit
de ceux qui n'en donneront pas, ou tout de suite après la
floraison; il a pour but d'enlever tous les bourgeons stériles, afin de forcer la séve à se porter dans ceux qui sont
chargés de grappes. Le second ébourgeonnement se pratique
un mois ou six semaines après que les raisins sont noués; on
enlève alors les bourgeons secondaires qui se sont développés au-dessus des fruits depuis la seconde séve, et qui, en
attirant celle-ci pour leur nourriture, en priveroient les
fruits, retarderoient leur maturité, et donneroient d'ailleurs par leur développement un ombrage qui seroit encore plus contraire à la qualité du raisin, au moins dans les
pays du Nord, où le terrain et les grappes ne doivent pas
être privés des rayons du soleil. Dans le Midi, il en est autrement : il ne faut pas trop dégarnir la vigne de ses rameaux
et de ses feuilles, et même dans les expositions les plus chaudes il ne faut pas l'en dégarnir du tout, afin que les raisins
ne soient pas brûlés par la trop grande ardeur du soleil.

Lorsqu'on a peu de plant pour faire une vigne de boutures,
et que cependant on tient à l'espèce de raisin, parce qu'elle
est de bonne qualité, au lieu de s'y prendre comme il vient
d'être dit, il faut enterrer dans un sol léger et sablonneux
les sarmens à deux ou trois pouces de profondeur seulement
et à quatre ou cinq les uns des autres, en les plaçant hori-

zontalement. Placés de cette manière, chaque nœud poussera de sa partie supérieure un bourgeon, de sa partie inférieure des racines, et l'on pourra, au bout de l'année, former une vigne de plant enraciné, en divisant chaque sarment en autant de portions qu'il aura poussé de tiges. C'est ainsi que firent les premiers colons qui emportèrent des vignes pour en faire des plantations au cap de Bonne-Espérance. On peut encore réduire chaque bouture à deux yeux, dont on enfonce l'inférieur en terre, et dont on place le supérieur en dehors. M. du Petit-Thouars a éprouvé que les boutures faites de cette dernière manière reprennent très-bien, et j'ai fait ainsi, cette année, des boutures de mûrier des Philippines qui m'ont parfaitement réussi.

Le temps favorable pour faire les boutures de vigne ou pour planter les crossettes, est la fin de l'automne dans le Midi, et la fin de l'hiver dans le Nord. Dans ce dernier climat cependant il est bon d'avoir égard à la nature du terrain dans lequel on fait la plantation : lorsque le sol est humide, il faut planter plus tard, et plus tôt quand il est sec. En général, beaucoup de vignerons sont persuadés qu'il ne faut mettre les boutures en terre que lorsque la séve a déjà commencé à monter dans les tiges, et ils sont dans l'habitude de laisser, pendant quelque temps, enfouis dans une fosse ou le pied dans l'eau, les sarmens retranchés des ceps par la taille ordinaire et qu'ils destinent à convertir en boutures, jusqu'à ce qu'ils voient les bourgeons commencer à se gonfler, et c'est alors seulement qu'ils les plantent. Il y a même des vignerons qui prétendent qu'il ne faut planter les boutures que lorsque les boutons ont commencé à pousser. Un d'eux m'a assuré avoir planté des boutures de vigne après la mi-Mai, lorsque les bourgeons, ayant deux pouces de longueur, laissoient déjà voir la grappe toute formée, ce qui n'a pas empêché ses boutures de parfaitement réussir, et presque toutes lui ont donné des raisins quatre années après. Cependant ce même vigneron avoue que les premiers bourgeons de ses boutures se sont tous fanés, et que ce sont les sous-yeux seulement qui ont poussé. Quoi qu'il en soit, je ne crois pas devoir conseiller cette méthode; il me paroît plus rationnel de profiter de la pousse des premiers bourgeons,

en plantant de bonne heure, plutôt que d'attendre les sous-yeux, qui pourroient manquer. Ce qu'il y a de certain, c'est que j'ai fait beaucoup de boutures en Janvier, Février et Mars, et qu'elles ont toujours bien repris; j'ai même planté à Paris, dès le mois de Décembre, des boutures de vigne que j'avois reçues de la Provence, et qui avoient été un mois en route, et elles ont également bien réussi.

On pourroit croire qu'en plantant une vigne de marcottes enracinées, on devroit être plus certain de la réussite du plant; car, lorsqu'on l'a fait entièrement de boutures, il peut arriver à une plus ou moins grande partie de ne pas reprendre. En effet, si le printemps est sec, beaucoup de boutures, et même la plus grande partie, ne pousseront pas; dans tous les cas, il est toujours bon d'avoir une certaine quantité de marcottes enracinées toutes prêtes pour s'en servir à remplacer les boutures qui auront manqué.

Cependant Bosc regarde comme plus avantageux de faire la plantation d'une vigne avec des crossettes ou des boutures qu'avec des marcottes enracinées, parce qu'il est plus difficile de bien disposer en terre les racines de ces dernières, et parce que, dès qu'une crossette ou bouture a poussé la première année, sa conservation est assurée pour les années suivantes; tandis qu'il n'est pas rare de voir mourir, la seconde et même la troisième année, le plant enraciné dont la première pousse avoit cependant bien réussi.

On n'est point dans l'usage de former des vignes avec du plant venu de semis, parce que ce moyen seroit plus long qu'en employant les boutures et les marcottes. Ce n'est guère que la septième ou la huitième année qu'on voit rapporter une vigne provenant de semis. Il faudroit d'ailleurs élever ces vignes en pépinière pendant trois à quatre ans et leur donner des soins particuliers pendant tout ce temps, avant de pouvoir en faire une plantation régulière. Ensuite il y auroit encore un inconvénient qui seroit plus grave, c'est que la vigne venue de graines étant très-sujette à produire des variétés nouvelles, les unes pourroient être bonnes, les autres ne rien valoir pour faire du vin. L'époque de la maturité de ces différentes variétés pourroit d'ailleurs être fort différente, ce qui seroit encore un obstacle pour faire de bon vin. Toutes ces considérations ont sans doute éloigné ceux qui auroient voulu essayer de se procurer des vignes par le moyen des semis, et il est probable que la multitude de variétés de cette espèce que nous possédons maintenant, est plutôt l'effet du hasard que des recherches qui auront été faites exprès. En effet, la vigne se multipliant avec la plus grande facilité par les graines qui se trouvent répandues dans les jardins et dans les lieux cultivés en général, soit par l'effet du hasard, soit parce qu'un grand nombre d'oiseaux, qui aiment beaucoup ses fruits, en disséminent les graines çà et là, il a dû arriver souvent à ces graines de germer naturellement dans les lieux où elles se trouvoient répandues, et toutes les fois qu'elles n'auront pas été détruites, elles se seront élevées avec le temps, puis elles auront fructifié, et alors, quand on aura vu leurs fruits, on aura cherché, si on les a trouvés bons, à conserver ces nouvelles variétés en les multipliant de boutures et de marcottes. D'autres fois, des cultivateurs ou des amateurs auront remarqué de petites vignes venant ainsi naturellement de pepins répandus par le hasard, et curieux de connoître le fruit qu'elles pouvoient donner, ils auront soigné ces jeunes vignes et auront attendu patiemment le temps où elles devoient porter du fruit. Il faut bien que les choses se soient à peu près passées ainsi, car la naissance et l'apparition de nos différentes variétés de vigne n'ont guère laissé de traces dans les ouvrages que les anciens nous ont transmis sur l'agronomie, et dans ceux que nous ont donnés les modernes, on ne trouve pas plus d'éclaircissemens à cet égard. Cependant il est impossible d'expliquer par le changement de climat, d'exposition, de terroir, de culture, la diversité étonnante qui se trouve dans les raisins, car la multiplication par les boutures ou marcottes conserve d'ailleurs la variété sans aucune altération.

S'il doit donc être reconnu que le semis seul peut produire de nouvelles variétés, il me semble que l'on devroit, par des essais plus multipliés, rechercher si les nouvelles variétés ne sont que l'effet du hasard, ou si l'on pourroit en rapporter l'origine à certaines causes. Il seroit aussi curieux de rechercher jusqu'à quel point les variétés déjà connues se conservent ou s'altèrent par le semis, dans quelles propor-

tions on peut espérer des variétés améliorées ou des variétés
pour ainsi dire sauvages et peu propres soit à faire du vin
ou à être mangées comme fruit. J'avois commencé, il y a
environ quinze ans, quelques expériences de cette nature,
mais je n'ai pu les continuer, et la plupart des semis que j'avois
faits ont été perdus, parce que je n'avois pas alors auprès de
moi de terrain suffisant pour transplanter convenablement
chaque pied de vigne, et que tout ce que je donnai à un fer-
mier pour les cultiver à la campagne, fut tellement négligé,
qu'au bout de quelques années il ne restoit rien. J'ai seulement conservé deux variétés qui m'ont paru nouvelles : l'une
est un raisin noir, ressemblant un peu au gamet noir, mais
ayant ses grains couverts d'une fleur très-abondante ; sa saveur étoit assez douce et assez sucrée, mais d'ailleurs un peu
fade et nullement parfumée. La seconde, que je n'ai encore
vue qu'en fleur, promettoit de donner des grappes d'une
grande dimension, mais elles ont avorté l'année où elles ont
paru pour la première fois ; les feuilles étoient fort grandes
et abondamment couvertes de duvet en dessous. Depuis ce
temps, le cep ayant été brisé par accident, je suis encore à
attendre que les nouvelles tiges qui ont poussé du pied me
donnent des fruits.

Dans ces tentatives de semis de vigne, je crois que ce qui
pourroit être le plus avantageux, ce seroit de chercher, en
semant les pepins des variétés les plus précoces, à en obtenir
qui fussent encore plus hâtives, parce que, si on y parvenoit,
on pourroit par ce moyen reculer les limites de la vigne dans
les pays du Nord où ses fruits ne peuvent mûrir aujourd'hui,
si ce n'est dans les années très-chaudes, et où les commencemens de l'automne sont pour ainsi dire la continuation de
l'été.

Le procédé de greffer la vigne est fort ancien ; Caton indique trois manières de pratiquer cette opération. La première est la greffe en fente, la seconde la greffe en approche, et la troisième consiste à percer le cep de vigne avec
une tarière, pour y faire un trou, dans lequel on insère les
rameaux, qu'on assujettit convenablement et qu'on enduit,
comme dans la greffe en fente, pour couvrir les points d'insertion, avec de l'argile pétrie avec de la paille. De ces trois

façons de greffer la vigne, la première est seule en usage aujourd'hui, et encore elle est peu pratiquée, à cause de la facilité extrême avec laquelle la vigne se multiplie de marcottes et de boutures. Cependant la greffe offre un moyen aussi facile et en même temps plus prompt que la plantation par marcottes ou par boutures, de changer une vigne dont le plant est vigoureux, mais de mauvaise nature. La greffe en fente pour les poiriers, les pommiers, et autres arbres fruitiers, se pratique à la fin de Février ou au commencement de Mars avant la pousse des feuilles; mais cela ne réussit pas pour la vigne lorsqu'on la greffe à cette époque, parce que l'abondance et l'écoulement de la séve, qui ne tardent pas à avoir lieu, ne permettent pas à la greffe de se réunir au sujet. C'est en Mai et en Juin, lorsque la vigne a commencé à pousser ses jets, qu'il faut la greffer, et la méthode la plus sûre pour réussir dans cette opération est de la pratiquer entre deux terres, c'est-à-dire, qu'il faut enlever quatre à cinq pouces de terre autour du cep que l'on veut enter, couper celui-ci bien net à cette profondeur, y insérer deux greffes taillées en coin, en ayant bien soin de les adapter de manière à ce que leur écorce, et non la moelle, comme on le recommandoit autrefois, coïncide bien avec celle du sujet. Il faut de plus avoir soin d'assujettir les greffes en liant la tête du sujet avec un brin d'osier; ensuite on les recouvre avec la terre qui a été retirée d'autour du cep, ce qui les garantit du hâle. Il est bon pour faire cette opération de choisir un temps couvert, ou de ne la pratiquer que le soir ou le matin.

La diversité des vins est infinie; elle paroît dépendre bien plus de la nature du sol, du climat et de l'exposition, que de l'espèce de vigne, quoique la qualité du raisin ait bien aussi son influence sur la bonté du vin. La plus grande partie des vignobles de France est, selon Bosc, dans une terre argilo-calcaire; tels sont les vignobles de Dijon, de Nuits, de Châlons, de la Moselle, du Barrois, du Haut-Rhin, de la Haute-Saône, du Doubs, du Jura, de la Haute-Marne, d'une partie du Bordelais, etc. Dans la Champagne, qui, comme on sait, fournit des vins estimés, la plupart des vignes sont plantées dans de la craie. La nature de terre dans laquelle on

trouve ensuite le plus de vignes est formée d'un gravier argileux, tel que celui des Graves de Bordeaux, des environs de Nimes, de Montpellier, de la côte du Rhône, de Montélimart, de Donzère, etc. Les terrains composés de détritus de granites donnent d'excellens vins dans les territoires de Côte-Rôtie, de l'Hermitage, de la Romanèche, de Chenard, de Beaujeu, et de mauvais vins dans les localités de la Haute-Bourgogne, des Vosges, des Cévennes et du Limousin. Les vins d'Anjou, dont les vignes croissent dans des schistes, sont très-bons. Il en est de même de ceux si estimés d'Oberwesel, Kaub, Vogtberg et Kuhlberg sur les bords du Rhin. Tantôt les déjections volcaniques produisent du vin de première qualité, comme une partie des vins du Rhin, ceux du Vésuve, de l'Etna, de Rochemaure dans le Vivarais ; tantôt ils n'en donnent que de fort médiocres, comme ceux de l'Auvergne : il est vrai que c'est sans doute au froid de ce pays, causé par son élévation, qu'il faut l'attribuer. Certains terrains de vignes sont très-surchargés d'oxide de fer jaune ou rouge, mais ils n'en sont pas moins propres à produire de bon vin. Les vignes plantées dans un terrain trop sec et trop exposé aux rayons brûlans du soleil, sont peu productives ; mais elles donnent presque toujours du vin de bonne qualité. Au reste, on doit principalement consacrer aux plantations de vignes les terres légères et peu propres, soit par leur nature, soit par leur situation, à donner des produits avantageux en céréales ou en d'autres cultures.

Après la nature du sol, du climat et de l'exposition, la qualité de raisin produit par telle ou telle vigne, est ce qui a le plus d'influence sur la bonté du vin. Ainsi, parmi les raisins noirs, le pineau de Bourgogne et les autres véritables pineaux, le morillon hâtif du Jura, produisent partout du bon vin, tandis que le meunier, le gamet de Bourgogne et le gouais en fournissent de mauvais dans toutes les localités. Parmi les rouges, le terret du Gard, l'aspirant de l'Hérault et le bouteillant des Bouches-du-Rhône, et dans les blancs, le broumesque de l'Aude et le bourdoulenque de Vaucluse, qui donnent de bons vins dans ces départemens, n'en produiroient que de très-mauvais aux environs de Paris, parce qu'ils ne pourroient y acquérir le degré de maturité nécessaire.

Les variétés les meilleures à cultiver, surtout dans les pays du Nord, sont celles dont la pousse est tardive, et dont cependant les fruits mûrissent de bonne heure ; d'une part, elles sont moins exposées aux gelées tardives qui surviennent au printemps, et de l'autre, leurs fruits peuvent acquérir un degré plus complet de maturité, toujours nécessaire pour faire du bon vin.

Malheureusement les bonnes variétés de raisin ne sont pas toujours celles qui produisent une plus grande quantité de vin ; au contraire, les variétés qui donnent les meilleurs vins sont le plus souvent celles qui rapportent le moins de fruit ; mais comme les vignerons en général sont bien plus désireux d'avoir une grande quantité de vin, même médiocre, que d'en avoir peu, mais d'une bonne qualité, ils multiplient de préférence dans les vignes les variétés les plus fécondes, quoiqu'elles soient ordinairement celles qui donnent le moins bon vin.

Bosc regarde comme la cause la plus certaine de la détérioration des vins jadis célèbres, l'usage malheureusement si étendu de faire cultiver les vignes à moitié profit. Le vigneron, qui s'inquiète peu de l'avenir, mais qui connoît le prix d'une pièce de vin, cherche toujours plutôt la quantité du vin que la qualité : il arrache en Bourgogne le pineau, qui ne donne que de petites ou de moyennes récoltes, pour planter du gamet, qui la plupart du temps en produit d'abondantes ; et il en est de même dans les autres vignobles.

Tous les vignerous sont bien d'accord que le gamet ne donne que du vin médiocre ; mais cet inconvénient est bien compensé, selon eux, par ses récoltes presque toujours assurées, toujours plus abondantes, par la faculté qu'il a de repousser après la gelée, et par la possibilité où l'on est de le placer dans toutes les espèces de terrains et à toutes les expositions. La mauvaise qualité du vin produit par le gamet, étoit déjà bien connue il y a quatre siècles, puisque, dit-on, Philippe-le-Hardi ordonna, en 1395, qu'il fût arraché de toutes les vignes de Bourgogne, sous peine de soixante livres d'amende pour chaque pied conservé. Plus tard, en 1731, un arrêt du parlement de Franche-Comté ordonna aussi que le gamet fût arraché des vignes de cette province. Mais il

paroît que ces ordonnances n'ont jamais été exécutées à la rigueur, puisque malgré ces prohibitions le gamet s'est propagé jusqu'à nos jours, et qu'il est même maintenant plus commun que jamais.

Il est de remarque qu'un grand nombre de variétés de cépage, réunies dans la même vigne, ne donnent jamais de vin d'une bonne qualité, parce que, dans ce cas, des raisins doux et sucrés se trouvent mêlés dans la cuve avec des raisins acerbes ou acides, et des raisins hâtifs à d'autres qui sont tardifs, ce qui fait que le mélange qui résulte de ces différens principes ne peut rien produire de bon.

L'influence que la manière différente de cultiver la vigne peut avoir sur la qualité du raisin, et par suite sur celle du vin, est une chose qui ne peut être révoquée en doute ; la nature du climat modifie et change même entièrement la manière dont se fait cette culture dans les diverses contrées où la vigne est plantée. En Sicile et dans plusieurs îles de la Grèce, les grappes mûrissent suspendues au sommet des plus grands arbres ; en Italie, les vignes sont tenues sur des arbres dont l'élévation est bornée à dix ou quinze pieds de hauteur ; dans les plaines du Languedoc ce sont des souches élevées de deux à trois pieds, tandis que dans le Nord la maturité des raisins ne peut avoir lieu que sur des ceps rabattus à quelques pouces de la terre. En général, plus le climat est froid, plus les ceps doivent être tenus bas, afin que les grappes puissent mieux mûrir, parce que celles qui sont à une petite distance de terre profitent davantage de l'abri qu'elle leur donne, ainsi que des émanations de calorique qu'elle a absorbées pendant le jour et qui en sortent pendant la nuit, toutes les fois que la température de l'air diminue. Dans la Bourgogne, la Champagne, les environs d'Orléans, de Paris, et enfin dans la plus grande partie du reste de la France, particulièrement dans tout le Nord, tous les ceps sont tenus le plus près possible de la terre. Dans les pays élevés et froids du royaume de Léon en Espagne, on fait de même, mais la plantation présente quelque chose de singulier ; chaque cep de vigne est placé au fond d'un trou en entonnoir ayant deux pieds de hauteur et six pieds de diamètre à son ouverture ; les sarmens, soutenus sur de petites fourches, rampent sur les parois de cet entonnoir.

Les rameaux de la vigne étant naturellement trop foibles pour se soutenir eux-mêmes, on leur prête presque partout un appui. Dans les climats chauds, on se sert souvent d'arbres pour soutenir les vignes. Cette pratique est fort ancienne : Pline en parle assez longuement (liv. 17, chap. 25).

« L'expérience de plusieurs siècles, dit le naturaliste latin, « prouve qu'en Italie les meilleurs vins ne croissent que sur « les arbres. L'orme et le peuplier sont de tous les arbres « ceux qui conviennent le mieux pour placer la vigne ; « beaucoup de cultivateurs la mettent aussi sur le frêne, le « figuier et même l'olivier. Dans l'Italie au-delà du Pô, « outre ces arbres, on fait encore monter les vignes sur le « cornouiller, le tilleul, l'érable et le chêne. Les Vénètes « les font même monter sur les saules. On plante souvent « jusqu'à dix ceps auprès de chaque arbre, et l'on blâme « le cultivateur qui n'en met que trois. Il ne faut attacher « les vignes aux arbres que lorsque ceux-ci sont déjà forts, « autrement elles les font périr par la grande quantité « de branches qu'elles jettent en peu de temps. Les vignes « ainsi plantées n'ont besoin que de peu de façon ; leur hau- « teur les garantit suffisamment des insultes des animaux ; il « n'est pas nécessaire de les environner de murs, de haies ou « de fossés ; elles ont seulement besoin d'être labourées très- « profondément. »

« Dans la Campanie, dit encore Pline, la vigne se marie « au peuplier ; elle l'embrasse et elle grimpe en s'accrochant « à ses rameaux jusqu'à s'élever au sommet de l'arbre, ce qui « fait que les vendangeurs ne s'engagent à en faire la récolte « qu'à la condition qu'en cas de chute et de mort, le pro- « priétaire sera tenu des frais de leurs funérailles. »

Virgile, qui vivoit avant Pline, parle souvent de ce mariage de la vigne avec les arbres ; et le plus ordinairement c'est avec l'orme qu'il la marie :

Semiputata tibi frondosa vitis in ulmo est.

Ecl. 2, v. 70.

Ulmisque adjungere vites.

Géorg. 1, v. 2.

Illa tibi lætis intexit vitibus ulmos.

Géorg. 2, v. 221.

Aujourd'hui, comme au temps de Virgile et de Pline, on fait encore monter la vigne sur les arbres dans beaucoup de parties de l'Italie. « En partant de Florence, dit l'auteur d'un « voyage dans cette contrée, nous avons suivi les bords de « l'Arno et remonté son cours l'espace de plusieurs lieues. Ce « chemin, tracé dans le fécond val de l'Arno, est abrité par « des peupliers et des trembles, dont le tronc sert d'appui à « des vignes qui portent leurs pampres d'un arbre à l'autre, « et les réunissent par des guirlandes chargées de fruits. »

M. Moretti, professeur de botanique et d'économie rurale à l'université de Pavie, que j'ai eu l'avantage de voir il y a peu de temps, et auquel j'ai parlé de cette manière de cultiver la vigne, m'a assuré que cette méthode étoit très-commune dans plusieurs provinces de l'Italie, et il m'a cité particulièrement les environs de Naples, où presque toutes les vignes montent sur des arbres qui n'ont pas moins de douze à quinze pieds de hauteur, et ne mûrissent jamais leurs raisins à moins de sept à huit pieds de terre. L'expérience a appris dans ce pays, que l'air et les vents de la mer sont contraires aux raisins qu'on voudroit faire venir sur des ceps tenus plus bas, comme cela a d'ailleurs lieu dans plusieurs autres parties de l'Italie. M. Moretti m'a ajouté, que la manière de planter les arbres, de les tailler, d'y élever la vigne et de l'y entretenir, étoit encore la même, aux environs de Naples et dans les autres provinces qui suivent cette méthode, que Pline l'a décrite.

En Espagne, quoique le climat ressemble beaucoup à celui de l'Italie, les vignes y sont tenues basses, et plusieurs personnes qui ont voyagé dans les diverses parties de ce royaume, m'ont assuré n'en avoir jamais vu sur des arbres ; seulement dans quelques villages du royaume de Valence, les paysans en font souvent monter le long de leurs maisons et jusque sur les toits, qui en sont couverts : mais ces vignes ne sont destinées qu'à donner des raisins pour manger et non pour faire du vin.

Cette culture de la vigne, en l'appuyant sur des arbres, s'appelle culture en hautains ; voici la manière la plus simple de l'exécuter. On plante à deux toises de distance des arbres étêtés à huit ou dix pieds de hauteur, et de préférence des

ormes, des peupliers ou des érables; et lorsqu'ils ont bien
repris, on place à leur pied deux à quatre ceps de vigne,
et au moins à la distance d'un pied du tronc, en les plantant, ou des deux côtés opposés de l'arbre, si l'on n'en met
que deux, ou des quatre côtés, lorsque l'on plante ce même
nombre de ceps, et on les taille à deux yeux. La première
et la seconde année, ces jeunes vignes ont besoin, outre le
labour d'hiver, d'être binées deux à trois fois pendant la
belle saison, ou si l'on veut supprimer un ou deux binages,
il faut au moins avoir soin de les débarrasser des mauvaises
herbes; et, jusqu'à ce que leurs sarmens soient assez élevés
pour atteindre aux branches sur lesquelles on doit les fixer,
il faut les attacher au tronc de l'arbre par des liens d'osier
ou de quelque autre chose: lorsqu'ils sont assez grands pour
atteindre à la bifurcation formée par les premières branches
de l'arbre, on laisse seulement le plus vigoureux de ces sarmens sur chaque pied, pour former le corps de chaque cep,
et on retranche tous les autres. Ensuite on dirige les nouveaux sarmens, qu'on ne laisse plus pousser qu'à la hauteur
de la bifurcation des branches de l'arbre, en les attachant
sur ces branches et en leur en faisant suivre la direction.
Il faut avoir soin de supprimer les bourgeons qui se développent le long du sarment destiné à former la tige de chaque
vigne, jusqu'à la hauteur de la bifurcation des branches de
l'arbre : ce n'est qu'à cette hauteur qu'on peut leur permettre de se développer en liberté. Enfin, on conduit les
rameaux des vignes de manière à leur faire former des guirlandes qui vont d'un arbre à l'autre. Il ne faut pas laisser
trop de sarmens s'entortiller autour des branches des arbres,
et il ne faut surtout laisser à ces derniers que ce qui est
absolument nécessaire de branches pour soutenir les rameaux
de la vigne, autrement l'épaisseur du feuillage nuit à la maturité du raisin, et par conséquent à la bonté du vin. On
élague plutôt qu'on ne taille les sarmens qui s'écartent trop
de la direction des guirlandes et qui retombent trop au-dessous des branches des arbres.

Cette manière de cultiver la vigne est bien moins dispen-
dieuse que celle de la planter en lignes rapprochées, comme
on le fait le plus souvent; mais elle ne peut être pratiquée

avec avantage que dans les pays chauds. Elle présente d'ailleurs, lorsqu'elle est soignée convenablement, un effet très-
agréable à la vue. Le terrain qui se trouve entre les rangées
de vignes ainsi plantées se laboure à la charrue, et il est
ensemencé en céréales ou en légumes.

On cultive très-peu la vigne de cette façon en France; je
n'en ai vu que dans quelques cantons du Dauphiné, et dans
les environs de Senlis, de Compiègne; il y en a aussi, m'a-t-
on dit, dans quelques autres cantons du département de
l'Oise, comme Clermont. D'après les renseignemens que j'ai
d'ailleurs cherché à me procurer, soit dans les livres, soit
en m'adressant à des personnes qui avoient parcouru la plupart des provinces de France, je n'ai appris que la vigne fût
cultivée en hautains que dans quelques parties du département de l'Ain, de celui de l'Arriège, de celui du Gers; enfin,
aux environs de Tarbes, et dans le département de Lot-et-Ga-
ronne, de Saint-Hilaire au Port-Sainte-Marie, sur la route
d'Agen à Bordeaux. Dans ces différens cantons les arbres, sur
lesquels on tient ainsi les vignes en hautains, sont des ormes,
des érables, des mérisiers, des pruniers, des cormiers et des
pommiers sauvages. Au reste, je dois dire que dans tous ces
cantons le vin fait avec des raisins récoltés sur des vignes
mariées à des arbres, est toujours inférieur en qualité à celui
qui provient des vignes basses.

La Provence, qui plus qu'une autre province de France
seroit propre à avoir des vignes hautes, n'en a point, d'après
les renseignemens que j'ai pris de plusieurs habitans de ce pays.
Ailleurs, ce n'est pour ainsi dire que par hasard qu'on trouve
par-ci par-là dans les campagnes une vigne ainsi mariée à un
arbre. Je crois cependant que ce mode de culture pourroit tout
aussi bien convenir à plusieurs des parties les plus chaudes de
nos départemens méridionaux, qu'à l'Italie, la Sicile, et autres
contrées où cette pratique est commune. Dans le climat de
Paris même on fait trop peu d'usage, ou pour mieux dire,
on ne fait presque pas usage de ce moyen facile d'élever la vigne, je ne dirai pas pour en retirer du profit, mais au moins
pour en tirer parti sous le rapport de l'agrément. Comment, en effet, n'a-t-on pas encore pensé jusqu'à présent à
planter ainsi la vigne dans les jardins paysagers? Quel coup

d'œil agréable ne présenteroient pas en automne des ormes et des peupliers enlacés de pampres verts et laissant échapper de leurs branches les plus élevées des guirlandes chargées de raisins de diverses couleurs? En choisissant des variétés hâtives pour les planter ainsi, on pourroit même, presque sans peine et pour ainsi dire sans aucun soin, joindre l'utile à l'agréable et se procurer des raisins bons à manger.

Mais c'est moins encore pour la décoration des jardins anglois ou paysagers que je voudrois voir marier la vigne aux ormes et aux peupliers, que pour l'avantage dont cela pourroit être pour les habitans des campagnes. J'ai parlé plus haut d'une vigne qui existoit à Rome du temps de Pline et qui donnoit chaque année jusqu'à douze amphores de vin ou environ un muid et demi. Aujourd'hui, dans certaines vallées du Caucase, et particulièrement de la Géorgie et de la Mingrélie, les ceps de vigne qu'on abandonne sur les arbres prennent tant d'étendue qu'un habitant de ces contrées peut, avec le seul raisin de deux ou trois, ceps faire suffisamment de vin pour la consommation de toute sa famille. Mais, sans aller chercher mes exemples dans l'antiquité, ou chez des peuples éloignés, il me suffira de citer la vigne que M. Audibert m'a fait connaître, qui, comme je l'ai déjà dit, rapporte dans certaines années 350 bouteilles de vin.

Je n'espère pas que dans le Nord de la France on puisse obtenir des vignes qui aient une telle fécondité et qui donnent du vin assez généreux pour être estimé dans le commerce. Cependant je puis encore dire qu'un de mes parens, qui habite Dreux, a dans son jardin une treille de chasselas, plantée il y a cinquante ans peut-être, pour garnir un berceau en treillage, lequel est tombé avec les années, et qu'on a négligé de faire relever; mais la vigne ayant trouvé dans son voisinage un if assez fort et qui peut avoir une centaine d'années, elle a grimpé sur cet arbre, et elle a atteint depuis long-temps son sommet qui a environ trente pieds d'élévation; ses sarmens s'attachent partout aux rameaux de l'if, et en redescendent presque jusqu'à terre. Tous les ans cette vigne se charge d'une grande abondance de grappes, et elle donne souvent cent cinquante à deux cents livres de raisin, qui la plus grande partie du temps atteint une maturité assez parfaite pour être mangé ou pour être mêlé à la vendange. J'ai moi-même, à la campagne près de Dreux, une vigne plantée seulement depuis quinze ans au long d'un mur et à dix ou douze pieds d'un pommier et d'un prunier, ayant entre eux au moins la même distance, et beaucoup plus âgés qu'elle. Les branches de ces arbres s'étant étendues vers la vigne, les sarmens de celle-ci ont grimpé sur ces branches, et en trois à quatre ans seulement, ils en ont envahi plus de la moitié. Mais comme l'espèce de raisin étoit mauvaise, j'ai cru devoir retrancher tous les rameaux qui s'étendoient sur mon pommier et mon prunier, ces arbres rapportant tous deux de bons fruits.

D'après tout ce que je viens de dire, je suis porté à croire, et il me semble qu'on pourra penser comme moi, que tout paysan qui auroit seulement dans son jardin ou dans son champ trois à quatre arbres assez grands, au pied desquels il planteroit un cep d'une bonne espèce, et surtout d'une espèce hâtive; car les raisins de cette sorte peuvent seuls atteindre à une maturité parfaite, étant ainsi placés plus ou moins haut sur des arbres; tout paysan, dis-je, pourroit avec la récolte de raisins qu'il feroit, et qu'il mêleroit avec suffisante quantité d'eau, se composer une boisson bien plus agréable et bien plus salutaire que la plupart des piquettes qu'on fait ordinairement dans les campagnes avec des fruits sauvages et acerbes, tels que les senelles, les prunelles, les alises, les serbes, etc.

Je ne regarde même pas comme impossible que dans certaines expositions on ne puisse obtenir, avec des raisins provenant de vignes ainsi plantées sur des arbres, du vin de bonne qualité. Ce qu'il y a de certain, c'est que depuis deux ans j'ai du morillon hâtif dont les treilles étant disposées en arceaux, à six pieds de hauteur et au milieu de mon jardin, ce qui diffère peu de l'état où il seroit sur des arbres, qui me donne des raisins parfaitement mûrs dans les premiers jours de Septembre. Ce même morillon hâtif, placé en espalier au midi, mûrit quinze à vingt jours plus tôt; et dans les années où le beau temps et la chaleur sont constans pendant les mois de Juin et de Juillet, on peut en manger dès le premier d'Août. J'ai commencé quelques plantations dans ce genre, et j'espère qu'elles me seront aussi agréables que profitables dans quelques années.

La vigne d'Ischia à trois récoltes, que M. Borghers cultive depuis 1812 à Lumigny, près de Rozoi, département de Seine-et-Marne, et dont il a envoyé des plants à la Société d'horticulture de Paris à la fin de l'hiver dernier, seroit encore avantageuse à planter de cette manière, puisqu'elle paroît être aussi hâtive que le morillon dont je viens de parler, et que M. Borghers assure que son raisin est sucré, d'un goût fort agréable, et réunit toutes les qualités pour fournir de bon vin. Je ne crois pas d'ailleurs qu'en cultivant ainsi la vigne d'Ischia, il fallût chercher à en obtenir plusieurs récoltes; ce seroit probablement assez de celle qu'on auroit à la fin d'Août ou dans les premiers jours de Septembre, parce qu'en montant sur des arbres, son raisin mûriroit nécessairement quelques jours plus tard, et qu'elle ne pourroit d'ailleurs être soumise à la taille après la floraison, taille par le moyen de laquelle on obtient une seconde et même une troisième récolte.

On croit assez généralement que le raisin qui vient sur les arbres, n'est pas aussi bon pour faire du vin; mais cela n'est vrai que pour les variétés qui, dans cette situation, ne peuvent parvenir à une maturité parfaite : car la preuve qu'on peut récolter de bon vin sur des vignes mariées à des arbres, c'est qu'on trouve dans Pline (liv. 16, chap. 37), que le cécube, si estimé des Romains, se faisoit avec du raisin dont les ceps s'élevoient sur des peupliers.

Dans presque tous les pays où on ne place pas la vigne sur des arbres, on prête pour appui à ses rameaux de petits pieux de bois auxquels on donne en général le nom d'échalas. Les bois dont on se sert le plus souvent pour les faire, sont ceux de chêne ou de châtaignier, refendus en brins de grosseur suffisante, et ce sont ceux qui sont de plus longue durée. À leur défaut on emploie le bois d'érable, d'orme, les branches de pin, de sapin, même celles de peuplier et de saule. Les échalas faits de ces deux derniers bois ont besoin d'être renouvelés souvent : ils ne durent guère que quatre à cinq ans; mais comme ils sont à bien meilleur marché que ceux des autres bois, on ne doit point les négliger, surtout dans

les cantons où les bois qui peuvent faire de meilleurs échalas
sont trop rares, ou même ne se trouvent pas du tout. On donne
aux échalas depuis quatre jusqu'à huit pieds de longueur,
selon que les vignes sont tenues plus basses ou plus hautes.
Ceux qui n'ont que quatre à cinq pieds de hauteur s'aiguisent
ordinairement par les deux bouts, afin d'être plus facilement
fichés en terre et de pouvoir changer le bout à enfoncer en
terre lorsqu'il vient à se pourrir par suite de plusieurs années
de service. Les échalas qui ont six à huit pieds de hauteur
ne s'aiguisent que par le bout le plus gros, qui est celui
qu'on doit enfoncer en terre.

Pour que les échalas durent plus long-temps, on les retire
ordinairement de terre quelque temps après les vendanges,
lorsque les feuilles de la vigne sont tombées, et on les range
de distance en distance, par places et par tas, appuyés obliquement seulement sur deux autres échalas fichés en terre,
l'un à droite, l'autre à gauche, et inclinés l'un vers l'autre
de manière à former à peu près un X. Les échalas passent ainsi
le reste de l'automne, tout l'hiver, et c'est au commencement
du printemps, au moment où la vigne va commencer à pousser, qu'on les fiche de nouveau au pied de chaque cep, en les
enfonçant assez pour que les vents ne puissent les renverser.
Lorsque les nouveaux bourgeons ont pris assez d'accroissement et qu'ils paroissent avoir besoin d'être soutenus, on les
attache à l'échalas au moyen de liens de paille, de jonc ou
d'osier. Dans le courant de la saison on met de nouveaux
liens à mesure que les jeunes rameaux s'alongent et ont besoin de soutien.

Dans quelques localités seulement on laisse traîner les vignes à terre, ce qui fait une économie : car le prix des échalas
est une dépense qui ne laisse pas que d'être assez considérable : elle est en général d'un dixième à un vingtième de la
dépense totale exigée pour la façon et la récolte de la vigne.
Mais ce n'est que dans les pays chauds et secs qu'une pareille
pratique peut avoir lieu sans nuire à la qualité du vin. Ainsi
cela se fait dans plusieurs îles de l'archipel de la Grèce ; et
j'ai vu aussi dans quelques parties de la Provence des vignes
ramper ainsi.

Cependant Bosc parle encore de quelques vignes situées

dans des pays moins chauds, ou même assez froids, dans lesquels on laisse traîner par terre les rameaux des vignes. Il cite, par exemple, les vignes d'Argens en Normandie, restes de celles en assez grand nombre qui existoient autrefois dans cette province, pour lesquelles on n'emploie pas d'échalas : les sarmens rampent sur la terre jusqu'aux approches de la maturité : à cette époque on les relève, en attachant ensemble par leur extrémité ceux de chaque cep, de manière que les raisins se présentent au soleil sans cependant s'éloigner trop de terre. Il en est de même, dit encore Bosc, dans les vignobles des environs du Puy-en-Velay, qui sont les plus élevés de la France, ainsi que dans quelques vignobles des environs de La Rochelle ; mais dans ces derniers, c'est la violence des vents qui détermine ce mode de culture.

Quelques vignes du Cap-Breton, et quelques autres des landes de Bordeaux sont, selon M. De Candolle, plantées dans des sables, et lorsque ces sables ont rempli les vallons dans lesquels elles sont placées, on enlève les ceps et on les transporte dans un autre vallon. J'ai vu effectivement des vignes ainsi plantées dans quelques dunes des environs de Bayonne. Cette transplantation se fait d'ailleurs si communément dans ces cantons que, selon l'ancienne Coutume du pays, les vignes étoient rangées au nombre des propriétés mobilières.

Il est de règle générale de donner un labour à la vigne à la fin de l'hiver, immédiatement après la taille, et trois binages pendant la belle saison ; savoir : le premier un peu avant la floraison, lorsque les bourgeons commencent à laisser apercevoir la grappe ; le second, quand les grains sont formés ; le troisième et dernier, lorsque les grappes commencent à entrer en maturité. Dans les terrains secs et exposés au midi, les binages d'été doivent être très-légers, afin de conserver au sol le peu d'humidité qui s'y trouve. Les labours, dans quelques vignobles méridionaux, où les rangées de ceps sont écartés de dix à quinze pieds, se font à la charrue ; mais dans la plus grande partie des vignes du reste de la France, ils se font à la pioche ou à la houe.

La taille de la vigne a pour but de régler la production des fruits de manière à les rendre plus hâtifs, et qu'on en ait la

même quantité chaque année. Elle est bien plus simple et bien plus facile que celle des autres arbres fruitiers: en effet, le fruit de la vigne venant toujours sur les bourgeons de l'année, il suffit de savoir que c'est le plus souvent des bourgeons inférieurs de chaque sarment que sortent les nouvelles pousses sur lesquelles les fleurs se trouveront portées, pour qu'on sache la pratiquer. Par suite de cela, elle se réduit à couper le sarment ou la pousse de la dernière année un peu au-dessus de l'œil le plus inférieur, si le cep est foible; et au-dessus du deuxième, si le pied est vigoureux. La partie inférieure du sarment restée sur la souche après la taille, se nomme *courson* ou *brochette*, selon le pays. Lorsqu'on veut se procurer une récolte plus abondante, on laisse sur chaque cep vigoureux un sarment qu'on ne taille pas, ou dont on ne retranche guère que l'extrémité. Ce sarment, qu'on nomme *sautelle* ou *pleyon* dans beaucoup de lieux, est ordinairement laissé assez long pour être, en le courbant en arc, fixé par son extrémité supérieure au cep le plus voisin. Dans d'autres cantons on enfonce cette extrémité en terre, où les racines, qu'elle ne tarde pas à prendre, lui portent bientôt une nouvelle nourriture qui favorise le grossissement des grains du raisin. L'année suivante, ces sautelles ou pleyons sont séparés du cep qui leur a donné naissance et forment des marcottes, ou même de nouveaux ceps tout faits, s'ils ont été enfoncés en terre à la place où il y auroit eu besoin de planter un pied de vigne. Si on les a seulement fixés au cep voisin, on les en détache et on les couche en terre pour faire des provins, si on en a besoin, ou autrement on les retranche entièrement.

Les yeux ou boutons ne donnent du fruit que sur les sarmens de l'année précédente; tous ceux qui peuvent se développer sur le vieux bois, ne produisent jamais que des feuilles. Les vignerons prétendent reconnoître à la forme de l'œil si c'est un bouton à fruit ou un bouton stérile. Les premiers sont arrondis, les derniers sont pointus. Si cela étoit rigoureusement vrai, la grappe seroit toute formée dans le bouton; cependant si on coupe au printemps un de ces sarmens, qui eût dû donner du fruit s'il fût resté sur le cep, et qu'on en fasse une bouture, il ne produira que des feuilles.

On taille à vin, c'est-à-dire de manière à avoir beaucoup de vin, lorsqu'on laisse de nombreux coursons et en même temps une ou deux sautelles sur chaque cep. Cette façon de tailler la vigne l'épuise beaucoup et diminue sa durée. Chaque bourgeon en se développant produit ordinairement deux grappes, dans des années abondantes il en donne jusqu'à trois, rarement davantage ; quelquefois il n'en produit qu'une et même point du tout. On ne laisse ordinairement que trois à quatre coursons sur chaque cep lorsqu'on veut ménager une vigne de manière à la faire durer long-temps.

Les agronomes ne sont pas d'accord sur l'époque la plus avantageuse pour tailler la vigne. Olivier de Serres croyoit que la vigne taillée de bonne heure jetoit plus de bois, et que celle qui l'étoit plus tard donnoit plus de fruit. Bosc, au contraire, paroît persuadé que plus tôt on taille, plus tôt la séve doit être en activité, et plus les bourgeons sont forts et abondamment chargés de grappes. Il est donc avantageux, selon ce dernier, de tailler la vigne plus tôt que plus tard, surtout dans les pays où l'effet des gelées d'hiver n'est pas à craindre pour les coursons, ni celui des gelées du printemps pour les bourgeons ; mais il faut retarder le plus possible cette opération dans tous les pays et dans toutes les expositions où les gelées qui surviennent fréquemment en Avril, et même en Mai, anéantissent souvent tout espoir de récolte.

L'incision annulaire, qui a été beaucoup préconisée il y a quelques années, n'est point une chose nouvelle. On trouve dans Columelle qu'en faisant circulairement une incision à un cep de vigne un peu avant la floraison, on empêchoit les fleurs de couler, on accéléroit la maturité des raisins et on augmentoit la grosseur de leurs grains. Ces avantages, s'ils étoient aussi positifs, seroient bien faits pour encourager les cultivateurs à pratiquer cette opération ; mais, quoique la chose soit vraie en elle-même, elle a des conséquences qui doivent détourner d'en faire une règle de conduite. La Société royale d'agriculture a décerné, il est vrai, une médaille d'or à un vigneron des environs de Paris, qui avoit pratiqué l'incision annulaire sur ses vignes une année où celles de tous ses voisins coulèrent, et qui s'étoit par ce moyen procuré une récolte très-abondante, tandis qu'elle avoit été nulle ou

presque nulle chez les autres. Mais il a été reconnu depuis,
et Bosc lui-même, qui avoit beaucoup préconisé l'incision
annulaire, en convient, que cette opération affoiblissoit le
cep et l'empêchoit de donner du fruit l'année suivante, et
même plus tard ; et, enfin, que le vin provenant de raisins
dont les vignes avoient subi cette opération, étoit moins généreux et moins propre à être gardé que celui des autres
vignes qu'on n'avoit point soumises à cette opération. Aujourd'hui donc il ne doit plus être question de l'incision annulaire que pour faire connoître que les inconvéniens graves
qui sont attachés à sa pratique sont un motif plus que suffisant pour détourner les cultivateurs des avantages apparens
qu'on pourroit en retirer momentanément.

Le pincement et l'ébourgeonnement doivent être considérés comme des espèces de tailles ; ils offrent, pour être bien
faits, plus de difficultés que la taille elle-même : cependant
dans beaucoup de vignobles on abandonne ce travail à des
femmes et à des enfans.

Dans presque tous les vignobles du Nord, on pince et on
arrête la vigne en retranchant l'extrémité du bourgeon pour
arrêter sa pousse en hauteur et le faire grossir; cette opération a aussi pour but de faire augmenter le raisin de grosseur et de faciliter sa maturité. Pour qu'elle soit avantageuse,
il ne faut pas qu'elle soit faite trop tôt, mais seulement
lorsque les grains sont déjà bien noués depuis quelque temps :
faite plus tôt, elle retarde au contraire la maturité des grappes, parce qu'il se développe, surtout s'il survient des pluies,
beaucoup de bourgeons secondaires qui attirent à eux toute
la séve.

L'ébourgeonnement est une chose difficile ; s'il est mal fait,
il influe sur les récoltes des années suivantes. Il est donc essentiel de le faire avec soin, en ne retranchant et en ne laissant à la vigne que la juste quantité de bourgeons nécessaires.
En laissant trop de bourgeons stériles, ceux-ci attirent à eux
une partie de la séve qui auroit été employée à nourrir les
fruits. Si, au contraire, on laisse trop de bourgeons à fruit,
ils épuisent le cep, de manière que souvent la récolte de
l'année suivante est foible, et même celle de plusieurs années
après s'en ressent. Il faut d'ailleurs laisser moins de feuilles

et de bourgeons aux vignes situées dans des terrains ombragés et humides. C'est le contraire sur les côteaux secs et exposés au Midi. Dans le canton d'Augnerai, département du Rhône, on n'ébourgeonne pas et on laisse traîner les vignes, parce que le sol est trop léger et se déssécheroit en été si on ne le laissoit pas couvert par les rameaux et les feuilles de la vigne, qui empêchent l'évaporation.

La vigne taillée et ébourgeonnée, ainsi qu'on le fait dans tous les vignobles où elle se cultive en ceps bas, reste toujours foible, et elle ne croit pas autant en grosseur en cinquante ans, qu'elle le fait en dix en Italie, où on la laisse presque en toute liberté monter sur les arbres. Dans les jardins où elle est cultivée en treille, où on lui donne une tige plus élevée et un bien plus grand nombre de branches, son tronc acquiert déjà plus de force.

La vigne est susceptible de vivre très-longtemps, quoique dans certaines localités elle ne dure pas plus de vingt à trente ans; mais dans un sol convenable, et surtout quand on la laisse croître en treille, elle peut vivre plusieurs centaines d'années : c'est au moins ce qu'on doit présumer par la grosseur énorme que son tronc peut acquérir, et l'on sait d'ailleurs que ce tronc ne grossit que très-lentement. Strabon parle de ceps de vigne qui avoient une grosseur si considérable que deux hommes pouvoient à peine embrasser leur tronc, et qui devoient par conséquent avoir plusieurs siècles. J'ai déjà cité plus haut, d'après Pline, des exemples de la grosseur énorme et par conséquent de la longévité des vignes. Bosc dit qu'il est mort à Besançon, en 1795, un pied de vigne dont le tronc avoit un mètre huit décimètres de diamètre : mais je crois qu'il y a une faute d'impression, et qu'au lieu de diamètre il faut lire de circonférence. Dans tous les cas, ce cep de vigne devoit avoir quatre à cinq cents ans.

Bosc pense que ce sont les vieilles vignes qui donnent le meilleur vin, et que celles qui sont replantées tous les vingt à trente ans, ou qu'on renouvelle continuellement, en en provignant une certaine partie, et en séparant les provins de leur souche deux à trois ans après qu'ils sont faits, ne produisent jamais du vin d'une aussi bonne qualité et qui puisse se conserver aussi long-temps que les vignes qu'on

laisse sur pied pendant cinquante à cent ans. Il n'y a guère qu'en Bourgogne qu'on voit des ceps très-âgés.

L'opération la plus généralement pratiquée dans les vignes où les ceps sont plantés en lignes parallèles et peu éloignées, est le provignage ; en Bourgogne, et dans les autres pays plus au Nord, on n'emploie pas d'autre moyen pour entretenir dans les vignes le nombre de ceps nécessaires. Cette manière de multiplier la vigne présente des résultats d'une grande importance, selon l'agronome que je viens de citer : en effet, 1.° le sarment étant courbé, le bourgeon qui en sort donne plus de fruit et de meilleure qualité ; 2.° prenant de nouvelles racines, il tire plus de sève de la terre, et, par conséquent, fait davantage grossir ses fruits ; 3.° il permet de pouvoir toujours tenir les raisins à une petite distance de terre, dans les climats où cela est nécessaire ; 4.° dans les vignobles où le provignage se pratique lors même qu'on n'a pas besoin de nouveaux ceps, et où, comme en Bourgogne, on ne sépare pas le provin de sa mère, on peut conserver des pieds pendant des siècles, ce qui est extrêmement favorable à la qualité du vin, comme le prouvent le Clos de Vougeot, les Marcs-d'or, Migraine, les Closets, et plusieurs autres dont la supériorité tient a l'âge des ceps, qui ont quatre à cinq cents ans.

Dans les parties les plus méridionales de la France, et en même temps les plus chaudes, telles que la Provence, le Languedoc et le Roussillon, on plante les ceps de vigne très-écartés, on laisse monter leur souche jusqu'à deux pieds. Dans ces endroits on laboure souvent a la charrue. Dans les vignobles des environs d'Alby, d'Agen, de Cahors, et dans tout le Médoc, on dispose souvent les vignes en treilles basses, placées en rangées fort écartées, et on laboure également à la charrue. Souvent aussi on les tient sur une seule tige, mais à un pied seulement de terre. On voit encore quelques vignobles ainsi disposés aux environs de Besançon, de Vesoul, de Dijon, d'Autun, de Grenoble, de Lyon, d'Angers, d'Orléans, d'Auxerre, de Troyes, et même de Reims et de Laon ; ce qui prouve que cette méthode des treilles a des avantages réels, et peut convenir dans tous les pays.

Quoiqu'on cultive la vigne en berceau dans quelques can-

tons de la France, même à Wissembourg, dans le département du Bas-Rhin, Bosc ne croit pas que cette méthode
doive être employée hors des jardins, parce que, dans ce
genre de culture, les grappes sont presque toutes privées de
l'influence des rayons du soleil, et que la hauteur à laquelle
elles se trouvent, fait qu'elles sont continuellement refroi-
dies par les vents.

Au reste, la plus grande partie des autres vignes de France
sont plantées en lignes parallèles. Les ceps sont placés à un
pied et demi ou deux pieds l'un de l'autre, et les sarmens y
sont attachés contre des échalas, ainsi qu'il a déjà été dit.
Dans les environs de Chartres, de Dreux et ailleurs on plante
les vignes dans des fosses, ayant environ dix-huit à vingt pouces
de largeur, et un peu moins de profondeur, en plaçant deux
pieds de vigne vis-à-vis l'un de l'autre au fond de la fosse et de
chaque côté, et on les dispose ainsi en lignes à un pied et demi
environ les uns des autres dans toute la longueur de la fosse.
Les années suivantes, lorsque les premiers plants ont acquis
assez de force, on fait de nouvelles fosses parallèles aux premières, dans le terrain qu'on avoit laissé vide, et on y couche les sarmens les plus longs et les plus vigoureux pris sur
les premiers ceps, et on continue ainsi jusqu'à ce que toute
la vigne soit formée, ce qui exige ordinairement quatre à
cinq ans. Jusque-là les intervalles sont ensemencés en orge,
haricots, lentilles, pommes de terre ou autres plantes. Par
la suite, lorsque le vigneron croit les ceps trop vieux ou que
certaines parties de la vigne se dégarnissent, c'est en refai-
sant de nouvelles fosses, et en provignant les sarmens, pris
à droite et à gauche sur les ceps voisins, qu'on rajeunit la
vigne.

Je crois d'ailleurs inutile d'entrer ici dans de plus longs
détails sur les diverses modifications auxquelles la culture
de la vigne peut être sujette dans les différens vignobles, cela
seroit beaucoup trop long pour un ouvrage de la nature de
celui-ci. J'avouerai d'ailleurs que mes connoissances n'étant
pas assez étendues sur ce sujet, qui est extraordinairement
vaste, je craindrois de ne pas traiter la matière comme elle
auroit besoin de l'être, et je préfère renvoyer ceux qui dé-
sireroient connoître la manière de faire dans chaque vignoble

particulier, aux ouvrages qui ont spécialement traité cette
matière, et surtout à l'excellent article *Vigne*, contenant
plus de 200 pages, que Bosc a inséré dans le seizième volume du *Nouveau cours complet d'agriculture*, imprimé en
1823, article dont j'ai d'ailleurs emprunté beaucoup de choses. Bosc, qui possédoit de grandes connoissances en histoire
naturelle, et dans presque toutes les parties de l'agriculture,
s'étoit d'ailleurs livré d'une manière particulière, pendant de
longues années, à l'étude pratique de la culture de la vigne.
Il avoit parcouru une grande partie des vignobles de France,
afin de comparer les différens modes de culture, la nature
des variétés de vigne de chaque vignoble, et les divers procédés employés pour la confection du vin.

L'époque de la floraison de la vigne est un moment critique
pour la vigne : c'est du temps qu'il fait alors que dépend sa
fécondation et sa fécondité, ou la coulure et le mauvais état
de la récolte. Les causes les plus communes de la coulure de
la vigne sont des pluies abondantes ou prolongées, qui emportent le pollen des étamines avant qu'il ait pu se répandre
naturellement sur les pistils et les féconder ; des vents trop
considérables, qui produisent le même effet. Des froids tardifs
qui surviennent, une sécheresse qui arrête la séve, peuvent
aussi plus ou moins contrarier l'acte de la fécondation, et
faire couler les fleurs en totalité ou seulement en partie.
Pendant la floraison on laisse la vigne tranquille, et on s'abs-
tient de lui faire aucune espèce de travail.

Dans quelques vignobles on enlève à la vigne une partie
de ses feuilles, lorsque ses fruits sont sur le point d'entrer
en maturité, afin qu'ils soient plus exposés aux rayons du
soleil et mûrissent mieux ; mais cela ne produit pas toujours
l'effet qu'on espéroit, et lorsque cet effeuillage est fait avec
trop peu de modération, cela nuit à la qualité du raisin, en
diminuant la séve, parce qu'on sait que les plantes se nourrissent autant par leurs feuilles que par leurs racines.

Les agronomes éclairés et les amateurs de bons vins sont
d'accord que l'emploi des fumiers animaux est très-contraire
à la qualité des vins, et même peut leur donner un mauvais
goût ; mais malheureusement ces engrais augmentent beaucoup les produits, et il n'en faut pas davantage pour que

beaucoup de personnes, et surtout les vignerons, les préfèrent aux autres moyens par lesquels on pourroit réparer l'épuisement que la culture prolongée de la vigne dans le même terrain, d'ailleurs peu fertile par lui-même, comme sont le plus souvent ceux dans lesquels on plante la vigne de préférence, fait éprouver au sol. On assure que c'est à l'abus de l'emploi des boues de Paris que les environs de cette capitale doivent en grande partie la mauvaise qualité de leurs vins. Les engrais qui n'ont pas l'inconvénient de nuire à la qualité du vin, sont ceux qui sont tirés des végétaux, comme les détritus de feuilles, les décompositions des gazons, les plantes semées pour être enfouies en vert, le transport de nouvelles terres provenant du curage des fossés, des étangs, des rivières, etc.

Les vignes situées dans les terrains les plus secs donnent généralement du vin de meilleure qualité; cependant si la sécheresse devient excessive, elle fait jaunir les feuilles, peut même les faire tomber, ce qui anéantit alors tout espoir de vendange. Il seroit utile, pour remédier à cet inconvénient, de pouvoir arroser les vignes, ainsi qu'on le pratique en Crimée, au rapport de Pallas, et en Perse, comme le dit Olivier; on le fait aussi en Espagne, dans le royaume de Valence. Mais bien peu de vignes, en France, sont situées et disposées de manière à pouvoir y pratiquer des arrosemens. Heureusement que les sécheresses portées au point de détruire la récolte de la vigne, sont fort rares.

Dans le climat de Paris et les autres pays au Nord, lorsque l'année est peu avancée, et que dès la fin de Septembre ou le commencement d'Octobre il survient un temps froid, la maturité des raisins s'arrête, les grains pourrissent successivement, surtout si l'humidité se joint au froid, et le vin, qu'on a alors de la peine à faire, est de très-mauvaise qualité: dans quelques années même, comme en 1816, il devient tout-à-fait impossible de faire du vin.

La vigne étant originaire de contrées bien plus chaudes que beaucoup de celles dans lesquelles elle est plantée aujourd'hui, elle craint la gelée, et cette intempérie est même ce dont elle a le plus souvent à souffrir dans notre climat, et les avaries qu'elle éprouve, lorsqu'elle est frappée de ce fléau,

sont d'autant plus graves, que quelquefois tout espoir de récolte est anéanti, non-seulement pour une année, mais même
pendant les deux à trois années suivantes. Cependant il faut
continuer à donner à la vigne ainsi maltraitée les mêmes soins
que si elle devoit produire d'abondantes récoltes. Aussi de
tels accidens sont la ruine des propriétaires peu fortunés et
des vignerons, qui ne le sont presque jamais.

Il est rare que les vignes soient maltraitées par la gelée,
lorsque les froids, tels rigoureux qu'ils soient, ne se font sentir
qu'en plein hiver. Mais il n'en est pas de même des gelées
tardives qui surviennent dans les mois d'Avril et de Mai,
lorsque les bourgeons ont commencé à se développer, ou celles
qui arrivent au commencement de l'automne, avant que les
sarmens soient suffisamment aoûtés. Dans ce dernier cas, il
arrive assez souvent que la partie supérieure des sarmens est
seule frappée de la gelée, et alors le mal est peu grave; il
n'y a que le cas où la totalité du sarment a été frappée de
la gelée, qui rende le dommage considérable.

Lorsque les sarmens d'une vigne ont été ainsi gelés, il faut attendre, pour les tailler, qu'elle commence à entrer en séve,
parce qu'alors on distingue plus facilement les bourgeons encore vivans de ceux qui ont été frappés de mort, et on taille
en conséquence. Lorsque tous les sarmens ont péri, on est
forcé de les couper sur le vieux bois, et il ne reste plus d'espérance que dans les bourgeons qu'il pourra pousser.

Les gelées du printemps sont d'autant plus nuisibles, qu'elles
viennent plus tard ou qu'elles ont plus d'intensité. Si la gelée
a été foible, ou que les bourgeons ne soient pas encore
avancés, le dommage n'est pas considérable; mais si la gelée
a été plus forte ou qu'elle soit survenue plus tard, alors souvent les bourgeons sont frappés de mort; ils se fanent, se
dessèchent bientôt après, et il n'y a pas la moindre chose à
espérer, si ce n'est sur les sarmens qui ont été taillés longs et
dont les bourgeons inférieurs pouvoient n'être pas encore développés; alors il faut retailler ces sarmens au-dessus des
bourgeons conservés. Dans le cas où il ne reste plus rien de
bon, il n'y a rien à faire à la vigne; il faut attendre les
sous-yeux, qui ne tarderont pas à se développer, mais qui
ne donnent ordinairement que peu ou même point du tout

de fruit. Dans ce cas, il est bon de ménager les nouvelles pousses qui en proviendront, et de ne pas les arrêter et ébourgeonner. comme on fait ordinairement sur les ceps qui portent des fruits.

On a observé que quand les bourgeons n'avoient été que légèrement atteints par la gelée, ils ne se désorganisoient pas lorsque le ciel restoit couvert. et qu'ils pouvoient dégeler lentement avant d'être frappés par les rayons du soleil. Il suit de là que les vignes exposées au levant sont plus sujettes aux effets de la gelée que celles situées au midi, et surtout celles du couchant, qui. dans ce cas, reçoivent plus tard l'influence des rayons solaires.

De ces observations on a conclu qu'il seroit possible de s'opposer aux effets de la gelée en interceptant l'action des rayons du soleil au moyen d'une fumée épaisse, qui seroit dirigée sur les vignes; et effectivement l'expérience a prouvé l'efficacité de ce moyen. Les anciens connoissoient déjà les bons effets de la fumée pour empêcher les vignes de geler, comme le prouve un chapitre des Géoponiques, dans lequel cette pratique est conseillée.

Ce qui rend plus facile le moyen de préserver les vignes de la gelée par la fumée, c'est que le plus souvent ces gelées tardives, qui font tant de mal, ne sont que de très-courte durée; elles ne se font sentir que pendant une heure ou deux, et quelquefois un seul jour. Le 15 Mai 1802, les vignes furent entièrement gelées aux environs de Paris et dans beaucoup d'autres endroits : à cinq heures du matin il y avoit de la glace au bord des eaux, et à deux heures de l'après-midi, le thermomètre étoit remonté à plus de 12 degrés au-dessus de zéro. Ces gelées tardives n'ayant donc le plus souvent qu'une courte durée, et étant presque toujours prévues par le refroidissement de la température dès la veille, les propriétaires de vignobles devroient toujours avoir, près de leurs vignes et du côté où le vent souffle le plus ordinairement dans ces instans critiques, des tas de paille, de feuilles ou de broussailles, assez humides pour que, quand on y mettroit le feu, ils ne brûlassent pas avec flamme, mais en faisant au contraire beaucoup de fumée; et lorsque la gelée seroit imminente, il ne faudroit que mettre le feu à

ces tas, convenablement disposés de manière à ce que leur fumée fût portée sur la vigne, et les entretenir depuis une demi-heure avant le lever du soleil, époque la plus froide de la journée, jusqu'à une heure ou environ après son lever. Plusieurs particuliers ont, par ce moyen fort simple, garanti leurs vignes de la gelée, tandis que tout a été perdu dans celles de leurs voisins, abandonnées à l'intempérie de l'atmosphère.

Un autre fléau que les vignes ont encore à redouter, c'est la grêle, qui leur fait toujours tort, même lorsqu'elle n'est pas très-grosse, et qui, quand elle est très-considérable, peut non-seulement anéantir la récolte de l'année, mais faire sentir sa fâcheuse influence sur celles des années suivantes, en cassant et brisant les sarmens et même les ceps. Une vigne qui a souffert de la grêle ne doit pas être ébourgeonnée, et lors de la taille, on doit laisser moins de coursons, les couper plus courts, afin que les ceps puissent, dans le courant de l'été suivant, réparer leurs pertes.

Les orages sans grêle, mais qui versent des torrens de pluie, font aussi quelquefois de grands dommages dans les vignes plantées sur les côteaux dont la pente est très-rapide, en entraînant les terres des parties supérieures dans les inférieures et en mettant presque à nu les racines des ceps supérieurs, tandis que les inférieurs se trouvent en partie enterrés. Le vigneron n'a souvent qu'un moyen pour réparer en partie ce dommage, c'est de remonter péniblement à la hotte la terre du haut de la vigne, qui a été entraînée dans le bas.

Dans les jardins, la vigne se cultive souvent en espalier ou en contre-espalier. Le plus ordinairement la vigne en contre-espalier est formée de ceps isolés, qu'on palisse sur un treillage de trois pieds et demi à quatre pieds de hauteur; et dans cette manière d'arranger la vigne, la taille est à peu près la même que celle des vignes basses plantées dans la campagne; seulement, au lieu d'attacher les pousses de chaque cep à un seul échalas, on les palisse sur le treillage en les espaçant à quelques pouces les uns uns des autres. Quant aux vignes en espalier, la manière la plus agréable et la moins embarrassante de les disposer, c'est d'en former des treilles élevées sur une seule tige depuis sept à huit pieds jusqu'à dix et même plus, lorsqu'on a des murs assez hauts, et de diviser ces treilles à cette hauteur en deux branches principales, qu'on dirige horizontalement au-dessus des autres arbres fruitiers qui forment l'espalier. Ce n'est que la troisième ou même la quatrième année de sa plantation qu'on peut obtenir d'un cep de vigne planté pour être ainsi disposé en treille, un sarment assez long et assez vigoureux pour former une belle tige, qu'on arrête à la hauteur que l'on veut, et dès-lors on supprime tous les autres sarmens. L'année suivante, au printemps, lorsque les bourgeons commencent à pousser, on supprime tous ceux qui viennent à se développer dans la longueur de la tige et on ne laisse subsister que les deux supérieurs, auxquels on permet, pendant le cours de la saison, de prendre tout le développement que le cours de la séve pourra leur donner naturellement, à moins que leurs premiers yeux n'aient porté du fruit, et on a soin de les tenir horizontalement contre le mur, en les palissant et les attachant d'une manière quelconque. Si leurs premiers yeux ont porté des grappes, on arrête les pousses à trois ou quatre pieds et on les ébourgeonne. L'année qui peut être la quatrième ou la cinquième depuis la plantation, on taille chaque sarment en lui laissant, s'il est vigoureux, cinq a six yeux, et deux à trois seulement, s'il est foible. Lorsque ces cinq à six yeux ont développé autant de bourgeons, et que ceux-ci ont suffisamment de longueur, on les relève et on les palisse tous sur l'espalier, excepté le dernier, qu'on étend horizontalement. Après la floraison, les premiers bourgeons doivent être arrêtés à deux yeux au-dessus des grappes nouées, et ensuite ébourgeonnés un peu plus tard. Le bourgeon terminal, destiné à former la continuation des bras de la treille, est alongé sur l'espalier de la longueur de cinq à six yeux de plus. Lorsqu'il faudra tailler de nouveau, dans les années suivantes, on raccourcira tous les sarmens ascendans en les taillant en courson à un seul œil, si le pied de vigne n'a pas beaucoup de force, et à deux, s'il est vigoureux : quant au sarment terminal, il sera taillé, ainsi que l'avoit déjà été celui de l'année précédente, à cinq ou six yeux. En général la longueur à donner à ce sarment dépend de deux choses ; premièrement de la vigueur du pied de la treille, et secon-

dement de l'étendue du mur qu'on a à couvrir ou qu'on désire couvrir plus ou moins promptement. Si l'on n'a que peu
d'espace à garnir, ou qu'on s'aperçoive que les pousses soient
foibles, on taille plus court. Par la suite on taille d'après les
mêmes principes et en supprimant toujours rez de la branche
le sarment supérieur qu'a donné chaque courson, quand on
a taillé à deux yeux, et en réservant au contraire l'inférieur
pour le tailler de même à deux yeux. Les coursons, dans
cette manière de traiter la vigne, ne produisent jamais de
longs sarmens, et leurs yeux, ou les entre-nœuds, sont bien
plus rapprochés que sur les sarmens terminaux, ce qui rend
le palissage facile. En dix à douze ans, une vigne ainsi conduite en cordon ou en guirlande, peut étendre chacun de
ses bras depuis dix jusqu'à quinze pieds, en supposant qu'on
ne l'alonge que de deux pieds par chaque année.

Cette manière de disposer la vigne est très-avantageuse pour
cultiver tous les raisins de table, et principalement les chasselas et les muscats. Elle est très-productive, car chaque
courson donne le moins deux grappes et souvent quatre. Ces
vignes sont en général beaucoup moins sujettes à être frappées de la gelée que celles plantées en pleine campagne, et
il est fort rare qu'elles ne produisent pas d'abondantes récoltes. Les raisins blancs, qu'on a soin de dégarnir d'une certaine quantité de leurs feuilles, acquièrent ainsi une maturité
parfaite, et ils se colorent d'un jaune doré, qui les rend plus
agréables à la vue et même au goût. On peut facilement les
garantir des oiseaux et de beaucoup d'insectes qui en sont
très-friands, en les couvrant avec un long filet à mailles
étroites ou avec une simple toile d'un tissu assez clair pour
ne pas intercepter en entier la lumière. Communément on
se sert, pour préserver les raisins de l'avidité des oiseaux et
des insectes, de sacs de papier, et mieux de crin, parce qu'ils
ont une demi-transparence. On a fait aussi dans ces derniers
temps, pour le même objet, des enveloppes en treillis de fil
de fer très-fin. Les raisins peuvent ainsi rester suspendus aux
rameaux de la vigne jusqu'à ce que les gelées forcent à les
cueillir ; et jusque-là ils conservent toute leur fraîcheur.

On cultive encore la vigne dans les jardins pour former des
arcades, des berceaux et des tonnelles. Sa conduite, dans ces

nouvelles situations , ne diffère de ce qui vient d'être dit que parce qu'on laisse pousser les yeux latéraux de la tige pour les arcades , mais en taillant courts les sarmens qu'ils donnent, et en les alongeant davantage pour les vignes destinées à couvrir des berceaux et des tonnelles. C'est dans les pays chauds surtout qu'il convient de disposer les vignes de cette manière ; on se procure par là des couverts agréables, au moyen desquels on échappe à la chaleur brûlante du soleil, et les raisins n'en mûrissent pas moins bien quoiqu'à l'ombre. Bosc a vu sur les bords du lac de Côme, en Italie, un berceau qui avoit plus d'une lieue de long. Dans les pays du Nord, c'est-à-dire au-delà du climat de Paris, les vignes ainsi disposées donnent rarement de bons raisins.

La plus grande partie des vignes ne donnent, comme nos autres arbres fruitiers, qu'une récolte par an ; mais certaines variétés sont susceptibles de produire des fruits plusieurs fois l'année, et en général dans les pays chauds il y a beaucoup de vignes qui rapportent deux fois et même trois fois par an. Quelques personnes ont regardé comme une fiction ce qu'Homère (Odyssée, 7) dit des jardins d'Alcinoüs, dans lesquels il y avoit des vignes qui portoient des raisins en toute saison ; mais si la chose n'est pas absolument vraie, toujours est-il qu'Homère ne l'a que très-peu exagérée ; ce qui est bien permis à un poëte. Théophraste et Pline ont aussi parlé de vignes rapportant deux à trois fois par an. On sait aujourd'hui, à n'en pouvoir douter, que dans certains pays favorisés d'un doux climat, le Brésil par exemple, on fait, dans la même année trois récoltes de raisin sur le même cep : une en Mars, la seconde en Mai et la troisième en Septembre. En Europe même on connoît maintenant des variétés qui peuvent également donner trois et même quatre récoltes. Telle est la vigne d'*Ischia*, provenant de la petite île de ce nom, près de Naples, où elle est appelée *uva di tre volte l'anno*. Ces différentes récoltes sont le résultat de la taille, qui se pratique sur deux ou trois yeux au-dessus du fruit, au moment où le raisin est noué. M. Borghers, que j'ai déjà cité plus haut, a obtenu en 1825 une première récolte parfaitement mûre le 18 Août, la seconde le 20 Septembre également bien mûre, la troisième le 30 Octobre, mais la maturité moins complète, le fruit étant un peu acidule, et à cette époque la quatrième récolte présentoit du verjus de la grosseur de petits pois, qui se colorèrent le 9 Novembre. Cette même année j'ai eu sur des ceps de gamet une seconde récolte, et des grappes en fleur annonçant la troisième : le raisin de cette seconde récolte étoit aigrelet. M. Robert, directeur du jardin de la marine à Toulon, me fait part à ce sujet, que quelques particuliers cultivent une vigne qu'on dit avoir été apportée d'Espagne, et qu'on nomme *pomestre* ou *gros Guillaume*, qui est presque toujours en végétation, et qui naturellement produit plusieurs récoltes. Au moment de la maturité des premiers raisins, elle fleurit pour la seconde fois, et dans une bonne exposition ces seconds raisins mûrissent en Décembre, et alors on en voit d'autres qui sont déjà formés et en verjus : sans les froids qui surviennent, cette troisième récolte pourroit mûrir en Janvier.

Les raisins mûrs sont un aliment savoureux et nutritif; ils contiennent du sucre, du mucilage et un peu d'acide. Frais et parfaitement mûrs, ils sont rafraichissans, adoucissans et légèrement laxatifs. Leur usage est salutaire aux personnes d'un tempérament bilieux et irritable, à celles qui ont de la disposition aux maladies inflammatoires. On a souvent obtenu de leur emploi abondant, ou même comme seule nourriture, les plus heureux effets dans les engorgemens des viscères du bas-ventre, dans l'hystérie, l'hypocondrie et les maladies cutanées. On les a vus également employés avec succès contre la diarrhée, la dyssenterie, les hémorrhagies et les affections aiguës des voies urinaires.

La saveur agréable des raisins fait que, soit en santé, soit en maladie, ils sont presque du goût de tout le monde; aussi c'est un fruit dont on cherche à prolonger la durée naturelle, soit en le cultivant dans des serres, afin de pouvoir le goûter plus tôt, soit en le conservant après sa maturité, afin d'en jouir toute l'année. Pour se bien conserver, les raisins doivent être cueillis par un temps sec, et dans le milieu du jour, lorsque le soleil a complétement fait évaporer la rosée dont ils peuvent être couverts. Il ne faut pas qu'ils soient trop mûrs, parce qu'alors ils se gardent moins bien. Tous les grains pourris ou suspects doivent être enlevés avec soin. La manière la plus ordinaire qu'on emploie ensuite pour les conserver, c'est de les attacher avec des fils, et de les suspendre sur des gaulettes de bois sec, fixées d'une manière quelconque au-dessous du plafond, dans une chambre à l'abri de la gelée et de l'humidité. Les grappes ainsi suspendues ne doivent point se toucher entre elles, et il est préférable de les attacher par le bout de la grappe que par le pédoncule, parce que dans cette situation de la grappe retournée, les grains se trouvent ordinairement plus isolés, ce qui est une chance favorable pour la conservation. Cependant, lorsqu'on ne prend pas d'autre précaution, les raisins ne se conservent guère plus de deux à trois mois, et encore, à la fin de ce temps, les grains se flétrissent, se rident, et finissent souvent par se dessécher entièrement, quand ils ne pourrissent pas ; on a imaginé pour les conserver plus long-temps, de les enfermer, toujours suspendus de la même manière, dans des caisses, des tonneaux, des armoires qu'on ferme le plus hermétiquement possible. On dit, qu'en les plaçant dans un tonneau qu'on ferme exactement, et qu'on introduit ensuite dans une plus grande futaille, dont on remplit avec du vin tout le vide qui sépare l'un de l'autre, et qu'on bouche ensuite exactement, les raisins peuvent se conserver presque pendant une année entière ; mais ce moyen est d'une assez difficile exécution, et en outre assez dispendieux, sans compter qu'il n'est peut-être pas certain. Des raisins ensevelis lit par lit dans de la paille bien sèche, pourroient s'y conserver très-bien ; s'ils n'étoient pas ainsi trop exposés aux ravages des souris. On dit encore, qu'en recouvrant d'un vase de verre ou de faïence chaque grappe de raisin isolée sur une tablette ou sur une table, et en les surmontant d'une couche de sable fin bien sec, le raisin pourroit se conserver long-temps exempt de toute espèce d'atteinte ; mais ce moyen est trop embarrassant et trop dispendieux pour l'employer à une grande quantité de raisins.

Dans son Traité sur la culture de la vigne, M. le comte Chaptal donne encore la recette suivante pour la conservation du raisin : « On prend des cendres de sarment bien tamisées, on les détrempe en consistance de bouillie claire ; « on y plonge les grappes à différentes reprises, jusqu'à ce

« que la couleur des grains ne soit plus apparente ; on les
« range ensuite, dans une caisse, sur un lit des mêmes cen-
« dres non mouillées : on les recouvre d'un second rang ; ce-
« lui-ci d'une couche de cendres sèches, et ainsi de suite,
« jusqu'à ce que la caisse soit remplie. Après l'avoir soigneu-
« sement fermée, on la dépose à la cave. Pour servir le fruit,
« il suffit de le plonger à plusieurs reprises dans de l'eau
« fraîche ; la cendre s'en détache facilement, et il s'est con-
« servé aussi beau, aussi frais qu'au moment où on l'a cueilli. »
Il me semble qu'il vaudroit mieux mettre les raisins dans de
la cendre entièrement sèche, que de les tremper d'abord
dans une bouillie délayée avec de l'eau, ce qui doit les exposer à la pourriture.

Le même auteur indique un procédé, qu'il dit avoir été
inventé par un jardinier de la Lorraine, pour servir sur la
table, même après l'hiver, des ceps garnis de feuilles et de
fruits, aussi frais qu'au commencement de l'automne. Voici
en quoi consiste ce procédé : il faut choisir un sarment susceptible de rapporter du fruit, en faire une marcotte dans
un vase ou dans une caisse remplie de bonne terre, le tailler
à deux ou trois yeux au-dessus de la caisse ou du vase. En
ayant soin d'arroser souvent la terre, afin qu'elle ne se dessèche pas, la marcotte prend racine et pousse bientôt des
bourgeons qui se chargent de belles grappes. Quelque temps
avant la maturité on sépare cette marcotte du pied de vigne,
en la coupant à l'endroit où elle entre dans la caisse et en
retranchant aussi la plus grande partie des nouveaux sarmens supérieurs aux grappes les plus élevées. Aussitôt que
cette marcotte est sevrée du pied-mère, on la porte à l'ombre,
et on a soin, avant les gelées, de la rentrer dans un lieu où
elle soit à l'abri du froid, et de lui donner de temps en temps
quelques arrosemens. Par ce moyen on peut avoir, au mois
d'Avril, des grappes de raisin couronnées de feuilles et aussi
fraîches qu'au moment où on les cueille à la treille, et même,
en retirant alors la marcotte de sa caisse, avec la motte, on
a un cep de vigne tout formé, propre à mettre en place, et
qui, dès l'automne suivant, est chargé de fruits, comme
l'année d'auparavant.

Les raisins étant un aliment si agréable et en même temps

si salutaire, j'ai cru devoir rapporter ici à peu près tout ce qu'on sait sur les différentes manières de les conserver. La Société d'horticulture de Paris vient de proposer un prix pour le procédé qui donnera le meilleur moyen de prolonger leur durée le plus possible, et le ministre de l'intérieur, pénétré de l'utilité que ces fruits peuvent avoir, a bien voulu en faire les frais.

Dans les pays du Midi on prépare les raisins en les faisant sécher soit au four, soit au soleil, après les avoir trempés dans une espèce de lessive alcaline. Il y en a de plusieurs sortes, selon l'espèce de raisin qui a servi à les préparer. Les plus beaux et les meilleurs sont ceux qui sont faits avec le muscat d'Alexandrie. Ceux de Corinthe sont les plus petits. Plus sucrés que les raisins frais, les raisins secs sont surtout adoucissans et relâchans. On prescrit souvent en médecine leur décoction, principalement dans les maladies de poitrine et les affections catarrhales. Les raisins secs figurent aussi sur nos tables; ils servent dans les desserts, surtout l'hiver. En les faisant fermenter avec de l'eau, on peut en obtenir un vin assez agréable, et depuis quelques années il se fait en Angleterre une assez grande consommation de cette sorte de vin, que certains brasseurs anglois fabriquent très en grand, en employant pour le faire une bière douce et légère, dans laquelle ils mettent fermenter des raisins de Corinthe, qu'ils vont acheter à bon marché dans les îles de l'Archipel.

Le verjus ou suc du raisin encore vert est fortement acide et astringent ; il a quelquefois été employé en gargarisme dans les maux de gorge. Une variété de raisin, qui reste presque toujours acide et ne mûrit que rarement dans le climat de Paris, est plus particulièrement connue sous le nom de *verjus*, et employée dans la saison comme assaisonnement piquant pour relever la saveur de certains mets. On fait avec ses grains confits entiers dans du sirop de sucre, mais en en ôtant seulement les pepins, une confiture délicieuse.

J'ai parlé des intempéries des saisons et des variations de l'atmosphère qui peuvent être plus ou moins funestes pour la vigne, et qui trop souvent détruisent en quelques instans tout espoir de récolte; mais ce ne sont pas là les seuls ennemis qu'elle ait à redouter. Beaucoup d'insectes et d'animaux de

tonte espéce, quoique ne causant pas d'aussi grands dommages, peuvent encore exercer sur elle une influence nuisible et diminuer ses produits.

Parmi les insectes qui vivent aux dépens de la vigne, on a surtout remarqué les suivans : la larve du hanneton, connue sous les noms de *ver blanc*, de *man*, de *turc*, ronge ses racines et fait périr beaucoup de ceps, particulièrement dans les nouvelles plantations et dans les terrains un peu légers. Le charanson gris mange l'extrémité des bourgeons, quand ils commencent à pousser, et il empêche par là leur complet développement, ce qui premièrement peut diminuer le nombre des grappes, et par la suite les empêcher de grossir. Cet insecte n'est pas très-commun dans les vignes du nord de la France, mais il paroit l'être beaucoup plus dans celles du midi. L'eumolpe de la vigne, nommé vulgairement *coupe-bourgeon* et *Lisette*, coupe les bourgeons encore tendres pour s'en nourrir; il vit aussi des grains du raisin. Les larves de deux espèces d'attélabes, appelées vulgairement *urbet* et *becmare*, coupent les pétioles des feuilles et les font faner; c'est principalement dans les pays méridionaux qu'ils exercent leurs ravages. La larve de la pyrale de la vigne vit aux dépens de ses feuilles, et elle coupe leur pétiole, ainsi que le pédoncule des grappes; elle est quelquefois commune aux environs de Paris, et y commet d'assez grands dégâts : c'est Bosc qui l'a fait connoître aux naturalistes. Les larves du sphinx de la vigne et de deux autres espèces du même genre vivent des feuilles de la vigne : elles en consomment beaucoup, et elles pourroient être très-nuisibles, parce qu'elles finissent par devenir grosses comme le petit doigt; mais, comme elles sont en général rares, le mal qu'elles font se réduit à peu de chose. La larve de la teigne de la grappe, connue dans les vignobles sous le nom de *ver de la vigne*, vit dans l'intérieur des grains du raisin, et elle passe de l'un à l'autre en se filant une galerie de soie; les grains qu'elle attaque deviennent nuls pour le produit, et même la détérioration qu'ils éprouvent peut avoir de l'influence sur la qualité du vin et nuire à sa bonté. Enfin, les raisins mûrs sont attaqués et mangés par les frelons, les guêpes, les abeilles et les mouches de beaucoup d'espèces, qui en sont très-friands. Dans les vignes proprement dites souvent on ne s'aperçoit pas beaucoup de la dévastation que ces différens insectes peuvent commettre ; mais, dans les jardins, les raisins des treilles en espalier seroient fréquemment complétement dévorés, si l'on ne prenoit des précautions pour les soustraire à leur voracité par des filets dont on couvre les grappes, ou par des sacs dans lesquels on les renferme.

Les vignes qui sont voisines des forêts sont exposées à ce que les blaireaux et les renards viennent en manger les fruits, quand ils sont mûrs. Il faut d'ailleurs avoir bien soin de défendre ces vignes par de bonnes haies ou de fortes palissades, pour les mettre à l'abri de la dent des bêtes fauves, qui en aiment beaucoup les feuilles et qui pourroient y faire de grands ravages, si elles venoient à y entrer. On doit aussi éloigner des vignes tous les animaux domestiques, qui en sont très-avides, particulièrement les vaches, les chèvres et les moutons. Lorsqu'on retranche, en été, les sommités des jeunes rameaux ou qu'on les ébourgeonne, on a soin de réserver toute cette verdure pour la donner comme nourriture aux vaches. Dans quelques cantons même les sommités de la vigne se mangent cuites et diversement assaisonnées, de même que les épinards.

Au nombre des animaux nuisibles pour les vignes, il faut mettre beaucoup d'oiseaux, qui se jettent avec avidité sur les raisins et les dévorent : les principaux sont les grives, les merles, les étourneaux, les loriots, les fauvettes et les moineaux. Dans les pays où l'on ne vendange que tard, pour laisser acquérir aux raisins une maturité plus parfaite, les grives surtout font de grands dégâts dans les vignes. La chasse à coups de fusil est le meilleur moyen de les éloigner.

Après de longs et pénibles travaux, après une suite non interrompue d'espérances et de craintes, arrive enfin pour le vigneron l'époque de la vendange. Dans tous les temps cette époque a toujours été consacrée au plaisir et à la joie. Homère (Iliade 18), en parlant du bouclier d'Achille, forgé par Vulcain, dit qu'on y voyoit représentée une vigne, dont on faisoit la vendange, et à ce sujet il fait la peinture de cette vigne, pliant sous le poids des grappes dont elle est chargée. Il parle des vendangeurs qui viennent la dépouiller de ses pro-

duits : « De jeunes filles et de jeunes garçons, dit-il, se livrent
« à une joie folâtre en recueillant dans des corbeilles de jonc
« ses fruits aussi doux que le miel : au milieu d'eux, un en-
« fant tire des sons agréables d'une lyre harmonieuse, et
« chante d'une foible voix en pinçant les cordes sonores ;
« ses compagnons lui répondent et le suivent en frappant la
« terre en cadence. »

Des passages de Théocrite, de Diodore de Sicile, et de
Théophraste, attestent encore que, chez les Grecs, la moisson et la vendange étoient accompagnées et terminées par
des fêtes. Le blé étant regardé comme le bienfait d'une déesse
qui pourvoit aux besoins de l'homme, on montroit, dans les
fêtes pour la moisson, une joie vive, mais tempérée ; tandis
que le vin étant le présent d'un dieu qui l'a donné pour le
plaisir, les réjouissances en l'honneur de Bacchus se manifes-
toient par une joie plus bruyante et par tous les transports
du délire. On sait que, chez les Grecs et les Romains, les
fêtes en l'honneur du dieu du vin se nommoient *bacchanales*.
Dans ces fêtes, les prêtresses du dieu, appelées *bacchantes*,
couroient toutes échevelées, portant un thyrse à la main, et
faisant retentir l'air de leurs hurlemens et du bruit d'un
tambour.

Les temps ne sont pas éloignés où, dans presque tous les
pays vignobles, l'époque des vendanges étoit annoncée par
des fêtes publiques. Les magistrats, accompagnés des agriculteurs les plus expérimentés, se transportoient dans les divers
cantons vignobles pour juger de la maturité des raisins, et
nul n'avoit le droit de les couper que lorsque la permission
en étoit solennellement proclamée : on appeloit cela le *ban
de vendange*.

Quelque temps avant que la récolte des raisins commence,
il faut s'y préparer par la revue du pressoir, des cuves,
des hottes, des tonneaux et autres ustensiles nécessaires ; on
fait enfin tout ce qui est convenable pour recevoir la grappe
et la liqueur qui doit en être exprimée, afin d'éviter le plus
léger retard, qui pourroit devenir plus ou moins préjudi-
ciable dans le moment où l'on seroit occupé à faire la récolte.

Il n'est pas possible de fixer positivement l'époque de la

vendange, parce qu'elle est soumise à trop d'influences qui peuvent la faire varier. Ainsi, le climat, la nature du sol, l'exposition, le mode de culture, un printemps et un été secs et chauds, ou des saisons froides et humides, peuvent avancer ou retarder les vendanges de six semaines à deux mois, et, en France, elles peuvent se faire, quand tout a été favorable, dans les premiers jours de Septembre, et, dans le cas contraire, être retardées jusqu'au commencement de Novembre. En général, toutes choses étant d'ailleurs dans le meilleur état, il est plus avantageux, pour avoir de bon vin, d'attendre la parfaite maturité du raisin, que de se presser et de le cueillir lorsqu'il n'a pas encore acquis cette saveur sucrée sans laquelle on ne peut rien faire de bien.

Pline dit que pour faire de meilleur vin, il faut tordre la queue de la grappe quelques jours avant la vendange, ce qui augmente la maturité du raisin. Il ne paroît pas que cette pratique, qui doit rendre la dépense de la récolte un peu plus considérable, soit usitée en France, et effectivement elle ne pourroit être mise en usage qu'autant que la qualité du vin en seroit assez sensiblement augmentée pour donner au vin un prix plus considérable, et c'est ce qui paroît avoir lieu dans les pays où cette manière de faire est usitée. Ainsi les vins renommés de Candie, de Chypre, n'acquièrent les bonnes qualités qui les font estimer que parce que, dans ces îles, on laisse les raisins se dessécher en partie sur le cep avant de les cueillir. On obtient aussi le même résultat en cueillant les grappes et en les laissant exposées pendant quelque temps sur de la paille, et c'est de cette manière que se prépare le fameux vin de Tokai. Ce vin, qui, même dans son pays, est fort rare, doit en partie ses excellentes qualités au sol, qui n'est qu'une sorte de poussière brune et légère, et en partie au soin qu'on a de cueillir d'avance les premiers raisins mûrs, de les sécher et d'en extraire une sorte de sirop épais, semblable au miel pour le goût et à la thériaque pour la couleur, ou d'un rouge brun. C'est en mêlant ce sirop au vin ordinaire du canton qu'on produit le véritable vin de Tokai, si rare, si recherché et si cher. C'est, dit-on, aux soins du roi Bela IV que la Hongrie doit ce fameux vignoble. Ce prince en fit venir, en 1241, les premiers plants, qui avoient été choisis

parmi les meilleurs de l'Italie et de la Grèce. Une espèce,
qu'on nomme encore *formint*, descend, a ce qu'on assure,
de ces fameuses collines de Formies qui, selon Horace, four-
nissoient la table de Mécène.

Il y a aussi de l'avantage à vendanger le même vignoble à
plusieurs reprises, quoique cela occasionne une augmentation
de dépense; mais cette dépense est amplement recouvrée par
les qualités supérieures que le vin acquiert, qualités qu'on
ne peut obtenir par le mélange de grappes à divers degrés de
maturité. Dans les bons vignobles de la Champagne et dans
ceux de Malaga en Espagne, on vendange à trois reprises
différentes, et les trois sortes de vin qui en résultent sont
toutes très-estimées.

Chaque vendangeur doit avoir un panier ou un seau en
bois léger, dans lequel il met les grappes à mesure qu'il les
cueille: ce sont ordinairement des femmes, des jeunes gens,
ou même des enfans qu'on emploie pour couper les grappes,
tandis que des hommes forts, en plus petit nombre et proportionnellement à ce qu'il y a de vendangeurs et à la distance
où il faut transporter la vendange, ayant sur le dos des hottes
faites pour cet usage, vont de temps en temps recevoir dans
ces hottes ce que les vendangeurs ont cueilli, et ils le portent au bout de la vigne, où sont ordinairement des tonneaux
défoncés par un bout, ou de petites cuves, dans lesquels le
raisin est reçu pour être de là transporté à la maison dans
une voiture. Dans cette manière de faire, le raisin est toujours plus ou moins écrasé avant d'être rendu à la maison,
parce qu'on le presse souvent dans les hottes et dans les tonneaux pour en faire tenir davantage; mais, dans certains vignobles, comme en Champagne, par exemple, le raisin est
mis dans les paniers, sans y être écrasé ni pressé, et transporté doucement à la maison sur le dos d'ânes ou de chevaux,
pour n'être foulé que sous le pressoir.

Autant que cela est possible, il faut choisir un beau temps
pour faire la vendange, afin que les raisins soient bien secs.
Lorsqu'on les cueille par un temps pluvieux, l'eau dont les
grappes sont couvertes affoiblit d'autant le vin. C'est encore
un désavantage de vendanger pendant la rosée, lorsqu'on
veut avoir du vin de bonne qualité, puisque la rosée ne dif-

fère pas des pluies par ses effets. Ce précepte n'est pas d'ailleurs d'une application générale ; car, en Champagne, on commence à vendanger avant le lever du soleil, et l'on suspend les travaux vers les neuf heures du matin, et cependant ce n'est que par ces soins qu'on y obtient ces vins blancs mousseux si estimés.

C'est le plus souvent d'une serpette que le vendangeur se sert pour séparer la grappe du cep ; les ciseaux sont un instrument beaucoup moins commode. Dans le pays de Vaud on ne se sert que de l'ongle du pouce droit, mais cette pratique doit rendre la cueillette plus difficile. Le vendangeur doit avoir soin, lorsqu'il y a des grains gâtés ou pourris, de les ôter, en se servant pour cela de la pointe de sa serpette, qu'il introduit entre les grains sains et ceux qui sont gâtés, parce que ces grains altérés ne peuvent qu'être nuisibles à la bonne qualité du vin.

Beaucoup d'agronomes ont été divisés d'opinion sur l'avantage qu'il peut y avoir à enlever la grappe du raisin ou à la laisser. On a remarqué que dans l'Orléanois les vins tournoient plus facilement au gras après l'égrappage, faute de cette légère âpreté de la grappe, avantageuse pour corriger la foiblesse de certains vins. Dans les environs de Bordeaux on égrappe plus ou moins scrupuleusement. En général, la présence de la grappe rend le vin plus fort, tandis que son absence le rend plus doux. L'instrument qu'on emploie le plus ordinairement pour l'égrappage est une espèce de fourche en bois et à trois dents, qu'un ouvrier fait tourner circulairement entre ses mains dans la cuve qui contient les raisins. Il y a un bien plus grand nombre de vignobles dans lesquels on laisse la grappe, qu'il n'y en a où on l'enlève. Mais que cela se fasse ou ne se fasse pas, il faut toujours procéder au foulage des raisins.

Cette opération est à peu près la même partout. Dans les grands vignobles, elle s'exécute ordinairement dans une caisse carrée, ouverte par le haut et d'environ cinq à six pieds de largeur ; les quatre côtés et le fond sont formés de planches de bois, qui ne laissent pas entre elles assez d'intervalle pour que les grains de raisin puissent y passer. Cette caisse est placée au-dessus de la cuve, et elle est soutenue par deux petites poutres, posées sur les bords de la cuve elle-même. On verse la vendange dans la capacité de la caisse à mesure qu'elle arrive, et ensuite un ouvrier la foule fortement et également par le moyen de gros sabots qu'il porte à ses pieds. Le suc exprimé coule dans la cuve ; et lorsque tout est passé, le fouleur lève une planche, qui forme une partie d'un des côtés de la caisse, et il pousse le marc avec les pieds dans la cuve : ensuite il renouvelle cette première opération autant de fois qu'il est nécessaire, jusqu'à ce que la vendange soit entièrement terminée. En général, les cuves sont carrées et construites en pierre de taille ; mais dans les pays où il n'y a que de petits vignobles, les cuves sont plus souvent en bois et circulaires, comme tous les vases de tonnelerie. Dans ces dernières, dont la capacité est toujours moins considérable que celles en pierre ou en maçonnerie, et qui ne tiennent souvent que quatre à douze muids, le fouleur ou les fouleurs y entrent après s'être dépouillés des vêtemens qui couvrent leurs membres inférieurs, et ils foulent le raisin. Dans ce cas on a d'ailleurs la précaution de soutirer préalablement avant que les fouleurs entrent dans la cuve, tout le vin déjà liquide, et le soutirage continue jusqu'à ce que la vendange soit entièrement foulée, et alors tout le vin est reversé dans la cuve.

Dans certains cantons vignobles on verse la vendange dans la cuve à mesure qu'elle est apportée de la vigne, et dès que la fermentation commence à s'y établir, on retire le moût provenant de la pression incomplète qui a eu lieu pendant le transport, pour le mettre dans des tonneaux, où il achève de fermenter. Le résidu est ensuite porté sous le pressoir, pour y être exprimé, et le vin qui en provient est généralement beaucoup plus coloré, mais moins parfumé que le premier.

Quelle que soit d'ailleurs la manière dont on s'y prenne pour fouler le raisin, il faut toujours, par une pression convenable, en extraire le suc pour le soumettre à l'action des causes qui déterminent la fermentation vineuse, et cette opération sera d'autant plus parfaite que tous les grains auront été également pressés : car sans cela la fermentation ne pourroit avoir lieu d'une manière uniforme. C'est par suite de cela qu'il est préférable de remplir la cuve en un jour ou deux, que de ne le faire qu'en plusieurs jours. Lorsqu'on met trop long-temps à remplir la cuve, cela a le grave inconvénient de déterminer une suite de fermentations successives, qui, par cela seul, sont toutes imparfaites.

Le moût est à peine dans la cuve, qu'il entre en fermentation. Déjà celui qui s'écoule des raisins par la pression ou les secousses qu'ils éprouvent dans le transport, commence à bouillir et à fermenter dans les vaisseaux qui le contiennent. Ce phénomène est surtout remarquable dans les climats chauds ou dans les pays du Nord, lorsque la vendange se fait par des jours de chaleur.

Les anciens avoient le soin de séparer le premier suc, qui coule naturellement par l'effet de la moindre pression, et qui provient toujours des raisins les plus mûrs. Ils le faisoient fermenter à part, et ils en obtenoient une boisson délicieuse, qu'ils appeloient *propotum* ou *mustum sponté defluens*. Quelques particuliers préparent encore ainsi un vin peu coloré et très-délicat; mais en général on mêle cette première liqueur avec le reste du produit du foulage, pour faire fermenter le tout ensemble.

Les conditions nécessaires pour que la fermentation vineuse s'établisse dans le moût et suive ses périodes d'une manière régulière, sont : premièrement, un certain degré de chaleur ; secondement, le contact de l'air, et troisièmement, l'existence d'un principe doux et sucré dans le raisin. Le dixième degré au thermomètre de Réaumur est généralement considéré comme la température la plus favorable à la fermentation vineuse ; au-dessous de ce degré elle devient languissante, et elle est d'autant plus lente que la température est plus froide ; au-dessous de zéro elle ne peut même avoir lieu. Si la température est au contraire plus élevée que dix degrés, la fermentation est plus prompte ; elle devient même d'autant plus accélérée et tumultueuse que la chaleur est plus forte.

D'après cela les cuves doivent être placées dans des lieux couverts, à l'abri du froid et de l'humidité. Il est bon aussi de choisir un jour chaud pour recueillir les raisins, et lorsque cela n'est pas possible, il convient de rechauffer la masse de la vendange, en y mêlant du moût bouillant. Toutes choses égales d'ailleurs, l'activité de la fermentation est proportionnée

à la masse de vendange, et elle est d'autant plus prompte,
plus tumultueuse et plus complète que celle-ci est réunie en
plus grande quantité dans la même cuve. La durée de la fermentation étant donc soumise à tant d'influences, ne peut
pas être déterminée d'une manière absolue : en général, elle
varie de quatre à douze jours, et la chaleur qui se développe
est de dix-sept à vingt-sept degrés, selon que la masse en fermentation est moins ou plus considérable.

L'introduction du sucre dans la cuve est avantageuse aux
vins blancs, et surtout lorsque la maturité n'a pas été complète; mais elle est presque toujours nuisible aux vins rouges,
en les colorant trop, en leur ôtant leur bouquet et en diminuant leur durée.

C'est une vérité que l'air est favorable à la fermentation;
car sans son contact le moût se conserve plus ou moins long-
temps sans changement et sans altération; mais il est également hors de doute que, quoique renfermé dans des vases
bien clos, le moût y subit toujours, quoique plus lentement,
les phénomènes de la fermentation, et celle-ci ne s'en termine pas moins à la longue, et dans ce cas le vin qui en résulte n'en est que plus généreux.

Dans toutes les expériences que M. le comte Chaptal, auquel j'ai emprunté beaucoup de choses dans le courant de cet
article, a tentées sur la fermentation; il n'a jamais vu que
l'air fût absorbé. Il n'entre, selon ce savant chimiste, ni
comme principe dans le produit, ni comme élément dans la
composition. Il est chassé hors des vaisseaux avec l'acide carbonique, qui est le premier résultat de la fermentation.

L'activité de la fermentation, comme il a été dit plus haut,
est en proportion de la masse de la vendange; mais on ne
doit pas en conclure qu'il y ait toujours de l'avantage à ce
que les raisins soient réunis en plus grande quantité, et que
le vin provenant de la fermentation établie dans les plus
grandes cuves soit toujours le meilleur.

M. Chaptal ne pense pas qu'il soit possible de déterminer
d'une manière positive quel est le volume le plus favorable
à la fermentation; il pense qu'il doit varier selon la nature
du vin et le but qu'on se propose. Ainsi la fermentation doit
s'opérer en plus petites masses, si l'on désire principalement

conserver l'arome du vin, et en plus grand volume, s'il s'agit de développer toute la partie spiritueuse pour fabriquer des vins propres à la distillation.

Le gaz acide carbonique qui se dégage de la vendange et ses effets nuisibles à la respiration sont connus depuis que la fermentation est connue elle-même, et il est tellement dangereux, que toute personne qui s'expose imprudemment dans son atmosphère, y est aussitôt asphyxiée. Des accidens de cette nature sont arrivés plusieurs fois, et ils sont à craindre lorsque les cuves dans lesquelles est déposée la vendange sont placées dans des lieux bas et étroits, où l'air n'est pas renouvelé. Ce gaz acide carbonique, plus pesant que l'air atmosphérique, déplace celui-ci et finit par occuper tout l'intérieur du cellier. La meilleure précaution qu'on puisse prendre contre ses funestes effets, afin de s'assurer qu'il n'y a pas de risque à courir en entrant dans un lieu où il y a une certaine quantité de vendange en fermentation, est de porter devant soi une chandelle allumée : tant que cette lumière brûlera bien, il n'y aura pas de danger ; mais si on la voit s'affoiblir ou s'éteindre, il faut se retirer promptement. Cependant ce gaz, retenu dans le vin par tous les moyens que l'on peut opposer à son évaporation, contribue à lui conserver l'arome et une portion d'alcool, qui s'exhale avec lui. Les vins mousseux ne doivent la propriété de mousser qu'à ce qu'ils ont été mis en bouteille avant qu'ils aient complété leur fermentation.

Les raisins rouges ou noirs, dont on exprime le suc par la simple pression, fournissent du vin blanc toutes les fois qu'on ne met pas le moût à fermenter avec le marc. Le vin prend d'autant plus de couleur que le raisin est plus mûr et qu'il reste plus long-temps en fermentation. Les vins du Midi, surtout ceux qui se récoltent dans les lieux les plus exposés au soleil, sont toujours plus fortement colorés que les vins du Nord.

Les vins rouges ne se font qu'avec des raisins de cette couleur ou noirs, et lorsqu'on en mêle quelques blancs, ce ne peut être qu'en petite quantité. Quant aux vins blancs, ils se font indifféremment avec des raisins colorés ou avec des blancs ; mais ceux pour lesquels on n'emploie que la pre-

mière sorte de raisins, sont beaucoup plus estimés et susceptibles d'une plus longue conservation. En Champagne, par
exemple, les vins blancs se soutiennent bien mieux depuis
qu'on a pris soin d'arracher dans les vignes tous les ceps de
raisins blancs. Pour faire ces vins, les raisins noirs sont cueillis, comme il a déjà été dit, avec beaucoup de précaution,
transportés de même à la maison sans être écrasés. Comme
on tient que le brouillard, aussi bien que la rosée, contribuent
beaucoup à la blancheur du vin, on fait tout ce qu'on peut
pour les conserver à la surface des grappes, et lorsque le soleil est un peu trop vif, on étend des toiles mouillées sur les
paniers qui contiennent le raisin, parce que, s'il venoit à s'échauffer, la liqueur pourroit en prendre un teinte rouge.

Dès que les raisins sont arrivés à la maison, on les met sur
le pressoir et on les presse. Le vin qui coule de cette première
presse est le meilleur et le plus estimé; on le met à part. Ensuite, avec une grande pelle tranchante, on taille carrément
les extrémités de la masse de raisins; on rejette par-dessus
tout ce qui a été taillé des côtés, et on presse de nouveau.
Cette opération se renouvelle successivement plusieurs fois,
et les produits qu'on en retire, sont dits vins de la première
taille, de la seconde, de la troisième, de la quatrième, etc.
Les vins de taille vont toujours en rougissant par degré, parce
que l'action du pressoir se fait sentir de plus en plus sur la
pellicule qui enveloppe le grain. La qualité du vin est plus
ou moins bonne, selon que la liqueur est le produit des premières ou des dernières tailles. On met dans des tonneaux
différens les produits de chaque taille, ou l'on réunit souvent
le produit de deux tailles faites l'une après l'autre; celui des
dernières se joint ordinairement aux vins rouges ordinaires.

Certains agriculteurs ont voulu déterminer la durée positive de la fermentation, et fixer d'après cela le moment favorable pour le décuvage du vin: mais, comme on l'a vu plus
haut, ce terme peut varier selon la température, la nature du
raisin, la quantité de la vendange, etc. Le moment convenable pour décuver le vin est celui où la fermentation cesse,
ce que l'on reconnoit à plusieurs signes. Le marc qui, pendant l'acte de la fermentation, s'étoit élevé au-dessus de la
liqueur, tend à s'affaisser; en enfonçant la main dans ce marc,

on juge à l'odeur de l'état de la cuve ; si l'odeur est douce, on laisse encore fermenter ; si elle est forte, on décuve. En recevant du vin dans un verre, on juge qu'il est suffisamment fait à sa couleur foncée, et à ce qu'il ne se fait plus que peu de mousse et de bulles d'air à sa surface, et qu'elles se dissipent promptement.

Les tonneaux propres à recevoir le vin doivent avoir été préparés d'avance, de manière qu'ils soient tout prêts au moment du décuvage. Ceux en bois de chêne sont le plus généralement employés en France et dans une grande partie des vignobles de l'Europe ; cependant, dans les pays du Midi, où l'on cultive beaucoup le mûrier, on en fait aussi avec son bois. Dans beaucoup de parties de l'Espagne et de la Grèce on met le vin dans des outres, ce qui lui fait contracter une saveur particulière peu agréable pour ceux qui n'y sont pas accoutumés. Quant aux tonneaux, s'ils sont neufs, le bois dont ils sont formés conserve souvent une certaine astriction et une certaine amertume qui pourroient se communiquer au vin. On corrige ces défauts en rinçant à plusieurs reprises ces futailles avec de l'eau chaude et même de l'eau chaude salée. Lorsque les tonneaux ont déjà servi, on les défonce et on enlève, avec un instrument propre à cela, la couche de tartre qui tapisse leurs parois, et l'on y passe ensuite de l'eau chaude ou du moût qui fermente : on peut encore employer une décoction de feuilles de pêcher.

C'est dans des tonneaux ainsi convenablement préparés et placés par rangées parallèles dans le même cellier, qu'on introduit le vin dès qu'on juge que la vendange a suffisamment cuvé ; à cet effet on ouvre la canelle de la cuve, qui est placée à une certaine distance du sol, et on fait couler le vin dans un réservoir pratiqué en dessous, ou dans un cuvier qu'on y place pour le recevoir, et le vin, puisé avec des seaux, est porté successivement dans chaque tonneau, où on l'introduit au moyen d'un grand entonnoir fait exprès pour cet usage.

Lorsqu'on a tiré tout le vin que la cuve peut contenir, il ne reste plus que le marc formé par les rafles, la pellicule des grains et les semences que ceux-ci pouvoient renfermer. Ce marc contient encore une quantité assez considérable de

vin qu'on en extrait en le soumettant au pressoir; mais on
a soin auparavant d'en séparer le chapeau ou la partie supérieure, qui, ayant été en contact avec l'air atmosphérique,
a contracté plus ou moins d'acidité, selon que la vendange
a cuvé plus ou moins long-temps, et le vin qu'on en retire
s'emploie pour faire du vinaigre. Le vin qui découle par la
pression du premier marc sous le pressoir est plus coloré,
plus épais que le vin qui s'est écoulé de la cuve : il vaut
mieux le mettre à part que de le mêler à celui-ci, parce
qu'il est trouble et qu'il a une saveur âpre, surtout celui qui
provient de la seconde et de la troisième presse : car le marc
est taillé, remué avec des pelles et soumis à trois pressions
successives.

Lorsque le marc a été ainsi fortement exprimé, il prend
presque la dureté de la pierre. On peut cependant encore
l'employer à divers usages.

Dans certains pays on se sert du marc pour la nourriture
des bestiaux, en le conservant dans des tonneaux pour l'hiver, et en le leur mêlant avec du son, de la paille, des na-
vets, des pommes de terre, etc. Dans d'autres on le distille
pour en retirer l'eau-de-vie qui est connue sous le nom
d'*eau-de-vie de marc* ou d'*eau-de-vie d'aisne*, et qui est toujours
très-inférieure à l'eau-de-vie ordinaire. Aux environs de
Montpellier, le marc mis dans des tonneaux est employé par
des procédés particuliers à la fabrication du vert-de-gris.
Dans quelques cantons on le fait aigrir en l'exposant à l'air
et en l'humectant un peu avec de l'eau; on en extrait ensuite du vinaigre en le soumettant à une forte pression. Le
marc desséché peut encore être brûlé pour en retirer de l'alcali. Enfin, les pepins peuvent servir à nourrir la volaille,
et si on les broyoit et les soumettoit à une forte pression, on
pourroit en retirer de l'huile.

Dans plusieurs vignobles du Nord, et surtout lorsque la
récolte a été peu abondante, les vignerons, au lieu de soumettre le marc à l'action du pressoir, le laissent dans la cuve,
et versent dessus une certaine quantité d'eau : il s'établit une
nouvelle fermentation, et au bout de quelques jours ils retirent une liqueur assez colorée, d'une saveur légèrement vineuse, mais un peu aigrelette, et qui n'est pas désagréable

au goût. Cette espèce de piquette, mise dans des tonneaux, se conserve bonne à boire jusqu'à la fin du printemps, et même quelquefois jusqu'à la vendange ; c'est une boisson fort saine. D'autres font encore cette boisson plus économiquement : ils introduisent une certaine quantité de marc dans un tonneau, le remplissent ensuite d'eau, et lorsque la piquette est suffisamment faite, ils en tirent journellement pour leur boisson ordinaire, et ils remplissent chaque fois le tonneau d'autant d'eau, afin de le tenir toujours plein, et souvent par ce moyen d'un seul tonneau ils en font deux ; mais cette piquette n'est pas aussi bonne que la première, surtout à mesure qu'elle avance : elle finiroit par devenir très-fade, si elle ne prenoit pas plus d'acidité avec le temps. Le marc, tel qu'il est en sortant de la cuve, acquiert quelquefois, étant laissé en certaine quantité, une température de trente degrés ou plus ; dans cet état il est assez souvent employé avec succès, dans les campagnes des pays vignobles, pour guérir les rhumatismes, la paralysie, la sciatique. On y plonge la partie affectée, comme dans un bain, pendant une heure ou deux.

Le vin introduit dans les tonneaux n'a pas encore acquis le degré d'élaboration désirable, il est plus ou moins trouble et fermente encore ; mais comme le mouvement en est moins tumultueux, c'est ce qu'on appelle la fermentation insensible. Dans les premiers jours il dégage encore des bulles de gaz acide carbonique, et il se forme à la partie supérieure du tonneau une écume qui s'échappe par l'ouverture du bondon. Pour faciliter la sortie de cette écume, on a soin de tenir toujours le tonneau plein, et au lieu de le fermer exactement avec une bonde, on en recouvre seulement l'ouverture avec une feuille de vigne, assujettie avec un morceau de tuile ou une pierre plate. A mesure que la fermentation diminue, la masse du liquide s'affaisse, et il faut continuer à *ouiller*, comme on le dit ordinairement, c'est-à-dire à remplir le tonneau toutes les fois qu'on s'aperçoit d'une diminution sensible. Il y a des endroits, dans lesquels on remplit tous les jours pendant le premier mois, tous les quatre jours pendant le second, et ensuite tous les huit jours jusqu'au moment du soutirage. Mais dès que la fermentation est ralentie dans les tonneaux. on les bouche d'un bondon, et on perce, auprès de celui-ci. un petit trou qu'on ferme avec une cheville de bois qu'on appelle *fausset*. Cette cheville est retirée de temps en temps pour laisser évaporer le reste du gaz.

Lorsque la seconde fermentation ou la fermentation insensible est apaisée et que le vin est conservé dans un repos parfait. la clarification s'opère d'elle-même par le temps et le repos. Il se fait alors peu à peu sur les parois du tonneau, et surtout dans sa partie inférieure. un dépôt formé de tout ce qui n'étoit qu'imparfaitement dissous dans le vin, ou qui y étoit en excès. Ce dépôt, auquel on donne le nom de lie. est un mélange confus de tartre, de matière colorante et de principes très-analogues à la fibre. Comme ces matières précipitées du vin et déposées dans le fond des tonneaux sont nuisibles à sa qualité, comme elles peuvent le rendre trouble et lui imprimer un nouveau mouvement de fermentation, par l'agitation. le changement de température et autres causes, on transvase ou soutire au clair le vin à différentes époques, en ayant soin d'en séparer toute la lie. C'est ordinairement cinq à six mois après la vendange que se fait le soutirage des vins. en février et Mars, et ensuite tous les ans à la même époque, jusqu'à ce qu'ils soient livrés à la consommation. Chaque pays vignoble a d'ailleurs des temps marqués dans l'année pour le soutirage de ses vins; mais, en général, on choisit de préférence un temps sec et froid, et on évite de le faire les jours pluvieux et lorsque le vent est au midi.

Les vins traités de cette manière sont beaucoup moins sujets à tourner que ceux pour lesquels on néglige le soutirage, ce qui est assez ordinaire dans les vignobles où le vin a peu de qualité. est peu susceptible de conservation, et se consomme ordinairement dans le pays.

On a imaginé plusieurs autres opérations pour purifier les vins et les purger entièrement de toutes les matières qui pourroient encore s'y trouver dans une dissolution incomplète , afin de les rendre par là susceptibles d'être conservés plus long-temps.

La première de ces opérations consiste à soufrer ou muter les vins. Elle se fait en brûlant une ou plusieurs mèches soufrées dans le tonneau vide avant que d'y introduire la liqueur soutirée. Le soufrage a l'avantage de prévenir la dégénération acéteuse du vin, qui se trouble d'abord après qu'elle est faite, mais qui revient bientôt à son état naturel.

La seconde opération pour enlever les dernières impuretés qui peuvent rester encore suspendues dans le liquide, est la clarification au moyen du collage. La colle de poisson, préparée convenablement et délayée dans suffisante quantité de vin, en est le seul agent. On jette cette dissolution dans le tonneau, on l'agite pendant quelques instans, et au bout de quelques jours, on soutire le vin au fond duquel la colle s'est précipitée avec les impuretés qu'elle a entraînées. On peut remplacer la colle de poisson par des blancs d'œufs; il en faut dix à douze pour un muid.

Lorsque les vins sont complétement clarifiés, on peut les conserver dans des tonneaux ou dans des bouteilles, et le temps qu'ils peuvent être gardés varie infiniment, selon leur différente nature. Certains vins peuvent se conserver plus de cent ans : tels sont ceux dits du Rhin. Pline parle du vin fait l'an 653 de la fondation de Rome, dont on avoit encore de son temps, environ deux cents ans après. D'autres vins, au contraire, ne peuvent être gardés que quelques années ; il y en a même qu'il faut consommer entre deux récoltes.

Pour qu'un vin se conserve et s'améliore, il faut le mettre dans des vases et dans des lieux convenables. Les vases de terre ou de verre sont les plus favorables, parce que non-seulement ils ne présentent aucun principe soluble dans le vin, mais ils le mettent encore à l'abri du contact de l'air, de l'humidité et des principales variations de l'atmosphère. Ces vases ou bouteilles doivent être exactement fermés avec de bons bouchons de liége, et couchés sur le côté de manière à ce que le bouchon ne puisse pas se dessécher et faciliter l'accès à l'air. Pour plus de sûreté on recouvre la partie saillante du bouchon et le haut du goulot d'une sorte de cire préparée exprès, ou d'un mélange fondu de cire, de résine et de poix. Cette cire ou ce mastic s'applique avec un pinceau ou en trempant le haut du goulot, en le tenant un instant renversé dans la matière rendue liquide par un degré convenable de chaleur.

N'importe dans quels vaisseaux le vin soit contenu, il faut

les déposer dans une cave dont la température soit constamment la même, et qui, pour cette raison, doit être de préférence à l'exposition du nord, parce que, dans cette situation, sa température est toujours moins variable que lorsque l'ouverture est tournée vers le midi. Il est bon qu'une certaine humidité règne constamment dans cette cave, sans être trop forte cependant, parce que la sécheresse dessèche les futailles, les tourmente et fait transsuder le vin. Il faut encore en écarter les substances acides, celles susceptibles de fermentation ; enfin, elle doit être éloignée des rues et des routes, pour être à l'abri des secousses et des agitations que peut déterminer le passage des voitures.

Il y a des vins qui s'améliorent beaucoup en vieillissant, et qu'on ne peut regarder comme parfaits que long-temps après qu'ils ont été faits. Les vins liquoreux sont dans ce cas-là, ainsi que tous les vins très-spiritueux ; mais les vins délicats tournent facilement au gras ou à l'aigre. Dans le premier genre d'altération les vins perdent leur fluidité naturelle et filent comme de l'huile. Les vins foibles qui ont très-peu fermenté sont les plus disposés à cette altération. Le vin tourne au gras dans les bouteilles les mieux bouchées. On y remédie en exposant les bouteilles à l'air, en les agitant pendant un quart d'heure, et en les débouchant ensuite pour laisser échapper le gaz et l'écume ; en collant de nouveau le vin avec de la colle de poisson et des blancs d'œufs, mêlés ensemble ; enfin, en introduisant dans chaque bouteille une goutte ou deux de suc de citron ou de quelque autre acide.

Les vins les moins spiritueux sont ceux qui tournent le plus facilement à l'aigre, et il est des temps pendant lesquels cette dégénérescence est plus commune. Ces époques sont le moment où la vigne entre en séve, celui de la floraison, celui où le raisin commence à se colorer, celui de la vendange ; enfin, l'élévation extrême de la température. On remédie à l'acidité du vin, en y faisant dissoudre du moût cuit, du miel, de la cassonade. On neutralise l'acide qui a pu se former, en ajoutant dans le vin une certaine quantité de cendres, d'alcali, de craie, de chaux et même de la litharge. Mais cette dernière substance, qui, en s'unissant à l'acide acéteux, forme un sel

très-doux , est d'un emploi très-dangereux et sévèrement défendu par les lois.

Les vins contractent quelquefois un goût de fût par défaut
de précautions dans la préparation des tonneaux. On a proposé comme moyen de corriger cette espèce d'altération ,
l'eau de chaux, l'acide carbonique et le gaz muriatique oxigéné.

Les fleurs du vin, tel est le nom donné à des espèces de
végétations byssoïdes , suivant M. le comte Chaptal , qui se
forment à la partie supérieure des tonneaux et des bouteilles , annoncent et précèdent la dégénérescence acide du vin.

Le vin est la boisson la plus salutaire qu'on connoisse , et
c'est en même temps la plus agréable; aussi cette liqueur est-
elle du goût de tous les peuples de la terre. C'est en vain
que Mahomet a défendu le vin par sa loi, tous les jours ses
sectateurs d'ailleurs les plus zélés transgressent à cet égard
les préceptes du prophète. Le vin fut dans tous les temps
l'ame des festins; c'est dans sa saveur délicieuse que les anciens poëtes grecs et romains puisèrent les intarissables
beautés de leurs vers. Anacréon, au milieu d'un festin , le
front couronné de roses, tiroit des sons plus harmonieux de
sa lyre, lorsqu'il avoit vidé sa coupe remplie d'un excellent
vin de Chio, de Chypre ou de Lesbos. Pindare , Virgile , Ovide
et surtout Horace , ont, dans plusieurs passages de leurs vers
immortels, célébré les magiques effets du vin.

Platon , Eschyle , Lycurgue , Aristote , ainsi que tous les
autres philosophes de la Grèce et de Rome , en ont conseillé
l'usage, tout en blàmant son abus et en donnant des préceptes sur son emploi. Mais autant ils vantèrent ses effets
à dose modérée, autant ils s'élevèrent contre l'ivresse, suite
d'un excès d'intempérance. Lycurgue faisoit offrir à la jeunesse de Lacédémone l'ivresse en spectacle pour lui en ins-
pirer l'horreur. A Rome on la détestoit également, et cependant il y eut, dans cette république fameuse , comme dans
tous les temps, quelques hommes , d'ailleurs très-sages, qui
perdirent plus d'une fois dans le vin leur sagesse si révérée
de nos jours.

Narratur et prisci Catonis
Sæpè mero incaluisse virtus.

HORACE, Ode XV, liv. 3.

Wenceslas VI, empereur d'Allemagne et roi de Bohême,
que l'histoire a surnommé l'ivrogne, étant venu en France en
1398. pour y négocier un traité avec Charles VI, et la dis-
cussion s'étant entamée à la suite d'un repas magnifique
que lui donna ce prince à Reims, au milieu des fumées de
l'ivresse, il en passa par tout ce que voulut le roi de France.

Les effets de l'ivresse sont connus; ils changent l'homme,
le rendent méconnoissable : le timide, animé par les vapeurs
du vin, devient audacieux; le taciturne, gai et indiscret; le
plus poltron est métamorphosé en brave, et le plus doux est
changé en furieux.

Le vin, pris avec modération, jouit de la propriété de for-
tifier l'estomac, d'aider à toutes les fonctions du corps et de
l'esprit, et de favoriser la transpiration. Le vin vieux et riche
en principes alcooliques est un excellent tonique ; le rouge
surtout est cordial et stomachique : le blanc est plus exci-
tant et plus diurétique. Les gros vins, c'est-à-dire ceux qui
ont une couleur foncée, sont pâteux, lourds et plus nourris-
sans: ils ne conviennent pas aux estomacs délicats, mais aux
hommes jeunes, robustes et qui font beaucoup d'exercice.
Les vins délicats, ceux qu'on appelle vins fins, sont bons pour
les vieillards, pour les convalescens, les personnes délicates.
Les vins liquoreux ne conviennent pas pour l'usage habituel,
leur goût sucré empêche qu'on en puisse boire beaucoup à
la fois; cependant ceux de première qualité ont, lorsqu'ils
sont vieux, une vertu tonique qui les fait rechercher ils conviennent aux estomacs froids, et sont bons pour dissiper les
pesanteurs d'estomac causées par des matières crues et indi-
gestes. On faisoit autrefois un plus grand usage du vin en médecine que depuis quelques années; on en prescrivoit assez généralement l'usage dans toutes les maladies qu'on croyoit produites par la foiblesse ; on le faisoit prendre naturel ou pour
servir d'excipient à différentes substances médicamenteuses.
Aujourd'hui tous les médecins qui ne voient plus qu'irrita-
tion ou inflammation, et le nombre en est assez grand, ont
banni de la médecine tous les toniques, et ils ont en conséquence proscrit le vin qui est le meilleur : ce n'est plus qu'en
buvant de l'eau que leurs malades peuvent être guéris.

De tout temps on a fait une grande différence de tel vin à

tel autre, et dans le prix des plus estimés, comparé aux plus vulgaires, il y a souvent la même différence qu'entre cent et l'unité. Le plus grand nombre des vins communs se consomment souvent en totalité dans les cantons qui les ont produits, et si une partie de ces vins sort du pays, c'est pour la consommation des grandes villes, dans lesquelles toutes les espèces de vins sont bonnes pour la boisson du peuple. Mais les vins de qualité supérieure sont souvent transportés à de grandes distances.

Les anciens, comme les modernes, attachoient beaucoup de prix à certains vins, et les noms des plus estimés sont venus jusqu'à nous. Virgile, Horace, Pline, etc., ont vanté le vin de Falerne, le Massique, le Cécube, le Calenum, le Pucin, le Setin, etc. C'étoit à ce dernier que l'empereur Auguste donnoit la préférence. Livie, sa femme, aimoit mieux le vin de Pucin; elle n'en avoit jamais bu d'autre, et elle disoit lui être redevable de quatre-vingt-deux ans de vie. Parmi les vins de la Grèce, les Romains estimoient particulièrement ceux de Chio, de Clazomène, de Chypre, de Lesbos, de Sicione, de Thasos. Le luxe les porta à rechercher les vins d'Asie, parmi lesquels ils distinguoient ceux du mont Liban, de Tyr, de Calebon en Syrie. Le vin maréotique, si estimé des anciens, et dont Antoine et Cléopatre faisoient leurs délices, se récoltoit près d'Alexandrie en Égypte.

La culture de la vigne s'est beaucoup étendue depuis les Grecs et les Romains, et aujourd'hui les quatre parties du monde contiennent des vignobles; mais, dans l'état actuel des choses, l'Europe est celle qui produit la plus grande quantité de vin, et où l'art de le fabriquer a été le plus perfectionné.

De même que l'Europe est la partie du monde où il y a le plus de vignes, de même aussi la France est le pays le plus généralement fertile dans ce genre de productions; elle renferme environ 1,614,000 hectares de vignes, selon M. le comte Chaptal, et 1,734,600, d'après M. Julien, dont le produit, selon les mêmes, est estimé à 31 ou 35 millions d'hectolitres, et dont la valeur moyenne est à peu près de 500 millions de francs. J'indiquerai seulement les vignobles qui produisent les vins les plus renommés dans les provinces qui elles-mêmes sont en réputation.

En Champagne les vins blancs des crus d'Ay, de Sillery, Mareuil, Aveney, Damery, Hautvillers, Dizy, Épernay, Cramant, Avize, du Ménil, sont recherchés tant pour leur mousse pétillante que pour leur saveur agréable, quand ils ne sont pas mousseux. La même province fournit en vins rouges estimés ceux de Verzy, Verzenay, Mailly, Saint-Basle, Bouzy, Saint-Thierry, Cumières, Chigy, Ludes, Taisy, etc.

Les vins rouges de Bourgogne, qui se distinguent par l'éclat de leur couleur, la délicatesse de leur goût et la douceur de leur parfum, sont ceux de Chambertin, du Clos de Vougeot, de la Romanée-Conti, de Richebourg, de Vosne, Nuits, Pomard, Volnay, Beaune, Savigny, Meursault, Migrenne, Coulanges, des Torins, etc. Les meilleurs vins blancs de Bourgogne sont fournis par les crus de Mont-Rachet, Combotte, la Goutte-d'or, Tonnère, Chablis, Pouilly, et de beaucoup d'autres.

Les vins rouges de Bordeaux se reconnoissent à un parfum ou bouquet très-prononcé et agréable, à leur force et a une légère âpreté, qui est surtout particulière à ceux du pays de Médoc. Les plus estimés sont récoltés dans les clos de Lafitte, de Latour, de Château-Margaux et dans les vignes du Haut-Brion. Après ces vins de première qualité viennent ceux de Margaux, Saint-Julien, Pauillac, Saint-Estèphe, Talens, Pessac, Mérignac, etc. Parmi les vins blancs du même pays on distingue ceux de Villenave-en-Rioms, Blanquefort, Graves, Sauterne, Barsac, Breignac, Pontac, Langon, etc.

Le Périgord produit quelques vins estimés. Parmi les rouges on cite ceux de la Terrasse, Pécharmont, Campréal, Bergerac; et dans les blancs, ceux de Montbasillac, Saint-Nessans et Sancé.

Dans les vins du Dauphiné on cite ceux de l'Hermitage, de Tain, Crozes, Merceurol, Revantin. Dans le Lyonnois on distingue les vins de Sainte-Colombe, Côte-Rôtie, Condrieux.

Le Languedoc produit une grande quantité de vins rouges, en général très-spiritueux. On estime comme étant les plus fins et les plus agréables, ceux de Tavel, Lirac, Saint-Genies, Saint-Laurent-de-Carnols, Cornas, Saint-Joseph. Les vins blancs de la même province sont pour la plupart liquoreux, et les meilleurs sont les vins muscats de Frontignan et de

Lunelle, et les vin mousseux ou non mousseux de Saint-Peray.

Les vins rouges de Provence sont en général très-colorés.

On distingue parmi eux ceux de Lagande, Saint-Laurent, Cagnes, Saint-Paul, la Malgue. Les vins cuits de cette province ont beaucoup de réputation.

Le Béarn a d'excellens vignobles dans ceux de Jurançon et de Gan. Les vins de Collioure, de Bagnols et de Cosperon en Roussillon, sont d'une couleur très-foncée, très-spiritueux. Le muscat de Rivesaltes, dans cette dernière province, est au nombre des meilleurs vins de liqueur. Il y a encore quelques provinces qui possèdent des vignobles estimés, dans lesquels on fait des vins de bonne qualité; tels sont ceux de Chenas et Fleury dans le Beaujolois; le petit côteau de Chanturgues, près Clermont-Ferrant en Auvergne; le Cap-Breton, Messange et Vieux-Bouceau, dans la Guyenne; Türckheim, Riquewir, Ribauvillé, Ruffac, Molsheim, etc., en Alsace.

Après avoir donné le nom des principaux vins de France, il me reste à dire quelques mots des vins étrangers. En Espagne, toutes les provinces ont des vignobles plus ou moins étendus, et l'on y fait une grande quantité de vin; ceux de liqueur sont très-estimés, et les plus connus sont ceux de Tinto, d'Alicante, de Rota, de Malaga, de Xerès, de Paxaret, de Grenache, etc.

Les vins de Portugal qui ont de la réputation, sont ceux de Porto, Sétuval et Lamalonga.

Les vignobles d'Italie sont surtout recommandables par les excellens vins de liqueur qu'ils produisent, et parmi lesquels on met au premier rang le *Lacryma Christi*, qui croît sur la partie du Vésuve voisine de la mer. Après lui on estime les vins rouges et blancs des environs du lac Averne, dans le royaume de Naples. Les vins d'Albano et de Monte-Fiascone, Montalcino, Riminese et Ponte-Stephano en Toscane; les Malvoisies de Canelli et les muscats de Cambave, dans le Piémont; le Malvoisie des îles de Lipari; les muscats de Syracuse en Sicile, etc.

La Suisse a peu de vins qui méritent d'être cités. L'Allemagne n'a de vignobles que dans ses parties méridionales; ceux qui donnent les vins dits du Rhin, dont il y a plusieurs crus, sont les plus estimés.

Le vin le plus recherché de l'Europe, est celui de Tokai ; il se récolte sur la partie du mont Mezes-Male exposée au midi, dans la haute Hongrie ; mais comme tout ce que produit ce côteau célèbre est réservé pour les caves de l'empereur, on ne trouve dans le commerce, sous le nom de Tokai, que les vins de même espèce, mais inférieurs, qui sont récoltés dans les vignobles voisins.

L'île de Chypre, Malvasia dans la Morée, les îles de Scio, de Candie, de Ténédos, de Santorin, dans l'Archipel, produisent des vins de liqueur très-estimés.

Les parties méridionales de la Russie offrent quelques vignobles, parmi lesquels on cite ceux de Rasdorof et de Zimslansk.

En Angleterre, en Hollande, en Prusse et dans les autres parties septentrionales de l'Europe, la vigne n'est point cultivée et ne peut l'être pour produire du vin. On ne la voit que dans quelques jardins, et encore est-on obligé, pour faire mûrir les raisins qu'on destine à la table, de les abriter au printemps et à l'automne au moyen de châssis vitrés. A Paris quelques jardiniers ou amateurs cultivent aussi la vigne de cette manière, et même dans des serres chauffées ; mais c'est pour se procurer des raisins mûrs dès les mois de Mai et de Juin.

L'Asie a donné naissance à la vigne, et sans doute que cette vaste partie du monde renferme un grand nombre de pays qui, par leur sol et leur exposition, seroient très-favorables pour la culture des vignobles ; mais la religion de plusieurs des peuples qui en habitent les plus belles contrées, défendant l'usage du vin, les vignes y sont beaucoup moins communes qu'elles ne pourroient l'être, et on ne les cultive le plus souvent qu'en treilles, afin d'avoir des raisins pour manger. Cependant il y a quelques vins qui ont de la réputation ; tels sont ceux de Chiraz, Shamaki et Yessed, en Perse ; ceux de la vallée de Cachemire, dans l'empire des Afghans, et de Lahor, dans l'Indoustan.

Les mêmes causes qui ont rendu le vin rare en Asie, ont fait que, dans le nord de l'Afrique, qui produisoit autrefois d'excellens vins, les raisins ne sont employés que comme fruits, et qu'on n'en fait plus de vin. Mais les vignobles du cap de Bonne-Espérance, plantés par les Européens depuis la fondation de cette colonie, ont beaucoup de réputation, et on estime surtout celui de Constance. Les îles occidentales de l'Afrique, qui appartiennent à des puissances européennes, ont aussi des vins recherchés, parmi lesquels on distingue celui de Madère.

Plusieurs espèces de vignes sauvages sont naturelles à l'Amérique septentrionale ; mais aucune d'elles ne donne de fruits propres à faire du vin. Les plants de vigne cultivée qu'on y a transportés d'Europe, n'ont encore prospéré que dans quelques cantons, et on a plutôt employé à manger les raisins qu'ils ont donnés, qu'on n'en a fait du vin ; cependant il paroit que, depuis quelques années, on commence à récolter du vin en Pensylvanie : un particulier de ce pays en a recueilli, en 1823, quarante barriques dans dix acres de vigne. On dit que dans la partie méridionale de cette vaste contrée il y a maintenant des vignobles assez étendus qui fournissent beaucoup de vin et d'eau-de-vie. Les vignobles les plus considérables sont dans les provinces de la Plata et du Chili.

Dans la dernière guerre que la France eut avec l'Angleterre, le sucre des colonies étant devenu très-cher, on fit beaucoup d'efforts et de tentatives pour fabriquer du sucre avec du moût de raisin ; mais le sucre de raisin n'étant point de même nature que celui de canne, on n'a jamais pu atteindre à obtenir un sucre cristallisé tel que celui que donne la canne. Au défaut de sucre cristallisé, on faisoit alors usage dans beaucoup de ménages de sirop de raisin ; mais cette préparation, fort inférieure au véritable sucre, a été abandonnée dès qu'on a eu fabriqué du sucre de betterave, ou que la paix a permis au commerce de nous fournir celui de canne avec abondance et à un prix modéré.

Les anciens, qui s'entendoient bien à la fabrication et à la conservation du vin, paroissent avoir ignoré l'art d'en extraire l'eau-de-vie. C'est à Arnaud de Villeneuve, médecin de la fin du 13.ᵉ siècle et professeur à la faculté de médecine de Montpellier, qu'on doit les premiers essais réguliers sur la distillation du vin, pour en obtenir de l'eau-de-vie. Cette liqueur est le produit spiritueux du vin ; elle s'obtient par la distillation. Les instrumens qu'on emploie sont des fourneaux et des alambics, et l'on donne le nom de *brûleries*, aux bâtimens et lieux dans lesquels on se livre à cette fabrication. Je renverrai, pour tous les détails à ce sujet et pour la description des machines qui servent à pratiquer la distillation, aux ouvrages qui traitent particulièrement de cette matière, entre lesquels je citerai celui de M. le comte Chaptal. Il me suffira d'indiquer ici les propriétés de l'eau-de-vie, ses usages et le choix des vins destinés à la distillation.

Il est bien démontré, d'après ce qui a été dit plus haut, que la seule substance sucrée est susceptible de fermenter et de produire un vin quelconque : ainsi, tant que cette partie sucrée n'est pas entièrement combinée, tout l'esprit ardent qu'il peut donner n'est pas formé, d'où résulte la nécessité de n'employer à la distillation de l'eau-de-vie que les vins bien fermentés : aussi la manière de faire les vins pour la brûlerie, ou ceux pour boire, est bien différente. Pour la distillation il ne faut choisir que les vins blancs qui abondent le plus en principes spiritueux, qui n'ont pas un goût de terroir, qui ont fermenté en grande masse dans la cuve et pendant peu de temps, et qui n'ont point été éventés ou tenus dans des celliers trop chauds. Dans les années pluvieuses et froides, les vins fournissent moins d'eau-de-vie : ceux des années sèches et chaudes sont plus spiritueux. Les vins blancs sont préférables pour la fabrication de l'eau-de-vie, parce que, toutes choses égales d'ailleurs, ils fournissent plus d'alcool que les vins rouges. On fait aussi servir à la distillation le marc et les lies, mais on n'en retire que des eaux-de-vie d'une qualité très-inférieure, et qui ont souvent un fort mauvais goût.

Un vin généreux fournit jusqu'à un tiers de son poids d'eau-de-vie. La quantité moyenne produite par les vins du midi de la France, est le quart de leur totalité. Les vins vieux en donnent de meilleure qualité que les nouveaux. L'eau-de-vie en général est une liqueur limpide, incolore, transparente, volatile, d'une saveur forte, de densité variable, suivant la quantité d'eau qu'elle contient, inflammable en raison directe de cette même densité, ayant la propriété de dissoudre les résines et les principes aromatiques, de conserver et préserver de toute décomposition putride les substances végétales et animales. On avoit autrefois différens moyens de juger de sa force, mais ils étoient tous plus ou moins défectueux , et on y a renoncé depuis que Beaumé a inventé l'aréomètre. Aujourd'hui on ne fait plus usage , en France, que de cet instrument pour connoître le degré de concentration de l'eau-de-vie.

L'alcool ou l'esprit de vin diffère de l'eau-de-vie , parce qu'il est privé d'une certaine quantité d'eau qui se trouve encore dans cette dernière. On l'obtient en distillant l'eau-de-vie elle-même. On emploie ordinairement le bain-marie pour faire cette distillation ; alors la chaleur est plus douce, plus égale, et le produit de la distillation est de meilleure qualité. L'alcool jouit des mêmes propriétés que l'eau-de-vie , mais à un degré plus élevé. L'eau-de-vie et l'esprit de vin sont employés en pharmacie pour faire des teintures , des élixirs ; ils sont les dissolvans des matières médicamenteuses de nature résineuse. Ils servent dans l'économie domestique et dans les arts à plusieurs usages , qu'il seroit trop long de rapporter ici. Les distillateurs en font le principal excipient de toutes les liqueurs qu'ils préparent pour la table. L'esprit de vin est la base de l'éther, liqueur très-volatile dont il y a plusieurs sortes, selon l'acide avec lequel l'alcool est combiné , et dont on fait principalement usage en médecine comme stimulant du système nerveux.

Un autre produit du vin, non moins important que l'eau-de-vie et l'alcool. c'est le vinaigre, liqueur acide produite par le second degré de la fermentation vineuse. L'origine du vinaigre remonte à la plus haute antiquité, et cela n'a rien d'étonnant , puisqu'il se forme pour ainsi dire spontanément. Pline en parle longuement dans le chapitre vingt du quatorzième livre de son Histoire naturelle. La théorie de la formation du vinaigre a donné lieu , avant d'être parfaitement connue, à un grand nombre d'hypothèses et d'expériences plus ou moins ingénieuses, et ce n'est que depuis les découvertes de la chimie pneumatique qu'elle a été véritablement éclaircie. Le vinaigre n'est autre chose que le vin combiné avec l'oxigène. Il résulte des expériences de Guyton-Morveau , que le vin passe d'autant plus vite à l'état de vinaigre, qu'il est en plus petite quantité, qu'il est plus en contact avec l'air, et qu'il éprouve plus de chaleur, pourvu cependant que cette chaleur ne soit pas portée à un degré capable de décomposer et de détruire plutôt que de favoriser le mouvement spontané. Quant aux applications du vinaigre à l'économie domestique, aux arts et à la médecine, cette liqueur acide tient le premier rang parmi les moyens imaginés pour arrêter ou prévenir les altérations putrides des substances animales ou végétales. Cette conservation est fondée sur la propriété qu'a la gélatine des fruits et des viandes d'absorber l'acide acétique ou l'acide du vinaigre. Avant que d'employer le vinaigre comme assaisonnement, usage auquel il est consacré dans les cuisines, on l'aromatise souvent avec l'estragon, les fleurs de sureau, les roses, etc. Les parfumeurs préparent plusieurs sortes de vinaigres, parmi lesquels le plus connu est celui de lavande.

Le vinaigre en médecine passe pour être rafraîchissant, antiseptique, astringent, diurétique et sudorifique. Il entre dans la composition de plusieurs préparations pharmaceutiques : la plus connue est le sirop de vinaigre, qui, mêlé avec une certaine quantité d'eau, forme une boisson rafraîchissante fort agréable. Avant que l'on connût les moyens de désinfecter l'air par le procédé de Guyton-Morveau ou par les fumigations d'acide muriatique oxigéné, ce que l'on employoit avec le plus de succès, étoit le vinaigre, que l'on projetoit sur des plaques de fer rougies au feu. Le vinaigre dit des quatre-voleurs, a joui long-temps en médecine d'une grande réputation, comme moyen préservatif dans les maladies contagieuses et pestilentielles.

Les arts emploient utilement le vinaigre d'une manière variée. Combien ne doit-on pas à cet acide de couleurs vives et de nuances brillantes ?

Le tartre, sel qui se forme et se dépose sur les parois des tonneaux dans lesquels on met le vin, fait la base de plusieurs médicamens, tels que le tartrate de potasse et d'antimoine, vulgairement appelé émétique, la terre foliée de tartre ou acétate de potasse, la crême de tartre, ou tartrate acidule de potasse, etc.

Les feuilles de la vigne étoient autrefois regardées comme astringentes et employées comme telles. Fraiches, on en faisoit prendre le suc extrait par contusion et expression dans la diarrhée et la dyssenterie ; sèches, on les réduisoit en poudre pour les administrer dans les mêmes cas, et pour arrêter les hémorrhagies utérines.

La sève limpide, inodore et insipide, qui s'écoule abondamment au printemps des sarmens de la vigne lorsqu'on les taille, a été considérée comme diurétique; on l'a aussi vantée contre les ophthalmies et les maladies de la peau. (L. D.)

VIGNE. (*Bot.*) Ce nom isolé, qui appartient exclusivement aux diverses espèces du genre *Vitis*, devient avec un surnom la désignation vulgaire de plantes différentes, qui sont sarmenteuses ou grimpantes comme la vigne, ou qui donnent un suc, lequel, fermenté, devient une liqueur vineuse. La vigne blanche est le bryone ou couleuvrée, *bryonia alba*. La vigne du Nord est le houblon, *humulus lupulus*. La vigne de Judée est la douce amère, *solanum dulcamara*. Le *clematis vitalba*, ou selon M. de Lamarck, son *clematis mauritiana*, est nommé vigne de Salomon. On nommoit anciennement vigne noire, le taminier, *tamus* ou *tamnus*. Suivant l'auteur du Dictionnaire économique, on donnoit au *rhus toxicodendron* le nom de vigne du Canada. M. de Lamarck cite l'*ipomœa tuberosa* sous le nom de vigne de berceau d'Espagne. (J.)

VIGNE BLANCHE. (*Bot.*) Nom vulgaire de la bryone. (L. D.)

VIGNE DE JUDÉE. (*Bot.*) C'est la morelle douce-amère. (L. D.)

VIGNE DU MONT IDA. (*Bot.*) C'est une espèce d'airelle. (L. D.)

VIGNE NOIRE. (*Bot.*) Un des noms vulgaires du taminier commun. (L. D.)

VIGNE DU NORD. (*Bot.*) C'est le houblon. (Lem.)

VIGNE [Petite]. (*Bot.*) C'est le *clematis viticella*, Linn., remarquable par ses jolies fleurs bleues. (Lem.)

VIGNE DE SALOMON. (*Bot.*) Espèce de clématis qui croit à l'île de Bourbon. (Lem.)

VIGNE SAUVAGE ou DOUCE-AMÈRE. (*Bot.*) Espèce de morelle, *solanum dulcamara*, L. (Lem.)

VIGNE VIERGE. (*Bot.*) Un des noms vulgaires de la morelle douce-amère. (L. D.)

VIGNE VIERGE. (*Bot.*) Cette plante sarmenteuse, qui s'élève à une grande hauteur contre les murs et les maisons, avoit été nommée d'abord *hedera quinquefolia* **par** Linnæus. MM. de Lamarck et Willdenow l'avoient réunie au *Vitis*, et M. Poiret au *Cissus*: c'est maintenant l'*ampelopsis hederacea* de Michaux et de M. De Candolle. (J.)

VIGNEA. (*Bot.*) Les espèces de laiche, *carex*, dont les fleurs femelles ont deux stigmates au lieu de trois, et dont la graine présente seulement deux faces au lieu de trois, ont été séparées du genre sous le nom de *vignea*, par Beauvois et M. Lestiboudois. Ce genre pourra être admis s'il ne rompt pas quelques autres affinités plus importantes. (J.)

VIGNERON ou VIGNERONNE. (*Malacoz.*) C'est le nom que l'on emploie quelquefois pour désigner la grande espèce d'hélice que Linné a appelée *H. pomatia*. parce qu'elle se trouve fréquemment dans les vignes. (De B.)

VIGNETTE. (*Bot.*) La spirée ulmaire, la clématite bleue et la mercuriale annuelle. portent ce nom dans quelques cantons. (L. D.)

VIGNOBLE, VIGNETTE. (*Bot.*) Noms vulgaires de la mercuriale annuelle, cités dans la Flore françoise. (J.)

VIGNOT. (*Malacoz.*) Nom vulgaire par lequel les habitans des côtes de la Manche désignent le *turbo littoralis* de Linné. petit animal qu'ils mangent et que l'on vend surtout à la porte des cabarets. (De B.)

VIGOGNE. (*Mamm.*) Mammifère ruminant de l'Amérique méridionale, qui appartient au genre LAMA. Voyez ce mot. (Desm.)

VIGOLINA. (*Bot.*) Ce genre, fait par M. Poiret sur le *wiborgia excelsa* de Roth, a été reconnu par lui-même comme une espèce du *Galinsoga*, plante corymbifère. Voyez PAICA-RIO. (J.)

VIGUEIRA. (*Bot.*) Nom portugais de la bruyère à balais, *erica scoparia*, suivant Clusius. Les Espagnols la nomment *breco*. (J.)

VIGUIERA. (*Bot.*) Genre de plantes dicotylédones, à fleurs composées. de l'ordre des *radiées*. de la *syngénésie polygamie frustranée*, offrant pour caractère essentiel : Un calice à demi globuleux. à plusieurs folioles presque égales, disposées sur un seul rang; les fleurons du disque nombreux, hermaphrodites; des demi-fleurons neutres. en très-petit nombre à la circonférence; cinq étamines syngénèses; un style, un stigmate à deux divisions étalées; le réceptacle conique, chargé de paillettes; les semences comprimées, ovales-cunéiformes, couronnées par quelques écailles et deux arêtes caduques.

Ce genre a été établi par M. Kunth; il tient le milieu entre les *helianthus* et les *spilanthus*. Il diffère des premiers par les demi-fleurons de la circonférence très-peu nombreux; des seconds par le calice à folioles sur un seul rang, par le réceptacle conique; des uns et des autres, par les écailles et les arêtes qui couronnent les semences. Ce genre a été dédié à M. Alexandre Viguier, docteur en médecine à Montpellier, auteur d'une *Monographie des pavots*.

Viguiera hélianthoïde; *Viguiera helianthoides*, Kunth, *in* Humb. et Bonpl., *Nov. gen.*, 4, pag. 226, tab. 379. Plante herbacée, droite, très-rameuse, haute de deux pieds; les rameaux presque dichotomes, glabres, striés, un peu anguleux; les feuilles alternes, pétiolées, ovales, acuminées, rétrécies en pétiole à leur base, roides, glabres, très-entières, à trois nervures, rudes en dessus, garnies en dessous de poils couchés, ainsi que les pétioles. Les fleurs sont disposées, au sommet des rameaux, en corymbes presque fastigiés; les pédoncules cannelés, un peu renflés au sommet, pileux et pubescens. Le calice est à demi globuleux, composé d'un seul rang de folioles, au nombre de seize ou dix-huit, vertes, linéaires, presque égales, un peu hispides, dilatées vers leur base, un peu scarieuses; les corolles jaunes; leur tube pubescent; le limbe en entonnoir, ventru à sa base, à cinq nervures, à cinq dents ovales, aiguës; les anthères brunes, un peu saillantes; les ovaires comprimés, cunéiformes; les styles glabres; les semences un peu pileuses et soyeuses, d'un brun noirâtre, surmontées d'environ quatre petites écailles tronquées, frangées et ciliées, et de deux arêtes caduques, subulées, droites, inégales, du double plus longues que les écailles; l'une de la longueur des semences, l'autre moitié plus courte. Cette plante croît à l'île de Cuba, proche la Havane. (Poir.)

VIJAHUAS. (*Bot.*) Dans le petit Recueil des voyages il est fait mention sous ce nom de feuilles d'un végétal de Guayaquil, qui n'ont presque pas de pétiole, dont la longueur est de cinq pieds sur deux et demi de largeur. Elles sont vertes

et lisses en dessus, blanchâtres et couvertes en dessous d'une
poussière fine et gluante. On les emploie dans le pays à couvrir les maisons, à envelopper des marchandises qu'il faut
préserver de l'humidité, et dans les déserts à construire à
la hâte des huttes. Ces indications ne suffisent pas pour déterminer le genre de ce végétal. (J.)

VIJUCO. (*Bot.*) Nom du *bignonia mollissima* de la Flore
équinoxiale, dans la province de Caracasana en Amérique.
(J.)

VILAIN. (*Ornith.*) Ce nom a été imposé par M. Picot de
La Peyrouse au vautour brun, *neophron percnopterus* ou *vultur fulvus*, Linn., qu'il observa sur les Pyrénées. (Cн. D. et L.)

VILAIN. (*Ichthyol.*) Voyez Able, dans le Supplément du
tome I.ᵉʳ de ce Dictionnaire, Chevanne et Meunier. (H. C.)

VILENGI. (*Bot.*) Voyez Pattara. (J.)

VILFA. (*Bot.*) Genre de plantes monocotylédones, à fleurs
glumacées, de la famille des *graminées*, de la *triandrie monogynie* de Linnæus, offrant pour caractère essentiel : un calice
bivalve, uniflore et mutique ; une corolle à deux valves mu-
tiques : trois étamines ; les stigmates plumeux.

Ce genre a été établi par Adanson et adopté par Beauvois.
Dans la description des plantes de MM. Humboldt et Bon-
pland, M. Kunth, en l'admettant, y a ajouté plusieurs espèces
de l'Amérique. Il est facile de reconnoître que ce genre n'est
composé en grande partie que d'espèces d'agrostis privées d'a-
rêtes, dont la présence ou l'absence dans ces derniers ne
peut former qu'un caractère très-foible, puisque parmi les
mêmes espèces on trouve des individus, les uns pourvus, les
autres privés d'arêtes ; quoi qu'il en soit, en voici quelques-
unes décrites par M. Kunth.

Vilfa rameux ; *Vilfa ramulosa*, Kunth, *in* Humb. et Bonpl.,
Nov. gen. 1, pag. 157. Cette plante a des tiges droites et rameuses, longues de cinq ou six pouces, quadrangulaires, très-
glabres ; les rameaux géniculés ; les feuilles glabres, rudes
à leurs bords, ainsi que les gaînes, munies à leur orifice
d'une languette courte, arrondie, fendue et dentée. Les fleurs
sont disposées en une panicule rameuse, resserrée ; les rameaux épars, distans, un peu rudes, ainsi que le rachis ;
les valves du calice sont presque égales, souvent échancrées,

blanchâtres ; celles de la corolle une fois plus longues, verdâtres, aiguës, rudes sur le dos. Cette plante croît aux lieux
sablonneux, sur le revers des montagnes volcaniques du
Mexique.

Vilfa couché ; *Vilfa humifusa*, Kunth, *loc. cit.* Dans cette
espèce, les tiges sont couchées, puis ascendantes, simples,
glabres, longues de trois ou quatre pouces. Les feuilles sont
planes, roides, linéaires, glabres en dessous, rudes à leur
face supérieure ; les gaines plus courtes que les entre-nœuds :
une languette courte, arrondie, ciliée, un peu lanugineuse.
La panicule est simple, en forme d'épi, longue d'un pouce ;
le rachis glabre ; les valves du calice blanchâtres, presque
glabres, inégales ; celles de la corolle blanches, plus longues
que le calice ; les semences roussâtres. Cette plante croît aux
lieux chauds et découverts, dans les environs de Cumana.

Vilfa élégant, *Vilfa elegans*. Cette plante a des tiges simples, ascendantes, longues d'un ou deux pieds, glabres, pubescentes à leur partie inférieure, radicantes à leurs nœuds
inférieurs. Les feuilles sont planes, étroites, linéaires, rudes
en dessus, presque glabres en dessous ; les gaines glabres,
presque de la longueur des entre-nœuds ; une languette très-
longue et fendue. La panicule est diffuse, très-rameuse, ver-
ticillée, longue d'un demi-pied ; les rameaux rudes ; le rachis glabre ; les valves du calice sont lancéolées, acuminées,
presque égales, relevées en carène, rudes et ciliées sur le
dos ; celles de la corolle presque égales, glabres, plus courtes
que le calice ; l'inférieure tridentée, à quatre nervures ; la
supérieure obscurément bidentée ; les anthères et les stigmates
blancs. Cette plante croît dans la plaine de Cachapamba, au
royaume de Quito. (Poir.)

VILLANOVA. (*Bot.*) Voyez Parthenium. (Poir.)

VILLARÉSIA. (*Bot.*) Genre de plantes dicotylédones, à
fleurs complètes, polypétalées, de la *pentandrie monogynie* de
Linnæus, offrant pour caractère essentiel : Un calice fort petit, à cinq folioles caduques ; cinq pétales onguiculés ; cinq
étamines insérées sur le réceptacle ; les anthères à deux loges ;
un ovaire supérieur ; un style très-court ; un stigmate tronqué ; un drupe uniloculaire, renfermant une noix ovale,
monosperme.

Villarésia mucroné ; *Villarsia mucronata*, Ruiz et Pav., *Fl. per.*, 3. tab. 231 , fig. *B.* Cet arbre a presque le port d'un citronnier. Son tronc est droit, épais, cylindrique ; ses rameaux glabres, légèrement anguleux dans leur jeunesse, garnis de feuilles éparses, nombreuses, médiocrement pétiolées, coriaces, ovales-oblongues, très-entières, mucronées au sommet. luisantes en dessus, plus pâles à leur partie inférieure, légèrement dentées, presque épineuses dans leur première jeunesse. Les fleurs sont disposées en grappes terminales, solitaires, médiocrement paniculées, un peu pubescentes, longues d'environ deux pouces. Les pédoncules sont courts ; ils supportent deux à quatre fleurs sessiles, accompagnées de bractées ovales. concaves, fort petites. Ces fleurs répandent une odeur très-agréable, approchant de celle du séringat. Le calice est jaune, pubescent, à cinq folioles concaves, presque rondes : les pétales ouverts, oblongs, d'un blanc jaunâtre. quatre fois plus longs que le calice : les étamines presque aussi longues que la corolle ; les anthères droites, un peu en cœur : l'ovaire ovale, fort petit ; le style très-court, subulé, incliné : le stigmate tronqué, en forme de tête. Le fruit est un drupe ovale, de la grosseur de celui du laurier commun. Cette plante croit dans les forêts, au Chili. On fait avec son bois des planches et d'excellentes poutres employées à divers usages. Cet arbre est très-propre à décorer agréablement les allées et les promenades, qu'il égaie par sa belle verdure, et ombrage par sa cime épaisse et touffue. (Poir.)

VILLARIA. (*Bot.*) Guettard nommoit ainsi l'onopordon *latifolium* d'Allioni. dont Villars faisoit son genre *Berardia*. Nous lui avons restitué celui d'*arctium*, donné par Daléchamps, en observant que la bardane, à laquelle Linnæus avoit transporté ce dernier nom, devoit conserver celui de *Lappa*, sous lequel elle étoit désignée par Tournefort et tous ses prédécesseurs. (J.)

VILLARSIA. (*Bot.*) Necker avoit substitué ce nom à celui du *Cabomba* d'Aublet. Il a été appliqué plus récemment au *Nymphoides* de Tournefort, détaché du *Menyanthes*, auquel Linnæus l'avoit réuni. et placé à la suite des gentianées. (J.)

VILLARSIE ; *Villarsia*, Gmel. (*Bot.*) Genre de plantes dicotylédones monopétales, de la famille des *gentianées*, Juss., et de la *pentandrie monogynie*, Linn., dont les principaux caractères sont les suivans : Calice monophylle, à cinq divisions; corolle monopétale, en roue, à limbe divisé en cinq lobes ciliés en leurs bords; cinq étamines insérées sur la corolle; un ovaire supère, surmonté d'un style court, terminé par un stigmate à deux lobes; une capsule à une seule loge contenant des graines nombreuses, entourées d'un rebord membraneux et disposées longitudinalement sur les deux bords de chaque valve.

Les villarsies diffèrent du genre *Menyanthes*, auquel Linné les avoit réunies, par leur corolle en roue, leur style court, et surtout par leurs graines comprimées, munies d'un rebord membraneux, portées sur des placentas qui n'adhèrent point au milieu des valves, mais qui sont placés sur leurs bords. On en connoît une douzaine d'espèces, dont une seule est indigène. Ces plantes sont des herbes à feuilles ovales ou arrondies, et à fleurs axillaires ou terminales; elles croissent dans les marais ou dans les eaux. Ce genre a été dédié par Gmelin à Villars, auteur de l'Histoire des plantes du Dauphiné, et mort en 1814, doyen de l'école de médecine de Strasbourg.

* *Capsules univalves, non ouvertes.*

VILLARSIE NYMPHOÏDE, vulgairement NYMPHEAU : *Villarsia nymphoides*, Vent., Choix de plant., n.° 9, p. 2; *Menyanthes nymphoides*, Linn., Sp., 207. Ses racines sont vivaces, fibreuses, fixées au fond des eaux; elles produisent des tiges cylindriques, glabres, sarmenteuses, plongées dans l'eau, garnies de feuilles alternes, arrondies, cordiformes à leur base, d'un vert gai, très-lisses, luisantes, portées sur des pétioles élargis, canaliculés à leur base et amplexicaules. Dans la partie supérieure des tiges les feuilles sont souvent très-rapprochées les unes des autres, et elles forment des espèces de rosettes qui nagent à la surface des eaux. Les fleurs, qui sont flottantes sur l'eau, de même que les feuilles, sont d'un beau jaune-clair, larges de deux pouces ou environ, pédonculées, réunies comme en faisceau dans les aisselles des feuilles et six à dix ensemble. Leur calice est moitié plus court que la corolle; celle-ci a ses divisions frangées en leur bord, et elle est barbue à la partie inférieure des filamens des étamines, qui sont insérés à la base des échancrures de la corolle. Les graines sont aplaties, ovales, bordées de cils. Cette espèce croît en France et dans d'autres contrées de l'Europe, dans les étangs et les eaux tranquilles des rivières. Ses feuilles ont une saveur amère. Elle est très-propre à orner les pièces d'eau dans les jardins paysagers.

VILLARSIE SARMENTEUSE : *Villarsia sarmentosa*, Spreng., *Syst. veg.*, 1, p. 582 ; *Menyanthes sarmentosa*, Sims, *Bot. Magaz.*, n. et t. 1528. Les tiges de cette espèce sont sarmenteuses, et elles nagent dans les eaux, de même que celles de la précédente ; elles sont garnies de feuilles presque orbiculaires, échancrées en cœur à leur base, glabres, sinuées en leurs bords, portées sur de longs pétioles. Ses fleurs sont d'un beau jaune, disposées en panicule sur des pédoncules opposés aux feuilles. Cette plante est originaire de la Nouvelle-Hollande, où elle croît dans les eaux.

** *Capsules à deux valves.*

VILLARSIE LACUNEUSE : *Villarsia lacunosa*, Vent., Choix de plant.. p. 10 ; *Menyanthes trachysperma*, Mich., *Fl. bor. amer.*, 1. p. 126. Ses tiges et ses feuilles flottent à la surface des eaux, comme celles des deux espèces précédentes ; ses feuilles sont réniformes, presque peltées, un peu inégales en leur contour, glabres en dessus et en dessous, lacuneuses en cette dernière partie. Ses fleurs, portées par les pétioles, ont la corolle glabre, à lobes entiers, et à appendices du tube saillans. Les capsules renferment des graines vésiculeuses, ovales-alongées, un peu rudes. Cette plante croît dans les eaux des États-Unis d'Amérique.

VILLARSIE ÉLEVÉE ; *Villarsia excelsa*, Lois., Herb. de l'amat., n. et t. 292. Ses racines, qui sont fibreuses, vivaces, produisent plusieurs feuilles ovales-lancéolées, un peu échancrées en cœur à leur base, glabres et lisses des deux côtés, bordées de quelques dents écartées et peu profondes, portées sur de longs pétioles cylindriques, un peu canaliculés en dessous. Du milieu de ces feuilles s'élève une tige haute de quinze à vingt pouces, le plus souvent nue inférieurement, divisée dans sa partie supérieure en trois ou quatre rameaux, munis à leur base d'une petite feuille ovale-lancéolée ou étroite-lancéolée. Les fleurs sont d'un jaune clair, portées sur des pédoncules rameux, et disposées, au nombre de dix à douze ou un peu plus, en corymbes placés à l'extrémité de la tige ou des rameaux. Leur corolle est presque campanulée, à cinq divisions étalées en roue et ondulées en leurs bords, moitié plus longues que le calice, et garnies à leur base de plusieurs rangs de cils de la même couleur que la corolle elle-même. Les étamines ont leurs filamens courts, alternes avec les divisions de la corolle, terminés par des anthères cordiformes et presque sagittées. L'ovaire, supère, adhérant un peu dans sa partie inférieure avec la base du calice, est surmonté d'un style simple, à deux stigmates divergens. La capsule est à deux valves et renferme des graines convexes d'un côté. Je ne connois pas le lieu natal de cette plante; je l'ai vue chez M. Cels, qui la cultive depuis environ vingt ans, en la tenant en pot dans la terre de bruyère et en lui donnant de fréquens arrosemens. (L. D.)

VILLEBREQUIN. (*Conchyl.*) Nom que les marchands donnent encore quelquefois aux coquilles du genre Vermet, et surtout au V. lombrical, qui ressemble en effet le plus à un tire-bouchon. (DE B.)

VILLÉE. (*Bot.*) Voyez VRILLÉE. (J.)

VILLORITA. (*Bot.*) Voyez MERENDERAS, tom. XXX, pag. 107. (J.)

VILONITE. (*Min.*) Voyez WILONITE. (B.)

VILPESTRELLO. (*Mamm.*) C'est un des noms employés en Italie pour désigner les *chauve-souris.* (DESM.)

VIMBE. (*Ichthyol.*) Nom d'une espèce de BRÊME. Voyez ce mot. (H. C.)

VIMINARIA. (*Bot.*) Ce genre a été établi par Smith sur le *Daviesia denudata*, Vent., différent des autres espèces par son calice anguleux, à cinq dents; par l'ovaire alongé, à style capillaire et stigmate simple; par le légume ovale, sans valve, renfermant des semences non couronnées. Cette plante, figurée dans le *Botanical Magazin* de Curtis, pl. 1190, est le *daviesia juncea*, Pers.; le *pultenœa juncea*, Willd., et le *sophora juncea*, Schrad. et Wendl. (LEM.)

VIN. (*Chim.*) Ce nom s'applique en général à toute liqueur sucrée d'origine organique, qui a éprouvé la fermentation alcoolique. Il s'applique en particulier au suc de raisin fermenté. D'après cette définition, on voit que ce qui caractérise une liqueur vineuse, c'est la présence de l'alcool ; mais on se tromperoit beaucoup, si l'on pensoit que la qualité du vin est en raison de la quantité d'alcool : en effet, les acides acétique, tartrique et carbonique, les principes aromatiques non acides, qui accompagnent l'alcool dans les liqueurs vineuses, et la petite quantité de sucre qui peut y rester, contribuent beaucoup à leur donner des propriétés différentes de celles qu'elles tiennent de l'alcool. (Ch.)

VIN BLANC. (*Chim.*) Vin qu'on obtient avec le raisin blanc, ou même avec le raisin rouge, lorsque le suc de ce dernier a fermenté sans être en contact avec les pellicules qui contiennent le principe colorant. Voyez Vigne. (Ch.)

VIN CUIT. (*Chim.*) Vin provenant d'un suc de raisin qui a été concentré par la chaleur avant de fermenter. (Ch.)

VIN GRAS. (*Chim.*) C'est un vin qu'on dit *malade*. Il doit son aspect gras et sa propriété filante à un dépôt de matière dont une partie du moins est azotée. On a conseillé, pour le rétablir, d'y ajouter du bitartrate de potasse. (Ch.)

VIN DE LIQUEUR. (*Chim.*) Vin de qualité supérieure qui a été préparé avec du raisin muscat ou encore avec du suc qu'on a fait concentrer et dont on a neutralisé, au moyen d'une matière alcaline, une partie de l'acide en excès. (Ch.)

VIN MOUSSEUX. (*Chim.*) Un vin est mousseux toutes les fois qu'il contient une quantité de gaz acide carbonique plus grande que celle qui peut y rester en dissolution sous la simple pression de l'atmosphère. Il en résulte que, si l'on débouche une bouteille de vin mousseux, tout l'acide carbonique qui est en excès s'en dégagera sous la forme de bulles, qui produiront une ébullition ; et, comme le vin a une certaine viscosité, les bulles qui resteront à sa surface emprisonnées sous une couche très-mince de ce liquide, produiront la *mousse*. Il y a plusieurs moyens de préparer les vins mousseux. (Ch.)

VINAGO. (*Ornith.*) Nom scientifique, qui primitivement a

désigné un pigeon sauvage, appliqué aujourd'hui à un sous-genre proposé dans le genre Colombe pour isoler les colombars ou *vinago* de M. Cuvier. (Ch. **D.** et L.)

VINAIGRE. (*Chim.*) On donne en général ce nom à toute liqueur ordinairement alcoolique, qui s'est convertie spontanément en acide acétique. On donne spécialement le nom de *vinaigre* au vin de raisin aigri. (Ch.)

VINAIGRE DE BIÈRE, VINAIGRE DE CIDRE. (*Chim.*) Vinaigres provenant de la bière et du cidre aigris. Ils se distinguent principalement du vinaigre du vin en ce qu'ils ne contiennent pas de bitartrate de potasse. (Ch.)

VINAIGRE BLANC. (*Chim.*) C'est le vinaigre qui a été préparé avec du vin blanc. (Ch.)

VINAIGRE DE BOIS. (*Chim.*) C'est l'acide acétique foible qui provient de la distillation du bois. (Ch.)

VINAIGRE DISTILLÉ. (*Chim.*) On donne ce nom au produit de la distillation du vinaigre. Ce produit est un acide acétique très-foible, contenant en outre quelques-uns des principes volatils du liquide d'où il provient, et presque toujours une matière empyreumatique. (Ch.)

VINAIGRE ROUGE. (*Chim.*) C'est le vinaigre provenant du vin rouge. Il est coloré par les mêmes principes que le vin rouge. (Ch.)

VINAIGRE DE SATURNE. (*Chim.*) C'est du vinaigre distillé, dans lequel on a fait dissoudre de l'oxide de plomb. (Ch.)

VINAIGRIER. (*Bot.*) C'est le sumac des corroyeurs. (L. D.)

VINAIGRIER. (*Entom.*) On nomme vulgairement ainsi les carabes dorés, qui courent dans les jardins et qui exhalent, au moment où on les saisit, une odeur très-acide, qu'ils lancent quelquefois par l'anus. (C. D.)

VINCA. (*Bot.*) Voyez à l'article Pervenche, tom. XXXIX, pag. 166. (L. D.)

VINCEROLLE, *Borya.* (*Bot.*) Genre de plantes monocotylédones, à fleurs glumacées, de la famille des *joncées*, de l'*hexandrie monogynie* de Linnæus, qui présente pour caractère essentiel : Pour calice, deux écailles oblongues; l'antérieure entière, la postérieure à deux ou trois dents; quelques autres inférieures stériles; une corolle (calice, Juss.) tubu-

lée; le tube grêle; le limbe à six divisions; six étamines insérées à l'orifice du tube de la corolle ; les anthères à deux
loges; un ovaire supérieur; un style: un stigmate en tête;
une capsule à trois valves; à trois loges séparées par des cloisons: plusieurs semences.

VINCEROLLE LUISANTE : *Borya lucens*, Labill.. *Nov. Holl.*, 1,
pag. 81, tab. 107. Plante herbacée, haute de six ou huit
pouces et plus. Ses tiges sont cylindriques, fermes, couchées
en partie, très-glabres, rameuses, qui, ainsi que les rameaux,
produisent des racines simples, alongées, épaisses, cylindriques, revêtues d'une écorce fongueuse, très-glabre, luisante,
qui se détruit facilement. Les feuilles sont nombreuses, très-
rapprochées, presque subulées, dilatées et en gaine à leur
base, trigones à leur partie supérieure, longues d'un pouce et
plus. un peu denticulées, terminées par une pointe dure.
Les fleurs sont terminales, réunies en une tête ovale, accompagnée à sa base de trois ou six bractées en forme d'involucre, assez semblables aux feuilles. Le pédoncule est alongé,
un peu strié : chaque fleur a pour calice deux écailles oblongues, inégales, et au-dessous plusieurs autres imbriquées, stériles. La corolle est monopétale, tubulée; le tube grêle, cylindrique, dilaté à sa base : les divisions du limbe sont ouvertes,
lancéolées. plus courtes que le tube; les étamines à peine de
la longueur de la corolle. L'ovaire est ovale-oblong, très-
glabre; le style à peine plus long que les étamines; le stigmate en tête. Le fruit est une capsule ovale, trigone, un
peu arrondie. un peu rétrécie à sa base, à trois loges, à trois
valves. renfermant plusieurs semences ovales, un peu ridées,
convexes en dessus, anguleuses à leur côté opposé. Cette
plante a été découverte par M. de Labillardière dans la Nouvelle-Hollande, à la terre Van-Leuwin, dans les sols sablonneux. (POIR.)

VINCETOXICUM. (*Bot.*) Matthiole, Dodoëns et d'autres
anciens. donnoient à un *asclepias* ce nom, adopté par Linnæus
comme nom spécifique de cette espèce. qui est le dompte-
venin des François. Le même nom est cité par Césalpin pour
le *gentiana asclepiadea*. (J.)

VINCIBOSCUM. (*Bot.*) Césalpin cite ce nom vulgaire en
Toscane du chèvre-feuille des jardins, *caprifolium*. (J.)

VINCO. (*Ornith.*) Nom désignant parfois le pinson ordinaire , *fringilla cœlebs* , Linn. (Ch. D. et L.)

VINCULAIRE. (*Foss.*) Nous avons donné le nom générique de vinculaire à de petits corps quadrangulaires, qui sont à peine de la grosseur d'un crin de cheval et qu'on trouve dans la couche du calcaire grossier des environs de Paris. Ils ont de deux à trois lignes de longueur ; mais, ne paroissant jamais être entiers à leurs bouts, ils ont dû en avoir eu davantage. Ils sont garnis sur les quatre côtés de petits enfoncemens ovales, à l'un des bouts desquels on voit une sorte de très-petit trou. Nous croyons que ces petits corps pourroient avoir beaucoup de rapports avec les flustres. L'espèce, qu'on trouve à Grignon et à Fontenai Saint-Pères, département de Seine-et-Oise, ainsi qu'à Hauteville, département de la Manche, et à laquelle nous avons donné le nom de vinculaire fragile, *vincularia fragilis*, a été figurée dans les Vélins du Muséum, vélin n.° 48, fig. 25, et dans les planches des fossiles de ce Dictionnaire. (D. F.)

VINDICTA. (*Bot.*) Suivant Ruellius et Mentzel, les Romains nommoient ainsi l'*epimedium* de Dioscoride, qui est l'*osmunda lunaria* de Linnæus, *botrychium lunaria* de Swartz. (J.)

VINDITA. (*Ornith.*) Nom espagnol du canard à tête blanche, *anas viduata*, décrit par d'Azara, tom. 4, pag. 338. (Ch. D. et L.)

VINELIA AVIS. (*Ornith.*) Nom du pinson, *fringilla cœlebs*, dans Albert le grand, suivant Sonnini. (Ch. D. et L.)

VINETTE. (*Bot.*) Dans l'Anjou on donne ce nom vulgaire à l'oseille, suivant M. Desvaux. La petite oseille des champs, *rumex acetosella*, y est aussi nommée sarcille, sarcillète. (J.)

VINETTE. (*Ornith.*) On donne parfois ce nom au jaseur, *bombycilla*. (Ch. D. et L.)

VINETTIER ou ÉPINE-VINETTE ; *Berberis*, Linn. (*Bot.*) Genre de plantes dicotylédones polypétales, de la famille des *berbériées*, Juss., et de l'*hexandrie monogynie*, Linn., dont les principaux caractères sont d'avoir un calice de six folioles ovales, caduques, disposées sur deux rangs, et muni extérieurement de deux, trois ou plusieurs petites écailles ; une corolle de six pétales ayant deux glandes à leur base ; six étamines à filamens opposés aux pétales, portant dans leur partie

supérieure les anthères adnées par leur face externe, et s'ouvrant de la base au sommet par une petite valve; un ovaire
supère, cylindrique, de la longueur des étamines, surmonté
d'un stigmate sessile, large, orbiculaire, persistant; une baie
ovale, presque cylindrique, à une seule loge contenant deux,
trois ou quatre graines attachées au fond de la loge.

Les vinettiers sont des arbrisseaux la plupart épineux, à
feuilles alternes, ou souvent fasciculées, et à fleurs axillaires,
souvent disposées en grappes, plus rarement solitaires. On en
connoit maintenant trente et quelques espèces : dans toutes,
les fleurs sont jaunes.

* *Fleurs disposées en grappes.*

Vinettier commun, vulgairement Épine-vinette : *Berberis
vulgaris*, Linn., *Sp.*, 471 ; Nouv. Duham., 4, p. 11, t. 4. Ses
racines sont jaunâtres, rampantes ; elles produisent une ou
plus ordinairement plusieurs tiges ligneuses, hautes de six à
dix pieds, divisées en branches rameuses, armées d'épines
très-acérées, simples ou tripartites. Ses feuilles sont ovales ou
ovales-oblongues, rétrécies en pétiole à leur base, glabres,
d'un vert gai en dessus, plus pâles en dessous, bordées de
dents très-aiguës et presque épineuses. Ses fleurs sont disposées, au nombre de quinze à vingt ensemble, en grappes
simples, pédonculées, placées à l'aisselle des feuilles de
l'année précédente, et entourées à leur base d'une rosette
de huit à dix feuilles fasciculées et d'inégale grandeur: elles
ont une odeur peu agréable et comme spermatique. Les filamens des étamines sont un peu élargis à leur sommet, où
ils portent une anthère à deux loges séparées l'une de l'autre.
Lors de l'acte de la fécondation, les étamines, qui sont
d'abord cachées sous le rebord interne des pétales, devant lequel elles sont placées, se dégagent l'une après l'autre de ce rebord, pour venir répandre leur pollen sur la marge du stigmate. Ce vinettier fleurit au mois de Mai: il se trouve dans
les bois, les haies et les buissons de toute l'Europe et d'une
partie de l'Asie. On en cultive plusieurs variétés, qui se distinguent principalement à la couleur de leurs fruits blancs,
rouges ou violets : une autre a ses fruits sans pepins.

Les fruits de l'épine-vinette sont très-acides, mais d'une acidité agréable : on les emploie à faire des confitures, des conserves, des sirops. On en obtient, par la fermentation, une sorte de vin acide. Le suc de ces fruits, lorsqu'ils sont frais, mêlé avec une certaine quantité d'eau et du sucre, peut servir à faire une espèce de limonade, qui s'emploie en médecine, ainsi que leur conserve, leur sirop, ou leur décoction, lorsqu'ils sont secs. Ces différentes préparations ont été conseillées comme rafraîchissantes, astringentes, antiscorbutiques et antiputrides. L'écorce de la racine d'épine-vinette est amère, stiptique, et Clusius dit que son infusion est purgative. Les teinturiers se servent de cette écorce et du bois pour teindre en jaune. En Pologne, on en fait usage pour donner cette couleur aux cuirs. Le bois est assez recherché des tourneurs et des ébénistes, à cause de sa couleur ; mais il est assez rare d'en trouver des morceaux qui soient assez gros pour être travaillés. Le plus souvent ce bois ne sert, dans les campagnes, que pour chauffer le four. Les bestiaux sont friands des feuilles vertes et des jeunes pousses, qui ont une saveur acide : dans quelques cantons même on les mange préparées en guise d'oseille.

L'épine-vinette n'est point difficile sur la nature du terrain ; elle vient bien dans les lieux les plus arides et les plus pierreux. Il y a des pays où on la cultive assez généralement pour en faire des confitures. Celles qui se font à Dijon jouissent depuis long-temps d'une certaine célébrité. Ailleurs, cet arbrisseau se plante dans les haies et dans les grands jardins paysagers. On le multiplie de graines et de drageons enracinés, qui se trouvent assez abondamment autour des vieux pieds.

C'est une opinion accréditée dans beaucoup de cantons, parmi les cultivateurs, que les émanations provenant du pollen des fleurs de l'épine-vinette produisent la rouille et même la carie des fromens, des seigles et des autres céréales qui se trouvent dans le voisinage de cet arbrisseau ; et, par suite, les cultivateurs ont le soin de n'en laisser croître aucun pied dans les haies ou les buissons qui sont près de leurs moissons, et même l'autorité judiciaire force à les arracher, lorsqu'il y a des plaintes faites à ce sujet. Les naturalistes

se sont long-temps refusés à croire à ces influences malfai-
santes de l'épine-vinette sur les céréales ; mais, d'après un
Mémoire de M. Yvart, lu à l'académie des sciences en
1815, et d'après les recherches et les expériences de MM.
Bosc, Sageret et Vilmorin, il paroit prouvé que cette opinion
est fondée.

VINETTIER DE LA CHINE : *Berberis sinensis*, Desf., *Catal. hort.
Par.*; Lois., Herb. de l'amat., n. et t. 487. Arbrisseau de
quatre à six pieds de hauteur, dont les rameaux sont effilés,
d'un rouge brunâtre, munis d'épines subulées, simples ou trifides. Les feuilles sont oblongues, glabres, d'un vert gai, rétrécies en coin dans leur partie inférieure, entières ou garnies
de quelques dents écartées dans leur contour ; ces feuilles sont
éparses et solitaires sur les jeunes rameaux, disposées en faisceau à l'aisselle des épines sur les rameaux de l'année précédente. Les fleurs sont jaunes, légèrement et peu agréablement
odorantes, munies, à la base de leur pédicelle, d'une petite
bractée linéaire, et disposées, au nombre de quinze à vingt
ou même plus, en grappes pendantes ou plus ou moins arquées, ordinairement simples et environ deux fois plus longues que le faisceau de feuilles qui est à leur base. Leur calice,
composé de six folioles ovales colorées, dont trois extérieures
plus courtes, est accompagné à sa base de cinq à six petites
bractées. La corolle est formée de six pétales ovales, concaves, à peine plus grands que le calice, chargés à leur base
de deux petites glandes ovales. Les étamines ont leur filament
droit, cylindrique inférieurement, comprimé dans le haut,
portant l'anthère adnée sur le côté de sa partie supérieure ;
chaque loge des anthères s'ouvre par une petite valve, qui
reste relevée sur les côtés de la partie supérieure de chaque filament. L'ovaire, cylindrique et de la longueur des
étamines, est surmonté d'un stigmate sessile et orbiculaire.
Les fruits sont des baies d'un violet noirâtre, contenant une
ou deux graines. Cette espèce croît naturellement en Chine.
On la cultive en pleine terre dans les jardins ; elle fleurit au
mois de Mai.

VINETTIER DE CRÈTE ; *Berberis cretica*, Linn., *Spec.*, 472. La
tige de cet arbrisseau s'élève à cinq ou six pieds de hauteur,
en se divisant en rameaux glabres, rougeâtres dans leur jeu-

nesse et devenant cendrés en vieillissant: ils sont munis d'épines élargies à leur base et ordinairement trifides. Les feuilles sont ovales-oblongues, rétrécies à leur base, obtuses à leur sommet, entières ou légèrement dentées en leurs bords, d'un vert luisant, alternes sur les jeunes rameaux, disposées en faisceau, trois à quatre ensemble, aux aisselles, sur les rameaux de l'année précédente. Les fleurs sont d'un jaune clair, portées sur de courts pédicelles et rapprochées, trois à six ensemble, en grappes courtes, à peine aussi longues que les feuilles qui sont à leur base. Cette espèce croît dans l'île de Crète et dans plusieurs autres îles du Levant. M. Requien l'a trouvée dans l'île de Corse.

** *Pédoncules uniflores.*

Vinettier a feuilles de buis; *Berberis buxifolia*, Lam., *Ill. gen.*, t. 253, fig. 3. Cette espèce est un petit arbrisseau à rameaux tortueux, garnis d'épines profondément trifides. Ses feuilles sont ovales ou ovales-lancéolées, très-entières en leurs bords, terminées à leur sommet par une petite pointe épineuse, rétrécies à leur base en un pétiole très-court, et ramassées, plusieurs ensemble, en fascicules alternes. Ses fleurs sont solitaires, portées sur des pédoncules simples. Il leur succède des baies ovoïdes ou presque globuleuses, d'un pourpre bleuâtre, contenant quatre graines.

Vinettier de Sibérie; *Berberis sibirica*, Pall., *Fl. ross.*, 2, p. 42, t. 67. Cet arbrisseau est d'une hauteur médiocre, divisé en rameaux grêles, diffus, munis d'épines à base très-large, divisées en trois, cinq, neuf et même dix pointes. Ses feuilles sont ovales ou ovales-lancéolées, garnies en leurs bords de trois à sept dents épineuses. Ses fleurs sont pédonculées, portées sur des pédoncules simples, qui sortent, un ou deux ensemble, du milieu d'un faisceau de feuilles. Ce vinettier est originaire des montagnes de la Sibérie. On le cultive en pleine terre au Jardin du Roi, à Paris.

*** *Espèce dont la fleur n'est pas connue.*

Vinettier articulé; *Berberis articulata*, Lois. Quoique je ne possède de cette plante qu'un rameau dépourvu de fleurs,

les caractères qu'il présente sont si prononcés, qu'il me paroît devoir appartenir à une espèce non encore décrite. Les
rameaux de ce vinettier sont cylindriques, grisâtres, armés
d'épines divisées en trois à sept pointes. Les feuilles sont
ovales, glabres, luisantes, munies en leurs bords de dents
nombreuses, très-pointues et très-aiguës; ces feuilles sont
portées sur des pétioles trè-inégaux; les uns longs de deux
pouces ou environ, les autres moitié plus courts, et d'autres
enfin n'ayant que quelques lignes. Mais ce qui caractérise
cette espèce d'une manière particulière, c'est qu'on remarque
toujours sur les pétioles une articulation, tantôt assez rapprochée du limbe de la feuille, quelquefois plus voisine de
la base du pétiole. Les feuilles sont, d'ailleurs, comme dans
les autres espèces, disposées, quatre à six ensemble, en faisceaux axillaires. J'ai reçu cette plante sous le nom de *berberis
cretica*, en 1806, de feu Willemet, auteur de la Flore de
Lorraine; mais, comme je reconnus bientôt qu'elle n'appartenoit pas à cette espèce, je supprimai celle-ci de ma *Flora
gallica*, dans laquelle je l'avois introduite sur la foi de feu
Willemet; et la mort de celui-ci, arrivée en 1807, l'empêcha
de me donner sur cette plante les renseignemens que je lui
avois demandés. Depuis ce temps, je n'ai vu ce vinettier dans
aucun herbier, et je ne l'ai trouvé décrit dans aucun ouvrage. Je le croyois exotique et cultivé dans quelque jardin,
où il avoit péri depuis Willemet, car M. Mougeot, qui connoît parfaitement bien toutes les plantes de la Lorraine, ne
put, après Willemet, m'en donner aucune nouvelle, lorsqu'au mois de Septembre de cette année (1828), M. Soyer-
Willemet, petit-fils de l'auteur de la Flore de Lorraine, m'a
écrit pour me demander des renseignemens sur la plante qui
m'avoit été donnée par son aïeul, et pour m'apprendre qu'elle
venoit d'être retrouvée par un jeune botaniste de sa province,
mais encore sans fleurs. Ce seroit alors une espèce à ajouter
à la Flore de France. (L. D.)

VINEUX HUILÉ ou le ROUGEATRE. (*Bot.*) Ce sont,
dans le Traité des champignons du docteur Paulet, les noms
d'un *agaricus* rougeâtre ou plutôt d'un gris légèrement nuancé
d'une couleur lie de vin claire; ses feuillets sont blancs, recouverts d'un voile également blanc; il offre des pellicules

blanchâtres, nombreuses, dispersées à sa surface, et qui lui donnent l'aspect grivelé ou truité. On trouve ce champignon au bois de Boulogne. Il a une odeur désagréable ; est fade au goût et laisse un sentiment d'astriction et d'âcreté à la gorge, lorsqu'on le mâche ; ce qui suffit pour éviter d'en faire usage comme aliment. (Lem.)

VINGEON. (*Ornith.*) Nom employé dans l'Encyclopédie comme synonyme vulgaire, usité dans le département de l'Ain, pour le canard siffleur. (Cн. D. et L.)

VINGUM. (*Bot.*) Théophraste, liv. 1, chap. 11, parlant des racines bonnes à manger, dit que les Égyptiens donnent ce nom à une racine qui est longue, et dont la plante a de grandes feuilles et un petit fruit, sans autre indication qui puisse faire reconnoitre son genre. (J.)

VINI. (*Ornith.*) Nom taïtien du *psittacula taitensis*, que Commerson a nommé *ari-manou* ou oiseau de cocotier, et que partout on a écrit *arimanon*, par suite d'une faute typographique des Œuvres de Buffon, copiée par tous les auteurs. Les Taïtiens ajoutent fréquemment devant ce nom la particule *E*. (Cн. D. et L.)

VINIFÈRES. (*Bot.*) Nous avons désigné depuis long-temps sous ce nom la famille de plantes contenant le *Vitis* et le *Cissus*, dont toutes les espèces ont leurs fruits remplis d'un suc plus ou moins abondant, susceptible de se changer en vin après avoir subi une fermentation spiritueuse ; lesquelles sont conséquemment vinifères. Ce nom, tiré, comme l'on voit, d'un produit commun, a été substitué à celui de *vites*, les vignes, qui ne se prêtoit pas à une terminaison adjective, non applicable à d'autres familles. Il est préférable à celui de sarmenteuses, parce que ce caractère des tiges de toutes les vignes se retrouve également dans celles de beaucoup d'autres plantes, d'ailleurs très-différentes. On a plus récemment donné à cette famille le nom d'*ampélidées*, tiré du mot *ampelos*, sous lequel les Grecs désignoient la vigne. Nous conserverons ici celui de *vinifères*, adopté antérieurement. Ces plantes appartiennent à la classe des hypopétalées ou dicotylédones polypétales, à étamines insérées au support de l'ovaire. Leur caractère général est formé de la réunion des suivans.

Un calice d'une seule pièce, non adhérent à l'ovaire, très-court, à limbe presque entier ou à peine denté. Pétales à large onglet, au nombre de quatre ou cinq (rarement six), insérés autour de la base d'un disque central, quelquefois réunis ensemble par le haut, à floraison valvaire. Étamines en nombre égal, portées sur le même disque et opposées aux pétales; filets distincts; anthères petites, ovales, biloculaires; ovaire simple, non adhérent, porté sur un disque légèrement renflé au-dessous de sa base; style unique ou nul; stigmate simple; baie petite, sphérique ou alongée, remplie de suc, uni- ou biloculaire, à loges dispermes; graines connues sous le nom de pepins (dont souvent quelques-unes avortent), attachées au bas de leur loge, recouvertes d'un tégument osseux, de forme souvent irrégulière et contenant un périsperme charnu, au bas duquel est un petit embryon dicotylédon, à radicule dirigée vers le point d'attache, et conséquemment descendante.

Les plantes de cette famille sont des arbrisseaux à tiges sarmenteuses et grimpantes. Les feuilles sont stipulées, alternes, simples ou composées; à plusieurs des feuilles supérieures sont opposés des pédoncules solitaires ou ramifiés; les pédoncules inférieurs portent des petites fleurs disposées en grappes; les pédoncules supérieurs sont ordinairement nus et stériles. Connus alors sous le nom de vrilles, ils servent quelquefois à accrocher les rameaux aux supports les plus voisins, autour desquels ils s'entortillent. En Europe on ne trouve dans cette famille que des fleurs hermaphrodites, dont un des organes sexuels peut avorter quelquefois. Dans l'Amérique septentrionale, suivant l'observation de Michaux, toutes les espèces de vignes sont dioïques.

Les genres appartenant à cette famille et réunissant les caractères indiqués, sont d'abord le *Cissus*, qui a quatre étamines et quatre pétales séparés par le haut, et le *Vitis*, qui a cinq étamines et cinq pétales réunis par le haut; tous deux contenant beaucoup d'espèces; ensuite l'*Ampelopsis* de Michaux, différent du *Vitis* seulement par ses pétales non réunis supérieurement. Il est cependant adopté par M. De Candolle, qui lui associe comme congénère le *Botria* de Loureiro, distinct par son fruit monosperme.

Nous avions proposé d'ajouter à cette série le *Lasianthera*, établi par Beauvois dans sa Flore d'Oware, tab. 51, sur un mauvais échantillon, qui ne présente que des boutons de très-petites fleurs, portées sur des pédoncules solitaires, opposés aux feuilles simples et alternes. L'auteur lui attribuoit une corolle monopétale, à cinq divisions, auxquelles étoient opposées cinq étamines, et il le rapprochoit de l'*Ambelaria* dans les apocinées. L'opposition, soit des étamines avec les divisions de la corolle, soit des pédoncules floraux avec les feuilles, nous avoit fait présumer que ce genre auroit plus de rapport avec les vinifères. Cependant, suivant un nouvel examen sur d'autres boutons de fleurs, les étamines ont paru plutôt alterner avec les divisions de la corolle, d'ailleurs si petite dans le bouton qu'on ne pouvoit déterminer si elle étoit monopétale ou polypétale. L'incertitude résultant de cet examen et de la non-connoissance des autres parties de la fructification, force de suspendre tout jugement sur l'existence de ce genre et sur sa place dans l'ordre naturel.

Un autre genre, l'*Aquilicia* de Linnæus, avoit été primitivement mis près du *Melia*, à la fin des méliacées, comme servant de transition de cette famille aux vinifères. Il a, comme ces dernières, un petit embryon droit, oblong, placé à la base d'un périsperme volumineux près l'ombilic de la graine, en quoi il diffère du *Melia* et des autres méliacées périspermées, qui ont un embryon plus grand, plus long, entouré d'un périsperme très-mince, suivant l'observation de Gærtner; mais d'une autre part il diffère des vinifères et se rapproche des méliacées par ses pédoncules floraux, ordinairement axillaires, non opposés aux feuilles, et par l'existence d'un godet, adhérent au support de l'ovaire, intermédiaire entre lui et les pétales, divisé à son limbe en cinq lobes fourchus, alternes avec les pétales, et portant extérieurement cinq filets, alternes avec ces lobes et munis chacun d'une anthère fertile. Ce godet peut être considéré comme une réunion des filets d'étamines, dont cinq seroient fertiles et cinq stériles, conformés en languettes fourchues. Cette opinion sera fortifiée par la comparaison avec le *melia* et les autres méliacées, qui ont également les filets réunis, portant des anthères en nombre double de celui des pétales. Le caractére tiré de l'intérieur de la graine a plus de valeur que celui qui provient des étamines monadelphes et en nombre double des pétales. Il en faut conclure avec MM. Brown et De Candolle, que l'*aquilicia* a au moins un degré d'affinité de plus avec les vinifères qu'avec les méliacées, et nous aurions dans le temps tiré une conséquence pareille, si nous eussions connu cette structure intérieure des graines de ces plantes; mais il restera vrai que l'*aquilicia* est le type d'une nouvelle famille des aquiliciées, intermédiaire entre les deux précitées, et que, jusqu'à ce qu'elle soit établie, il devra rester à la suite de celle des deux qui précédera l'autre dans la série.

Une circonstance particulière peut cependant contrarier cette disposition. Nous avons considéré ici l'*aquilicia* comme polypétale, quoiqu'il soit regardé comme monopétale par les auteurs modernes et associé par eux au genre *Leœa* de Royen, indiqué par l'auteur comme certainement monopétale. Ce caractère est constaté dans un dessin au crayon, fait anciennement sur un individu du *leœa crispa*, vivant alors au Jardin du Roi. La corolle de l'*aquilicia*, divisée plus profondément, paroît être plutôt l'assemblage de cinq pétales, soudés par un large onglet contre la base extérieure du godet, portant les étamines. Il y a quelque conformité entre les deux plantes dans la disposition des rameaux, des feuilles et des fleurs, très-différente de celle des vinifères et un peu moins de celle du *melia*. Leur affinité sera plus confirmée lorsqu'on connoitra parfaitement le fruit et les graines du *Leœa*, et qu'on aura vérifié la situation respective de ses organes sexuels. Ce genre, d'après le caractère indiqué par Royen, avoit été placé par nous, avec beaucoup d'incertitude, comme monopétale, à la suite des sapotées, loin de l'*aquilicia*. Ils doivent certainement être rapprochés l'un de l'autre, soit en un seul, soit en deux genres voisins, d'après une connoissance plus précise et une comparaison nouvelle de leurs caractères principaux, qui contribueront aussi à assigner leur véritable place dans l'ordre naturel.

Dans ce Dictionnaire on a décrit deux genres sous les noms de *Columelle* et *Columellea*, et on a omis un troisième *Columella* de Loureiro, *cay-rat-loung* des Cochinchinois, que l'auteur assimile au *Cissus*, et qui, par suite, sembleroit apparatenir à la famille dont il est ici question. Cette omission et cette assimilation motivent le rappel de ce genre à la suite des vinifères, pour vérifier si le rapport indiqué est fondé. Le nom donné par Loureiro, déjà appliqué ailleurs, ne pouvant subsister ici, nous avions proposé de lui substituer celui de *cayratia*. Il a, selon l'auteur, un calice d'une seule pièce, persistant, tronqué sur les bords; quatre pétales courbés en dedans à leur sommet; un nectaire élevé, marqué de quatre sillons; quatre étamines à filets courts, portées sur les bords du calice, pressées contre les sillons du nectaire, ayant la même inflexion que les pétales; des anthères biloculaires et arrondies; un ovaire calicinal, arrondi; un style épais; un stigmate simple; une baie calicinale, sphérique, biloculaire, disperme; des graines convexes d'un côté, anguleuses de l'autre. Ce végétal est un arbrisseau à tige grimpante, rameuse, longue, lisse et vrillée; ses feuilles sont pédées, *pedata*; ses fleurs disposées en grappes latérales, planes et dichotomes. Il n'est point dit quelle est la situation respective des pétales et des étamines, des feuilles et des fleurs, ni celle des graines dans le fruit, ni quelle est leur structure intérieure. D'ailleurs l'insertion des étamines et l'expression de baie calicinale, qui indique son adhérence au calice, éloignent ce genre du *Cissus*, et le rapprocheroient plutôt des rhamnées. On doit donc, en le mentionnant ici, suspendre tout jugement sur ses affinités, jusqu'à ce qu'on l'ait examiné de nouveau dans l'herbier de Loureiro, resté en Portugal. (J.)

VINOUS. (*Bot.*) L'un des noms qu'on donne, en Languedoc, au champignon de couche (*agaricus edulis*, Bull.). Voyez FONGE, n.° 17. (LEM.)

VINTAN. (*Bot.*) Suivant des échantillons d'herbier, le calaba, *calophyllum calaba*, est ainsi nommé à Madagascar. Dans une collection de fruits du même pays, donnée par Poivre, il est inscrit *vintango*. (J.)

VINTSI. (*Ornith.*) Nom cité comme désignant le martin-pêcheur huppé, *alcedo cristata*. (CH. D. et L.)

VINULE. (*Bot.*) Voyez à l'article LOMANDRA, tom. XXVII, pag. 149. (POIR.)

VINULE. (*Entom.*) C'est le nom de la chenille du *bom-byce à queue fourchue*, que nous avons décrite à l'article Bombyce, tom. V, pag. 159, sous le n.° 55, et figurée dans l'atlas de ce Dictionnaire, pl. 45, sous les n.°ˢ 2 et 2 *a*. (C. D.)

VINVISCH. (*Mamm.*) Selon M. de Lacépède, les Hollandois emploient ce mot pour désigner la baléinoptère gibbar. (D. .м.)

VIOCHE. (*Bot.*) Voyez Vienne. (J.)

VIOLA. (*Bot.*) Ce nom est donné à beaucoup de plantes différentes dans les anciens auteurs de botanique. Nous pensons que le lecteur nous saura gré de les rapporter ici, d'après l'article étendu que nous en avons donné dans le Nouveau Dictionnaire d'histoire naturelle, vol. 36, p. 70, où l'on trouvera aussi un aperçu sur les viola des anciens Grecs et des Latins.

Viola agrestis de Tragus ; saponaire, *saponaria officinalis*, Linn.

Viola alba de Tragus et Fuchsius : *Leucoium vernum*, Linn., ou la galanthème de Lobel. Césalpin; giroflée blanche, *cheiranthus incanus*, et la julienne blanche, *hesperis matronalis*, Linn.

Viola alpina de C. Bauhin ; les *Viola pinnata*, *calcarata* et *biflora*, Linn.

Viola alsiola de Tragus, espèce de giroflée, *cheiranthus annuus*, Linn.

Viola aquatilis de Dodonée; c'est l'*hottonia palustris*, Linn.

Viola arvensis. Sous ce nom on a connu les *viola arvensis* et *tricolor* (la pensée); les *campanula speculum*, *ceneris* et *hybrida*, Linn., sont des *viola arvensis* de Tabernæmontanus.

Viola barbata de Daléchamps, divers œillets; *dianthus armeria* et *barbatus*, ou l'œillet des poëtes.

Viola calathiana de Pline, rapportée au *digitalis purpurea* par Daléchamps ; au *gentiana pneumonanthe*, Linn., par Gesner, Dodonée et Thalius ; aux *gentiana ciliata* et *pannonica*, Linn.

Viola candida de Tragus, ou la giroflée à fleurs blanches, *cheiranthus incanus*, Linn.

Viola damascena de Swert et Lobel, ou notre julienne, *hesperis matronalis*.

Viola dasypodium, Gerhard; c'est la violette ordinaire, que cet auteur nomme aussi *dasyphyllum malum*.

Viola dentaria de Dodonée, qui désigne les *dentaria pinnata et pentaphylla*, Linn.

Viola domestica d'Anguillara, ou notre giroflée rouge; *cheiranthus incanus*.

Viola elatior ou erecta de Clusius, Camerarius, etc., ou *viola montana*, Linn.

Viola flammea de Fuchsius, ou *tagetes patula*, Linn., de Gesner; l'œillet ordinaire de couleur rouge de Daléchamps, Clusius, Dodonée, Césalpin; les *viola grandiflora* et *tricolor*, parce qu'ils les donnent pour le *viola flammea* de Pline.

Viola humida de Lobel; le *pinguicula palustris*, Linn.

Viola inodora de Dodonée, ou le *viola canina*, Linn., d'Hermann; la capucine, *tropæolum majus*, Linn.

Viola latifolia de plusieurs botanistes, ou *lunaria rediviva*, Linn.

Viola lunaria ou lunaris de Tabernæmontanus, Dodonée, Clusius, etc.; les lunaires.

Viola lutea de Lobel, Césalpin; le *viola lutea*, Linn., de Tragus, Daléchamps, Dodonée; le *cheiranthus cheiri*, Linn., ou giroflée jaune; le *cheiranthus fruticulosus*, Linn., et l'*erysimum cheranthoides*.

Viola marjana de C. Bauhin, ou *michauxia campanuloides*, Vent., de Gesner, Dodonée, Clusius, etc.; le *campanula medium*, Linn., de Barrelier; le *campanula mollis*, Linn.

Viola martia de C. Bauhin, désigne les violettes communes, *viola odorata, canina, hirta*, etc.

Viola matronalis de C. Bauhin, etc., ou la julienne, *hesperis matronalis*, Linn.; les giroflées rouges (*cheir. incanus* et *annuus*, Linn.) sont les *viola matronalis* de Fuchsius, Dodonée, Lobel, Césalpin, etc.

Viola montana de Clusius, désigne les *viola biflora, calcarata, grandiflora* et *arborescens*, Linn.; le *viola montana*, L., n'y étant pas compris.

Viola nigra; c'étoit la violette vraie (*V. odorata*) à fleurs pourpre-noir.

Viola palustris de Daléchamps, ou l'*hottonia palustris* de Gesner; le *pinguicula vulgaris*.

Viola pentagonia de Tabernæmontanus; les *campanula speculum veneris* et *hybrida*.

Viola peruviana. La belle-de-nuit, *mirabilis jalapa*, est ainsi désignée par Tabernæmontanus.

Viola petræa, Tabernæmontanus, ou les giroflées jaunes, *cheiranthus cheiri* et *fruticulosus*, Linn.

Viola purpurea. Ce nom est donné au *viola odorata* ou la violette, par Tabernæmontanus; par Tragus à d'autres violettes : il l'applique aussi, ainsi que Lobel, à la giroflée rouge, et Fuchsius, Daléchamps, à la julienne.

Viola sativa de Brunfels, est la violette ordinaire.

Viola sylvestris. Césalpin désigne ainsi les *hesperis matronalis* et *tristis* sauvages; chez Lobel c'est le *viola tricolor;* dans Gesner, le *viola odorata*, et dans Tabernæmontanus, le *viola montana*, L.

Viola tricolor, ou les pensées, qui comprennent les *viola tricolor*, Linn.; *viola arvensis* et *grandiflora*, Linn.

Viola trinitatis de Tabernæmontanus, est la grande pensée. (Lem.)

VIOLA. (*Ichthyol.*) C'est le nom portugais de la torpille. (H. C.)

VIOLACÉES. (*Bot.*) A la suite des cistées, dans le *Genera plantarum*, avoient été placés le *Viola* et quelques autres genres, annoncés comme devant former dans la suite une nouvelle famille, différente des cistées par le nombre défini des étamines, et ayant avec elles quelque rapport, soit par un embryon périspermé, soit par une capsule dont les trois valves sont munies d'un placentaire pariétal, comme celles de l'hélianthème. Cette famille a été adoptée sous le nom de violées par M. Brown, dans son Mémoire sur les plantes du Congo, de violacées par M. De Candolle dans la Flore françoise, et M. de Gingins dans une Monographie, et plus récemment sous celui de violaires par M. De Candolle dans son *Prodromus*. Nous lui conservons celui de violacées, consacré aussi par M. de Saint-Hilaire. Elle continue à appartenir à la classe des hypopétalées ou dicotylédones polypétales et à étamines hypogynes, et elle est fondée sur la réunion des caractères suivans :

Un calice persistant, non adhérent à l'ovaire, à cinq divi-

sions très-profondes, égales ou inégales, quelquefois appen-
diculées à leur base, imbriquées dans la préfloraison. Cinq
pétales hypogynes, alternes avec les divisions, égaux ou plus
souvent inégaux. Cinq étamines alternes avec les pétales,
ayant la même insertion; filets tantôt distincts, tantôt plus
rarement réunis à leur base ou appliqués intérieurement
contre un godet (*urceolus*) hypogyne, auquel les pétales adhèrent extérieurement; anthères biloculaires, appliquées contre l'extrémité des filets, tantôt distinctes, tantôt réunies en
un tube traversé par le style. Ovaire simple, non adhérent
au calice, uniloculaire, contenant ordinairement plusieurs
ovules; style unique; stigmate ordinairement simple. Capsule
uniloculaire, s'ouvrant dans sa longueur en trois valves, munies chacune dans son milieu d'un placentaire pariétal chargé
de graines, dont l'ombilic est souvent renflé, imitant un commencement d'arille. Embryon droit, à radicule dirigée vers
le point d'attache, occupant l'axe d'un périsperme charnu.

Tiges herbacées ou ligneuses, basses. Feuilles stipulées,
simples, ordinairement alternes, involutées avant leur développement. Pédoncules axillaires, solitaires, uni- ou pluriflores.

Les caractères de fleurs régulières ou pétales égaux, et de
fleurs irrégulières ou pétales inégaux, ont été indiqués, d'a-
bord par M. Brown, et ensuite par MM. Kunth, De Candolle
et Gingins, comme propres à distinguer dans la famille deux
sections principales.

Ces deux derniers auteurs placent dans la section des violacées proprement dites, qui ont les fleurs irrégulières, à
filets d'étamines ordinairement distincts, les genres *Calyp-
trion* de M. Gingins ou *Corynostylis* de M. Martius, dont le
Viola hybanthus d'Aublet fait partie; *Noisettia* de M. Kunth,
qui seroit mieux nommé *Nusettia*; *Glossarhea* de M. Martius
ou *Schweiggera* de M. Sprengel; *Viola*, composé seul de plus
de cent espèces; *Solea* de M. Gingins; *Pigea* de M. De Candolle; *Ionidium* de Ventenat, *Pombalia* de Vandelli, et *Hybanthus* de Jacquin, tous deux congénères du précédent, selon
M. de Saint-Hilaire, qui ajoute à cette série son *Spathularia*,
observé au Brésil, servant de transition à la suivante par six
pétales presque égaux.

Dans la section des Alsodinées, caractérisée par des fleurs régulières et des filets d'étamines réunis à leur base ou appliqués intérieurement contre un godet hypogyne, auquel adhèrent extérieurement les pétales, on rapporte les genres *Conoria* ou *Conohoria* d'Aublet, dont le *Passouru* et le *Riana* du même sont regardés comme congénères ; *Rinorea* du même, que quelques auteurs confondent encore avec le précédent ; *Alsodeia* de M. du Petit-Thouars ; *Ceranthera* de Beauvois, que M. Brown croit être la *Passalia* de Banks ; *Pentaloba* de Loureiro, *Physiphora* de Solander, *Hyperanthera* de Banks et de M. Brown ; *Lavradia* de Vellozo et Vandelli, repoussé à une autre famille par M. de Saint-Hilaire.

MM. Kunth, De Candolle et Gingins, forment dans cette famille une troisième section, dite des Sauvagées, contenant le seul genre *Sauvagesia*, distingué des violacées surtout par des étamines opposées aux pétales, et par les placentaires portés, non sur le milieu, mais sur les bords des valves. Ce dernier caractère lui est commun avec la famille des Frankeniées, avec laquelle ces auteurs indiquent aussi son affinité ; et c'est peut-être ce même motif qui détermine M. de Saint-Hilaire à repousser ce genre dans cette famille, à laquelle il associe aussi le *Lavradia* cité plus haut. Avant d'adopter une de ces classifications, il faudra vérifier dans ces deux genres, ainsi que dans les Frankeniées, la situation respective des pétales et des étamines, et celle des graines dans le fruit. La véritable place de ces genres dans l'ordre naturel n'est pas encore assez déterminée, quoiqu'ils aient été l'objet de grands travaux ; et ils restent classés ici avec doute, ainsi que le *Piperea* d'Aublet, associé cependant par M. Kunth au *Conoria*.

Dans la série des familles, les violacées sont mises par nous entre les cistées et les polygalées ; mais on ne peut regarder cette disposition comme définitive, puisqu'entre ces familles d'autres plus nouvelles ont été récemment interposées. (J.)

VIOLARUM MATER (*Bot.*), de Daléchamps, est le *viola montana*, Linn. (L—M.)

VIOLE NOIRE. (*Ichthyol.*) Au Canada on appelle ainsi le *perca ocellata* de Linnæus. Voyez PERSÈQUE. (H. C.)

VIOLET. (*Ichthyol.*) M. Schneider a décrit sous le nom de *labre violet*, celui dont nous avons parlé sous la dénomination de CRÉNILABRE DE LINKE, tom. XI, pag. 391 de ce Dictionnaire. (H. C.)

VIOLET [ÉCAILLEUX]. (*Entom.*) Geoffroy nomme ainsi, *écailleux violet*, le petit hanneton qui a été décrit par Linné sous le nom de *melolontha farinosa*. (C. D.)

VIOLET D'ÉTÉ. (*Bot.*) On donne ce nom dans les jardins à une espèce de giroflée. (L. D.)

VIOLET ÉVÊQUE. (*Bot.*) Il y a deux champignons de ce nom, savoir :

1. Le VIOLET ÉVÊQUE proprement dit. Ce champignon, ainsi nommé par Paulet (Traité des champignons. 2, page 180, pl. 77, fig. 1), a quatre pouces de haut. Il est d'une belle couleur violette, excepté sur les feuillets, qui sont d'un rouge foncé. Mais en les examinant on reconnoît qu'ils sont formés de deux lames, dont l'entre-deux est violet, et pour peu que l'on touche ces feuillets ils prennent aussitôt la teinte violette. Cette plante a une odeur et une saveur agréables et n'a point de mauvaise qualité. On la trouve en automne dans la forêt de Senart.

2. Le VIOLET ÉVÊQUE [PETIT] de Paulet (Trait., 2, p. 181, pl. 77, fig. 2) est aussi son *petit bleu* ou *le plateau de Sainte-Lucie*. Cette espèce d'*agaricus* est voisine du violet évêque ci-dessus, mais plus petite, n'ayant pas plus de deux pouces de haut. Son chapeau est d'un violet terne; ses feuillets sont roux; sa tige est un peu lavée de violet, comme torse. Ce champignon répand une odeur décidée de bois de Sainte-Lucie très-agréable. Lorsqu'on le coupe, sa chair change de couleur, comme dans le *violet évêque* proprement dit. Ses feuillets changent également de couleur lorsqu'on les touche.

Ces deux champignons appartiennent à la famille des *plateaux queue torse* de Paulet. (LEM.)

VIOLET ÉVÊQUE. (*Entom.*) Nom vulgaire du *papillon Mars* ou *Iris changeant*, décrit à l'article PAPILLON, t. XXXVII, pag. 416, n.ᵒˢ 122 et 123. (C. D.)

VIOLET POURPRE. (*Bot.*) Champignon décrit par Paulet, Trait. des champ., 2, pag. 202, pl. 93, fig. 3. Il est violet foncé, avec une nuance purpurine, mais les feuillets ont une légère teinte rousse et sont distincts du chapeau de manière à pouvoir en être détachés sans s'endommager mutuellement. Cette espèce, de taille moyenne, a une odeur suave qui approche de celle de la rose et la saveur des meilleurs champignons. On la trouve dans les bois et les jardins de Villers-Coterets et de Versailles, sur les feuilles pourries des marroniers et d'autres arbres. Paulet la rapporte à l'*agaricus violaceus*, Linn., Schæff., *Fung. Bav.*, pl. 3. (Lem.)

VIOLETTE; *Viola*, Linn. (*Bot.*) Genre de plantes dicotylédones polypétales, qui a donné son nom à la famille des *violées* ou *violacées*, Juss., et qui appartient à la *pentandrie monogynie*, Linn. Ses principaux caractères sont d'avoir un calice de cinq folioles un peu inégales, ovales-oblongues, prolongées au-dessous de leur base; une corolle de cinq pétales inégaux; l'inférieur plus grand, plus ou moins prolongé en éperon à sa base: cinq étamines insérées au réceptacle, ayant leurs anthères rapprochées ou serrées, mais non soudées entre elles; un ovaire supère, surmonté d'un style filiforme, terminé par un stigmate simple et réfléchi, ou droit et infundibuliforme; une capsule ovale, trigone, à une seule loge, et à trois valves s'ouvrant avec élasticité lors de la maturité du fruit; graines nombreuses, attachées le long du milieu des valves.

Les violettes sont pour la plupart des herbes vivaces, très-rarement annuelles, à tiges très-courtes et presque nulles, ou à tiges distinctes et quelquefois un peu ligneuses; leurs feuilles sont alternes, garnies de stipules, et leurs fleurs sont portées sur des pédoncules axillaires. On en connoît aujourd'hui une centaine d'espèces, qui appartiennent en général aux climats tempérés et septentrionaux des deux continens: quelques-unes ont aussi été trouvées dans l'Amérique méridionale et à la Nouvelle-Hollande. Il y en a vingt qui croissent naturellement en France.

* *Tiges nulles ; feuilles divisées.*

VIOLETTE PINNÉE; *Viola pinnata*, Linn., *Spec.*, 1525. Sa racine est une petite souche alongée, cylindrique, garnie de fibres inférieurement. Elle produit trois à quatre feuilles glabres, longuement pétiolées, partagées en trois à cinq lobes eux-mêmes découpés jusqu'à leur base en lanières étroites, linéaires, souvent incisées. Du milieu de ces feuilles s'élèvent un ou plusieurs pédoncules, souvent moitié plus courts que les pétioles, quelquefois presque de la même longueur, munis, dans leur partie supérieure, de deux bractées linéaires, et terminés chacun par une seule fleur de couleur violette, assez petite et penchée, dont l'éperon est un peu crochu. Le fruit est une capsule grande, ovale, à trois valves en forme de carène, contenant plusieurs graines globuleuses et d'un rouge brun. Cette espèce croît dans les Alpes du Dauphiné, du Piémont et de quelques autres parties de l'Europe.

Violette palmée ; *Viola palmata*, Linn., *Spec.*, 1323. Sa racine est épaisse, fibreuse ; elle produit de son collet plusieurs feuilles pétiolées, légèrement pubescentes, cordiformes, le plus souvent partagées en trois à cinq lobes plus ou moins profonds, légèrement dentelées ou crénelées, quelquefois entières et nullement divisées. Du milieu de ces feuilles s'élèvent un ou plusieurs pédoncules grêles, pubescens, striés, terminés par une fleur assez grande, bleue ou blanchâtre et un peu inclinée, dont les pétales sont barbus dans leur partie inférieure ; l'éperon du pétale inférieur est court et obtus. Cette plante croît dans l'Amérique septentrionale ; on la cultive dans les jardins de botanique.

** *Tiges nulles ; feuilles entières.*

Violette odorante : *Viola odorata*, Linn., *Spec.*, 1324 ; *Fl. Dan.*, t. 309. Ses racines sont cylindriques, horizontales, munies de fibres menues ; elles poussent de leur collet plusieurs rejets traçans, assez semblables à de petites tiges couchées, garnis, à leur extrémité supérieure, de plusieurs feuilles pétiolées, cordiformes, glabres, crénelées en leurs bords, plutôt obtuses qu'aiguës. Les fleurs naissent immédiatement des racines ou des rejets ; elles sont portées chacune par un pédoncule grêle, glabre, plus long que les feuilles ; leur couleur est d'un bleu violet, quelquefois blanche, et elles exhalent une odeur fort agréable. Des variétés de ces deux couleurs et à fleurs doubles se cultivent dans les jardins. La vio-

lette odorante croit naturellement dans les bois et les buissons ;
elle fleurit depuis le mois de Février jusqu'en Avril. On en
cultive aussi une variété qui fleurit plusieurs fois l'année.

« *Viola* étoit souvent employé chez les anciens comme un
« nom générique assez indéterminé, sous lequel ils oompre-
« noient, avec les violettes proprement dites, diverses autres
« plantes coronaires, telles que les giroflées.

« La violette odorante est l'*ιον μελαν* de Théophraste
« (Hist., vi, 6), l'*ιον πορφυρουν* de Dioscoride (iv, 122), et
« le *viola purpurea* de Pline. Chérie dès la plus haute anti-
« quité, Homère en tapisse les lieux habités par Calypso
« (Odyss., v., 72). La terre l'avoit produite pour nourrir la
« belle Io, transformée en vache par Jupiter, et de là son
« nom d'*ιον*. Suivant d'autres, il venoit des nymphes d'Ionie,
« qui l'offrirent les premières au maître des dieux dans les
« sacrifices. Son nom et son parfum l'avoient rendue la fleur
« favorite des Athéniens, Ioniens d'origine. Les images d'A-
« thènes personnifiée en avoient toujours le front ceint. On
« la cultivoit partout autour de cette ville ; en tout temps on
« l'y vendoit sur les places pour faire des couronnes. Les
« orateurs, suivant Aristophane (*Acharn.*, act. 2, sc. 6), flat-
« toient agréablement ce peuple léger en l'appelant, dans
« leurs harangues, *ιοστεφανοι Αθηναιοι*, *Athéniens couronnés
« de violettes.*

« Les couronnes de violettes passoient, dans les festins,
« pour empêcher l'ivresse. Cette fleur étoit regardée comme
« un symbole de la virginité. Simon Paulli dit que, de son
« temps encore, dans quelques villes d'Allemagne, on en
« paroit, aux funérailles, le cercueil des jeunes filles.

« L'odeur de la violette, comme celle des lis et de beau-
« coup d'autres fleurs, toute suave qu'elle est, peut nuire,
« si une trop grande quantité se trouve rassemblée dans un
« lieu fermé. Triller, dans une dissertation sur ce sujet, parle
« d'une jeune fille, frappée d'apoplexie pour avoir passé la
« nuit dans une chambre où un vase en étoit rempli. (Loise-
« leur et Marquis, *Dict. des sc. méd.*) »

Les feuilles de la violette odorante sont émollientes et laxa-
tives, et on les fait quelquefois entrer comme telles dans les
lavemens et les fomentations de cette sorte. Les fleurs en na-

ture et en poudre passent pour purgatives. On ne sait pourquoi on les a mises au nombre des fleurs dites cordiales. Le plus ordinairement on en fait usage en infusion théiforme, comme adoucissantes et légèrement antispasmodiques, dans les affections aiguës de la poitrine et les maladies nerveuses. Ces fleurs, fraîches, servent à faire un sirop qui porte leur nom, auquel elles communiquent une belle couleur bleu-violet. Ce sirop s'emploie dans les mêmes cas que l'infusion des fleurs. Celles-ci donnent une teinture bleu-pourpré, que les acides font facilement passer au rouge, et les alcalis au vert: à cause de cette propriété, les chimistes s'en servent souvent comme réactif.

Les graines de violette ont passé autrefois pour diurétiques et lithontriptiques : on en faisoit des émulsions; mais elles sont aujourd'hui tombées en désuétude.

Lorsqu'on croyoit que l'ipécacuanha étoit uniquement fourni par les racines d'une violette exotique, on fut conduit par l'analogie à rechercher dans nos violettes indigènes si leurs racines n'avoient pas la même propriété que celle du *viola ipecacuanha*, Linn.; mais les expériences que firent à ce sujet MM. Coste et Willemet n'eurent qu'un succès médiocre. Les racines de la violette odorante, à la dose de 36 à 72 grains, provoquérent plus souvent la purgation que des vomissemens.

Violette des Alpes ; *Viola alpina*, Jacq., *Fl. Aust.*, tab. 242. Sa racine est une petite souche cylindrique, munie de quelques fibres à son extrémité inférieure; elle produit de son collet dix à douze petites feuilles ovales, un peu en cœur à leur base, glabres des deux côtés, bordées de crénelures assez larges et portées sur des pétioles d'un pouce à un pouce et demi de longueur. Du milieu de ces feuilles s'élèvent une ou deux fleurs, grandes en proportion de la plante elle-même, de couleur bleu-violet, inclinées, portées sur des pédoncules cylindriques, plus longs que les feuilles, munis de deux petites bractées dans leur partie supérieure. Les pétales inférieurs sont barbus vers leur base, et le stigmate est renflé en tête et urcéolé. Cette espèce croît en Europe, sur les sommets des montagnes alpines.

Violette des marais : *Viola palustris*, Linn., *Spec.*, 1324;

Fl. Dan., t. 85. Sa racine est rampante, fibreuse; elle produit deux à trois feuilles réniformes, crénelées, quelquefois presque entières, très-glabres, portées sur des pétioles deux à trois fois plus longs que leur limbe. Les fleurs sont petites, d'un bleu clair ou presque cendré, portées sur des pédoncules plus longs que les feuilles et solitaires entre chaque groupe de feuilles. Les folioles de leur calice sont obtuses, et l'éperon du pétale inférieur est très-court et très-obtus. Cette plante croît dans les lieux marécageux et sur les bords des petits ruisseaux.

*** *Tiges herbacées ou suffrutescentes.*

Stipules entières ou à peine dentées.

VIOLETTE BIFLORE: *Viola biflora*, Linn., *Spec.*, 1326; *Flor. Dan.*, tab. 46. Sa racine est horizontale, garnie de fibres menues; elle produit une ou deux tiges grêles, foibles, quelquefois un peu couchées, hautes de deux à cinq pouces, chargées de deux feuilles réniformes, crénelées, parfaitement glabres, ainsi que toute la plante, portées sur des pétioles accompagnés à leur base de deux stipules ovales, entières. Les fleurs sont jaunes, ordinairement au nombre de deux au sommet des tiges, et portées sur des pédoncules beaucoup plus longs que la feuille dans l'aisselle de laquelle ils sont placés; leur éperon est obtus, et les pétales sont marqués de veines noirâtres. Cette espèce croît dans les lieux élevés et humides des Alpes, des Pyrénées et des hautes montagnes de l'Europe et de l'Asie.

VIOLETTE A FEUILLES DE NUMMULAIRE: *Viola nummularifolia*, Vill., Dauph., 2, p. 663; All., *Fl. ped.*, n. 1640, t. 9, fig. 4. Ses tiges sont grêles, couchées, un peu rameuses, garnies, dans leur partie supérieure, de quelques feuilles très-glabres, comme toute la plante, arrondies, entières, portées sur des pétioles munis à leur base de stipules ovales-lancéolées, dentées. Les fleurs sont d'un bleu pâle, petites, peu nombreuses, portées sur des pédoncules axillaires, une fois plus longs que les feuilles, chargés, dans leur partie moyenne, de deux bractées très-petites; leur éperon est court et obtus. Cette espèce croît dans les Alpes, les Pyrénées et les montagnes de Corse.

Violette arborescente ; *Viola arborescens*, Linn., *Spec.*, 1325. Sa tige est un peu ligneuse, rameuse, haute de trois à cinq pouces, légèrement pubescente, ainsi que les feuilles, qui sont lancéolées-linéaires, entières ou à peine dentées, rétrécies en pétiole à leur base et accompagnées de stipules longues, étroites, très-pointues et entières. Les fleurs sont d'un bleu violet, portées sur des pédoncules axillaires, plus longs que les feuilles. Les folioles du calice sont aiguës, un peu membraneuses en leurs bords; l'éperon est très-court et très-obtus. Cette plante croit dans les lieux sablonneux des bords de la mer, en Provence, en Catalogne et dans le nord de l'Afrique.

Violette de montagne; *Viola montana*, Linn., *Spec.*, 1325. Sa tige est divisée dès sa base en rameaux redressés, simples, hauts de trois à six pouces, glabres comme toute la plante, garnis de feuilles ovales-lancéolées, assez souvent échancrées en cœur à leur base, dentées en leurs bords, assez obtuses ou peu aiguës, munies, à la base de leur pétiole, de deux grandes stipules lancéolées, entières dans leur partie supérieure, bordées de chaque côté et dans la partie inférieure, de trois à cinq grandes dents. Ses fleurs sont axillaires, solitaires, d'un bleu pâle, quelquefois tout-à-fait blanches, portées sur des pédoncules un peu plus longs que les feuilles; leur éperon est obtus, un peu recourbé à son extrémité. Cette espèce croît dans les prairies des montagnes, en France et dans le nord de l'Europe.

**** *Tiges herbacées; stipules pinnatifides.*

Stigmate urcéolé ou en entonnoir.

Violette des champs, vulgairement Pensée sauvage: *Viola arvensis*, Murr., *Prodr.*, 73 ; *Viola tricolor α*, Linn., *Spec.*, 1326. Sa racine est fibreuse, blanchâtre, annuelle; elle produit une tige souvent divisée dès sa base en rameaux anguleux, glabres, plus ou moins étalés à leur base, longs de six à huit pouces, redressés dans leur partie supérieure, garnis de feuilles ovales, crénelées, pétiolées, munies à leur base de stipules pinnatifides. Ses fleurs sont axillaires, portées sur des pédoncules plus longs que les feuilles, mélangées de blanc et de jaune, avec quelques raies violettes. La corolle est à peine plus longue que les folioles calicinales. Cette plante est commune dans les champs, en France, dans d'autres contrées de l'Europe, dans plusieurs endroits de l'Asie et dans le nord de l'Afrique. Elle fleurit pendant tout l'été.

Violette tricolore : *Viola tricolor*, Lam., *Ill.*, t. 725 ; *Viola tricolor β*, Linn., *Spec.*, 1326. Celle-ci ressemble beaucoup à la précédente, et Linné ne les regardoit que comme deux variétés de la même espèce ; mais on l'en distingue suffisamment par ses pétales, qui sont une ou deux fois plus grands que les folioles du calice et d'une belle couleur pourpre-violet, comme veloutée, avec un agréable mélange de blanc et de jaune. Cette plante croît spontanément dans les prairies des montagnes sous-alpines ; on la rencontre fréquemment dans les jardins, où on la cultive à cause de ses jolies fleurs, qui se succèdent les unes aux autres pendant presque toute l'année : il n'y a que les gelées un peu fortes qui arrêtent sa végétation.

La violette des champs et la violette tricolore ont une saveur amère et un peu âcre : à dose un peu forte, elles peuvent produire des nausées et même provoquer le vomissement ; mais le plus souvent elles n'agissent que comme purgatives. On les a beaucoup préconisées dans les maladies de la peau, comme la teigne, les dartres, la gale, etc. On les a aussi employées contre les rhumatismes chroniques et dans les maladies lymphatiques. En France on fait plus particulièrement usage de la pensée sauvage ; les médecins allemands recommandent surtout la pensée tricolore.

Violette a long éperon ; *Viola calcarata*, Linn., *Spec.*, 1325. Ses tiges sont grêles, couchées à leur base, longues seulement d'un pouce ou quelquefois de trois à quatre, et alors redressées dans leur partie supérieure. Ses feuilles sont ovales, glabres, bordées de quelques crénelures écartées, et portées sur des pétioles munis à leur base de stipules partagées en trois divisions étroites, linéaires, dont la moyenne est beaucoup plus longue que les autres. Ses fleurs sont solitaires et terminales, grandes, jaunes ou bleuâtres, quelquefois mêlées de jaune, de bleu et de violet, portées sur des pédoncules très-longs. Les appendices de la base du calice sont dentés, et l'éperon est aussi long que les pétales. Cette espèce croit dans les pâturages élevés des Alpes, des Pyrénées et des hautes montagnes de l'Europe.

VIOLETTE CORNUE; *Viola cornuta*, Linn., *Spec.*, 1325. Sa racine est fibreuse, vivace comme dans la précédente; elle produit une tige légèrement anguleuse, couverte de quelques poils courts, couchée à sa base, ensuite redressée, ordinairement simple, haute de quatre-à dix pouces, quelquefois très-courte et presque nulle. Ses feuilles sont pétiolées, crénelées, légèrement ciliées; les inférieures réniformes ou en cœur, les supérieures ovales-lancéolées; leurs stipules sont larges, fortement dentées et comme palmées, ciliées en leurs bords. Les fleurs sont axillaires, solitaires dans la partie supérieure des tiges, ou au nombre de deux, rarement de trois; elles sont portées sur un long pédoncule. La corolle est d'un bleu très-pâle, et l'éperon du pétale inférieur est au moins égal à la longueur de la corolle. Cette espèce est commune dans les prairies élevées des Pyrénées; on la trouve aussi sur quelques autres montagnes alpines de l'Europe. (L. D.)

VIOLETTE. (*Bot.*) Nom commun à une variété de figue, de pêche et de pomme; et la jacinthe a quelquefois été désignée ainsi. (L. D.)

VIOLETTE. (*Erpét.*) Nom spécifique d'une COULEUVRE, décrite dans ce Dictionnaire, tome XI, pag. 184. (H. C.)

VIOLETTE. (*Conchyl.*) Nom vulgaire des coquilles du genre Janthine, à cause de leur couleur. (DESM.)

VIOLETTE AQUATIQUE. (*Bot.*) Nom vulgaire de l'hottone aquatique. (L. D.)

VIOLETTE DE LA CHANDELEUR. (*Bot.*) Un des noms vulgaires du *galanthus nivalis* dans l'Anjou, suivant M. Desvaux. (J.)

VIOLETTE DES DAMES. (*Bot.*) C'est le nom de la julienne. (L. D.)

VIOLETTE DE FÉVRIER ou PERCE-NEIGE. (*Bot.*) Voyez GALANTHINE. (LEM.)

VIOLETTE GIROFLÉE. (*Bot.*) On donne ce nom à la giroflée ordinaire. (L. D.)

VIOLETTE MARINE. (*Bot.*) Nom vulgaire de la campanule carillon, *campanula medium*, Linn. (L. D.)

VIOLETTE DE MARS. (*Bot.*) C'est la violette odorante.
(L. D.)

VIOLETTE [PETITE]. (*Entom.*) Nom d'un papillon de jour,
qui est du sous-genre Argynne. Voyez *Papilio dia*, n.° 94,
à l'article Papillon de ce Dictionnaire. (C. D.)

VIOLETTE DES SORCIERS. (*Bot.*) Nom vulgaire de la
petite pervenche. (L. D.)

VIOLETTE DE TROIS COULEURS ou PENSÉE. (*Bot.*)
Voyez Violette. (Lem.)

VIOLIER. (*Bot.*) On nomme ainsi dans plusieurs provinces
méridionales de la France la giroflée, *cheiranthus.* C'est le
vioulie des Languedociens. (J.)

VIOLIER BULBEUX, VIOLIER D'HIVER. (*Bot.*) C'est la
perce-neige. (L. D.)

VIOLIER JAUNE. (*Bot.*) Nom vulgaire de la giroflée de
muraille. (L. D.)

VIOLON. (*Mamm.*) Les habitans de la Guiane ont quelquefois donné ce nom aux tatous. (Desm.)

VIORNE; *Viburnum*, Linn. (*Bot.*) Genre de plantes dicotylédones monopétales, de la famille des *caprifoliacées*, Juss.,
et de la *pentandrie trigynie*, Linn., dont les principaux caractères sont d'avoir: Un calice monophylle à cinq petites dents;
une corolle monopétale, campanulée, à cinq lobes; cinq étamines insérées à la base de la corolle et alternes avec ses
lobes; un ovaire infère ou adhérent au calice, surmonté de
trois stigmates sessiles ; une baie à une loge monosperme.

Les viornes sont des arbrisseaux à feuilles opposées, et à
fleurs disposées en corymbe terminal. On en connoît aujour-
d'hui trente et quelques espèces, parmi lesquelles trois seulement croissent naturellement en Europe et se trouvent en
France.

* *Feuilles très-entières.*

Viorne laurier-tin ; *Viburnum tinus*, Linn., *Spec.*, 383. Sa
tige est ligneuse, divisée dès sa base en rameaux nombreux,
opposés, dont les plus jeunes sont un peu tétragones, rougeâtres, très-glabres, garnis de feuilles ovales ou ovales-lancéolées, pétiolées, luisantes et d'un vert foncé en dessus,
plus pâles en dessous, ordinairement glabres. Ses fleurs sont

rougeâtres avant d'être épanouies, blanches en dedans après leur développement, assez petites, disposées, au sommet des rameaux, en jolis corymbes larges de deux à trois pouces, et accompagnées de petites bractées : il leur succède de petites baies ovoïdes, d'un bleu foncé dans la maturité. Cet arbrisseau croît naturellement dans le midi de la France, en Espagne, en Italie et dans le nord de l'Afrique. On le cultive fréquemment dans les jardins, à cause de ses jolies fleurs, qui durent et se succèdent les unes aux autres pendant une grande partie de la belle saison.

Dans les pays méridionaux, le laurier-tin s'élève à la hauteur de huit à dix pieds, mais dans le Nord il n'atteint guère qu'à la moitié de cette hauteur, lorsqu'on le tient en pot ou en caisse, afin de le rentrer dans l'orangerie pendant l'hiver et le préserver du froid. Cependant on peut aussi, même dans le climat de Paris, le planter en pleine terre, en ayant soin de le couvrir ou au moins d'en garantir le pied avec de la paille ou de la litière, pendant les fortes gelées. Lorsqu'il arrive d'ailleurs que les grands froids le fassent périr, il n'y a ordinairement que les branches qui soient frappées de la gelée, la souche repousse bientôt de nouveaux jets. Le laurier-tin peut se multiplier de graines; mais le plus souvent on se contente de le multiplier de drageons enracinés, qui poussent du pied des anciennes tiges, et de marcottes, qui prennent facilement racine. Il n'est pas difficile sur la nature du terrain et ne demande d'ailleurs que des soins ordinaires. On en cultive dans les jardins une variété à feuilles panachées. Les baies du laurier-tin sont purgatives; mais on ne les emploie pas en médecine.

Viorne odorante; *Viburnum fragrans*, Loisel., Herb. de l'amat., vol. 7, n. et t. 466. Cette espèce est un arbrisseau qui s'élève à quatre ou cinq pieds, en se divisant en rameaux opposés, cylindriques, glabres, garnis de feuilles ovales, obtuses ou à peine aiguës, luisantes et d'un vert gai en dessus, plus pâles en dessous, parfaitement glabres, portées sur des pétioles assez courts. Ses fleurs sont blanches, agréablement odorantes, nombreuses, disposées, au sommet des rameaux et dans les aisselles des feuilles supérieures, en grappes paniculées. Cette plante fleurit en Avril et Mai. Nous l'avons vue, il y a quelques années, dans le jardin de M. Noisette, qui la cultivoit sans connoître son pays natal. Il la multiplioit de marcottes, la plantoit en pot, et la rentroit dans la serre pendant l'hiver.

VIORNE NUE; *Viburnum nudum*, Linn., *Spec.*, 385. Cette espèce est un arbrisseau haut de dix à douze pieds, dont la tige se divise en rameaux cylindriques, opposés, glabres, d'un brun rougeâtre, garnis de feuilles ovales, obtuses à leur sommet, un peu cunéiformes à leur base, glabres des deux côtés, d'un vert luisant, caduques, portées sur des pétioles assez courts. Ses fleurs sont blanches, petites, très-nombreuses, dépourvues de bractées, portées sur des pédoncules très-rameux et disposées à l'extrémité des rameaux en un large corymbe ombelliforme. Ses fleurs paroissent en Juin et Juillet. Cette viorne est originaire de la Virginie et de la Caroline. On la cultive en pleine terre au Jardin du Roi.

** *Feuilles dentées.*

VIORNE A FEUILLES DE PRUNIER; *Viburnum prunifolium*, Linn., Sp., 384. Cette viorne, connue dans les jardins sous le nom d'*aubépine noire*, est un arbrisseau haut de huit à douze pieds, dont les tiges sont droites, divisées en rameaux nombreux, cylindriques, glabres, garnis de feuilles ovales, obtuses ou à peine aiguës, finement et irrégulièrement dentées en leurs bords, glabres des deux côtés, portées sur des pétioles deux à trois fois plus courts que leur limbe et bordés d'une petite membrane qui les rend presque ailés. Ses fleurs sont blanches, petites, accompagnées à la base de leur pédoncule par de petites bractées, et disposées en un corymbe terminal et ombelliforme. Il leur succède des baies arrondies, noirâtres. Cette espèce croît naturellement dans la Caroline, la Virginie et le Canada. On la cultive en pleine terre au Jardin du Roi, où elle fleurit en Mai et Juin.

VIORNE A FEUILLES DE POIRIER; *Viburnum pyrifolium*, Poir., Dict. encycl., 8, p. 653. Cette espèce a beaucoup de rapports avec la précédente, et peut-être n'en est-elle qu'une variété. Elle en diffère parce que ses corymbes de fleurs sont portés sur des rameaux axillaires, et parce que ses baies sont ovales-

oblongues. Elle croît naturellement dans l'Amérique septentrionale. On la cultive au Jardin du Roi, où elle fleurit en
Mai et Juin.

VIORNE LUISANTE; *Viburnum lentago*, Linn., *Sp.*, 384. Cette
viorne est un arbrisseau de huit à dix pieds de hauteur, dont
la tige se divise en rameaux nombreux, cylindriques, glabres, garnis de feuilles ovales, aiguës, finement dentées en
scie en leurs bords, glabres sur leurs deux faces, d'un vert
luisant en dessus, opposées deux à deux et quelquefois trois
à trois, portées sur des pétioles canaliculés. Ses fleurs sont
blanches, disposées au sommet des rameaux en un corymbe
terminal et ombelliforme. Cette plante croît naturellement
dans le Canada. On la cultive en pleine terre au Jardin du
Roi, où elle fleurit en Mai et Juin.

VIORNE MANCIENNE, vulgairement BARDEAU, BOURDAINE BLAN-
CHE; *Viburnum lantana*, Linn., *Sp.*, 384. C'est un arbrisseau
de dix à douze pieds de hauteur, dont les rameaux sont un
peu tétragones, recouverts d'une sorte de poussière blanchâtre, comme farineuse, et garnis de feuilles ovales, assez obtuses, bordées de dents aiguës, glabres en dessus, blanchâtres
et cotonneuses en dessous, portées sur des pétioles recouverts
d'une poussière blanchâtre, qui, vué à la loupe, paroît être
composée de petites écailles formées d'une réunion de poils
très-courts et ouverts en étoile. Ses fleurs sont blanches, disposées au sommet des rameaux en corymbes ombelliformes.
Leurs pédoncules et leurs bractées sont recouverts de poils
disposés comme ceux des pétioles et des rameaux, mais plus
longs. Ses fruits sont de petites baies arrondies, molles, d'a-
bord vertes, puis rouges, enfin noirâtres dans leur parfaite
maturité, ayant une saveur douceâtre, visqueuse et peu
agréable. Cette viorne est commune en France et en Europe,
dans les haies, les buissons et sur les bords des bois. Elle fleurit
en Avril et Mai.

Ses feuilles et ses fruits sont un peu astringens et rafraî-
chissans; préparés en décoction, ils ont été employés autrefois dans les maux de gorge et dans les flux de ventre et
hémorrhoïdaux; mais ils sont maintenant tombés en désuétude,
ainsi que leur eau distillée, jadis conseillée en collyre dans
les maladies des yeux. Les fruits servent, en Suisse, à faire de

l'encre. Les racines de la viorne mancienne, macérées dans la terre et pilées ensuite, peuvent servir à faire une sorte de glu propre à prendre les petits oiseaux.

Viorne obier, vulgairement Sureau de marais, *Viburnum opulus*, Linn., *Spec.*, 384. Cette espèce est un arbrisseau de huit à dix pieds de hauteur, dont la tige se divise en rameaux opposés, cylindriques, glabres, grisâtres, garnis de feuilles vertes en dessus, blanchâtres et légèrement pubescentes en dessous, partagées en trois lobes peu profonds, aigus et dentés; elles sont portées sur des pétioles munis de glandes dans leur partie supérieure, et accompagnées à leur base de petites stipules subulées. Ses fleurs sont blanches, disposées en corymbes terminaux, remarquables parce que celles de la circonférence sont beaucoup plus grandes que les autres, stériles et irrégulières. Il succède aux fleurs fertiles des baies globuleuses, de couleur rouge, d'une saveur âpre. Cet arbrisseau croit naturellement en France et dans d'autres contrées de l'Europe, dans les lieux un peu humides des bois, des haies et des buissons. On en cultive, dans les jardins, une variété connue sous les noms de *rose de Gueldre, boule de neige*, qui est remarquable parce que ses fleurs, au lieu d'être disposées en ombelles planes, forment de grosses boules blanches d'un très-bel aspect: ces fleurs sont pour la plus grande partie stériles. On en connoît aussi une sous-variété à feuilles panachées.

La boule de neige est un des plus jolis arbrisseaux qu'on puisse cultiver pour l'ornement des jardins; elle présente, au mois de Mai, au moment où elle est en fleur, un coup d'œil charmant. Elle n'est pas difficile sur la nature du terrain; cependant, quand elle est plantée dans une terre sèche et trop exposée au soleil, elle perd ses feuilles de bonne heure. On la multiplie facilement de marcottes et de drageons enracinés. Les fruits de l'espèce ordinaire se mangent dans les pays du Nord. Les oiseaux en sont très-friands. (L. D.)

VIORNE. (*Bot.*) Ce nom françois, qui appartient au *viburnum*, est aussi donné assez généralement à la clématite ordinaire. Voyez Viburnum. (J.)

VIORNE DES PAUVRES. (*Bot.*) C'est la clématite des haies. (L. D.)

VIOUTTE. (*Bot.*) Nom vulgaire de l'érythrone dent-de-chien. (L. D.)

VIPERARIA. (*Bot.*) Gérard, auteur ancien, nommoit ainsi une scorzonère des régions septentrionales, *scorzonera humilis.* (J.)

VIPÈRE, *Vipera.* (*Erpét.*) Genre de reptiles de l'ordre des ophidiens, de la famille des hétérodermes. Il comprend toutes les espèces de serpens de cette famille qui ont la queue cylindrique, garnie en dessous d'un double rang de plaques, et qui ont la gueule constamment armée de crochets venimeux.

Linnæus avoit réuni les COULEUVRES dans un seul et même genre avec les VIPÈRES, qu'on en a distraites depuis, en raison du dernier caractère que nous venons de leur assigner, et dont on a encore séparé récemment les TRIGONOCÉPHALES, les NAJA et les ÉLAPS (voyez ces mots), d'après les données présentées par M. Alex. Brongniart, par Daudin, par Laurenti et par MM. Duméril, Cuvier et Oppel principalement. (Voyez ERPÉTOLOGIE, REPTILES, SERPENS.)

Tel qu'il est constitué aujourd'hui, ce genre présente les caractères suivans :

Dessous de la queue muni d'un double rang de plaques disposées par paires ; extrémité de cette partie arrondie ; des crochets à venin ; dessus du crâne garni d'écailles granulées ou de plaques ; tête raccourcie, élargie postérieurement ; dessous de l'abdomen revêtu de grandes plaques entières et transversales.

A l'aide de ces notes et du tableau que nous avons donné à notre article HÉTÉRODERMES, on distinguera facilement les VIPÈRES des COULEUVRES et des autres genres voisins. (Voyez aussi OPHIDIENS et ERPÉTOLOGIE.)

Nous ne signalerons, au reste, parmi elles que les espèces suivantes :

La VIPÈRE COMMUNE : *Vipera berus*, Daudin ; *Coluber berus*, Linn. ; *Berus subrufus*, Laurenti. Brune ou d'un gris cendré ; une raie noire en zigzag le long du dos, et une rangée de taches noires de chaque côté ; ventre ardoisé ; cent quarante-quatre à cent soixante-dix-sept plaques abdominales ; vingt-neuf à soixante-huit doubles plaques caudales ; écailles de la nuque, du dos et du dessus de la queue hexagonales, ob-

longues, imbriquées, carénées; un petit ergot corné à l'extrémité de la queue.

Cet ophidien a la tête cordiforme, plus large que le corps,
couverte d'écailles granulées, un peu alongée, déprimée,
faiblement amincie vers le museau, qui est obtus et recouvert
de six petites plaques, dont deux sont percées par les narines,
et marqué d'une tache noirâtre. Une tache de la même teinte
existe sur chacun de ses yeux et se dirige en un trait oblique
vers la base des mâchoires du côté du cou, tandis qu'on en
voit une autre, circonscrite et entourée de gris, occuper
l'espace qui existe entre les yeux, où l'on remarque aussi une
grande plaque hexagonale, suivie de deux autres plaques oblongues.

Sa mâchoire inférieure est jaunâtre; le bord de la supérieure est blanc, tacheté de noir.

Les bords extérieurs de ses lèvres sont revêtus de petites
lames lisses.

La moitié postérieure de sa tête s'élargit et est couverte
de petites écailles hexagonales qui se prolongent jusque derrière les yeux.

Sous sa mâchoire inférieure existent deux grandes plaques
ovales, oblongues, et sur leurs côtés plusieurs rangées d'é-
cailles.

Ses yeux sont petits, vifs; leur iris est rouge ou d'un jaune
doré; leur pupille est noire.

Sa langue, fourchue et susceptible d'une grande extension,
est noire ou grise, molle et incapable de faire des blessures
dangereuses et de lancer un venin mortel, comme tendrait
à le faire croire un des préjugés les plus ridicules et d'autant
plus accrédité, qu'il a trouvé place dans plusieurs ouvrages
d'ailleurs estimables. Les deux languettes aiguës qui la terminent font qu'elle ressemble à un double dard, que le reptile
brandit dans sa gueule, surtout lorsqu'il menace de mordre;
mais la ressemblance est trompeuse, en sorte que la comparaison par laquelle on en a fait l'emblème de la Calomnie,
porte complétement à faux.

Il n'en est point de même des crochets dont sa gueule est
armée, crochets que Pline a parfaitement fait connoître, dont
nous avons donné la description aux articles CROTALE, OPHIDIENS

ét Serpens, et sur la conformation et le mécanisme desquels Laurenti, Tyson, Charas, Linnæus, Daubenton, De Lacépède, Mead. Fontana, Rédi et une foule d'autres zootomistes nous ont laissé des détails précis et d'une haute importance. Très-longs, proportionnément aux autres dents, qui sont au nombre de vingt-huit sur les branches palatales et de vingt-quatre sur les branches marginales de la mâchoire inférieure, ils sont fort aigus et percés d'un petit canal qui donne issue à une liqueur empoisonnée, sécrétée par une glande lobulée d'un volume considérable, et placée, ainsi que chez les autres vipéres et ophidiens venimeux, sur les côtés de chaque branche de la mâchoire supérieure en arrière de l'orbite et presque immédiatement sous la peau. Ces crochets, dont on n'observe aucun vestige à la mâchoire inférieure, se cachent dans un repli de la membrane buccale, quand l'animal ne veut point s'en servir, et ont, derrière eux, plusieurs germes destinés à les remplacer s'ils viennent à se casser.

Quant à la glande avec laquelle ils ont des connexions, celle-ci est traversée d'avant en arrière extérieurement et inférieurement, par deux muscles destinés de chaque côté à abaisser les os sus-maxillaires et à redresser les crochets, de manière qu'en contribuant à fermer la gueule, ces muscles compriment l'organe sécréteur du venin, et chassent ce dernier dans le canal excréteur, d'où il est conduit à la base de la dent recourbée, dans laquelle il pénètre par une' fente ouverte en avant, qui le transmet dans un canal terminé obliquement en bec de plume et près de la pointe de cette arme terrible, qui porte avec tant de certitude le ravage dans le corps des animaux qu'elle atteint.

La vipére commune, a dit De Lacépède, est aussi petite, aussi faible, aussi innocente en apparence que son venin est dangereux. Rarement sa longueur, en effet, excéde deux pieds, et sa taille ramassée et sans élégance, ses couleurs ternes et sombres, ses mouvemens peu agiles, ne sauraient en aucune façon lui attirer une attention que l'affreux poison distillé par ses crochets lui a méritée de tout temps.

Depuis l'antiquité la plus reculée, elle a inspiré à l'homme et à la plupart des autres êtres animés, des craintes justement fondées et une horreur insurmontable.

Généralement répandue dans les cantons boisés, montueux et pierreux de toute l'Europe tempérée et méridionale, commune sur la lisière des taillis secs, sur les rochers et les sables exposés au soleil, on la trouve aux environs de Paris, de Rouen, de Lyon, de Grenoble, de Poitiers, d'Angers, de Montpellier, de Toulouse, de Bordeaux et dans toute la France, dans les îles britanniques, en Allemagne, en Suède, en Pologne, en Prusse, en Italie, et jusqu'en Sibérie et en Norwége. C'est elle qui, dans ces dernières années, s'était multipliée d'une manière effrayante sous le nom d'*aspic* dans la forêt de Fontainebleau.

Elle se nourrit de petits quadrupèdes, de souris, de mulots, de taupes, de lézards, de grenouilles, de crapauds, de salamandres, de jeunes oiseaux et d'insectes, comme des mouches, des fourmis, des cantharides et même des scorpions, selon Aristote. Elle mange aussi des mollusques et des vers, et, de même que tous les ophidiens, elle peut, sans en souffrir notablement, supporter un jeûne de plusieurs mois. Dans beaucoup d'officines de pharmaciens on la conserve dans des tonneaux pendant plusieurs années, sans lui donner à manger.

Ainsi que les autres serpens aussi, elle se dépouille de sa peau à des époques déterminées (voyez Reptiles, Ophidiens, Serpens). Comme la couleuvre, elle passe l'hiver et une partie du printemps engourdie, et souvent en société, dans les lieux un peu humides et où la gelée ne saurait pénétrer. C'est, en effet, sous des tas de pierres, dans des fentes de rochers, dans des racines excavées ou dans des troncs d'arbres cariés que les vipères se rassemblent les unes à côté des autres, durant les mois rigoureux de la mauvaise saison, et entortillent leur corps, l'entrelacent comme pour résister plus facilement au froid.

Dès les premiers beaux jours du printemps, dans la matinée, on les voit recevoir la bénigne influence du soleil sur les collines exposées au levant et bientôt s'accoupler et rester pendant un temps fort long dans une copulation dont le résultat est de vivifier douze à vingt-cinq œufs, à peine aussi gros que ceux des roitelets et des mésanges, et qui éclosent dans le ventre de la femelle, où le vipéreau, roulé sur lui-

même, atteint la taille de trois ou quatre pouces avant de
paroître à la lumière, ce qui arrive habituellement dans le
cours du quatrième mois qui suit l'accouplement.

Après avoir ainsi, par une sorte de parturition, quitté leur
mère, dont le nom vulgaire est évidemment contracté du
latin *viviparus*, les vipéreaux, pendant quelque temps encore, traînent à leur suite les débris de l'œuf qui les renfermoit sous l'apparence de membranes déchirées irrégulièrement, mais demeurent dès-lors entièrement étrangers à celle
qui leur a donné l'être, loin de trouver, au moindre danger, un refuge assuré dans sa gueule, ainsi que le vouloient
les anciens.

Lorsque leur accouplement a eu lieu, les vipères se montrent moins fréquemment, et déjà, lors des grandes chaleurs
de l'été, on a de la peine à en rencontrer. Elles disparoissent tout-à-fait avec les premiers froids.

On ignore à peu près la durée de la vie des vipères, mais
il est présumable que ces ophidiens jouissent de l'existence
pendant un grand nombre d'années; car, s'ils sont féconds
dès leur troisième printemps, ils n'acquièrent leur entier développement qu'en six ou sept ans.

On ne parvient à les tuer qu'avec une certaine difficulté;
ils résistent à de graves blessures et ne sont étouffés qu'avec
peine. Ils peuvent, sans périr, séjourner plusieurs heures
dans l'eau, et quelques minutes dans l'eau-de-vie.

Ils n'ont d'ailleurs qu'un nombre assez petit d'ennemis;
car, excepté l'homme, qui leur fait une guerre continuelle,
dans la vue d'en obtenir quelque soulagement aux maux qui
l'accablent, ou de se débarrasser d'un voisinage dangereux;
le sanglier, que son lard met à l'abri de leur morsure, les fau-
cons et les hérons, qui s'en nourrissent, tous les autres animaux sauvages et domestiques les redoutent et les fuient.

Dans certaines contrées de la Russie et de la Sibérie on
porte, dit-on, un respect singulier aux vipères, par suite
de la croyance où l'on est que, si l'on venoit à tuer un de
ces reptiles, on s'exposeroit immédiatement à la vengeance
de tous les autres individus de son espèce. En conséquence
ces animaux, que personne ne cherche à combattre, se multiplient là à un point incroyable, tandis que dans les contrées

plus civilisées de l'Europe, le nombre en diminue progres-
sivement de jour en jour. Il y a une quarantaine d'années
que chaque matin le professeur Bosc en tuoit plusieurs douzaines sur la chaîne de montagnes qui court de Langres à Dijon,
et dernièrement, dans les mêmes lieux, il avoit beaucoup de
peine à en saisir quelques individus.

L'anatomie de la vipère a été faite avec un soin tout particulier par Charas et par nombre d'autres zootomistes. Nous
ne nous en occuperons point ici, puisque tout ce qui concerne
cette partie de son histoire est exposé en grand détail à nos articles OPHIDIENS, REPTILES et SERPENS, et accessoirement à nos
articles CROTALE, NAJA et TRIGONOCÉPHALE.

Nous l'avons dit, la vipère est redoutée de tous les autres
animaux. Le danger qui accompagne sa morsure est une cause
suffisante pour expliquer l'espèce de proscription à laquelle
elle est dévouée généralement. De tous les reptiles venimeux
de l'Europe, elle est sans contredit celui dont la piqûre détermine les symptômes les plus graves, les plus effrayans, le
plus souvent mortels, quoique, pour empêcher l'effet délétère de ses piqûres, il suffise, à l'exemple des charlatans
d'Europe, de boucher avec une cire molle le trou de chacun
de ses crochets à venin, sans que même il soit besoin d'imiter
les psylles de l'Inde et les jongleurs de l'Égypte, qui arrachent
complétement ceux-ci.

On a, en conséquence, cherché à apprécier la nature de
son venin, à en déterminer d'une manière précise les effets,
à découvrir les moyens les plus efficaces d'en neutraliser l'action délétère. Les chimistes, les zootomistes, les naturalistes,
les médecins, les empiriques, se sont efforcés à l'envi de ré-
soudre ces divers problèmes, et, au milieu d'une foule d'hypothèses plus ou moins absurdes, d'assertions plus ou moins
ridicules, ont fait jaillir du sein de leurs travaux quelques
vérités utiles.

Ce sont celles-ci que nous allons tâcher de signaler, en passant toutefois sous silence l'opinion de Charas, qui préten-
doit que le venin de la vipère résidoit, non pas dans la liqueur
versée par ses crochets, mais bien dans *ses esprits irrités*. Le
temps est passé où il étoit permis encore de réfuter des écarts
d'imagination aussi étonnans dans un homme d'ailleurs d'un

grand savoir et d'un sens droit, et que le résultat des six mille expériences exécutées à Florence par le célèbre Felice Fontana a même fait presque complétement oublier.

Ce dernier a établi en principe, d'abord que le venin de la vipère étoit innocent pour certains animaux, comme la vipère elle-même, l'orvet, le limaçon, la sangsue, etc.

Il a reconnu aussi que ce venin n'étoit ni acide, ni alcalin d'une manière marquée.

Sa saveur, difficile à déterminer, laisse du reste dans la bouche une sensation intermédiaire à celle que produiroient une substance narcotique et un sel astringent qu'on auroit introduits simultanément dans cette cavité.

Sa consistance tient le milieu entre celle de l'huile d'olive et du solutum aqueux de gomme arabique.

Par la dessiccation il jaunit et semble cristalliser ou plutôt se concréter à la manière du mucus ou de l'albumine.

Il se conserve long-temps dans la cavité de la dent, séparée ou non de l'os qui la supporte et des membranes qui enveloppent sa base, ce que nous avons déjà eu occasion de dire au sujet du serpent à sonnettes. (Voyez CROTALE.)

Il n'est constamment mortel que pour les animaux d'un petit volume, et paroît d'autant plus dangereux pour les grandes espèces que le serpent avoit au moment de l'attaque une plus grande quantité de venin en réserve, qu'il a multiplié davantage ses morsures, que celles-ci ont été faites plus loin les unes des autres, que la température du climat ou de la saison est plus chaude. On voit en effet succomber à cette piqûre, toutes choses étant égales d'ailleurs, un moineau en cinq ou huit minutes, et un pigeon en huit ou douze minutes, tandis qu'un chat résiste quelquefois et qu'un mouton échappe très-souvent à ses suites, toujours moins graves en France qu'en Italie.

Un centième de grain de ce venin, introduit dans un muscle, tue instantanément une fauvette ou un serin, tandis qu'il en faut six fois davantage, dit Fontana, pour faire périr un pigeon, et que j'ai vu tout celui que j'avois pu exprimer d'une vipère fort active ne produire presque aucun effet sur un corbeau, quoique pourtant il s'élevât à la quantité de près de deux grains.

D'après ce calcul il en faudroit donc au moins trois grains pour faire périr un homme. et douze grains pour amener la mort d'un bœuf dans les circonstances ordinaires.

Remarquons aussi. comme l'a noté Bosc si judicieusement, que l'organe blessé a une grande influence sur la nature et la gravité des symptômes. Les piqûres faites au cou, par exemple. sont bien autrement périlleuses que celles des membres, en raison du voisinage du larynx. du pharynx, des nerfs pneumo-gastriques, de la multiplicité des vaisseaux absorbans et des ganglions lymphatiques dans cette partie, de ses connexions avec la tête et les centres principaux des sensations, avec les voies respiratoires et digestives.

Un nombre considérable d'expériences et d'observations ont, en outre, démontré que le venin de la vipère peut être impunément avalé, si la bouche n'est le siége d'aucune excoriation ni ulcération. C'est un fait dont j'ai eu occasion de me convaincre par moi-même : mordu par un reptile de cette espéce, dans une de mes excursions zoologiques, je suçai sur-le-champ les piqûres qu'il m'avoit faites au doigt indicateur de la main droite. et celles-ci guérirent aussi vîte et sans autre accident que les simples piqûres faites avec une épingle acérée.

Quant aux symptômes qui suivent la morsure d'une vipère sur l'homme. ils se succèdent dans l'ordre suivant.

Une douleur aiguë se développe d'abord dans la partie mordue. qui se gonfle, devient luisante, rouge, chaude, violette. puis livide, froide et comme insensible. La douleur et l'inflammation semblent suivre le cours des gros troncs nerveux et des vaisseaux lymphatiques : elles acquièrent de plus en plus de l'intensité ; des élancemens térébrans se font sentir au loin : une sorte de feu semble glisser dans les espaces intermusculaires. Au bout de quelques minutes les yeux, rouges et ardens, versent des pleurs en abondance ; bientôt se manifestent des lipothymies, des nausées, de la gastralgie. de la dyspnée, de la cardialgie, des vomissemens bilieux, une sueur froide et colliquative, de la tympanite, des tranchées aiguës. une vive douleur lombaire, un relàchement du sphincter de l'anus, une sorte de paralysie du col de la vessie, et, par suite, des selles et des évacuations d'urine involontaires. Alors le pouls est petit, serré, concentré, inter-mittent, convulsif même, et la peau acquiert la pâleur de la cire vierge ou la teinte jaune de l'écorce du citron, tandis qu'un sang noir, liquide et sanieux, découle de la plaie en apparence gangrénée.

Si un ensemble d'accidens aussi graves n'est pas bientôt calmé par les forces de la nature ou par les secours de l'art, la scène change et revêt un caractère plus effrayant. Une sé-rosité jaunâtre et sans consistance a remplacé le sang qui s'é-chappoit par les piqûres, dont les environs sont envahis par un œdème mou, et se couvrent de phlyctènes, qui annon-cent le prochain développement d'un sphacèle précurseur de la mort, qui ne met un terme aux souffrances du malheu-reux blessé qu'après l'avoir laissé encore quelque temps en proie à une violente céphalalgie, à des vertiges fatigans, à une foiblesse désespérante, à une terreur accablante et tota-lement involontaire, à une soif dévorante, à des épistaxis ré-pétées, à des hémorrhagies passives et dégoûtantes des gen-cives et de la membrane muqueuse du rectum. *Averruncet Deus !*

A ces symptômes, déjà si effrayans, se joignent souvent une fétidité insupportable de l'haleine, des hoquets convul-sifs, des angoisses inexprimables, et la mort ne termine la scène qu'à la suite du dernier degré de prostration.

De même qu'ils varient en intensité, les accidens se déve-loppent avec plus ou moins de rapidité. Le docteur Hervez de Chégoin a vu mourir en trente-sept heures une femme qui avoit été mordue à la cuisse par une vipère, et le doc-teur Pruina cite le cas d'un homme qui succomba en huit heures sous l'influence du venin de ce reptile. Cette diffé-rence n'est pas étonnante aux yeux de celui qui se donne la peine de réfléchir, et peut être expliquée, d'une part, par des circonstances relatives à l'animal agresseur, comme sa force, sa grosseur, le degré de colère dont il est animé, la quantité de venin qu'il a versé dans la plaie, le nombre de morsures qu'il a faites, la contrée plus ou moins méridionale qu'il habite, la température de la saison, et, d'autre part, par des causes appartenant à l'animal blessé et telles que sa constitution, son âge, sa susceptibilité nerveuse, la frayeur qu'il a pu éprouver, l'état de plénitude ou de vacuité de ses voies digestives au moment de l'accident, la nature de la partie lésée et sa structure plus ou moins vasculaire. C'est ainsi que l'on vient à bout de savoir comment des enfans, des femmes et même des hommes adultes, ont pu périr rapidement par suite d'une morsure de vipère, tandis que d'autres en ont été à peine incommodés.

Les expériences de Fontana, confirmées par celles plus récentes de M. Mangili, ont démontré clairement que le venin de la vipère pouvoit non-seulement être avalé sans inconvénient, lorsqu'on n'avoit point d'excoriation dans la cavité buccale, mais encore être mis impunément en contact avec d'autres membranes muqueuses. Aujourd'hui, 28 Septembre 1828, des expériences que vient de faire, en ma présence, avec le venin d'un serpent à sonnettes, mort dans une ménagerie ambulante aux environs de Paris, M. le docteur Rousseau, préparateur d'anatomie au Jardin du Roi, m'ont paru propres à confirmer l'assertion du savant Italien. Une grenouille a reçu sur la conjonctive de l'œil une goutte de la liqueur empoisonnée ; une autre goutte de la même humeur a été étendue sur la membrane pituitaire d'une seconde grenouille, et ces deux reptiles n'ont point été sensiblement incommodés ; tandis qu'un troisième individu de la même espèce, ayant le bord des narines écorché, a succombé en fort peu de temps, de même que des pigeons, au-dessous des tégumens desquels, à l'aide d'une aiguille, on avoit introduit le venin dont il s'agit, et qui, par parenthèse, a rougi le papier de tournesol d'une manière évidente.

Le traitement de la morsure de la vipère est déjà bien indiqué dans le Traité de médecine de Celse, et mérite quelque attention de notre part, puisque souvent les naturalistes sont exposés aux accidens qu'elle détermine.

La première précaution à prendre en pareille occurrence est, lorsque la disposition des parties le permet, d'établir une ligature au-dessus de l'endroit blessé et de ne point trop la serrer, dans la crainte de donner lieu à la gangrène.

Immédiatement après, on applique une ventouse sur la plaie, dont on aura préliminairement scarifié les environs ; et ce moyen, préconisé par Celse, a obtenu tout récemment de nouveaux succès entre les mains de MM. Mangili, Barry et Bouillaud, ce qui doit nous engager à suivre le précepte qui recommande de sucer avec la bouche le lieu de la piqûre, suivant la méthode de ces psylles, si célèbres autrefois, méthode qui, comme nous venons de le voir, m'a réussi à souhait sur moi-même, et qui trouve sa confirmation dans les expériences tentées *ex professo*, à ce sujet, par une foule de physiologistes et de médecins.

Lorsque la ventouse paroît avoir rempli son but, on cautérise profondément et largement les lèvres de la plaie déjà scarifiées, et cela à l'aide du fer rouge, du chlorure d'antimoine ou de la potasse concrète, connue vulgairement sous le nom de *pierre à cautère*.

Suivant M. Barry, la ventouse peut calmer une partie des accidens, lors même que ceux-ci se sont déclarés déjà avant son application, et ses expériences ont été répétées dans le sein d'une commission composée de membres de l'Académie royale de médecine. Un seul fait sembleroit infirmer ses résultats; c'est celui d'un homme cité par M. Richard, et chez lequel une ventouse ne s'opposa point à la manifestation des symptômes de la piqûre. Mais M. Richard n'a eu à cette occasion que des détails insuffisans, et l'on ne sait si la ventouse dont on lui a parlé, a été dûment appliquée et si elle a été gardée le temps nécessaire, et l'on peut opposer à son autorité celle du docteur Piorry, qui, dans une des séances de l'Académie royale de médecine, a lu l'observation suivante :

« Un homme de quarante-cinq ans est mordu à la main
« droite par une vipère : une heure et demie après, douleur,
« tuméfaction énorme, engourdissement de la partie blessée
« et de tout le membre correspondant ; abaissement de tem-
« pérature ; ralentissement dans l'action du cœur ; le pouls
« radial et celui des carotides imperceptibles ; nausées, vo-
« missemens, défécation spontanée, tuméfaction énorme de
« la face ; symptômes cérébraux à peu près nuls. On incise les
« plaies de la main et on applique immédiatement sur elles
« une ventouse à pompe durant une demi-heure. Il s'écoule
« d'abord quelques gouttes d'une sérosité qu'on inocule sans
« inconvénient à un chat, puis plusieurs cuillerées d'un li-
« quide analogue au sérum du sang. Les accidens internes

« sont instantanément suspendus ; les accidens locaux dimi-
« nuent : à la vérité, un érysipèle phlegmoneux paroît vou-
« loir se manifester le lendemain, mais il est conjuré par
« l'application de quarante sangsues, et le malade guérit. »

On a vanté tour à tour une foule de substances différentes
à l'intérieur contre les terribles effets du venin de la vipère.
Nous ne saurions toutes les signaler dans un ouvrage de la
nature de celui-ci : nous allons nous arrêter à quelques-unes
d'entre elles seulement.

Les sudorifiques ont été spécialement recommandés, et,
parmi eux, on a jeté de préférence les yeux sur la chair du
lézard, de la couleuvre, de la vipère elle-même, en raison
de la grande quantité d'ammoniaque qu'on a reconnu exister
dans sa composition.

On a attribué aussi à la thériaque et à quelques autres
électuaires analogues une vertu alexitère du même genre.

Ce qu'il y a de certain, c'est que l'ammoniaque, adminis-
trée à l'intérieur et à l'extérieur, est un des plus puissans
auxiliaires du traitement dont nous nous occupons. Bernard
de Jussieu la fit prendre, avec un succès non encore oublié,
à un élève en médecine, mordu par une vipère dans une
herborisation. Tout le monde connoît les détails de ce fait
curieux, et notre collègue, M. le professeur A. Richard, a
fait insérer, dans le Nouveau Journal de médecine (Août
1820), deux observations plus récentes et tout-à-fait pro-
bantes en faveur de l'opinion de Bernard de Jussieu. Le docteur Piorry, d'ailleurs, rapporte qu'un individu mordu par
la même vipère que celui auquel il a été appelé à appliquer
une ventouse, mit sur sa plaie un mélange d'huile et d'alcali
volatil et n'éprouva aucun accident. Ajoutons, au reste, que
ce que nous disons de l'ammoniaque pure, s'applique entièrement à ses préparations, comme l'*eau de Luce*, le *savon de
Starckey*, etc.

On a prétendu aussi que l'huile d'olive possédoit des vertus
alexipharmaques non douteuses. C'étoit pour prouver l'efficacité de ce liquide que Mortimer s'exposa aux suites d'une
piqûre dont nous avons déjà parlé. Effectivement, ce coura-
geux expérimentateur fut visiblement soulagé par des onctions
faites avec cette huile sur l'abdomen et sur la plaie, et par

l'ingestion de deux verres de la même liqueur, bus au moment où les accidens présentoient le plus de gravité. L'Académie royale des sciences crut devoir charger deux de ses membres de faire des essais sur ce genre de médicament, et le résultat de ceux qui furent tentés à cette occasion, par Geoffroy et Hunauld, sembla démontrer que l'huile d'olives ne peut sauver de la mort les petits animaux que l'on soumet à la morsure de la vipère, et qu'elle soulage peu les grands, ce qui, depuis, a été manifestement contredit par J. M. Miller, au sujet des redoutables crotales, bien plus dangereux que notre vipère, et ce qui doit encourager les observateurs à entreprendre de nouvelles recherches.

Lorsque tous les moyens que nous venons d'énumérer sont restés inefficaces, il faut, comme le faisoit le bon Ambroise Paré, le père de nos chirurgiens françois, donner à l'intérieur des stimulans propres à augmenter l'action du cœur et des vaisseaux, à activer l'énergie des propriétés vitales, à établir une copieuse diaphorèse, à diriger les forces de l'économie du centre vers la périphérie. Le vin généreux, mêlé de thériaque, est fort utile en pareil cas, comme il conste de l'histoire d'un pharmacien de l'Hôtel-Dieu de Paris, mordu par une vipère, et dont les détails sont consignés dans les Mémoires de l'Académie royale des sciences pour l'année 1737.

Anciennement, les chimistes ayant annoncé dans les vipères l'existence d'un *sel actif* et *pénétrant* et d'une *huile excitante*, on recommandoit ces animaux et leurs diverses préparations contre la lèpre, l'éléphantiasis, la gale, la psoriase, les dartres, les scrofules, les fièvres malignes et pestilentielles, parce que, par leur moyen, la circulation du sang étoit accélérée, tandis que les concrétions lymphatiques se trouvoient fondues.

Aujourd'hui, en condamnant à l'oubli ces idées théoriques, on a abandonné presque complétement l'usage des serpens dont nous parlons, et l'on ne connoît que de nom le *sirop*, la *poudre*, le *fiel*, les *trochisques*, la *graisse*, le *vin*, la *gelée*, le *sel volatil*, l'*essence*, l'*huile de vipères*. On se sert pourtant encore parfois du *bouillon* de ces reptiles dans les cas de syphilis invétérée, de scorbut, de diathèse herpétique, de consomption, de phthysie pulmonaire, de catarrhes bronchiques chroniques et asthéniques, d'épuisement sénile, d'adynamie par inanition, etc.

La vipére commune entre dans la composition de plusieurs médicamens officinaux célèbres et souvent employés, comme la thériaque, l'orviétan, la poudre de pattes d'écrevisses composée, le collyre de Sloane, etc.

La VIPÈRE ROUGE OU ÆSPING : *Vipera chersæa ; Coluber chersæa*, Linnæus. Trois plaques un peu plus grandes que les autres sur le milieu de la tête ; museau obtus, un peu retroussé et terminé par une pointe redressée ; chacun des yeux bordé en arrière d'un petit trait noirâtre qui se prolonge jusqu'au cou ; deux raies longitudinales, divergentes, circonscrivant sur le sommet de la tête un espace en Y et d'une couleur claire ; lèvres et dessous de la tête blancs ; ventre blanchâtre, lavé et pointillé de brun-noir ; dos d'un gris rougeâtre et orné d'une bande longitudinale brune, garnie alternativement sur ses bords de petites taches semi-lunaires et noirâtres ; écailles du dos carénées, de même que celles de la tête ; queue fort pointue et marquée d'une tache noire à son extrémité.

Cette vipére est assez commune aux environs d'Upsal en Suède ; dans la Smalande, la Scanie, la Poméranie, où elle se retire dans les broussailles, sous les haies et au pied des arbres touffus. On la voit quelquefois en Prusse, en Pologne, en Danemarck, et dans les Pyrénées, où M. Alexandre Brongniart a eu occasion de l'observer.

Elle est, au reste, plus généralement connue sous le nom d'*æsping* que lui donnent les Suédois et qui paroît évidemment une corruption d'*aspic*, que sous celui de *vipére rouge*, qui lui a été assigné, pour la première fois probablement, par Razoumowski, dans son Histoire naturelle du Jorat. Linnæus, Wulf et Laurenti, qui l'ont fait entrer à tort dans le genre des couleuvres, l'ont désignée sous la dénomination spécifique de *chersæa*. Ce mot vient manifestement de l'épithète χερσαία, que les Grecs appliquoient à l'une de leurs espèces d'*aspic*.

Daudin, de Lacépède et MM. Cuvier, Duméril et Latreille, ont démontré, de manière à ne laisser aucun doute, l'identité générique de cet animal avec les reptiles ophidiens qui forment actuellement le genre Vipère : sa ressemblance avec notre vipère commune est même des plus frappantes.

En Suède, ce reptile n'a guère que six pouces de longueur, et sa grosseur égale à peine celle du petit doigt. Le nombre de ses grandes plaques abdominales est le plus ordinairement de cent cinquante, et celui des doubles plaques sous-caudales de trente-quatre.

M. Latreille, sur l'individu tué dans les Pyrénées par M. Brongniart, n'a compté que cent quarante-six plaques abdominales et trente ou trente et une doubles plaques sous-caudales.

Dans la vipère rouge qu'a décrite Razoumowski, et qui étoit beaucoup plus grande que celle de Suède, puisque sa longueur étoit de dix-sept pouces quatre lignes, il y avoit cent cinquante-cinq plaques abdominales et trente-six doubles plaques sous-caudales.

La vipère chersæa de Suisse et de France diffère donc beaucoup de celle de Suède par sa taille et par le nombre de ses plaques. Les erpétologistes cependant admettent l'identité de ces animaux et n'en font qu'une seule espèce.

Quoi qu'il en soit, la dernière, celle de Suède, est un reptile des plus dangereux ; sa morsure est souvent mortelle, et constamment ses effets délétères se manifestent avec plus de rapidité que ceux qui sont dus à la vipère ordinaire. Acrell assure que Linnæus a vu une femme succomber à une piqûre faite par ce serpent, et cela malgré les soins que ce savant professeur lui avoit donnés. Ce dernier affirme même que beaucoup d'habitans de la Smalande périssent de ce genre de mort.

Les accidens qui se développent après la piqûre de l'æsping, sont, au reste, sauf leur plus grande intensité, à peu près les mêmes que ceux que cause la vipère commune. Mais la partie mordue devient le siége d'une enflure plus considérable ; la plaie acquiert une teinte d'un rouge plus vif, et ses environs se couvrent de taches et d'ampoules ; une horrible angoisse saisit subitement le blessé ; des vomissemens de matières verdâtres surviennent ; la langue enfle et se roidit ; le corps devient douloureux ; le froid de la mort, s'étendant de proche en proche, se fait bientôt sentir dans la région du

cœur. Un paysan, rapporte le médecin suédois Lars Montin,
fut mordu par un æsping au petit orteil du pied gauche : au
bout de six heures, le pied, la jambe et la cuisse, étoient très-
rouges et considérablement enflés; le pouls étoit petit et in-
termittent; le malade se plaignoit de céphalalgie, de violentes douleurs dans l'abdomen, de lassitude, d'oppression : des
larmes couloient de ses yeux et l'appétit étoit absolument nul.

On sait généralement que le venin de la vipère ne conserve
point toute sa force durant l'hiver et dans les contrées septentrionales, et que son énergie augmente, au contraire,
pendant l'été et dans les pays chauds. La violence des accidens observés en Suède, vers le nord de l'Europe, démon-
treroit que l'æsping est une espèce tout-à-fait à part, quand
bien même les caractères zoologiques ne le prouveroient point.

Dans la Smalande, où, comme nous l'avons dit, ce serpent est commun, on a coutume d'enterrer la partie mordue,
de mettre l'animal écrasé sur la blessure, qu'on scarifie, afin
d'en faire sortir le sang; mais ces remèdes et plusieurs autres
réussissent rarement, ce qui fait que beaucoup d'habitans,
lorsqu'ils sont mordus à un orteil, préfèrent couper immédiatement celui-ci.

L'huile d'olives a été sans succès dans le traitement du malade dont l'histoire nous a été conservée par Acrell.

Quant au malade de Lars Montin, il fut, à ce qu'il paroît,
soulagé par l'application sur le pied mordu d'un cataplasme
de feuilles de frêne et par l'administration, de demi-heure
en demi-heure, d'un mélange de suc des mêmes feuilles et
de vin, à la dose d'un verre chaque fois.

Nous devons dire pourtant ici qu'on ajouta à ce moyen
l'emploi de la thériaque et de l'huile chaude.

P. J. Bergius a recommandé aussi à l'intérieur l'*infusum*
chaud des tiges de l'*aristolochia trilobata* de la Jamaïque, et,
à l'extérieur, des onctions avec de l'huile de lin camphrée.

La Vipère a museau cornu ou Ammodyte : *Vipera ammodytes; Coluber ammodytes*, Linn.; *Vipera illyrica*, Aldrovandi.
Corps presque cylindrique, plus étroit que la tête vers le cou;
queue courte et amincie; tête tapissée d'écailles ovales, carénées et granulées; bout du museau surmonté d'une pointe
cornue, molle, couverte de petites écailles, redressée et

longue de trois lignes environ ; tête triangulaire ; yeux à peine saillans ; cent quarante-deux plaques abdominales et trente-deux doubles plaques sous-caudales ; écailles du dos petites, carénées et comme imbriquées.

Les couleurs de la vipère ammodyte sont à peu près semblables à celles de la vipère commune, si ce n'est qu'elles sont un peu plus foncées. Ainsi le dos est d'un gris sombre, quelquefois rougeâtre, parsemé de petits points noirs, avec une bande longitudinale noirâtre, dentée en zigzag et étendue depuis la nuque jusqu'à l'extrémité de la queue. Les flancs sont marqués de taches noires situées en face des angles rentrans de la bande dorsale, et les plaques abdominales et sous-caudales sont blanches et noires. Enfin, selon Jacquin, la partie postérieure de la tête de la femelle est marquée d'une seule tache noirâtre, circulaire, tandis que celle du mâle a deux taches qui sont un peu arquées.

Elle est d'ailleurs très-sujette à varier dans ses teintes. Sur une trentaine d'individus qui furent apportés, des environs de la rivière de Vienne, au docteur Host, il ne s'en trouva pas deux parfaitement semblables, et dans la Faune d'Allemagne, publiée par Sturm, il y en a quatre variétés très-distinctes, indiquées comme constantes.

Elle a ordinairement un pied ou dix-huit pouces, rarement deux pieds de longueur.

On la trouve dans tout le midi de l'Europe ; dans le Dauphiné et aux environs de Lyon, en France ; en Orient ; dans les montagnes d'Illyrie. Elle fréquente aussi habituellement les rochers qui bordent le Danube, ceux du Frioul autrichien, aux environs de la ville de Gorice, et les montagnes Japidiennes.

Ce reptile passe l'hiver caché dans les fentes, dans les crevasses des rochers, d'où il sort au moment où les rayons plus chauds du soleil annoncent l'arrivée du printemps. Alors il quitte sa vieille peau ; alors aussi on voit les mâles rechercher les femelles et s'unir à elles à la manière de nos vipères, c'est-à-dire que, dans un accouplement qui dure plusieurs heures communément, les deux individus se joignent en s'entortillant par plusieurs circuits autour l'un de l'autre.

Sa nourriture habituelle ne diffère en rien de celle de la

vipère commune, et sa morsure n'est pas moins dangereuse ; car elle produit presque instantanément des éblouissemens , des étourdissemens et une sorte d'insensibilité qui dure quelque temps et qui est suivie d'une vive douleur. La plaie s'enflamme , ses environs se gonflent et deviennent successivement livides et noirs ; il survient de la pâleur ; le pouls paroit petit, fréquent, foible et interrompu ; les extrémités des membres se refroidissent ; les lèvres se tuméfient, le blessé éprouve des lipothymies, de vives coliques, des vomissemens, des sueurs froides, des hémorrhagies par la plaie , des spasmes, et est bientôt atteint de tous les accidens d'une fièvre bilieuse adynamique. Matthiole assure même qu'on a vu des gens succomber en moins de trois heures à la suite d'une semblable piqûre, ce qui peut dépendre, comme nous l'avons dit pour la vipère commune, de plusieurs circonstances individuelles, d'une mauvaise disposition actuelle de l'économie, d'une idiosyncrasie spéciale.

Le venin de la vipère ammodyte peut pareillement être avalé impunément, et la première indication thérapeutique à remplir, en cas de piqûre, est de sucer la plaie le plus tôt possible et avec une certaine force.

Le pharmacien Moïse Charas, qui a fait la plupart de ses célèbres expériences et de ses curieuses recherches sur cette espèce, fut, en 1692, mordu au doigt et rendit la douleur presque nulle par ce moyen.

Dans les campagnes des environs de Vienne en Autriche, lorsque quelqu'un est piqué par une vipère ammodyte, on applique immédiatement une ligature au-dessus et au-dessous de la plaie, qu'on scarifie avec une épine de *paliurus aculeatus*, qu'on frictionne ensuite avec de l'ail et qu'on fomente avec un décoctum vineux de rhue et de romarin.

On doit, en outre, avoir recours à des médicamens internes, parmi lesquels on a spécialement préconisé la thériaque , le suc d'armoise, le *castoreum*, le *sel volatil de vipères*, c'est-à-dire le sous-carbonate huileux d'ammoniaque, l'eau de chardon-bénit, etc.

La vipère ammodyte étoit très-connue des anciens, mais sa synonymie est fort embrouillée, car Belon en parle sous le nom de *Dryinus*; Aetius, sous celui de κεγχρίας; Laurenti, tantôt d'accord avec Aldrovandi, l'appelle *vipera illyrica*, et tantôt en fait une espèce différente sous la dénomination de *vipera Mosis Charas*; tandis que Gmelin, dans son édition du *Systema naturæ*, décrit séparément et par un double emploi, sous l'appellation de *coluber aspis*, le même reptile absolument que celui que Linnæus et lui ont déjà fait connoître à l'article du *coluber ammodytes*, et qui est celui dont nous venons de nous occuper.

Cet ophidien, d'ailleurs, n'est point le seul serpent qui ait reçu le nom d'*ammodyte*. Séba, par exemple, a décrit un *ammodyte d'Afrique*, un *ammodyte de Ceilan*, un *ammodyte de Surinam*, qui n'ont avec lui aucune espèce de rapport.

Le Céraste : *Vipera cerastes; Coluber cerastes*, Linn.; *Coluber cornutus*, Hasselq. Tête raccourcie, déprimée, obtuse en devant, plus grosse derrière les yeux, rétrécie près du cou, qui est aminci, et couverte d'écailles granulées d'égales dimensions; sur chaque paupière une petite corne verticale, dure, pointue, un peu courbée, mobile, marquée de quatre cannelures longitudinales, revêtue d'un épiderme écailleux et hordéiforme; iris des yeux d'un vert jaunâtre; pupille étroite et verticale; crochets à venin très-blancs, très-polis, courbés en dedans et longs de deux lignes et demie environ; dos d'un gris jaunâtre, marqué de taches transversales et irrégulières plus foncées, et couvert d'écailles ovales, carénées, petites; cent quarante-sept à cent cinquante larges plaques abdominales; vingt-cinq à cinquante et même soixante-trois paires de doubles plaques sous-caudales.

Ce reptile a reçu le nom qu'il porte du mot grec κέρας, en raison des éminences qui surmontent ses yeux et que l'on a, dès les temps les plus anciens, comparées à tort aux cornes des mammifères :

> *Cornua prætendens immania fronte cerastes,*
> *Dum torquet spiram sibilat ecce vagus.*

Il parvient à la taille d'environ deux pieds, et la ressemblance des éminences dont nous venons de parler avec un grain d'orge, a probablement donné lieu à la fable racontée par Pline et par Solinus, qui disent que les cérastes, cachant en terre ou sous les feuilles tout le reste de leur corps, mettent en mouvement ces petites cornes pour attirer les oiseaux qu'ils veulent dévorer, et dont l'assertion a encore été amplifiée par l'évêque Isidore, dit le jeune, lequel, dans un Recueil de tous les contes populaires mis en circulation de son temps, a écrit que les cornes de ces serpens étoient courbées comme celles des beliers.

Quoi qu'il en soit, le céraste se partage avec l'aspic (voyez Naja) la domination des déserts des contrées les plus chaudes de l'Afrique septentrionale. Fuyant les lieux humides et marécageux, on ne le trouve que dans les sables brûlans et arides de l'Égypte, de l'Arabie, de la Syrie ; sables dans lesquels il demeure enfoui durant tout le jour, et où, malgré la grande agilité qu'il déploie en rampant, il attend patiemment que quelque proie vienne s'offrir à son insatiable voracité, et parvient même à s'emparer du gerboa, dont le trou, suivant Bruce, est souvent contigu au sien.

La singularité de la tête cornue de ce serpent, le danger qui accompagne sa morsure, l'ont fait remarquer dès les temps héroïques par les habitans du pays qu'arrose le Nil : aussi les Égyptiens, amis aussi zélés qu'aveugles du merveilleux, le figuroient souvent parmi les hiéroglyphes de leurs monumens sacrés et le signaloient aux étrangers comme un être des plus redoutables. Ils prétendoient même que, dans l'antiquité la plus reculée, on avoit vu une invasion de serpens de cette espèce dépeupler une partie du pays, et c'est là probablement ce qui aura fait dire à Lucain, dans le IXe livre de sa Pharsale.

       . . . . *Pro Cæsare pugnant*
    Dypsades, et peragunt civilia bella cerastæ.

Aujourd'hui que ce reptile a été examiné par des observateurs d'un jugement sain et dépouillé de préjugés, on regarde encore la morsure du céraste comme très-dangereuse, et cependant on manque de faits bien exacts sur les effets qu'elle détermine, et de renseignemens positifs sur les moyens qu'on a tenté d'opposer aux accidens qu'elle cause ; car nous devons réduire à peu près à rien ce que Dioscoride, Actius, Nicander de Colophon, Pline, Paul d'Égine, Celse, nous ont appris à ce sujet, de même que ce qu'en ont dit Santés de Ardoynis, qui assigne seulement au serpent dont il s'agit en ce moment *un tempérament chaud à l'excès et un venin des plus subtils;* Actuarius, qui avance que sa morsure cause le délire ; Avicenne, qui recommande de donner au blessé de la graine de raifort dans du vin , ou de couvrir la blessure avec de l'oignon écrasé dans du vinaigre ; ne peut être aujourd'hui d'aucune espèce d'usage. Bruce seul, jusqu'à présent, nous a fourni quelques données à cet égard ; mais, de ses remarques plus ou moins inexactes et de celles de quelques autres voyageurs, on ne peut conclure rien autre chose, sinon que le venin de ce serpent est des plus actifs, puisque dix-huit pigeons, qu'il a fait mordre successivement par un même céraste, sont morts dans un court espace de temps après avoir été piqués.

Il paroit aussi que chez l'homme l'insertion de ce venin, qui, selon Bruce , est jaune et peut être bu impunément, produit une tuméfaction plus ou moins considérable de la partie, un ictère général, l'écoulement d'une sanie noirâtre par la plaie, le gonflement de la face, le priapisme, le délire, des convulsions violentes, et enfin, le plus ordinairement, la mort.

C'est à cela que se borne la somme des connoissances que peuvent nous fournir les anciens et les modernes sur les effets du venin des cérastes ; mais, nous le répétons, on ne sait encore rien de positif sur la thérapie de l'affection à laquelle il donne lieu.

Toutes les absurdités qu'on a autrefois débitées au sujet des Psylles d'Afrique et des Marses d'Italie, qui avoient le secret de manier les serpens venimeux et d'échapper aux accidens que produit leur morsure, ont été, au reste, répétées dans ces derniers temps au sujet de plusieurs ophidiens venimeux, et par Bruce, en particulier, à l'occasion du céraste. On sait aujourd'hui positivement à quoi s'en tenir par rapport à cette faculté magique, et personne n'ignore qu'elle n'est fondée que sur l'adresse avec laquelle des charlatans arrachent les crochets inoculateurs, ou vident les vésicules à venin, en faisant, à plusieurs reprises, mordre par l'animal un corps spongieux ; et il devient, par conséquent, impossible d'ajouter foi à divers faits rapportés par le voyageur que nous venons de citer, lequel dit, entre autres choses, qu'il vit un jour, au Caire, un céraste qui avoit mordu sans résultat jusqu'au sang

la main d'un homme, faire mourir peu après un pélican en
treize minutes, et affirme que les habitans noirs du royaume
de Sennaar ont le secret de se garantir, pour une saison,
du danger qui suit la piqûre de ce reptile, et acquièrent le
don de s'y soustraire en se baignant dans la décoction de certaines herbes et de certaines racines.

Quant à ce que plusieurs auteurs, Grevin et Pietro d'Apono
entre autres, disent de la sueur dont se couvre tout à coup
la corne du céraste, quand elle se trouve dans le voisinage
de quelque poison, phénomène à l'aide duquel les princes
peuvent être avertis des embûches qu'on leur tend et repousser à temps, en particulier, les préparations si redoutées autrefois du napel et du fiel de léopard, on nous pardonnera,
sans doute, de glisser rapidement sur une pareille sottise et
de chercher à mieux employer notre temps qu'à la réfuter.

La Vipère hæmachate : *Vipera hœmachates*, Daud. ; *Coluber
hœmachates*, Gmel. Tête couverte de plaques ; dos et dessus
de la queue revêtus d'écailles petites, imbriquées, carénées ;
cent trente-deux plaques abdominales et vingt-deux plaques
sous-caudales doubles.

Cette vipère, qui a environ dix-huit pouces de longueur
totale, est d'un rouge plus ou moins éclatant et marqué de
taches rouges à disposition variable et comme jaspées.

Elle habite la Perse et les Indes, et le Japon. (H. C.)

VIPERE ANGUIFORME. (*Erpét.*) Voyez Élaps. (H. C.)

VIPERE ASPIC. (*Erpét.*) Voyez Naja. (H. C.)

VIPERE ATROCE. (*Erpét.*) Voyez Trigonocéphale. (H. C.)

VIPERE ATROPOS. (*Erpét.*) Voyez Trigonocéphale. (H. C.)

VIPERE BLANC DE NEIGE, *Vipera nivea*. (*Erpét.*) Voyez
Naja. (H. C.)

VIPERE BRASILIENNE. (*Erpét.*) Voyez Trigonocéphale.
(H. C.)

VIPÈRE FER-DE-LANCE. (*Erpét.*) Voyez Trigonocéphale.
(H. C.)

VIPERE HAJE. (*Erpét.*) Voyez Naja. (H. C.)

VIPÈRE JAUNE. (*Erpét.*) Voyez Trigonocéphale. (H. C.)

VIPÈRE LACTÉE. (*Erpét.*) Voyez Élaps. (H. C.)

VIPERE A LUNETTES. (*Erpét.*) Voyez Naja. (H. C.)

VIPERE MARINE. (*Ichthyol.*) Voyez Serpent marin. (H. C.)

VIPÈRE DE MER. (*Ichthyol.*) Nom vulgaire du *syngnathe ophidion.* Voyez SYNGNATHE. (H. C.)

VIPÈRE PSYCHÉ. (*Erpét.*) Voyez ÉLAPS. (H. C.)

VIPÈRE A TÊTE TRIANGULAIRE. (*Erpét.*) Voyez TRIGONOCÉPHALE. (H. C.)

VIPÈRE DE WEÏGEL. (*Erpétol.*) Voyez TRIGONOCÉPHALE. (H. C.)

VIPERINA. (*Bot.*) Un des noms latins anciens donnés à la vipérine, *echium*, probablement à cause des taches qui sont sur sa tige. (J.)

VIPÉRINE ; *Echium*, Linn. (*Bot.*) Genre de plantes dicotylédones monopétales, de la famille des *borraginées*, Juss., et de la *pentandrie monogynie*, Linn., qui présente les caractères suivans : Calice monophylle, persistant, partagé en cinq divisions ; corolle monopétale, en entonnoir, à limbe évasé, partagé en cinq lobes inégaux ; cinq étamines à filamens subulés, insérés sur la corolle, terminés par des anthères oblongues ; un ovaire supère, à quatre lobes, du milieu desquels s'élève un style filiforme, de la longueur des étamines, et à stigmate bifide ; quatre graines nues, ridées ou tuberculeuses, situées au fond du calice.

Les vipérines sont des plantes annuelles ou bisannuelles, quelquefois des arbrisseaux, à feuilles entières, alternes, hérissées, et à fleurs portées sur des épis unilatéraux et souvent disposés en panicule. On en connoît soixante et quelques espèces, presque toutes naturelles à l'ancien continent, et dont une grande partie se trouve au cap de Bonne-Espérance ou dans le nord de l'Afrique ; jusqu'à présent on n'en a encore recueilli qu'une espèce en Amérique.

* *Tiges ligneuses.*

VIPÉRINE GÉANTE : *Echium giganteum*, Linn. fils, *Suppl.*, 151 ; Vent., *Hort. malm.*, n.° et t. 71. Sa tige est ligneuse, cylindrique, haute de quatre à six pieds, divisée en rameaux alternes, très-rapprochés, presque verticillés, garnis de feuilles éparses, pétiolées, linéaires-lancéolées, parsemées de poils courts et rudes au toucher, d'un vert foncé en dessus, un peu soyeuses et grisâtres en dessous. Les fleurs sont blanchâtres, unilatérales, munies à leur base d'une bractée lancéolée, disposées sur un grand nombre d'épis axillaires, courbés à leur sommet, formant dans leur ensemble une panicule pyramidale. Cette espèce croît naturellement dans l'île de Ténériffe, entre les fentes des rochers. On la cultive au Jardin du Roi, et on la rentre dans l'orangerie pendant l'hiver.

Vipérine blanchatre : *Echium candicans*, Linn. fils, *Suppl.*, p. 131. C'est un arbrisseau dont la tige est épaisse, cylindrique, divisée en rameaux pubescens, blanchâtres, marqués inférieurement de cicatrices oblongues, transversales, et garnis dans leur partie supérieure de feuilles lancéolées, très-entières, rétrécies en pétiole à leur base, velues, soyeuses, blanchâtres des deux côtés. Ses fleurs sont bleuâtres, disposées en épis ou en grappes alongées, simples, unilatérales, placées à l'extrémité des rameaux, et formant dans leur ensemble une grande panicule pyramidale. Cette espèce est originaire des îles Canaries. On la cultive au Jardin du Roi, où on la rentre dans l'orangerie pendant l'hiver.

Vipérine a tige roide; *Echium strictum*, Linn. fils, *Suppl.*, p. 131. Ses tiges sont roides, ligneuses, divisées en rameaux chargés de poils roides et blanchâtres, garnis de feuilles oblongues - lancéolées, pétiolées, distantes, vertes en dessus, plus pâles en dessous, hérissées des deux côtés de poils courts. Les fleurs sont bleues, rarement blanches, disposées au sommet des rameaux en grappe droite, alongée, composée de plusieurs épis axillaires. Cette espèce croît dans les îles Canaries, entre les fentes des rochers. On la cultive au Jardin du Roi, de même que les deux précédentes.

Vipérine grandiflore : *Echium grandiflorum*, Andrews, *Bot. Repos.*, n.° et t. 20; *Echium tubiferum*, Poir., Dict., 8, p. 663. C'est un arbrisseau dont la tige est cylindrique, glabre, haute de quatre à six pieds, et se divise en rameaux alternes, garnis de feuilles oblongues - lancéolées, sessiles et presque amplexicaules à leur base, d'un vert foncé et luisant en dessus, hérissées de tubercules blanchâtres, terminés par un poil court et roide. Ses fleurs sont grandes, d'une couleur rose clair, tournées d'un seul côté, portées sur de très-courts pédoncules, munies à leur base d'une bractée lancéolée aussi longue que leur calice, et disposées, dans la partie supérieure des rameaux, en plusieurs grappes, qui forment dans leur ensemble une sorte de cime lâche. La corolle est tubulée, renflée dans sa partie moyenne. Cette espèce croît naturellement au cap de Bonne - Espérance. On la cultive dans les jardins de botanique, comme les trois espèces précédentes.

** *Tiges herbacées.*

Vipérine commune, vulgairement Herbe aux vipères ; *Echium vulgare*. Linn., *Spec.*, 200. Sa tige est droite, simple inférieurement, chargée supérieurement de rameaux latéraux et florifères, hérissée de poils roides, insérés sur un point ou tubercule coloré. Ses feuilles sont lancéolées-linéaires, hérissées, ainsi que les calices, de poils semblables à ceux des tiges. Ses fleurs sont ordinairement bleues, quelquefois blanches ou d'un rose clair, presque sessiles, tournées d'un seul côté et disposées en épis feuillés, roulés à leur extrémité avant leur entier développement, formant dans leur ensemble une longue grappe terminale. Leur corolle est deux fois plus longue que le calice, qui s'alonge peu après la floraison, et qui a ses divisions linéaires. Cette espèce est commune sur les bords des chemins et dans les lieux incultes en France et dans beaucoup d'autres contrées de l'Europe ; on la trouve aussi dans le nord de l'Amérique.

On ne croit plus aujourd'hui à ce que Dioscoride et les anciens ont dit sur les propriétés alexitères de la vipérine. Ce que dit Jean Bauhin des vertus de sa racine contre l'épilepsie, ne mérite pas plus de foi que la propriété que d'autres lui attribuent de guérir de la morsure des vipères ; aussi cette plante est-elle aujourd'hui d'un usage tout-à-fait nul en médecine.

Vipérine d'Italie ; *Echium italicum*, Linn., *Spec.*, 200. Cette espèce a le port de la précédente ; mais elle s'en distingue bien parce que les poils qui hérissent ses tiges, ses feuilles et ses calices, sont plus nombreux, plus roides ; parce que les corolles ont leur tube alongé, moins évasé, et parce qu'elles sont seulement une fois plus longues que les calices ; parce que les étamines sont très-saillantes hors des corolles ; enfin, parce que les graines sont chargées de très-petits tubercules. Les fleurs sont blanches, ou d'un rose clair. Cette espèce croît sur les bords des champs dans le midi de la

France et dans d'autres contrées méridionales de l'Europe. On la trouve aussi dans le nord de l'Afrique.

Vipérine violette; *Echium violaceum*, Linn., Mant., 42. Quant au port, cette plante ne diffère pas des deux espèces précédentes; mais ses feuilles caulinaires sont élargies à leur base et demi-embrassantes: la corolle, violette ou rouge, est à peine moitié plus longue que le calice; son tube est court et son limbe très-évasé; les étamines et le pistil sont de la longueur de la corolle, ou à peine plus longs; les graines sont un peu tuberculeuses. Cette espèce croît dans les lieux secs et pierreux du midi de la France et dans d'autres contrées méridionales de l'Europe.

Vipérine maritime; *Echium maritimum*, Willd., *Spec.*, 1, p. 788. Sa tige est hérissée, haute de quatre à six pouces. Ses feuilles sont entièrement couvertes de poils blancs, longs et couchés; les radicales lancéolées-spatulées, longues d'un pouce et plus; les caulinaires linéaires-lancéolées, obtuses, plus courtes. Ses fleurs sont bleues, disposées en grappe terminale; leurs étamines sont plus courtes que la corolle. Cette espèce est indiquée aux îles d'Hières et sur les côtes d'Italie.

Vipérine a feuilles de plantain; *Echium plantagineum*, Linn., *Mant.*: 202; Jacq., *Hort. Vind.*, t. 45. Sa tige est souvent rameuse dès la base et un peu couchée, quelquefois simple et droite. Ses feuilles radicales sont ovales-oblongues, chargées de nervures en-dessous, couvertes sur leurs deux faces de poils un peu mous; celles de la tige sont lancéolées et demi-embrassantes. Ses fleurs sont bleuâtres, disposées en épis unilatéraux sur des rameaux axillaires; leur corolle est deux fois plus longue que le calice, et les étamines sont à peu près de la longueur de celle-ci ou un peu saillantes. Cette espèce croît dans les parties maritimes du midi de la France et dans d'autres parties méridionales de l'Europe.

Vipérine a grand calice; *Echium calycinum*, Viv., *Fl. Ital.*, *fragm.* 1, p. 2, t. 4. Sa tige est rameuse dès la base, étalée, ensuite redressée, longue de six pouces à un pied. Ses feuilles sont ovales-alongées, rétrécies en pétiole à leur base. Ses fleurs sont bleues, petites, à corolle peu irrégulière, à peine moitié plus longue que le calice, renfermant les étamines et le style, qui sont sensiblement plus courts qu'elle. Les graines sont ridées, contenues dans le calice, dont les divisions sont lancéolées et prennent beaucoup d'accroissement après la floraison. Cette espèce croît en Provence et dans le pays de Gênes, sur les bords des chemins. (L. D.)

VIPÉRINE. (*Erpét.*) Nom spécifique d'une COULEUVRE, décrite dans ce Dictionnaire, tome XI, pag. 176. (H. C.)

VIPERTRELLO. (*Mamm.*) C'est une des dénominations usitées en Italie pour désigner les chauve-souris. (DESM.)

VIPION. (*Entom.*) Sous ce nom M. Latreille a formé un genre nouveau pour placer quelques espèces d'ichneumons. (DESM.)

VIRABOSTE. (*Ornith.*) Nom brésilien du tangara de Buénos-Ayres, *tanagra bonariensis.* Ce nom est souvent cité dans le Voyage du prince Maximilien de Neuwied. (CH. D. et L.)

VIRAFEUJE. (*Ornith.*) Suivant M. Vieillot, ce nom est donné dans le Piémont au tarin. (CH. D. et L.)

VIRAGINE. (*Bot.*) Voyez SCHŒNODUM. (POIR.)

VIRATI. (*Bot.*) Le *dodonæa viscosa* est indiqué sous ce nom de pays dans un Catalogue de plantes de Pondichéry. (J.)

VIRA-VIRA. (*Bot.*) Nom du *gnaphalium margaritaceum* dans le Chili, suivant Feuillée, qui ajoute qu'on le nomme aussi *herba della vide,* à cause de ses admirables qualités. On en prend l'infusion théiforme pour exciter la sueur et chasser la fièvre. (J.)

VIREA. (*Bot.*) Sous ce nom le *leontodon hastile* de Linnæus a été séparé par Adanson de son genre primitif, dont il diffère, selon lui, par son périanthe d'une seule pièce et seulement caliculé, et par son réceptacle plus relevé. (J.)

VIRECTA. (*Bot.*) Genre de plantes dicotylédones, à fleurs complètes, monopétalées, régulières, de la famille des *rubiacées,* de la *pentandrie monogynie* de Linnæus, offrant pour caractere essentiel : Un calice persistant, à cinq divisions profondes; une petite dent entre chaque division; une corolle infundibuliforme; le tube grêle; le limbe à cinq lobes; cinq étamines insérées vers le milieu du tube; les anthères conniventes; un ovaire inférieur; un style; un stigmate bifide; une capsule globuleuse, à une seule loge, couronnée par le limbe du calice; des semences petites et nombreuses.

Virecta a deux fleurs : *Virecta biflora*, Linn. fils, *Suppl.* ; *Rondeletia biflora*, Roxb., tab. 2. fig. 2. Plante fort menue, qui a l'aspect de la *mercuriale annuelle*. Ses tiges sont grêles, rampantes, très-simples, longues de six à huit pouces, cylindriques, pubescentes, quelquefois radicantes, garnies de feuilles opposées, pétiolées, tendres, ovales, obtuses, très-entières, petites, veinées, courantes à leur base sur le pétiole, accompagnées dans leur aisselle de stipules fort petites, droites, subulées. Les fleurs sont opposées, situées dans l'aisselle des feuilles supérieures, soutenues par un pédoncule souvent plus court que les feuilles, terminé par deux fleurs ; la fleur inférieure sessile. Le calice est partagé en cinq divisions profondes, égales, subulées, sétacées ; entre chaque découpure une petite dent glanduleuse ; la corolle rougeâtre, bordée à son orifice d'un liséré blanc ; le tube de la corolle grêle, droit, trois fois plus long que le calice ; le limbe étalé, à cinq lobes ovales, entiers ; les filamens des étamines très-courts ; les anthères linéaires, subulées, conniventes ; l'ovaire globuleux, adhérent avec le calice ; une capsule globuleuse, hispide, un peu anguleuse, à une seule loge, couronnée par les divisions du calice ; les semences sont petites, nombreuses, anguleuses, ponctuées, placées en un seul rang sur un réceptacle charnu, qui remplit la capsule. Cette plante croît à Surinam, aux lieux humides. (Poir.)

VIRÉON, *Vireo.* (*Ornith.*) M. Vieillot a créé ce genre d'oiseaux aux dépens des *muscicapa* et *tanagra* de Linné et de Latham. Il lui donne pour caractères : Bec court, un peu comprimé par les côtés, courbé et échancré vers le bout à sa partie supérieure ; l'inférieure retroussée à la pointe ; narines arrondies, situées à la base du bec ; langue cartilagineuse et bifide à son extrémité ; bouche ciliée sur ses angles ; ailes sans penne bâtarde, la seconde rémige la plus longue de toutes, chez les uns ; les première, seconde et troisième rémiges à peu près égales et les plus longues de toutes, chez les autres ; quatre doigts, trois devant et un derrière ; les extérieurs réunis à leur base.

Les viréons appartiennent tous à l'Amérique septentrionale, et vivent d'insectes et de baies dans les bois, où ils se tiennent d'habitude.

Viréon a front jaune ; *Vireo flavifrons*, Vieill., Amér. sept., pl. 54. Le mâle a les parties supérieures d'un beau vert-jaune, excepté le croupion, qui est d'un vert cendré ; le front, ainsi qu'un cercle autour de l'œil, la gorge, la partie antérieure du cou, la poitrine et le haut de l'abdomen, d'un jaune pur ; bas-ventre blanc. Les rémiges sont noirâtres ; les primaires grises en dehors et les secondaires blanches ; les petites et moyennes couvertures sont bordées et terminées de blanc ; les rectrices latérales sont lisérées de blanc à leur bord externe ; l'iris est de couleur noisette. Les pieds et les ongles sont d'un bleu cendré, et le bec est plombé. Cet oiseau a de longueur totale quatre pouces huit lignes. La femelle diffère du mâle parce qu'elle est olivâtre en dessus, et les parties inférieures sont d'un gris blanc. Les couvertures supérieures de l'aile sont d'un blanc sale à leur extrémité.

M. Vieillot rapproche de cette espèce un oiseau de New-York, que Pennant a nommé *olive-tanager*.

Le viréon à front jaune émigre annuellement aux États-Unis. Il arrive du sud vers les États du centre en Mai, et en part en Septembre. Cet oiseau habite les bois et les taillis, et se tient caché dans le plus épais du feuillage ; son chant est languissant et plaintif ; et M. Vieillot, de qui nous empruntons ces détails, dit que c'est une répétition peu variée pendant dix à douze secondes des mots *preco-prea*. Il cache soigneusement son nid au milieu du feuillage d'une branche horizontale. Il est composé en dehors de minces écorces de vignes, de mousse, de lichens, et tapissé intérieurement de fibrilles délicates. La femelle pond quatre œufs blancs, marqués de noir au gros bout.

Viréon musicien : *Vireo musicus*, Vieill., Amér. sept., fig. 2 : *Muscicapa Noveboracensis*, Lath. Le mâle de cette espèce a une tache jaune entre le bec et l'œil ; le front de la même couleur ; la tête, le dessus du cou et du corps d'un vert-olive foncé ; les rémiges brunes, bordées d'olivâtre ; les petites et les moyennes couvertures vert-olive foncé, terminées de jaune-clair, ce qui forme deux bandes transversales sur l'aile ; la gorge et le devant du cou sont gris-blanc ; le bas-ventre est blanc au milieu et jaune sur les côtés ; le bec et les pieds sont d'un bleu clair. La femelle a la tête d'un gris vert, et l'ex-

trémité des couvertures de l'aile blanchâtre. Le jeune a le
dessus de la tête et du corps d'un vert-cendré sale; les parties
inférieures sont blanches et légèrement nuancées de jaunâtre
sur les côtés. Cet oiseau a quatre pouces de longueur totale.

Ce viréon abandonne les États-Unis en automne et n'y
revient qu'au printemps. Comme le précédent, il ne se nourrit que d'insectes ailés. Sa voix est sonore et fort étendue, et
bien que les accentuations en soient courtes, leur variété
de ton paroit très-agréable. Il habite les bosquets situés dans
les lieux arides, sur des monticules et à proximité des terrains cultivés. Il construit son nid à la cime d'un arbrisseau,
le place à découvert et le pose de manière à ce qu'il paroisse
suspendu. Il est formé de bourre, de laine, de fibres d'herbes
ténues et même de petits morceaux de papier. Sa forme est
circulaire. M. Vieillot dit que la femelle pond cinq œufs d'un
blanc sale taché de verdâtre, tandis que Wilson dit qu'ils
sont d'un blanc pur et tachés, vers le gros bout, de noir intense ou de pourpre foncé.

Viréon solitaire : *Vireo solitarius*, Vieill., Dict., tom. 36,
pag. 105 ; *Muscicapa solitaria*, Wilson, *Amer. Ornith.*, pl. 17,
fig. 6. Cet oiseau a quatre pouces de longueur; il est d'un
gris bleuâtre, à teintes douces en dessus; la poitrine est d'un
cendré pâle dans son milieu; les flancs sont jaunes; le ventre
et les couvertures inférieures de la queue sont blancs; le lo-
rum est noir; un cercle blanc entoure l'œil; le dos et le croupion sont olivâtres; la queue est un peu fourchue; le bec,
noir en dessus, est d'un bleu clair en dessous; les ailes, presque noires, sont traversées par deux lignes blanches.

On ne connoit point la femelle de cet oiseau solitaire et
silencieux, qui vit dans la Géorgie et non loin de Philadel-
phie, aux États-Unis.

Viréon verdâtre : *Vireo virescens*, Vieill., Amér. sept.,
pl. 53 ; Wilson, *Amer. Ornith.*, tom. 2, pl. 12, fig. 2. Cette
espèce a quatre pouces sept lignes de longueur totale. Elle a
le sommet de la tête noirâtre, les sourcils blancs, une tache
grise entre l'œil et le bec; la gorge et le bas-ventre d'un gris
blanchâtre, et le dos, les flancs et le bord externe des rémiges et des rectrices, d'un gris tirant sur le vert; les petites
couvertures alaires sont d'un gris-verdâtre sombre, et celles

de la queue jaunâtres ; les pieds sont noirâtres ; le bec est brun en dessus, corné en dessous.

Cet oiseau, dont M. Vieillot n'a rencontré qu'un seul individu, habite, aux États-Unis, l'État de New-Jersey. Il voltige d'arbre en arbre et visite les feuilles pour y prendre les insectes, en sautillant sur les rameaux. M. Swainson l'indique aux environs de Mexico. (Ch. **D. et L.**)

VIRE-VENT. (*Ornith.*) On trouve ce nom vulgaire dans Salerne pour désigner le martin-pêcheur de France, parce que les paysans sont dans l'habitude de pendre un de ces oiseaux morts au plafond de leurs demeures, dans la persuasion que le martin-pêcheur indique en tournant son bec, de quel côté vient le vent. Cet usage est très-ordinaire en Saintonge. (Ch. **D. et L.**)

VIREYA. (*Bot.*) Genre de plantes dicotylédones, à fleurs complètes, monopétalées, régulières, de la famille des *éricées*, de la *décandrie monogynie* de Linnæus, offrant pour caractère essentiel : Un calice fort petit, à cinq dents ; une corolle presque campanulée ou infundibuliforme, à cinq lobes, insérée sur le disque du calice, ainsi que les dix étamines ; les filamens alternes, un peu plus courts ; les anthéres oblongues, s'ouvrant par un double pore ; un ovaire supérieur ; un style ; un stigmate en tête, à cinq sillons ; une capsule en forme de silique, à cinq angles, à cinq loges, à cinq valves ; les semences nombreuses, étalées en aile de chaque côté, attachées à un réceptacle en colonne, à cinq lobes.

Ce genre, établi par M. Blume, renferme des arbrisseaux la plupart parasites, à feuilles éparses ; les supérieures souvent verticillées, très-entières, coriaces, écailleuses et ponctuées à leur partie inférieure ; les fleurs réunies en faisceau à l'extrémité des rameaux.

* *Corolle presque campanulée.*

Vireya de Java ; *Vireya javanica*, Blume, *Flor. javanica*, fasc. 15, pag. 854. Arbrisseau fort élégant, dont les tiges sont garnies de feuilles alternes, éparses, oblongues, lancéolées, très-entières, couvertes en dessous de points très-fins, de couleur ferrugineuse. Les fleurs sont très-belles, disposées à l'extrémité des rameaux en fascicules ; la corolle est presque campanulée, d'un jaune-orangé foncé. Il en existe une variété à fleurs plus petites, d'un jaune-clair citron. Cette plante croit dans l'ile de Java, au pied du mont Salak : elle fleurit en tout temps. Son nom de pays est *gaya mirha*. Le *vireya alba* du même auteur a des fleurs blanches, d'une grandeur médiocre ; ses feuilles sont lancéolées, couvertes en dessous d'un grand nombre d'écailles ferrugineuses. Cette espèce croît, sur les arbres, dans les mêmes lieux.

** *Corolle infundibuliforme.*

Vireya a long tube; *Vireya tubiflora*, Blume, *Fl. javanica*, *loc. cit.* Cet arbrisseau a ses tiges garnies de feuilles alternes, simples, entières, lancéolées, couvertes vers leur base d'écailles ferrugineuses très-nombreuses. Les fleurs sont d'une belle couleur rouge écarlate ; la corolle a la forme d'un entonnoir, pourvue d'un long tube, divisée en cinq lobes a son limbe. Cette plante croit dans les grandes forêts, à l'ile de Java : elle fleurit pendant toute l'année. Le *vireya celebica* (Blume, *loc. cit.*) a des feuilles lancéolées, élargies, entières, couvertes en dessous de points très-fins, ferrugineux. Ses fleurs sont rouges. Elle croit dans les iles Célèbes, dans les forêts des montagnes. On la trouve en fleurs en tout temps. Dans le *vireya retusa* (Blume, *loc. cit.*), les rameaux sont chargés d'aspérités ; les feuilles en spatule, émoussées au sommet, recourbées à leurs bords, parsemées en dessous de points ferrugineux. Les fleurs sont rouges. Cette plante croit sur les hautes montagnes, dans la partie occidentale de l'ile de Java. (Poir.)

VIRGA. (*Bot.*) Ce nom latin, suivi d'un adjectif, a été donné à diverses plantes. Lobel, Dodoëns, Daléchamps donnoient celui de *virga aurea*, adopté ensuite par Tournefort, à des plantes composées, nommées en françois verge d'or, auquel Linnæus a substitué celui de *solidago*, emprunté de Tragus et de Fuchs, et appartenant plutôt à son *senecio sarracenicus*, d'après les citations de C. Bauhin. Le *virga regia* de Césalpin est maintenant le *digitalis purpurea* de Linnæus ; le *virga sanguinea* de Pline est le *cornus sanguinea* ; le *virga pastoris* est le *dipsacus pilosus* ; le *virga aurea* de Plukenet (*Alm.*, pl. 236, fig. 6) est le *tournefortia volubilis*. Linn. ; le *virga aurea* de Sloane (*Jam.*, pl. 14, fig. 152) est le *calea lobata*, Linn. (J.)

VIRGADELLA. (*Ichthyol.*) A Narbonne on appelle ainsi la Saule. Voyez ce mot. (H. C.)

VIRGADELLE. (*Ichthyol.*) Voyez Vergadelle. (H. C.)

VIRGARIA. (*Bot.*) Genre de la famille des champignons, voisin du *verticillium* et surtout du *botrytis*, dans l'ordre des *mucédinées*. La plupart des botanistes jugent qu'on ne sauroit le distinguer du *botrytis*; de ce nombre sont Link, Persoon, Fries et Curt Sprengel. Ce genre avoit pour caractéres de présenter ses filamens droits, rameux, presque dichotomes, avec les rameaux divergens, redressés, plusieurs fois divisés, offrant aux extrémités de leur ramification des sporidies globuleuses, éparses ou réunies.

Le *virgaria nigra*, Nées, *Fung.*, pl. 54, fig. 52, forme sur les troncs et les rameaux des arbres morts de longues et larges touffes ou couches denses, veloutées, noires; c'est le *botrytis nigra*, Linn., Pers., C. Spreng. Il a été observé aux environs de Rostock par Ditmar, et en Franconie par Nées et Martius. (Lem.)

VIRGILIA. (*Bot.*) Genre de plantes dicotylédones, à fleurs complètes, polypétalées, irrégulières, de la famille des *légumineuses*, de la *décandrie monogynie* de Linnæus, offrant pour caractère essentiel : Un calice persistant, d'une seule pièce, à cinq dents, presque labié; une corolle papilionacée; dix étamines libres; un ovaire supérieur, oblong, comprimé; un stigmate obtus; une gousse oblique, comprimée, point articulée, renfermant plusieurs semences.

Virgilia du Cap : *Virgilia capensis*, Lamk., *Ill. gen.*, tab. 326, fig. 2; Poir., Encycl.; *Sophora capensis*, Linn., *Mant.*, 67; *Sophora oroboides*, Berg., *Pl. cap.*, 142; *Podalyria capensis*, Willd., *Spec.*, 2, pag. 501. Arbrisseau peu élevé, qui a le port d'un *amorpha*, et dont les rameaux sont cylindriques, alternes, un peu anguleux, pubescens dans leur jeunesse, raboteux après la chute des feuilles, glabres dans leur vieillesse. Les feuilles sont alternes, ailées avec une impaire, composées d'environ vingt-trois foliules opposées, presque sessiles, étroites, lancéolées, longues d'un a deux pouces, larges de deux ou trois lignes, luisantes en dessus, glauques en dessous et un peu tomenteuses, aiguës à leurs deux extrémités; deux stipules courtes, velues, presque subulées. Les fleurs sont disposées en grappes simples, axillaires, munies d'une petite bractée lancéolée. Le calice est ventru, à cinq dents inégales, presque à deux lèvres; la corolle blanche: l'étendard élargi, en ovale renversé, onguiculé; les deux ailes sont à demi sagittées, à onglets linéaires; la carène est un peu plus courte que les ailes, à deux pétales aigus, en forme de croissant, onguiculés; les étamines sont un peu velues; le style est glabre, un peu comprimé, plus long que les étamines. Le fruit est une gousse oblongue, comprimée, velue, aiguë au sommet, longue de deux pouces, renfermant de trois à six semences très-dures, ovales concaves. Cette plante croît au cap de Bonne-Espérance.

Virgilia a fleurs d'or: *Virgilia aurea*, Lamk., *Ill. gen.*, tab. 526, fig. 1; Poir., Encycl.; *Robinia subdecandra*, l'Hérit., *Stirp. nov.*, 1, tab. 75; *Sophora aurea*, Ait., *Hort. Kew.*; *Podalyria aurea*, Willd., *Spec.* Cet arbrisseau a des rameaux glabres, cylindriques, garnis de feuilles alternes, ailées, composées de vingt-trois à vingt-neuf folioles opposées, ovales, elliptiques, pédicellées, très-entières, glabres, vertes en dessus, presque glauques en dessous, obtuses à leurs deux extrémités, quelquefois mucronées. Les fleurs sont disposées en grappes simples, axillaires, latérales, à peu près aussi longues que les feuilles. Chaque fleur est munie d'un long pédicelle, accompagné d'une petite bractée aiguë, en forme d'écaille. Le calice est glabre, renflé, un peu resserré à sa base, relevé en bosse en dessus, à cinq dents courtes, inégales; la corolle blanche; l'étendard plus long que les ailes; celles-ci sont obtuses; la carène est composée de deux pétales connivens; les étamines sont libres, mais rapprochées en faisceau. Les gousses sont planes, comprimées, très-glabres, rétrécies à leur base, aiguës au sommet, longues de deux ou trois pouces, contenant plusieurs semences arrondies, un peu comprimées. Cette plante croît dans l'Abyssinie.

Virgilia jaune; *Virgilia lutea*, Mich. fils, Arbr. de l'Amér., 3, pag. 266, tab. 5. Ce bel arbre s'élève à la hauteur de quarante pieds et plus sur environ un pied de diamètre. Son bois est tendre, d'un grain fin, le cœur parfaitement jaune. Son écorce est unie, verdâtre, point gercée. Ses feuilles sont alternes, médiocrement pétiolées, longues de six ou huit pouces et plus, ailées avec une impaire ; les folioles au nombre de neuf à onze, alternes, pédicellées, ovales, presque rondes, vertes, très-entières, glabres à leurs deux faces, médiocrement acuminées, longues d'un pouce. Les bourgeons sont, comme dans le platane, renfermés dans la base du pétiole, et ne peuvent être aperçus qu'en arrachant les feuilles. Les fleurs sont disposées en grappes pendantes. La corolle est jaunâtre ; les gousses comprimées, lancéolées, aiguës à leurs deux extrémités, longues d'environ deux pouces, larges de six lignes, renfermant plusieurs semences de la grosseur d'une lentille. Cette plante croît sur les coteaux, à Tennessée, dans l'Amérique septentrionale. Le cœur de son bois donne une belle teinture jaune, mais qu'on n'a pas encore pu fixer. (Poir.)

VIRGILIA. (*Bot.*) Ce nom, qui appartient maintenant à un genre de plantes légumineuses, détaché du *sophora* par M. de Lamarck, avoit été donné par l'Héritier au *galardia*, qui appartient à la classe des composées. Voyez plus haut Virgilia. (J.)

VIRGINIEN. (*Ichthyol.*) Nom spécifique d'un Pristipome, décrit dans ce Dictionnaire, tome XLIII, p. 357. (H. C.)

VIRGOULEUSE. (*Bot.*) C'est une variété de poire. (L. D.)

VIRGULAIRE, *Virgularia*. (*Zoophytes.*) Division établie par M. de Lamarck dans le genre Pennatule de Linné, pour les espèces dont le rachis, ou partie commune, est très-long, filiforme, soutenu par un axe pierreux, de même forme, et qui porte dans une partie de son étendue des polypes rangés sur de petites pinnules nombreuses, distiques et transverses.

C'est la forme de l'axe calcaire qui a valu le nom qu'il porte à ce genre, qui diffère, dit-on, surtout des pennatules proprement dites, parce que les virgulaires ne sont pas libres et vagantes dans l'intérieur des eaux, comme celles-ci ; mais qu'elles sont en partie enfoncées dans le limon ou dans le sable, la partie polypifère s'élevant seule dans l'eau : c'est ce dont on peut encore douter.

Quoi qu'il en soit, M. de Lamarck définit trois espèces de virgulaires, tout en convenant qu'il est assez difficile d'en débrouiller la synonymie.

La V. A AILES LACHES ; *V. mirabilis*, Muller, *Zool. Dan.*, p.

11, tab. 11. Tige filiforme à sa base et portant sur le reste de son étendue des pinnules transverses, arquées, lâches ou peu serrées, disposées d'une manière distique.

Des mers de Norwége, dans les anses des côtes, où elle a été observée et figurée par l'auteur de la Zoologie danoise.

La VIRGULAIRE JONCOÏDE; *V. juncea*, Esper, *Suppl.*, 2, tab. 4, fig. 1, 2, 3, 4, 5 et 6. Tige filiforme, arrondie, très-longue, vermiforme et plus épaisse à la base, portant sur le rachis des pinnules éparses, très-peu saillantes, en forme de simples rugosités, obliquement transverses et très-nombreuses.

Cette espèce, qui habite les mers d'Europe, n'a été bien caractérisée que par M. de Lamarck, contradictoirement avec la précédente, qui est toujours plus courte et qui a ses pinnules plus grandes, plus lâches et moins nombreuses. M. de Lamarck doute que ce soit la *pennatula mirabilis* de Linné.

La V. AUSTRALE : *V. australis*, de Lamk., Anim. sans vert., tom. 7, p. 432, n.º 3; *Sagitta marina alba*, Rumph., *Mus.*, p. 43, n.º 1, et *Amb.*, 6, p. 256; Séba, *Mus.*, 3, t. 114, fig. 2; *P. juncea*, Pallas, *Elenchus*, p. 371, n.º 217. Animal inconnu ; axe pierreux, cylindrico-subulé, très-long, droit, luisant et tronqué à son extrémité la plus épaisse.

De l'océan des grandes Indes, où on le trouve, dit-on, fixé verticalement dans le sable, la pointe en bas ; et cependant Séba représente cet axe comme fixé sur une pierre, la pointe en haut. Pallas suppose que cette dernière position est artificielle ; il se pourroit qu'il en fût de même de la première. (DE B.)

VIRGULAIRE. (*Foss.*) On trouve dans la montagne crayeuse de Saint-Pierre de Maëstricht des petits corps calcaires droits, cylindriques, brisés aux deux bouts, et dont les plus grands n'ont pas un pouce de longueur sur une demi-ligne de diamètre ; nous croyons jusqu'à présent qu'on ne peut les rapporter qu'à la tige osseuse de quelque espèce de virgulaire, (D. F.)

VIRGULARIA. (*Bot.*) Genre de plantes dicotylédones, à fleurs complètes, monopétalées, irrégulières, de la famille des *personées*, de la *didynamie angiospermie* de Linnæus, offrant pour caractère essentiel : Un calice persistant, campanulé, presque à deux lèvres; une corolle monopétale, irrégulière; le tube un peu courbé; l'orifice ventru; le limbe à cinq lobes arrondis, inégaux; quatre étamines didynames; les anthères sagittées; un ovaire supérieur; un style; un stigmate bifide; la division supérieure enveloppée par l'inférieure; une capsule à deux loges, renfermant des semences nombreuses.

Virgularia a feuilles lancéolées; *Virgularia lanceolata*, Ruiz et Pav., *Syst. veg.*, *Fl. per.*, pag. 161. Arbrisseau trèspeu élevé, chargé de rameaux nombreux, effilés en baguettes, garnis de feuilles opposées, planes, lancéolées. Le calice est campanulé, presque à deux lèvres, à dix angles, à cinq dents aiguës, réfléchies: les deux inférieures sont plus écartées; la corolle est monopétale, presque campanulée; le tube un peu courbé; l'orifice renflé; le limbe à cinq lobes arrondis, concaves, dont les deux supérieurs relevés et plus courts; les trois inférieurs sont étalés; celui du milieu est plus étroit; les filamens des étamines sont velus à leur base, insérés sur le tube de la corolle; les anthères inclinées, sagittées, à deux loges. L'ovaire est en ovale renversé, surmonté d'un style subulé, terminé par un stigmate oblong, comprimé, à deux divisions; la supérieure canaliculée, engaînant l'inférieure à moitié. Le fruit est une capsule ovale, obtuse, enveloppée par le calice persistant, à deux sillons, surmontée du style persistant, à deux loges, à deux valves; chaque valve est bifide; la cloison opposée aux valves. Les semences sont très-petites, nombreuses, attachées à un réceptacle convexe, attenant de chaque côté à la cloison.

Le *virgularia revoluta* des mêmes auteurs a les feuilles oblongues, obtuses, roulées à leurs bords; le calice est tubulé, strié, étalé. Ces deux plantes croissent au Pérou, sur les collines arides et froides. (Poir.)

VIRGULINE. (*Foss.*) Dans le Tableau méthodique de la classe des céphalopodes, M. d'Orbigny a donné le nom de Virguline à un genre de coquilles cloisonnées, dont toutes les loges sont alternantes et dont l'ouverture est virgulaire et décurrente à la partie supérieure de la dernière loge. Ce naturaliste signale sous le nom de *virgulina squamosa* une espèce de ce genre qu'on trouve fossile aux environs de Sienne. (D. F.)

VIROLA. (*Bot.*) L'arbre ainsi nommé à Sinamari dans la Guiane, constitue sous ce même nom un genre d'Aublet qui a été réuni depuis long-temps au muscadier, *myristica.* On le nomme *voirouchi* à Oyapok, dans une autre partie de cette région, et *reaicanadou* à Cayenne. C'est de ses graines que l'on tire un suif jaunâtre, employé dans le pays pour faire des chandelles. (J.)

VIROLLE. (*Bot.*) Un des noms vulgaires de la chanterelle, espèce de champignon. (Lem.)

VIRSOÏDE. (*Bot.*) Voyez Virson. (Lem.)

VIRSON. (*Bot.*) Adanson donne ce nom à un genre de la famille des algues, et il cite pour exemple le *virsoïde* décrit par Donati, Hist. nat. de la mer Adr., p. 31, pl. 4, qui n'est qu'une variété du *fucus vesiculosus,* Linn.; le *fucus vesiculosus,* Sher.. d'Agardh, *Sp. alg.,* 1, p. 90. Le *virson* d'Adanson se distinguoit du *fucus* du même auteur par les graines attachées à un placenta central, dans une capsule ou cavité sphérique, d'où sort un faisceau de filets. Ce genre rentre entièrement dans le *Fucus* des botanistes modernes, et par conséquent le nom de virson a été abandonné avec raison. (Lem.)

VIS. (*Bot.*) Voyez Ri-jeu. (J.)

VIS, *Terebra.* (*Malacoz.*) Genre établi par Adanson et ensuite par Bruguière parmi les coquilles turriculées, confondues par Linné avec les buccins, et qui en diffèrent essentiellement, et seulement peut-être par leur forme générale; car il est certain que l'animal est aussi bien pourvu d'un opercule corné que celui de ce dernier genre, quoi qu'Adanson ait dit de son mirna. C'étoit sur cette absence d'opercule dans cette espèce et sur son existence bien prononcée dans les vis proprement dites, que nous avons été conduits à établir le genre Alène, *Subula,* pour les espèces operculées; mais comme M. Deshaies s'est assuré que le miran d'Adanson est certainement un buccin (*buccinum politum,* de Lamk.), qui manquoit sans doute d'opercule par accident, le genre Vis restera ce qu'il étoit, et pourra être caractérisé ainsi : Animal spiral très-élevé; pied court, arrondi; tête avec des tentacules très-petits, triangulaires et portant les yeux au sommet; trompe labiale fort longue et sans crochets, au fond de laquelle est la bouche, également inerme. Coquille non épidermée, turriculée, à spire très-pointue, composée de tours lisses, rubannés et bifides ; ouverture petite, ovale, largement échancrée en avant ; le bord externe mince et tranchant ; l'interne ou columellaire chargé d'un bourrelet oblique à son extrémité. Opercule ovale, corné, à élémens lamelleux, comme imbriqués.

Nous avons observé l'animal de la vis maculée, conservé dans l'esprit de vin et rapporté par MM. Quoy et Gaymard de l'expédition de la Coquille ; mais nous ne connoissons pas davantage les mœurs et les habitudes des animaux de ce genre. Elles ne doivent sans doute pas différer beaucoup de celles des buccins ordinaires.

On doit remarquer que de toutes les espèces vivantes de ce genre il n'y en a encore aucune de connue dans nos mers.

La Vis tachetée : *T. maculata; Buccinum maculatum*, Linn., Gmel., p. 3499, n.º 130; Martini, *Conch.*, 4, t. 153, fig. 1440, et Encycl. méthod., pl. 402, fig. 1, *a*, *b*, pour la coquille ; et l'atlas du Voyage de M. de Freycinet, pour l'animal. Coquille conique, subulée, épaisse, très-solide, parfaitement lisse, à tours de spire assez aplatis ; de couleur blanche, marquée de taches d'un brun bleuâtre ou ferrugineux, un peu disposées en séries. Longueur, quatre pouces neuf à dix lignes.

Cette espèce, fort remarquable par la densité et la solidité de son têt, surtout vers le sommet, qui est entièrement plein, se trouve, à ce qu'il paroît, communément dans l'océan des Moluques et dans l'océan Pacifique.

La V. flambée : *T. flammea*, de Lamk., Anim. sans vert., 7, p. 284, n.º 2; Martini, *Conch.*, 4, t. 154, fig. 1446. Coquille turrito-subulée, très-longue, striée dans sa longueur, à tours de spire un peu convexes et partagés en deux par un sillon : couleur blanche, peinte de flammes longitudinales d'un brun rougeâtre.

Cette espèce, qui vient de l'océan des Grandes-Indes, pourroit bien n'être qu'un individu mâle de la précédente.

La V. crénelée : *T. crenulata; Buccinum crenulatum*, Linn., Gmel., p. 3500, n.º 132; Martini, *Conch.*, 4, t. 154, fig. 1445, et Encycl. méth., pl. 402, fig. 3, *a*, *b*. Coquille turrito-subulée, lisse, à tours de spire crénelés à leur bord supérieur et divisés en deux par un sillon décurrent : couleur blanche, peinte de points roux sur deux séries.

De l'océan des grandes Indes.

La Vis polie : *T. dimidiata; Buccinum dimidiatum*, Linn., Gmel.. pag. 5501, n.° 138; Martini, *Conch.*, 4, t. 154, fig. 1444. Coquille turrito-subulée, lisse, à tours de spire planulés, striés pour les supérieurs et partagés en deux par un sillon décurrent: couleur d'un jaune de corne, ornée de taches blanches, longitudinales, ondées et subbifides.

De l'océan des grandes Indes et des Moluques.

La V. mouchetée : *T. muscaria*, de Lamk., *loc. cit.*, p. 285, n.° 5; Martini, *Conch.*, 4, tab. 153, fig. 1441; *Terebra subulata*. Encycl. méth., pl. 402, fig. 2, *a, b*. Coquille turrito-subulée, lisse, à tours de spire planulés et divisés supérieurement par un sillon décurrent: couleur blanche, avec trois séries inégales de taches d'un brun roux.

De l'océan des grandes Indes.

La V. tigrée : *T. subulata*, Linn., Gmel., p. 5499, n.° 151; Gualt., *Test.*, tab. 56; fig. *B*. Coquille longue, grêle, effilée, à tours de spire un peu convexes: l'inférieur non ventru et les supérieurs avec un sillon décurrent: couleur blanche, ornée de taches carrées d'un brun roux sur deux séries.

De l'océan des grandes Indes.

La V. oculée : *T. oculata*, de Lamk., *loc. cit.*, p. 286, n.° 7; Martini, *Conch.*, 4, t. 153, fig. 1442. Coquille turrito-subulée, très-aiguë, lisse, à tours de spire convexes en dessus, presque marginés, aplatis en dessous: couleur d'un fauve pâle, ornée d'une seule série de taches rondes, blanches au-dessous de la suture.

De l'océan des grandes Indes.

La V. tressée : *T. duplicata; Buccinum duplicatum*, Linn., Gmel., p. 5501, n.° 156; Martini, *Conch.*, 4, t. 155, fig. 1455. Coquille turrito-subulée, striée longitudinalement, à tours de spire planulés, presque partagés en deux par un sillon supérieur: couleur d'un cendré bleuâtre, ornée d'une bande blanche à la base, avec des taches noires, carrées, au bord supérieur.

De l'océan Indien.

La V. tour de Babel : *T. Babylonia*, de Lamk., *loc. cit.*,

p. 287, n.° 9; Encycl. méthod.. pl. 402, fig. 5. Coquille turrito-subulée, à tours de spire convexes dans leur partie supérieure, aplatis à l'inférieure, striés transversalement et plissés verticalement: couleur générale jaune, avec les plis blancs.

Patrie inconnue.

La Vis FRONCÉE; *T. corrugata, id., ibid.,* n.° 20. Coquille turrito-subulée, à tours de spire divisés supérieurement par un sillon décurrent, aplatis à leur partie inférieure, avec un bourrelet frangé à la suture : couleur d'un jaune fauve, avec deux séries décurrentes de points plus foncés.

Patrie inconnue.

La V. DU SÉNÉGAL; *T. senegalensis, id., ibid.,* n.° 11. Coquille turrito-subulée, striée verticalement, à tours de spire un peu convexes, avec un sillon décurrent supérieur: couleur d'un rouge châtain à la partie supérieure et d'un roux jaunâtre à l'inférieure. Longueur, deux pouces et demi.

Du Sénégal.

La V. BLEUATRE; *T. cærulescens, id., ibid.,* n.° 12. Coquille turriculée, lisse, à tours de spire aplatis, sans sillon, subconfondus, marqués de stries d'accroissement ondés : couleur bleuâtre ou variée de bleu et de blanc.

De la Nouvelle-Hollande.

La V. STRIATULE: *T. striatula, id., ibid.,* n.° 13; Martini, *Conch.,* 4. t. 154, fig. 1447. Coquille turriculée, à tours de spire assez convexes, divisés par un sillon décurrent , verticalement et obliquement striés : couleur d'un blanc sale ou fauve pâle avec des taches d'un brun bleuâtre. Longueur, deux pouces et demi.

Patrie inconnue.

La V. CHLORIQUE : *T. chlorata, id., ibid.,* n.° 14; *Buc. hecticum?* Gmel., p. 3500, n.° 153. Coquille turriculée, lisse, à tours de spire un peu convexes et partagés par un sillon à leur partie supérieure, aplatis au-dessous de la suture: couleur d'un blanc sale, peinte de taches et de veines jaunâtres.

Patrie inconnue.

La V. CÉRITHINE; *T. cerithina , id., ibid.,* n.° 15. Coquille turriculée , lisse inférieurement, striée longitudinalement dans sa partie supérieure, à tours de spire convexo-plans, divisés par un sillon décurrent et marginés au-dessous de la

suture : couleur d'un blanc sale , peinte de lignes longitudinales d'un jaune pâle.

Des mers de Timor.

La Vis petite-rave: *T. raphanula* , *id.* , *ibid.* , n.º 16. Coquille
turrito-subulée. glabre. assez luisante, à tours de spire un peu
convexes. partagés par un sillon décurrent, avec les sutures
subcordonnées; le cordon plan et lisse : couleur blanche.

La V. cingulifère; *T. cingulifera* , *id.* , *ibid.* Coquille turrito-subulée , striée verticalement , à tours de spire assez convexes, marginés vers la suture , avec un sillon décurrent supérieur et trois stries plus foibles au-dessous : couleur blanchâtre. Longueur, deux pouces huit lignes.

Patrie inconnue.

La V. queue-de-rat : *T. myosurus* ; *Buccinum strigillatum* ,
Linn., Gmel., p. 3501 , n.º 155 ; Martini, *Conch.* , 4 , t. 155 ,
fig. 1475 ; vulgairement l'Aiguille. Coquille turrito-subulée,
grêle , très-étroite , très-aiguë , striée verticalement et obliquement, à tours de spire assez plans, trisillonnés, subtreil-
lissés. bimarginés sous les sutures : couleur d'un roux brunâtre
uniforme. Longueur, deux pouces un quart.

De l'océan des grandes Indes et des Moluques.

La V. scabrelle; *T. scabrella* , de Lamk. , *loc. cit.* , p. 289 ,
n.º 19. Coquille turrito-subulée, étroite, un peu scabre ,
finement striée verticalement et sillonnée en travers ou sub-
treillissée; tours de spire convexo-plans , à suture bimarginée;
les cordons chargés d'aspérités : couleur d'un blanc cendré ,
peinte de flammules brunes.

Cette espèce, très-voisine de la précédente, habite les mers
de la Nouvelle-Hollande.

La V. forêt : *T. strigillosa* , Linn., 2 , p. 1206, n.º 434 ;
Born, *Mus.* , t. 10 , fig. 10. Coquille turrito-subulée, luisante,
striée obliquement dans sa longueur, à tours de spire plano-
convexes, de couleur cendré-bleuâtre dans le jeune âge , et
jaune-brunâtre dans l'état adulte, avec une bande blanche ,
parsemée de taches carrées proche la suture.

De l'océan des grandes Indes.

La V. linéolée : *T. lanceata* , Linn., Gmel., pag. 3501 , n.º
157 ; Martini, *Conch.* , 4 , t. 154 , fig. 1450. Coquille turrito-
subulée, très-glabre, pellucide, à tours de spire entiers,

aplatis, lisses; les supérieurs striés verticalement : couleur blanche, peinte de lignes jaunes longitudinales, distantes.

De l'océan des Moluques.

La Vis AIGUILLETTE : *T. cinerea*, Linn., Gmel., pag. 3505, n.° 167; d'après Born, *Mus.*, tab. 10, fig. 11 et 12; *T. aciculina*. de Lamk., *loc. cit.*, n.° 22. Coquille turrito-subulée, glabre, pellucide, à tours de spire indivis, aplatis, striés verticalement, surtout vers les sutures : de couleur blanc-cendré.

La V. GRANULEUSE; *T. granulosa*, de Lamk., *loc. cit.*, pag. 291, n.° 23. Coquille conique. aiguë, subturriculée, à tours de spire convexes, avec deux séries de granules vers la suture, et des stries distantes, décurrentes : couleur d'un cendré jaunâtre ou bleuâtre.

Des mers du Sénégal.

La V. BUCCINÉE : *T. vittata*; *Buccinum vittatum*, Linn., Gmel., pag. 3500, n.° 134; Martini, *Conch.*, 4, t. 155, fig. 1461 et 1462; Encycl. méth., pl. 402, fig. 4, *a*, *b*. Coquille conique, aiguë, subturriculée, à tours de spire convexes, avec des stries décurrentes, éloignées, et deux cordons granuleux vers la suture : couleur d'un blanc de corne ou d'un cendré bleuâtre. Longueur, deux lignes deux pouces.

De l'océan Indien. (De B.)

Le nom de *vis* a encore été donné à quelques coquilles qui n'appartiennent pas à ce genre, notamment à : la vis étoilée ou fuseau de Ternate, qui est une rostellaire; la vis de marais, qui paroît être une potamide; la vis noueuse ou raboteuse, qui est un rocher, *murex granulatus*, Linn.; la vis-depressoir, qui est un turbo; la vis-à-tambour, qui est une turritelle et un turbo; la vis tronquée, qui est le bulime décollé ou *helix decollata*, Linn.

Quelques vraies vis ont aussi reçu des épithètes particulières, par exemple : la vis effilée est la vis linéolée, etc. (Desm.)

VIS. (*Foss.*) Les coquilles fossiles de ce genre ne se sont rencontrées jusqu'à présent que dans les couches plus nouvelles que la craie. Voici les espèces que nous connoissons à cet état.

Vis PLICATULE; *Terebra plicatula*, Lamk., Ann. du Mus., vol. 2, p. 166, n.° 1, et vol. 6, pl. 44, fig. 13. Coquille su

bulée, à tours plissés longitudinalement; longueur, un pouce.
Fossile de Grignon, département de Seine-et-Oise, d'Orglandes, département de La Manche; de Saucats, de Léognan
et de Dax.

Vis scalarine : *Terebra scalarina*, Lamk.; Vélins du Mus.,
n.° 45, fig. 5; Ann., *ibid.*, n.° 2. Coquille conique, couverte
de côtes longitudinales parallèles et distantes, striée transversalement au sommet et à la base; à tours convexes. Son
sommet est en mamelon lisse. Longueur, plus d'un pouce. Fossile de Parnes, département de l'Oise. La masse raccourcie
de cette coquille, ses côtes longitudinales et le mamelon de
son sommet, pourroient éloigner cette espèce de toutes les
autres du même genre.

Vis plissée; *Terebra plicaria*, de Basterot, Mém. géol. sur
les envir. de Bordeaux, p. 52, pl. 3, fig. 4. Coquille à suture
rubantée, couverte de légers plis longitudinaux dans les tours
supérieurs. Longueur, trois pouces. Fossile de Saucats et de
Léognan, près de Bordeaux. Il paroit que l'analogue vivante
se trouve au Muséum sous le nom que M. de Basterot lui a
conservé, et qu'elle est voisine de la *T. duplicata*.

On trouve dans le Plaisantin des vis qui ont les plus grands
rapports avec la vis plissée.

Vis cendrée : *Terebra cinerea*, de Bast., *loc. cit.*, même pl.,
fig. 14; *Buccinum cinereum*, Gmel., page 3505; Born, Mus.,
t. 10, fig. 11 et 12; Brocchi, pag. 346; *Terebra aciculina*,
Lamk., Anim. sans vert., tom. 7, p. 290. Coquille subulée
et dont le haut de chaque tour seulement est plissé. Longueur,
dix-huit lignes. Fossile de Léognan, de Saucats et du Piémont.
Elle a beaucoup de rapports avec la *T. plicatula*.

Vis striée; *Terebra striata*, de Bast., *loc. cit.*, même pl.,
fig. 16. Coquille subulée, couverte de légères stries longitudinales, et qui sont plus fortes contre la suture. Longueur,
quatorze lignes. Fossile de Saucats. L'analogue à l'état vivant
se trouve sous le même nom au Muséum d'histoire naturelle.

Vis doublée : *Terebra duplicata*, de Bast., *loc. cit.*, p. 53,
n.° 5; Linn., Gmel., n.° 136, p. 3501, Brocchi, p. 347. Coquille turriculée, à suture rubantée, couverte de plis longitudinaux et de stries transverses. Fossile de Saucats, de
Léognan, des environs de Sienne et du Piémont. Son ana-

logue vivant se trouve dans l'océan Indien. (Lamarck.)

Vis percée; *Terebra pertusa*, de Bast., *loc. cit.*, même pl., fig. 9. Coquille turriculée, à tours nombreux et rubantés, couverts de plis longitudinaux. Longueur, dix-huit lignes. Fossile de Saucats. L'analogue vivant se trouve au Muséum d'histoire naturelle, sous le nom de *T. pertusa*, var. β.

Vis souris : *Terebra murina*, de Baster., *loc. cit.*, même pl., fig. 7. Coquille subulée, à suture élevée et garnie d'une double rangée de petits tubercules et couverte de stries transverses. Longueur, quatorze lignes. Fossile de Dax. Cette espèce est très-voisine de la *T. myuros* (Lam.), dont on voit l'analogue vivant au Muséum d'histoire naturelle.

Vis modeste ; *Terebra modesta*, Tristan, Manusc. Coquille turriculée, à suture simple, couverte de légères stries longitudinales. Longueur, trois pouces et demi. Fossile de la Touraine.

Vis de Lamarck : *Terebra Lamarckii*, Def. Coquille à suture sans rubans, couverte de plis un peu obliques, très-marqués. Longueur, six lignes. Fossile de Thorigné, près d'Angers.

Vis de Vulcain; *Terebra Vulcani*, Alex. Brongn., Terr. du Vicent., pl. 67, pl. 3, fig. 11. Coquille conique, couverte de côtes longitudinales, dont les tours de spire sont rubantés contre la suture. C'est à ce seul caractère que M. Brongniart a jugé que cette coquille dépendoit du genre Vis, n'ayant pu en voir l'ouverture. Longueur, quinze lignes. Fossile du Vicentin. (D. F.)

VIS-A-DIX-LAMES. (*Foss.*) Corps marin fossile, figuré par Knorr, qui a des rapports avec les orthocératites, et auquel Denys de Montfort a donné le nom générique de *chrisaore*. (Desm.)

VIS-DE-PRESSOIR. (*Foss.*) On a donné autrefois ce nom aux moules intérieures des tiges d'encrinites dont le têt a disparu. (D. F.)

VISA. (*Bot.*) C. Bauhin cite sous ce nom une graine du Bengale, laquelle, suivant Acoste et Clusius, est semblable à la graine de l'épurge, *euphorbia latyris*, mais il est incertain si elle est congénère. (J.)

VISCACHE. (*Mamm.*) Plusieurs voyageurs en Amérique ont désigné sous le nom de *viscacha* un animal qui n'a pas encore été apporté en Europe, et dont les dépouilles manquent par conséquent dans toutes les collections. Le père Feuillée et Molina en ont parlé comme d'un lièvre à longue queue. et, d'après cette manière de voir, Gmelin l'a placé dans le *Systema naturæ* sous le nom de *lepus viscaccia*. D'Azara seul en a donné une description assez complète, et Moreau de Saint-Mery, son traducteur, s'est efforcé, mais sans motifs plausibles, de retrouver dans ce quadrupède l'acouchy de Buffon ou *cavia acuschy* de Gmelin. Nous ne parlerons pas de l'opinion de Sonnini, qui a prétendu que le viscache étoit une espèce de carnassier du genre des Martes; la description de d'Azara, dont nous allons donner un extrait, la réfute complétement.

Le viscache a le corps et la tête, ensemble, longs de vingt-deux pouces. et la queue en a huit. La tête est grosse, aplatie en dessus, et a les joues très-grosses. Les oreilles, qui sont droites, elliptiques, un peu pointues à l'extrémité, ont deux pouces et demi de longueur; le museau est très-court et velu; la bouche et les dents sont conformées comme celles du cabiai: le cou est court et le corps gros. Les pattes de devant sont terminées par quatre doigts armés d'ongles propres à fouiller la terre, et les pieds postérieurs n'ont que trois doigts: ce qui offre une combinaison de nombre semblable à celle qu'on trouve dans le cochon d'Inde ou cobaye. Le doigt du milieu de ces pieds de derrière est le plus grand, et il est pourvu, du côté interne, d'une série de poils roides et assez courts. qui forment comme une petite brosse semblable à celle qui existe dans le *chincilla*, dont le genre nous paroît être le même que celui du viscache. La plante du pied appuie sur la terre jusqu'au talon. Les moustaches sont longues et roides; le poil du corps est long et doux. La tête, en dessus. est d'un noir foncé, avec une large bande blanchâtre de chaque côté, s'étendant depuis le museau. qui est brun, jusque derrière l'œil; le dessous de la tête et du corps est blanc, et le reste de la robe mélangé de brun et de blanc, parce que les poils y sont ou entièrement de l'une de ces couleurs ou mélangés: ceux de la queue. qui est comprimée sur les côtés. sont courts et bruns en dessus, dans une longueur d'un pouce et demi, et les inférieurs sont plus longs et plus obscurs. La femelle ne diffère du mâle que par une teinte plus claire dans les diverses parties de son pelage.

Le viscache de d'Azara habite le pays de plaines compris entre Buenos-Ayres et la terre des Patagons. L'animal décrit sous le même nom par Nieremberg, mais qui sans doute est d'espèce différente, puisqu'il a le poil assez doux et soyeux pour être filé, se trouve au Pérou. Enfin, le *lepus viscaocia* de Molina est du Chili.

D'Azara dit de son viscache qu'il vit par petites troupes et se creuse des terriers profonds et compliqués dans leurs galeries, qui sont désignées par le nom de *viscachères*; que les espaces qu'il a ainsi minés sont dangereux pour les personnes qui voyagent à cheval, parce qu'elles risquent d'y faire des chutes; que c'est pendant la nuit que cet animal sort de sa retraite pour rechercher sa nourriture, qui est toute végétale; que lorsqu'il est poursuivi, il court avec moins de vélocité que le lapin et s'empresse de regagner son terrier, dont il ne cherche pas à sortir, si on en bouche toutes les issues; que sa chair, quand il est jeune, est blanche et de bon goût, etc.

Molina rapporte de son *lepus viscaccia* qu'il se creuse des terriers à deux étages qui communiquent par des escaliers en vis, et que, demeurant dans l'étage inférieur, il amasse ses provisions d'hiver dans le supérieur; que sa chair est meilleure que celles du lapin et du lièvre, et que son poil est employé dans la fabrication des chapeaux, etc. (Desm.)

VISCACHÈRES. (*Mamm.*) Nom qu'on donne, en Amérique, aux terriers qui sont habités par les viscaches. (Desm.)

VISCAGO. (*Bot.*) Ce nom latin, donné d'abord par Césalpin et Camerarius à des *lychnis* de C. Bauhin et de Tournefort, dont un est le *cucubalus otites* de Linnæus, a été ensuite employé par Dillenius pour désigner quelques plantes de la même famille, que Linnæus a réunies à son *silene*. Il y a rapporté également la *vaccaria* de Tabernæmontanus, nommée, de même que les premiers, *viscago*, parce que ces plantes sont un peu visqueuses. On trouve le nom *viscaria* donné anciennement à quelques plantes des mêmes genres, et particulièrement au *Lychnis viscaria* de Linnæus. (J.)

Mœnch donne ce nom à un genre de la famille des cruci-

fères, où il ramène les *cucubalus italicus, tartaricus, catholi-
cus*, ainsi que les *silene chlorantha*, Willd., et *gigantea*, Linn.
Il le caractérise ainsi : Calice tubuleux, strié, à cinq dents;
cinq pétales onguiculés, à limbe nu ; ovaire pédicellé; dix
étamines : trois styles; capsule presque triloculaire, s'ouvrant
au sommet, et polyspermes à réceptacle, libre au sommet.
Haller, en réunissant les genres *Cucubalus* et *Silene*, les désigne
par le nom de *viscago*. (Lem.)

VISCÈRES. (*Anat. comp.*) On appelle ainsi, dans le corps
des animaux, et plus spécialement dans celui des animaux
vertébrés, les organes composés de plusieurs tissus et qui concourent à l'accomplissement des grandes fonctions de la vie ;
tels sont : l'estomac, les reins, le foie, la rate, le pancréas,
les intestins, la vessie urinaire, les poumons, le cœur, etc.
(H. C.)

VISCOIDES. (*Bot.*) La plante que Plumier nommoit ainsi
et que Burmann père a figurée, t. 258, a été réunie par Swartz
au *Psychotria*, genre de Rubiacées; un autre *viscoides* de Jacquin, dont Adanson avoit fait son *Vedela*, doit être refondu
dans l'*Ardisia* de Swartz, type de la famille des ardisiacées.
(J.)

VISCUM. (*Bot.*) Ce nom latin, qui appartient spécialement
au Gui, genre de plantes parasites, a été aussi donné, soit à
des espèces de genres de la même famille, telles que des
loranthus, soit à des *tillandsia* et des angrecs, *epidendrum*, qui
sont aussi parasites. (J.)

VISELA. (*Mamm.*) L'un des noms employés par les anciens
auteurs, et notamment par Agricola, pour désigner la marte.
(Desm.)

VISEN. (*Mamm.*) Nom que les anciens Germains donnoient
à l'aurochs, et dont les Latins avoient fait *bison*. (Desm.)

VISIBLES [Radicule, Plumule, Tigelle]. (*Bot.*) Pouvant
être aperçues dans la graine par la dissection avant la germination; exemples : radicule du *faba*; plumule du *faba*, de l'*æscu-
lus hippocastanum*, du *nelumbo*; tigelle du *faba*, du *nelumbo*,
du *tropæolum majus*, etc. (Mass.)

VISMEA. (*Bot.*) Genre de plantes dicotylédones, à fleurs
complètes, polypétalées, régulières, de la famille des *hypé-
ricées*, de la *polyadelphie pentagynie* de Linnæus, offrant pour

caractère essentiel : Un calice persistant, à cinq divisions presque égales, profondes; cinq pétales alternes avec les divisions du calice, velus en dedans; des étamines nombreuses, distribuées en cinq paquets opposés aux pétales: cinq écailles alternes avec les paquets des étamines; un ovaire supérieur : cinq styles; les stigmates presque peltés; une baie ovale, médiocrement pentagone, terminée par les styles, entourée par le calice, à cinq loges polyspermes.

Vismea acuminé : *Vismea acuminata*, Pers., *Synops.*, 2, pag. 86; *Hypericum acuminatum*, Lamk., Encycl. Arbre d'environ vingt-cinq pieds de haut, chargé de rameaux opposés, cylindriques, de couleur cendrée. Les feuilles sont opposées, oblongues, pétiolées, acuminées, aiguës à leur base, fermes, glabres, entières, parsemées de points glanduleux, longues de trois pouces, larges de seize lignes. Les fleurs sont petites, pédicellées, disposées en panicules terminales, un peu tomenteuses; les ramifications opposées; les boutons de fleurs ovales avant leur épanouissement. Le calice est un peu velu; ses divisions ovales, oblongues, aiguës; les pétales plus longs que le calice, lanugineux en dedans; l'ovaire velu vers sa base. Cette plante croît dans la Guiane, proche Carichana, sur les bords de l'Orénoque.

Vismea roussâtre : *Vismea rufescens*, Pers., *Synops.*, loc. cit.; *Hypericum rufescens*, Lamk., Encycl. Arbrisseau d'environ douze pieds de haut, qui laisse écouler de son écorce un suc jaunâtre. Les rameaux sont lisses, presque tétragones, un peu comprimés. Les feuilles sont opposées, pétiolées, elliptiques, acuminées, glabres, entières. Les fleurs sont disposées en cimes axillaires; les ramifications opposées; le bouton des fleurs globuleux; les divisions du calice ovales-oblongues, aiguës; les pétales très-lanugineux en dedans; l'ovaire glabre, ovale; les stigmates velus; les capsules presque en baie, glabres, oblongues; les semences luisantes, d'un brun noirâtre. Cette plante croît aux lieux humides, dans l'Amérique méridionale, proche la ville d'Angostura.

Vismea blanchâtre; *Vismea dealbata*, Kunth, *in* Humb. et Bonpl., *Nov. gen.*, 5. pag. 184, tab. 454. Ses rameaux sont tétragones, tomenteux et blanchâtres. Les feuilles sont opposées, pétiolées, ovales, acuminées, arrondies à leur base, glabres en dessus, légèrement tomenteuses en dessous, avec des points glanduleux, transparens, longues de quatre ou cinq pouces; les boutons axillaires, pédicellés, presque en tête de clou, velus, tomenteux, ferrugineux. Les fleurs presque ternées, au sommet des rameaux, pédicellées, tomenteuses, ferrugineuses. Les panicules sont terminales, pédonculées, ramifiées en cime; le calice est couvert en dehors d'un duvet ferrugineux, à cinq divisions oblongues, un peu aiguës; les pétales sont onguiculés, plus longs que le calice; l'ovaire est ovale, presque globuleux, à cinq loges; les styles filiformes, étalés; les stigmates simples. Cette plante croît dans l'Amérique, sur les bords du fleuve Noir.

VISMEA DE CAYENNE : *Vismea cayennensis*, Pers., *loc. cit.*; *Hypericum cayennense*, Lamk., Encycl. Cette espèce a des rameaux glabres, ligneux, cylindriques ou un peu tétragones et rougeâtres vers le sommet. Les feuilles sont opposées, pétiolées, ovales, acuminées, glabres, entières, longues d'environ trois pouces, larges de dix-huit ou vingt lignes, rougeâtres en dessus, d'un vert pâle en dessous, ponctuées. Les fleurs sont disposées en panicules lâches, terminales, moins longues que les feuilles supérieures; le bouton des fleurs est globuleux; les divisions du calice sont ovales, oblongues, un peu obtuses, à peine striées; la corolle est très-lanugineuse en dehors; les pétales ovales-oblongs; les filamens sont velus; l'ovaire est glabre. Cette plante croît à Cayenne.

VISMEA VISQUEUX : *Vismea guttifera*, Pers., *loc. cit.*; *Hypericum bacciferum*, Lamk., Encycl.; *Coaopia*, Pis., *Bras.*, 124. Arbrisseau d'environ dix-huit pieds, dont la tige est droite, les rameaux triangulaires. Les feuilles sont opposées, ovales, acuminées, très-entières, blanches en dessous, longues d'environ sept pouces; les pétioles courts. Les fleurs sont jaunes, un peu pédicellées, disposées en panicules terminales; les folioles du calice ovales, aiguës, scarieuses sur les bords; les pétales ouverts, presque ovales; les filamens capillaires; les anthères rondes. Le fruit est une baie ovale, acuminée, un peu pentagone, à cinq loges; les semences sont oblongues, nombreuses, disposées sur deux rangs. Cette espèce croît au Mexique et à Surinam. Elle est remplie d'un suc jaune, visqueux, tenace, qu'on emploie contre les maladies de la peau : il est épais et constitue la gomme-gutte d'Amérique.

VISMEA A LARGES FEUILLES ; *Vismea latifolia*, Kunth, *loc. cit.* Arbre dont les rameaux sont lisses , glabres, comprimés, légèrement pubescens dans leur jeunesse. Les feuilles sont opposées, pétiolées, ovales-elliptiques, acuminées, arrondies à leur base, presque en cœur, très-entières glabres en dessus, vertes, luisantes, ponctuées en dessous et couvertes d'un duvet tomenteux, ferrugineux, longues de quatre ou cinq pouces, larges de deux ou trois ; le pétiole est long d'un demipouce, un peu pubescent. Les fleurs sont disposées en panicules terminales, courtes, simples, solitaires, pédonculées ; les pédoncules, ainsi que les pédicelles, anguleux, chargés d'un duvet ferrugineux ; le calice est pubescent, à cinq divisions profondes, ovales-oblongues, un peu aiguës, coriaces, membraneuses à leurs bords ; la corolle glabre ; les pétales sont arrondis ou en ovale renversé, velus en dedans ; l'ovaire est glabre et ovale. Cette plante croît en Amérique sur les bords du fleuve Cassiquiare. (POIR.)

VISNAGA. (*Bot.*) Gærtner faisoit sous ce nom un genre distinct du *Daucus visnaga* de Linnæus, dont le fruit est lisse, non chargé d'aspérités, qui doivent caractériser le *daucus*. Cette espèce a été reportée par M. de Lamarck au genre *Ammi*. (J.)

VISNEA. (*Bot.*) Le genre décrit sous ce nom par Linnæus fils, et nommé plus récemment *mocanera*, avoit été d'abord associé aux onagraires ; mais, mieux connu, il rentre dans la famille des ébénacées. Voyez MOCANÈRE. (J.)

VISON. (*Mamm.*) Nom spécifique d'un mammifère carnassier du genre MARTE. Voyez ce mot. (DESM.)

VISQUEUSE. (*Ichthyol.*) Nom spécifique de la myxine. (H. C.)

VISQUEUSE. (*Erpét.*) Nom spécifique d'une cécilie. (H. C.)

VISSADALI. (*Bot.*) Nom du *Knoxia*, genre de rubiacées, dans l'île de Ceilan, cité par Hermann et adopté par Adanson. (J.)

VISSUX. (*Ichthyol.*) Nom japonois de l'appât de vase. Voyez AMMODYTE. (H. C.)

VISTNU - CLANDI. (*Bot.*) Nom malabare de l'*evolvulus alsinoides*, qui est nommé *woest - naganthi* sur la côte de Coro=

mandel, suivant Burmann. C'est le *Visnu* d'Adanson, le *cam-
denia* de Scopoli. (J.)

VIT-DE-CHIEN ou DE PRÊTRE. (*Bot.*) Ancien nom vulgaire de l'arum commun. (L. D.)

VIT-DE-COQ. (*Ornith.*) Voyez VIDECOQ. (DESM.)

VITALBA. (*Bot.*) Nom sous lequel Dodoëns désigne la clématite ordinaire, que Linnæus emploie comme nom spécifique de cette espéce. (J.)

VITALIANA. (*Bot.*) Sesler a donné ce nom, qui rappelle
celui de Vitaliano Donati, naturaliste, à une plante qu'il a
fait connoitre, et dont Linné a fait son *primula vitaliana*, que
quelques botanistes veulent mettre dans le genre *Aretia*. (LEM.)

VITALIS. (*Bot.*) Apulée, cité par Daléchamps, donnoit
ce nom à la grande joubarbe, *sempervivum ;* elle a été aussi
nommée *Jovis herba*, d'où lui vient peut-être son nom françois.
Dans quelques pays de l'Allemagne, suivant Daléchamps, un
préjugé populaire fait croire que la chaumière sur le toit
de laquelle croit cette plante, est à l'abri de la foudre. (J.)

VITELLARIA. (*Bot.*) Espéce de caïmitier (*chrysophyllum*),
qui est le *chrysophyllum macrophyllum*, Poir., Encycl., Suppl.,
dont Richard et Gærtner fils avoient fait un nouveau genre.
(POIR.)

VITELLUS. (*Phys.*) Le jaune de l'œuf est ainsi désigné en
latin. (DESM.)

VITEX. (*Bot.*) Voyez GATILIER et VINETTIER. (POIR.)

VITICELLA. (*Bot.*) Césalpin citoit ce nom pour le *clematis flammula*. Linnæus l'a appliqué comme spécifique à un
autre *clematis*. Mitchell l'employoit pour désigner un genre
que Linnæus a adopté sous celui de *Galax*. (J.)

VITICES. (*Bot.*) La famille des plantes qui portoit primitivement ce nom latin et celui de gatiliers en françois, est
maintenant plus connue sous celui de verbénacées. (J.)

VITIFLORA. (*Bot.*) Gaza désigne ainsi l'*œnanthe fistulosa*,
parce que ses ombelles en fleur exhalent une odeur de vin.
(LEM.)

VITIFLORA. (*Ornith.*) Nom donné au motteux, *saxicola
œnanthe*. (CH. D. et L.)

VITIFOLIA de Lobel. (*Bot.*) C'est le staphysaigre, espéce
de dauphinelle. (LEM.)

VITIS. (*Bot.*) Ce nom latin, qui appartient exclusivement à la vigne qui produit le raisin, a été aussi donné par plusieurs anciens à d'autres plantes sarmenteuses ou grimpantes, qu'ils distinguoient par des surnoms adjectifs. Le *bryonia alba* étoit nommé *vitis alba* et *vitis nigra*. Ce dernier nom étoit encore donné au *clematis vitalba* et au *tamus communis*. Ce *tamus* étoit aussi le *vitis sylvestris* de Dodoëns. Suivant Lobel, le *vitis precia* de Pline est un groseiller, *ribes uva crispa*, mais Daléchamps ne partage pas cette opinion. Le même nomme *vitis septentrionalium*, le houblon; le *vitis canadensis* de Muntingius est le *rhus toxicodendron*; le *vitis alba indica* de Rumph est le *bryonia cordifolia* de Linnæus. Le *vitis trifolia* de Plumier, *cissus acida* de Linnæus, est la seule de toutes ces plantes qui ait de l'affinité avec le *vitis vinifera*.

Dans ce dénombrement, il ne faut pas oublier le *vitis idæa* de Thalius et de Gesner, formant un genre composé de plusieurs espèces, adopté sous ce nom par Tournefort, et sous celui de *vaccinium* par Linnæus, d'après Dodoëns, qui nommoit ces espèces *vaccinia*. Clusius nommoit aussi *vitis idæa* la busserole, *arbutus uva-ursi*, et il donnoit le même nom à l'amelanchier *mespilus* de Linnæus, *sorbus* de Crantz, *cratægus* de M. de Lamarck, *pyrus* de Willdenow, *aronia* de M. Persoon, amelanchier de Mœnch. (J.)

VITIS SYLVESTRIS. (*Bot.*) Les anciens botanistes ont désigné sous ce nom tantôt la douce-amère, *solanum dulcamara*, tantôt le *clematis alba*. (Lem.)

VITMANNIA. (*Bot.*) C'est sous ce nom que Turner désigne le genre *Oxybaphus* de l'Héritier et Willdenow, appartenant à la famille des nyctagynées. Il a été aussi donné par Vahl et Willdenow au *samadera* de Gærtner, faisant partie des simaroubées réunies aux rutacées. Voyez Locandi, Niota. (J.)

VITRE CHINOISE. (*Conchyl.*) Les marchands d'objets d'histoire naturelle, et même encore quelques amateurs, désignent sous ce nom la placune ordinaire, parce qu'elle est employée, à cause de sa minceur et de sa légère transparence, à former des vitres chez les Chinois. (De B.)

VITREC. (*Ornith.*) Nom sous lequel le motteux, *sylvia œnanthe*, Lath., est tres-connu. (Ch. D. et L.)

VITRINE, *Vitrina*. (*Malacoz.*) C'est le nom sous lequel

Draparnaud a adopté le genre des Limacines que M. d'Audebert de Férussac avoit établi avant lui sous la dénomination d'Hélicolimace. (*Voyez ce mot.*)

MM. de Lamarck et Cuvier ont cependant conservé le nom de *Vitrine* dans le Système des animaux sans vertèbres et dans le Règne animal. (De B.)

VITRIOL. (*Chim.*) Les chimistes qui nommoient *acide vitriolique*, l'acide sulfurique, donnoient le nom générique de *vitriols* aux sulfates de fer, de cuivre et de zinc. Macquer a proposé d'étendre ce nom à tous les sulfates. (Ch.)

VITRIOL BLANC. (*Chim.*) Ancien nom du sulfate de zinc. (Ch.)

VITRIOL BLEU, VITRIOL DE CHYPRE. (*Chim.*) Anciens noms du sulfate de deutoxide de cuivre. (Ch.)

VITRIOL VÉGÉTAL. (*Bot.*) L'un des noms vulgaires du nostoc commun. Voyez Nostoc. (Lem.)

VITRIOL VERT. (*Chim.*) Ancien nom du sulfate de protoxide de fer. (Ch.)

VITRIOLA. (*Bot.*) Un des noms anciens de la pariétaire, cité par C. Bauhin, d'après Lobel. (J.)

VITRIOLO. (*Ornith.*) M. Sonnini dit que c'est ainsi que se nomme le martin-pêcheur sur les bords du Lac majeur. (Ch. D. et Lesson.)

VITTARIA. (*Bot.*) Genre de la famille des fougères, institué par Smith et depuis adopté par les botanistes. Il se distingue par ses fructifications ou sores disposés en lignes continues, longitudinales, placées sur le disque ou sur le bord de la fronde: chaque ligne recouverte par un double indusium ou enveloppe, dont un s'ouvre de dehors en dedans, et l'autre de dedans en dehors.

Ce genre a pour type une fougère placée dans les pteris par Linnæus et est rapprochée du pteris par Willdenow; mais il s'en éloigne beaucoup par son port et surtout par son indusium double. Curt Sprengel ne décrit que dix espèces de ce genre: elles sont toutes exotiques et se rencontrent dans les Indes orientales, dans les îles de la côte orientale de l'Afrique et dans l'Amérique méridionale. Elles ont toutes les frondes simples, linéaires et souvent linéaires-filiformes. Nous ferons remarquer les deux suivantes; on peut consulter pour les autres espèces le *Species* de Willdenow et le *Systema* de Sprengel.

1. Le VITTARIA LINÉAIRE : *Vittaria lineata*, Swartz, *Synops.*, 109, et *Nov. act. soc. nat. scrut. berol.*, 2, p. 132; Schkuhr, *Crypt.*, 95, pl. 101, *b*; *Pteris lineata*, Linn.; *Lingua cervina*, Plum., *Amer.*, 21, pl. 48, et *Filic.*, 125. pl. 143; *Phylittis*, Petiv., 126, pl. 14, fig. 3. Frondes linéaires, très-longues, pendantes, très-entières; sores placés dans le bord même de la fronde. On trouve cette fougère en Amérique, dans la Géorgie, à la Jamaïque et à Saint-Domingue.

2. Le VITTARIA A FEUILLES D'ISOËTE : *Vittaria isoetifolia*, Bory, Voy. en Afr., 2, p. 525; Willd., *Sp.*, pl. 5, p. 405. Fronde linéaire-filiforme, pointue, canaliculée à l'extrémité, pendante et roide; sores solitaires et marginaux. Cette fougère a été observée par Bory de Saint-Vincent sur les vieux arbres à l'île Bourbon. Ses frondes ont dix-huit pouces de long et tiennent à une souche recouverte de nombreuses écailles brunes, lancéolées et sétacées à leur extrémité. (LEM.)

VITTEAU. (*Ornith.*) **Nom que porte en Picardie la buse rousse. (DESM.)**

VITTERTJE. (*Ichthyol.*) **Nom hollandois de la vandoise (H. C.)**

VITU. (*Bot.*) **Suivant les auteurs de la Flore du Pérou, on nomme ainsi dans ce pays leur** *genipa oblongifolia*. **(J.)**

VIUDITA. (*Mamm.*) **Nom donné par les Espagnols de l'Amérique méridionale à un petit singe du genre des Sagoins. (DESM.)**

VIUDITA. (*Ornith.*) **Nom espagnol d'une espèce de canard. (DESM.)**

VIVACES [PLANTES]. (*Bot.*) **Vivant plus de deux années. Les plantes vivaces herbacées ne le sont que par la racine; les tiges meurent tous les ans; exemples : stragon, houblon, asperge officinale, etc. (MASS.)**

VIVANET. (*Ichthyol.*) **Nom spécifique d'un BODIAN. Voyez ce mot. (H. C.)**

VIVANO FRANCO. (*Ichthyol.*) **Dans certains ports de mer on appelle ainsi un spare, imparfaitement connu des naturalistes, et dont il est difficile de déterminer l'espèce. (H. C.)**

VIVASECA. (*Bot.*) **Dans le voisinage de Carthagène en

Amérique on nomme ainsi, selon Jacquin, son *Diphysa*, genre de plantes légumineuses. (J.)

VIVE. *Trachinus*. (*Ichthyol.*) On appelle ainsi un genre de poissons osseux holobranches jugulaires, de la famille des auchénoptères, et reconnoissable aux caractéres suivans :

Catopes jugulaires, insérés au-devant des nageoires pectorales, et soutenus chacun par six rayons au moins; corps comprimé, alongé; nageoire anale unique; tête comprimée latéralement; yeux rapprochés vers le haut; une forte épine à l'opercule et deux petites devant chacun des yeux; os de l'épaule dentelés, point de vessie aérienne; écailles petites.

On distinguera donc sans peine les Vives des Percis, qui ont la tête déprimée; des Morues et des Merlans, qui ont deux nageoires anales; des Phycis, des Murénoïdes, des Oligopodes, des Blennies, des Salarias, des Clinus, des Gonnelles, des Opistognathes, qui n'ont aux catopes qu'un, deux ou quatre rayons au plus; des Calliomores, dont le corps est déprimé vers la queue; des Chrysostromes et des Kurtes, où il est ovale. (Voyez ces divers noms de genres et Auchénoptères.)

Nous parlerons ici avec quelque détail de

La Vive ordinaire : *Trachinus draco*, Linn.; *Draco marinus*, Pline. Mâchoire inférieure plus avancée que la supérieure; tête garnie par places de petites aspérités; ouverture de la bouche grande; langue pointue; dents maxillaires très-aiguës; cinq rayons seulement à la première nageoire dorsale, tous les cinq, du reste, non articulés, forts et pointus; écailles arrondies et peu adhérentes.

Ce poisson, ordinairement long d'un pied, a le dos d'un jaune brun; les côtés et le ventre argentés et marqués de raies transversales ou obliques, brunâtres et fréquemment dorées; enfin, la première nageoire dorsale d'une couleur noire.

Il habite l'Océan et la Méditerranée tout à la **fois**, enfoncé habituellement dans le sable ou la vase, où il a l'art de se creuser un asile, surtout vers la fin du printemps et au commencement de l'été, époque à laquelle il s'approche des rivages pour frayer, et où on le prend dans les filets employés pour la pêche des maquereaux ou à la drège.

Sa chair est blanche, ferme, feuilletée, sèche, d'une sa-

veur excellente, et quoiqu'on en fasse peu de cas à Paris
généralement, elle mérite pourtant quelque attention, surtout de la part des convalescens, qui la trouvent de facile
digestion.

La recherche de ce poisson si brillant, si vif, si richement
décoré, n'est pourtant point sans quelque danger, et, par
suite de cette alliance singulière que toutes les mythologies ont
faite, dans la création de leurs êtres fantastiques, d'une beauté
signalée avec une puissance nuisible, il a mérité dans tous les
temps et presque dès l'origine des sociétés le nom redoutable de
dragon de mer; nom qu'Aristote et Ælien, parmi les Grecs,
nous ont conservé (Δράκων Θαλάσσιον, Δράκων), et que Pline
nous apprend avoir été en usage chez les anciens Romains
(*draco marinus*). Il peut, en effet, causer des blessures cruelles
avec les piquans de sa première nageoire dorsale, qui ne sont
pourtant point venimeux, comme Pline, Aldrovandi, Santès de
Ardoynis, Ælien, Rondelet, Schöneveldt, Gesner, Ambroise
Paré, Van den Bossche, et une foule d'autres l'ont affirmé,
et qui, semblables à l'aiguillon de la queue de l'aigle de mer
et de la pastenague (voyez Myliobate et Pastenague), n'agissent que d'une manière purement mécanique. Telle est, au
reste, l'épouvante que ce genre de blessure cause communément, qu'il existe, sur nos côtes, des réglemens de police
qui enjoignent aux pêcheurs d'enlever aux vives les aiguillons
dont elles sont armées avant de les mettre en vente, et que
dans les îles de l'Archipel de la Grèce on leur fracasse la tête
immédiatement à leur sortie de l'eau.

Les ichthyologistes ont, du reste, distingué, dans cette
espèce, plusieurs variétés dépendantes de la taille et de la disposition des couleurs.

La Vive ocellée; *Trachinus lineatus*, Bloch. Dos convexe;
des taches ocellées brunes sur le corps; dessus de l'occiput
très-rugueux; six rayons à la première nageoire du dos.

Ce poisson, de la même taille que le précédent, paroît
propre à la Méditerranée. Il a été, conjointement avec la
vive ordinaire, observé à Iviça par François de la Roche.

La Vive Osbeck; *Trachinus Osbeck*, Lacép. Les deux mâchoires également avancées; nageoire de la queue rectiligne.

Cette vive est blanche, avec des taches noires. Le voyageur

Osbeck l'a observée dans l'océan Atlantique, non loin de l'île de l'Ascension. (H. C.)

VIVELLE. (*Ichthyol.*) Un des noms par lesquels la scie est désignée dans Rondelet. Voyez SCIE. (H. C.)

VIVER. (*Ichthyol.*) C'est un des noms vulgaires de la vive. Voyez TRACHINE. (H. C.)

VIVERE. (*Ichthyol.*) Voyez VIVE. (H. C.)

VIVERRA. (*Mamm.*) Linné a employé ce nom pour un genre de mammifères carnassiers, qui comprenoit principalement ceux que l'on a désignés en françois sous les noms de *civettes* et de *mangoustes* ; mais il renfermoit encore plusieurs espèces qui ont dû être rapportées aux martes, *mustela*, ou à d'autres groupes génériques qui ont été distingués dans ces derniers temps.

Ainsi les mangoustes ont été appelées *Viverra Ichneumon*, *Mungo*, *cafra*, *Suricata*, etc., et la désignation générique de *herpestes* leur a été appliquée par Illiger. Le suricate. qui est devenu pour nous le type d'un genre particulier, adopté par Illiger sous le nom de *Ryzæna*. ne comprend qu'une seule espèce, décrite par Buffon (le *suricate*) ; mais indiquée par Gmelin sous les deux dénominations spécifiques de *viverra zenik* et *tetradactyla*. Les coatis. qui forment maintenant le genre *Nasua*, sont les *viverra nasua* et *narcia* de Gmelin. Différentes mouffettes ou *méphitis* sont désignées par le même auteur sous les noms de *viverra putorius*, *conepatl*, *vulpecula*, *mapurita* et *quasje*. Une espèce du genre Glouton de M. Cuvier, le taira. est le *viverra vittata* de Gmelin. Le Ratel. dont M. F. Cuvier forme un genre particulier. est le *viverra mellivora*, auquel il faut réunir le *viverra capensis*. Le kinkajou ou Potto est le *viverra caudivolvula*. etc.

Le *viverra zeylanica*. Schreb., *Säugth.*, 5. p. 451, qui peut-être ne diffère pas du *martes philippinensis*. est un animal inconnu des naturalistes modernes. dont les caractères n'ont pas été indiqués avec assez de detail pour qu'on puisse s'en faire une idée suffisante. Il a la taille et la forme générale de la marte. tous les pieds à cinq doigts, les ongles acérés. la langue verruqueuse. le pelage d'un cendré mêlé de brun en dessus et blanc en dessous ; enfin la queue longue comme le corps et épaisse à sa base. Ce dernier caractère pourroit faire soupçonner que l'animal dont il s'agit appartient au genre Paradoxure.

Le nom de *viverra*, considéré comme générique, est maintenant appliqué aux seuls animaux du genre des Civettes (voyez ce mot), tels que la civette, *V. civetta*; le zibeth, *V. zibetha*; la fossane, *V. fossa*; la genette, *V. genetta*; le vansire, *V. galera.* (Desm.)

VIVI. (*Entom.*) A Otaïti on donne ce nom à un truxale. (Lesson.)

VIVIANA. (*Bot.*) Ce genre de Cavanilles, cité par C. Sprengel (*Syst.*, vol. 2, p. 331), est placé par lui dans la *décandrie monogynie*, et caractérisé ainsi : Calice à cinq sépales; cinq pétales; étamines alternes, insérées sur des écailles nectarifères; trois stigmates; capsules à cinq loges. Famille inconnue.

Le *Viviana marifolia*, Cav., seule espèce de ce genre, croît à Acapulco. (Lem.)

VIVIANITE. (*Min.*) Nom donné, en l'honneur de M. Viviani, professeur de Gênes, à un fer phosphaté bleu, laminaire. Voyez Fer azuré. (B.)

VIVIPARE. (*Ichthyol.*) Le poisson appelé *blennius viviparus* par Linnæus est le type du genre Zoarcès de M. Cuvier. Voyez ce mot. (H. C.)

VIVIPARE A BANDES. (*Malacoz.*) Nom sous lequel Geoffroy, dans son petit Traité des coquilles des environs de Paris, désigne l'animal dont Linné a fait son *helix viviparis*, et M. de Lamarck, sa paludine vivipare. Voyez Paludine. (De B.)

VIVIPARE. (*Foss.*) Denys de Montfort avoit donné ce nom générique aux Paludines. Voyez ce mot. (D. F.)

VIVIPARES [Insectes]. (*Entom.*) On nomme ainsi les espèces dont les œufs éclosent dans le corps et qui sont réellement ovovivipares; tels sont les pucerons, les hippobosques, les mouches bleues de la viande, etc. (C. D.)

VIVIPAROUS BLENNY. (*Ichthyol.*) Nom anglois du zoarcès. (H. C.)

VIZCHACA et VISCACHA. (*Mamm.*) Voyez Viscache. (Desm.)

VIZSLA et WISCHLA. (*Mamm.*) Nom du chien barbet ou caniche en Hongrie. (Desm.)

VLEDERMUIS et VLEERMUS. (*Mamm.*) Voyez Fleder-
maus. (Desm.)

VLIEGENDE HARDER. (*Ichthyol.*) Nom hollandois de
l'*exocet sauteur*. Voyez Exocet. (H. C.)

VLIEGENDE VISCH. (*Ichthyol.*) Nom hollandois de l'*exocet volant*. Voyez Exocet. (H. C.)

VOACANGA (*Bot.*); Pet. Th., *Nov. gen. madag.*, pag. 10.
Genre de plantes dicotylédones, à fleurs complètes, monopétalées, de la famille des *apocinées*, de la *pentandrie monogynie*
de Linnæus, établi par M. du Petit-Thouars pour un arbre
de Madagascar, caractérisé par un calice à cinq folioles roulées; une corolle infundibuliforme; le limbe tors, étalé, à cinq
lobes élargis; cinq anthères sessiles, sagittées, insérées à l'orifice de la corolle ; le réceptacle charnu; un ovaire double;
un style court; un stigmate pelté au-dessous, à trois lobes,
muni de deux tubercules au sommet ; deux grandes baies
sphériques; des semences nombreuses, charnues, éparses dans
la pulpe.

Cet arbre est garni de grandes feuilles opposées. Les fleurs
sont disposées en panicules; les fruits panachés, tuberculés.
Les habitans en retirent une sorte de gui; ils le nomment
voa-acanga (fruit pintade) , à cause des taches de ses baies
(Poir.)

VOACHITS. (*Bot.*) C'est, selon Flaccourt, le fruit de la
vigne dite *achith* à Madagascar. Il est gros comme le fruit du
verjus de France, et son goût est semblable. Il est aussi nommé *voalambou*. (J.)

VOADOUROU, VOAFOUTSI. (*Bot.*) A Madagascar on
nomme ainsi, selon Flaccourt, le fruit de ce qu'il appelle un
balisier, ayant les feuilles larges de deux pieds et longues de
quatre à dix pieds, portées sur une longue queue et disposées en éventail, employées comme nappes dans les repas et
sous le nom de *rattes*; lorsqu'elles sont sèches, bonnes pour
couvrir les maisons, dont on forme les parois avec les queues
très-longues et dures, nommées *falasses*. Le fruit renferme
beaucoup de graines enveloppées d'un tégument blanc, lesquelles, réduites en farine, sont mangées dans du lait. Ces
diverses indications semblent prouver que le végétal qui produit ce fruit est le *ravenala* de la famille des musacées. (J.)

VOAÉ. (*Bot.*) Cossigny, dans son Voyage à Canton, mentionne sous ce nom une liane sarmenteuse de Madagascar, qui rampe sur la terre ou s'accroche aux arbres voisins. Ses tiges atteignent la grosseur du bras; les feuilles sont opposées, épaisses, portées sur un pétiole court. Les fleurs, odorantes, disposées en bouquets, imitant celles du jasmin, ont une corolle monopétale tubulée, à cinq lobes et munie de cinq étamines; un pistil simple, qui devient un fruit de la forme et de la grosseur d'une poire de bon-chrétien, nommé *voaene* dans le pays. L'écorce de ce fruit est comme chagrinée, plus épaisse que celle de la grenade; l'intérieur est rempli d'un grand nombre de graines de forme et de grosseur inégales, enveloppées chacune d'une pulpe et d'une pellicule; leur substance, farineuse dans l'état de fraîcheur, acquiert beaucoup de dureté en se desséchant. Cossigny croit que c'est, selon son expression, le calice qui devient le fruit, et probablement il se trompe en ce point. Il ajoute que l'on extrait de cette plante, comme du caoutchouc, *syphonia*, une substance gommo-résineuse, jouissant des mêmes propriétés que la gomme élastique.

Ce végétal paroît être une apocinée appartenant à la section des fruits simples, et probablement il est identique avec la *vahea*, également originaire de Madagascar, figuré dans les Illustrations de M. de Lamarck, omis dans son texte, dont la description ne se trouve que dans le Supplément du Dictionnaire encyclopédique par M. Poiret. Cette description, dans laquelle manque celle du fruit, est d'ailleurs semblable à celle du *voaé*, et elle annonce aussi un produit de gomme élastique. Si l'identité est reconnue, l'indication de Cossigny aideroit à compléter le caractère du *vahea* et ne permettroit pas de l'assimiler à l'*urceola elastica* de Roxburgh, originaire de l'Asie, différant par un godet ou appendice cylindrique entourant l'ovaire, et par le fruit composé de deux follicules distincts. Voyez URCÉOLE, VAHEA et VOANANE. (*J.*)

VOAGHEMBE. (*Bot.*) Flaccourt dit qu'on nomme ainsi à Madagascar une espèce de fève ou haricot, bonne à manger avant sa maturité. Il parle aussi de petits pois nommés *voandsourou*, que l'on mange comme nos pois verts, et dont la plante rapporte sept ans de suite. Celle-ci est probablement le ca-

jan de l'Inde, *cajanus*, nommé aussi pois de sept ans, pois d'Angole. (J.)

VOAKOA. (*Bot.*) Voyez MALLORA. (J.)

VOALACALACA. (*Bot.*) Nom d'un arbre de Madagascar, cité par Flaccourt, dont le fruit, semblable au poivre, sans en avoir le goût, est recherché par les pigeons ramiers et les tourterelles. (J.)

VOALELATS. (*Bot.*) Fruit de Madagascar, qui, au rapport de Flaccourt, a les mêmes forme et couleur que celui du mûrier blanc, mais dont la saveur est si aigre qu'elle écorche la langue et fait saigner les gencives. Le feuillage est aussi différent. (J.)

VOAMANGUE. (*Bot.*) Voyez VOATAVE. (J.)

VOAMÈNE. (*Bot.*) A Madagascar, suivant Flaccourt, on nomme ainsi un petit pois de couleur rouge, produit par une plante grimpante et nommée *condure* dans les grandes Indes. Cette indication convient à l'*adenanthera*, plante légumineuse qui a les graines également rouges et nommées *condori* ou *condorin* par les Malais, suivant Rumph. (Voyez CONDORI). Flaccourt ajoute, et Rumph répète, que la farine de ces graines, mêlée à du suc de citron, est employée pour souder l'or. Ce suc devient visqueux. (J.)

VOAMITSA. (*Bot.*) Voyez HOUMIMES. (J.)

VOANANE. (*Bot.*) Flaccourt cite sous ce nom un fruit de Madagascar d'un demi-pied de long, ayant le goût d'une poire bien pierreuse et se partageant en quatre quartiers. Voyez VOAÉ. (J.)

VOANDSOU. (*Bot.*) Nom malgache du *voandseia* de M. du Petit-Thouars, *glycine subterranea* de Linnæus. (J.)

VOANDSOUROU. (*Bot.*) Voyez VOAGHEMBE. (J.)

VOANDZAIA. (*Bot.*) Voyez GLYCINE. (POIR.)

VOANGHA. (*Bot.*) Dans l'île de Madagascar on nomme ainsi, selon Flaccourt, plusieurs espèces d'oranges. L'espèce dite *voangissaye*, du volume d'une grosse prune, d'une belle couleur orangée, vient par bouquets de dix ou douze, dont l'arbre est surchargé, et sa chair a le goût de raisin muscat. (J.)

VOANG SHIRA. (*Mamm.*) Nom que porte à Madagascar une espèce de la famille des mangoustes, le vansire, dont

M. Fréd. Cuvier a fait le sous-genre *Atilax*, pour la considération d'un moindre nombre de fausses molaires qu'aux mangoustes et l'absence de poche à l'anus. (Desm.)

VOANOUNOUE. (*Bot.*) Fruit d'une espèce de figuier nommé nounoue à Madagascar, lequel a, suivant Flaccourt, le goût et la forme des figues de Marseille. Des rameaux de cet arbre, qui est laiteux et très-élevé, partent des jets qui descendent jusqu'à terre, où ils prennent racine et forment de nouveaux troncs. C'est peut-être la même espèce que le figuier des pagodes, *ficus religiosa*, commun dans l'Inde et poussant des jets pareils. (J.)

VOANTAC. (*Bot.*) Voyez Vontaca. (J.)

VOANTSILAN. (*Bot.*) L'arbre épineux de ce nom à Madagascar ne porte des feuilles qu'à son sommet, suivant Rochon. C'est peut-être une espèce d'*aralia*. C'est probablement le même qu'il nomme ailleurs *voan-silan*, également épineux et présentant la même disposition de feuilles, dont les pigeons aiment beaucoup le fruit. Le voangtsilan de la Collection des fruits de Madagascar, donnée par Poivre, ressemble beaucoup au fruit du *folium polypi* de Rumph, *Amb.*, 4, t. 43, que M. de Lamarck a nommé *aralia palmata*, nom mentionné par Willdenow. (J.)

VOARAVENSARA. (*Bot.*) Voyez Ravensara aromatique. (J.)

VOA ROMANI. (*Bot.*) Nom de la grenade à Madagascar, suivant Flaccourt. (J.)

VOAROTS. (*Bot.*) Fruit d'un grand arbre de Madagascar, mentionné par Flaccourt, qui a la grosseur et un peu le goût de la cerise. Son noyau est gros et sa chair conséquemment mince. Sa queue est courte; il vient par bouquets, et son feuillage approche de celui de l'olivier. C'est ou un cerisier, ou peut-être une espèce de *malpighia*. (J.)

VOASARA. (*Bot.*) Nom du citron à Madagascar, cité par Flaccourt. Il y en a de plusieurs sortes: le *voasaremani* est gros et doux; le *voasecats*, de la grosseur d'une prune, est aigre; le *voatoulong* est long et musqué; le *voatrimon* a une grosse écorce et atteint le volume de la tête d'un enfant. (J.)

VOASATRE. (*Bot.*) Fruit d'un palmier de Madagascar non déterminé, d'après l'indication incomplète de Flaccourt. (J.)

VOASOUTRE. (*Bot.*) C'est, dit Flaccourt, un petit fruit de Madagascar. gros comme une poire de muscat, qui, rôti ou bouilli, a le goût d'une châtaigne. Le végétal qui le produit a un bois très-dur et susceptible d'un beau poli; les feuilles, dentées, portent sur chaque dentelure une fleur à laquelle succède le fruit. Cette description pourroit s'appliquer au genre *Xylophylla* de Linnæus, dont les rameaux, aplatis, imitant des feuilles, sont bordés de fleurs, mais il diffère par son fruit capsulaire. C'est peut-être plutôt un *cactus* dans la section des *opuntia*, dont les rameaux, aplatis et portant des fleurs, ont été pris pour des feuilles. (J.)

VOATAVE. (*Bot.*) Nom de la grande citrouille à Madagascar. cité par Flaccourt. Le melon est nommé *voatangue;* le melon d'eau ou pastègue, *voamangue*. (J.)

VOATOLALACA. (*Bot.*) Graines de l'arbrisseau épineux nommé *bassy* à Madagascar, suivant Flaccourt, lequel porte des gousses également couvertes d'épines. contenant plusieurs de ces graines. C'est un cniquier, *guilandina*, dont les graines ont la couleur et presque la dureté d'une petite pierre. (J.)

VOAVALOUTS. (*Bot.*) Nom du durion des Indes à Madagascar. suivant Flaccourt. (J.)

VOCHI ou VOQUI. (*Bot.*) Dans la Flore du Pérou et du Chili on lit que ce nom est donné, par les habitans du Chili, au *Cissus striata* de cette Flore. genre de la famille des vinifères, et les auteurs ajoutent qu'on nomme ainsi toutes les plantes grimpantes.

C'est probablement pour cela qu'on trouve parmi les plantes du Chili, citées et figurées par Feuillée. un *vochi*, dont la tige paroît grimpante, garnie de feuilles ternées et portant des fleurs semblables à celles du lis, suivant l'auteur, composées de six pétales, six étamines, et dont le fruit, charnu, alongé, cylindrique, renferme cinq loges et cinq rangs de graines: celui-ci n'est jusqu'à présent rapporté à aucun genre.

Un troisième *Vochy* est un arbre de la Guiane, dont Aublet a fait un genre, en lui conservant son nom galibi, que nous avons latinisé. C'est notre *vochisia*, le *vochya* de Vandelli. le *salmonea* de Scopoli, le *cucullaria* de Schreber. Il est le type de la nouvelle famille des VOCHISIÉES. Voyez ce mot. (J.)

VOCHISIA. (*Bot.*) Genre de plantes dicotylédones, à fleurs complètes, polypétalées, de la famille des *vochisiées*, de la *monandrie monogynie* de Linnæus, offrant pour caractère essentiel : Un calice court, à quatre lobes inégaux ; quatre pétales insérés sur le calice, inégaux, alternes avec ses lobes ; le supérieur plus grand, muni à sa base d'une longue et ample corne ; l'inférieur grand, sans corne ; les deux latéraux plus petits ; un seul filament inséré au fond du calice, large, membraneux, concave au sommet, contenant dans cette cavité deux anthères parallèles, oblongues, sesiles ; un ovaire supérieur, trigone ; un long style charnu ; un stigmate convexe d'un côté, plan de l'autre ; une capsule à trois loges monospermes, dont deux avortent souvent.

Vochisia de la Guiane : *Vochisia guianensis.* Aubl., Guian., 1, tab. 6 : Lamk., *Ill. gen.*, t. 11 ; *Cucullaria excelsa*, Willd., *Spec.*; Vahl, *Enum.*, 1, pag. 4. Grand arbre de soixante à quatre-vingts pieds de haut. revêtu d'une écorce lisse, d'un vert grisâtre. Son bois est dur, d'un vert jaunâtre. Les branches se divisent en rameaux tétragones, garnis de feuilles opposées, médiocrement pétiolées, ovales-lancéolées, longues de deux à quatre pouces, larges d'un pouce et demi et plus, lisses, vertes en dessus, d'un jaune doré luisant et légèrement pubescentes en dessous ; deux stipules courtes, sétacées. Les fleurs sont disposées en longues grappes partielles très-courtes ; chacune est soutenue par un pédicelle long d'environ un demi-pouce, muni de deux petites bractées en forme d'écailles. Le calice est petit, d'une seule pièce, un peu velu, divisé à son bord en quatre lobes ciliés. La corolle est d'un jaune doré, d'une odeur agréable, à quatre pétales ; le supérieur, plus grand, enveloppe les autres avant l'épanouissement ; le filament linéaire, velu, est rétréci à sa base, relevé en carène par une nervure longitudinale qui divise l'anthère en deux ; l'ovaire est ovale, à trois sillons ; le style recourbé, serré contre le pétale supérieur. Cet arbre croît dans les grandes forêts de la Guiane.

Vochisia a grappes ; *Vochisia racemosa*, Poir., Encycl. Ses rameaux sont glabres, élancés, cylindriques, cendrés à leur partie inférieure, noirâtres et tétragones vers le sommet. Les feuilles sont opposées, un peu pétiolées, ovales-lancéo-

lées, entières, glabres, membraneuses, très-aiguës, un peu rétrécies à leur base, longues d'environ six pouces, larges de deux : les principales nervures noirâtres, ainsi que les pétioles des feuilles supérieures. Les fleurs sont disposées en petites grappes latérales, sessiles, axillaires, très-courtes, divisées dès leur base en quelques ramifications opposées, munies de bractées courtes, en forme d'écailles ovales, aiguës. Le fruit consiste en une capsule globuleuse, de la grosseur d'un pois, glabre, noirâtre, divisée intérieurement en trois loges, dont deux avortent souvent; une semence dans chaque loge, assez grosse, lisse, ovale, en cœur, d'un brun noirâtre. Cette plante croit à l'île de Cayenne.

Vochisia a feuilles échancrées : *Vochisia emarginata*, Poir., Encycl. ; *Cucullaria emarginata*, Vahl, *Enum.*, 1, pag. 5 ; *Vochya*, Vand., *Flor. lus. et bras.*, *Spec. in Rœm. Script. de pl. hisp.*, tab. 6, fig. 1. Cette plante a des rameaux glabres, opposés, cylindriques à leur partie inférieure, tétragones vers le sommet. Les feuilles sont opposées, pétiolées, oblongues, glabres, entières, un peu coriaces, rétrécies à leur base, échancrées et obtuses au sommet ; les pétioles de couleur brune. Les fleurs sont disposées en grappes droites, terminales ; les pédicelles biflores ; les deux pétales intérieurs plus courts que l'étamine et le style ; le filament est très-court, terminé par une anthère trois fois plus longue ; le style ascendant, de la longueur du filament. Le fruit est une capsule triangulaire, à trois valves, renfermant une semence dans chaque valve. Cette plante croit au Brésil. (Poir.)

VOCHISIÉES. (*Bot.*) Deux genres, observés par Aublet dans la Guiane, *Qualea* et *Vochy* ou *Vochisia*, dont le caractère du fruit étoit inconnu et quelques autres caractères étoient inexacts, avoient été laissés parmi ceux dont on ne pouvoit déterminer l'affinité ni la place dans l'ordre naturel. M. Auguste de Saint-Hilaire, qui, dans son Voyage au Brésil, a eu occasion de les observer vivans, de rectifier le caractère de la fleur et d'analyser le fruit, en a formé une nouvelle famille des vochisiées, à laquelle il a ajouté un nouveau genre, et il a consigné ce travail dans le sixième volume des Mémoires du Muséum d'histoire naturelle, p. 255, où l'on trouve tracé le caractère de la famille et celui des trois genres admis, sans indication des espèces nouvelles observées. M. Martius, dans son bel ouvrage sur les plantes du Brésil, adoptant cette famille sans en retracer le caractère, y ajoute plusieurs espèces nouvelles, deux genres nouveaux, et y rapporte l'*erisma* de M. Rudge. M. De Candolle, dans le troisième volume de son *Prodromus*, publié plus récemment, réunissant les travaux de ces deux auteurs, retrace le caractère général de la famille avec quelques modifications nécessitées par l'introduction des nouveaux genres. Ce caractère est formé de la réunion des suivans.

Un calice, le plus souvent non adhérent à l'ovaire, divisé profondément en cinq lobes (rarement quatre) inégaux, dont le supérieur, muni d'un éperon à sa base, avoit été regardé primitivement comme un pétale. Corolle insérée au fond du calice, composée d'un pétale opposé à sa division supérieure, ou de trois de cinq, inégaux et alternes avec le calice. Dans les corolles unipétalées une seule étamine fertile, alterne avec le pétale unique et insérée au même point, supportant une anthère droite, oblongue, quadriloculaire, à loges bigéminées; dans les corolles tripétalées ou pentapétalées, trois filets alternes ou opposés aux pétales, dont l'intermédiaire fertile et les deux latéraux stériles (quelquefois deux autres stériles, ajoutés aux précédens); ovaire libre ou rarement adhérent, surmonté d'un style et d'un stigmate simple, divisé en trois loges, contenant chacune un ou plusieurs ovules attachés à son angle antérieur. Capsule libre (ou rarement adhérente par sa base au calice), triloculaire, s'ouvrant en trois valves, quelquefois nues intérieurement, plus ordinairement munies dans leur milieu d'une cloison prolongée jusqu'au réceptacle anguleux qui occupe l'axe du fruit. Une ou plusieurs graines dans chaque loge, attachées aux faces du réceptacle central. Embryon droit, sans périsperme, à radicule courte et montante, à lobes foliacés et plissés irrégulièrement.

Tige arborescente, à rameaux opposés; feuilles stipulées, simples, externes, à nervures parallèles; elles sont opposées ou plus rarement verticillées, quelquefois alternes à l'extrémité des rameaux non florifères; pédoncules uni- ou pluriflores, tantôt axillaires, tantôt plus souvent terminaux et disposés en épis ou en panicules.

M. De Candolle divise cette famille en deux sections, et dans la première, caractérisée par un ovaire libre. avec un calice à cinq divisions, il rapporte les genres *Callistene* de M. Martius, *Amphilochia* du même, *Vochisia* d'Aublet ou *Cucullaria* de Schreber, *Salvertia* de M. S. Hilaire, *Qualea* d'Aublet.

La seconde, distinguée par un ovaire adhérent au calice et un calice qui n'a quelquefois que quatre divisions, présente le seul genre *Erisma* de M. Rudge, nommé *Debræa* par Rœmer et *Ditmaria* par M. Sprengel. différant de la famille, non-seulement par l'adhérence de l'ovaire, mais encore par l'unité de sa loge et probablement par la structure du fruit, lorsqu'il sera connu : ce qui laisse des doutes sur la véritable affinité de ce genre.

Nous laisserons, comme l'auteur, avec doute à la suite de cette famille les genres *Lozania* de Mutis, *Agardhia* de M. Sprengel, et *Schæiggeria* du même, qui ne sont pas encore suffisamment connus.

La structure intérieure du fruit dans cette famille a peut-être besoin d'être soumise à un nouvel examen. M. de Saint-Hilaire le dit dans le *Qualea* et le *Salvertia* divisé en trois valves, portant une cloison dans leur milieu, et il suppose dans le *Vochisia* la même organisation, qu'il n'a pas eu occasion d'observer. M. Martius l'admet également dans le *Qualea*; mais il n'a pas été à même de la vérifier dans le *Salvertia* et l'*Erisma*. ni même dans dix espèces de *vochisia*, qu'il décrit, et dont il n'a eu que les ovaires ou les fruits non parvenus à maturité. Son genre *Callistene* est indiqué avec des valves nues et sans faire mention de la situation des cloisons. D'après la description de son *amphilochia*, il paroîtroit que la partie corticale du fruit s'ouvre par le haut en trois valves nues et se détache d'une capsule intérieure moins solide (identique avec l'endocarpe des botanistes modernes), dont les valves. alternes avec les extérieures, forment chacune leur propre loge par leurs bords rentrans prolongés jusqu'à l'axe du fruit. Ces bords rentrans de chaque valve, rapprochés de ceux des valves voisines, constituent les cloisons, formées ainsi de deux feuillets, qui se séparent à l'époque de la maturité : ce qu'exprime le terme de valves septicides. employé ici par l'auteur.

La déhiscence du fruit et la disposition respective de ses

parties n'étant pas uniformes dans les genres décrits, nous devons attendre de nouvelles observations, pour tracer avec plus de précision le caractère général de la famille et pour assigner dans l'ordre naturel sa véritable place, qui ne l'éloignera peut-être pas beaucoup de celle des onagraires ou des lythraires. (J.)

VOCHY. (*Bot.*) Voyez Vochisia. (Poir.)

VOCIFER. (*Ornith.*) Levaillant (Afr., t. 1, p. 11) a donné le nom de *vocifer* à une espèce de pygargue. (Ch. D. et L.)

VODOU. (*Bot.*) Nom brame, cité par Rhéede, de l'*handir-alou* du Malabar, *ficus septica* de Rumph et de Burmann. (J.)

VODO-VELE. (*Bot.*) Voyez Tsjeru-tsjurel. (J.)

VŒSEL. (*Mamm.*) Les Danois se servent de ce mot pour désigner la belette. (Desm.)

VOGÈLE, *Vogelia.* (*Bot.*). Genre de plantes dicotylédones, à fleurs complètes, monopétalées, de la famille des *plumbaginées*, de la *pentandrie monogynie* de Linnæus, offrant pour caractère essentiel : un calice à cinq folioles pliées, ondulées, sillonnées transversalement; une corolle tubuleuse, plissée, à cinq lobes très-courts ; cinq étamines non saillantes, insérées au fond de la corolle ; les anthères droites, ovales ; un ovaire supérieur ; un style : un stigmate à cinq découpures ou en pinceau; une capsule à une loge ?

On trouve dans la Flore de la Caroline, de Waltherius, un genre particulier, sous le nom de *Vogelia*, qui est le *Tripterella* de Michaux. Médicus a également employé le nom de *Vogelia* pour un genre établi sur le *Myagrum paniculatum*, Linn., que M. Desvaux a nommé *Neslia*.

Vogèle d'Afrique : *Vogelia africana*, Lamk., *Ill. gen.*, tab. 149; Poir., Encycl., Suppl. Petit arbrisseau peu élevé, dont les tiges grêles se divisent en rameaux glabres, alternes, menus, striés, presque quadrangulaires, de couleur cendrée. Les feuilles sont distantes, glabres, petites, alternes, agréablement striées, presque sessiles, en cœur renversé, rétrécies à leur base, entières, échancrées au sommet, avec une petite pointe au milieu de l'échancrure, couvertes à leurs deux faces de petits points tuberculés. Les fleurs sont terminales, disposées en épis alongés, serrés, longs d'environ deux pouces, composés de bractées imbriquées, semblables aux feuilles ;

chaque fleur sessile ou à peine pédicellée. Le calice est à
cinq grandes folioles ovales, entières, aiguës ou mucronées,
glabres, striées transversalement; la corolle, grêle, tubuleuse,
plissée dans sa longueur, a cinq dents courtes, qui sortent
du milieu de l'échancrure d'autant de petits lobes; les étamines sont environ d'un tiers plus courtes que le tube. Cette
plante croit au cap de Bonne-Espérance, bien avant dans les
terres. (Poir.)

VOGELIA. (*Bot.*) On a fait sous ce nom trois genres différens. Celui de Gmelin est le même que le *Tripterella* de Michaux, réuni maintenant au *Burmannia* décrit ci-dessus. Celui
de Medicus, fait sur le *Myagrum paniculatum* de Linnæus,
est le *Neslia* de M. Desvaux, adopté par M. De Candolle. On
a conservé le *Vogelia* de M. de Lamarck, genre de la famille
des plumbaginées. (J.)

VOGMARE. (*Ichthyol.*) Voyez BOGMARE, dans le Supplément du tome V de ce Dictionnaire. (H. C.)

VOGNIN D'OSONG. (*Bot.*) Nom donné, suivant Rochon,
à une plante parasite de Madagascar, espèce d'angrec, *epidendrum*. dont la floraison annonce le temps propre à la pêche
de la baleine: aussi les barques destinées à cette pêche sont
ornées de ses fleurs. (J.)

VOHANG SHIRA. (*Mamm.*) Voyez VOANG SHIRA. (DESM.)

VOHIRIA. (*Bot.*) Genre de plantes dicotylédones, à fleurs
complètes. monopétalées. régulières, de la famille des *gentianées*. de la *pentandrie monogynie* de Linnæus, offrant pour
caractère essentiel : Un calice court. turbiné, à cinq divisions; une corolle hypocratériforme; le tube très-long, renflé
à la base et au sommet; le limbe à cinq lobes ovales ; cinq
étamines attachées à l'orifice du tube; les filamens très-courts;
les anthères oblongues ; un ovaire supérieur ; un style; un
stigmate en tête: une capsule oblongue, bivalve, à une seule
loge. renfermant des semences nombreuses, attachées aux
bords des valves.

VOHIRIA ROSE : *Vohiria rosea*, Aubl., Guian., 1, tab. 83,
fig. 1 ; Lamk., *Ill. gen.*, tab. 109; *Lita rosea*, Willd., *Spec.*
Cette plante a pour racines un tubercule charnu, garni
de fibres: il produit une tige noueuse, anguleuse, en partie
cachée dans la terre, qui se divise, à sa sortie, en quel-

ques rameaux très-courts, munis à chaque nœud de deux petites écailles opposées, conniventes à leur base, un peu charnues, aiguës au sommet. Ces écailles tiennent lieu de feuilles: elles sont glabres, petites, très-rapprochées. Chaque rameau est terminé par deux fleurs, quelquefois une seule. Le calice est court, à cinq dents aiguës, environné à sa base de deux ou trois écailles semblables à celles des rameaux; la corolle d'un rose tendre; le tube, renflé par le bas, diminue ensuite, s'alonge d'un pouce et demi, se renfle de nouveau au sommet, et se dilate, au-dessus d'un étranglement court. en un limbe à cinq lobes aigus. Les anthères sont oblongues, creusées d'un sillon, presque sessiles; l'ovaire est oblong, entouré à sa partie inférieure par un petit disque et par la base de la corolle; le style grêle; le stigmate large, évasé. Le fruit est une capsule à deux valves, contenant des semences fort menues. Cette plante croit dans les forêts de haute futaie à la Guiane, aux environs d'Aroura. Les Garipous mangent la racine de cette plante cuite sous la braise: sa saveur diffère peu de celle des pommes de terre: elle est de la grosseur du poing, de forme irrégulière, couverte d'une peau roussâtre, blanche en dedans.

VOHIRIA BLEUE: *Vohiria cærulea*, Aubl., *loc. cit.*, tab. 83, fig. 2; *Lita cærulea*, Willd. Cette plante se distingue de la précédente par ses rameaux plus nombreux, couverts d'é-cailles plus rapprochées, presque imbriquées. Le calice est plus grand: ses divisions sont plus longues et plus étroites. Les fleurs sont géminées sur les rameaux. La corolle est bleue, un peu plus épaisse; le limbe plus grand, plus évasé, à cinq larges découpures ovales, arrondies, obtuses; quelquefois il y a six découpures et autant d'étamines. Cette espèce croit dans la Guiane, parmi des forêts de palmiers, qui se trouvent depuis la source de la crique des Galibis, jusqu'à la rivière de Sinémari.

VOH'RIA SPATHACÉE: *Vohiria spathacea*, Poir., Encycl.; Lamk., *Ill. gen.*, n.° 2249. Cette espèce est rapprochée de la précédente. On l'en distingue par ses rameaux chargés d'un plus grand nombre de fleurs. Les tiges sont droites, un peu couchées à leur base, hautes de quelques pouces, simples, glabres, un peu cannelées; les feuilles sessiles, opposées.

courtes, ovales, aiguës, en forme d'écailles, fort distantes.
Les fleurs sont situées à l'extrémité des tiges, rapprochées,
médiocrement pédonculées, accompagnées de bractées alongées, en forme de spathe, un peu coriaces, minces, très-
glabres, longues de six ou douze lignes. Le calice est fort
court; la corolle munie d'un tube grêle, cylindrique, long
d'environ deux pouces, renflé, en entonnoir vers le sommet;
le limbe divisé en cinq découpures oblongues, lancéolées, un
peu courbées en dehors; les étamines sont plus courtes que la
corolle. Cette plante croît dans la Guiane.

Vohiria a fleurs courtes : *Vohiria breviflora*, Poir., Encycl.;
Lamk., *Ill. gen.*, n.° 2250. Petite plante qui s'élève à peine
à la hauteur de deux pouces sur une tige simple, droite,
glabre, presque filiforme, garnie de très-petites feuilles sessiles, opposées, semblables à de petites écailles ovales, très-
glabres, entières, aiguës, distantes, très-peu nombreuses.
Chaque tige se termine par une ou trois fleurs à peine pédonculées, de couleur jaunâtre; la corolle est tubulée, d'environ
six à sept lignes au plus; le tube droit, cylindrique, renflé
à sa moitié inférieure, deux fois plus long que le calice; le
limbe à cinq lobes courts, étroits, un peu aigus. Cette espèce a été recueillie dans la Guiane. (Poir.)

VOICE. (*Bot.*) Dans l'Anjou, suivant M. Desvaux, ce nom
vulgaire est donné à la vesce cultivée, *vicia*. (J.)

VOIE SÈCHE et VOIE HUMIDE. (*Chim.*) Les anciens appliquoient le premier nom à toutes les opérations que l'on faisoit
en exposant les corps à leurs actions réciproques, sans l'in-
termède d'un liquide. Ils les distinguoient ainsi des opérations
faites par la voie humide, où les corps agissoient au milieu
d'un liquide. (Ch.)

VOIES BILIAIRES. (*Anat. comp.*) On appelle ainsi, dans
les animaux, la série des canaux qui conduisent la bile du
foie vers l'intestin, et celle des réservoirs où cette humeur
peut séjourner durant un temps plus ou moins long.

Dans les animaux les plus parfaits, les plus compliqués, les
voies biliaires se composent des *pores biliaires*, des *conduits
hépatiques*, des *conduits hépato-cystiques*, de la *vésicule du fiel*,
du *canal cystique* et du *canal cholédoque.* (H. C.)

VOIES DE LA GÉNÉRATION. (*Anat. comp.*) Les zootomistes ont désigné par ces mots l'ensemble des organes de la génération dans les animaux.

Chez le mâle, les voies de la génération, dans les espèces les plus composées, offrent successivement les *conduits spermatiques*, dont l'assemblage constitue les *testicules*, l'*épididyme*, le *canal déférent*, les *vésicules spermatiques*, les *vésicules accessoires*, les *canaux éjaculateurs*, les *follicules prostatiques*, leurs *conduits* et le *canal de l'urètre*, renfermé dans la verge.

Dans la femelle, elles sont formées par les *ovaires*, les *trompes*, l'*utérus*, le *vagin*. (H. C.)

VOIES LACRYMALES. (*Anat. comp.*) On nomme ainsi la collection des organes destinés à la sécrétion et à l'excrétion des larmes.

Ces organes manquent dans les poissons.

Dans l'homme, les mammifères et les oiseaux, ainsi que dans beaucoup de reptiles, on les voit exister.

Dans leur état de complication la plus grande, ils se composent successivement de la *glande lacrymale*, de ses *conduits excréteurs*, de la *gouttière palpébrale*, des *points lacrymaux*, des *conduits* du même nom, du *sac lacrymal* et du *canal nasal*. Voyez Oiseaux, Ophidiens, Zoologie. (H. C.)

VOIES URINAIRES. (*Anat. comp.*) Ce nom collectif sert à désigner l'assemblage des organes destinés à la sécrétion et à l'excrétion de l'urine, comme les *reins*, les *uretères*, la *vessie* et le *canal de l'urètre*. (H. C.)

VOIGTIA. (*Bot.*) Ce genre de M. Roth, dans la famille des chicoracées, est devenu le *Rothia* de Schreber. Voy. Voitia. (J.)

VOILE. (*Actinoz.*) Synonyme de vellèle. (Desm.)

VOILE DÉPLOYÉE. (*Conchyl.*) Nom vulgaire d'une coquille du genre Strombe, *strombus epidromis*. (Desm.)

VOILE ROULÉE. (*Conch.*) C'est aussi le nom d'un strombe, *strombus vittatus*. (Desm.)

VOILIER. (*Ichth.*) Voyez Istiophore et Acanthure. (H. C.)

VOILIER ou VOILE LATINE. (*Malacoz.*) On trouve quelquefois ce nom pour indiquer le poulpe parasite des argonautes, parce qu'on admet qu'il peut voguer dans sa coquille, servant de bateau, à l'aide de ses bras palmés ou des bords de son manteau, servant de voile. Voyez l'article Poulpe, où ce mode de locomotion a été analysé. (De B.)

VOILIERS. (*Ornith.*) On donne le nom de voiliers aux oiseaux dont le vol est étendu. Ainsi les martinets, qui ne se posent presque jamais à terre, sont de bons voiliers. Mais on a plus particulièrement appelés grands voiliers, les oiseaux de haute mer, tels que les albatros et les pétrels, et M. Cuvier en a fait une famille dans son Règne animal. Voyez RAMEURS. (CH. D. et L.)

VOIRANE. (*Bot.*) Voyez VOUARANA. (POIR.)

VOIROUCHI. (*Bot.*) Voyez LEMEAMADOU et VIROLA. (J.)

VOISIENTÉ. (*Bot.*) On nomme ainsi à la Nouvelle-Guinée une variété de banane, dont le fruit est très-long. Le bananier y est nommé *imbieffe*; une variété à très-petits fruits, et à saveur délicieuse, y est nommée *robesenare*. (LESSON.)

VOISIEU et VOUSIEU. (*Mamm.*) Dénomination patoise du lerot dans la Bourgogne. Voyez l'article LOIR. (DESM.)

VOITIA, *Brise-pied*. (*Bot.*) Genre de plantes de la famille des mousses, très-voisin du *Phascum*, et qui, comme lui, est essentiellement caractérisé par sa capsule toujours close par suite de ce que l'urne est soudée à son opercule. Il en diffère par sa coiffe cuculiforme, de la longueur de la capsule, qui persiste le plus souvent fort long-temps; et par sa capsule, qui est caduque avec son pédicelle.

Ce genre, établi par Hornschuch, a été adopté par les botanistes. Il comprend deux espèces: ce sont de grandes mousses, d'un bel aspect, fermes, croissant en touffes et en gazons, dont les tiges sont droites, rameuses, garnies de feuilles marquées d'une nervure continue; la capsule est longuement pédicellée, droite, collée, jusqu'à sa maturité, avec sa coiffe. On trouve ces mousses à terre ou sur les bouses de vaches, sur les montagnes élevées et dans les régions les plus froides en Europe et en Amérique.

1. Le VOITIA DES NEIGES: *Voitia nivalis*, Hornsch., *De Voit. et Systyl.*, p. 5, pl. 1; Hook., *Musc. exot.*, 2, pl. 97; Schwæg., *Suppl.*, 2, pl. 101; Funck, *Moostasch.*, p. 3, pl. 1; Bridel, *Bryol. univ.*, 1, pag. 54. Tige longue d'un à deux pouces, droite, rameuse, revêtue, dans toute sa partie inférieure, de touffes de radicules d'un brun noirâtre; feuilles éparses, imbriquées, droites et un peu ouvertes, oblongues, longuement terminées en pointe, très-entières; pédicelles longs d'un

pouce et plus, purpurins; capsules ovales, amincies en une pointe un peu oblique, d'un brun pâle, conservant leur coiffe jusqu'à la maturité. Cette mousse croît au sommet des montagnes les plus élevées de la Carinthie, aux limites des neiges éternelles, sur les monts Glockner et Pasterz; elle végète sur les bouses de vaches et fructifie en Août.

2. Le VOITIA HYPERBORÉE : *Voitia hyperborea*, Grev. et Arn., *New. arrang. Moss. in Mem. soc. Wern. Edimb.*, 4, p. 109, pl. 7; Schwæg., *Suppl.*, 2, pl. 126. Tige alongée, peu rameuse; feuilles denses, larges, ovales, concaves, terminées en pointe; pédicelle terminal long de douze à dix-huit lignes, droit, tordu, fauve; capsule ovale, globuleuse, anguleuse à sa base; coiffe campanulée, subulée, fendue sur le côté, à peine persistante. Cette mousse a été découverte, dans l'île Melville, lors du voyage du capitaine Parry dans le nord de l'Amérique septentrionale. (Lem.)

VOIX, *Vox*. (*Physiol. générale*.) On appelle ainsi les sons que l'homme et les animaux font entendre en chassant l'air de l'intérieur de leurs poumons.

Les animaux qui possèdent ces viscères ont donc seuls une voix; mais, dans l'ordre universel des êtres, ce n'étoit point assez pour l'homme de percevoir des impressions, de s'en ressouvenir, de les comparer, d'avoir des désirs et des volontés; la Nature, en répandant sur lui toute sa majesté, a voulu qu'il sortît du cercle invariable de ses besoins physiques; qu'il possédât des moyens de manifester ses vœux; qu'il enrichît avec bienveillance ses semblables des fruits de son expérience; que, par une noble destination, il pût partager avec eux ses affections, recueillir leurs pensées, faire entendre les siennes, et élever ainsi l'édifice de ses relations morales.

Tout faisoit à l'homme un devoir de cette communication mutuelle; ses besoins naturels, qui ne pouvoient être soulagés que par le concours de plusieurs et l'emploi de leurs forces réunies; ses passions instinctives, qui ne pouvoient se développer que dans les épanchemens d'un heureux rapprochement; ses connoissances acquises, qui ne pouvoient s'agrandir, se multiplier, se corriger, que par la transmission d'individu à individu.

L'heureux don de la pensée ne le distinguoit donc point

assez des autres animaux. Il a obtenu la faculté inappréciable d'exprimer, de reproduire cette pensée; et c'est par elle qu'il exerce sur les êtres animés l'empire de la raison et qu'il soumet le monde aux ordres de sa volonté.

Or, trois moyens le conduisent à ce résultat. *L'exercice de la voix*, la *représentation de la pensée*, les *mouvemens du corps*.

En agissant sur trois de nos sens, l'ouïe, la vue et le tact, à l'aide des sons, des gestes et des attouchemens, ces trois moyens donnent naissance à trois sortes de langages, *la parole*, *l'écriture* et le *geste*.

C'est en effet dans ces trois conditions que nous trouvons non-seulement la facilité d'agir sur les sens, de commander l'attention, de frapper l'imagination; mais encore la cause des communications établies entre les peuples, entre les siècles, *par cet art ingénieux de peindre la pensée et de parler aux yeux*, dont les monumens durables renouvellent les sensations, prolongent les souvenirs, et, suivant la belle expression d'un philosophe moderne, font communiquer ensemble le passé, le présent et le futur.

La parole n'est donc qu'une modification de la voix, propre à l'homme. L'examen de l'une ne peut, pour ainsi dire, point être séparé de celui de l'autre.

Nous devons donc nous y arrêter quelques instans, quoique cet article ne soit consacré qu'à la voix considérée chez les animaux en général.

Ce sujet est vaste et beau : en le traitant, on examine le plus bel attribut de l'homme, l'instrument le plus actif de sa perfectibilité, celui qui lui donne le divin privilége d'apprendre et d'enseigner; et, dans le cours des leçons que je faisois sur cette matière, en 1816, à l'Athénée royal de Paris, les paroles de l'orateur latin se retracèrent à ma mémoire plus d'une fois : *Jam verò domina rerum ista loquendi vis, quàm est praeclara, quàmque divina, quæ primùm efficit ut ea quæ ignoramus discere et ea quæ scimus alios docere possimus.*

Au reste, chez l'homme, ainsi que chez les autres animaux à poumons, comme tous les sons, la voix est le résultat d'une vibration communiquée à l'air : ce fluide en est donc la cause matérielle; et l'étude physique du son, quoique plus applicable à la théorie de l'audition et aux expériences d'acoustique, ne sauroit être négligée, lorsqu'il s'agit de celle de la voix. M. Cuvier en a bien fait sentir l'importance dans sou beau Traité d'anatomie comparée, et Hallé et Chaussier ont partagé cette opinion.

Cependant il devient bien difficile d'expliquer par la physique la formation des sons dans le larynx de la même manière que dans les instrumens. Cette science n'est ici qu'auxiliaire, car la puissance de la vie détermine dans les êtres animés une foule de modifications, dont la cause immédiate nous échappe et qu'il est impossible au calculateur le plus instruit d'apprécier à leur juste valeur.

Une preuve manifeste de cette assertion, c'est que la volonté seule rend l'air sonore au moment où il traverse le larynx ; si l'empire de cette puissance vient à cesser, le passage de l'air s'effectue sans bruit.

D'après les travaux les plus récens, on est conduit à regarder l'organe qui, chez l'homme, produit les sons de la voix, comme un *instrument à cordes et à vent* tout à la fois.

Or, dans toute espèce de son, et plus spécialement dans celui qui est produit par un de ces instrumens, on distingue trois ordres de qualités, savoir :

1.° Le *ton*, qui dépend de la vîtesse ou de la lenteur avec laquelle se succèdent les vibrations : il est *aigu*, si elles sont rapides ; il devient *grave*, si elles sont éloignées les unes des autres.

2.° L'*intensité*, qui résulte de l'étendue de ces mêmes vibrations.

3.° Enfin, le *timbre*, qui tient à des circonstances inappréciées et indéterminées de texture, de substance ou de figure.

Ces trois conditions existent dans la voix de l'homme ; mais elle nous offre encore un quatrième ordre de modifications, c'est celui que nous représentons par les lettres de l'alphabet, c'est-à-dire par les *voyelles* ou *sons principaux*, et par leurs *articulations* ou *consonnes*.

Dans un son produit par une corde, on observe constamment que la vitesse des vibrations, et, par conséquent, l'acuité du son lui-même, sont en raison inverse de la longueur et en raison directe de la tension.

Toute corde qui donne un ton donne en même temps ceux

des parties aliquotes de sa longueur, et c'est sur ce fait que se trouve basée la théorie des *tons harmoniques*.

Les instrumens à vent sont soumis aussi entièrement à ces deux règles.

Cependant, en eux, une légère circonstance peut amener de grandes modifications et faire dominer un ton harmonique sur le ton fondamental.

Proportionnément à sa longueur, un tuyau bouché rend un ton double par rapport à celui qui est ouvert. Ce phénomène est très-connu des organistes.

Pour qu'un instrument à vent rende un son, il faut une lame vibrante à l'entrée du tube que l'air va traverser, ou bien il est nécessaire que l'orifice de celui-ci soit disposé de manière à faire vibrer l'air lui-même et seul.

C'est en cela que consiste la différence des instrumens à anche et des instrumens à bouche.

Dans ceux-ci l'air seul est sonore. Dans ceux-là, on trouve sur le trajet de l'air des espèces de cordes sonores; car on peut raisonnablement considérer comme telles la lame unique ou les deux lames minces et vibrantes qui sont destinées à intercepter et à permettre alternativement le passage d'une colonne du fluide atmosphérique.

Dans ce dernier cas, donc, l'anche produit et modifie les sons.

Quant au tuyau qu'on y adapte, il n'influe nullement, à ce qu'il paroît, sur le ton du son; il ne modifie que son intensité et son timbre. A quoi tient cette particularité? C'est ce que les physiciens ne me paroissent pas avoir encore expliqué d'une manière bien satisfaisante.

Qui pourroit se refuser à voir dans l'organe de la voix de l'homme un véritable jeu d'instrument combiné, avec toutes les circonstances propres à modifier le son, telles que nous venons de les indiquer dans les propositions précédentes? Qui, après avoir convenablement étudié, examiné le larynx et la trachée-artère, ne seroit convaincu de cette vérité? (*Voyez* Respiration.)

Les poumons, en chassant l'air, font l'office d'un *soufflet;* la trachée-artère peut être considérée comme une espèce de *porte-vent;* les ligamens de la glotte représentent l'*anche;* les lames vibrantes ou les cordes de l'instrument : c'est au point qu'ils occupent que se trouve produit le son, dont l'acuité et la gravité dépendent du degré plus ou moins grand de dilatation ou de resserrement de la glotte, et non point uniquement de la tension ou du relâchement des lèvres de cette ouverture, comme l'a voulu Ferrein. Le nez et la bouche transmettent le son au dehors, et en modifient seulement le timbre et l'intensité, de même que les tuyaux adaptés aux anches des instrumens de musique, dont les lèvres forment le pavillon.

Ce résultat si simple et qui paroît si satisfaisant, est le fruit de longues et de pénibles recherches. On n'y est arrivé qu'après avoir détruit une foule d'erreurs accumulées les unes sur les autres, dans les temps malheureux de l'enfance de la physiologie, qu'après avoir préconisé une foule d'hypothèses, qui depuis se sont évanouies devant le flambeau de l'observation et de l'expérience.

Aristote, dans son Histoire des animaux et dans son livre des Problèmes, avoit pourtant déjà reconnu l'influence de la glotte dans la production de la voix; mais Galien a gâté cette idée simple et juste, en voulant que les divers tons fussent dûs à l'alongement et au raccourcissement de la trachée-artère.

L'habitude de jurer *in verba magistri* fit admettre cette erreur sans aucun examen. Ettmuller, J. Fernel et Vésale, si exact et si judicieux d'ailleurs, l'embrassèrent aveuglément, et pendant long-temps, dans les écoles, la doctrine de Galien fut enseignée et propagée exclusivement.

Elle trouva cependant quelques détracteurs. Parmi eux nous pouvons citer Wedel, qui, dans ses Exercices de médecine philosophique, a attribué à la luette la variété prodigieuse des inflexions de la voix humaine. C'étoit remplacer une erreur par une autre non moins grave. *Quo avulso non deficit alter.*

Dans le seizième siècle, le célèbre Jérôme Fabricio, si improprement désigné parmi nous sous le nom de *Fabrice d'Aquapendente*, entrevit la véritable théorie de la voix de l'homme.

Son disciple Casserio, de Plaisance, auquel nous devons un Traité des organes de la voix et de l'audition, orné de fort belles planches, adopta la même manière de voir. Mais tous les physiologistes ne furent pas aussi sages, et cette théorie, d'abord très-bien reçue, fut négligée et même totalement abandonnée.

A une époque plus rapprochée de nous, Claude Perrault, architecte et médecin, décrié souvent sans raison par le satyrique Boileau, mais auquel la postérité a déjà rendu justice sur plus d'un point; Perrault, dis-je, pensa que les sons consistoient dans les vibrations de la glotte. C'est cette idée qui conduisit Conrad Amman à un mode d'enseignement particulier pour les sourds et muets de naissance; enseignement qu'ont suivi et perfectionné successivement le philanthrope abbé de l'Épée et l'abbé Sicard, et que perfectionne chaque jour leur digne successeur l'abbé Paumier.

Postérieurement encore, c'est-à-dire dans les premières années du siècle dernier, Dodart compara la glotte à une anche et prétendit que les lèvres de cette ouverture étoient formées par des muscles d'une nature particulière, *uniques agens* de son rétrécissement, et d'un mécanisme qu'il assimile à celui des lèvres dans l'action de siffler. Tels sont les résultats que j'ai tirés de la lecture des trois Mémoires de cet auteur, qui pensoit d'ailleurs, comme Perrault, que la glotte vibroit lors de la production des sons.

Malgré cela, en 1741, Ferrein revendiqua en sa faveur l'idée des vibrations de la glotte. Dans des expériences qu'il pratiqua en présence de l'Académie, il fit rendre des sons au larynx d'un cadavre, et il fit de cet organe un véritable instrument à cordes sonores.

Voilà la raison pour laquelle souvent encore aujourd'hui on désigne les ligamens de la glotte sous la dénomination de *cordes vocales de Ferrein*, au moins chez l'homme.

L'érudit et ingénieux Gunz a contribué à éclaircir le sujet qui nous occupe, en notant l'influence de plusieurs des muscles intrinsèques du larynx sur la formation de la voix.

De nos jours, M. le docteur Dutrochet a développé les principes émis par Gunz et en a fait la base d'une nouvelle théorie de la voix. Il en explique entièrement la formation et les variations par l'influence des muscles dont nous venons de parler.

Il seroit facile d'accumuler encore ici les citations; mais

nous devons nous borner à l'examen des opinions qui ont joui de quelque faveur, à celles qui, au moins par quelque côté, se rattachent à la vérité, ou qui ont été l'objet de longues discussions, comme pour les théories de Dodart et de Ferrein.

Il conste, au reste, de l'examen auquel nous venons de nous livrer, que le son produit *volontairement* chez l'homme à l'aide de l'air qui sort des organes de la respiration, trouve sa cause dans l'action d'un instrument à vent et à cordes tout à la fois, et qui n'est exclusivement ni d'un genre ni de l'autre; que ce son est manifestement composé et qu'il résulte de vibrations communiquées au fluide en mouvement par des corps vibrans eux-mêmes, et de la compression qu'éprouve ce même fluide obligé de s'échapper par un canal plus étroit. Cette assertion, que j'ai avancée sommairement ci-dessus, a besoin de preuves; les voici :

Lorsque l'air, expulsé des poumons par un mécanisme que nous avons décrit à l'article RESPIRATION, a parcouru toute la longueur de la trachée-artère, il vient à rencontrer la glotte, et là il se trouve plus ou moins comprimé, suivant son état de dilatation ou de constriction, qu'accompagne toujours la tension ou le relâchement de ses ligamens. Dans ce moment, l'air doit nécessairement éprouver des vibrations; ces vibrations doivent nécessairement aussi varier en raison des circonstances que nous venons d'indiquer.

Or les vibrations imprimées à l'air dans ce cas peuvent être rigoureusement comparées à celles que déterminent les lèvres à l'orifice d'un corps-de-chasse. Et, en effet, les cordes vocales de Ferrein peuvent être plus ou moins tendues ou relâchées; mais jamais, ainsi que les lèvres, elles ne sont sèches et isolées de manière à vibrer comme une corde de harpe, par exemple.

D'après cela, le larynx n'est donc pas absolument un simple instrument à vent et à cordes; l'action de la vie entre pour beaucoup dans l'exercice de ses fonctions. La section des nerfs destinés à l'animer, entraîne l'aphonie, ainsi que nous avons eu occasion de le dire déjà. Dans bien des cas de paralysie, l'extinction de la voix peut être mise au nombre des symptômes remarquables. Lors des catarrhes qui attaquent la mem-

brane muqueuse du larynx, la douleur et le gonflement gê-
nent les vibrations qui doivent être imprimées à l'air; il existe
alors de l'enrouement.

Nous voyons donc déjà la voix éprouver de nombreuses
modifications en vertu de l'état de la glotte et de celui de
ses ligamens. Mais une foule d'autres causes peuvent encore
exister ici accessoirement.

Ainsi, sous le rapport de l'intensité, qui dépend de l'étendue des vibrations, la voix peut varier en raison du développement plus ou moins grand de la poitrine ou du larynx
lui-même. En conséquence, chez les femmes et chez les enfans,
où ce dernier organe est plus petit, la voix est plus grêle que
chez les hommes et les adultes.

Sous le rapport du timbre, il y a pour ainsi dire autant
de variétés de la voix que d'individus différens.

Sous celui du ton, les variétés de la voix sont infinies, et
paroissent dépendre spécialement de ce que telle ou telle
partie des ligamens de la glotte sont mises en mouvement.

C'est ainsi que les tons aigus semblent trouver leur cause
exclusivement dans la partie postérieure de la glotte. Si l'on
coupe les nerfs qui vont animer le muscle aryténoïdien chez
un chien, cet animal pousse des cris dont le ton ne peut
devenir aigu.

Enfin, après sa formation dans le larynx, le son est obligé
de traverser une sorte de *porte-voix*, qu'on me passe cette
expression, composé de l'arrière-bouche, de la bouche et
des cavités nasales, et là il éprouve encore des modifications
suivant que ce tuyau terminal s'alonge ou se raccourcit,
s'élargit ou se rétrécit. Ainsi, pour qu'un son ait toute son
intensité, il est nécessaire que la bouche soit grandement
ouverte, et son timbre doit varier, d'ailleurs, suivant que
les arcades alvéolaires sont pourvues ou dégarnies de dents,
suivant que l'air sort par la bouche ou par le nez, suivant
les mouvemens de la langue, etc.

C'est alors qu'il est permis d'articuler les sons; c'est donc
seulement dans cette dernière partie du tube vocal qu'existe
la faculté de prononcer; c'est là qu'est le véritable siége de
cette voix acquise, de cette voix d'imitation, qui est liée
d'une manière intime au sens de l'audition, dont l'homme

seul jouit en vertu de son organisation, dont les sons peuvent être représentés par des lettres, et constituent la parole.

Jusqu'à présent je n'ai donc traité que de la voix brute ou du cri, qui existe pour l'homme dans toutes les conditions, pour l'enfant qui vient de naître comme pour l'adulte, pour l'idiot comme pour l'homme d'esprit, pour le sauvage comme pour l'homme civilisé.

Le cri, dont nous parlons, tient à l'organisation ; il sert à exprimer les sensations vives, et l'on pousse des *cris de douleur* et des *cris de joie*. Son timbre a le plus souvent quelque chose qui blesse l'oreille ; et il n'établit de rapports entre les hommes que pour la pitié et l'épouvante.

Mais la *voix articulée* ou la *parole*, par cela même qu'elle est le fruit de l'imitation, n'existe point chez les individus qui sont sourds dès leur naissance. La surdité congéniale devient ainsi une condition indispensable de mutisme, ou plutôt de silence, selon l'expression de l'abbé Sicard, puisqu'elle entraîne après elle l'ignorance absolue des sons et de leurs valeurs représentées par les lettres de l'alphabet.

C'est par la même raison que les individus qu'on trouve isolés dans les bois ne parlent point.

C'est encore par suite du même principe que la voix ne sauroit être juste quand l'oreille est fausse, comme le disent les musiciens.

Une autre preuve de la liaison intime de l'ouïe et de la parole, c'est que des sourds de naissance, ayant recouvré la faculté d'entendre, ont pu apprendre ensuite à parler. Tel est le cas d'un homme dont il est parlé dans les Mémoires de l'Académie royale des sciences de Paris, pour l'année 1703.

Tout en faisant remarquer qu'*articuler* des sons et *prononcer* n'est point *parler* (car, pour parler, l'exercice de l'intelligence est nécessaire, tandis que les idiots et certains oiseaux ont la faculté de prononcer), je vais tâcher d'offrir un tableau analytique des sons articulés, en me servant, afin de me faire mieux entendre, des lettres ou des signes à l'aide desquels on représente ces sons. Ce qui est ridicule dans le Maître de philosophie du *Bourgeois gentilhomme*, peut être utilement développé par un physiologiste, par un zootomiste.

Les grammairiens ont distingué les lettres en *voyelles* et en *consonnes;* mais le physiologiste trouve plus rationnel de les appeler *lettres vocales* et *lettres buccales,* suivant que le larynx seul peut produire les sons qu'elles représentent, ou que la bouche devient nécessaire pour leur articulation.

Je distingue donc les lettres vocales en *voyelles,* en *labiales,* en *dentales,* en *palatales,* en *gutturales* et en *nasales.*

Les *voyelles* sont *a, à; — è, é, é, e; — i, y; — o, ó; — u, ou; — eu.*

Dans leur prononciation, le son dépend évidemment de la manière dont la bouche est ouverte au moment de l'émission de la voix.

Les *lettres vocales labiales* nécessitent, pour être bien prononcées, l'action des lèvres : tels sont le *b* et le *p,* que certains peuples de l'Amérique n'emploient jamais, par suite de la coutume où ils sont de porter un anneau suspendu à leurs lèvres.

Les *dentales* s'articulent contre les dents; le *d* et le *t* sont dans ce cas. Aussi les enfans et les vieillards ont-ils beaucoup de peine à les prononcer.

Il n'y a qu'une seule lettre *vocale palatale :* c'est l'*l,* qui est formée par la langue contre le palais.

Les *lettres vocales gutturales* sont le *g* et le *k.* Elles sont articulées dans l'arrière-bouche.

Les *nasales* sont *m* et *n.* Pour rendre le son auquel elles équivalent, l'air doit traverser les fosses nasales.

Dans la prononciation de toutes ces lettres, le son est instantané, et sa nature ne dépend que du degré d'ouverture de la bouche.

Il n'en est point de même dans les lettres buccales, qui sont presque toutes sifflantes et que produit le frottement de l'air contre les parois de la bouche, en sorte que l'on peut en prolonger la prononciation autant que dure la sortie de l'air des poumons.

Parmi ces lettres, *f* et *v* exigent, dans la prononciation, le concours des lèvres, et sont *labiales; x, s, z,* exigent celui des dents et de la langue, et sont *dentales;* le *the* des Anglois est dans le même cas; *j, h, r,* sont *gutturales;* le χ des Grecs l'est aussi.

C'est l'articulation de ces lettres qui constitue ce qu'on est convenu d'appeler *prononciation.* Celle des voyelles se fait sans aucun effort; aussi les enfans les prononcent-ils en général fort bien. Quant aux consonnes, qui ne sont destinées qu'à lier les voyelles les unes aux autres, elles exigent plus de peine.

De la combinaison des lettres les unes avec les autres résultent les mots, qui eux-mêmes composent les langues, dont nous avons indiqué la puissance et les beaux priviléges. Il nous suffira de rappeler ici que pour nous les langues les plus harmonieuses sont celles dont les mots présentent le plus de voyelles. La langue grecque est, en particulier, dans ce cas :

> . . . . *Graiis dedit ore rotundo*
> *Musa loqui . . . .*

Telles sont encore les langues des peuples d'Otaïti et celles de tous ces heureux insulaires de la mer du Sud, qui vivent sous un ciel où rien n'inspire des pensées sombres et des idées lugubres.

La plupart des langues septentrionales, au contraire, nous paroissent âpres et dures : en comparant celle des Eskimaux, celle des hordes sauvages du Labrador, à celles des Péruviens, des Mexicains, etc., nous reconnoissons bientôt cette vérité. Mais qu'est-il besoin, pour cela, de sortir de notre propre Europe? Écoutons parler un Italien et un Allemand. Le premier, dans ses phrases, pour nous harmonieuses et coulantes, accumule les voyelles; le second, dans des sons qui nous paroissent inharmoniques, fait que les consonnes s'entrechoquent en désordre à nos oreilles. Quoi de plus dur pour notre ouïe, de plus difficile à prononcer pour nous, par exemple, que le nom de l'ancien doyen d'une faculté d'Allemagne, le savant *Kaltschmidt*, auteur de plusieurs Dissertations estimées? Comment viendrions-nous à bout de prononcer *Schngder*, autre mot d'une langue du Nord? Aucune de ces difficultés n'existe pour l'allemand.

Nous devons dire encore que les sons articulés par le larynx sont plus ou moins forts, quoique pouvant être représentés par les mêmes signes. Ainsi l'on peut *parler à voix basse.* Nous devons rappeler aussi qu'ils peuvent passer du *grave* à l'*aigu* et réciproquement, en parcourant tous les tons intermédiaires. Dans ce cas, la voix est *modulée;* les sons qu'elle produit sont *appréciables;* souvent aussi, mais non nécessairement, ils sont articulés. C'est en cela que consiste le *chant,* qui,

comme la *parole*, suppose l'exercice de l'intelligence et de l'ouïe, et sert spécialement à peindre les passions et les divers états de l'esprit.

Sous le rapport du chant, la voix est ou *grave* ou *aiguë*. C'est là la division physiologique la plus naturelle; mais les musiciens reconnoissent ici un grand nombre d'autres variétés et admettent des voix *douces*, *fortes*, *flûtées*, *aigres*, *flexibles*, *fausses*, etc.

La voix varie beaucoup avec l'âge. Non capable encore d'articuler des sons, l'enfant nouveau-né ne fait que pousser des cris, indices des premières douleurs qui signalent la carrière dans laquelle il entre; mais bientôt sa voix, quoique douce et foible, commence à se former, pour prendre chez l'homme, à l'époque de la puberté, cet accent qui décèle une mâle vigueur. J'ai indiqué ici l'homme d'une manière spéciale; car chez la femme la voix conserve toujours sa douceur et sa flexibilité. Vers la fin de la vie, les sons rendus par le larynx deviennent aigres et cassés, et s'accordent bien avec les plaintes et les regrets qui échappent sans cesse à un vieillard, *laudator temporis acti*.

La voix des mammifères, celle des oiseaux, se trouvent examinées dans trop d'endroits de ce Dictionnaire, pour que nous nous y arrêtions ici.

Nous devons nous occuper plus spécialement de celle des reptiles.

Comme la plupart des animaux pourvus de poumons, de trachée-artère et de larynx, les reptiles ont une voix. Mais que cette voix est différente du chant des oiseaux, qui confient aux échos des campagnes et leurs plaisirs et leurs chagrins! qu'elle ressemble peu à ces mugissemens innocens des animaux herbivores, qui annoncent la vie au sein des antiques forêts, qui l'appellent au milieu des steppes abandonnées de nos grands continens! qu'elle démontre moins de force, moins de noblesse, que les rugissemens terribles de ces lions, qui effraient le voyageur avantureux et comme perdu, la nuit, dans les plaines sablonneuses de l'Afrique! Tantôt criarde, rauque et discordante, comme chez les grenouilles et les rainettes, elle n'a d'autre effet que de blesser l'oreille même la moins délicate, et de troubler le calme, le silence, qui font le charme des belles nuits de l'été. Tantôt, comme dans certains crapauds, flûtée et d'un timbre métallique, elle rappelle le son monotone de la cloche villageoise, mise en branle pour une cérémonie funèbre. D'autres fois, aiguë, grêle, entrecoupée, saccadée, comme dans le tockaie et quelques autres sauriens, elle fait frissonner le chasseur qui foule aux pieds les buissons des collines sauvages de Siam et de Java; ou, sourde et soupirante, comme dans les tortues, elle semble inspirée par l'ennui et la mélancolie; tandis que, bruyante et retentissante, chez les caïmans et les crocodiles, elle répand au loin la terreur, et que, bassement sifflante chez les odieux serpens, elle paroît le signal d'une lâche fureur et le précurseur d'une mort funeste et imminente. Toujours lugubre, glapissante ou retentissante, jamais elle ne paroît participer à l'harmonie ravissante qui marque le réveil de la nature; jamais, comme dans l'hymne de guerre du souverain des airs, elle n'éclate en brillantes acclamations, apanage de la puissance dominatrice; jamais, comme dans les cantiques d'amour de la légère alouette, les roucoulemens de la timide tourterelle, le hennissement du noble coursier, elle ne réveille l'idée de la tendresse maternelle, de la fidélité conjugale, d'un glorieux triomphe; jamais elle ne s'exhale en gémissemens touchans, comme celle des scolopaces de nos marais; en fredons qui se marient à la chanson du roitelet sur le vieux chêne, et du loriot sur le merisier, ou au gloussement des gallinacés dans les plaines fertiles; en intonations fières, comme celle du héron qui se précipite sur le poisson à la surface d'un étang; en éclats sonores et dignes de rivaliser avec le bruit de la tempête, comme celle des goëlands, qui semblent se plaire au sein des tourmentes, des mers irritées, des autans déchaînés, au milieu des roulemens de la foudre et du bouleversement des élémens.

Entrons, à ce sujet, dans quelques détails et parlons d'abord des Chéloniens.

Il paroît démontré que les tortues marines et terrestres peuvent, lorsqu'elles sont affectées par la douleur et par quelque vive passion, faire entendre un sifflement plus ou moins fort, et même des gémissemens et des cris. C'est ainsi, au rapport de l'ingénieur de Lafont, qu'une chélonée luth, prise dans les filets, vers l'embouchure de la Loire, en 1729, poussa des hurlemens dont le bruit parvenoit à plus d'un quart de lieue. Plusieurs observateurs et voyageurs, tant anciens que modernes, ont aussi prétendu que les tortues, captives et renversées sur le dos, jettent, en se débattant, des cris plus ou moins aigus; et Pline nous assure qu'on en a entendu ronfler, endormies et flottantes à la surface des eaux. Rondelet, enfin, a nourri chez lui une caouane, qui faisoit entendre par intervalles un murmure confus et de légers soupirs, ce qui est contraire à l'assertion des membres de l'ancienne Académie royale des sciences, qui veulent que les tortues soient absolument muettes.

Selon le voyageur Bartram, les crocodiles d'Amérique ou caïmans poussent d'affreux rugissemens. Le son en est terrible, surtout au printemps, saison de l'accouplement pour ces redoutables Sauriens. Ébranlant et faisant retentir au loin toute la contrée, on le prendroit pour le bruit d'un tonnerre éloigné, surtout si, comme cela arrive quelquefois, il est dû à un rassemblement de plusieurs milliers d'individus.

Parmi les Sauriens encore, les grandes espèces d'iguanes poussent, du haut des arbres, sur les branches desquels ils semblent glisser, des sifflemens aigus et fort sonores.

Quant aux Ophidiens, le son de leur voix est uniquement une sorte de *soufflement*, dont la force est proportionnée à la taille des individus. Il faut bien se garder de confondre avec la voix le bruit des grelots cornés qui annoncent l'approche des crotales dans les solitudes du Nouveau-Monde.

Quant à ce qui concerne la voix des Batraciens, nous avons dit tout ce que nous en savons à nos articles Crapaud, Grenouille et Rainette. Nous engageons le lecteur à y recourir, de même qu'à prendre de plus amples renseignemens aux articles Cigale, Criquet, Grillon, Insectes, Oiseaux, Sauterelle, Zoologie. (H. C.)

VOIX DANS LES INSECTES. (*Entom.*) Les sons que produisent ces petits animaux sont rarement formés par la sortie de l'air de leur corps, quoiqu'il y ait cependant quelques motifs à penser que dans certaines circonstances le bruit et les murmures qu'ils font entendre puissent être le résultat de cette issue brusque des gaz que renferment leurs trachées et qui sortiroient par les stigmates. (Voyez *Bourdonnement*, à l'article ABEILLE.)

Les bruits produits par les insectes sont déterminés par diverses parties de leur corps ; tantôt par le frottement de la tête sur le corselet ou de cette partie sur la base des élytres : c'est ce qui arrive chez les criocères et dans un grand nombre de coléoptères xylophages, comme chez les capricornes, les lamies, les leptures, les callidies, etc.; tantôt, comme dans les trox, les scarabées, c'est l'abdomen qui se meut sur l'extrémité libre des élytres, qui vibrent par l'effet de cette friction. Dans les blaps on voit sous les premiers anneaux de l'abdomen un pinceau de poils roides, qui fait l'effet d'une brosse, que l'insecte vient à mouvoir rapidement sur les corps sonores. Chez les vrillettes, qu'on a nommées *sonicéphales*, l'insecte frappe vivement avec la tête le bois sur lequel il s'accroche fortement avec les pattes, afin de produire un ébranlement rapide par un mouvement répété de va et vient. Les taupins ou maréchaux se servent d'un moyen analogue, en débandant vivement leur corselet, qui imprime un mouvement rapide à la tête.

Les grillons, les sauterelles et les autres espèces de la même famille, font tantôt vibrer des élytres concaves, en forme de cymbales, les unes sur les autres, tantôt à l'aide des rugosités dont sont garnies leurs longues jambes, ils font mouvoir leurs élytres, dont les nervures, faisant l'office de cordes vibrantes, sont mises en action par les frottemens qu'elles éprouvent sur cette sorte d'archet.

Dans les cigales chanteuses, ce qu'on nomme le chant, est le produit d'un mouvement rapide, imprimé à une sorte de cylindre, qui se meut comme celui d'une vielle sur une lame concave qu'il fait vibrer.

Dans les cousins, les syrphes et plusieurs autres diptères, on attribue le sifflement à l'action vibratile des balanciers, qui se meuvent rapidement dans l'air, qu'ils déplacent, et dont le son aigu semble être en raison de la rapidité plus grande des mouvemens.

Au reste, c'est un sujet de recherches curieuses que cette étude des bruits ou des sons produits par les insectes dans les diverses circonstances de leur vie, la plupart étant en

rapport avec l'époque où ces animaux deviennent aptes à
reproduire leur race. (C. D.)

VOJET. (*Conchyl.*) Nom sous lequel Adanson (Sénégal .
p. 118, pl. 8, fig. 3) décrit et figure une belle espèce de ma-
lacozoaire conchylifère, qui doit entrer dans le genre Triton
ou Ranelle de M. de Lamarck. Gmelin la rapporte en effet,
mais avec doute, à son *murex pileare*, qui est le triton bouche
sanguine de M. de Lamarck ; mais ce dernier n'a pas admis ce
rapprochement, et a passé sous silence le Vojet d'Adanson.
(De B.)

VOKKES. (*Bot.*) Nom arabe de l'*achyranthes aspera* de
Forskal. (J.)

VOL. (*Physiol. génér.*) On nomme ainsi l'acte, par lequel
presque tous les oiseaux, quelques mammifères, un petit
nombre de reptiles, la plupart des insectes, se soutiennent
dans l'atmosphère, et y suivent une direction déterminée par
leur volonté. Voyez Chéiroptères, Dragon, Écureuil, Insectes, Oiseaux, Polatouche, Trigle, Vespertilion. (H. C.)

VOLADOR. (*Bot.*) Nom espagnol, donné, près de Carthagène en Amérique, au *gyrocarpus americanus* de Jacquin.
(J.)

VOLANDOR. (*Ichthyol.*) Nom espagnol de l'*exocet volant*.
Voyez Exoclt. (H. C.)

VOLANOS. (*Ornith.*) M. Vieillot suppose que l'oiseau très-
commun connu sous ce nom à Luçon est le pigeon vert de
Sonnerat. (Ch. D. et L.)

VOLANT ; *Volans, Evolans.* (*Ichthyol.*) On applique généralement cette épithète à tous les poissons, qui, ayant la
faculté de sauter hors de l'eau, se soutiennent plus ou moins
long-temps dans l'atmosphère, en déployant leurs larges nageoires pectorales, qu'on a comparées à des ailes. Voyez
Dactyloptère, Exocet, Pégase, Scopène, Trigle, etc. (H. C.)

VOLANT DORÉ. (*Entom.*) Geoffroy a nommé ainsi une
espèce de lépidoptère nocturne, qui est la *noctuelle dorée*,
que nous avons décrite dans ce Dictionnaire, à l'article Noctuelle, tom. XXXV, pag. 123, sous le n." 4. (C. D.)

VOLANT D'EAU. (*Bot.*) Nom françois vulgaire du My-
riofle ou Myriophylle (voyez ce mot), placé d'abord avec
doute dans la famille des naïades, mais reporté ensuite dans

les cercodiennes, près des onagraires, lorsque l'on eut reconnu que l'embryon de sa graine est dicotylédone. (J.)

VOLANT DES ÉTANGS. (*Bot.*) Nom vulgaire du nymphéa blanc. (L. D.)

VOLANTE. (*Ichthyol.*) Voyez plus haut l'article Volandor. (H. C.)

VOLATILISATION. (*Chim.*) Opération qui consiste à réduire un corps en fluide aériforme par l'action de la chaleur. (Ch.)

VOLCANS. (*Min.*) Ce nom, pris dans son acception rigoureuse et restreinte, ne devroit s'appliquer qu'aux montagnes ou collines qui, comme le Vésuve, l'Etna, l'Hécla, etc., font voir les phénomènes ignés qu'on nomme *volcaniques.*

Mais, passant du phénomène et du sol où il se manifeste à l'examen de ce sol, à celui des roches qui ont été produites par les phénomènes volcaniques, et de celles qui, dans le même lieu, leur ressemblent complétement, on a réuni sous le titre de volcans l'histoire du phénomène actuel, de ses productions présentes et des productions anciennes, qui, par leur complète ressemblance avec les nouvelles, montrent évidemment qu'elles sont dues à la même cause.

Ainsi le mot Volcan indique déjà l'histoire du phénomène et du sol où il se manifeste. Pendant très-longtemps en effet l'histoire des volcans s'est bornée à celle des volcans en activité; on a ensuite reconnu la ressemblance évidente des roches produites sous nos yeux par le feu des volcans actuels, avec des roches composant des montagnes semblables aux volcans en ignition; enfin, de proche en proche on a reconnu, dans des terrains qui ne présentoient plus aucune des formes extérieures des volcans, et au milieu de roches très-différentes de celles des volcans actuels, des masses minérales qui ressembloient à quelques-unes des roches d'origine volcanique certaine; alors le nom et les idées qui s'y sont associés, ont pris encore plus d'extension, et maintenant, sous le nom de Volcans, on s'attend à trouver l'histoire des phénomènes et celle de tous les terrains qui paroissent dus à la même cause.

C'est donc sous cette acception que nous présenterons l'histoire des volcans. Ce ne sera pas seulement celle des phénomènes volcaniques, mais ce sera aussi celle de tous les ter-

rains volcaniques, quelles que soient leur époque et la nature dominante de leurs roches.

Mais, pour y lier ainsi des roches et des terrains dont les termes éloignés présentent des différences si grandes qu'on ne pourroit, sans les intermédiaires, les rapporter à la même cause, il faut définir ce que nous entendons par volcans et terrains volcaniques. Nous avons déjà présenté cette définition, mais d'une manière très-concise, à l'article THÉORIE DES TERRAINS : il s'agit maintenant de la développer sans lui ôter de sa précision.

Nous avons nommé *terrains pyrogènes* et *pyroïdes* tous les terrains composés essentiellement de roches qui portent des signes évidens de l'action, soit liquéfiante, soit simplement altérante, du feu.

Sous ce titre général sont placés les terrains que nous avons désignés par les expressions très-semblables de *volcaniques* et de *vulcaniques*, parce qu'en effet ils se ressemblent tellement, dans beaucoup de circonstances, qu'on ne peut que très-difficilement les distinguer. La première expression, celle de *volcaniques*, indique les *volcans actuels* ou *joviens*; la seconde, les *volcans anciens* ou *saturniens*.

Nous en réunissons l'histoire sous le nom de VOLCANS. Il faut maintenant définir et limiter cette expression.

DÉFINITION CARACTÉRISTIQUE. J'entends par VOLCANS *tout terrain évidemment formé par l'action ignée, incandescente et liquéfiante, du phénomène naturel nommé volcanique, dont le foyer est inférieur aux terrains abyssiques.*

Les caractères de ce phénomène, qui ne peuvent pas s'exprimer en une seule phrase, ainsi qu'il en est toujours des caractères naturels, seront développés plus bas. On voit néanmoins que je restreins l'acception de ce mot à une série bien déterminée de phénomènes que les naturalistes ont toujours eue en vue quand ils ont parlé de volcans.

J'exclus par cette définition les terrains plutoniques composés de roches qui indiquent quelquefois l'action du feu, mais point du feu liquéfiant : car les résinites et les stigmites qu'ils renferment ne sont point des verres. Cependant on verra qu'il n'est pas possible de séparer nettement les basanites des trachytes et des phonolites ; ceux-ci des eurites et des porphyres, et ces derniers des granites. On voit que, si l'on ne vouloit que des séparations précises, il faudroit tout englober sous un titre quelconque. Il faut donc, comme on vient de le dire, prendre les caractères dans les milieux, et n'être pas arrêté par la transition des derniers termes. Les roches dominantes des terrains plutoniques sont les trachytes, les phonolites, les porphyres, avec peu de basanite. Les roches dominantes des terrains vulcaniques sont les trappites, les basanites, les laves, avec des trachytes, des phonolites, etc., subordonnés. [1]

J'exclus aussi par cette définition, et d'une manière plus complète et plus naturelle, les prétendus volcans d'air, où il y a à peine chaleur ; les prétendus volcans de boue et d'eau salée, nommés *salses* [2] (il y a chaleur, mais elle est loin de l'incandescence); les dégagemens gazeux et vaporeux avec chaleur, mais sans combustion, phénomènes dont les lagonis font partie ; les feux de gaz hydrogène, de quelque manière qu'ils sortent de la terre, où il y a chaleur, même incandescence, mais sans liquéfaction, ce qui est un caractère de la petitesse du phénomène.

Cette définition n'est ni arbitraire, ni artificielle ; elle tient au contraire à l'essence des phénomènes ; car, dans les salses, les fumachi, les lagonis, les causes sont bien différentes de celles des phénomènes volcaniques. Cette différence est manifestée non-seulement par la grandeur de l'action, mais encore par celle des effets. Le foyer de ces petits phénomènes est très-certainement placé dans une tout autre partie de l'écorce du globe que celui des volcans, soit dans des couches moins profondes, soit dans des couches différentes. Enfin le caractère de position du foyer des volcans au-dessous des terrains abyssiques, exclut les terrains phlogosiques ou pseudo-volcani-

---

1 M. de Humboldt a déjà insisté sur ces rapports, ces transitions, ces liaisons, dans son article intitulé INDÉPENDANCE DES FORMATIONS.

2 Je ne puis partager à cet égard l'opinion de M. Przystanowski, qui associe ces petits phénomènes aux phénomènes volcaniques. On a vu à l'article THÉORIE DES TERRAINS les difficultés chimiques qui s'élèvent contre ce rapprochement.

ques, où il y a d'ailleurs action ignée, incandescence et fusion même ; mais où le foyer est dans une position connue au milieu de ces terrains.[1]

Les volcans étant ainsi définis et limités, leur histoire se composera des considérations ou parties suivantes :

1.° Leur terrain, considéré dans tous les rapports sous lesquels nous avons présenté les caractères des autres terrains, c'est-à-dire sous celui de sa position, de ses formes, limites, roches et minéraux et de ses divisions en raison de la nature des roches.

2.° Les phénomènes connus de leur formation ; ceux qui la précèdent, l'accompagnent, la suivent : notions que ne nous offre aucun autre terrain, excepté quelques calcaires concrétionnés et quelques calcaires lacustres.

3.° La distribution géographique des terrains volcaniques, et les particularités des plus remarquables d'entre eux.

4.° Leur théorie, c'est-à-dire la recherche de la position de leur foyer dans l'intérieur de la terre, de l'aliment de leurs phénomènes, de la manière d'agir de cet aliment dans ses rapports avec les autres corps qu'on connoît à la surface ou dans l'écorce de la terre, et avec ceux qu'on peut présumer au-dessous de cette écorce.

ARTICLE PREMIER.

DES TERRAINS VOLCANIQUES.

Les terrains volcaniques, tels que nous les avons définis, présentent les caractères, les propriétés et les particularités que nous allons développer.

§. 1.er *Caractères et limites géognostiques des terrains volcaniques.*

TEXTURE. Ils sont composés de roches non stratifiées, parmi lesquelles il y en a toujours quelques-unes qui montrent une texture poreuse ; quelquefois les pores, cellules ou cavités sont tellement nombreuses, qu'il y a dans ces roches plus de vide que de plein : on les nomme alors *scories*.

Les roches fondamentales des terrains volcaniques ne pré-

---

[1] La plupart de ces phénomènes pyroïdes ont été traités séparément aux articles HYDROGÈNE, LACONI. MÉTÉORITE, SALSES. (Voyez ces mots.)

sentent aucun indice de formation mécanique ou sédimen-
teuse : elles font voir, au contraire, par leur texture, ou
vitreuse, ou compacte, ou même cristalline, un mode de
formation chimique par voie de fusion ignée et de refroidissement ou rapide ou lent.

La nature de ces roches est généralement pyroxénique,
argilo-ferrugineuse, quelquefois amphibolique, souvent felspathique, jamais calcaire; et, malgré la silice qu'elles renferment, les roches quarzeuses n'y dominent jamais: elles s'y
montrent même très-rarement.

La couleur dominante des terrains volcaniques est le noir,
le gris foncé, le brun rougeàtre et ferrugineux.

Structure. Leur structure en grand est *massive* et *par coulée.*
La structure massive présente des divisions quelquefois frag-
mentaires, quelquefois prismatoïdes, ou même sphéroïdales.
(Voyez Basalte.)

La structure par coulée (*Laufen-Ströme*), sans être absolument propre aux terrains volcaniques, y est cependant si
dominante, qu'elle doit être décrite particulièrement. On
appelle généralement Laves (voyez ce mot), les roches volcaniques qui se présentent avec cette structure et disposition
extérieure.

On entend par *coulée*, un terrain sans stratification, ayant
pour forme extérieure celle que doit prendre une matière
pâteuse qui sort par une ouverture déterminée, et qui, en
se répandant sur des surfaces de différentes formes, y prend
un aspect et des formes différentes.

On peut y reconnoître et y désigner, par des expressions
appropriées, les dispositions suivantes :

Coulée fongiforme, qui, partant d'une ouverture et s'épan-
chant sur un terrain horizontal, bombé ou conique, s'y répand à peu près circulairement et également, à partir de
son point de départ. Celui-ci est tantôt visible et encore ouvert au milieu de la coulée fongiforme, tantôt caché et placé
sous la surface inférieure de cette sorte de coulée. (C'est le
cas des laves qui débordent les cratères des volcans et s'épan-
chent de tous côtés sur leurs flancs.)

Coulée lacrymiforme, qui part d'une ouverture placée sur un

terrain à peu près plat ou un peu bombé, mais en pente, et qui s'épanche d'un seul côté en s'élargissant. (C'est le cas le plus ordinaire des laves sortant des flancs des cônes volcaniques : on les appelle aussi *coulée en forme de nappe*.)

Coulée lingotiforme. C'est celle qui, en partant d'une ouverture placée dans un vallon, à son origine ou sur ses bords, s'épanche en se moulant sur le fond de ce vallon. (C'est ce que présentent un grand nombre de coulées de laves d'Auvergne.)

On dit qu'une coulée est *interrompue* ou *coupée*, lorsque sa continuité a été interceptée par une fente transversale ou par un vallon qui a été ouvert transversalement dans la coulée après sa consolidation ; cette disposition est très-sensible en Auvergne. Les *Baranco* de Ténériffe, décrits par M. de Buch, sont de véritables vallées d'interruption dans les coulées de lave ancienne ; elle est *continue*, lorsqu'elle ne présente aucune coupure ni interruption. (C'est une considération faite pour la première fois par Desmarest, et qui est fort importante pour établir différentes époques de formation dans les volcans d'une même contrée.)

Tantôt la surface d'une coulée est sensiblement *unie*, tantôt elle est *raboteuse*, hérissée même de plis, de crêtes et de pointes. Elle est aussi tantôt *dénudée*, n'étant recouverte par rien et offrant une surface aussi nette qu'au moment où elle a été formée. Tantôt elle est recouverte ou de terrains de sédiment, ce qui est une circonstance peut-être inconnue, tantôt par des terrains alluviens, ce qui est encore assez rare (dans les terrains volcaniques-laviques les plus anciens), tantôt enfin elle est *frutescente*, lorsqu'elle est couverte de végétaux ligneux.

Les terrains volcaniques, soit massifs, soit en coulées, ne renferment pas de filons proprement dits, mais ils sont souvent divisés par des fentes et déchirures profondes ; d'assez grandes cavités, en forme de cavernes, s'y présentent aussi quelquefois.

Quant au rapport des terrains volcaniques, soit massifs soit en coulées, avec les autres terrains, ils sont toujours en stratification discordante et même transgressive, lorsqu'ils sont étendus sur des terrains stratifiés.

Souvent aussi ils les traversent en masses droites, en puissans filons, ou très-réguliers, ou grossièrement ramifiés : cette disposition est fréquente dans les terrains volcaniques massifs à roches compactes; elle est rare au contraire dans les terrains en coulées à roches poreuses.

Forme extérieure. La forme extérieure des terrains volcaniques est assez bien déterminée et assez constante. Ils présentent très-ordinairement des montagnes coniques, soit isolées, soit réunies plutôt en groupes qu'en chaînes et atteignant une grande élévation. Ces montagnes sont souvent creusées vers leur sommet d'une cavité conique ou en forme de bassin ou de coupe, qu'on nomme *cratère*, dans lesquels on distingue des bords ou *orles* et un fond qui, dans les volcans éteints depuis long-temps, présente ou une espèce de plaine assez étendue et couverte de végétation, ou quelquefois un bassin rempli d'eau et prenant le nom de lac.

Quelques cratères sont ouverts, d'autres sont entourés comme d'un mur circulaire : dans les premiers le cône conserve sa forme régulière jusqu'à la cime; la pente est couverte de masses vomies, et quand on parvient à la cime, on aperçoit l'intérieur du cratère. Les autres, au contraire, portent une sorte de rempart circulaire qui renferme le cratère, et qui de loin ressemble à un cylindre placé sur un cône tronqué; c'est à cette disposition que Deluc a donné le nom de couronne volcanique. Cette forme particulière s'observe sur le Cotopaxi déjà à une distance de 4000 mètres. Sur le pic de Ténériffe l'approche du cratère seroit défendue par ce rempart, s'il n'étoit ouvert du côté de l'ouest par une forte crevasse.

La grandeur des cratères varie beaucoup et n'est pas toujours en proportion avec la hauteur des volcans : les volcans des Andes n'ont que des ouvertures petites par rapport à leur grande élévation, et l'on pourroit supposer que les plus hauts volcans possèdent sur leurs cimes les plus petits cratères, si le Pichincha et le Cotopaxi ne présentoient des exemples du contraire.

Le Vésuve, de 1500 mètres de haut, a un cratère de 500 mètres; le pic de Ténériffe, mesuré par M. de Humboldt, de

5800 mètres, a un cratère de 100 mètres de diamètre: le Pichincha, de 5000 mètres de hauteur, a un cratère dont le circuit est de 5600 mètres. L'Etna, haut de 5300 mètres, a un cratère dont le circuit est de 400 mètres. Stromboli, haut de 200 mètres, a un cratère qui a à peine 16 mètres de diamètre. La profondeur du cratère varie dans les volcans dont la cime est en activité.[1]

Les terrains volcaniques se présentent aussi sous forme de plateaux élevés à bords coupés à pic, ou parfaitement plans, ou bombés dans leur milieu, ou, ce qui est plus ordinaire, légèrement déprimés. Cette disposition est particulière aux terrains vulcaniques trappéens. Les volcaniques ne l'offrent pas. Les uns et les autres prennent quelquefois la forme de collines à crêtes aiguës, tantôt disposées en ligne droite, tantôt courbées en arc de cercle : ces collines sont presque toujours dentelées à leurs crêtes et déchirées sur leurs flancs par des sillons ou petits vallons profonds en forme de ravins, qu'il ne faut pas confondre avec les ravins creusés par les eaux.

Hauteur et proportion. On trouve des volcans qui ne s'élèvent que de 200 mètres au-dessus du niveau de la mer (Stromboli); d'autres qui ont 5460 mètres de hauteur, comme le Capac-Urcu, qui, avant son écroulement, surpassoit en hauteur le Chimborazo, qui a 6700 mètres.

En comparant la hauteur au circuit, on trouve les proportions suivantes : le circuit du pic de Ténériffe est à sa hauteur comme 20 est à 1; celui du Vésuve, comme 55 à 1; celui de l'Etna, comme 54 à 1.

En comparant la hauteur des cônes à la hauteur totale des volcans, on trouve les proportions suivantes : le Vésuve, haut de 1180 mètres, a un cône de 400 mètres; la proportion du cône à la hauteur absolue est donc un tiers. La hauteur du pic de Ténériffe = 5800 mètres, celle du cône = 168; donc $\frac{1}{34}$ de la hauteur totale. Le Pichincha a 4980 mètres de hauteur, le cône en a 480; la proportion du cône à la hau-

____

[1] La plupart de ces rapports, les hauteurs données dans la table suivante et plusieurs autres faits, sont tirés de l'ouvrage de M. Ungero-Sternberg, qui sera mentionné plus bas.

teur totale est donc $\frac{7}{10}$. Si l'on considère la hauteur des volcans suivant leur situation géographique, il en résulte que les volcans les moins élevés sont situés en Europe, les plus hauts en Amérique. La table ci-dessous présente diverses mesures des hauteurs des volcans les plus connus.

ITALIE. Hauteurs en nombres ronds.

Vésuve, par de Humboldt (en 1805 = 1181 m.)	1180 mèt.
Stromboli, par Borck	850 =
Volcano, par Borck	800 =
Etna, par de Saussure	3450 =

ISLANDE.

Hécla, par Povelsen	1050 =
Snœfials-Jokull, par Povelsen	1600 =

KAMTSCHATKA.

Kamtschatkaja, par Lamanon	5000 =
Awatscha, par Darmeskiöld	3400 =

AFRIQUE.

Ténériffe : *Pic de Teyde*, par de Humboldt	3800 =
Volcan de l'île Bourbon, par Lacaille	3700 =
Pic des Açores, par Fleurieu	2200 =

AMÉRIQUE.

Mexique.

Popocatepetl (volcan *grande de Mexico et Puebla*), par de Humboldt	5600 =
Pic d'Orizaba (*Citlaltepetl*) par de Humboldt	5500 =
Jorullo, par de Humboldt	1350 =

Grenade.

Puracé, par de Humboldt	4600 =

Quito.

Chimborazo, par de Humboldt	6700 =
Antisana, par de Humboldt	6000 =
Pichincha (sommet de Tablahuma), par de Humboldt	4700 =
Sangay, par de Humboldt	5350 =

Pérou.

Caxamarca, par de Humboldt	2800 =
Micuipampa, par de Humboldt	3900 =
La Solfatare de la Guadeloupe, par Dupuget	1600 =

Disposition des terrains volcaniques. Les terrains volcaniques ne forment jamais de plaines; ils ne constituent même jamais à eux seuls ni des chaînes, ni des groupes de montagnes très-étendus. Ils sont plus ordinairement isolés, et lorsqu'ils entrent dans la composition de chaînes ou de groupes, on remarque qu'ils sont toujours associés avec des terrains vulcaniques et avec des terrains plutoniques. Dans ce dernier cas on remarque également que les montagnes coniques de l'une et l'autre époque sont disposées sur une ligne droite ou peu sinueuse, et que, vues de loin, ou sur une carte topographique bien faite, ils figurent comme des ouvertures ignivomes, placées sur une longue et large zone.

Eaux. Les terrains vulcaniques, les seuls qui présentent des roches réellement compactes sur une grande étendue, sont aussi les seuls qui soutiennent des petits lacs et des marécages, et qui donnent naissance à des cours d'eau : les terrains volcaniques, toujours poreux, sont aussi toujours dénués d'eau, soit courante, soit même stagnante.

Limites géognostiques des terrains vulcaniques et volcaniques. Les terrains volcaniques étant clairement déterminés par les caractères précédens, il s'agit maintenant d'en établir la position et les limites. Nous l'avons déjà fait à l'article Théorie des terrains, en donnant les caractères de ceux-ci.

On a vu que la limite supérieure des terrains volcaniques proprement dits ou joviens étoit celle de la surface actuelle du globe, et leur limite inférieure, les parties de cette même surface qui étoient à nu au moment de leur formation; qu'aucun terrain, excepté quelques roches alluviennes, ne s'étoit interposé entre ces deux limites.

La limite des terrains vulcaniques ou saturniens n'est pas aussi facile à déterminer exactement. La supérieure est évidemment inférieure aux terrains alluviens, quoique leur surface, dans un très-grand nombre de cas, soit restée découverte et dénudée comme au moment de leur formation.

Il ne paroît pas que leur limite inférieure soit placée plus bas qu'au-dessous des terrains thalassiques, pas même pour les roches des terrains vulcaniques, qu'on considère comme les plus anciens (le basanite): mais il n'est pas sûr que les roches de ces terrains ne se soient pas épanchées à des époques plus anciennes. C'est une question théorique sur laquelle on reviendra en examinant la position la moins inférieure qu'on puisse attribuer au foyer des terrains vulcaniques.

Les limites qu'on vient d'indiquer sont celles de toute la classe des terrains pyrogènes vulcaniques et volcaniques. Mais il y a dans cette classe, comme dans tous les grands groupes de terrains, des époques de formation différentes ou des sous-groupes dont les limites et les caractères doivent être assignés particulièrement, et qui sont aussi difficiles à reconnoître dans les terrains pyrogènes si récens, que dans les terrains neptuniens la plupart si anciens.

Nous allons d'abord les établir d'après les observations et l'opinion des géognostes qui ont le plus étudié ces terrains; parce qu'en donnant l'énumération des roches et des minéraux qui constituent les terrains volcaniques ou qui leur appartiennent, nous aurons les moyens d'indiquer à quelle formation ou époque elles appartiennent, et de corroborer ainsi les caractères distinctifs de ces époques.

§. 2. *Division des terrains vulcaniques et volcaniques.*

On a divisé les terrains pyrogènes volcaniques en différens groupes, suivant le point de vue sous lequel on les a examinés, et avant de les étudier dans l'ordre que nous aurons adopté, il faut faire connoître les principes d'après lesquels on a établi ces divisions.

Le premier est la division en volcans en activité et volcans éteints; il répond assez bien, comme on le verra, à la division de chronologie géologique que nous suivons dans l'étude de la structure de l'écorce du globe.

On a poussé cette division plus loin, et Desmarest a fondé, en 1779, le classement chronologique des volcans éteints de l'Auvergne sur des caractères qui non-seulement sont remarquables pour le temps où il a émis cette idée, mais qui peuvent encore s'appliquer à beaucoup d'autres terrains volcaniques, quand on les examinera sous ce point de vue. Il les

a divisés en trois époques ou âges, sans égard à leur nature minéralogique, c'est-à-dire sans distinguer les terrains volcaniques trachitiques des terrains trappéens et laviques; mais ce qui prouve la justesse de son point de vue, c'est qu'il lui a permis de suivre cette distinction sans l'exprimer.

Les volcans de la plus ancienne époque offrent des pics sans cratère; ils ne présentent aucune lave ni coulée; ils sont composés de roches porphyroïdes rudes au toucher, qui semblent avoir été chauffées, mais qui n'ont point été fondues; ils alternent avec des lits de calcaire coquillier. Desmarest avoit regardé ces calcaires comme marins, ce qui lui a fait dire que les volcans de cette époque ont été faits et consolidés non-seulement avant la présence de la mer, au-dessus d'eux, mais aussi pendant son séjour. Je crois avoir été le premier à faire remarquer que ces calcaires étoient lacustres et qu'il n'y avoit aucun terrain d'origine marine : ce sont en général, comme on le voit, toutes les roches de trachyte, de domite, etc., des terrains typhoniens et plutoniques.

La seconde époque, ou l'époque moyenne, réunit les terrains vulcaniques à montagnes coniques avec ou sans cratères conservés, ayant donné des coulées de laves très-étendues, qui ont quelquefois la compacité des basaltes et ne présentent jamais de scorie. Le caractère chronologique le plus remarquable de ces coulées anciennes, c'est d'avoir leur continuité interrompue par des vallées qui les ont coupées et séparées du lieu de leur origine depuis leur consolidation.

La troisième et dernière époque, qui réunit les terrains volcaniques les plus modernes, qu'ils soient éteints ou qu'ils soient en activité, est celle des montagnes ou collines à cratère visible, qui ont donné naissance à des courans de laves poreuses, souvent même très-scoriacées, et dont la continuité n'a point été interrompue.

On verra que ces trois divisions peuvent très-bien s'accorder avec la division plus simple que nous avons suivie, et que nous n'avons suivie que parce que nous n'avons pas des données suffisantes pour appliquer celle de Desmarest à tous les terrains volcaniques du globe. La subdivision que nous avons établie dans les groupes laviques n'est pas uniquement fondée sur la considération purement chronologique des temps anciens et des temps historiques; on verra qu'elle est caractérisée par des propriétés tirées de la nature même des roches volcaniques formées à ces deux époques.

Une autre division des terrains pyrogènes est celle que M. de Buch a reconnue et développée dans ces derniers temps. Elle est fondée sur un caractère entièrement géologique, puisqu'il résulte de la manière dont ces terrains ont été poussés ou formés à la surface du globe, par conséquent de leur forme, des roches qui les composent essentiellement et de celles qui y sont dominantes; mais cette classification plus savante et liée à une théorie, n'étant pas en rapport précis avec l'ordre chronologique que nous avons tàché de suivre dans toute la géologie, nous ne l'emploirons que pour faire connoître les différentes sortes de terrains volcaniques envisagés sous ce point de vue aussi philosophique que profond.

M. de Buch a considéré les forces et les modes qui ont élevé les terrains volcaniques, et les a divisés sous ce rapport en terrains ou cratères volcaniques de soulèvement, et terrains ou cratères volcaniques d'éruption.

Les premiers, ou les terrains volcaniques de soulèvement, sont formés par des masses pyrogènes, plutôt solides que molles, qui ont été soulevées par des forces expansives très-puissantes; elles se sont élevées à la surface du sol ou au sein des mers, sous forme de plateaux, de dômes ou de cônes. Ces trois sortes de masses de soulèvement sont sans stratification, mais ordinairement divisées par des fissures ou de larges fentes presque verticales. Les cônes sont tantôt entiers et très-élevés, tantôt tronqués et creusés à leur sommet en forme de cratère, dont les orles, semblables à un rempart, sont coupés par de profondes fissures. Le cirque d'Orotava est le reste de la paroi intérieure d'un cratère de soulèvement. Le cratère d'éruption de Ténériffe s'est élevé dans cette cavité. La Caldera de Palma est encore un immense cratère de soulèvement, dont les murailles se sont fendues par suite de l'extension qu'a produit le soulèvement. Ces cratères de soulèvement, ordinairement peu élevés, ne vomissent presque jamais de laves, parce que la masse soulevée est retombée dans l'ouverture et l'a bouchée. Lorsque cette sorte de terrain volcanique se répand, c'est par des ouvertures ou des fissures qui s'ouvrent, ou sur les pentes du cône ou vers sa base, et quelquefois même à une assez grande distance de cette base. Lorsque c'est par une fente ou une simple ouverture, c'est encore une ouverture ou cratère de soulèvement.

Les cônes, dômes et plateaux à cratère de soulèvement ont presque toujours des trachytes ou des basanites pour roches fondamentales.

M. de Buch semble vouloir restreindre le nom ou plutôt les fonctions de volcans aux seuls cônes trachytiques, presque isolés, souvent très-élevés, qui donnent constamment issue, par leurs nombreuses fissures, aux vapeurs et gaz développés dans l'intérieur de la terre à leur base.

Les seconds, ou les terrains, cônes et cratères d'éruption, ont été produits par un tout autre mode ; ils sont le résultat, les uns de coulées ou de matières de transport aérien ou aqueux, et les autres, de l'accumulation en amas de forme conique, de toutes les matières liquéfiées ou pulvérulentes, chassées par la continuation de la force expansive et de l'action volcanique, dont le premier effet avoit été de produire le terrain pyrogène de soulèvement et d'y ouvrir le cratère de même origine.

Cette ingénieuse distinction explique très-bien comment presque tous les volcans ou cratères d'éruption, si ce n'est tous, ont pour base des trachytes ou des basanites ; comment ils se sont élevés du sein de ces roches et les ont couvertes quelquefois presque entièrement de leurs produits et terrains d'éruption.

Outre ces caractères généraux qui divisent les terrains volcaniques en deux grandes classes, sous le rapport du mode de leur formation, M. de Buch fait ressortir quelques autres généralités propres à chacune de ces classes.

Ainsi dans les terrains pyrogènes de soulèvement, chaque cratère, quelque part qu'il soit, est ordinairement continué à travers une fente.

Dans les cratères d'éruption, le côté sur lequel le torrent de lave est sorti, est toujours ou enlevé ou plus bas que les autres bords : c'est un procédé sûr pour trouver les torrens de laves ; cela s'observe partout, même sur les bords du Rhin, entre Coblentz et Andernach.

M. de Buch a soin de faire distinguer dans un terrain volcanique ce qu'on doit regarder comme le volcan lui-même
ou le foyer principal, et ce qui ne doit être considéré que
comme les bouches diverses, quelquefois assez distantes, de
ce même foyer. Aussi Bocche - Nuove au Vésuve, et Monte-
Rosso à l'Etna, ne sont que des bouches de ces deux volcans.
Les volcans de Quimar et de Carachico à Ténériffe, ne sont
que des bouches du pic, etc.

Enfin, suivant que les bouches ou même les volcans sont
réunis en une sorte de groupe ou disposés sur une ligne, il
les distingue sous les noms de volcans centraux et de volcans
en série. Les premiers forment toujours le centre d'une grande
quantité d'éruptions, qui agissent d'une manière presque uniforme autour de ce centre. Les seconds sont situés en série,
les uns après les autres, cependant à peu de distance l'un
de l'autre, comme des foyers sur une grande fente. Cette
disposition est quelquefois remarquable par sa régularité dans
les cratères qui se sont ouverts à la suite de la montagne de
feu, dans l'île de Lancerote.

Quant à la division des volcans en terrestres et en sous-
marins, elle ne peut être suivie dans une classification géologique : c'est une circonstance assez remarquable de quelques foyers volcaniques, qui ne peut être le fondement d'une
division géognostique naturelle.

. L'ordre que nous suivrons pour présenter l'histoire des terrains volcaniques, sera fondé sur deux considérations, qui,
sans être essentiellement liées, vont assez bien d'accord.

La première, qui sera plutôt présentée comme point de
vue géognostique, aura pour base la chronologie géognostique ; considération qui a toujours été et est toujours, pour
les géognostes, de première valeur, puisque toutes les classifications des terrains ont pour objet de les placer dans l'ordre
de leur formation successive. Il n'y a pas de motif d'abandonner ici entièrement cette marche, quoiqu'elle soit d'une
application plus difficile, à cause du mode de formation et de
la structure non stratifiée de ces terrains; aussi ne sera-t-elle
présentée que comme un point de vue géognostique auquel
je tâcherai de tout rapporter, terrains, roches, minéraux,

phénomènes, mais que je ne suivrai pas dans les détails d'application, à cause des difficultés de cette application.

Cette considération sépare les terrains pyrogènes en deux grandes divisions ou périodes, telles que nous avons tâché de les reconnoître et de les suivre dans tous les terrains qui composent l'écorce du globe ; ce sont :

Les terrains pyrogènes de la période SATURNIENNE ou les *vulcaniques* antédiluviens, et les terrains pyrogènes de la période JOVIENNE ou les *volcaniques* postdiluviens.

La seconde considération, qui est celle que nous adopterons, est prise de la nature et même de la structure des roches dominantes. Elle n'est pas plus absolue qu'aucune de celles qu'on voudroit lui préférer ; mais elle présente l'heureuse circonstance d'être plus limitable, plus déterminable que l'ordre chronologique, sans cependant rompre cet ordre dans ce qu'il a de saillant ; car, en classant les groupes de roches dans l'ordre présumable ou le plus ordinaire de leur formation, on suit aussi, à peu d'exceptions près, l'ordre d'ancienneté des terrains pyrogènes plutoniques et vulcaniques.

On reconnoît dans ces terrains trois groupes de roches dominantes.

1.º Le GROUPE TRACHYTIQUE ;

2.º Le GROUPE TRAPPÉEN ;

3.º Le GROUPE LAVIQUE.

Maintenant, si nous voulons reprendre la division par périodes et chercher à y appliquer les groupes de roches que nous venons d'indiquer, nous aurons le tableau suivant.

I.re PÉRIODE. SATURNIENNE ou ANTÉDILUVIENNE.

    1. TERR. TYPHONIENS TRACHYTIQUES.

    2. TERR. PLUTONIQUES TRAPPÉENS.

    3. TERR. VULCANIQUES LAVIQUES.

II.e PÉRIODE. JOVIENNE ou POSTDILUVIENNE.

    1. TERR. VOLCANIQUES LAVIQUES.

Avant de passer à l'étude de ces groupes en particulier, nous allons examiner les caractères communs à chacune de ces périodes, et les subdivisions qu'on pourroit y établir en raison de leur position ou de leurs autres particularités géognostiques.

1.ʳᵉ Pér. TERRAINS VULCANIQUES **SATURNIENS.**

Ce sont ceux dont l'activité ignée et les éjections sont antérieures aux temps historiques.

Ces volcans ont des roches et des minéraux qui leur sont
propres; mais, comme ils en ont aussi qui leur sont communs
avec les volcans joviens, leur seul caractère général et essentiel est fondé sur deux circonstances malheureusement toutes
deux négatives : la première est l'absence de toute indication
d'activité depuis les temps historiques les plus reculés ; la
seconde est l'absence, sous leurs laves ou dans leurs laves
et autres éjections propres, de tout débris organique ou in-
dustriel, indiquant la présence de l'homme. Une troisième
circonstance caractéristique est positive, mais moins précise
et beaucoup moins générale : c'est la liaison de leurs roches
laviques, semblables à celles des volcans actuels, avec des roches compactes et laviques, notablement différentes de celles
des volcans actuels.

Cette période volcanique ainsi caractérisée, nous ne pous-
serons pas plus loin les points de vue généraux qu'elle offre,
parce qu'ils seroient trop souvent susceptibles d'exception, et
que nous serions obligés de les répéter en examinant les formations ou groupes principaux qui les composent.

Le groupe lavique de cette période présente une subdivision fort remarquable, signalée, comme on l'a dit plus haut,
par M. Desmarest. Tantôt le terrain lavique est interrompu
par des vallons qui y ont été ouverts postérieurement à sa formation (c'est le plus ancien); tantôt il est continu (c'est le
plus nouveau); et il ne diffère alors du groupe ou terrain
lavique jovien que par l'ensemble des caractères que nous
venons d'exposer.

2.ᵉ Pér. TERRAINS VOLCANIQUES **JOVIENS.**

Les terrains de cette époque sont déterminés par des caractères positifs, exprimés plus haut négativement.

L'époque de leur formation est évidemment placée dans la
période de repos où se trouvent nos continens actuels, soit
qu'on en connoisse la date, soit que des débris de l'industrie
humaine, enveloppés dans leur masse, prouvent que cette

masse est de formation postérieure à la présence de l'espèce
humaine sur la surface du globe.

Leurs roches sont postérieures à toutes les autres et ne peuvent être recouvertes ou alterner qu'avec des roches de formation moderne ou de transport, d'alluvion ou même de
précipitation, telles que certains calcaires travertins, soit
compactes, soit oolithiques comme à Ténériffe.

Les terrains VOLCANIQUES ne fournissent aucun moyen précis de subdivision en groupe ou formation ; tout au plus pourroit-on y distinguer les volcans joviens éteints, différens des
volcans éteints saturniens, parce qu'on a connoissance historique de l'activité des premiers (tels sont le Monte - Nuovo
près Naples, l'île Santorin, etc.); tandis qu'on n'a aucun fait
qui établisse que les seconds aient brûlé depuis la présence
de l'homme sur la terre. Mais cette division, purement historique, ne doit pas être admise dans l'histoire géognostique
des volcans ; car une suspension, peut-être momentanée, d'action ou de phénomène, ne suffit pas pour établir une période
géognostique.

Il y a quelques points d'incertitude sur les limites précises
de cette période, et cette incertitude pourroit servir à la
subdiviser. Je suis disposé à en exclure tous les volcans éteints
de l'intérieur des terres, sur l'action desquels on n'a aucune
notion historique. Mais M. Daubeny, en divisant les volcans
d'Auvergne en antédiluviens et postdiluviens, admettroit,
pour ceux-ci, une activité postérieure au dernier cataclysme
qui a donné à nos continens la forme qu'ils présentent, et à
la mer le niveau qu'on lui connoît depuis les temps les plus
plus reculés.

En second lieu, M. l'abbé Mazzola a fait, sur les terrains
de la Campanie, qui renferment des tombeaux où se trouvent ces beaux vases grecs qu'on nomme *étrusques*, une observation qui sembleroit indiquer une éruption ou dépôt al-
luvien de matières pulvérulentes volcaniques, postérieure au
creusement de ces tombeaux, et par conséquent de beaucoup
postérieure à l'existence des hommes sur la terre. Il dit qu'au-
dessous de la terre végétale actuelle, dans les environs de Nola,
etc., on trouve un lit de lapilli ponceux dur, impénétrable
à l'eau, nommé *terra maschia*, et qui est absolument stérile.

Ce dépôt recouvre un autre lit de terre végétale noire, et c'est au-dessous de ces dépôts, qui ont environ 26 décimètres d'épaisseur, que se rencontrent les sépultures et les vases en question.

La division par leurs produits dominans seroit beaucoup plus naturelle ; mais nous ne possédons pas de données assez précises pour y trouver des caractères suffisans. On a déjà tenté de le faire en distinguant les volcans à laves felspathiques des volcans à laves vitreuses. M. Mesnard-Lagroye a cru remarquer que certains volcans donnoient abondamment de l'acide muriatique, que d'autres ne produisoient presque que de l'acide sulfureux, et que ces productions offroient quelques rapports avec la nature des laves, etc.

ARTICLE II.
MINÉRALOGIE VOLCANIQUE.

Les caractères des terrains pyrogènes, considérés sous le point de vue de leur époque de formation, étant suffisamment établis, nous abandonnons cette considération, pour étudier dans ces terrains les formations ou groupes de roches qui les composent. La position que chacun de ces groupes nous fera voir, et leurs autres particularités, nous feront connoître à laquelle des deux périodes, saturnienne ou jovienne, ils peuvent être rapportés.

L'examen des roches qui composent ces groupes, et des minéraux qu'on y trouve, constitue ce que je désigne sous le nom de Minéralogie volcanique.

Je comprendrai sous ce titre la description ou au moins l'énumération des roches et des substances minérales qu'on observe dans les terrains pyrogènes volcaniques, soit qu'elles fassent partie essentielle de leur composition, soit qu'elles se bornent à s'y rencontrer comme accidentelles ou subordonnées.

On doit considérer ces roches et minéraux sous deux rapports : celui de leur position respective, quand elle présente quelque règle, et celui de leur origine.

Sous le premier rapport se rangent les roches qui constituent ces terrains, c'est-à-dire, qui doivent leur origine à une action ignée, immédiate ou médiate.

Sous le second rapport se présentent des roches, et surtout des espèces minérales, d'origine très-différente. Nous ne voyons pas qu'il y ait, à leur égard, d'autres changemens à introduire aux principes de classification naturelle et philosophique établie autrefois par Dolomieu, que d'en simplifier un peu l'application.

Ce seroit néanmoins considérer ce sujet d'un point de vue peu géologique, si on donnoit sous chacun de ces titres l'énumération de tous les minéraux qui se rencontrent dans les roches volcaniques: on ne pourroit faire distinguer que difficilement et imparfaitement les minéraux qui sont propres à certaines roches et à certaines époques ; considération curieuse et très-importante pour la science géognostique.

Il est donc à propos de donner, non pas pour chaque roche, mais au moins pour chaque groupe et chaque sous-groupe, les minéraux qui leur sont propres, ou qui, du moins, s'y rencontrent plus spécialement, en les rapportant à chacune des divisions ou considérations précédentes.

Les roches qui composent les terrains typhoniens, plutoniques et vulcaniques, peuvent se diviser, comme on l'a dit, en trois groupes principaux: le TRACHYTIQUE, le TRAPPÉEN et le LAVIQUE.

Cette division n'est absolue ni minéralogiquement, ni géognostiquement; mais cependant chaque groupe présente une prédominance de caractères dans sa nature, sa structure et sa position. Ces trois sortes de groupes ont été indiqués ou décrits dans le tableau des terrains qui les renferment, au mot THÉORIE DES TERRAINS, savoir le groupe trachytique au 4.ᵉ groupe de la 8.ᵉ classe, et les groupes trappéens et laviques, dans la 9.ᵉ classe. Ce sont ces deux derniers seulement que nous examinerons ici avec quelques détails, comme appartenant évidemment aux terrains de fusion ou volcaniques.

Comme les roches qui entrent dans chacun de ces groupes n'y présentent pas un ordre de superposition constant, nous ne pouvons pas suivre rigoureusement cet ordre, si essentiellement géognostique. La considération minéralogique de nature et de structure doit avoir ici une grande influence sur l'ordre dans lequel nous présenterons et nous étudierons les roches et minéraux des terrains pyrogènes.

Nous examinerons donc dans chaque groupe les roches et minéraux qui le composent ou qui y entrent, et nous les considérerons sous les points de vue de leur nature, de leur structure et de leur origine, sans cependant omettre, sous chacune de ces considérations, celle de leur position habituelle, et nous aurons le tableau suivant des roches et minéraux des terrains pyrogènes. Les roches y sont placées dans leur ordre de superposition ou plutôt d'apparition chronologique le plus habituel, en allant des plus anciennes au plus modernes, ou au moins au plus superficielles.

Si cet ordre est difficile à suivre pour les roches de cristallisation, il l'est encore bien davantage pour les roches d'agrégation, qui accompagnent ou suivent presque toujours l'émission des premières, et doivent par conséquent être posées entre leurs couches, comme elles le sont en effet.

Tableau de la minéralogie typhonienne, plutonique et vulcanique.

ROCHES.

GR. TRACHYTIQUE.	GR. TRAPPÉEN.	GR. LAVIQUE.
Roches de cristallisation par action ignée.	*Roches de cristallisation par action ignée.*	*Roches de cristallisation par fusion ou action ignée.*
1. Trachytes divers. Domite. Argilolite. Alunite. Pumite et Ponce.	1. Basanite et Basalte. Mélaphyre. Trachyte. Eurite.	1. Leucostine. 2. Téphrine.
2. Stigmite perlaire. Rétinite.	2. Spilite.	3. Stigmite et Obsidienne. Pumite et Ponce.
3. Eurite porphyrique. Porphyre molaire.	3. Dolérite.	
Roches d'agrégation par transports. Conglomérats.	*Roches d'agrégation par sédiment ou transport.*	*Roches d'agrégation par sédiment ou transport, soit aqueux, soit aérien.*
4. Brèche trachitique. Brecciole pumique.	4. Vakite. 5. Pépérine. 6. Brecciole. 7. Marne trappéenne.	4. Pépérine. 5. Brecciole volcanique (trass). Brecciole d'alunite. 6. Brèche volcanique (tufa). 7. Pouzzolane (rapilli, cendres). 8. Moya.

MINÉRAUX.

1.re Considération.	2.e Considération.	3.e Considération.	4.e Considération.
Minér. formés, cristallisés et *disséminés* dans les roches volcaniques lors de leur état de fusion.	Minér. formés, cristallisés et *rassemblés* dans les couches des roches volcaniques au moment ou après leur consolidation : Par exudation, Par infiltration, Par sublimation.	Minéraux et roches étrangères *engagés* dans les roches volcaniques de cristallisation ou de transport.	Roches hors du terrain volcanique *altérées* par le contact ou par l'influence de l'action volcanique.

1.er Gr. GROUPE TRACHYTIQUE.

Nous ne reviendrons pas en détail sur le groupe trachytique; ce que nous en avons dit ailleurs et ce que nous en dirons de nouveau en parlant de plusieurs de ses parties comme roches subordonnées au groupe trappéen, complétera ce qu'il y a à savoir d'essentiel sur ce groupe si remarquable, considéré comme groupe principal dans l'ordre du terrain typhonien plutonique et comme roche subordonnée dans les terrains typhoniens vulcaniques.

D'ailleurs, ce sujet a été traité avec tous les développemens et l'intérêt scientifique qu'il comporte, à l'article INDÉPENDANCE DES FORMATIONS.

Tous les géologues s'accordent à le regarder comme la base ou le noyau de la plupart des terrains vulcaniques. Suivant M. de Buch, le Vésuve seul semble faire exception à cette règle. Néanmoins les laves ne sortent pas toujours immédiatement du terrain de trachyte; elles traversent plus souvent le groupe basaltique, et prennent dans ces deux circonstances des caractères que nous indiquerons au groupe lavique.

Nous ne rappelons ici le groupe trachytique que comme base des terrains volcaniques, et pour faire remarquer de nouveau que les volcans actuels ou joviens n'ont donné nulle part de véritables trachytes. M. de Buch, cet ingénieux et profond observateur des terrains volcaniques, qui est une si grande autorité dans une question géologique de cette importance, avertit de ne pas confondre les laves felspathiques avec les vrais trachytes.

M. de Humboldt, dont l'opinion n'a pas moins d'autorité, dit dans ce Dictionnaire qu'il ne faut pas confondre le vrai trachyte du Drachenfels, du Chimborazo (il auroit pu ajouter, du Montdor, des monts Euganéens, de Hongrie, etc.), avec les laves leucostiniques, qui ont coulé par bandes étroites, etc.

2.ᵉ Gr. GROUPE **TRAPPÉEN.**

Il se compose, comme roches principales et fondamentales, de basanite et de toutes ses variétés, de dolérite, de vakite; et comme roches subordonnées, de spilite, d'eurite, de leucostine, de trachyte, de péperines diverses.

Dans les terrains vulcaniques il est généralement placé au-dessous des roches du groupe lavique, et paroît par conséquent arriver à la limite géologique la plus inférieure de ces terrains.

Son mode de formation est entièrement chimique et de fusion. Quant à ses roches fondamentales, ce n'est que dans quelques roches subordonnées qu'on trouve le mode de formation par voie mécanique de sédiment ou de transport (dans les péperines, breccioles et brèches).

Quoique susceptible de présenter des divisions très-nettes, très-variées, très-remarquables, même tabulaires et presque horizontales, il ne montre nulle part aucun caractère de vraie stratification; mais il n'offre pas non plus la forme de coulée qui appartient au groupe lavique. C'est en général un terrain massif, sans divisions ou à divisions fragmentaires, columnaires, prismatoïdes, globulaires, tabulaires, etc.

Les formes extérieures de ces terrains sont des plus remarquables. Ce sont presque toujours des plateaux élevés, dénudés, un peu concaves dans leur milieu, à coupures absolument verticales.

Ces plateaux se présentent souvent en assez grand nombre dans une même contrée. Ils sont généralement noirs, composés de parties prismatoïdes dues à la division de la masse. Ils sont ordinairement posés sur la cime de collines ou de montagnes souvent stratifiées, séparés les uns des autres par des vallées larges et profondes, qui semblent les avoir entamés. Comme ils sont rarement parfaitement horizontaux, on remarque que leur inclinaison indique une continuité de

pente commune à tous les plateaux. Cette disposition, jointe aux circonstances de même aspect, de même couleur, de même nature, ne peut guère laisser douter que ces plateaux séparés ne soient les parties d'une grande coulée en forme de nappes divisées par des causes postérieures et inappréciables pour nous, qui ont produit les fentes, les vallons étroits et profonds ou même les grandes vallées qui les séparent.

Ces plateaux, ainsi séparés, offrent un des exemples les plus tranchés de ce qu'on appelle une *formation morcelée*.

§. 1.er *Roches[1] et minéraux du groupe trappéen.*

* Roches de cristallisation par action ignée.

1. Le BASANITE et le BASALTE[2] base de cette roche, essentiellement composée de cette base et de pyroxène. C'est

---

1 Nous ne décrirons pas ces roches. En général, on ne doit, en géognosie, décrire aucune roche. Ce genre de notion, tout-à-fait spécial, doit avoir été donné ailleurs; nous devons supposer toutes ces roches et minéraux définis et connus : il ne s'agit ici que d'examiner quel rôle elles jouent dans les terrains que nous décrirons géognostiquement. Par conséquent il doit suffire de les nommer, en faisant remarquer seulement les changemens et les particularités que leurs rapports géognostiques peuvent leur donner. On doit donc recourir aux ouvrages de minéralogie, qui renferment la description des minéraux simples et des masses minérales homogènes ou hétérogènes pour acquérir, si on ne la possède pas, une connoissance des caractères minéralogiques de ces corps. J'ai suivi, pour la désignation des minéraux, la spécification et la nomenclature univoque que M. Beudant a mis en usage dans son Traité de minéralogie, et pour les roches, la spécification et la nomenclature que j'ai exposées dans ma Classification minéralogique des roches, publiée en 1827.

2 Voyez BASALTE, Dict. des scienc. nat., tom. IV, p. 100, et BASALTE et BASANITE (*Classification minéralogique des roches*), au mot ROCHE et dans le Traité séparé, pag. 64, esp. 47, et pag. 102, esp. 27.

Il y a néanmoins dans l'article du Dictionnaire des sciences naturelles, fait il y a vingt-trois ans (en 1805), beaucoup de propositions qui doivent être maintenant exposées et considérées d'une tout autre manière. Ainsi le prétendu *Grunstein* qui recouvre le basalte, est de la dolérite; la houille qu'on cite comme alternant avec le basalte en Bohème, etc., est souvent du lignite qui lui est inférieur, ainsi que cela a été constaté depuis cette époque pour la Hongrie, etc. La vraie houille, dans le basalte, n'est souvent appliquée que contre les filons ou placée la roche dominante des terrains pyrogènes vulcaniques ou anciens.

Les minéraux formés par voie de cristallisation, au milieu des roches du groupe trappéen, et pendant que ces roches encore fondues ou au moins molles et incandescentes, cristallisoient confusément par refroidissement, sont les suivans :

Le *pyroxène augite*, partie essentielle et visible du basanite et partie non moins essentielle, mais invisible, du basalte, suivant les observations de M. Cordier.

Le *péridot olivine*, le minéral le plus ordinaire dans les basanites après le précédent : il s'y montre quelquefois en masse considérable et y est aussi plus souvent et plus facilement altéré que l'augite ; il prend alors un aspect terreux, avec des couleurs verdâtre, rougeâtre, brunâtre, qui ont quelquefois un éclat métalloïde.

L'*amphibole schorlique* est plus rare dans le basanite qu'on ne l'avoit pensé, parce qu'on prenoit souvent des cristaux de pyroxène pour des prismes d'amphibole. (Près Montpellier ; au Puy-Corent en Auvergne ; Oberwiesenthal en Saxe, etc.)

Le *felspath* en petits cristaux comprimés, dans la dolérite, le mélaphyre, le trachyte et le felspath compacte (*Feldstein*), en cristaux enfermés et en nodules de cristallisation dans quelques basaltes passant à l'eurite. Ce minéral est très-rare, si même il se trouve jamais dans les basaltes noirs bien caractérisés.

Le *fer titané*, au moins aussi commun dans les basanites, etc., que le péridot olivine.

L'*amphigène* se trouve dans des roches volcaniques qui passent au basalte, mais qui ont autant des caractères des leucostines que de cette roche, et qui appartiennent par conséquent au groupe lavique. (Aquapendente, Viterbe, etc., dans les environs de Rome.)

On cite encore dans ce groupe, comme formé par la même

---

sous les masses de cette roche, mais non interposée entre ses bancs. La présence des coquilles fossiles est très-incertaine, etc. La plupart de ces faits seront facilement rectifiés par les connoissances qu'on a acquises sur cette roche, et qui résultent de l'étude très-active qu'on en a faite depuis l'époque où cet article a été écrit ; ils seront aussi étendus par ce qui va être dit sur la géognosie des terrains vulcaniques trappéens.

voie : le *titane sphène*, le *mica* et l'*anthophyllite ;* ce qui est fort rare et peut être douteux.

Les minéraux qui paroissent s'être formés par voie de transsudation dans les cavités ou au milieu même des roches du groupe trappéen, au moment de leur consolidation, sont pour moi les suivans :

La *mésotype* et tous les minéraux de la famille des zéolithes, tels que *stilbite, analcime, chabasie, apophyllite, prehnite,* etc., qu'on trouve, soit dans le vrai basanite, soit dans les vakites, spilites, qui font partie de cette formation, ainsi que la *néphéline,* la *sodalite,* etc.

Les variétés de l'espèce *quarz,* tels que l'*hyalite,* les *agathes calcédoines. jaspes, silex rétinite, quarz hyalin, améthiste,* etc., qui remplissent ou tapissent les cavités de ces roches.

La *barytine,* la *célestine,* l'*arragonite,* le *calcaire spathique,* le *cuivre natif,* le *cuivre résinite,* la *chlorite baldogée,* l'*harmotome, le sphærosidérite,* dont les cristaux tapissent ou sont implantés dans les mêmes cavités; ceux-ci paroissent, par leur nature et leur position, y être venus comme par voie d'infiltration des dissolutions de ces minéraux, lorsque la masse trappéenne n'avoit pas encore été amenée à l'état de densité qu'elle a pris depuis.

L'*arragonite,* le *bitume,* semblent avoir été déposés plus évidemment encore que les autres espèces minérales dans les cavités et fissures de ces roches.

En examinant la manière d'être de cette seconde série de minéraux au milieu des roches qui composent le groupe trappéen, on voit qu'ils n'ont pas dû, comme les précédens, cristalliser au milieu même de la masse en fusion et faire partie de la roche, puisque ces minéraux ne se trouvent qu'en nodules rassemblés dans plusieurs points de ces roches; nodules souvent sphéroïdaux, ellipsoïdes ou au moins tuberculeux, composés souvent aussi de zones sinueuses, parallèles entre elles et aux parois de la cavité où ils se sont moulés. Cette disposition indique que cette cavité existoit en tout ou au moins en partie avant la formation de ces nodules; mais ce qui ne laisse aucun doute pour moi sur ce mode de formation, c'est la cavité qu'on trouve presque toujours au milieu de ces nodules; les parois de cette cavité sont tapissées ou de stalactites siliceuses , ou de cristaux de quarz hyalin et d'autres substances : toutes circonstances qui repoussent l'idée d'une formation par cristallisation confuse au milieu d'une matière pierreuse , molle par incandescence.

Mais une autre circonstance encore plus importante, et qui doit faire présumer que les minéraux que présentent ces cavités s'y sont cristallisés après la consolidation de la masse et un refroidissement suffisant, c'est l'état de conservation de ces cristaux , susceptibles la plupart d'être altérés par une chaleur incandescente ; c'est surtout l'eau que renferment la plupart d'entre eux : eau de cristallisation et non d'intromission mécanique , et qu'une température un peu élevée fait facilement dégager.

Je n'admets pas, pour la formation de ces cristaux, l'infiltration de beaucoup postérieure à la consolidation et au refroidissement complet de ces roches souvent si homogènes et si denses ; car on ne connoît et je ne conçois aucun liquide dissolvant susceptible d'amener dans ces cavités peu étendues les quarz, les mésotypes, les sulfates de baryte et de strontiane qu'on y voit en cristaux si volumineux et si nets. Il me semble au contraire qu'en admettant que la masse molle de ces roches étoit comme imbibée de ces dissolutions aussi concentrées qu'on voudra le supposer , on peut se figurer que les parties de la roche, en cristallisant confusément, en se solidifiant et se rapprochant, ont comme comprimé et fait suinter dans les cavités une partie même de ces dissolutions, et y ont déposé les composés qui par leur nature ne pouvoient cristalliser au milieu de la masse élevée à une haute température , et cela par un procédé analogue à celui qui tapisse les cavités bulleuses des mattes de cuivre de filamens de ce métal natif, les cavités des argiles des filamens du sulfate de fer qui se forme au milieu d'elles, etc.

La troisième manière dont les roches et minéraux qu'on rencontre dans les roches du groupe trappéen y ont été introduits, est tout-à-fait différente des précédentes. Il me paroît, et c'est aussi l'opinion d'un grand nombre de géologues, que ces minéraux sont tout-à-fait étrangers aux roches volcaniques, mais qu'ils ont été pris par ces roches et enveloppés dans leur masse au moment de leur passage violent au milieu des roches d'une autre sorte et d'une autre origine, qu'elles ont brisées et comme broyées, pour se développer librement à leur surface.

Ce sont, parmi les espèces minérales :

Le zircon hyacinthe. — Le corindon télésie. — Le spinelle pléonaste. — Le mica, dans les vakites. — Le pyroxène augite, le calcaire saccaroïde et le grenat, dans les pépérines.

Et parmi les roches composées, dont les fragmens, enveloppés dans les basanites, prouvent que ceux-ci les ont traversés, ce sont :

Le trachyte lui-même. — Le granite. — La syénite. — Le gneiss? — Le grès. — Le calcaire compacte jurassique, et le calcaire grenu. — Des galets de quarz. — Des fragmens de thermantide, etc.

Trachyte. Nous ne considérons ici cette roche que comme subordonnée aux terrains trappéens, puisque nous l'avons examinée ailleurs comme roche principale des terrains trachytiques.

Les rapports des trachytes et des roches de même origine qui lui sont associées, tels que le *domite*, le *porphyre molaire*, la *périte*, l'*argilolite*, avec le basanite et ses roches, sont assez difficiles à établir dans plusieurs contrées (en Hongrie, dans les Cordillères des Andes, etc.). Nous avons vu que, comme roche principale, le terrain trachytique paroissoit généralement inférieur au terrain trappéen ou basaltique, et c'est une disposition assez claire dans les iles Canaries, en Auvergne, etc. Mais c'est aussi dans ces lieux qu'on cite des couches de basalte interposées dans des roches trachytiques et des trachytes interposés dans des roches trappéennes. Cette disposition est fort remarquable au lieu dit *le Plateau de l'angle*, cascade du Montdor, près le village des bains. On y voit, en allant de haut en bas, d'abord un vrai trachyte qui recouvre un trachyte ponceux, qu'on nomme *tufa* ; au-dessous est un phonolite noirâtre, avec augite et felspath vitreux ; puis du basalte grisâtre compacte, sonore, à petits cristaux de felspath, et à cavités elliptiques ; enfin, une brecciole ou pépérine, renfermant des veinules noirâtres, qui vont

en s'amincissant et même en se perdant dans cette roche.[1]
On remarquera que si le trachyte est bien caractérisé, il
n'en est pas de même du basalte qui se rapproche des leucostines, c'est-à-dire des roches plus felspathiques qu'augi-
tiques.

Quoiqu'on considère en général les trachytes comme des
roches qui, tout en devant leur structure et plusieurs de
leurs caractères à l'action du feu, n'ont cependant pas éprouvé
la fusion des laves, M. Poulett-Scrope croit pouvoir admettre
que quelques-uns d'entre eux ont éprouvé un ramollissement
pâteux, qui a permis à leurs divers composés de se réunir en
cristaux. Le même naturaliste admet que les volcans actuels
ont pu former des trachytes.

L'Eurite compacte sonore (*Klingstein*, phonolite) et l'Eurite porphyroïde sont des variétés d'une même roche à base
de pétrosilex, qui appartiennent plutôt au groupe trachytique qu'au groupe trappéen; cependant, comme ils se présentent aussi en bancs irréguliers et en masse droite dans les
terrains trappéens, on doit en faire mention; mais on ne peut
entrer dans de grands détails à leur sujet, sans courir le
risque d'appliquer aux eurites de ce dernier groupe ce qui
appartient à celles du groupe trachytique. Leur position,
même dans le vrai basalte ou dans les roches qui font évidemment partie de ce groupe, ne me paroit pas clairement établie,
et je ne l'y placerois pas sans l'autorité de M. de Humboldt,
qui avance que l'eurite phonolite est superposé au basalte
dans les Cordillères et dans l'Auvergne.

2. Le **SPILITE**[2]. Cette roche appartient bien évidemment
aux terrains pyrogènes saturniens. M. de Buch admet cette
règle, et il regarde même la présence des spilites dans un
terrain volcanique comme une preuve de la formation ancienne ou saturnienne des laves qui l'accompagnent.

Les spilites, caractérisés ailleurs, sont rarement superfi-
ciels; ils paroissent même être une des roches le plus infé-

---

1 Poulett-Scrope, *Mem. on geology of central France*, p. 109, pl. 11.
2 Basalte amygdaloïde. — *Toadstone* des Anglois.

rieures des terrains trappéens, étant toujours recouverts ou
de dolérite, ou de basanite.

Ils se montrent aussi en filons dans les terrains anciens
de traumate et de calcaire compacte, et en amas couchés,
subordonnés et comme introduits par une force de soulèvement entre les lits ou couches de ces roches (au Harz,
où ils renferment du calcaire zoophytique; au Derbyshire,
où le spilite est introduit entre des couches de calcaire mé-
tallifère, etc.).

C'est dans cette roche que se trouve le plus grand nombre
des minéraux engagés dans des fissures ou implantés dans des
cavités, dont on a donné l'énumération en parlant du basanite, roche principale et dominante du groupe trappéen.

Les spilites prennent quelquefois un développement tel
qu'on pourroit les considérer comme roches principales :
telles sont, d'après M. de Buch, les masses de cette roche
qui s'élèvent à de grandes hauteurs dans les îles Canaries;
celles de la côte nord d'Antrim en Irlande, de l'île d'Eigg
dans les Hébrides, du Snöfields-Jockul en Islande.

3. La **DOLÉRITE**[1] paroit être composée des mêmes minéraux que le basalte, c'est-à-dire de pyroxène et de felspath,
mais en cristaux distincts. Elle offre par conséquent plus
complétement que lui le caractère de formation par voie de
cristallisation confuse, et les caractères ignés y sont encore
moins sensibles que dans les basaltes et les basanites. Cependant il est assez remarquable que cette roche, beaucoup moins
répandue que le basalte, se trouve assez ordinairement plutôt au-dessus de lui que dedans ou au-dessous, quand elle se
montre dans les mêmes lieux (mont Meisner en Hesse).

C'est une roche dont la composition est peu variée; elle
présente néanmoins la circonstance assez remarquable de renfermer, en cristaux disséminés, certains minéraux que nous
avons déjà signalés comme se trouvant en cristaux implantés
dans les cavités des roches pyrogènes, la néphéline et la so-

---

[1] Nom donné par Haüy à la roche qu'il avoit nommée momentanément *Mimose* ou *Mimosite*; *Grünstein* secondaire des géologues allemands, etc.; *Duckstein* du Meisner. LEONH.

dalite. Mais cette dolérite diffère beaucoup de la variété du Meisner, qui est le type de cette sorte de roche. Elle renferme aussi, comme d'autres roches pyrogènes, des péridots. des amphigènes, des grenats mélanites, du mica, du fer oxidulé et du fer oligiste.

Cette roche est beaucoup plus répandue qu'on ne le pensoit autrefois. On la cite en petites chaînes de montagnes (dans le Kaiserstuhl en Brisgau), en petits monticules isolés (à Beaulieu en Provence), sur les sommets de montagnes basaltiques (au Meisner en Hesse), et même en filons dans cette roche, ce qui s'accorde très-bien avec sa position au-dessus d'elle dans un grand nombre de lieux (à Salisbury-Craig en Écosse, dans l'île écossoise de Rume).

Cette roche ayant été pendant long-temps mal déterminée, on ne peut pas admettre comme exacts les lieux très-nombreux où on prétend qu'elle se montre dans des roches de nature et d'époque très-différentes. Au reste elle doit avoir traversé les mêmes roches que le basalte, puisqu'elle se montre avec et au-dessus de lui.

     ** Roches d'agrégation par sédiment ou transport.

Les roches d'agrégation se présentent dans le groupe trappéen beaucoup plus abondamment que dans le trachytique, mais moins cependant que dans le groupe lavique. Ces différences ne viennent peut-être pas de ce que les causes de transport étoient moins nombreuses, moins fréquentes et moins actives dans ces anciens temps, que dans les temps actuels ; car, si les terrains de transport de ce groupe sont inférieurs en nombre et variétés à ceux du groupe lavique, ils ne le sont pas en masse et en étendue. Mais elles paroissent résulter des rapports d'ancienneté de ces terrains. Les causes actives qui ont balayé la surface du globe à plusieurs époques, ont dû enlever une grande partie des anciens terrains de transport, qui étoient composés de matières terreuses et non cimentées.

Les roches d'agrégation, nommées *agrégats*, *brèches*, *tufa*, *conglomérats*, etc., de ces terrains, se sont interposées à plusieurs reprises entre leurs roches : ainsi à Ténériffe des galets de basalte et des couches de scories alternent à plusieurs reprises avec le basalte (DE BUCH). Ces roches ne présentent souvent que de très-foibles différences avec les roches du groupe lavique dues à une même cause, et elles ne peuvent, dans quelques cas, s'en distinguer que par leur position et par les débris qu'elles renferment.

La nomenclature de ces roches est mal assise; les variétés sont mal définies, et on éprouve par là un assez grand embarras pour distinguer ces roches d'agrégation, citées par les géologues vulcanistes et désignées toutes sous les mêmes noms ou sous des noms arbitraires, et pour savoir par conséquent auquel des trois groupes et à laquelle des époques géognostiques qu'ils caractérisent, il faut les rapporter.

4. La **VAKITE**[1]. La VAKE, qui est la base de cette roche, présente une texture et une structure qui jettent de l'incertitude sur son mode de formation. Elle fait donc la transition très-naturelle des roches de fusion ignée ou au moins de formation cristalline sous l'influence d'une haute température aux roches de sédiment. La vakite prend quelquefois un tel développement, qu'elle peut être considérée, dans certains lieux, comme roche principale des terrains trappéens.

C'est une roche qui est plutôt formée par voie mécanique ou de sédiment boueux, que par voie chimique ou de cristallisation. Cependant elle renferme des veines ou parties cristallines, non pas de sa propre substance, mais principalement de calcaire; ce calcaire paroît même avoir pénétré la masse de la roche, et lui donner la propriété de faire une vive et assez longue effervescence avec les acides. Ses fissures et cavités sont quelquefois tapissées des cristaux de ces espèces minérales qu'on désignoit autrefois par le nom trop vague de *zéolithe*.

La vakite renferme en outre des minéraux engagés, no-

---

[1] Voyez sa définition et ses caractères : Classification des ROCHES, pag. 100. C'est une des roches dont la détermination laisse le plus de vague; aussi ne peut-on pas en citer un grand nombre d'exemples avec certitude : ceux qui sont rapportés à l'article précité, sont authentiques et me paroissent suffisans. Ainsi les montagnes d'Oberstein sont de cornéenne ou de spilite, et non de vakite, du moins d'après les caractères qui ont servi à tous les géognostes et minéralogistes pour distinguer ces deux pierres.

tamment des pyroxènes, des amphiboles, du mica en grandes lames brunes. Ce minéral paroît lui être plus particulier que tous les autres qui se rencontrent également dans les cornéennes, les spilites, etc.

La vakite et la vake se montrent dans deux positions bien différentes. Dans l'une elles indiquent leur origine vulcanique : c'est lorsqu'elles sont en collines, plateaux ou couches subordonnées aux basanites, au milieu des terrains volcaniques, renfermant la plupart des minéraux que ces terrains contiennent. Telle est la position de la vakite d'Auvergne, de celle de la montagne basaltique de Scheibenberg dans l'Erzgebirge.

Dans d'autres cas elles forment de vrais filons dans des roches agalysiennes de gneiss, de schiste luisant, etc. A Wolkenstein dans l'Erzgebirge en Saxe ; à Annaberg, à Joachimstadt en Bohème, où les filons renferment, en petite quantité il est vrai, des minérais de cuivre, d'argent rouge, de cinabre, de pyrite, accompagnés de quarz et même de fluorite. Ils ne présentent par conséquent aucun des caractères qu'on regarde comme propres aux terrains ou roches pyrogènes.

5. **PÉPÉRINE** et Brecciole trappéenne. Ces conglomérats ou roches d'agrégation sont composées comme l'indique leur dénomination. Non-seulement ils recouvrent les terrains trappéens, mais ils alternent avec leurs roches et établissent, d'une manière très-remarquable et très-précise, par les débris organiques qu'ils renferment, l'époque géognostique où s'est épanchée la partie du groupe trappéen au milieu de laquelle elle se trouve.

Telles sont les pépérines grisâtres et brunâtres de Viterbe, qui renferment des ossemens d'éléphans ; celles de Montecchio-Maggiore, du val Nera, etc., dans le Vicentin, qui renferment des coquilles du terrain thalassique, etc.[1]

On doit rapporter à ces sortes de roches et donner comme exemple de celles qui sont formées par voie de sédiment :

Les Marnes trappéennes, qui sont interposées entre les

---

1 Voyez ces exemples et beaucoup d'autres, à l'article Roches, espèce 45 des roches hétérogènes.

bancs de basalte, en Écosse, en Allemagne, dans les Cordillères, et qui ont été signalées particuliérement par M. de
Humboldt.

Ces marnes très-denses, friables par décomposition, sont ordinairement de couleur jaune; le carbonate de chaux qu'elles
contiennent n'a pas perdu son acide carbonique aux endroits
mêmes où il est en contact avec le basalte. (Isle Graciosa,
où M. de Humboldt a compté plus de cent couches alternant
avec le basalte; Mittelgebirge en Bohème, Stiefelberg, où
MM. de Humboldt et Freiesleben trouvèrent au milieu du basalte de la marne en colonnes qui contenoit des empreintes
de végétaux.)

La *marne argileuse* (*Thonmergel*), que M. de Humboldt a
remarqué sur les Cordillères, contient beaucoup de cristaux
de pyrope et d'augite.

Cette marne alterne en quelques endroits avec le basalte.
(Regla à la cascade, chemin de Regla à Totonilco el grande,
Cuchilaque au nord de Cuernavaca ; Cubilete près Gua-
naxuato.) M. Stift a trouvé pareillement à Sonnenberg, près
Wiesbaden, de l'argile glaise entre les basaltes.

§. 2. *Position et rapports géognostiques des terrains vulcaniques trappéens.*

Les roches dont on vient de donner l'énumération, composent le grand groupe des terrains vulcaniques trappéens ou
en font partie; elles ont toutes le même gisement général,
offrent le même aspect extérieur, les mêmes circonstances
de forme, les mêmes rapports avec les terrains stratifiés ou
neptuniens, et ne diffèrent entre elles que par leur nature
et leur texture minéralogique, et par leur position respective; encore ces différences sont-elles peu importantes, peu
constantes, et par conséquent très-souvent difficiles à saisir.

Nous avons vu dans quel rapport de position ce groupe
étoit avec les autres terrains pyrogènes, et même, mais d'une
manière très-succincte, avec les terrains stratifiés. Il faut examiner maintenant ces rapports plus en détail, en les étudiant
principalement sur les basanites, roches fondamentales et dominantes de ce groupe.

Les diverses roches de formation basaltique forment,

comme il a déjà été dit, soit des montagnes isolées, soit des groupes de montagnes sur les formations les plus différentes. Les montagnes isolées se rencontrent souvent à une distance considérable de la chaine principale. Dans les groupes ou chaines, l'une ou l'autre des roches trappéennes prédomine ordinairement; par exemple, la dolérite dans le Kaiserstuhl; tandis que la phonolite et le basalte compacte y sont rares; l'eurite et la phonolite prédominent au contraire dans le Högau. Dans le val de Sassa c'est la wacke qui a le plus de développement et le basalte qui en a le moins. Les modifications vitreuses de la formation trappéenne sont les plus rares; outre les lieux cités plus haut, on ne les a encore trouvées qu'à Beaulieu, à Monteglosso dans le Vicentin, où elles constituent un stignite ou perlite noire très-remarquable; à Velbine en Bohème, et à Chenavari près Rochemaure en Vivarais.

Les roches d'agrégation sont fréquentes dans quelques montagnes (Habichtswald, Styrie, les Bragonsa dans le Vicentin), tandis qu'elles sont rares en Écosse.

Le basalte proprement dit, la dolérite et la phonolite forment des montagnes séparées: il n'est pourtant pas rare de trouver la transition des deux dernières espèces au basalte (Meisner, Kaiserstuhl, Högau). Il est rare (Palma) que le basalte compacte repose sur de la dolérite. Lorsqu'on trouve ensemble de la dolérite, du phonolite et du basalte, les deux premières roches couvrent la seconde, ou bien la dolérite se change dans le bas en basalte. Dans un grand nombre de contrées le basalte est assis sur le trachyte (Auvergne, au Pic et à l'Angustura à Ténériffe) ou dans la proximité de montagnes trachytiques (monts Euganéens, Siebengebirge); en d'autres lieux, cette disposition est rare (Hongrie, Cordillères). Jusqu'ici on n'a jamais trouvé des roches de formation basaltique enfermées dans le trachyte, d'où il paroît suivre que les terrains basaltiques sont *en général* plus récens que les terrains trachytiques, proposition admise par tous les géologues.

D'après plusieurs observations, les terrains trappéens sortent des formations primitive, de transition et secondaire; tantôt ils paroissent comme répandus sur ces diverses formations, et tantôt comme enveloppés dans des terrains entritiques (porphyres, etc.), qui semblent eux-mêmes se changer insensiblement en basalte.

Ces masses sont, à l'exception de la phonolite, rarement composées d'une seule roche; mais elles sont ordinairement disposées par couches avec des roches formées ou exhaussées en même temps: c'est ainsi que la dolérite, la spilite, la vake, les conglomérats et le basalte forment des couches à part, quelquefois alternantes, dans les îles basaltiques. On trouve aussi des cônes basaltiques qui sont comme revêtus, en forme de manteaux, de couches de conglomérats (environs d'Oberwohnar, Dürrnberg près Zirenberg en Hesse), ou bien, des dépôts terreux de marne et d'argile, formés à la même époque, sont disposés en couches avec le basalte (île Lancerote, Trzeblitz, Hurvka en Bohême, Cuchilaque au nord de Cuernavaca, Cubilete, près Guanaxuato; Stiefelberg en Bohême.)

On a dit que les terrains trappéens sortoient de terrains plus anciens et très-différens les uns des autres. Il y en a de nombreux exemples : la roche basaltique, nommée *roche rouge* en Vivarais, sort de la manière la plus évidente du granite et s'élève au-dessus de lui comme un rocher isolé. J'ai examiné avec attention ce rocher remarquable sur les lieux avec M. Bertrand-Roux, et toutes les circonstances accessoires m'ont convaincu de la réalité de cette disposition.

Dans la Schneegrube du Riesengebirge, MM. de Buch et Burkart ont reconnu que le basalte sortoit du granite. La même disposition se présente à Georgenberg, Breitenberg et Spitzberg en Silésie, à la Landskrone près Görlitz en Lusace, au Buchberg en Bohême, à Stolpen près Dresde, aux environs d'Aschaffenbourg, dans les îles écossaises et ailleurs.

Le basalte du Mühlberg et du Kieferberg en Silésie sort du gneiss; on voit ce même phénomène près Straden en Bohême. Le Druidenstein près Heckersdorf, ainsi que les monts basaltiques de l'Eifel, sortent du terrain de traumate. Le basalte des environs de Landeck en Silésie sort du micaschiste. La dolérite du Katzenbuckel, dans l'Odenwald, s'élève du grès ancien. A Saint-Annaberg, près Cosel en Silésie, le basalte sort du calcaire compacte. Le basalte, en plus d'un endroit du Vicentin, s'est frayé un passage dans le calcaire alpin, et près Kratzenberg en Hesse, dans le calcaire conchylien (*Muschelkalk*). Près Eschwege, le basalte a percé le grès ; au Meisner il s'élève de même hors du grès. Il paroit qu'en général le grès à lignites est la roche que les basanites ont recouverte le plus fréquemment (Newcastle en Écosse, Habichtswald eu Hesse, Mittelgebirge en Bohème, le Forez en France ; dans une grande partie de la Hongrie, etc.). [1]

Les rapports si communs de ces deux roches, le basalte étant toujours au-dessus du grès, sont difficiles à concevoir et par conséquent à expliquer. Le fait lui-même, quoique bien constaté en général, est rarement complet, c'est-à-dire qu'on voit bien très-communément le basalte sur le grès et les lignites ; mais on ne sait pas s'il est venu de loin les recouvrir, ou s'il les a percés ; s'il les a trouvés faits et déposés, ou s'il a eu de l'influence sur leur dépôt ou leur formation, dans les lieux où ces deux roches se trouvent ainsi en contact. La fréquence et la constance des phénomènes de ces contacts semblent indiquer une liaison entre les deux circonstances. D'autres faits (l'anthracite bacillaire provenant du lignite sous le basalte du Meisner) établissent de la manière la plus évidente que les lignites étoient déjà déposés et formés lorsque les basaltes les ont recouverts. Mais rien ne nous indique pourquoi deux formations si différentes, si limitées, se trouvent si fréquemment l'une au-dessus de l'autre.

Les filons de basalte, qui ne sont pour ainsi dire que les racines des roches et terrains basaltiques, élevés et épanchés au-dessus des terrains anciens, doivent se présenter, et se présentent en effet, dans des formations ou terrains primordiaux et de sédiment de toutes les époques ; dans le granite (ile écossoise d'Arran), le gneiss (Belin au Schlossberg, sur la Reuss), la syénite (Plauenscher Grund près Dresde), la traumate (Liers, sur l'Aar), le grès (Kahlenberg, près Eulle, cercle de Leutmeritz), la houille (Newcastle en Angleterre, et dans beaucoup de mines de ce combustible en Écosse).

Ces filons sont ordinairement verticaux ou à peu près, rarement horizontaux (Friedstein). Ils sont d'épaisseur diverse. A Wolkenstein, dans l'Erzgebirge saxon, on en remarque un

---

1 La plupart de ces citations et des suivantes sont prises textuellement dans l'ouvrage de M. Ungern-Sternberg.

d'un décimètre d'épaisseur ; dans l'île écossoise de Skye, il y en a un de 40 mètres. Les filons les plus puissans se trouvent dans les terrains secondaires ; les moins puissans, dans les roches primitives. Il n'est pas rare que plusieurs filons, souvent parallèles ou qui se croisent (île Skye), traversent la roche et en sortent : ils ont alors la forme de murs (*dykes*), qui s'élèvent au-dessus de la surface des montagnes (Arragh en Irlande, où il s'en présente de 10 à 14 mètres de hauteur ; le mur du diable (*Teufelsmauer*) en Bohème). La masse du filon est ordinairement fissurée, bulleuse, rarement compacte (Oberwiesenthal), souvent mêlée de mica, de felspath, d'olivine, de calcaire spathique, d'augite, de quarz, etc. On y trouve aussi des fragmens de la pierre que le filon traverse. Le basalte dans ces filons passe fréquemment à l'état de dolérite et de vacke.

Roches hors du terrain volcanique, altérées par le contact ou par l'influence de l'action volcanique.

Les filons de basalte ont deux sortes d'action sur les roches qu'ils traversent :

Tantôt ils modifient la situation des couches, qu'ils percent, et déplacent les filons de métaux. A Newcastle la différence de niveau des couches de houille ainsi traversées est de 180 mètres ; tandis qu'en d'autres endroits les couches ne sont pas sensiblement dérangées.

Tantôt les filons de basalte altèrent les pierres qui les avoisinent. Dacosta a examiné le calcaire de la chaussée des Géans, et trouvé la différence suivante entre celui qui est en contact avec le basalte, et celui qui en est à quelque distance.

En contact.	A distance.
Cassure brillante	inégale.
Éclat luisant.	terne.
Couleur gris verdâtre	jaune blanchâtre.
Translucidité aux angles	opaque.
Dureté moyenne	se fendant aisément.
Pesanteur spécifique, 2,580	2,560.

En contact.	Composition.	A distance.
3	Silice	00,75
2	Argile	2
47	Chaux	48
36	Acide carbonique.	37
12	Eau ?	12
100		99,75.

Il y a beaucoup d'autres exemples de ces altérations. Cependant toutes les roches basaltiques ne les produisent pas. J'ai vu, près d'Aubenas dans l'Ardèche, un filon de basalte très-compacte, très-régulier, traverser des couches également régulières de calcaire compacte sans leur avoir fait éprouver d'altération ni dans leur stratification ni dans leur nature.

M. Hessel cite, dans le pays de Marburg, sur la pente au N. de Kaltstall, une masse considérable de dolérite s'appuyant contre un terrain de calcaire compacte et d'argile, sans que ni l'une ni l'autre de ces roches paroissent avoir été altérées par le contact immédiat de la dolérite.

Le granite se décompose facilement dans le voisinage des filons de basalte (îles d'Écosse, environs de Clermont), tandis que les fragmens de granite inclus dans le basalte ont une couleur gris-jaunâtre et une cassure brillante (Schneegrube).

Le schiste argileux se change en schiste siliceux (îles d'Écosse) ou en une masse jaspoïde (Siegen, Druidenstein près Heckersdorf).

Le grès devient crevassé; les parties métalliques sont sublimées et se montrent en dendrites; les grains d'argile qui y sont disséminés, se changent en porcellanite (blaue Kuppe, Pflaster-Kante).

Le lignite (*Braunkohle*) devient sec, se sépare en morceaux à peu près cubiques, et se change en lignite piciforme et luisant (Habichtswald, Grossalmerode au Meisner).

La houille (*Steinkohle*) perd sa substance bitumineuse, passe à l'anthracite, devient grisâtre, montre des séparations scapiformes, et la disposition des couches est changée (côte d'Ayrshire, Newcastle).

Les tripolis, qui se rencontrent si fréquemment dans les terrains pyrogènes vulcaniques et ordinairement au-dessous des roches trappéennes de ces terrains, paroissent devoir leur texture, leur aridité, leur dureté, à l'influence vulcanique.

3.ᵉ Gr. GROUPE LAVIQUE.

Les roches qui le composent ont toutes très-clairement l'apparence qu'on a toujours regardée comme un caractère des laves ou des roches fondues par l'action volcanique. Elles ont une texture poreuse, ne présentent en masse aucune structure déterminable, sont rudes et âpres au toucher ; la texture de leur partie solide est grenue ou presque vitreuse, et offre tous les caractères d'une fusion presque toujours complète, quelquefois cependant simplement pâteuse.

Ce groupe est donc de formation principalement chimique. Il renferme néanmoins des roches d'agrégation ou de transport sans agrégation, et même plus abondamment que les autres groupes : il n'offre jamais d'indice de véritable stratification, et présente rarement des fissures de division qui séparent ses masses en parties même irrégulières.

Les formes extérieures des terrains de ce groupe sont en général tellement bien déterminées qu'on peut reconnoître à de grandes distances les montagnes qui lui appartiennent. Le terrain lavique est disposé en coulées qui offrent toutes les formes que nous avons indiquées, ou en montagnes ou monticules en général très-régulièrement coniques, souvent creusées vers leur sommet d'une dépression concave, qu'on appelle cratère, et dont le milieu ou plusieurs parties de son fond sont percés d'ouvertures, qui, dans les volcans en activité, communiquent à des canaux profonds. Nous avons décrit ailleurs les cratères.

Les montagnes laviques, qui sont tantôt fort petites (le Monte nuovo, etc.), tantôt, au contraire, extrêmement élevées, sont aussi tantôt isolées et tantôt réunies, soit en groupes, soit en lignes ou chaines ordinairement peu étendues. Cette dernière disposition est même la plus ordinaire, quoiqu'il ne soit pas toujours facile de l'apercevoir, à cause de la position irrégulière ou de l'espèce de dispersion des cônes volcaniques dans la largeur ou zone de ces chaines.

Les terrains laviques n'ont cependant pas toujours cette forme ; ils se présentent aussi en collines peu élevées ou en amas irréguliers. Leur couleur est plutôt grisâtre que noire.

On n'y voit aucun cours d'eau, et il faut, pour qu'il s'en forme et pour que la végétation s'y établisse (et elle y devient quelquefois très-vigoureuse), que ces terrains anciens aient éprouvé un commencement de désagrégation ou même de décomposition qui ait ameubli leurs roches dures et vitreuses. Cette altération tient même plutôt à la nature des laves qu'à leur ancienneté ; car on connoît en Auvergne, en Vivarais, etc., des courans de laves de l'époque saturnienne qui sont encore aussi entiers, aussi intacts que s'ils venoient de s'épancher du volcan ; tandis que des laves du Vésuve, dont l'origine est connue, sont déjà cultivées en vignes avec avantage.

Les roches qui constituent ces terrains portent le nom général de laves ; nom qui indique, comme nous l'avons dit ailleurs, un mode de formation, une matière quelconque qui a coulé, plutôt qu'une matière minérale particulière. Les coulées de laves présentent dans leur épaisseur une texture souvent très-différente. Dans un même courant le fond est dense, d'aspect vitro-cristallin ; la partie supérieure, au contraire, est poreuse, celluleuse même, et constitue ce que l'on nomme une *scorie*. Une scorie est donc encore une manière d'être et ne peut pas constituer plus qu'une lave, une espèce minérale ; elle doit être répartie, comme variété de structure, parmi les roches volcaniques ; aussi voit-on des téphrines scoriacés, des basanites scoriacés, les deux seules roches volcaniques qui aient présenté cette sorte de texture.

* *Roches de cristallisation par fusion ou action ignée.*

1. **LEUCOSTINE** (lave pétro-siliceuse, phonolithe). Cette roche comprend les produits volcaniques qu'on nommoit autrefois laves pétro-siliceuses ; ce sont donc celles qui se rapprochent le plus des basanites et des trachytes ; elles sont même souvent très-difficiles à distinguer des eurites compactes et des eurites porphyriques. On voit ces roches associées et passant l'une à l'autre dans les mêmes collines ou montagnes volcaniques, comme cela se voit à la Sanadoire et à la Tuilière en Auvergne ; enfin, par leur compacité, leur structure en

grand, la forme des collines qu'elles composent, l'absence de cratères et de coulées bien caractérisée dans ces collines et terrains, ces laves, en s'éloignant beaucoup de l'aspect que semble indiquer cette expression, se rapprochent des terrains trachytiques et pourroient peut-être se trouver tout aussi bien placés dans ce terrain que dans le groupe lavique.

Il paroit qu'elles appartiennent toutes, ou au moins la plupart, à la partie de ce groupe que l'on peut attribuer à l'époque saturnienne ou antédiluvienne.

Les exemples cités à l'article de cette roche dans la classification minéralogique des roches, suffisent pour donner une idée des terrains volcaniques où elles se présentent.

2. **TÉPHRINE** (laves proprement dites[1]). La plupart des variétés de cette roche constituent les coulées des terrains volcaniques : ce sont les laves par excellence ; elles forment les parties les plus nouvelles des terrains vulcaniques et saturniens, et la masse principale et quelquefois même entière des terrains volcaniques actuels.

L'amphigène est quelquefois si abondant dans des laves tant anciennes que modernes, qu'il semble faire une roche à part de ces téphrines amphigéniques, tantôt remplies de très-petits cristaux microscopiques d'amphigène, tantôt contenant seulement des cristaux épars de différente grosseur de ce minéral.

---

1 *Greystone*, Poulett-Scrope, *Arrang. of volcanic rocks*, 1826. J'ai vu avec satisfaction dans ce mémoire (que je n'avois pas eu occasion de consulter, lorsque je publiai ma Classification des roches en 1827) que l'auteur professe, sur la détermination des roches et sur la distinction qu'il faut établir entre cette considération et celle de leur position géognostique, les mêmes principes que ceux que j'ai émis et développés, non-seulement dans mon Écrit de 1827, mais bien antérieurement dans le premier Essai de classification des roches, que je publiai en 1813, dans le Journal des mines, t. 34. M. Poulett-Scrope a donné pour les trois roches principales qu'il reconnoît dans les terrains volcaniques, le trachyte, le *greystone* et le basalte, des caractères minéralogiques très-précis que nous ne pouvons rapporter ici, et qui s'accordent fort bien avec ceux que j'ai attribués à ces roches, dans l'ouvrage où je les ai décrites, et où j'ai cherché à exécuter le travail minéralogique que M. Poulett-Scrope demande qu'on fasse sur les roches.

Ici se rapportent la lave de Borghetto , qui se distingue par ses cristaux d'amphigène alongés, circonstance très-remarquable ; la lave de la *Fossa-Grande* au Vésuve, presque toute formée d'amphigène ; les laves du Vésuve de 1037, 1737, 1767, 1777, 1820, etc. ; la pierre à pavé napolitaine, appelée *lave à points* ou *picotée*, produite par l'éruption de 1631 ; la lave à cristaux presque microscopiques d'amphigène, qui se présentent comme des points dans la masse des torrens de lave de 1767 et 1769.

Les téphrines sont presque toujours disposées en coulées fongiformes, lacrymiformes, ou lingotiformes, plus rarement en nappes.

Ces coulées sont quelquefois entières, tant dans les volcans actuels que dans les volcans éteints ; mais elles sont aussi quelquefois interrompues par des vallées qui les coupent transversalement, et c'est dans ce cas que leur formation saturnienne ou antédiluvienne paroît évidente. C'est surtout en Auvergne, comme l'a observé Desmarest pour la première fois, que cette disposition instructive est la plus distincte.

On peut dire que les deux roches précédentes, et surtout la dernière, sont les roches principales et dominantes de la formation vulcanique. Celles qui nous restent à citer, tant parmi les roches de fusion que parmi celles d'agrégation, ne peuvent être considérées que comme des roches subordonnées , que comme des accidens des terrains vulcaniques laviques.

Telles sont parmi les premières :

La Stigmite à base d'obsidienne et l'Obsidienne elle-même, qui, quoiqu'en coulées quelquefois puissantes et étendues, sont loin d'atteindre le volume et l'importance des téphrines. Elles appartiennent aussi aux deux époques de volcans que nous avons reconnues ; mais il s'en faut beaucoup qu'elles soient également répandues dans tous les volcans : il en est plusieurs, tant parmi les anciens que parmi les modernes, qui n'en ont point présenté du tout, ou qui n'en contiennent que de très-petites quantités (l'Auvergne, le Puy-en-Velay, les volcans du Rhin , de la Bohème) ; d'autres, au contraire,

en ont produit des coulées considérables (la Guadeloupe, le
Mexique, la Nouvelle-Espagne, etc.).[1]

La PUMITE et la PONCE, également répandues dans les terrains vulcaniques anciens et dans les modernes, et appartenant, comme on l'a vu, presque autant au groupe trachytique
qu'au groupe lavique.

Elles ne paroissent pas former de coulées réelles, mais être
comme l'écume de coulées ou de roches fondues d'origine
felspathique, et se trouver répandues en bancs produits par
le rassemblement et l'agglomération dans un même lieu, de
masses spongieuses résultant de ce mode particulier d'altération. Il est généralement reconnu qu'elles tirent leur origine
de roches felspathiques ; les cristaux de felspath vitreux qui
y sont disséminés et qui présentent déjà vers leur surface la
texture des ponces, semblent indiquer cette origine aussi
clairement qu'on puisse le désirer.

** *Roches d'agrégation.*

Ces roches sont, comme nous l'avons dit plus haut, et plus
nombreuses et plus variées dans les terrains volcaniques laviques que dans les autres. Elles sont dues à deux modes de
transport assez différens, et dont le dernier surtout est tout-
à-fait particulier aux formations volcaniques : l'un est aqueux
et le second aérien.

Dans le premier, les débris de roches et minéraux volcaniques de toutes sortes sont entrainés par des cours d'eau résultant ou de grandes inondations, soit marines, soit fluvia-

---

[1] Il faut bien se garder de confondre les stigmites à base de résinite, les stigmites perlaires ou perlites, avec les stigmites à base d'obsidienne, et cette différence, que je n'avois pas assez sentie et appré-
ciée lorsque j'ai établi cette espèce de roche, est si importante sous
tous les rapports de nature, d'époque et de circonstances géologiques,
qu'il devient absolument nécessaire pour la bonne détermination des
roches, de séparer les stigmites en deux espèces : la première sous le
nom de STIGMITE pour celles qui sont à base de résinite, dans lesquelles
se trouveroit la stigmite perlaire ; et la seconde sous le nom de VITRITE,
qui renfermeroit les verres volcaniques à base d'obsidienne, caractérisés
par les propriétés chimiques de cette pierre, et surtout par l'absence de
l'eau, si abondante dans les stigmites.

tiles, ou de grands torrens d'eau. Ces torrens proviennent tantôt de l'intérieur même du sol, et sont vomis par les volcans, ce qui est un cas plus rare qu'on ne pense ; tantôt ils résultent des pluies abondantes qui tombent sur le cône volcanique et qui sont dues aux météores atmosphériques qui s'y produisent sur une échelle immense et dans un temps assez court ; tantôt, enfin, ils sont dus à la fonte des neiges réunies sur les sommités des volcans élevés.

La première sorte de torrent arrive ordinairement chargée de matières argileuses et limoneuses qu'elle a délayées dans le sein de la terre, et mêlées avec les débris volcaniques de la surface. Elle forme alors un terrain de sédiment ou de transport particulier, auquel on a donné le nom de moya.

Moya. Cette matière d'éruption est noir-brunâtre ; elle offre une masse terreuse qui teint en noir lorsqu'on la touche ; elle contient des fragmens de felspath et de ponce, et est combustible.

Analyse de Klaproth.

Gaz acide carbonique, $2\frac{1}{4}$ pouces cubes ;

Gaz hydrogène, $14\frac{1}{2}$ p. cubes ;

Eau (saturée d'ammonium et d'une légère partie d'huile empyreumatique), 11 grains ;

Charbon, $5\frac{1}{2}$ grains ;

Silice, $46\frac{1}{2}$ grains ;

Argile, $11\frac{1}{2}$ grains ;

Calcaire, $6\frac{1}{2}$ grains ;

Fer oxidé, $6\frac{1}{2}$ grains ;

Natron, $2\frac{1}{2}$ grains.

Les autres sortes d'inondations, balayant la surface du sol, réunissent tous les petits ou grands débris qu'elles peuvent entraîner, et forment les puissans terrains de transport composés de parties plus ou moins grosses, qui constituent les roches d'agrégation qu'on désigne sous les noms de Pépérines (tufs, tufaïte, conglomérats), de Brèches volcaniques, de Breccioles volcaniques, suivant la nature et la grosseur des parties dominantes.

Il en est de ces roches d'agrégation par voie aqueuse des

terrains volcaniques comme des roches de fusion de ces mêmes terrains. Les unes ont été déposées dans la période saturnienne et les autres sont de la période jovienne ; ces dernières sont beaucoup moins nombreuses que les premières : considérées sous ce rapport. elles se reconnoissent, comme toutes les autres roches des terrains pyrogènes, par leur position et par leur association avec des corps qui appartiennent évidemment à l'une ou à l'autre période.

Parmi les pépérines de la période jovienne, l'une des plus remarquables par sa nature, sa structure pisolithique et sa position évidente. est celle qui a recouvert et comme enterré la ville de Pompeia, et qui me paroit due à une agrégation par transport aqueux. soit que le torrent ait été produit par une éruption aqueuse, soit qu'il ait eu pour cause une pluie abondante accompagnant une éjection pulvérulente non moins abondante. La manière dont la pépérine pisolithique a rempli toutes les cavités, dont elle s'est moulée sur tous les corps qu'elle a pu atteindre, le peu d'altération qu'elle leur a fait éprouver. me fait présumer que le terrain qui a englouti Pompeia étoit principalement d'origine aqueuse ; la structure pisolithique semble indiquer une agrégation en partie aérienne et en partie aqueuse, plutôt qu'un terrain de transport amené par un torrent. [1]

L'autre mode de transport, qui est, comme on vient de le dire. particulier aux formations volcaniques. a eu lieu par les airs : ce sont les matières terreuses pulvérulentes. si improprement nommées *cendres*, que projettent les volcans en quantité tellement immense et à une si grande hauteur qu'elles se répandent au loin et sur une grande étendue de pays. Suivant la grosseur des parties. elles forment les *rapillis*, composés de petits cailloux volcaniques, ordinairement incohé-

---

1 Cette opinion est celle de M. Lippi, qui l'a développée dans un petit écrit. publié à Naples en 1813, et dont les principaux argumens ont été reproduits et combattus dans le recueil intitulé *Auswahl*, etc., Dresden 1818. 1ster B., p. 67. Ce que j'ai vu et recueilli sur les lieux me porte à adopter la partie de cette théorie qui fait intervenir l'eau dans les produits de cette éruption ; mais pas entièrement avec les mêmes circonstances que celles qui sont admises par M. Lippi.

rens; les Pouzzolanes, composées de parties plus ténues et assez ordinairement colorées en rougeâtre ou en brunâtre. Il n'y a pas de pays volcanique ancien et moderne qui ne présente des dépôts immenses en étendue et en épaisseur de ces deux sortes de roches ; les cônes volcaniques en sont quelquefois formés, au moins en grande partie, et c'est à l'incohérence de ces parties si sèches, si arides, qu'est due la difficulté qu'on éprouve à marcher sur ces sols et à gravir ces montagnes. Les terrains vulcaniques ou anciens présentent cette disposition aussi bien, quoique moins fréquemment peut-être, que les terrains volcaniques modernes.

On doit encore compter parmi les roches d'agrégation du groupe lavique, les conglomérats particuliers de divers lieux.

La *terra maschia* de la Campanie, conglomérat limoneux et ponceux dont on a déjà parlé pag. 351.

La *tosca* de Ténériffe, qui est une brecciole ponceuse et calcarifère, étendue partout au-dessus de toutes les roches anciennes, et formant un sol fertile ; elle est plus ancienne que les laves du Pic et plus nouvelle que celle des autres coulées volcaniques. (De Buch.)

*** *Minéraux du groupe lavique.*

Ce groupe renferme en général beaucoup moins d'espèces minérales que le groupe trappéen, quel que soit le mode d'introduction qu'on y considère. La partie jovienne de ce groupe en renferme encore moins que la saturnienne.

La distinction entre les laves de ces deux époques étant difficile à établir, il est aussi très-difficile de dire précisément quels sont les minéraux qui appartiennent en propre à chacune d'elles. Nous allons le tenter, avec la certitude que nous aurons commis des erreurs, que des géologues plus expérimentés que nous dans l'étude des terrains volcaniques sauront redresser, lorsqu'ils voudront porter leur attention sur ce genre très-intéressant de considération[1]. On doit rappeler que nous ne regardons comme appartenant à une période que

---

1 M. Moricand, de Genève, a formé une collection de laves du Vésuve par ordre chronologique d'éruption, depuis celle de 1037, qui pourra fournir d'utiles renseignemens pour ce genre de recherches.

les espèces minérales qui se sont formées dans les laves pendant leur fusion ou au moment de leur consolidation, et celles qui ont rempli ou tapissé leur cavité après leur consolidation. Nous ne pouvons y comprendre les espèces minérales cristallisées ou engagées dans les masses rejetées soit autrefois soit actuellement par les volcans ; aussi verra-t-on que nous exclurons de l'époque jovienne tous ces minéraux si variés, que l'on trouve dans les masses de la *Fossa grande* au Vésuve, puisque ces masses n'ont pas été formées dans la lave même, mais qu'elles ont été rejetées probablement par le Vésuve saturnien, celui dont la crête demi-circulaire constitue la partie ancienne de cette montagne qu'on nomme la Somma.

PÉRIODE SATURNIENNE OU ANTÉDILUVIENNE.

(Volcans éteints.)

1.° *Minéraux formés dans les laves lors de leur état de fusion.*

Felspath vitreux . . . (Etna).
Amphibole . . . . . . (Auvergne).
Pyroxène augite.
Péridot olivine . . . . (Auvergne).
Amphigène . . . . . . (Viterbe ; Borghetto).
Haüyne . . . . (Lave d'Andernach ; Mont-Vul-
ture).
Fer oligiste . . . . . . (Puy-de-la-Vache en Auvergne).
Fer titané.
Titane sphène.
Pyrite . . . . (Dans la lave ? de la Solfatare de
Pouzzole [1]).

2.° *Minéraux formés par exudation, infiltration ou sublimation.*

Mica sublimé dans les fissures d'une téphrine.
Breyslakite.
Quarz hyalite. . . . (Kayserstuhl).
Selmarin.
Arragonite.

---

[1] On en cite dans quelques autres roches volcaniques, mais elles ont encore moins d'authenticité que celles-ci. C'est une question à examiner sous un point de vue spécial.

Stilbite ?
Soufre.
Sélénium.
Arsenic sulfuré.
Calcaire spathique . . . . . (Kayserstuhl).

3.° *Minéraux et roches étrangers, engagés dans les roches volcaniques.*

Zircon . . . . (Puy-en-Vélay ; Somma).
Corindon . . . . (Puy-en-Vélay).
Cordiérite . . . . (Lac de Laach).
Quarz. . . . . (Radicofani).
Spinelle pléonaste . . . . . . ⎫
Idocrase . . . . ⎪
Amphibole . . . . ⎪
Grenats . . . . ⎬ Somma.
Mica verdâtre . . . . ⎪
Néphéline . . . . ⎪
Sodalite . . . . ⎭
Mellilite . . . . (Capo di Bove).
Wollastonite . . . . ⎫
Gismondine . . . . ⎬ Somma.
Dolomie . . . . ⎭
Granite . . . . (Puy-en-Vélay, etc.).

PÉRIODE JOVIENNE OU VOLCANS ACTUELS.

1.° *Minéraux formés dans les laves lors de leur état de fusion.*

Felspath vitreux . . . . . . (Ischia ; Ténériffe).
Amphibole . . . . (Vésuve).
Pyroxène augite . . . . . . (Etna ; Vésuve, etc.).
Péridot olivine . . . . (Lancerote ? Etna, lave de 1792 ; Vésuve, laves de 1794 et de 1818 ; Bourbon.)
Amphigène . . . . (Rocca Monfina et Vésuve de 1037, 1767, 1820, etc.).
Fer oligiste . . . . (Vésuve, lave de 1794).

2.° *Minéraux formés par exudation, infiltration ou sublimation.*

Breislakite.
? Stilbite . . . . (Laves du Vésuve de 1037 et
1794, suivant M. Breyslak ;
M. de Buch en doute).

Selmarin.
Selammoniac.
Acide borique.
Silex concrétionné . . (Lancerote).
Soufre, assez rare . . . (quelques laves du Vésuve et
de Bourbon).

Sélénium.
Arsenic sulfuré . . . . (Solfatare de Pouzzole).
Cuivre muriaté.
? Pyrites . . . . (Solfatare de Pouzzole, Breis-
lak).

3.° *Minéraux et roches étrangers, engagés dans les roches
volcaniques.*

Mica . . . . (il est ordinairement rougeâtre
et engagé dans la lave. Vé-
suve ; Ischia).

Calcaire.
Granite, syénite, micaschiste, etc. . . (à la Caldera de
l'île de Palma, de Buch).
Silex . . . . (Torre del Greco).

M. de Buch présume que le péridot olivine cité plus haut,
dans les laves de Lancerote de 1730 à 1736, a préexisté à
la roche, et qu'il vient des basaltes.

La distinction que j'ai cherché à établir entre les produits
volcaniques de toutes sortes, tant roches que minéraux, des
temps anciens et des temps actuels, est très-difficile à obtenir.
Il ne manque pas dans les livres et dans les collections d'exemples de roches et de minéraux volcaniques, mais ils sont
presque toujours confondus sous ce titre général, et je ne
sache pas que, jusqu'à présent, on ait fourni les moyens de
distinguer ces produits avec exactitude d'après les deux
grandes considérations sous lesquelles j'ai cherché à les en-

visager , savoir : les époques et le mode de formation.
Voilà pourquoi j'ai donné, dans le tableau précédent, si peu
d'exemples de lieux et pourquoi je les ai donnés souvent avec
hésitation. On dit bien, par exemple, qu'il y a des pyrites
dans certaines laves : tous les auteurs le répètent, et tous
citent, d'après Breislak, les laves de la solfatare de Pouzzole.
Mais non-seulement on ne dit ni dans quelles laves ni comment se trouvent ou se forment ces pyrites ; si elles appartiennent à des trachytes ou à des téphrines ; si, étant dans ces
dernières, elles ont été formées au moment de leur consolidation, ou si elles y ont été sublimées anciennement ou
actuellement : Breislak lui-même nous laisse dans quelque incertitude à cet égard ; car on voit par la description de ces
laves, par le felspath vitreux et altéré qu'elles renferment,
que ce sont plutôt des trachytes que des téphrines. Or, la
présence des pyrites dans les trachytes est un fait commun
et qui n'a rien de remarquable ; et quoique Breislak pré-
tende qu'elles se subliment dans les fissures d'une brèche lavique, et qu'il croie avoir prouvé cette sublimation en la
faisant naître artificiellement sur un cylindre de bois, on
voit par sa description même, qu'à la difficulté de concevoir
une telle sublimation de pyrite, se joint celle d'être persuadé
que l'enduit doré qu'il a vu sur son morceau de bois et qui
bientôt se transforma en une efflorescence de sulfate de fer,
étoit réellement pyriteux[1]. C'est certainement un fait très-
remarquable, mais unique, observé dans un temps où la chimie n'avoit pas la précision qu'elle a acquise, et qui n'est pas
assez approfondi pour qu'on puisse en tirer encore aucune
conséquence certaine.

ARTICLE III.

DES VOLCANS ET DES PHÉNOMÈNES VOLCANIQUES.

M. de Buch ne veut appeler *volcan* que les montagnes coniques dont la roche fondamentale est trachytique, qui portent ordinairement un cratère vers leur sommet et qui, par
le canal de ce cratère ou par les nombreuses fissures ouvertes

---

[1] Voyage dans la Campanie, par Sc. Breislak, tom. 2, pag. 93 — 108.

dans la roche trachytique, sont en communication constante avec le foyer et donnent perpétuellement issue aux gaz et aux vapeurs qui s'en dégagent.

Il ne considère que comme de simples bouches ou cratères d'éruption, les buttes ou montagnes coniques composées de laves poreuses, d'où sont sorties, à plusieurs reprises, des coulées de laves.

Pour nous, prenant ce nom dans l'acception plus vulgaire :

Un VOLCAN est une montagne ou un sol quelconque superficiel ou sous-marin, qui émet, avec mouvement, bruit, chaleur et vapeurs, des matières altérées par le feu, quelquefois jusqu'à l'incandescence et à la fusion.

On appelle ce phénomène *paroxisme* ou *éruption volcanique*, suivant le résultat dont il est suivi.

On range parmi les phénomènes volcaniques tous les mouvemens, changemens de forme et de nature, émanations gazeuses, rejets de matières solides, écoulemens de matières liquides, aqueuses ou fondues, et enfin tous les phénomènes physiques et même météorologiques qui précèdent, accompagnent ou suivent ces paroxismes et éruptions.

Nous supposerons, pour les décrire, une éruption des plus complètes en phénomènes de ce genre, et nous les suivrons depuis les premiers indices jusqu'aux derniers vestiges du paroxisme.

Ces phénomènes peuvent se classer sous huit titres subdivisés eux-mêmes en considérations particulières :

1. *Mouvemens souterrains;*
   Bruits et tremblemens de terre.
2. *Changemens dans la forme du sol;*
   Soulèvemens et élévations de masse sur terre et sur mer;
   Affaissemens, gouffres et engloutissemens;
   Fentes.
3. *Changemens et phénomènes dans les eaux courantes, dans les sources, dans les rivières et dans les eaux de la mer.*
4. *Éruptions diverses :*
   De laves; — lieux de sortie;
   De liquides aqueux ou vaseux;
   De bitumes.

58.   25

5. *Éjections diverses de pierres, de rochers, de matières pul-*
   vérulentes.
6. *Dégagemens divers de vapeurs;*
   De vapeurs aqueuses ;
   De gaz ;
   Sublimation de matières solidifiables.
7. *Phénomènes météorologiques.*
8. *Extinction des volcans et altérations de leurs roches.*

C'est sous ces titres que nous allons examiner les principaux phénomènes volcaniques et leurs diverses modifications. [1]

1. Mouvemens et bruits souterrains.

Ces deux phénomènes sont nécessairement liés et par conséquent dus à la même cause. Il est difficile de concevoir
que l'un ne soit pas accompagné de quelques symptômes de
l'autre, et la prédominance du symptôme qui manifeste de
grands phénomènes souterrains est la seule circonstance qui
puisse faire distinguer les bruits souterrains des tremblemens
de terre.

Bruit souterrain.

Ce bruit, semblable à celui du canon et souvent au fracas
de voitures roulant sur le pavé, est ordinairement l'avant-
coureur du tremblement de terre et de l'éruption volcanique :
ainsi celle du Vésuve, en 1794, s'annonça par des commotions violentes, trois jours d'avance. Le tremblement de terre
qui dévasta une partie de Lisbonne, en 1755, fait ici exception ; il se manifesta tout à coup et sans bruit. Dans quelques
pays, comme dans la province de Guanaxuato au Mexique,
ce bruit souterrain se fait souvent entendre sans être suivi
d'aucun tremblement de terre. Les anciens ont aussi observé
de semblables phénomènes. Ces tonnerres inférieurs se font

---

1 La plus grande partie de cet article est extraite ou même traduite
littéralement de la première partie de l'ouvrage classique de M Ungern-Sternberg, intitulé : *Werden und Seyn des vulkanischen Gebirges,*
publié à Carlsruhe en 1825; cependant on y a fait quelques changemens,
quelques additions; la plupart ne sont pas assez importans pour être désignés. Ceux qu'on a cru devoir signaler sont marqués de guillemets au
commencement et à la fin.

entendre avant, pendant et après les tremblemens. Un avant-
coureur des plus terribles événemens de ce genre fut le bruit
souterrain qui se fit entendre lors des tremblemens de terre
qui dévastèrent Lima en 1746, et Messine en 1783. Des coups
violens accompagnoient le tremblement de Caraccas, et long-
temps après qu'il eut cessé, on entendit le bruit souterrain
à Quito et à Caraccas. Souvent ce bruit se propage jusqu'aux
pays les plus éloignés. M. de Humboldt rapporte qu'un bruit
souterrain, qui eut lieu, en 1811, au Rio-Apuré, se fit entendre sur un espace de 200 milles carrés.

Tremblemens de terre.

Il y a deux sortes de tremblemens de terre volcaniques.
Les uns ne concernent qu'un seul endroit; les autres sont plus
ou moins étendus. Les premiers, restreints à un petit espace,
ont lieu le plus souvent autour des volcans; les autres se communiquent à une grande étendue de terrain.

Le tremblement de terre de 1783, dans la Calabre, fut
limité à une surface longue tout au plus de 20 lieues et large
de 15, et eut lieu dans une région qui, suivant les observations de Spallanzani, ne renferme point de montagnes volcaniques. L'Etna, éloigné de 18 lieues de Messine, ne parut
point prendre part à cette commotion. Le tremblement qui,
en Juillet 1794, dévasta beaucoup de villes du Pérou, s'étendoit sur une surface de 170 lieues carrées. Celui qui, le 12
Mars 1812, détruisit Caraccas, fut senti à une distance de
160 lieues. Les commotions qui, en 1755, dévastèrent une
partie de Lisbonne, étoient encore plus étendues.

Les secousses ont ordinairement une direction déterminée.
Rarement elles en changent pour en prendre une opposée.
Au tremblement de terre de Caraccas, des secousses, dirigées
du nord au sud, alternoient avec d'autres, qui se dirigeoient
de l'ouest à l'est. Parmi les tremblemens de terre, ceux qu'on
nomme *ondulatoires* sont les plus dangereux.

La durée des secousses varie. Quelques-unes sont à peine
remarquées; d'autres durent plusieurs secondes: la première
secousse de Cumana dura six secondes; la seconde, douze.

Dans quelques contrées, les tremblemens se répètent pendant des mois et des années; dans d'autres, les répétitions

sont très-rares. Ainsi des tremblemens fréquens furent observés, depuis le 16 Décembre 1811 jusqu'en 1813, dans la vallée
du Mississipi. On a fait la même observation dans les vallées
de l'Arkansaw et de l'Ohio. Les tremblemens suivis par l'élévation du Monte-Nuovo près Naples, durèrent presque deux
ans. L'ile de Saint-Vincent fut inquiétée par des tremblemens
de terre depuis le commencement de Mai 1811 jusqu'en Mai
1812.

Lorsqu'une grande superficie est ébranlée, on trouve quelquefois des points isolés qui ne s'en ressentent point. Dans le
tremblement qui détruisit Caraccas, la côte de la Nouvelle-
Barcelonne, celles du Paria et de Cumana, furent épargnées.

Lors du tremblement de terre de Lisbonne, tous les bâtimens de la plaine s'écroulèrent, ceux qui étoient sur la pente
escarpée des montagnes restèrent intacts. (Link.)

A Cora on ne sentit aucune secousse, et cependant cette
ville est située sur la même côte et au milieu d'autres villes
en partie ruinées par la catastrophe. Dans la commotion qui,
en Septembre 1773, arriva dans la vallée d'Aspe dans les Pyrénées, le château, situé sur une roche calcaire, fut peu
ébranlé, mais les maisons placées sur le granite le furent vio-
lemment. « Cette circonstance est fort remarquable et concourt, avec beaucoup d'autres observations, pour faire présumer que les foyers volcaniques sont situés immédiatement
au-dessous du granite, qui, en raison de sa densité, devient
un bon conducteur du mouvement. »

Ordinairement les tremblemens de terre finissent par une
éruption. Celui qui, en 1746, dévasta Lima, cessa lorsque,
dans les environs, cinq volcans entrèrent en activité. On fit
la même observation lors de la formation du Monte-Nuovo et
du Jorullo. Il faut en excepter les phénomènes qui accompagnèrent les éruptions de Lancerote, une des Canaries, en
1730; car, après que l'éruption eut cessé, le tremblement
de terre continua encore pendant des années.

« Le célèbre tremblement de terre du Chili en 1822 et
1823, détruisit presque entièrement, dès le premier choc, les
villes de Valparaiso, Melipilla, Quillota et Casa-Blanca. Il
eut lieu le 19 Novembre 1822, dans la soirée, et dura trois
minutes. Pendant toute la nuit les chocs se succédèrent de

deux à trois minutes de distance, et chaque choc étoit d'une demi-minute à une minute. Le 20, il y eut trois secousses violentes et des chocs dans les intervalles ; et le 21, plusieurs chocs violens avec le même temps que la veille. Le 22 au matin, chocs très-violens et des explosions comme celles de décharges d'artillerie : le reste du jour fut plus calme ; il faisoit un brouillard épais et une pluie fine et froide. Du 25 au 26, des chocs plus ou moins violens furent suivis ce dernier jour d'un violent coup de vent du nord, accompagné de pluie, ce qui fut considéré comme très-extraordinaire dans cette saison. Depuis cette époque jusqu'au mois de Septembre 1825, les secousses continuérent journellement, et furent particuliérement violentes en Décembre et Juillet.

« La sensation éprouvée durant les chocs les plus violens étoit celle d'un soulévement soudain de la terre dans une direction du nord au sud, après lequel elle sembloit retomber : de temps à autre, un mouvement transversal se faisoit aussi sentir. Le 19 Novembre, premier jour du phénomène, le tremblement fut général et accompagné d'un bruit semblable à celui de l'éruption d'un volcan ; il sembloit aux personnes qui étoient à bord des vaisseaux dans le port de Valparaiso, que ces vaisseaux eussent un mouvement rapide à travers l'eau, et par moment touchassent le fond.

« Au premier choc du tremblement de terre, la mer s'éleva dans le port de Valparaiso à une grande hauteur, puis retomba de manière à laisser à sec sur la plage les vaisseaux qui auparavant étoient à flot ; elle revint ensuite de nouveau, mais elle ne parut pas, par son rapport avec le rivage, être revenue à son premier niveau. Tout cela se passa dans l'espace d'un quart d'heure. Dans la matinée du 20 Novembre, les riviéres et les lacs se gonflérent considérablement par la fonte des neiges des montagnes. Dans toutes les petites vallées le terrain se fendit par endroits, et beaucoup d'eau et de sable furent soulevés à travers ces fissures vers la surface. Dans la vallée alluviale de Vino à la Mar, la plaine entière fut couverte de cônes de terre d'environ quatre pieds de haut, causés par l'eau et le sable qui avoient été soulevés par les creux en entonnoir qui étoient au-dessous : la surface entière ne formoit plus qu'un sable mouvant. Au pied de tous les arbres, entre le tronc et la terre environnante, on voyoit de larges cavités occasionées par le mouvement violent qui avoit ébranlé les arbres. Le lit du lac de Quintero montroit de grandes crevasses, et le sol alluvial de ses bords étoit si haché, qu'il ressembloit à une éponge. Le niveau du lac qui communique à la mer, paroissoit s'être affaissé.

« Après le tremblement de terre, le roc du promontoire de Quintero se trouva déchiré par des fissures récentes, très-distinctes des anciennes, mais formées dans la même direction. Le niveau de la côte entière du nord au sud, à la distance d'environ cent milles, parut s'être élevé. Cette élévation étoit à Valparaiso d'environ trois pieds, et d'environ quatre à Quintero. Il est probable que ces côtes ont déjà été élevées précédemment par des tremblemens de terre. Le dernier de quelque importance a eu lieu il y a quatre-vingt-treize ans.

« La commotion de ce tremblement de terre s'est ressentie au nord jusqu'à Lima ; au sud, au moins jusqu'à la Conception ; à l'est, au-delà des Andes, à Mendoza et Saint-Juan. La distance de Lima à la Conception est d'environ vingt degrés de latitude. (Lettre de Mad. Maria Graham à H. Warburton, Soc. géol., 2.ᵉ Ser., t. 1. p. 413.) »

Les secousses senties sur la terre se transmettent à la mer.

Suivant Cotte, le 2 Octobre 1780 la ville de Soranno, dans la Jamaïque, fut détruite pendant un tremblement de terre par les vagues de l'Océan. Au tremblement de Lisbonne, l'eau de la mer dans le port s'éleva à une hauteur beaucoup plus considérable que pendant les plus violentes tempêtes. A Cadix, les vagues, s'élevant à une hauteur de quatre-vingts pieds, franchirent le mole qui joint la ville au continent, et plusieurs habitans qui y avoient cherché leur salut, trouvèrent la mort dans les flots.

« On a cru remarquer des rapports entre les tremblemens de terre, les saisons, les grandes pluies. Shaw l'a avancé pour les tremblemens de terre d'Alger ; Hans Sloane pour ceux de la Jamaïque, et Link pour ceux de Lisbonne. Ce dernier dit qu'on croit avoir observé qu'ils sont plus fréquens en hiver et après les pluies qui suivent une grande sécheresse, que dans tout autre moment.

« Des interruptions dans les émanations volcaniques les ont quelquefois précédés. Ce rapport paroît beaucoup plus réel que les précédens ; et M. de Humboldt pense que l'action des vapeurs élastiques qui tendent à se frayer une issue, est la cause principale et la plus générale de ce phénomène. »

« On a attribué aux tremblemens de terre une origine tout-à-fait étrangère au phénomène qui nous occupe, et qui paroît en être la cause la plus ordinaire. On a pensé que certains tremblemens de terre pourroient résulter des craquemens ou fissures que doit éprouver la croûte du globe, à mesure qu'en se refroidissant elle diminue de volume. Cette diminution doit tendre à faire naître des fissures peu larges, mais d'une grande longueur, et des expériences sur la retraite qu'éprouvent les corps en refroidissant, apprennent que les principales fissures doivent avoir lieu dans la direction du méridien, et c'est en effet à peu près dans ce sens que s'étendent les tremblemens de terre considérables. »

2. Changemens dans la forme du sol.

« Nous comprenons sous ce titre tous les changemens que l'action volcanique fait éprouver à la surface du sol. Ils nous paroissent nombreux, extraordinaires, considérables même, et cependant ce sont des phénomènes de la plus petite dimension en comparaison de ceux qui ont très-probablement soulevé nos moindres chaînes ou groupes de montagnes à couches inclinées ou brisées ; mais ils suffisent pour nous donner une idée de ce que peut être et peut faire ce genre de force, et d'où a pu venir celui qui, dans les premiers âges du monde, a produit des effets proportionnels à la vigueur des forces physiques et naturelles de cette époque.

« Ceux de ces changemens qui sont pour nous les plus remarquables et les plus instructifs, appartiennent à la série de phénomènes d'où résultent des élévations de sol sur la terre et des récifs ou iles nouvelles dans la mer. Nous présentons d'après la source où nous avons dit que nous puisions la plupart de nos exemples, ceux que nous avons à rapporter pour faire connoître les diverses particularités de cette classe de phénomène. »

Élévation de la surface de la terre.

Pendant un tremblement de terre arrivé le 24 Mai 1750 dans les Pyrénées, un rocher entouré de terre et peu élevé fut lancé à plusieurs pas, et l'espace en fut comblé par le sol, qui s'éleva a sa place.

Un des phénomènes de ce genre, le plus remarquable par son étendue et la grande échelle sous laquelle il s'est manifesté à une époque très-récente, est celui du Malpais du volcan de Jorullo.

Dans la province de Valladolid (Nouvelle-Espagne), le 29 Septembre 1759. une plaine de quatre lieues carrées fut élevée en forme de vessie par des forces volcaniques. La convexité du sol est en quelques endroits de 156 mètres, dans d'autres de 180 mètres. [1]

Des élévations semblables furent produites en 1796 et 1797, dans l'Amérique méridionale, par des tremblemens de terre. L'élasticité des gaz paroît avoir formé d'une manière analogue des cavernes dans le trachyte.

Des auteurs anciens et modernes affirment que pendant de violens tremblemens de terre des masses de rochers ont été élevées hors des crevasses de la terre.

Pendant le tremblement de terre arrivé dans la Campanie en 1538, et qui, le 29 Septembre, produisit le Monte-Nuovo, du rapillo et des masses énormes de rochers furent lancées d'une crevasse de la terre.

Suivant les rapports qu'on trouve dans les Missions du Levant, en Juillet 1707 soixante rochers s'élevèrent de la mer, dans le voisinage de Santorin, au milieu d'éruptions volcaniques.

M. de Humboldt rapporte que, pendant les éruptions volcaniques à Lancerote, le 1.er Septembre 1750, près de Chimanfaya. des rochers pyramidaux s'élevèrent de la mer, augmentèrent en grandeur, et bientôt s'unirent à l'île.

Isles nouvelles dans la mer.

Les auteurs de l'antiquité parlent souvent d'îles qui furent

---

1 Voyez l'article Indépendance des formations, tom. XXIII, p. 362, la description très-complète et très-pittoresque du nouveau volcan de Jorullo et du Malpais au Mexique, par M. de Humboldt.

élevées du sein des mers de la Gréce. Pline dit : « la terre nouvelle se forme aussi d'une autre manière ; elle s'élève quelquefois subitement de la mer : ainsi l'Océan rend à la terre ce qu'en d'autres lieux son abîme a englouti avidement. Délos et Rhodes, deux îles depuis long-temps célèbres, se sont, dit-on, ainsi formées, et après elles encore quelques-unes plus petites, Anaphé, derrière Mélon et Néa, entre Lemnos et l'Hellespont. Ainsi se forma aussi Halone, entre Lébédus et Téon ; de même Théra et Thérasie, deux des Cyclades, l'an 4 de la 135.ᵉ olympiade ; 130 ans plus tard, Hiéra et Automate, encore deux Cyclades, s'élevèrent entre les précédentes, à douze stades de là. Cent dix années plus tard, sous le consulat de M. J. Silanus et L. Balbus, le huitième jour avant les ides de Juillet, l'île de Chio apparut. Avant notre ère, une île s'éleva de la mer à côté de l'Italie, entre les îles Ioniennes et une autre grande île de 1500 pas près de Crête. »

Soulèvement de sol.

Strabon dit expressément que Hiéra s'éleva au milieu des flammes. Plutarque et Justin rapportent que son élévation fut précédée d'un bouillonnement avec des flammes et d'ondulations violentes de la mer.

De tels phénomènes se sont renouvelés depuis dans ces mers à différentes époques. Il paroît qu'en 726 l'île de Hiéra reçut une nouvel accroissement, et qu'en 1457 (ou 1573), encore dans le golfe de Théra, et pendant des éruptions volcaniques, un petite île nouvelle se forma dans le même endroit où, sous le consulat de Silanus, Thia avoit paru, mais avoit disparu plus tard. Enfin, au commencement du siècle dernier (en 1707), encore une île nouvelle s'est formée au milieu de celles qui existoient déjà.

Parmi les formations d'îles nouvelles, une des plus célèbres, des mieux constatées par les descriptions contemporaines qui nous ont été transmises, est celle des petites îles du golfe de Santorin : c'est pour ce motif que nous rapportons ce phénomène avec plus de détails que les autres, quoique le récit en ait été inséré dans un grand nombre d'ouvrages.

Le 23 Mai 1707, au lever du soleil, on vit dans la mer, à une lieue de la côte de Santorin, un rocher flottant. Des matelots, le prenant pour un vaisseau qui se seroit brisé, s'en approchèrent : ayant vu ce que c'étoit, ils y montèrent, et en rapportèrent de la pierre ponce et quelques huîtres qui y avoient été attachées. Le rocher n'étoit qu'une grande masse de pierre ponce, que le tremblement de terre, arrivé deux jours auparavant, avoit détaché du fond de la mer. Quelques jours après le rocher, s'étant fixé, forma une petite île, dont la grandeur augmenta chaque jour. Le 14 Juin il avoit 800 mètres de circuit et 7 à 8 de hauteur; il étoit rond et formé d'une masse blanche et légère (pierre ponce et pépérine). A cette époque la mer commençoit à s'agiter, et la chaleur dans l'île en empêchoit l'approche.

Pendant près d'un an des rochers s'élevèrent du fond de la mer et s'agrégèrent. Celle-ci fut presque toujours agitée et comme bouillonnante; des fumées, des flammes même en sortirent fréquemment, et les terres, élevées au-dessus de sa surface, chaudes jusqu'à l'incandescence, n'étoient pas abordables. Cependant le 15 Juillet 1708, par conséquent quatorze mois après le premier paroxisme, le père Gorré, ayant débarqué sur la grande Camène (Hiéra), put examiner sans danger l'île nouvelle : elle étoit haute d'environ 70 mètres : elle en avoit plus de 300 dans sa plus grande largeur et environ 1600 de circuit; lorsqu'on aborda à Santorin, les marins remarquèrent que la grande chaleur avoit fondu presque toute la poix de leurs barques.

M. de Choiseul, qui visita cette île en 1776, dit que, pendant dix ans après sa formation, le volcan nouvellement formé a eu plusieurs éruptions, mais qu'il est maintenant tout-à-fait dans l'inaction. « L'eau, dit-il, n'est plus chaude « en aucune place : on n'y remarque pas même de dégage- « mens de vapeurs; seulement dans quelques endroits on voit « une grande quantité de bitume et de soufre qui surnagent. »

L'île de Santorin, dont la superficie est à peu près de huit lieues carrées, présente un vaste golfe demi-circulaire ayant quatre lieues de diamètre, et dont le fond n'a encore pu être atteint par aucune sonde; le cercle complet passeroit par l'île de Thérasie (aujourd'hui Aspronysi), qui en suit la courbure : au milieu se trouvent trois petites îles qu'on appelle Camènes, c'est-à-dire brûlées. Les roches qui bordent le golfe sont noires, vitreuses et de la nature de l'obsidienne : elles s'élèvent de plus de 200 mètres au-dessus de la surface de l'eau ; le reste de l'île est de la pierre calcaire. Il paroît donc que le golfe n'est qu'un ancien cratère énorme, dont une partie s'est écroulée dans la mer, que Thérasie est un reste de ses bords, que le volcan auquel il appartient brûle encore au fond de la mer, et que par ses grandes éruptions il a produit au milieu les trois petites îles.

L'archipel des îles Açores a souvent présenté les mêmes phénomènes.

En 1638, une île peu éloignée de Saint-Michel parut et disparut.

En 1719, pendant un violent tremblement de terre, il se forma encore une île nouvelle entre Tercère et Saint-Michel : elle jeta beaucoup de fumée et on trouva le fond de la mer très-chaud dans le voisinage. En 1812 cette île parut pour la troisième fois : le capitaine Tillard la visita et en donna une description détaillée. Ce volcan étoit devenu une île nouvelle, dont le milieu s'élevoit de plus de 120 mètres environ au-dessus de la mer.

Il y a quelques années, une nouvelle île s'est formée sur les côtes de Kamtschatka. Le 10 Mai 1814, par un temps calme et serein, on entendit tout à coup dans la mer un bruit considérable, et l'on vit, à environ 400 mètres du rivage, au milieu d'explosions dont le fracas ressembloit à celui des canons, s'élever des flammes et des nuages épais de vapeurs. Des masses prodigieuses de terre et de grandes masses de pierres furent lancées en l'air : cet état dura jusqu'au soir ; alors on vit paroître un îlot qui jetoit du bitume par plusieurs ouvertures. Dix jours après on tâcha d'y pénétrer ; d'abord on trouva quelques difficultés à cause du bitume durci qui entouroit l'îlot. Le sol s'élevoit à environ trois mètres au-dessus de la mer et étoit tout couvert d'une masse blanchâtre et pierreuse.

Le nombre d'îles ainsi élevées dans différens parages est fort grand.

Ces exemples, pris de lieux très-éloignés, suffisent pour donner une idée de la marche générale du phénomène. Les exemples d'ouvertures de gouffre et d'engloutissemens de terrains, de villes, d'édifices, de montagnes même, sont encore plus fréquens. Nous nous contentons d'indiquer les suivans :

Suivant Kircher, la ville d'Euphémie fut engloutie en 1638 pendant un tremblement de terre violent.

En 1678, pendant un tremblement de terre, une ville près du port de Pisco, au Pérou, fut engloutie.

Suivant Spallanzani, le Mole, près de Messine, fut englouti pendant le tremblement de terre de 1783.

Lorsque Caraccas fut ruinée par un tremblement de terre, la caserne près du castel de San-Carlo disparut presque entièrement. Un régiment, qui étoit sous les armes, fut englouti sous les décombres, à peu d'hommes près, qui se sauvèrent.

Pendant le tremblement de terre arrivé en 1692 à la Jamaïque, la plus haute montagne de l'île s'écroula et fut remplacée par un lac.

L'île volcanique de Sorca n'existe plus; et il y a peu d'années que, par l'effet d'une violente éruption d'un volcan de l'île de Java, un espace d'environ 15 milles de long sur 6 de large, et sur lequel étoient bâtis quarante villages, a été englouti.

Fentes et crevasses dans la superficie de la terre.

Pendant presque toutes les commotions violentes de la terre, il se forme à sa surface des fentes et des crevasses, par où les forces volcaniques manifestent leur activité. Ces déchirures sont semblables à celles que l'on observe dans les volcans, et donnent naissance, comme on le dira dans la suite, aux montagnes ignivomes et aux cratères d'éruption. Ulloa remarque que, pendant le tremblement de terre de 1746, qui ruina Lima, il se forma dans le terrain une crevasse large de cinq pieds et longue d'une lieue. Pendant le tremblement qui ruina Messine, le 5 Février 1783, la terre se fendit depuis l'entrée du détroit jusqu'à Messine; des fentes semblables dans les terrains furent remarquées pendant les tremblemens de terre de Lisbonne, de Cumana, de Caraccas, et en d'autres endroits.

3. Changemens et phénomènes dans les eaux courantes, dans les sources et dans les eaux de la mer.

L'influence des tremblemens de terre et de l'action volcanique sur les eaux de source a été remarquée depuis long-temps. Pline rapporte que Phérécide, le Syrien, maître de Pythagore, prédit un tremblement de terre, dans un lieu, sur l'inspection des eaux d'un certain puits de Samos.

Pendant celui qui arriva dans les Pyrénées, en 1678, il apparut des sources d'eaux acidules.

Lors de celui qui, le 13 Janvier 1824, agita la Bohème, des sources taries depuis des années devinrent abondantes en eau, et des puits desséchés en reçurent une grande abondance.

Le Strok d'Islande, qui, comme le Geyser, jette périodiquement des colonnes d'eau, apparut, suivant le rapport d'Olafsen, pendant un violent tremblement de terre, en 1784.

Suivant Barrow, en 1206, toutes les sources de l'île de Java furent troublées pendant un tremblement de terre. On observa le même phénomène dans la Suisse, en 1755, pendant celui de Lisbonne.

En 1563, par un violent tremblement, dans la Sicile, toutes les sources furent salées. Pendant le tremblement de terre, de Lisbonne, la température des sources chaudes de Chaudefontaine, près de Liége, fut considérablement élevée. Dans les mines de plomb du Missouri, suivant Schoolkraft, une source, pendant un tremblement de terre, en 1812, devint tout à coup chaude et trouble, et tarit quelques jours après.

Lors du tremblement de terre arrivé, le 21 Juin 1660, dans les Pyrénées, les eaux de Bagnères devinrent, suivant Palassou, tout à coup si froides, que ceux qui en faisoient usage les quittèrent.

Pendant celui de Caraccas, l'eau du lac Maracaïbo diminua sensiblement.

Lorsque Raguse, en 1667, fut ruiné par des tremblemens de terre, toutes ses sources tarirent.

4. Éruptions de diverses matières par les ouvertures des terrains volcaniques.

Nous avons dit qu'on donnoit le nom de *cratère* à une espèce d'ouverture caractérisée par sa forme et par sa position ; mais, ainsi qu'on l'a vu à l'article de la division des terrains volcaniques, on a entendu la signification de ce nom en le donnant à toutes les sortes d'ouvertures par où sortent les matières diverses, et notamment les laves, dont les phénomènes précédens semblent avoir annoncé l'éruption.

Parmi les volcans qui sont pourvus d'un vrai cratère, les uns ont un cratère permanent ; d'autres n'en ont, pour ainsi dire, que momentanément. Dans quelques-uns, le cratère est sur la cime ; dans d'autres il est latéral ; ou bien ils en ont un sur la cime et un autre latéral, ou enfin deux sur la cime, etc. : d'autres encore, dont les éruptions sont connues, ne présentent aucune trace de vrai cratère. Stromboli a sur la cime un seul cratère continuellement en action ; le Vésuve et l'Etna ont sur la cime un cratère qui se montre actif en même temps que les éruptions latérales ; le pic de Ténériffe a sur sa cime un cratère éteint, et rentre ainsi dans la classe des volcans dont le cratère est comme transitoire : sa dernière éruption étoit latérale. Le mont Coléma, au Mexique, a sur la cime deux cratères qui vomissent en même temps de la fumée et des laves. L'Antisana, dont les éruptions sont connues, n'a point de cratère sur la cime ; l'Yana-Urcu, dont les éruptions sont également connues, ne présente aucune trace de cratère. Sur la cime du Keffer, situé dans l'intendance de Véracruz, on ne voit point de trace de cratère ; mais les coulées de laves qu'on remarque entre le petit village de las Vigas et Hoya, paroissent être les effets d'une éruption très-ancienne. Sur l'Époméo, nommé aujourd'hui Tripéta, on ne remarque pas non plus de traces de cratère : l'éruption qui, en 1302, dévasta une partie de l'île, eut lieu au pied de la montagne.

Souvent, sur le penchant des collines qui ont des éruptions latérales, il se forme des cratères d'éruption, ce qui produit des collines d'une hauteur considérable. Ainsi se formèrent sur l'Etna le Monte-Negro, en 1536, et le Monte-Rosso, en 1669. Suivant Breislak, en 1794, quatre cratères d'éruption s'élevèrent sur le Vésuve. Il se forme aussi des ouvertures d'éruption, comme au pic de Ténériffe, à l'Époméo, au Vésuve et à d'autres volcans. Ou bien des cratères pro

fonds se forment et surpassent en grandeur l'ouverture de la
cime, comme la Chahorra à Ténériffe, qui est cinq fois plus
grande que le cratère de la cime du pic.

Plus ces ouvertures d'éruption s'éloignent du sommet de
la montagne, plus la lave jaillit près du pied, et plus la rapidité sera grande (?), de même que la surface sur laquelle
elle se répand.

La coulée de lave qui, en 1794, détruisit Torre del Greco,
fut une des plus grandes qu'on eût jamais aperçue au Vésuve, et le cratère d'éruption d'où elle sortoit, se trouvoit
dans la profondeur.

Ces fentes ne se forment jamais dans une autre direction
que celle qui suit exactement la pente du cône, depuis le
sommet jusqu'au pied. Jamais on n'a vu d'ouvertures dans
une direction parallèle au diamètre ou à la circonférence
de la montagne; on a vu, au contraire, des ouvertures ou
fentes longitudinales si considérables, qu'elles avoient comme
divisé certains volcans en deux parties distinctes, même en
deux volcans, ainsi que cela a eu lieu au volcan de Machian,
dans l'une des Moluques, en 1646. Ces fissures se bouchent
bientôt par la consolidation de la lave à laquelle elles donnent
passage, et c'est ainsi que se produisent ces grands filons en
forme de mur qu'on nomme *dykes;* tels sont ceux qu'on observe en si grand nombre à la Somma, et qui la parcourent
dans tous les sens. (Poulett-Scrope.)

Les matières liquides que les éruptions rejettent par ces
diverses sortes d'ouvertures, sont des laves, des eaux pures
ou vaseuses, des bitumes.

Les laves sont les matières que fournissent le plus grand
nombre des volcans.

Outre les phénomènes généraux qui précèdent et annoncent les éruptions de ces matières, il en est quelques-uns
de spéciaux. Ainsi l'élévation du sol dans l'intérieur d'un
cratère, peut être donnée pour une marque certaine d'une
prochaine éruption, comme M. de Buch l'a observé dans le
Vésuve. Nous avons décrit, à l'article LAVES, la manière dont
elles sortent, leur genre de liquidité, leur mode d'écoulement et tous les phénomènes secondaires qui accompagnent
ce phénomène principal. (Voyez LAVES.)

Le mot de Lave, comme on l'a déjà dit à cet article, ne désigne pas une roche particulière, mais une manière d'être commune à plusieurs roches fondues par l'action volcanique. C'est maintenant l'idée juste que s'en font plusieurs géologues, MM. Cordier, Ungern-Sternberg, Poulett-Scrope, etc.

Nous avons traité ailleurs (au mot Lave) la question si débattue de la chaleur des laves, et nous avons tâché de faire voir qu'aucune observation précise ne pouvoit nous conduire à penser que l'incandescence et la liquéfaction de ces matières minérales suivissent d'autres règles que celles qui déterminent cet état. Cependant un observateur des terrains volcaniques et des volcans, aussi expérimenté qu'ingénieux, paroit porté à croire que ce n'est pas à la chaleur seule que les laves doivent leur état de fluidité, et il l'attribue, même lorsqu'elles sont incandescentes, à la vaporisation des petites portions d'eau interposées entre les lames des cristaux qui composent ces masses d'une fluidité pâteuse.

Les cristaux des laves paroissent en général plus gros à l'origine des courans que vers leur extrémité.

Il est plusieurs montagnes volcaniques qui, possédant tous les caractères de cette sorte de terrain et rejetant du gaz, des pierres, etc., ne produisent cependant aucune lave. On remarque que cette propriété appartient principalement aux volcans très-élevés. Beaucoup des montagnes colossales des Cordillères, telles que le Rucu-Pichincha (4980 mètr.), le Capac-Urcu (5460 mètr.), etc., n'ont jamais lancé de laves en coulée; pas plus que le Stromboli, montagne qui atteint à peine 200 mètres de hauteur : au contraire, d'autres volcans de hauteur considérable, comme le Popocatepetl (5542 mèt.) et le pic de Ténériffe (3808 mètres), ont eu des écoulemens latéraux.

Selon M. de Humboldt, ce ne sont pas les volcans et les cratères d'éruption seuls qui répandent de la lave et de la vase; mais, à Quito, ces matières sont lancées des crevasses de la terre pendant de violentes commotions. Le 4 Février 1797, un rocher de trachyte s'entr'ouvrit dans les environs de Péliléo et les couvrit d'une masse boueuse nommée *moya*, qui sortit en même temps de terre près de Rio-Bamba, et y forma des collines coniques. Ce moya, qui détruisit alors le village de Péliléo, sortit du rocher trachytique à une hauteur de 400 mètres.

Les écoulemens de vase de quelques volcans de l'Amérique sont remarquables : le pic de Carguiza a vomi, le 19 Juin 1698, et l'Imbaburu, en 1691, de l'eau, de la vase et des poissons (*prenadillas, pimelodes cyclopum*).

Ce qui est le plus rare, ce sont les écoulemens d'eau : souvent on les confond avec les inondations causées par la fonte des neiges sur la cime des volcans. Ce fut probablement la cause des torrens d'eau qui accompagnèrent l'éruption du Vésuve, en 1034, et celle de l'Etna, en 1735.

En 1744, le Cotopaxi a eu des écoulemens d'eau considérables, et Lacondamine prétend qu'ils furent causés par la fonte des neiges; mais M. de Humboldt les attribue aux éruptions de la montagne.

Pendant le tremblement de terre de Cumana, arrivé le 14 Septembre 1797, il s'écoula de plusieurs crevasses de l'eau et du bitume.

Dans une plaine qui s'étend vers Cassany, à deux lieues au sud de Cariaco, la terre s'entr'ouvrit et lança, de ses crevasses, de l'eau chargée d'acide sulfurique.

Pendant le tremblement de terre de Caraccas, la terre s'entr'ouvrit près de Valicillo, à quelques lieues de Valence, et lança une si grande quantité d'eau, qu'il s'en forma un nouveau fleuve. Le même événement fut observé à Porto-Cabello. A l'ouest de la Sierra de Meapire, on trouve un terrain creux duquel fut lancé du bitume pendant le tremblement de terre de 1766, qui ruina Cumana.

5. ÉJECTIONS DIVERSES DE MATIÈRES PULVÉRULENTES, DE PIERRES, DE ROCHERS, ETC.

Ces éjections sont très-différentes, et par la nature des corps qui sont lancés au loin, et par la force qu'il faut admettre pour produire des effets quelquefois prodigieux. On distingue en général, dans les corps ainsi lancés, les matières pulvérulentes improprement nommées cendres; les petites pierrailles, débris de laves et des parois du cratère qu'on nomme *rapilli;* les blocs ou bombes de laves fondues, incandescentes même, et qui prennent ces formes dans les airs; les blocs solides, d'un volume quelquefois très-considérable, de nature lavique, mais arrachés aux entrailles des volcans, aux parois et aux bords du cratère; et enfin, des débris, des blocs même, de roches étrangères aux terrains volcaniques. Nous allons donner des exemples de ces différentes classes d'éjections.

Les matières pulvérulentes dont nous avons déjà parlé plus haut en général, se présentent dans presque toutes les éruptions volcaniques; on les appelle cendre et sable. Elles ne tombent pas toujours sèches sur le sol, mais fréquemment pénétrées de vapeurs aqueuses et entremêlées de petites scories : dans cet état elles ont la propriété de s'unir et de former à la surface de la terre les masses solides.

A l'éruption du Cotopaxi, le 4 Avril 1768, la pluie de cendres fut si forte qu'à Saint-Ambato et à Tacuaga les habitans marchoient dans les rues pendant le jour avec des lanternes. Souvent ces cendres se répandent à plusieurs lieues de distance : celles du Vésuve furent portées à Constantinople, en 473 ; celles de l'Etna à Malte, en 1329; celles de l'Hékla se répandirent à 50 lieues, en 1766.

Après les tremblemens de terre de Caraccas on trouva dans les montagnes d'Aros une terre blanche, semblable à de la cendre, qui avoit été lancée des crevasses et qui couvroit la contrée. Des nuages de poussière obscurcirent l'air à Caraccas et formèrent, lorsqu'elles furent tombées sur les décombres des édifices ruinés, une couche terreuse.

Les masses de rochers que lancent les monts ignivomes et les cratères d'éruption, sont ou des pierres volcaniques, des ponces, des scories, des fragmens de lave, des verres, des masses vitrifiées, des cristaux amoncelés, des brèches, ou ce sont des roches d'autre formation. Lorsque ces déjections n'ont la grosseur que de quelques lignes, on les appelle *rapilli*.

Les rapillis, qu'on trouve à toutes les éruptions volcaniques, consistent en scories ou en ponces : les premières sont noires et ressemblent aux scories des fourneaux; les secondes, blanches ou grises, fréquemment en petites déjections, sont vitrifiées ou vitreuses ; quelquefois elles forment de petites boules (larmes volcaniques, amandes volcaniques). Éruption du Vésuve de 1813. (Menard de la Groye.)

Les scories sont tantôt légères, tantôt pesantes; on en trouve d'une grosseur considérable : ainsi Menard de la Groye cite une scorie de l'éruption du Vésuve de 1813, qui pesoit 12 livres.

Les masses de lave qui sont lancées forment des boules, des bombes ou des blocs : ces bombes sont rondes, souvent couvertes ou enveloppées d'une croûte scoriforme qu'on peut en détacher; il n'est pas rare qu'on les trouve vitrifiées, souvent creuses, quelquefois composées de plusieurs couches, dont quelques-unes sont pierreuses, les autres vitreuses. Ces bombes sont ordinairement aplaties, rarement sphériques ou ovales.

Les masses de lave projetées en blocs tombent fréquemment amollies sur la terre, de sorte qu'elles prennent l'empreinte des objets sur lesquels elles tombent : elles sont de grandeur considérable, ayant plusieurs toises de circonférence ; tels sont les blocs que, selon Lacondamine, le Cotopaxi a lancés ; ceux de la plaine Grenez au pic de Ténériffe, etc. Ces blocs sont d'ordinaire arrondis : au pic de Ténériffe, ils consistent en obsidienne avec du felspath et du silex résinite (DE HUMBOLDT); à l'Etna, ils sont composés de diverses laves semblables à celles des anciens courans, leur surface est vitrifiée. (FERRARA.)

Des masses prodigieuses sont ordinairement lancées par les volcans élevés : le Cotopaxi a lancé en 1533 des rochers de 3 à 4 mètres de diamètre; tandis que les volcans moins élevés, comme le Stromboli, ne lancent ordinairement que des fragmens de rochers de quelques centimètres de diamètre.

Les masses sont quelquefois lancées à une hauteur considérable par ces éruptions : les pierres que lança le Vésuve en 1779, restèrent en l'air pendant 25 secondes : l'Etna, en 1669 et en 1819, lança de grandes masses de pierres jusqu'à une lieue de distance. Le Cotopaxi, en 1533, a lancé à trois lieues des rochers de 10 mètres cubes, et des masses prodigieuses d'obsidienne ont été jetées en l'air par le pic de Ténériffe.

Parmi les phénomènes rares, il faut placer les déjections de roches primitives. Ferrara soutient qu'il a trouvé sur l'Etna du granite lancé par ce volcan (DE HUMBOLDT, t. 1, p. 588). Le Vésuve a aussi lancé du granite et du micachiste, et, selon Gimeni, de la diorite et du grès.

6. Dégagemens divers de vapeurs et sublimations.

Dégagemens gazeux.

« Ils sont de nature très-différente, et les phénomènes qu'ils manifestent, ainsi que les effets qu'ils produisent, sont aussi très-variés.

« Les vapeurs aqueuses forment la plus grande partie des dégagemens de fluides aériformes. Ces vapeurs, visibles de très-loin, mêlées presque toujours de matières pulvérulentes, forment ces colonnes et nuages noirâtres qu'on a pris souvent pour de la fumée, et qui, en se condensant, produisent les météores atmosphériques dont nous parlerons plus bas.

« Ces vapeurs, éclairées par les matières incandescentes qui remplissent les cratères ou en garnissent les parois, ont souvent été prises pour des flammes. Ainsi on vit se former au-dessus du cratère du Vésuve, en 1631, 1737 et 1779, des colonnes de feu qui s'élevèrent à une hauteur prodigieuse. Le dernier phénomène, arrivé le 3 Août à 9 heures du soir, a été décrit par Della Torre. La girandole atteignit une hauteur qui surpassa trois fois celle de la montagne. Un spectacle semblable fut observé sur l'Etna le 18 Juillet 1787 à onze heures du soir. Pendant l'éruption du Cotopaxi, en 1738, la colonne qui paroissoit enflammée, s'éleva à près de douze cents mètres; mais cette illusion a été combattue par un grand nombre d'observateurs (M. Poulett-Scrope, etc.), qui ont affirmé qu'il ne sortoit jamais aucune véritable flamme des cratères des volcans.

« Cependant il se dégage des volcans, dans certains momens et dans certaines éruptions, du gaz hydrogène qui n'est jamais pur, mais qui est toujours plus ou moins chargé de soufre en dissolution, et qui appartient par conséquent à ce gaz particulier qu'on nomme gaz hydrogène sulfuré ou acide hydrosulfurique.

« Quoique ce gaz exige une assez haute température pour être enflammé, il paroît que celle des volcans ou de l'intérieur de la terre est, dans quelques circonstances et à une certaine profondeur, suffisante pour l'enflammer, et qu'il peut être considéré comme la vraie source de flammes observées et décrites de manière à ce qu'il soit difficile qu'on se soit mépris sur ce phénomène. »

A Cumana on remarqna, une demi-heure avant la grande catastrophe du 14 Décembre 1797, une odeur forte de soufre dans le voisinage du couvent de San-Francesco, précisément dans cette contrée où le bruit souterrain, qui du sud-ouest se répandoit vers le nord-est, étoit le plus violent; en même temps on vit des flammes s'élever sur les bords du Rio-Manzanares, dans le voisinage du couvent des capucins. Des phénomènes semblables furent aperçus dans le golfe de Cariaco, non loin de Mariquita.

Pendant le tremblement de terre qui arriva le 26 Juillet 1805 aux environs de Naples, on vit s'élever, dans une étendue de plusieurs lieues, des flammes de la terre. Des phénomènes semblables furent observés pendant la commotion qui ruina Lisbonne. A une distance de sept lieues on vit des flammes et une colonne de fumée épaisse sortir des ouvertures latérales des rochers d'Alvedras. La fumée dura plusieurs jours et augmentoit à mesure que le feu souterrain s'embrasoit davantage. On vit des colonnes de fumée semblables s'élever de la mer.

« Le gaz acide sulfureux, le gaz acide muriatique, dont la présence presque habituelle dans la plupart des volcans produit les colorations et décolorations des laves et ces altérations si communes et si variées qu'on y remarque, se dégagent avec une grande abondance des cratères et fissures volcaniques, tantôt presque constamment, tantôt avant, au moment ou après les éruptions.

« Le gaz acide sulfureux est très-abondant à l'Etna et presque dominant; il est au contraire rare au Vésuve, où le dégagement d'acide muriatique est si constant que M. de Gimbernat, profitant de son mélange avec des vapeurs aqueuses condensables, avoit établi près du sommet de ce volcan une sorte d'appareil, qui le recueilloit et le rassembloit dans des vases.

« L'acide carbonique se dégage aussi en grande abondance de plusieurs terrains volcaniques; mais on l'a observé vers le pied des montagnes volcaniques, dans les plaines sur lesquelles elles s'élèvent et après les éruptions, plutôt que sur les sommets et dans les paroxismes.

« L'azote est plus rare ; mais sa présence dans les cavités des terrains volcaniques a été constatée. »

Sublimations.

« Les vapeurs ou gaz qui se dégagent dans les éruptions tiennent souvent en dissolution différens minéraux , qu'elles déposent dans les fissures des montagnes volcaniques, dans les soufflures des laves ou sur les parois des cratères. Nous avons déjà parlé de ces corps à l'article des Minéraux produits par sublimation; ce sont : l'acide borique (à Vulcano), le soufre (presque partout), le selmarin très-communément et l'une des causes de la fumée des laves, le selammoniac, le muriate de cuivre , le réalgar ou sulfure rouge d'arsenic, etc. »

7. Phénomènes météorologiques.

Des phénomènes météorologiques divers et souvent très-violens accompagnent les éruptions. Les causes en sont facilement reconnues dans les dégagemens abondans de vapeurs et de gaz, dans la condensation des unes et la combustion des autres , d'où résultent tant de changemens de tension électrique.

Tantôt il tombe des averses chaudes (Vésuve, 1779), tantôt des gouttes sulfureuses et corrosives, qui nuisent à la végétation, de même qu'aux hommes et aux animaux qu'elles touchent (Islande, 1783).

Des éclairs, qui souvent tuent des hommes et des animaux, s'élancent des nuages de fumée, comme cela est arrivé dans les éruptions d'Islande en 1783.

8. Durée des éruptions, extinctions des volcans, altération de leurs roches.

Durée et fin des éruptions.

Les éruptions des volcans sont ou continues ou intermittentes.

Les éruptions paroissent devenir d'autant plus rares que les volcans sont plus élevés. Le plus petit de tous les volcans, le Stromboli , est dans une action perpétuelle. Elles sont plus rares à l'Etna et au pic de Ténériffe qu'au Vésuve.

Il n'y a que peu de volcans qui soient continuellement actifs (comme le Stromboli, dont les éruptions sont citées par Strabon et d'autres auteurs anciens : le Zibbel-Teir dans la mer Rouge, selon Bruce; l'île de Bourbon, suivant M. Bory Saint-Vincent; l'île de Fuego et d'autres) : plusieurs ne jettent du cratère que de la fumée et des cendres (Vulcano et Vulcanello); la plupart sont intermittens (Etna, Vésuve, pic de Teyde, etc.).

Les cimes colossales des Andes, le Cotopaxi, le Tunguratura, et les autres grands volcans de l'Amérique ont rarement plus d'une éruption dans un siècle : le pic de Ténériffe n'a eu que trois éruptions depuis 1430 jusqu'en 1798 : le Capac-Urcu, qui, avant la dernière éruption, étoit plus haut que le Chimborazo, et qui est encore élevé de 5460 mètres au-dessus du niveau de la mer, est resté tranquille depuis le 16.ᵉ siècle; l'Orizaba au Mexique, haut de 5434 mètres, a eu ses dernières éruptions depuis 1545 jusqu'en 1566. Plusieurs volcans se reposent pendant des siècles et ont ensuite des éruptions successives et fréquentes.

Lorsqu'en 79 de notre ère le Vésuve eut la grande éruption qui détruisit Herculanum, Pompéïa et Stabia, et où Pline trouva la mort, la montagne étoit couverte d'arbres jusqu'au sommet : on fit la même observation sur l'Etna avant l'année 40.

Depuis 79 jusqu'en 1631 le Vésuve n'a eu que douze éruptions; mais depuis cette époque son activité a tellement augmenté que dans le 17.ᵉ siècle il a eu cinq, et dans le 18.ᵉ, dix-sept éruptions.

Il fut calme depuis 1284 jusqu'en 1321 : depuis cette époque jusqu'en 1555 il a eu des éruptions fréquentes.

Dans le 15.ᵉ siècle, en 1422, il y a eu une seule éruption en Islande; au contraire, il y en a eu treize depuis 1716 jusqu'en 1783. Le Cotopaxi, qui, du temps de la découverte de l'Amérique, eut de violentes éruptions, ne s'embrasa de nouveau qu'au bout de deux siècles, en 1742, et eut alors pendant trois ans des éruptions dévastatrices.

Quelques éruptions durent des années : dans les Moluques le Gunung-Api a eu pendant soixante ans des éruptions qui n'ont cessé qu'en 1698.

L'Arizaba au Mexique a eu continuellement des éruptions depuis 1545 jusqu'en 1566. De 1160 jusqu'en 1169 l'Etna fut dans une activité continuelle.

Depuis 1682 jusqu'en 1689 les éruptions du Vésuve ont continué avec quelques interruptions.

Au contraire, on observe d'autres éruptions qui ne durent que quelques heures. L'Awatscha (haut de 360 mètres), au Kamtschatka, a eu en 1737 une éruption formidable, qui n'a duré que vingt-quatre heures.

Pour le Vésuve et l'Etna, de petites éruptions de cendres et de rapillis, qui ne durent que quelques minutes, sont assez fréquentes.

Après la fin des éruptions arrivent ordinairement de nouveaux phénomènes destructeurs. Des vapeurs empoisonnées, des miasmes infects s'élèvent de la terre, et affectent la santé des hommes et des animaux. Les éruptions des volcans de l'Amérique méridionale sont surtout nuisibles en ce qu'elles répandent, à des lieues de distance, du limon et des poissons, ce qui cause souvent des maladies dangereuses.

Extinction des volcans.

Si l'on considère sous le même point de vue les volcans éteints et les volcans en ignition, on trouve les résultats suivans :

L'extinction de tout un système de volcans est plus rare que la cessation de l'action volcanique dans des montagnes isolées d'un système : la première suppose une cessation totale de toute action volcanique; la seconde seulement une inaction locale.

Nous ne connoissons aucun exemple de systèmes éteints dont les sommets montent au-dessus de la limite des neiges ou qui s'élèvent de hauts plateaux. On ne connoît pas non plus de nouveaux embrasemens dans des systèmes éteints. Si l'extinction arrive dans une montagne isolée d'un système où les forces volcaniques sont encore actives, on ne manque pas d'exemples qui prouvent que ces montagnes se sont embrasées de nouveau. En 79 de notre ère on ne savoit de mémoire d'hommes plus rien des éruptions du Vésuve : l'action volcanique paroissoit complétement éteinte. jusqu'à ce que dans l'année indiquée une éruption formidable eut lieu.

Pendant le tremblement de terre qui agita l'Italie en 1702 et 1703, on remarqua une violente éruption à une montagne éteinte en apparence dans l'Abruzze. Des événemens semblables se font remarquer dans les pics énormes de l'Amérique méridionale ; ils se reposent souvent pendant des siècles, jusqu'à ce que les forces volcaniques se frayent en eux de nouvelles issues.

Des volcans isolés s'éteignent, ou parce qu'ils se fendent en deux, ou par l'écroulement des cratères, ou parce qu'ils sont couverts par les flots de la mer.

La montagne de l'Abruzze dont nous venons de parler s'écroula pendant l'éruption et ne montra plus depuis aucune trace d'activité volcanique.

A Machian, l'une des cinq Moluques, des éruptions volcaniques déchirèrent en 1646 une montagne, qui depuis forma deux montagnes et ne montra plus de traces d'action volcanique.

En 1638 le pic de l'île de Timor s'abîma tout à coup ; une montagne que l'on voyoit à trente lieues de distance, et qui servoit de phare aux marins, s'écroula pendant de violentes éruptions ; elle forme aujourd'hui un lac. Le 11 Août 1772 le plus haut des volcans de Java s'écroula après une éruption courte et violente.

Des volcans qui s'éteignent se changent souvent en montagnes de soufre, ou plutôt dégageant du soufre ; tels sont : la Solfatare près de Pouzzole, dont la dernière éruption a eu lieu en 1198[1], la montagne de soufre de Saint-Eustache, celle de Guadeloupe, la soufrière de Sainte-Lucie, Krisurik en Islande, et d'autres qui se sont aussi transformées en solfatare. En général. comme l'observe M. de Humboldt, le soufre est beaucoup plus rare dans les cratères de volcans actifs que dans le sol des volcans éteints.

---

[1] Aucune relation authentique ou claire ne fait connoître, à la Solfatare de Pouzzole, de véritable éruption analogue à celle des volcans. Breislak en convient, et fait voir le peu de confiance qu'on doit avoir dans cette prétendue éruption de 1198 ; il est même douteux que ce terrain volcanique ait jamais produit de coulée de lave.

Enfin , les roches volcaniques, trachytes, basaltes ou laves, attaquées par les vapeurs acides, non-seulement se décolorent, se désagrègent, mais elles se couvrent aussi d'efflorescences salines de couleurs très-variées, ainsi que Spallanzani le fait remarquer dans la montagne des étuves (île de Lipari), où ces sels, colorés en rose , en violet, en orangé, sont en général des sulfates d'alumine colorés par du fer.

Dans les contrées de volcans éteints il reste encore, après l'extinction complète et dont l'époque est inconnue, des dégagemens de gaz acide carbonique, des suintemens de bitume et de nombreuses sources d'eaux minérales chaudes.

ARTICLE IV.

POSITION PHYSIQUE DES TERRAINS VOLCANIQUES.

Il ne faut pas confondre cette sorte de considération de géographie physique sur la position des terrains volcaniques avec leur position purement géographique et la position de leur foyer.

Il s'agit de voir si les volcans se trouvent indistinctement sur toutes les parties des continens ou des mers, ou s'ils n'affectent pas une position spéciale. Il faut encore, et surtout ici, distinguer les volcans de l'ancien monde ou saturniens avec les volcans actuels ou joviens, car leur position physique est bien différente.

Les premiers se rencontrent au milieu des continens, comme sur les rivages et au milieu des mers; mais ils sont aussi nombreux dans la première position qu'ils sont rares dans les secondes. Il y a bien peu d'exemples de volcans, et il faut soigneusement distinguer le système de volcans des bouches volcaniques; il y a, dis-je, bien peu d'exemples de systèmes volcaniques placés dans les îles ou sur les rivages de la mer, qui soient complétement éteints, depuis les temps historiques.

Une seconde règle de position, qui appartient à tous les volcans, tant saturniens que joviens, c'est de ne jamais se trouver sur aucune crête ni sur aucun sommet de montagne élevée dont la masse ou même la base seroit composée de roches absolument étrangères aux terrains volcaniques. Ainsi je ne

sache pas d'exemple de volcan trappéen ou lavique, pas même
de trachytique, qui se montre vers le sommet d'une montagne ou d'une chaîne de montagnes de granite, de gneiss,
de micaschiste, de schiste argileux ou de calcaire quel qu'il
soit.

Les terrains volcaniques ont plutôt soulevé les terrains qu'ils
ne se sont placés sur eux, quand ceux-ci étoient déjà portés à
une certaine élévation. Ainsi on regarde les calcaires marins
qui forment plusieurs des îles Antilles, et quelques parties de ces îles, comme soulevés par les roches volcaniques
qui sont au-dessous et qui, après les avoir percés, se sont
épanchées sur quelques-unes de leurs parties. On remarque
que les bancs et îles de coraux de la mer du Sud sont placés
sur des sommets volcaniques, qui paroissent les élever continuellement au-dessus de la surface des eaux.

Les terrains volcaniques de tous âges recouvrent bien de
leurs produits des terrains très-nouveaux, soit arénacés, soit
schisteux, soit calcaires; mais en général on n'a pas remarqué
que ceux dont on avoit pu voir la base ou la racine, ou au
moins la présumer, surtout parmi les volcans laviques, aient
percé de puissans terrains de sédiment, tels que les calcaires
pénéen, jurassique et crayeux, réunis. Aussi remarque-t-on
que la plupart des terrains volcaniques sont peu éloignés des
terrains primordiaux ou de groupes et chaînes de montagnes
qui appartiennent à cette grande période de roches.

Il est généralement reconnu que tous les volcans en activité sont sur les bords de la mer ou au moins à peu de distance de ses bords, ou dans des îles, qu'ils forment quelquefois entièrement. Il y a peu d'exceptions à cette règle, si
même il y en a de réelles.

Quoique plusieurs *sommets* de volcans des Andes soient à
une distance perpendiculaire aux côtes de plus de 55 lieues
de 20 au degré, on fera remarquer que, proportionnellement à leur hauteur, ils peuvent se trouver assez éloignés
des côtes sans que leur masse, celle qui constitue le système
large et haut dont ils sont les bouches, en soit très-éloignée.
Peut-être même les bases nécessairement très-étendues de cet
immense système pyramidal sont-elles immédiatement baignées
par les eaux de la mer. Aussi M. Daubeny, qui fait remar-

quer que, sur les cent soixante-trois volcans en activité, cités par M. Gay-Lussac, il y en a très-peu qui ne soient près de la mer ou de grands amas d'eau salée, n'admet-il pas comme exception ni les volcans des Cordillères des Andes, ni les volcans de Jorullo au Mexique, ni les deux ou trois volcans incertains du centre de la Tartarie, parce que les premiers peuvent communiquer médiatement avec la mer au moyen de volcans intermédiaires, et que les autres sont peut-être dans le voisinage de grands lacs salés.

Le volcan en ignition qu'on a cité comme le plus avancé dans l'intérieur des terres, est celui qui a été vu, mais de loin, par M. Roulin, entre Ibaqué et Mariquita, dans la chaine centrale des Andes de la Colombie.

Non-seulement les volcans en activité sont presque tous dans le voisinage de la mer ou de grands amas d'eaux continentales, mais plusieurs sont évidemment sous-marins ou comme isolés au milieu des mers, où ils forment des îles coniques.

Nous avons déjà fait connoître l'existence des premiers et les phénomènes qui accompagnent leur élévation, en citant, au commencement de cet article, l'apparition des nouveaux écueils et des nouvelles îles qui étoient dus à cette cause. Nous ajouterons qu'ils manifestent leur présence dans le fond des mers, non-seulement par les gaz, les bitumes, les ponces, les rochers qu'ils élèvent instantanément, mais par la manière dont certaines de ces îles paroissent s'être formées, d'abord par l'accumulation des matières sortant de la terre et formant des cônes ou protubérances, et ensuite par l'exhaussement du sol même, comme soulevé par l'expansion des gaz et des vapeurs formés ou dégagés. Telle est du moins l'explication très-admissible qu'en donne M. Poulett-Scrope. On trouvera encore quelques exemples des îles volcaniques dans l'énumération que nous allons donner, d'après le même géologue vulcaniste, des principaux volcans en activité qu'on connoît dans différens parages.

Mais, avant de procéder à cette énumération, nous devons faire remarquer une autre règle de position physique des volcans, qui, au premier aperçu, sembleroit être en contradiction avec ce que nous venons de dire : c'est que, depuis le commencement de la période jovienne ou des temps historiques, *il ne s'est formé, élevé ou seulement ouvert, aucun nouveau volcan.* Il faut bien s'entendre sur la valeur de ce mot et le prendre dans l'acception que lui a donnée M. L. de Buch. Il signifie ici *système volcanique*, et non pas *bouche* ou *mamelon volcanique.*

Cela veut dire qu'on ne peut citer aucun exemple authentique que d'un terrain situé, soit dans l'intérieur des terres, soit sur les côtes maritimes, soit même au milieu de la mer, et qui ne présentoit aucune trace de roches volcaniques ou qui en étoit seulement à la distance de quelques kilomètres, il se soit, non pas formé un volcan, mais même ouvert un cratère ou de soulèvement ou d'éruption. Tous les nouveaux cratères qui se sont ouverts, toutes les nouvelles roches volcaniques qui se sont élevées au-dessus des eaux de la mer, se sont constamment montrés non-seulement dans le voisinage, mais dans la dépendance d'un système volcanique existant depuis un temps immémorial, et même plutôt dans un système volcanique dont quelques parties étoient en activité, que dans un système entièrement éteint.

Nous répéterions les noms de lieux que nous avons si souvent cités et que nous allons encore citer, si nous voulions appuyer cette proposition par des exemples. Il suffira, pour se convaincre de la réalité de cette règle, de relire ce que nous avons rapporté, à l'article III, *Des phénomènes volcaniques*, sur les îles nouvelles et les soulèvemens de sol, et ce que nous allons rapporter, à l'article qui va suivre, sur les nouveaux volcans des Açores, de l'archipel grec, de l'Islande, des archipels indien et japonois, du Kamtschatka, etc.

On peut même poursuivre plus loin la considération qui conduit à conclure qu'il ne se forme, à notre connoissance, aucun des terrains que nous avons rapportés à la période saturnienne ou antéhistorique, et faire remarquer que ces îles et collines nouvelles, sorties de la terre ou du sein des mers, sont toujours composées de roches laviques, et n'ont jamais montré ni vrai trachyte, ni vrai basalte. Ce seroit donc établir une hypothèse tout-à-fait gratuite, c'est-à-dire dénuée de toute présomption, que de dire qu'il peut se former à notre insçu dans le sein des mers des terrains volcaniques composés des roches que nous venons de nommer, puisque les échantillons du sol sous-marin qui ont été amenés au jour par l'action volcanique, ne nous ont jamais montré aucune de ces roches.

ARTICLE V.

GÉOGRAPHIE VOLCANIQUE. [1]

§. 1.er Liste des principaux VOLCANS ACTUELS ou de la PÉRIODE JOVIENNE.

Volcans d'Europe et des îles adjacentes.

Le Vésuve. Sa première éruption est rapportée à l'an 79. C'est dans cette éruption qu'Herculanum, Pompeïa et Stabia furent ensevelis, « non pas sous des laves, mais sous des éjections et transports, tant aériens qu'aqueux, de matières pulvérulentes, de péperine, de brecciole, etc. Les matières pulvérulentes que rejette actuellement le Vésuve sont, d'après l'observation de M. Gimbernat, très-différentes de celles qui ont enseveli ces villes. »

Avant cette époque, il est probable que les éruptions avoient lieu par le cratère central de la Somma, qui formoit une montagne conique isolée. Ce volcan a éprouvé depuis une grande variété de phases, et durant une période de près de deux siècles, c'est-à-dire depuis 1109 jusqu'en 1306, il est demeuré dans un état complet d'inactivité. Le cratère contenoit en ce temps des bois et quelques petits lacs.

Après l'année 1538 il y eut de nouveau un siècle de repos absolu, qui fut interrompu par la violente éruption de 1631.

En 1760, des éruptions éclatèrent à la fois de quinze points d'une fissure, qui s'ouvrit du sommet à la base de la mon-

---

1 Il y a bien des listes des volcans en activité; mais, comme mon objet n'est pas d'en présenter une complète, j'ai préféré donner la traduction de celle qui est à la fin de l'ouvrage de M. Poulett-Scrope, parce qu'elle m'a paru, par sa dimension et sa forme, remplir très-bien mon objet, et que je n'aurois pas espéré en faire une meilleure : je me suis contenté d'ajouter quelques notes, et d'y faire quelques additions. Je n'ai pas pu établir une distinction précise entre les additions et le texte de l'auteur que j'ai suivi; mais lorsque je les jugerai de quelque importance, je les ferai distinguer par des guillemets, placés au commencement et la fin de l'addition, ainsi que je l'ai fait plus haut.

tagne : chacune de ces ouvertures vomissoit de la lave et des scories. Pendant long-temps les laves de ce volcan ne consistoient qu'en téphrine amphigénique, et les anciennes, suivant les observations de M. Moricand, sont plus riches en amphigène que les modernes; mais il est probable, d'après la quantité de ponce qui existe dans la couche de conglomérats de la Somma, que ces laves étoient autrefois d'une nature felspathique ou trachytique. Cette opinion est appuyée par la considération que la masse principale de la lave de la Somma est elle-même trachytique, et que les volcans éteints des champs phlégréens, dans le voisinage immédiat du Vésuve, ont presque uniformément produit des laves trachytiques.

« Le Vésuve, quoique tranquille depuis un temps considérable avant la funeste éruption de 79, avoit cependant autrefois vomi des laves et des matières terreuses. La ville de Pompéïa étoit pavée de lave et bâtie en partie de roches volcaniques : on trouve sous ce pavé plusieurs lits ou courans de lave. M. Lippi a publié une dissertation très-profonde sur les matières qui ont enseveli Pompéïa. Il paroit les considérer en général comme des matières volcaniques délayées; et, malgré les objections qui lui ont été opposées avec non moins de science et d'érudition, je suis porté, d'après ce que j'ai vu, et ainsi que je l'ai dit plus haut, à admettre qu'une grande partie des matières qui ont recouvert Pompéïa, qui ont pénétré dans ses caves et ses temples, et qui ont comme moulé ses statues, étoient à l'état d'une matière terreuse humide et même délayée.

« Le Vésuve, outre le selmarin qui tapisse les fissures de ses laves, a rejeté quelquefois des masses considérables de ce sel. Une des plus grosses est celle qui a été lancée par l'éruption de 1822, et qui a présenté un mélange de substances terreuses et ferrugineuses volcaniques et de selmarin assez impur. M. Laugier, qui l'a analysée, y a trouvé les matières suivantes :

Selmarin	62.9
Muriate de potasse	10
Silice	11
Fer	4
Alumine	3
Chaux	1
	91,9.

« Le Vésuve, ou plutôt la Somma, offre la réunion la plus nombreuse et la plus remarquable d'espèces minéralogiques. M. Monticelli, dans un ouvrage intitulé *Oryctographie du Vésuve*, en a publié l'énumération et la description. Nous en donnons ici la liste :

Liste des principales espèces minérales qui se trouvent dans les roches laviques du Vésuve, et dans celles qui, ayant été rejetées par ce volcan, font partie de son ancienne masse ou des débris accumulés au pied de cette masse, nommée la Somma, principalement dans le lieu dit Fossa-Grande.

D'après MM. T. Monticelli et E. di N. Covelli.

Soufre.	Manganèses muriatés.
Acide sulfureux.	Zircon.
Acide sulfurique.	Sous-sulfate d'alumine.
Acide muriatique.	Néphéline.
Gaz azote.	Topaze.
Acide boracique.	Magnésie sulfatée.
Séléniure de soufre.	Magnésie muriatée.
Acide carbonique.	Condrodite.
Eau.	Serpentine.
Hydrogène sulfuré.	Péridot.
Arsenic sulfuré.	Talc.
Quarz.	Spinelle.
Plomb sulfuré.	Gypse.
Plomb muriaté (*cotunnia*).	Fluor.
Cuivre pyriteux.	Calcaires divers.
Cuivre sulfaté.	Dolomie.
Cuivre muriaté.	Arragonite.
Pyrite (dans les cavités de la lave amphygénique et pyroxénique).	Chaux phosphatée.
	Sphène.
	Wollastonite.
Fer oligiste.	Amphibole.
Fer oxidulé.	Pyroxène.
Fer oxidulé titanifère.	Épidote.
Fer sulfaté.	Thomsonite de Brook.
Fer permuriaté.	Stilbite ?
Manganèses sulfatés.	Grenats.

Idocrase.	Alun.
Gismondine.	Amphigène.
Tourmaline?	Meionite.
Gehlénite.	Felspath.
Mélilite.	Haüyne.
Selmarin.	Mica.
Muriate de potasse.	Breislakite.
Muriate d'ammoniaque.	Humboldtilite.
Soude sulfatée.	Zurlite.
Sodalite.	Davyne.
Lazulite.	Cavolinite?
Analcime.	Christianite.
Potasse sulfatée.	Biotine. »

Le *Monte-Nuovo*, dans le golfe de Baies, s'étant élevé par une éruption au milieu des champs phlégréens, en l'année 1538, doit être regardé comme le siége d'un foyer volcanique récemment en activité. On sent encore au fond du cratère une chaleur considérable, et des vapeurs s'échappent de quelques-unes de ses crevasses.

Le cratère de la *Solfatare* est supposé avoir été en éruption au commencement du 12.ᵉ siècle. « Cependant on n'en a aucune notion précise[1], et ses roches, aussi de nature trachytique, ont éprouvé et éprouvent encore une altération très-sensible. Les pyrites qu'on y observe ne paroissent pas s'y produire, mais plutôt exister dans le trachyte[2]. Les roches des environs ont subi le même genre d'altération; elles sont devenues blanches, ce qui leur avoit fait donner par les anciens le nom de *colles leucogri*.

« Le son creux que produit le sol de la Solfatare, lorsqu'on frappe dessus, ne peut pas être attribué à une vaste cavité qui seroit au-dessous; mais, comme l'observe très-bien M. Daubeny, a la multitude de fissures qui traversent ce sol. »

Etna. Montagne volcanique considérable et d'une grande régularité. Ce volcan a été constamment en activité depuis

---

1 Voyez la note ci-dessus, pag. 409.

2 Voyez ce qui a été dit à ce sujet à l'article des minéraux volcaniques, p. 381 et 384.

les premiers siècles historiques : plus de soixante-dix cônes *parasites* se sont formés sur ses flancs par les explosions latérales. Ses laves sont un basanite felspatheux passant quelquefois au dolérite par l'abondance du felspath. Elles présentent peu de variétés.

« M. Ferrara assure que l'Etna n'a jamais produit de vrai basalte depuis les temps historiques. On remarque à la base de l'Etna des alternances de calcaire et de roches volcaniques, qui ont conduit plusieurs géologues à penser que l'Etna avoit soulevé un terrain calcaire marin, et qu'après l'avoir percé, il s'étoit répandu par-dessus lui (Ferrara). On assure que ce volcan a lancé, dans quelques-unes de ses éruptions, des blocs de granite. »

Isles Lipari : Stromboli. « Cette île consiste en une seule montagne conique, sur un des côtés de laquelle on voit plusieurs petits cratères, dont un en activité ; le reste est éteint. Le volcan offre cette particularité que, quoiqu'il ait rarement des périodes d'activité très-intense, il jouit plus rarement encore d'intervalles de repos, puisqu'on n'a remarqué aucune lacune dans ses opérations, qui sont décrites par des écrivains antérieurs à l'ère chrétienne, en termes qui conviendroient encore à son état actuel. Elles consistent en éjections répétées à intervalles très-rapprochés, de pierres et de cendres, qui retombent dans le cratère ou sont portées dans telle ou telle direction, selon celle du vent. Le cratère cependant étant placé sur le penchant du précipice, et non sur son sommet, les matières qui en sortent ne contribuent que peu à accroître l'accumulation de substances dans son voisinage immédiat, et sont pour la plupart emportées dans la mer. Néanmoins il a cela de très-remarquable qu'il est dans une activité continuelle depuis un temps immémorial, et que, malgré cela, on ne cite aucune éruption dans laquelle il ait donné des coulées de lave.

« Les autres parties de l'île sont composées d'une roche volcanique d'agrégation (tuf ou tufa), dont les cavités sont revêtues de fer oligiste spéculaire, et qui est traversée de filons (*dykes*) qui ont beaucoup de ressemblance avec le trachyte. »

Vulcano (une autre des îles Lipari). « Les époques de ses

éruptions connues sont les années 1444 (où de grands fragmens ont été, dit-on, lancés à une distance de six milles),
1550, 1739, 1775, 1780 et 1786. La partie supramarine de
ce volcan présente un cône de petite dimension, pourvu
d'un cratère central (maintenant à l'état de solfatare), s'élevant de la cavité d'un cratère plus ancien et très-étendu,
creusé par une violente éruption dans une montagne conique,
qui lui étoit proportionnée. » Cette solfatare fournit maintenant beaucoup d'alun; mais, suivant l'observation de M.
Daubeny, il est produit ici par le gaz acide sulfureux, tandis que celui de la solfatare du Pouzzole seroit dû au gaz hydrogène sulfuré.

Outre les sels résultant de l'action des vapeurs du sol sur
les roches de Vulcano, les vapeurs du cratère donnent des
produits très-remarquables, qui, s'ils ne sont pas uniquement
propres à ce volcan, s'y présentent avec une grande abondance. Ce sont : 1.° l'acide boracique, qui revêt en un enduit
épais, mais léger, spongieux et cristallin, les parois des cavités de ce cratère; 2.° du borate d'ammoniaque et du selammoniac; 3.° du sélénium, avec le soufre, qui s'y présente
aussi sublimé et qui paroît avoir été volatilisé avec l'hydrogène.

Les opérations de ce volcan paroissent donc et très-actives
et très-variées : M. Daubeny en donne une description pitto-
resque, que nous croyons devoir rapporter ici textuellement.

« Je ne saurois me représenter, dit-il, un spectacle d'une
« grandeur plus solennelle que celui que présente son inté-
« rieur, ni concevoir un lieu plus propre à exciter, dans un
« siècle superstitieux, cette terreur religieuse que causoit
« l'île, considérée comme consacrée à Vulcain, et les ca-
« vernes, résidences particulières de ce dieu.

« J'avoue, quant à moi, que les effets réunis du silence
« et de la solitude de ce lieu, la profondeur de sa cavité
« intérieure, ses parois précipitées et suspendues, et la fumée
« dense et sulfureuse qui sort de toutes ses crevasses et ré-
« pand l'obscurité sur tous les objets, m'ont fait plus d'im-
« pression que la vue des explosions réitérées de Stromboli,
« contemplées à distance et en plein jour. »

Les laves de Vulcano sont trachytiques, et quelques-unes des
derniers courans sont complétement vitrifiées en obsidienne.

Toutes les autres *îles Lipari* sont volcaniques ; mais de mémoire d'homme elles n'ont été sujettes à aucune éruption. Néanmoins *Lipari* elle-même renferme encore des sources chaudes et exhale, sur quelques points, des vapeurs fortement chargées de matières minérales. Le *Campo-Bianco*, montagne située à l'extrémité orientale de Lipari, est un grand cône entièrement composé de lits de ponce et de courans d'obsidienne extrêmement vitreuse, « passant à la stigmite au moyen des nombreux globules à cristallisation confuse et radiée, qu'on y observe. Au sud de l'île sont des collines considérables, entièrement formées de ponce et de pumite ; et c'est bien le cas ici de distinguer ces deux roches, puisque Dolomieu attribue la formation de la ponce à la destruction ignée complète et avec boursouflement des parties de la roche qui sont composées de quarz, de felspath vitreux et de mica. »

Ischia doit être rangé parmi les volcans encore actifs, ayant éprouvé une éruption dans le 14.ᵉ siècle. Il paroît avoir été sujet, dans les premiers temps historiques, à des phénomènes fréquens et extrêmement violens, qui, plus d'une fois, ont détruit ou forcé à la fuite les habitans que l'extrême fertilité de son sol et son délicieux climat y avoient attirés. La figure de cette île est celle d'une montagne volcanique très-régulière, garnie de cônes parasites. Des sources chaudes et des vapeurs sulfureuses s'élèvent de divers points : ses laves sont belles et variées ; toutes sont très-felspathiques, composées de dolérite et approchant du trachyte. Il en est plusieurs de très-porphyritiques : quelques-unes d'entre elles présentent des nœuds de cristaux de felspath pur aussi gros que le poing ; d'autres sont marbrées, en brèches mélangées de laves de couleur, de grain et de composition variés. Cette île abonde en conglomérats felspathiques, remarquables par la teinte verdâtre, qu'ils doivent probablement à la quantité d'augite que contiennent les laves.

Santorin, dans l'archipel grec, a été en éruption dans l'année 1707. On peut regarder les îles plus petites et les rocs qui se sont élevés, à diverses époques connues, dans le voisinage de cette île principale, comme des éminences parasites de la même montagne volcanique sous-marine, et considérer les phénomènes auxquels ils sont soumis, comme provenant de volcans latéraux et subsidiaires du volcan fondamental.

Milo, quoique les époques de ses éruptions soient inconnues, présente l'aspect d'un volcan récent, et a dans son cratère central une solfatare très-active et plusieurs sources d'eau bouillante et de vapeurs. Sans sa position et ces vapeurs, on pourroit ranger ce terrain parmi les volcans éteints.

L'Islande possède de nombreuses montagnes volcaniques, parmi lesquelles les suivantes sont habituellement actives ; c'est-à-dire qu'on peut se rappeler diverses éruptions qu'elles ont eues.

Hécla, dont la dernière éruption date de 1766.

Kattlagiaa, qui, après un espace de soixante-quatre ans, eut, en 1825, une violente éruption. Celle qui, en 1755, avoit précédé le repos, avoit été encore plus terrible : d'immenses quantités d'eau, produites par la fonte des neiges, s'écoulèrent tout à coup de la montagne et inondèrent le pays d'alentour : les bestiaux périrent par l'effet des phénomènes électriques, etc. L'éruption dura une année.

Eyafialla-Jokul, qui, après une intermittence semblable de plus d'un siècle, éprouva une violente éruption en Décembre 1821. Les explosions durèrent jusqu'en Juin 1822, époque où la montagne, s'ouvrant à sa base, donna cours à un immense courant de lave.

Grimvain. Un lac de ce nom donna naissance, en 1716, à une éruption. Probablement ce lac étoit le cratère formé par quelques précédentes explosions d'un volcan dont le cône se sera trouvé entièrement détruit.

Skaptaa-Jokul et *Skaptaa-Syssel.* Ces deux volcans voisins éprouvèrent en 1783 de violentes éruptions, qui ravagèrent une vaste étendue du pays environnant. La lave se fraya un passage par trois sources dans la plaine, à la base des montagnes, à environ huit milles de distance l'une de l'autre ; ces courans de lave en se réunissant, couvrirent un espace de plus de douze cents milles carrés d'étendue. Les éjections pulvérulentes qui terminèrent cette éruption, durèrent une année entière, pendant laquelle toute l'atmosphère de l'Islande fut continuellement obscurcie par d'épais nuages de cendres.

On remarqua 1583 une éruption à une grande distance de la mer, et durant celle du Skaptaa-Jokul en 1783, le sommet d'un cône s'éleva au-dessus du niveau de la mer, par l'effet des explosions sous-marines, à plus de trente milles de la côte.[1]

Le nombre des volcans récemment actifs en Islande, se monte à onze ou douze : de ce nombre, l'Hécla seul a été, depuis une longue période, en état d'activité permanente ou très-fréquente. On rapporte treize éruptions de ce volcan depuis l'année 1137. La dernière a eu lieu en 1766; depuis ce temps il est resté inactif, et cette dernière éruption ayant elle-même été précédée d'un calme de soixante-treize ans, on peut supposer qu'il est maintenant soumis à de longues intermittences.

L'Islande entière paroît être de formation volcanique, et on reconnoît dans chaque montagne un volcan, soit actif, soit momentanément éteint : cette île peut donc être envisagée comme une grande croûte de rochers, tant fragmentaires que solides, produite par l'action d'un feu violent. La vapeur qui s'échappe d'entre les fissures de cette croûte, donne naissance aux nombreuses sources chaudes qui se font remarquer en Islande.

Esk. Ce volcan de l'île de Jean Mayen, sur la côte orientale du Groënland, a été vu en éruption en Avril 1818. Des jets de cendres s'élevoient toutes les trois ou quatre minutes, et atteignoient une hauteur de 1500 mètres. Il paroît qu'il y a d'autres volcans sur la côte du Groënland, ou au moins qu'il y en a eu autrefois.

Volcans des îles d'Afrique.

On n'a reconnu sur le continent d'Afrique aucun volcan actif; mais les îles qui le bordent sur les deux océans, sont

---

1 C'est un des exemples le plus remarquables d'une bouche volcanique ouverte à une aussi grande distance de la partie connue du système volcanique; ce qui doit faire présumer qu'il se prolonge sous la mer.

presque exclusivement volcaniques, et offrent plusieurs ouvertures d'éruption habituelle.

Les *Açores* sont toutes de nature volcanique. *Saint-Michel*,
la plus grande des îles de ce groupe, a souffert de violens
tremblemens de terre en 1810 et 1811, jusqu'à ce qu'en Février
de cette dernière année une éruption sous-marine éclata à
deux milles de la côte, et laissa un banc sur lequel la mer
vient se briser. Le 13 Juin de la même année, après plusieurs autres tremblemens de terre, une autre île s'éleva à
deux milles et demi au-delà de la première. Ce cône contenoit un cratère de 160 mètres de diamètre : il s'élevoit
de 100 mètres au-dessus de la mer. Cette île, n'étant composée que d'éjections fragmentaires, s'est peu à peu usée par
l'action des vagues et des courans, et s'est enfin trouvée réduite à n'être plus qu'un banc au-dessous du niveau de la
mer. Une île semblable a déjà été produite en 1628, entre
Saint-Michel et Tercère, et a disparu par les mêmes causes ;
et une autre encore dans le même endroit en 1721, a été, en
deux années de temps, remise complétement de niveau. La
mer recouvre de 80 brasses le lieu où elle s'élevoit.

Saint-Michel possède plusieurs cônes volcaniques, mais
aucun d'entre eux n'a été récemment en activité. Elle contient
pourtant une solfatare à Villa-Franca, et des sources chaudes.
Des émanations d'hydrogène sulfuré s'élèvent de divers points
de l'île.

Les laves des Açores sont principalement trachytiques.

Les *Canaries* sont également d'origine purement volcanique.

Le *pic de Ténériffe* est la plus célèbre de ces îles par son
immense hauteur, atteignant une élévation de 4000 mètres.
Le pic le plus élevé n'a pourtant pas été en activité depuis
que l'île est habitée, et les éruptions du volcan ont eu lieu
par des ouvertures latérales, et principalement par le cratère
de Chahorra. Le dernier paroxisme, en 1768, avoit été
précédé d'un repos de quatre-vingt-treize ans. Il a duré trois
mois. Selon M. Cordier, les scories projetées à cette époque
mettoient de douze à quinze secondes à tomber de leur extrême élévation jusqu'à terre ; ce qui annonceroit qu'elles
avoient atteint une élévation de 1000 mètres.

En 1706 on a observé qu'un courant de lave, qui remplissoit le port de Garachico, parcouroit une distance de dix-huit milles anglois en six heures. Les laves du pic consistent en trachyte.

Palma, montagne conique, très-régulière, a produit en 1558, par une ouverture latérale, une violente éruption. La lave couloit vers la mer, et, en l'échauffant, fit périr beaucoup de poissons. De nouvelles ouvertures se formèrent en 1646 et en 1677, et des éruptions considérables eurent lieu.

Lancerote. Cette île fut, en 1730, le théâtre du plus affreux phénomène volcanique. Il paroît, par les détails recueillis sur les lieux par M. de Buch, que des éruptions continues eurent lieu pendant trois années, par de nombreuses ouvertures qui se formoient consécutivement sur une ligne qui s'étendoit directement en travers de l'île. Une grande partie de sa surface fut couverte par des torrens de lave, et le reste enseveli sous les scories et les cendres. Ces éjections fragmentaires furent néanmoins favorables à la fertilité de l'île, et les habitans qui avoient fui épouvantés vers l'île de Fuertaventura, trouvèrent à leur retour un sol infiniment plus riche que celui qu'ils avoient abandonné, et purent y cultiver de la vigne, qui n'y avoit pas réussi jusque-là. Durant cette période, des explosions et des jets de scorie et de fumée eurent lieu de la mer ; un grand nombre de poissons périrent et flottoient sur la surface avec des masses de ponces, et l'on vit s'élever au-dessus des eaux un roc pyramidal, qui se réunit ensuite à l'île par l'accumulation de nouvelles matières. Les laves de Lancerote sont basaltiques.

En Août 1825 le cratère lança une grande quantité d'eau. Suivant M. Brandes, cette eau et les pierres qui l'accompagnoient, paroissoient contenir du selmarin, du sulfate de soude, de l'acide sélénique et de l'acide borique.

L'île *de l'Ascension* a été citée par quelques écrivains comme étant un volcan actif ; mais, quoique entièrement volcanique et d'un aspect récent, on n'y mentionne aucune éruption.

Bourbon. La montagne volcanique centrale et principale de cette île, qui constitue la plus grande partie de sa masse, paroît être depuis long-temps éteinte. Au sud s'élève un cône plus petit et irrégulier, entouré d'une rangée circulaire de rocs, qui sont l'enceinte d'un ancien et vaste cratère. Ce volcan a été dans un état presque constant d'activité, depuis la colonisation primitive de l'île. M. Hubert, qui en a observé les phénomènes depuis l'année 1766, affirme qu'il a été au moins deux fois par an en violente éruption durant cet espace de temps. Ses laves sont en partie du trachyte, en partie du basalte.

Une des éjections les plus remarquables de ce volcan, c'est l'obsidienne capillaire que, suivant M. Bory de Saint-Vincent, il lance presque continuellement.

Volcans d'Amérique.

Cook a observé un volcan à l'extrémité du promontoire d'Alaska, sur la côte nord-ouest du *Groënland*, qui, avec les deux plus nord-est de cette pointe, remarqués par lui et par Lapeyrouse, forment le prolongement de la chaîne volcanique des iles Aleutiennes. .

Lapeyrouse fait mention aussi d'un volcan, 4^d de latitude nord du cap Mendocino. On en cite cinq en Californie.

Le *Mexique* contient cinq volcans principaux, savoir :

Colima. Observé en éruption par Dampier, qui le décrit comme ayant deux bouches, toutes deux en activité à la fois. Cette montagne est très-étendue et a près de 3300 mètres de haut.

Popocatepelt a plus de 5000 mètres d'élévation, et paroit être à présent dans un état d'activité permanente, quoiqu'on sache qu'il a été calme très-longtemps avant l'année 1530, où une violente éruption éclata.

Orizaba est une montagne volcanique, élevée aussi de plus de 5300 mètres. On n'y a remarqué aucune éruption récente.

Tustla, au sud-est de Véracruz, fut en éruption en 1793. Les cendres furent transportées jusqu'à Pérote, distant de cinquante-sept lieues en ligne droite.

Jorullo. On a donné ailleurs les détails d'une éruption remarquable de ce volcan en 1759.

M. de Humboldt fait observer que les ouvertures ou bouches volcaniques du Mexique sont rangées sur une ligne perpendiculaire à l'axe de la grande Cordillère. Elles paroissent donc être produites par une fissure qui étoit transversale et non pas longitudinale ou parallèle à la chaîne.

Dans les provinces de Guatimala et de Nicaragua, une ligne de cratères volcaniques se prolonge parallèlement aux Cordillères. Le nombre de ceux qui sont quelquefois en éruption, se monte à vingt-un. Voici leurs noms tels que les donne M. de Humboldt :

Sonusco, Sacatepec, Hamilpas, Atitlan, Fuegos de Guatimala, Acatinango, Sunil, Tolima, Isalco, Sacatecoluca près du rio del Empa, San-Vicente, Traapa, Besotlen, Cocivina, Viego, Momotombo, Talica près de Saint-Léon de Nicaragua, Granada, Bombaeho, Papagallo et Barua.

La province de Grenade, dans l'Amérique méridionale, renferme les volcans de Sotara, Puracé, Pasto et rio Frugua.

La province de los Pastos, ceux de Cumbal, Chiles et Azufral.

Les principaux volcans de Quito sont :

L'*Antisana*, qui s'élève à plus de 6000 mètres au-dessus de la mer. Depuis 1590 il est calme.

Rucupichinca, qui a été en activité en 1660.

Cotopaxi. A été observé en éruption par Bouguer et Lacondamine en 1742. Les projections de scories incandescentes atteignoient une élévation de plus de 1000 mètres au-dessus du sommet de la montagne. La fonte des neiges occasiona un déluge effrayable, qui dévasta les plaines au-dessous et fit périr huit cents personnes.

Les éruptions de 1743 et 1744 furent encore plus désastreuses.

Les savans françois remarquérent que la grande explosion de cette montagne, qui arriva en 1583, avoit lancé à une distance de neuf à dix milles des blocs de ponce d'un volume de 300 à 350 pieds cubiques.

Tunguraqua, qui fit éruption en 1641.

Sangay. Ce volcan a été en constante activité depuis l'année 1728.

Le *Chimborazo* est un immense dôme trachytique, qui n'a pourtant jamais été vu en éruption.

Le *Carquairaro*, en 1698, vomit une prodigieuse quantité

de vase ou d'eau mêlée de cendres trachytiques, qui couvrit de cette substance, que les naturels appellent *moya*, une étendue de dix-huit lieues carrées.

On ne connoît au Pérou qu'un seul volcan actif, c'est celui d'Arequipa.

Les volcans du Chili sont très-nombreux; ils suivent la direction des Andes. On a souvent observé que leurs éruptions coïncidoient pour le temps avec les tremblemens de terre dont ce pays est souvent désolé. Leurs noms sont les suivans : Copiapo, Coquimbo, Choupo, Aconeaqua, Santiago, Peteroa, Chillan, Tucapel, Chinal, Villa-Rica, Votuco, Huaunauca, Ojorna, Huaitica et San-Clemente.

Volcans des îles dépendantes de l'Amérique.

Les îles Antilles sont en grande partie volcaniques. Une éruption eut lieu à *Saint-Vincent*, en 1718. Elle commença par la violente secousse d'un tremblement de terre et fut accompagnée d'un ouragan. Des cendres obscurcirent l'air pendant long-temps et tombèrent à une distance de cent trente lieues. Les détonations se firent entendre à la même distance.

Une autre éruption éclata en 1812, dans le même cratère, qui, depuis la précédente, étoit resté à l'état de soufrière; elle fut précédée de plus de deux cents secousses de tremblemens de terre, qui se firent sentir durant le cours d'une année. Elle commença par une violente explosion, qui projetoit en l'air, à une hauteur considérable, une immense colonne de cendres. Ce ne fut que quatre jours après que des scories incandescentes se firent observer, et immédiatement après la lave s'écoula en torrens. Des tremblemens de terre précédèrent l'expulsion de la lave; après que celle-ci eut cessé de sortir, les détonations continuèrent pendant douze heures, diminuant graduellement de violence jusqu'à une cessation totale.

L'île de la Grenade contient un cratère éteint et de nombreuses sources d'eau bouillante, d'où l'on peut conclure que l'époque de ses éruptions n'est pas très-éloignée.

Sainte-Lucie a une solfatare très-active et des sources d'eau chaude et de vapeur.

Le volcan *de la Guadeloupe* a été en éruption en 1797, mais ses phénomènes se sont bornés à la projection de cendres, de pierres ponces et de vapeurs sulfureuses.

Nevis, *Montserrat* et *Saint-Christophe*, contiennent toutes des solfatares en pleine activité.

La *Martinique*, la *Dominique* et *Saint-Eustache*, présentent de nombreux cratères et quelques sources d'eau bouillante.

Les laves des îles Antilles offrent des variétés de trachyte et de basalte.

Le groupe des *îles Aleutiennes*, qu'on peut regarder comme une dépendance de l'Amérique, contient dit-on, six volcans en activité, savoir : Kanaga, Tatavanga, Oominga, Oonalaska, Omnak et Ourimak ; ce dernier a éprouvé une violente éruption en 1820.

Le groupe de *Revillagigedo* est entièrement volcanique, mais on n'y a jamais cité aucune éruption.

L'*île de la Trinité*, au 56.ᵉ degré de latitude, à quelque distance de la côte d'Amérique, renferme une montagne volcanique que quelques voyageurs ont vue en éruption.

Volcans de l'Asie et des îles qui en dépendent.

On n'a pas de renseignemens certains sur les volcans actifs du continent de l'Asie, si ce n'est sur ceux du Kamtschatka.

Le mont Elburus en Perse, le pic le plus élevé de la chaîne du Caucase, a souvent été cité comme étant un volcan ; mais on ne sait d'après quelle autorité on a supposé l'existence d'un autre volcan au nord d'Irak, dans la province de Khorasan.

On a rapporté dernièrement que les montagnes de Tourfan et de Bisch-Balikh, qui forment une partie de la grande chaîne de l'Altaï dans l'Asie centrale, exhaloient continuellement des flammes, de la fumée et des vapeurs ammoniacales ; il est donc probable qu'elles sont à l'état de solfatare, ou plutôt qu'on n'a aucune notion précise sur l'origine de ces indices de combustion.

La péninsule du Kamtschatka paroît être en grande partie le produit d'éruptions volcaniques. Les cratères qui continuent d'être en activité sont :

Awatscha. La plus terrible de ses éruptions dont on ait conservé la mémoire, a eu lieu en 1737. Elle fut accompagnée d'un violent tremblement de terre et d'une extraordinaire agitation de la mer qui envahit et inonda la terre. Une autre éruption eut lieu en 1779, à l'époque où le capitaine Clerk visita cette côte.

Le *Kamskaikoi - Sopka* est d'une hauteur immense. Depuis 1728 il a éprouvé de fréquentes éruptions d'une force considérable; quelques-unes d'entre elles ont recouvert de cendres, dans un rayon de 300 kilomètres, le pays à l'entour du volcan.

Le volcan voisin, le *Tolbalschink*, fume constamment. En 1789 il fut en violente activité.

On rencontre dans le Kamtschatka plusieurs autres montagnes volcaniques à cratères, etc., qui n'ont pas cependant été récemment en éruption. Le promontoire entier est sujet à de fréquens tremblemens de terre, et les sources chaudes y sont communes.

La chaîne des *îles Kuriles* est une prolongation da la chaîne volcanique du Kamtschatka, et paroît consister en une suite de montagnes volcaniques, dont plusieurs sont encore sujettes à des éruptions momentanées. *Alaid,* île située à environ 20 milles au sud du cap Lopatka, éprouva une éruption en 1793, et a continué depuis à donner toujours de la fumée.

Les îles du Japon contiennent dix cratères volcaniques, qui sont par momens en activité, dont trois sont dans *Niphon,* la principale de ces îles. Leurs éruptions sont décrites par Kempfer comme extrêmement violentes et destructives.

L'île de soufre, dans l'archipel Loo-Choo, donnoit une grande abondance de vapeur sulfureuse, lorsque le capitaine Hall y passa en 1816.

L'archipel polynésien, qui semble devoir son existence principalement à l'action volcanique, contient de nombreux cratères fréquemment en activité. Il est à regretter néanmoins que nous n'ayons pas des renseignemens plus détaillés et plus scientifiques sur les phénomènes naturels et les productions de cette intéressante portion du globe.

Parmi les îles Philippines, Manille, dit-on, est celle qui possède le plus grand nombre de volcans. Mindanao en présente un. Mindanao a éprouvé, en 1764, une violente éruption, qui couvrit les pays environnans, à plusieurs pieds d'épaisseur, de matières fragmentaires, et força à l'émigration la plus grande partie des habitans.

Le district de Kalagan possède une montagne volcanique à l'état de solfatare.

L'*île Barren* a un cratère très-actif, en éruption continuelle, qui lance dans l'air, à une grande distance, des rocs du poids de plusieurs tonnes.

Les Moluques abondent en volcans. L'une d'entre elles, *Sorca*, fut en 1693 le théâtre d'une affreuse éruption.

Le pic de *Ternate* vomit de la ponce en grande quantité.

Motin éprouva une forte éruption avant l'arrivée du capitaine Forrest, en 1772, et une terrible commotion du volcan de Gounapi dans l'île de Banda, ravagea, il y a quelques années, cette île entière. Une autre éruption eut lieu par le même cratère en 1820, et projeta, à une hauteur égale à celle de la montagne elle-même, des fragmens aussi grands que les maisons des naturels du pays.

Sanguir, entre Mindanao et Célèbes, a un des plus grands volcans du globe.

Tomboro, dans l'île de Sumbawa, a éprouvé une terrible éruption en 1815 ; elle commença par des détonations souterraines, qui s'entendoient de Sumatra, à la distance de 970 milles en ligne directe, et qu'on prenoit pour des décharges de mousqueterie ; les cendres furent portées jusqu'à Célèbes et à Java, à 300 milles, en telle quantité que l'air en étoit obscurci. La mer s'éleva de 4 mètres au-dessus de son niveau ordinaire, et les explosions furent accompagnées d'un ouragan, qui fit beaucoup de tort.

Flores, *Daumer* et une autre petite île située entre Timor et Ceram, contiennent chacune un volcan qui est parfois en éruption.

Java est abondamment pourvue de volcans, qui forment des lignes droites le long de l'île. *Arjuna*, l'un d'eux, élevé de 3500 mètres, donne constamment une colonne de fumée.

La montagne de *Galven-Gong*, qui n'avoit jamais passé pour volcanique, fit éruption avec une violence remarquable en

Octobre 1822. L'éruption commença par une explosion effrayante, qui chassa dans l'air une colonne de pierres et de
cendres qui obscurcit tout le ciel. La lave inonda une surface
considérable de l'île; deux mille personnes périrent.

La montagne nommée *Payandayang*, après avoir été jusqu'en 1772 un des volcans les plus élevés de Java, fut à cette
époque complétement rasée par une violente explosion et
remplacée par une cavité de quinze milles sur six.

Sumatra renferme, suivant Marsden, quatre volcans actifs.
Il est probable que par suite on y en reconnoîtra davantage.
Les habitans sont alarmés lorsque ces soupiraux restent quelque temps en repos, l'expérience leur ayant appris qu'à ces
intermittences des phénomènes volcaniques succèdent communément de violens tremblemens de terre.

Deux volcans ont été observés en éruption par Dampier dans
la *Nouvelle-Guinée*, en 1700 : à l'entrée du détroit qui sépare
cette île de la *Nouvelle-Bretagne*, il y a un volcan insulaire
qui a été vu en éruption successivement par Dampier, par
le Maire et Schouten, et par d'Entrecasteaux.

Deux volcans ont été observés par Carteret dans les îles
du *Duc d'York* et de la *Reine Charlotte*, et deux autres par
Forster dans le groupe des *Nouvelles-Hébrides*; un d'entre eux,
Tanna, a été vu en éruption par Cook en 1774, et par d'Entrecasteaux en 1793.

Les îles *Mariannes* contiennent, dit-on, neuf volcans en
activité habituelle.

L'île d'*Amsterdam* est un autre volcan, qui a été trouvé en
activité par tous ceux qui l'ont visité.

On a vu, dit-on, des éruptions volcaniques sortir d'une
montagne d'une des îles découvertes dernièrement par des
navigateurs russes entre New-Georgio et la terre de Sandwich, ainsi que d'un autre pic dans la terre de Sandwich
même.

Les volcans cités dans la liste donnée par M. Poulett-Scrope,
dont celle-ci est un extrait, se montent à plus de cent
soixante-dix : mais les détails obtenus sur quelques-uns d'entre
eux sont très-vagues, et de même qu'on peut présumer qu'il

existe beaucoup plus de volcans qui sont en activité momentanée, il est clair également que plusieurs volcans qui ont été long-temps éteints, peuvent ensuite, par un concours de diverses circonstances, être rendus à l'activité.

§. 2. Indication des principaux Terrains vulcaniques ou de la Période saturnienne.

Ce sont ceux qui étoient en activité dans les temps antérieurs à l'état actuel du globe, sur l'ignition desquels on n'a aucune notion historique, ou que les caractères qui ont été donnés art. 1.er, §. 1.er, peuvent faire rapporter à cette période.

On ne présentera qu'une simple liste géographique de ces terrains ; elle sera nécessairement beaucoup plus incomplète et surtout beaucoup plus incertaine que la précédente. Il est facile d'en pressentir les raisons.

1.° Les phénomènes volcaniques actuels ou connus ne laissent aucun doute sur ce qu'on doit considérer comme volcans en activité dans la restriction que nous avons apportée à cette expression ; car, sans cette restriction, il y auroit encore transition insensible entre les volcans en réelle activité, les solfatares, les feux de gaz hydrogène, les salses, les eaux thermales, etc., dans certains pays.

2.° On passe par des nuances insensibles des terrains vulcaniques évidens, comme ceux d'Auvergne, aux terrains granitiques, par les trachytes, les porphyres, les leucostines, les basanites, les trappites, les dolérites, les syénites.

Pour établir une distinction satisfaisante entre les terrains vulcaniques et ces dernières roches, il faut avoir étudié avec beaucoup d'attention ces terrains ; c'est ce qui n'a pu encore être fait pour une grande partie du globe. Il ne faut que le simple récit d'un voyageur ou d'un navigateur pour faire connoître l'existence d'un volcan en activité, et encore se sont-ils trompés quelquefois ; mais il faut les recherches d'un géologue consommé pour établir qu'une colline appartient aux terrains pyrogènes.

Cette énumération, quelque incomplète qu'elle soit, suffira néanmoins pour faire voir :

1.° Que le plus grand nombre de ces terrains vulcaniques sans activité est dans l'intérieur des terres ;

2.° Que ces terrains, en n'admettant même que ceux dont on ne conteste plus l'origine vulcanique, indiquent, par le nombre qu'on en peut déjà citer, que les volcans étoient plus abondans dans la période saturnienne qu'ils ne le sont dans la période actuelle.

Si l'eau de la mer est nécessaire à leur activité, comme l'observation et la théorie concourent à l'indiquer, la plus grande hauteur des eaux marines dans cette période, en multipliant le nombre des terrains submergés, pouvoit aussi multiplier celui des volcans.

3.° Que les basanites et les trachytes y sont les roches dominantes; il sera même intéressant de faire remarquer que dans certaines contrées c'est l'une d'elles qui est tout-à-fait dominante presque à l'exclusion des autres, et qu'on peut par conséquent s'attendre à trouver dans ces contrées les résultats géologiques et technologiques qui dérivent ordinairement de la prédominance de ces roches. Ainsi ce seront, dans les contrées pyrogènes basaltiques : des sables, du grès, des argiles plastiques, des minérais de fer hydraté ou oligiste compacte et des lignites, dans les contrées pyrogènes trachytiques, ce seront des stigmites, des porphyres, des alunites surtout, aucun minérai, ou des minérais de plomb, d'argent, d'or, de fer, de tellure, quelquefois très-riches.

France. L'Auvergne ou le Puy-de-Dôme et le Cantal; le Puy-en-Vélay; le Vivarais; le département de l'Hérault, dans les environs de Montpellier; Beaulieu, dans le département des Bouches-du-Rhône : terrains plus généralement basaltiques et laviques que trachytiques, quoique ces dernières roches forment, dans le Cantal et dans le Puy-de-Dôme, plusieurs cônes et quelques collines.

Allemagne. Sur les bords du Rhin, ou dans le voisinage de ce fleuve; une partie de l'Eifel; les environs d'Andernach, et ensuite, en pénétrant dans l'Allemagne de l'ouest à l'est, les Sept-montagnes (*Siebengebirge*); les environs d'Eisenach, de Francfort. — Dans le Brisgau, les collines remarquables d'Hohentwiel. — Les environs de Cassel en Hesse, notamment le Habichtswald et le Meisner. — En Bohême, les environs de Carlsbad, de Tœplitz, qui présentent ou de petites collines basaltiques ou des groupes considérables de cette roche pyrogène. — En Saxe, sur les bords de l'Erzgebirge, le Stolpen, le Scheibenberg, dont les basaltes ont été l'objet de tant de discussions entre les neptuniens et les vulcanistes. La formation trachytique ne présente de développement que dans l'Eifel, les Sept-montagnes et le Brisgau; dans les autres la formation basaltique est dominante, elle est même presque seule dans quelques-unes.

En Silésie, plusieurs collines basaltiques, déterminées par les observations de MM. Oyenhausen et de Dechen.

Dans ces derniers lieux, comme dans les précédens et dans plusieurs autres du territoire allemand, que nous passons sous silence, les roches basaltiques sont encore dominantes.

Mais en Hongrie et Transylvanie, et en Italie dans les monts Euganéens, ce sont au contraire les roches trachytiques.

Dans le Vicentin, la partie méridionale de la Toscane, la campagne de Rome, et dans l'intérieur même de cette cité, non-seulement les roches basaltiques redeviennent dominantes, sans exclure néanmoins quelques roches trachytiques, mais plusieurs terrains présentent en outre de nombreuses et puissantes roches d'agrégation et même des roches laviques.

Nous ne reviendrons pas sur ce que nous avons dit du territoire napolitain, de celui de la Sicile et même de quelques îles Ioniennes, où les terrains volcaniques en activité sortent pour ainsi dire ou sont dans un voisinage très-rapproché des terrains vulcaniques ou pyrogènes anciens.

Le continent de la Grèce, plusieurs parties de l'Asie mineure et un grand nombre d'îles de l'Archipel grec, renferment des terrains pyrogènes plus généralement basaltiques que trachytiques.

Il n'y a pas de doute qu'on ne trouve de ces mêmes terrains en Sardaigne. La Corse en renferme aussi; mais leur caractère et leur étendue y sont très-restreints.

L'Espagne et le Portugal sont si peu connus sous le rapport de leur géologie, qu'on ne peut savoir si les terrains pyrogènes y sont fort répandus; on peut y citer comme authentique, les terrains du cap de Gates, au sud de l'Espagne, près d'Almeira, et en Portugal les basaltes des environs de Lisbonne.

A mesure qu'on s'éloigne des pays étudiés par les géologues, il sembleroit que le nombre des volcans en activité est beaucoup plus considérable que celui des volcans éteints; nous venons de dire la raison de cette apparence. Dans la plupart des îles à l'ouest de l'AFRIQUE, ces deux classes de terrains pyrogènes sont comme liées entre elles: mais le cap Vert, le Sénégal, et notamment Gorée, nous offrent des terrains basaltiques aussi bien caractérisés que ceux de l'Auvergne.

Dans le GRAND OCÉAN presque toutes les îles des terrains pyrogènes présentent, comme on l'a vu, des volcans en activité, et dans les autres, tels que l'Ascension, Sainte-Hélène, l'Isle-de-France, les terrains pyrogènes sont tellement bien caractérisés, que l'activité des volcans qui les ont formés semble n'avoir cessé que depuis peu de temps.

L'ASIE est mieux connue sous le rapport des terrains dont nous réunissons les exemples, que les côtes d'Afrique. On admet des terrains volcaniques éteints, ou sur l'ignition desquels on n'a que des notions très-vagues, dans une partie du mont Sinaï et en Palestine aux environs de la mer Morte, quoique le terrain fondamental paroisse appartenir à la formation jurassique [1]. Il sembleroit même, d'après différens passages des Écritures, que ces volcans ont eu autrefois une activité dont il restoit des souvenirs traditionnels.

Dans l'ASIE MINEURE les environs de Smyrne, si sujets aux violens tremblemens de terre.

On cite dans la chaîne du Caucase non-seulement des roches basaltiques, mais de véritables laves dans les environs d'Erzerum, des obsidiennes du côté de Kurban, et des ponces sur les rives du Terek, signes indubitables d'une ancienne action volcanique.

Le plateau central de la TARTARIE, où on croit avoir re-

---

[1] Nous renvoyons encore à l'ouvrage classique sur cette matière, publié par M Daubeny, à Londres, en 1826. Il y a de la page 276 à la page 290 des détails très-curieux sur les terrains pyrogènes du mont Sinaï et de la Palestine, détails que nous ne pourrions extraire sans nous engager à en citer beaucoup d'autres, et à donner ainsi à cet article une étendue démesurée.

connu des volcans en activité, présente au moins sans aucun doute des roches pyrogènes de volcans éteints, qui paroissent donner les mêmes produits que la solfatare. Au reste, ce fait est enveloppé d'obscurité. [1]

Les îles et mers Japonaises, les îles de l'Archipel indien, les îles de la Sonde, Sumatra et Java, renferment peut-être encore plus de terrains pyrogènes sans activité que de terrains volcaniques en action.

Si on passe en Amérique, on trouve à peu près le même assemblage de ce que nous appelons terrains pyrogènes, saturniens et terrains volcaniques; mais on reconnoît, ainsi que nous l'avons déjà fait remarquer, qu'ils sont presque tous placés sur une même zone ou large bande, qui s'étend depuis les Terres Magellaniques jusqu'à la presqu'île d'Alascar, au 60.ᵉ degré de latitude septentrionale; elle suit les contours des côtes et se courbe comme elle vers Carthagène et Santa-Fé-de-Bogota, de manière à montrer des volcans en activité qui semblent être dans l'intérieur des terres.

Cette ligne présente, il est vrai, lorsqu'on ne considère que les volcans en ignition, de grandes interruptions; mais une partie des terrains qui lient ensemble les cônes volcaniques encore en feu, appartiennent aux terrains pyrogènes et même aux roches trachytiques, et rentrent dans la série des terrains dont nous recueillons des exemples. [2]

Le continent de l'Amérique septentrionale a été considéré pendant long-temps comme un exemple remarquable d'un vaste pays qui n'offroit aucune trace de terrains pyrogènes; mais cette opinion prématurée tenoit au peu de notions exactes qu'on avoit sur la géognosie de ce pays et à la confusion

---

1 M. de Féeussac l'a très-bien fait remarquer dans une note, caractérisée par une bonne critique, qu'il a mise à la suite des récits relatifs à ces volcans. (Bullet. des sc., 1824, t. 3, pag. 14, n.° 12.)

2 Outre les motifs que j'ai donnés plus haut pour expliquer le laconisme et la sécheresse de cette énumération, j'en ai un bien plus puissant au sujet des terrains pyrogènes de l'Amérique méridionale : c'est de ne pas répéter ou chercher à dire autrement ce qui a été si bien dit par M. de Humboldt dans ce même Dictionnaire, au titre Terrains volcaniques, page 335 et suiv., de l'article Indépendance des formations, tom. XXIII.

qui a régné pendant long-temps entre les trappites, qui sont
des roches neptuniennes à base d'amphibole, et les basanites,
roches plutoniennes à base de pyroxène. On a reconnu
dans ces derniers temps, depuis que les géologues américains
cultivent la géognosie avec ardeur, science et succès, qu'il
y avoit dans quelques parties des États-Unis des basanites,
des spilites, semblables à celles du Vicentin, et quelques autres
roches pyrogènes. M. Th. Cooper cite du basalte au mont Ho-
lyoke en Massachusset, et dans quelques autres parties de cet
État. Ce même géologue regarde comme vulcanique les roches
trappéennes qui forment, dans le sud, les bords de la rivière
d'Hudson dans le New-Jersey. Je ne sache pas cependant qu'on
ait encore découvert de vrais trachytes dans ces contrées.

Une partie des Antilles, notamment celles du sud, qui sont
les plus petites, appartiennent aux volcans en activité; une
autre partie, même parmi celles-ci, mais plutôt encore celles
du nord, renfermant les plus grandes îles, n'offrent que des
terrains pyrogènes anciens, généralement basaltiques.

ARTICLE VI.

THÉORIE VOLCANIQUE.

Si l'on n'a pas craint de chercher à deviner comment s'étoit
formé le globe terrestre, comment avoient été produites ses
roches, ses filons, ses vallées, ses montagnes, de quoi et comment son intérieur étoit composé, on doit penser qu'on a encore été plus ardent et plus hardi pour rechercher la cause
des montagnes volcaniques et de leurs éruptions; phénomènes
si remarquables, si patens, et qui semblent pouvoir être rapportés facilement aux lois de la physique et de la chimie;
de là les nombreuses théories et hypothèses proposées pour
expliquer ces phénomènes et remonter à leur source.

On a tenté de déterminer dans cette partie de l'histoire naturelle des volcans :

1.° Quel pouvoit être l'aliment de leur ignition, de leur
déflagration, de leur chaleur, enfin, de tous leurs phénomènes
ignés;

2.° Où pouvoit être situé le foyer de leur action et comment il portoit cette action à de grandes distances;

3.° Quelle étoit la matière de leurs laves, réduites à deux ou trois grandes classes.

Des questions de cette importance, de cette complication, demanderoient de grands développemens pour être traitées convenablement; nous ne pouvons ici que les effleurer.

1.° On a donné pour aliment aux déflagrations volcaniques, le soufre, les pyrites, les houilles et bitumes, les métaux des terres et des alcalis.

On ne connoit nulle part dans les couches de la terre des amas de soufre assez puissans : on n'observe pas dans les produits des éruptions des dégagemens assez prédominans, des produits assez abondans de la combustion du soufre, pour admettre une pareille supposition; nous ne la poursuivrons pas.

Il en est de même des houilles et des bitumes; la rareté de ces matières, leur peu d'abondance comparée à la multiplicité des terrains volcaniques, tant actuels qu'anciens, à la continuité de la déflagration d'un grand nombre d'entre eux; le défaut complet d'analogie entre les produits de la combustion des houilles et les produits volcaniques, l'absence de toute matière charbonneuse dans les laves, et, enfin, ce qu'on sait avec précision sur la position des terrains houillers dans l'écorce du globe et sur celle des foyers volcaniques, placés évidemment dans des terrains inférieurs et différens, ont fait abandonner complétement une hypothèse à laquelle on eût fait peu d'attention, si elle n'eût été présentée par le célèbre Werner, séduit par quelque ressemblance entre les roches volcaniques et les altérations produites sur les roches schisteuses par des houilles en combustion.

Breislak a été encore plus loin, en attribuant les déflagrations volcaniques à des amas immenses de bitume-pétrole engagé dans les couches de la terre. En effet, le bitume se manifeste dans presque tous les terrains volcaniques actuels et anciens; mais ce que nous avons dit contre l'hypothèse de la houille, s'applique avec bien plus de force à celle du bitume, et nous croyons que, dans ce cas, Breislak a pris l'effet pour la cause.

La décomposition de l'eau joue sans contredit un grand rôle dans les déflagrations volcaniques; il faut nécessairement admettre, dans toutes les hypothèses, cette puissante cause d'éruption, de soulèvement, etc.; si on veut considérer le soufre, la houille et le bitume, comme alimens de la défla-gration volcanique, on remarquera que l'un ne décompose pas l'eau, et que l'autre a besoin, pour produire cette dé-composition, d'être portée par la combustion à un degré de température très-élevé. Or, il paroît très-probable qu'il n'y a pas de réelle combustion, de combustion au moyen de l'oxi-gène de l'air dans l'intérieur des foyers volcaniques, quoique M. Davy admette la possibilité d'une pareille combustion dans quelques cas. Il faut donc trouver des corps qui décomposent l'eau par une sorte d'action chimique continue qu'on ne peut admettre dans aucun charbon minéral. On croyoit avoir trouvé ce corps dans la pyrite; beaucoup de phénomènes naturels et quelques expériences concouroient à rendre cette hypothèse assez vraisemblable. On connoît dans les couches du globe, et même dans les couches anciennes, des lits puissans et de vastes amas de pyrites ferrugineuses. On sait avec quelle faci-lité ces pyrites s'altèrent; mais on n'avoit pas remarqué que, pour que cette altération ait lieu, il faut l'accès de l'air; au reste, si on ne pouvoit admettre l'accès d'une quantité suffi-sante de ce fluide dans l'intérieur de la terre, pour entretenir la combustion d'amas puissans, profonds et comprimés de houille : on pouvoit en admettre assez pour faire commencer la décomposition des pyrites; l'eau venoit ensuite hâter et exciter les phénomènes de cette décomposition, et donner nais-sance au gaz hydrogène sulfuré qui se produit dans ce cas et qu'on trouve assez abondamment dans les volcans; enfin, la profondeur du foyer volcanique s'accordoit assez bien avec la position des bancs de pyrites : le voisinage si général des volcans en ignition de la mer, les produits en soufre, la coloration des laves en noir ou en rouge par le fer, présen-toient une réunion de circonstances et de phénomènes qui s'accordoient encore mieux avec la supposition que l'aliment des déflagrations volcaniques étoit des amas de pyrites; mais la décomposition de ces corps, commencée par l'accès de l'air, ne se continue pas, si cet accès est intercepté.

Or, malgré quelques difficultés que présente cette hypo-thèse, malgré des phénomènes et des matières qui forcent d'admettre d'autres corps dans les laboratoires volcaniques, malgré l'hypothèse ingénieuse qui indique quels pourroient être ces corps, on peut encore croire que, si les pyrites ne jouent pas le rôle principal dans l'action volcanique, elles y interviennent quelquefois et peut-être très-souvent.

Trois hypothèses, dont une très-différente des deux autres, ont été proposées nouvellement par MM. Davy, Gay-Lussac et Cordier.

La composition des laves, la nature des gaz qui sortent avec elles, et des vapeurs qui s'en dégagent, sont des élémens importans de toute théorie, et qu'il faut rappeler spécialement à l'occasion de celle qu'on va exposer.

D'après ce que de premiers essais avoient fait présumer, ce que quelques observations avoient appris, et ce que les expériences de M. Davy ont mis hors de doute pour les laves du Vésuve de 1820; ces laves et celles qui leur ressemblent, ne contiennent aucun combustible métallique ou charbonneux; elles ne renferment point de soufre. Les fluides élastiques qui se dégagent avec elles, sont essentiellement composés d'eau en vapeur, d'acide muriatique, de gaz hydrogène sulfuré, d'acide sulfureux, de selmarin en quantité considérable, et ensuite de selammoniac et de muriates de fer et de cuivre, de quelques sulfates alcalins.

L'hypothèse de M. Davy est fondée sur la nature des corps que ce savant célèbre a découverts. Il attribue la cause première et principale de la déflagration volcanique à la décomposition de l'eau par les métaux des terres et des alkalis qui conservent leur état métallique au-dessous de l'écorce oxidée du globe, tant qu'ils n'ont aucun contact ni avec l'air, ni avec l'eau, mais qui agissent sur ce dernier corps avec une violence qui en opère sur-le-champ la décomposition, lorsqu'il vient à être mis en contact avec eux. On a objecté contre cette hypothèse, et avec fondement, qu'il devroit se dégager dans ce cas une quantité considérable de gaz hydrogène pur. Or on sait, et les observations faites dans ce but l'ont constaté, que le gaz combustible des volcans est toujours du gaz hydrogène sulfuré. Il faut donc modifier cette hypothèse, en admettant ou que les corps qui décomposent l'eau sont des sulfures ou des chlorures des métaux des terres et des alcalis (c'est la base de la théorie de M. Gay-Lussac), ou que le soufre fait partie des matières combustibles qui entrent dans la composition des couches du globe où sont situés les foyers volcaniques.

M. Gay-Lussac, qui a discuté quelques théories volcaniques avec la précision scientifique qui caractérise ses travaux et qui les a soumises à l'épreuve des principes chimiques, a rejeté, comme on devoit s'y attendre, toutes celles qui supposoient une combustion aérienne dans l'intérieur de la terre ; par conséquent les houilles, les bitumes, les pyrites ; mais il a été plus loin. Tout en admettant que les grandes déflagrations volcaniques, les commotions et soulèvemens qui les accompagnent, sont très-probablement dus à l'influence de l'eau et aux gaz ou vapeurs élastiques qui doivent se dégager, ou de la décomposition de ce liquide ou de sa vaporisation violente et instantanée, il a cherché à démontrer qu'on ne pouvoit attribuer ces développemens de gaz et de vapeur à l'action des métaux des terres et des alcalis sur l'eau, s'ils étoient dans leur état de pureté ; car, dans ce cas, les volcans devroient produire une immense quantité d'hydrogène sensiblement pure : ce qui n'est pas. On a remarqué qu'ils ne dégagent qu'une quantité moyenne de gaz hydrogène sulfuré ; mais il sort en même temps beaucoup d'eau en vapeurs, et surtout une quantité très-notable de gaz acide muriatique et de muriates de soude, d'ammoniaque et même de métaux ; il fait voir enfin, qu'on ne pourroit guère attribuer qu'au perchlorure de fer le fer oligiste si abondant dans la plupart des parties caverneuses et poreuses des volcans.

C'est donc à la présence non pas de l'eau pure sur des métaux purs qu'il attribue les phénomènes et produits volcaniques, mais à celle de ce liquide sur les chlorures des métaux des terres ou à celle des eaux de la mer sur ces mêmes corps. On voit que, ne pouvant pas considérer comme dû à un simple hasard que sur cent soixante-cinq volcans connus il s'en trouve plus de cent soixante sur les bords de la mer, ou à peu de distance réelle de cette masse d'eau, on voit, dis-je, que M. Gay-Lussac est un des physiciens qui admettent l'influence de l'eau marine ou salée sur l'action volcanique, et que cette hypothèse, ou plutôt cette théorie déduite d'un si grand nombre de faits, n'est pas encore aussi abandonnée que le croient quelques géologues, puisqu'elle compte parmi ses adhérens un chimiste-physicien qui a vu des volcans et qui est difficile en théorie.

La théorie de M. Gay-Lussac ne détruit pas non plus celle de M. Davy; elle la modifie, la conduit plus loin, et peut très-bien se concilier avec les modifications que nous avons déjà osé y proposer, et qui semblent indiquer qu'un phénomène dont les produits sont si variés peut résulter du concours de plusieurs circonstances.

On peut donc admettre comme très-vraisemblable, que l'eau, amenée de la surface de la terre dans son intérieur, et l'eau salée marine surtout, pénétrant par la forte et continuelle pression qui doit résulter de ses grandes masses ou de ses grandes accumulations, à travers les innombrables fissures des rochers qui composent l'écorce du globe, fissures encore augmentées par le phénomène lui-même, arrive en contact avec des couches de la terre qui, abritées de l'action de l'air, renferment les métaux des terres et des alcalis, soit encore à l'état métallique, soit à l'état de chlorure ou de sulfure; que ces eaux y sont en partie décomposées, en partie vaporisées; que ces combinaisons et décompositions rapides font naître une température assez élevée pour fondre les mélanges terreux voisins des lieux où se produit cette vive action chimique; que les gaz et vapeurs dégagés en grande abondance par toutes ces réactions, ébranlent et soulèvent l'écorce du globe, et répandent avec violence dans l'atmosphère des fluides élastiques mêlés d'eau en vapeur, de gaz hydrogène sulfuré, de gaz acide muriatique, d'acide sulfureux même. Celui-ci ne se produit probablement qu'au moment où le soufre en vapeur arrive dans les fissures et parties creuses des volcans dans lesquelles l'air atmosphérique peut avoir quelque accès; ce qui paroît expliquer pourquoi les solfatares tranquilles produisent en général plus de cet acide que les éruptions violentes. On conçoit donc ainsi les causes de ces productions, la raison de leur mélange et la difficulté que doit avoir à s'enflammer le gaz hydrogène sulfuré, mêlé d'une si grande quantité d'eau en vapeur, de gaz acide muriatique, d'acide sulfureux et de matières pulvérulentes.

Ces hypothèses, ainsi modifiées et combinées, expliquent

assez bien la plupart des grands phénomènes volcaniques, les
tremblemens de terre, les soulèvemens de sol, le dégagement
si abondant de gaz et de vapeurs aqueuses, l'incandescence
et la fusion de laves, la présence des alcalis et de la silice en
dissolution dans les eaux minérales; on sait que la silice nais-
sante est dissoluble dans l'eau et que le sulfure de silicium
est décomposé par ce liquide : elles expliquent, enfin, la grandeur des phénomènes, ses intermittences ou sa continuité, suivant que l'eau a accès rarement, abondamment ou partielle-
ment, dans les parties de l'écorce du globe où sont encore des
métaux non oxidés des terres et des alcalis, le soufre, etc.

M. Cordier a proposé depuis peu [1] une théorie aussi nouvelle qu'ingénieuse, et qui est fondée sur l'opinion assez généralement admise que l'intérieur de la terre possède une
très-haute température. Il pense que la terre, fluide dans son
origine par fusion ignée, n'est devenue solide qu'à sa surface, et qu'elle possède encore, à une profondeur qu'on peut
même évaluer à 20 lieues de 5000 mètres, une température
assez élevée pour tenir à l'état de fusion les roches dont la
nature est analogue à celle des laves.

L'écorce du globe, mince, inégale en épaisseur, divisée
par une multitude de solutions de continuité, est flexible et
sujette à des ondulations qui sont une des causes des tremblemens de terre. La contraction qu'éprouve cette écorce
par le refroidissement et la retraite due à la coagulation des
parties fluides, quelque foible qu'elle soit, peut presser la
masse fluide, en faire suinter une partie par les fissures qui
résultent de cette même contraction, et produire les écoul-
lemens de laves et la plupart des autres phénomènes volcaniques. Cette hypothèse s'accorde assez bien avec l'identité
de nature des laves sur tout le globe, avec la diminution dans
le nombre des volcans actifs, avec la production des sources
minérales et thermales, etc.

Telles sont les principales théories sur la cause du phénomène volcanique des déflagrations et sur l'aliment de ces déflagrations; ce sont les seules qui, par leur célébrité ou leur

---

1 Essai sur la température de l'intérieur de la terre. (Mém. du Mus.
d'hist. nat., 1827, t. 15, pag. 161.

vraisemblance, méritent d'être citées. Nous ne parlons pas de celle de G. A. Deluc, parce qu'elle tient à une grande hypothèse sur la structure du globe, et qui, sauf la nature des corps causant la déflagration, que cet illustre physicien ne pouvoit pas connoître et qu'il désignoit par le nom de pulvicule, est comme la prophétie de celle de M. Davy. Il admet aussi la nécessité du concours de l'eau salée dans les déflagrations volcaniques.

2.° On entend par position de foyer volcanique, la place connue ou inconnue dans la croûte du globe, ou même dans sa masse, où on peut supposer qu'est le foyer de la déflagration volcanique.

Après l'avoir placé tantôt très-haut, quand on l'attribuoit aux houilles, au bitume, même aux pyrites, ensuite très-bas, si on l'attribue aux métaux hétéropsides, on paroît assez d'accord pour admettre que ce foyer est inférieur au granite. La position évidente et immédiate de plusieurs volcans sur des plateaux granitiques, les tremblemens de terre qui se font sentir dans des contrées presque uniquement composées de cette roche et qui semblent émaner de dessous elles; les filons de porphyre, de trachyte, de basalte, de lave même, c'est-à-dire, de roche poreuse, qu'on voit traverser le granite et toutes les roches qui lui sont supérieures, et s'élever quelquefois à la surface, comme le fait la roche basaltique du Puy-en-Vélay, nommée la *roche rouge;* enfin, les masses de granite, de micaschiste même, qui sont lancées par les volcans, les fragmens de ces mêmes roches qu'on observe presque partout dans les basaltes et les laves, sont des preuves tellement nombreuses, tellement claires, que la position du foyer volcanique au-dessous du granite et des roches de son époque paroît être une proposition généralement admise. C'est, à ce que je crois, Dolomieu qui, le premier, a émis cette opinion; MM. de Humboldt, Stinckel et un très-grand nombre de géologues paroissent disposés à l'admettre. G. A Deluc le plaçoit encore plus bas dans une couche inconnue, puisque, selon lui, les laves renferment des minéraux inconnus.

Il paroît, et c'est encore une règle généralement admise, que les volcans se sont fait jour, ou par une ouverture presque circulaire, opérée par le soulèvement en un point de la croûte

du globe, et alors ils présentent des bouches volcaniques
réunies en groupes, ou bien par une large et longue fente
ouverte dans l'écorce du globe par l'effort des vapeurs élastiques; les gaz et les laves se dégagent par plusieurs ouvertures pratiquées sur différens points de cette fissure, et alors
les volcans sont disposés sur une ligne ou zone quelquefois
très-longue, assez droite et très-large.

5.° Quoique la matière première des laves soit, pour ainsi
dire, déterminée, si on admet l'hypothèse de M. Davy, cependant, comme les laves ne sont pas uniquement composées
de silice ou d'alumine, qu'elles offrent au contraire dans leur
structure et leurs minéraux une composition qui rappelle celle
de plusieurs roches, on a cherché quelle pouvoit être la roche
qui, produite d'abord par la cristallisation confuse des métaux
hétéropsides oxidés, avoit été refondue, remaniée par une
nouvelle action ignée, pour produire les laves telles qu'on les
voit à la surface de la terre. On a présumé avec vraisemblance que les trachytes et autres roches volcaniques analogues
avoient pour principe dominant le felspath et les roches qui
en sont en grande partie composées, telles que les granites,
les syénites, etc., et que les laves noires, compactes, plus
pyroxéniques que felspathiques, avoient pour base des roches
argilo-ferrugineuses, telles que les schistes argileux.

On voit que le calcaire n'entre pour rien dans la formation de ces roches pyrogènes, et, en effet, les laves contiennent généralement très-peu de chaux, et s'il est vrai que les
roches calcaires soient généralement supérieures au granite et
aux schistes, il est facile de concevoir que l'action ignée de
fusion étoit en partie épuisée sur les roches inférieures au
calcaire, avant d'être en contact avec cette roche.

Non-seulement l'action des métaux hétéropsides, de leurs
sulfures ou de leurs chlorures sur l'eau, ou toute autre action chimique violente, qui s'exerceroit sur de grandes masses, explique très-bien et le dégagement considérable de
chaleur qui doit en résulter, et la fusion d'une multitude
de minéraux et des roches qu'ils composent, et la production d'une quantité immense de gaz et de vapeurs, qui, agissant pour s'échapper avec toute leur puissance d'expansion,
causent des tremblemens de terre, des éjections de laves,

de pierres, etc.; mais cette théorie va plus loin : elle prétend expliquer jusqu'à l'élévation des plus grandes et des plus hautes chaînes de montagnes, soulevées par cette force prodigieuse qui a pu et dû se développer à une grande profondeur sur une étendue très-considérable. On conçoit qu'un tel phénomène n'a pu avoir lieu sans que les couches de la terre aient été brisées, renversées, triturées même, et que leurs débris aient été mêlés de toute manière : telle est l'idée qu'on peut se former de la puissante action volcanique et de son immense influence géognostique ; idée qui semble accueillie par les géologues et les physiciens les plus célèbres et les plus difficiles en théorie.

Nous bornons à cet exposé ce que nous avons cru convenable de faire connoître sur la théorie volcanique appliquée aux phénomènes généraux ; car celle qu'on a voulu appliquer aux phénomènes particuliers, exigeroit non-seulement des détails et des développemens dans lesquels nous ne pouvons pas entrer, mais on verroit qu'elle est d'autant plus vague, plus compliquée et plus incertaine, qu'on a voulu l'appliquer à des phénomènes plus spéciaux. (B.)

VOLET. (*Bot.*) Nom vulgaire du nénuphar, *nymphœa*, dans l'Anjou, suivant M. Desvaux. (J.)

VOLET DES ÉTANGS, VOLET BLANC. (*Bot.*) C'est le *nymphœa alba*, Linn., qui croît dans les étangs. (Lem.)

VOLET JAUNE. (*Bot.*) C'est le *nymphœa lutea*. (Lem.)

VOLET [Petit]. (*Bot.*) C'est le *menyanthe nymphoides* ou nymphœau. (Lem.)

VOLEUR DE MAÏS. (*Ornith.*) Nom vulgaire aux États-Unis du *quiscalus versicolor*, suivant M. Desmarest. (Ch. D. et L.)

VOLITANTIA. (*Mamm.*) Ce nom est celui que les chéiroptères (chauve-souris et roussettes), portent dans la Méthode d'Illiger. (Desm.)

VOLKAMERIA. (*Bot.*) Ce nom générique, qui appartient à un genre de verbénacées, avoit été réuni, par P. Browne, au genre que Linnæus nommoit *Tinus*, et Adanson *Gillena*, lequel a été réuni au *Clethra*, dans la famille des éricinées. Voyez Tinus. (J.)

VOLKAMIER, *Volkameria*. (*Bot.*) Genre de plantes dicotylédones, à fleurs complètes, monopétalées, irrégulières, de la famille des *verbénacées*, de la *didynamie angiospermie* de Linnæus, offrant pour caractère essentiel : Un calice persistant, turbiné, à cinq dents; une corolle tubulée; le limbe à cinq lobes inégaux ; quatre étamines didynames ; les filamens très-longs, saillans d'entre les divisions du limbe; les anthères simples ; un ovaire supérieur, à quatre faces; un style court; un stigmate bifide, une des découpures aiguë, l'autre obtuse. Une baie à deux noix; chaque noix à deux loges.

Ce genre se rapproche beaucoup des *clerodendrum*, tant par la beauté de ses fleurs que par les caractères de sa fructification. Ces deux genres ne se distinguent l'un de l'autre que par le nombre des noyaux ou osselets renfermés dans le fruit; mais lorsqu'on les examine avec attention, on voit que la différence se réduit à peu de chose : elle consiste presque entièrement dans la différence des expressions. On trouve réellement quatre semences dans ces deux genres; chacune de ces semences est renfermée dans un noyau ou osselet. Dans les *clerodendrum*, les quatre osselets sont adhérens, et n'en forment en quelque sorte qu'un seul à quatre loges, à quatre semences. Dans les *volkameria* les mêmes osselets adhèrent deux par deux, de sorte qu'en les séparant il en résulte deux osselets distincts, chacun à deux loges. Peut-on, d'après des caractères aussi foibles, séparer en deux genres des espèces qui se trouvent d'ailleurs si rapprochées par leur port et par les autres parties de leur fructification (voyez CLERODENDRUM)? A la vérité, la séparation des deux osselets est indiquée dans les *volkameria* par un stigmate bifide, et dont les baies sont presque sèches, tandis que les *clerodendrum* n'ont qu'un seul osselet, un seul stigmate, et des baies plus charnues : mais on a vu plus haut comment on pourroit expliquer cette différence. Nous citerons, parmi les espèces qui composent ce beau genre, les suivantes, comme les plus remarquables.

VOLKAMIER ODORANT : *Volkameria fragrans*, Vent., Jard. de la Malm., tab. 70; *Volkameria japonica*, Jacq., Hort. Schœnbr., tab. 338. Ce bel arbrisseau a été confondu par quelques auteurs avec le *volkameria japonica* de Thunberg. Ses fleurs réunies en un corymbe globuleux, et d'une odeur qui approche de celle du jasmin, ressemblent presque à celles de l'*hortensia*. Ses tiges sont cylindriques, rameuses, couvertes de cicatrices, tétragones vers le sommet, hérissées de poils courts, hautes de trois ou quatre pieds ; les rameaux opposés, articulés, très-ouverts. Les feuilles sont pétiolées, opposées, fort amples, ovales, en cœur, molles, aiguës, denticulées, glanduleuses à leur base, parsemées à leurs deux faces de poils couchés. Les fleurs sont disposées en corymbes terminaux, globuleux avant leur épanouissement, munis de bractées en forme d'involucre, lancéolées, pubescentes et glanduleuses. Le calice est en forme de cône renversé, glanduleux ; ses divisions lancéolées, aiguës, un peu ciliées ; la corolle couleur de rose ; le tube plus long que le calice, son orifice muni de trois ou quatre écailles pétaliformes ; le limbe étalé, à cinq lobes ovales, inégaux, renversés, l'inférieur plus court ; l'ovaire ovale, tronqué : le fruit est une baie peu succulente, globuleuse, à quatre sillons, contenant deux osselets à deux loges. Cette plante est originaire de Java : on la cultive au Jardin des plantes de Paris.

Volkamier a feuilles étroites : *Volkameria angustifolia*, Poir., Encycl. ; Lamk., *Ill. gen.*, tab. 544, fig. 2. Cette plante a des rameaux glabres, opposés ; les feuilles sont pétiolées, opposées, très-étroites, glabres, lancéolées, la plupart aiguës à leurs deux extrémités, entières, longues de deux pouces et plus, larges de trois lignes ; les pétioles très-courts. Les fleurs sont axillaires, latérales ; le pédoncule trichotome et ramifié ; à la base des ramifications et un peu au-dessous du calice, deux petites bractées opposées, en forme d'écailles. Le calice est glabre, court, campanulé, à cinq dents aiguës ; le tube de la corolle un peu courbé, élargi vers son sommet ; le limbe à cinq lobes obtus, arrondis, inégaux, un peu réfléchis ; les étamines saillantes ; les anthères droites, ovales ; le style de la longueur des filamens ; le stigmate bifide. Cette plante est cultivée au Jardin du Roi. On ignore son lieu natal.

Volkamier a feuilles de troêne ; *Volkameria ligustrina*, Jacq., Collect., Suppl., tab. 5, fig. 2. Cette espèce, voisine du *volkameria inermis*, en diffère par ses feuilles oblongues, lancéolées, plus étroites, point ovales, glabres à leurs deux faces, vertes en dessus, plus pâles en dessous, entières, aiguës, rétrécies à leur base et soutenues par des pétioles velus. Les fleurs ont la même disposition; mais leur pédoncule, ainsi que leur calice, est hérissé de poils. La corolle est plus courte, le tube à peu près trois fois plus long que le calice, de moitié moins long que celui du *volkameria inermis;* les filamens sont blancs, et non de couleur purpurine; les anthères brunes, et non violettes. Cette plante croît à l'île Maurice.

VOLKAMIER SANS ÉPINES : *Volkameria inermis*, Linn., *Flor. ceyl.;* Jacq. *Collect.*, *Suppl.*, tab. 4. fig. 1; *Jasminum littoreum*, Rumph., *Amb.*, 5, tab. 46; Nir-norsii, Rhéede., *Malab.*, 5. tab. 49. Arbrisseau dont les rameaux sont glabres, blanchâtres, cylindriques, à peine tétragones vers le sommet, raboteux, garnis de feuilles opposées, pétiolées; les inférieures très-rapprochées, glabres, ovales, variables dans leur grandeur; longues d'un à deux pouces, larges de six ou douze lignes; entières, un peu aiguës, luisantes en dessus, un peu jaunâtres en dessous. Les fleurs sont axillaires, disposées en petits corymbes, souvent trichotomes, ou à ramifications plus ou moins nombreuses, opposées; le pédoncule et les pédicelles glabres, presque filiformes; les bractées en forme d'écailles, un peu subulées. Le calice est court, à cinq dents obtuses; la corolle blanche; le tube grêle, au moins six fois plus long que le calice; les filamens de couleur purpurine; les anthères violettes. Le fruit est une baie à quatre sillons, de la grosseur d'une cerise, verte, puis noirâtre, contenant deux osselets, chacun à deux loges. Cette plante croît dans les Indes orientales. On la cultive au Jardin du Roi.

VOLKAMIER A AIGUILLONS: *Volkameria aculeata*, Linn., *Spec.;* Lamk., *Ill. gen.*, tab. 544, fig. 1. Cette plante a des rameaux glabres, cylindriques, très-droits, armés de nœuds épineux. Les feuilles sont opposées ou fasciculées, pétiolées; les unes ovales, courtes, obtuses; d'autres ovales-oblongues, glabres, entières, à peine longues d'un pouce, caduques; les pétales presque de deux tiers plus courts que les feuilles. Les fleurs sont axillaires; les pédoncules opposés, filiformes, plus longs que les feuilles, soutenant trois fleurs pédicellées; le calice campanulé, à cinq petites dents aiguës ; la corolle blanche, longue d'un pouce ; une baie luisante, presque sèche, séparée en deux parties, renfermant chacune un osselet à deux semences roussâtres. Cette plante croît à la Jamaïque et aux Barbades ; elle est cultivée au Jardin du Roi.

VOLKAMIER DE KÆMPFER : *Volkameria Kœmpferi*, Willd., *Spec.* ; Jacq., *Icon. rar.*, 3, tab. 500 ; Banks, *Icon. Kœmpf.*, tab. 58. Les rameaux sont glabres ; les feuilles opposées, pétiolées, presque rondes, profondément échancrées en cœur, un peu acuminées, pubescentes, principalement en dessus, finement denticulées. Les fleurs sont terminales, disposées en une ample panicule, composée de grappes particlles, opposées, accompagnées de bractées. Le calice, la corolle, ainsi que les pédoncules, sont d'un rouge éclatant. Le fruit est un petit drupe, de la grosseur d'un grain de groseille, beaucoup plus court que le calice, à deux loges, à deux noix biloculaires. Cette plante croît à la Chine et au Japon. (POIR.)

VOLNI. (*Bot.*) Nom russe de l'agaric Saint-George (*Ag. Georgii*) et de plusieurs autres espèces du même genre, d'après Pallas. (LEM.)

VOLODOR. (*Ichthyol.*) Nom espagnol du *dactyloptère piralèbe*. Voyez à l'article DACTYLOPTÈRE, tom. XII, pag. 444. (H. C.)

VOLPE. (*Mamm.*) Dénomination italienne du renard. (DESM.)

VOLUBILARIA. (*Bot.*) Nom sous lequel Lamouroux, à l'article Floridées du Dictionnaire classique d'histoire naturelle, annonce avoir établi un genre dans la famille des thalassiophytes et dans la division qu'il désignoit par *Floridées*. Il n'en a pas fait connoître les caractères, ni ceux d'un autre genre nouveau, voisin de celui-ci, le *Vidalia*. (LEM.)

VOLUBILE [TIGE]. (*Bot.*) Montant en spirale sur les corps qui lui servent d'appui. Les plantes volubiles grimpent les unes de gauche à droite (houblon, *tamus communis*), les autres de droite à gauche ; exemples : *convolvulus sepium*, haricot, etc. (MASS.)

VOLUBILIS. (*Bot.*) Ce nom latin a été donné à diverses plantes qui s'élèvent en se roulant autour d'un support : à plusieurs liserons, *convolvulus*; à un sarrazin grimpant, *polygonum convolvulus*; au *smilax aspera*. (J.)

VOLUCELLA. (*Mamm.*) Pallas et Gmelin nomment *sciurus volucella* le polatouche de Sibérie. (DESM.)

VOLUCELLE, *Volucella*. (*Entom.*) Ce nom a été donné par Geoffroy à un genre d'insectes diptères. Fabricius ne l'avoit pas d'abord adopté : il avoit laissé les insectes ainsi désignés par notre auteur françois dans le genre des syrphes, dont il avoit fait une division ; mais reprenant ensuite le nom de *volucelle*, il l'applique à des insectes tout-à-fait différens, en particulier à quelques espèces du genre Usie de M. Latreille. Pour éviter toute confusion à cet égard, nous avions rétabli le genre Volucelle sous le nom de CÉNOGASTRE, article dans lequel nous sommes entré dans beaucoup de détails à ce sujet et auquel nous prions le lecteur de recourir. (C. D.)

VOLUCRIS ARBOREA. (*Ornith.*) Dénomination qui a été attribuée à la bernache par quelques auteurs. (DESM.)

VOLUPIE. (*Foss.*) On trouve à Hauteville, département de la Manche, dans une couche de calcaire grossier, une espèce de petite coquille bivalve, dont les caractères paroissent ne pouvoir se rapporter aux genres déja connus. Elle n'a que deux lignes et demie de longueur, sur deux lignes de largeur: ses sommets sont pointus, recourbés et portés sur l'un des côtés : elle est équivalve et inéquilatérale, et sur chaque valve il se trouve sept à huit gros bourrelets transverses, coupés par un enfoncement qui descend du sommet sur le côté où ce dernier porte sa courbure ; la charnière est composée de trois dents, dont l'une est bifide, qui sont plutôt convergentes que divergentes et qui paroissent s'implanter dans des trous qui sont sur la valve opposée. Les caractères de cette petite espèce, qui est rare, ne se rapportent à aucun des genres connus, et, quoique peut-être il y ait déja trop de genres signalés, je propose d'en former un pour elle sous le nom de *Volupie*, et de donner à l'espèce le nom de volupie rugueuse, *volupia rugosa*. On en voit des figures dans les planches des fossiles de ce Dictionnaire. (D. F.)

VOLUTARELLE, *Volutarella*. (*Bot.*) Ce genre de plantes,

que nous avons proposé dans le Bulletin des sciences de Décembre 1816 (pag. 200), appartient à l'ordre des Synanthérées, à la tribu naturelle des Centauriées , à la section des Centauriées-Chryséidées , et à la sous-section des Chryséidées vraies, dans laquelle nous l'avons placé entre les deux genres *Goniocaulon* et *Cyanopsis*. (Voyez notre tableau des Centauriées, tom. XLIV , pag. 56 et 59 ; tom. L, pag. 247 et 256.)

Voici les caractères du genre *Volutarella* , tels que nous les avons observés sur les deux espèces nommées *Lippii* et *bicolor*, et principalement sur la première , qui est le type de ce genre.

Calathide très-radiée : disque multiflore, régulariflore, androgyniflore ; couronne unisériée, ampliatiflore, neutriflore. Péricline égal ou supérieur aux fleurs du disque, ovoïde-campanulé, formé de squames régulièrement imbriquées, appliquées, coriaces, trinervées ; les intermédiaires ovales, ayant leur partie supérieure munie , sur les deux côtés , d'une bordure membraneuse, scarieuse, noirâtre, et terminée au sommet par un appendice plus ou moins distinct, plus ou moins étalé , plus ou moins grand , mais toujours demi-lancéolé, membraneux-scarieux , large, décurrent, c'est-à-dire confondu par sa base avec la bordure , et jamais spiniforme ou aristiforme. Clinanthe plan, garni de fimbrilles nombreuses, libres, longues, inégales, laminées, membraneuses, linéaires-subulées. *Fleurs du disque :* Ovaire comprimé, obovoïde-oblong, multinervé , hérissé de longs poils soyeux, ayant l'aréole basilaire très-oblique-intérieure, et l'aréole apicilaire entourée , en dehors de l'aigrette, par un bourrelet coroniforme , denticulé ; aigrette simple (point double), composée de squamellules nombreuses, plurisériées, régulièrement imbriquées, étagées, laminées-paléiformes, linéaires-spatulées ou oblongues-lancéolées , coriaces-membraneuses, roides, denticulées sur les bords, les intérieures graduellement plus longues et plus larges ; point de petite aigrette intérieure. Corolle régulière , point obringente, tantôt toute glabre , tantôt hérissée de longs poils fins et simples, sur le tube et sur la partie indivise du limbe, à cinq lanières longues, linéaires, toujours glabres et roulées en dedans de haut en bas en forme de volute. Étamines à filets papillés ; appendices apicilaires des anthères aigus. Style à deux stigmatophores libres presque jusqu'à la base, divergens, arqués en dehors, ayant la face interne ou supérieure canaliculée et les bords ondulés. *Fleurs de la couronne :* Faux-ovaire glabre, presque inaigretté. Corolle (contenant quelquefois des rudimens de style et d'étamines) à tube long et large, à limbe un peu amplifié, divisé jusqu'à sa base en quatre lanières à peu près égales, longues, oblongues-lancéolées.

Nous avons fait cette description générique sur des individus vivans de *Vol. Lippii*, cultivés au Jardin du Roi, et sur un échantillon sec, en très-mauvais état, de *Vol. bicolor*, conservé dans l'herbier de M. Desfontaines.

Dans le *Vol. Lippii*, les corolles du disque ont le tube et la partie indivise du limbe hérissés de longs poils fins; et les appendices du péricline sont grands, et bien distincts des squames proprement dites qui les portent. Dans le *Vol. bicolor*, les corolles du disque sont entièrement glabres; et les appendices du péricline sont petits, et confondus avec la bordure des squames proprement dites qui les portent. Du reste, les caractères génériques sont parfaitement analogues dans ces deux espèces.

Nous rapportons au genre *Volutarella* les trois espèces suivantes.

Volutarelle de Lippi : *Volutarella Lippii*, H. Cass.; *Centaurea Lippii*, Linn., *Sp. pl.*, pag. 1286. C'est une plante d'Égypte et de Barbarie, herbacée, annuelle suivant les uns, vivace suivant les autres: sa tige, haute d'environ un pied ou beaucoup plus courte, est grêle et très-rameuse; ses feuilles sont sessiles, quelquefois un peu décurrentes, lyrées, à divisions anguleuses, dentées; les calathides sont terminales, pédonculées, assez petites; leur péricline est velu, et ses appendices sont grands, roussâtres, noirâtres à la base; le disque est composé de douze à quinze fleurs; la couronne en a huit ou neuf; les corolles du disque et de la couronne sont purpurines.

Volutarelle a feuilles de roquette : *Volutarella? erucifolia*, H. Cass.: *Centaurea erucifolia*, Linn., *Sp. pl.*, pag. 1286. C'est avec doute et par conjecture que nous attribuons au genre *Volutarella* cette plante, que nous ne connoissons point du

tout, et sur laquelle nous ne trouvons presque aucun rensei-
gnement dans les livres de botanique. Il paroît que c'est une
grande plante herbacée, à racine vivace, dont la patrie est
inconnue, qui auroit les feuilles lancéolées, un peu dentées
(à dents spinuliformes), molles, lanugineuses, ressemblant
à celles de la roquette, et qui auroit beaucoup d'analogie
avec l'espèce précédente.

VOLUTARELLE BICOLORE : *Volutarella bicolor*, H. Cass.; *Cen-*
taurea crupinoides, Desf., *Fl. atl.*, tom. 2, pag. 293; *Lacellia*
libyca, Viv., *Fl. lib. spec.*, pag. 58, tab. 22, fig. 2. Cette
jolie plante, découverte par M. Desfontaines dans les déserts de la Barbarie, où elle fleurissoit au mois de Mars, et
retrouvée depuis sur les montagnes de la Cyrénaïque, par
le docteur Della Cella, est une herbe annuelle, haute d'environ un pied, à tige dressée, grêle, cylindrique, simple ou
peu rameuse, parsemée de poils courts; les feuilles sont pin-
nées, glabres, à divisions distantes, alternes ou presque opposées, un peu décurrentes sur leur support commun; celles
des feuilles radicales lancéolées, un peu obtuses, dentées;
celles des feuilles caulinaires linéaires, aiguës, denticulées;
les calathides sont solitaires sur de longs pédoncules filiformes, nus, terminaux et axillaires; le péricline est velu, et
ses squames sont munies d'une bordure noire; les corolles de
la couronne sont bleues, tandis que celles du disque sont de
couleur jaune-safran.

Cette description spécifique est empruntée à MM. Desfontaines et Viviani; mais voici ce que nous avons observé nous-
même sur une calathide en mauvais état.

La calathide est radiée, composée d'un disque safrané et
d'une couronne bleue. Le péricline est velu, très-supérieur
aux fleurs du disque, presque égal aux fleurs de la couronne,
formé de squames régulièrement imbriquées, appliquées,
presque uniformes; les intermédiaires lancéolées, trinervées,
munies sur les deux côtés de leur partie supérieure d'une
bordure scarieuse, noirâtre, formant, par son prolongement
au-dessus du sommet de la squame, un petit appendice peu
distinct, décurrent, inappliqué, demi-lancéolé, scarieux,
noir. Le clinanthe est garni de fimbrilles très-inégales, membraneuses, laminées, linéaires-subulées. Les ovaires sont

oblongs, tout couverts de longs poils, et munis d'un bourrelet apicilaire saillant, coroniforme, glabre, cartilagineux, crénelé; leur aigrette est longue, composée de squamellules nombreuses, plurisériées, régulièrement imbriquées, étagées, paléiformes, scarieuses, presque uniformes; les intérieures graduellement plus grandes, oblongues-spatulées, denticulées sur les bords; il n'y a point de petite aigrette intérieure. Les corolles du disque sont glabres, à limbe orangé ou safrané, régulier, divisé en cinq lanières longues, linéaires, qui se roulent en dedans en volute. Les filets des étamines sont un peu papillés; leurs anthères sont exsertes, un peu noirâtres, munies d'appendices apicilaires aigus. Les stigmatophores sont inclus, médiocrement longs, libres à l'exception de leur partie inférieure. Les corolles de la couronne ont le tube long, le limbe bleu, un peu amplifié, divisé jusqu'à sa base en quatre lanières un peu inégales, longues, oblongues-lancéolées; elles ne nous ont offert aucun rudiment de style ni d'étamines.

Vaillant proposa, en 1718, un genre *Amberboi*, qu'il caractérisoit en ces termes : « Fleur à couronne de fleurons « neutres; ovaires velus à tête nue ou bien couronnée à « l'antique; placenta à poils; calice sans piquans, à pureau « des écailles entier, ou bien à pureau becqué d'une languette « mollasse, entière. » Ces caractères, exprimés en style obscur et barbare, n'en sont pas moins dignes d'attention pour leur parfaite exactitude. L'auteur comprenoit dans ce genre quatre espèces, que Tournefort avoit rapportées au *Cyanus* ou au *Jacea*, et dont les deux premières paroissent être deux variétés du *Centaurea moschata*, distinguées seulement par la couleur des fleurs, incarnate dans la première, purpurine dans la seconde; sa troisième espèce est le *Centaurea erucifolia*; la quatrième est le *Centaurea Lippii*, qui fut décrit et figuré, l'année suivante, par Danti d'Isnard, dans les Mémoires de l'Académie des sciences, sous le nom que Vaillant lui avoit donné.

Linné, mauvais appréciateur des distinctions exactes et judicieuses de Vaillant, confondit le genre *Amberboi*, avec beaucoup d'autres, dans son *Centaurea*.

Adanson reproduisit, en 1763, le genre *Amberboi*, mais en

n'y admettant que le *Centaurea Lippii*, et en rejetant le *Centaurea moschata* dans son genre *Rhaponticum*, dont, suivant lui, l'*Amberboi* se distingue par le péricline formé de feuilles pointues (au lieu de feuilles terminées par une écaille obtuse, entière), et par l'aigrette composée d'écailles courtes, ciliées au sommet (au lieu d'être dentée, longue ou courte).

Necker a proposé, en 1791, un genre *Antaurea*, caractérisé par les squames du péricline inermes, lisses, sèches et scarieuses, et par l'aigrette paléacée. On peut conjecturer que ce genre correspond plus ou moins exactement, soit à l'*Amberboi* de Vaillant, soit à celui d'Adanson ; mais il est impossible de l'affirmer, parce que l'auteur, suivant son usage, n'a point indiqué l'espèce ou les espèces sur lesquelles son genre est fondé, et que nous ne connoissons aucune Centauriée à aigrette vraiment paléacée, dont le péricline soit formé de squames entièrement sèches et scarieuses, en apparence. Nous disons *en apparence*, parce qu'aucun péricline de Synanthérée n'est ni ne peut être formé de squames *entièrement* sèches et scarieuses: mais pour un observateur aussi superficiel que Necker, les squames sont entièrement sèches et scarieuses quand leur partie inférieure verte et vivante se trouve complétement cachée, comme il arrive fort souvent.

Dans le Bulletin des sciences de Décembre 1816, nous avons proposé le genre *Volutaria*, en disant qu'il a pour type le *Centaurea Lippii* de Linné, et qu'il diffère des autres genres de la tribu des Centauriées par la corolle hérissée de longs poils et dont les lobes sont roulés en dedans en volute, et par l'aigrette composée de squamellules paléiformes, courtes, spatulées. Bientôt après, nous proposâmes, dans le Bulletin des sciences de Février 1817, un autre genre, nommé *Chryseis*, ayant pour type le *Centaurea Amberboi*, Lam. (ou *suaveolens*, Willd.), et que nous distinguâmes du *Volutaria* par la corolle des fleurs hermaphrodites, dont les lobes ne sont point roulés, et par la corolle des fleurs neutres, à limbe obconique, multidenté, et non pas divisé jusqu'à sa base en trois ou quatre longues lanières liguliformes. Depuis lors, nous avons attribué (Bull. de Sept. 1820, p. 140) à ce même genre *Chryseis* les *Centaurea moschata* et *glauca*, qui n'ont point d'aigrette ; nous avons caractérisé avec plus de précision (tom. XLIV, pag. 59) notre genre *Volutaria ;* et nous avons en même temps modifié la désinence de son nom, pour le mieux différencier d'avec le nom d'un genre de mollusques; enfin nous avons rapporté (tom. I., pag. 256) à ce genre *Volutarella* le *Centaurea crupinoides* de M. Desfontaines, quoique sa corolle soit glabre.

Il résulte de ce qui précède que nos deux genres *Volutarella* et *Chryseis* correspondent l'un et l'autre au genre *Amberboi* de Vaillant, qui les comprend tous les deux : que notre *Volutarella* paroît correspondre exactement a l'*Amberboi* d'Adanson, fort mal caractérisé par cet auteur; et que notre *Chryseis* correspond à une partie du *Rhaponticum* d'Adanson, genre qui n'est pas mieux caractérisé que son *Amberboi*.

M. Viviani a présenté, en 1824, dans son *Floræ libycæ specimen*, un genre *Lacellia*, qu'il caractérise ainsi : « Réceptacle paléacé-séteux; corolle radiée par des fleurons tubuleux, alongés, filiformes, quinquéfides, stériles ; fleurons hermaphrodites, tubuleux, quinquédentés, dans le disque; graines denticulées au sommet, et couronnées par une aigrette paléacée, polyphylle. » Ce genre, que M. Viviani a dédié au Docteur Della Cella, en le nommant *Lacellia*, est fondé par lui sur une seule espèce, que l'auteur considère comme une plante nouvelle, ignorant qu'elle a été décrite et publiée, vingt-six ans avant lui, par M. Desfontaines, sous le nom de *Centaurea crupinoides*. Il ignore aussi que son genre *Lacellia*, qu'il croit être nouveau, n'est pas autre chose que le genre *Volutarella*, proposé par nous huit ans auparavant. Suivant M. Viviani, les fleurs de la couronne seroient pourvues d'étamines, qui ne différeroient de celles du disque que par la couleur. Nous croyons cette observation inexacte, 1.° parce que l'échantillon que nous avons examiné ne nous a offert aucun vestige d'étamines dans les fleurs de la couronne; 2.° parce qu'il est sans exemple que les fleurs de la couronne d'une Centauriée soient mâles, c'est-à-dire pourvues d'étamines parfaites, à anthères réunies en tube, comme le dit M. Viviani. Le *Volut. Lippii* nous a présenté quelquefois des rudimens de style et d'étamines dans les fleurs de sa couronne : il est probable que ces rudimens existent aussi quelquefois dans le *Vol. bicolor*, et que M. Viviani les a pris pour des étamines parfaites. Ce botaniste a commis encore une erreur, en disant que les corolles du disque ont leurs divisions réfléchies (*dentibus reflexis*), c'est-à-dire courbées en dehors : la vérité est qu'elles sont au contraire roulées en dedans, comme celles du *Volut. Lippii*, ce qui est un des caractères essentiellement distinctifs de notre genre *Volutarella*, et le plus remarquable de tous, puisqu'il ne se retrouve dans aucun autre genre de Centauriées, ni même de Synanthérées.

M. Sprengel, dans le troisième volume de son *Systema vegetabilium*, publié en 1826, considère les *Centaurea muricata*, *Lippii*, *erucæfolia*, *pubigera*, *Broussonnetii*, comme ne formant qu'une seule et même espèce, qu'il nomme *Centaurea muricata*. Il est bien inutile de réfuter une opinion aussi évidemment erronnée.

Notre genre *Volutarella*, ainsi nommé parce que les divisions de sa corolle sont roulées en volute, nous paroît bien distinct des autres genres composant avec lui la sous-section des Chryséidées vraies. En effet, on ne peut pas le confondre avec les genres *Alophium* et *Spilacron*, qui ont le péricline ou dénué d'appendices, ou autrement appendiculé que le *Volutarella*, les squamellules intérieures de l'aigrette presque filiformes, les divisions de la corolle droites ; ni avec le *Goniocaulon*, qui a la calathide incouronnée, le péricline inappendiculé, l'ovaire glabre, les divisions de la corolle droites. Il a sans doute la plus grande analogie avec le *Cyanopsis* ou *Cyanastrum* [1], qui pourtant s'en distingue suffisamment par les appendices subulés et spiniformes de son péricline, dont les squames n'offrent aucune nervure, ainsi que par les divisions droites ou non roulées de sa corolle, qui d'ailleurs n'est point régulière, mais obringente. Enfin, le *Volutarella* diffère manifestement du *Chryseis*, qui a la corolle des fleurs neutres à limbe très-amplifié, obconique, multidenté, la corolle des fleurs hermaphrodites à divisions droites, les

---

[1] Quoique notre genre *Cyanopsis*, publié en 1816, soit beaucoup plus ancien que le *Cyamopsis* de M. De Candolle, publié en 1825, si l'on jugeoit que les deux noms génériques, très-différens par leurs étymologies, se ressemblent trop pour l'œil et pour l'oreille, nous consentirions à changer celui de *Cyanopsis* en *Cyanastrum*.

squames du péricline absolument privées d'appendice et obtuses au sommet.

Ainsi, les caractéres essentiellement distinctifs du genre *Volutarella* sont : les squames du péricline trinervées, et munies d'un appendice décurrent, large, demi-lancéolé, membraneux-scarieux, non spiniforme ; les ovaires velus ; leur aigrette manifestement paléacée , ayant les squamellules intérieures plus longues et plus larges que les extérieures ; les corolles du disque régulières , et à divisions roulées en dedans ; celles de la couronne divisées jusqu'à la base du limbe en quatre lanières oblongues-lancéolées.

Puisque le sujet de cet article nous a fourni l'occasion de parler de l'ouvrage de M. Viviani, nous devons peut-être ici dire quelques mots sur un genre de Synanthérées , proposé par l'auteur sous le nom d'*Apatanthus*, et dont nous n'avons pas encore fait mention dans ce Dictionnaire.

M. Viviani attribue à son genre *Apatanthus* les caractéres suivans : « Réceptacle paléacé ; aigrette sessile, pileuse ; toutes « les corolles hermaphrodites ; celles du rayon ligulées ; celles « du disque tubuleuses, à tube filiforme inférieurement, « élargi supérieurement en cylindre, tronqué au sommet. » Ce botaniste déclare que l'*Apatanthus* doit être rangé, dans l'ordre naturel, parmi les Corymbifères radiées. Il convient pourtant que sa plante a tout-à-fait le port d'un *Hieracium* : mais elle offre à ses yeux une structure fort singulière, en ce que sa fleur est, dit-il, radiée, à rayon composé de demi-fleurons hermaphrodites. C'est pourquoi il a donné à ce genre le nom d'*Apatanthus*, qui signifie *fleur trompeuse*.

Ce nom nous paroit d'autant plus convenable que, selon nous, M. Viviani, en observant sa plante, s'est laissé abuser d'une étrange manière par de fausses apparences. Quoique sa description soit probablement peu exacte, et que la figure qui l'accompagne puisse rivaliser avec les plus mauvaises qu'on connoisse, il nous est facile de deviner que l'*Apatanthus* appartient à la tribu naturelle des Lactucées, et à notre section des Lactucées-Hiéraciées, dans laquelle il est voisin des genres *Hispidella*, *Rothia*, *Andryala*. Pour expliquer l'erreur de M. Viviani, il suffit de supposer que, dans l'échantillon sec observé par lui, les corolles centrales de la calathide n'étoient pas épanouies, ou qu'elles étoient altérées, soit par la dessication, soit par le ravage des insectes, ou qu'enfin elles étoient déformées par quelque variation accidentelle et monstrueuse, analogue à celle d'un *Hieracium* cultivé au Jardin du Roi, dont les corolles semblent tubuleuses.

Quoi qu'il en soit, M. Sprengel n'a pas fait la moindre difficulté d'admettre le genre *Apatanthus*, tel qu'il est présenté par son auteur, et de le ranger entre le *Doronicum* et le *Balbisia*, dans sa tribu des Radiées, qu'il croit sans doute fort naturelle. (H. Cass.)

VOLUTE, *Voluta*. (*Malacoz.*) Genre de coquilles établi par Linné pour un assez grand nombre de belles espèces, qui font l'ornement des collections, et dont le caractère principal étoit, pour lui, d'avoir des plis à la columelle; en sorte qu'il y confondoit des espèces de familles toutes différentes : ainsi les auricules, qui ont l'ouverture entière, les fasciolaires et les turbinelles, chez lesquelles elle est canaliculée, et même quelques buccins, qui l'ont échancrée, toutes ces coquilles étoient réunies sous la même dénomination, d'où il résultoit une grande confusion. Adanson, le premier, en envisageant l'animal et la coquille, établit convenablement ce genre sous le nom d'Yet, *Yetus*. Bruguière ensuite commença à en séparer toutes les espèces dont l'ouverture n'est pas échancrée ; mais c'est surtout M. de Lamarck qui a porté la réforme le plus loin, en séparant du genre *Voluta* de Linné les espèces qui constituent les genres Mitre, Marginelle, Cancellaire, Turbinelle et Fasciolaire, et cela sur des caractères souvent assez tranchés, mais aussi quelquefois assez peu importans. Dans l'état actuel de la conchyliologie on réserve donc le nom de Volute aux animaux et aux coquilles qui offrent les caractères suivans : Animal ovale, involvé, pourvu d'un pied fort large, débordant de toutes parts la coquille et se ployant longitudinalement pour y rentrer; tête assez distincte, portant des tentacules courts ou triangulaires, des yeux grands, sessiles, situés un peu en arrière de ceux-ci, et une trompe épaisse, garnie de denticules ou crochets à son extrémité ; deux branchies pectiniformes; anus non tubuleux. Coquille lisse, ovale, plus ou moins ventrue, à sommet mamelonné; ouverture en général beaucoup plus longue que large, fortement et obliquement échancrée en avant; bord externe un peu convexe en dehors, entier et mousse; bord columellaire également excavé et muni de grands plis plus ou moins obliques (les plus grands en avant) et un peu variables en nombre avec l'âge; opercule nul.

Ce genre, ainsi circonscrit, renferme encore un assez grand nombre de belles espèces de coquilles fort recherchées dans les collections d'amateurs, et dont plusieurs sont encore fort chères et fort rares. Elles sont en général d'un volume assez considérable, et remarquables par la beauté et la vivacité de leur coloration, qui paroît n'être jamais cachée par un épiderme corné ou par un drap marin.

Adanson nous a donné des détails extrêmement curieux sur l'animal de la volute éthiopienne, qu'il nomme *yet*. La tête est grande, semi-lunaire et de moitié aussi large que la coquille, plane en dessous, convexe en dessus : elle est tranchante sur les bords; ses tentacules ont la forme de languettes triangulaires, aplaties, trois fois plus courtes que la tête et attachées à une assez grande distance des bords; les yeux sont placés à peu près au milieu de la tête, vers le côté extérieur des tentacules; ils sont médiocrement grands, noirs et arrondis. La bouche est à l'extrémité d'une longue trompe, que l'animal sort souvent : elle est cylindrique, égale à la longueur de la tête, percée et garnie à son extrémité de petites dents en forme de crochets. L'animal s'en sert pour percer la coquille d'autres mollusques et en sucer la chair. Le pied est la partie la plus considérable; il est si monstrueux, que la coquille en cache à peine la quatrième partie; il se replie en deux dans toute sa longueur, de manière à former un long canal dans son milieu. Quand il est étendu pour marcher, il a la figure d'une ellipse, plus obtuse en avant, où il s'étend assez pour dépasser toute la tête. Son épaisseur est considérable, surtout dans la partie postérieure, où il est relevé d'une sorte de carène comme sillonnée et coupée de rides très-profondes. Tout le corps de l'yet est d'un brun presque noir.

C'est en Avril et en Mai que l'on peut observer les petits, encore contenus dans le corps de leur mère. Adanson suppose que c'est un animal hermaphrodite, sans doute à tort et parce qu'il aura rencontré beaucoup de femelles et peut-être point de mâles. Ce qu'il y a de certain, c'est qu'il est vivipare et que ses petits, en sortant, portent des coquilles qui ont déjà un pouce de long. A cette époque, le pied des petits peut rentrer entièrement dans la coquille, et la mère les recueille dans le pli de son pied.

L'yet atteint une très-grande taille, puisqu'Adanson dit en avoir vu qui pesoient sept à huit livres. Sa chair, surtout celle du pied, est coriace et d'une grande dureté. Les habitans du Sénégal la recherchent cependant, la boucannent ou la font sécher au soleil pour s'en nourrir en temps de disette ou pour aller la vendre dans l'intérieur des terres : dans ces lieux on la fait cuire avec de l'eau de riz pour la ramollir.

Les volutes proviennent toutes d'animaux marins et très-probablement carnassiers.

Toutes viennent des pays chauds ou des mers du Sud. On n'en connoit encore aucune sur nos côtes, quoiqu'on y ait déjà rencontré quelques petites espèces de mîtres et de volvaires. Cependant les personnes qui s'occupent des corps organisés fossiles, en ont déjà distingué plus de quarante espèces, trouvées dans des terrains européens, et surtout en France.

M. Risso décrit bien trois ou quatre espèces de volutes comme de la Méditerranée ; mais la plupart sont des volvaires, et il y a bien des doutes sur sa volute gondole ; aucun auteur n'en a parlé comme de la Méditerranée.

La distinction des espèces de ce genre n'est peut-être pas encore établie sur des bases un peu certaines, parce qu'on ne connoît pas bien les différences dépendantes du sexe et de l'âge ; et, d'ailleurs, comme ce sont en général des coquilles fort recherchées dans les collections d'amateurs, il est arrivé ici ce qui a eu lieu aussi pour les cônes, que les espèces ont été établies sur des caractères presque de nulle valeur, comme sur la coloration.

M. de Lamarck les a partagées en quatre groupes assez naturels, que nous avons adoptés, d'après la considération de la forme générale de la coquille. M. Broderip, dans une monographie qu'il prépare de ce genre de coquilles, dont il possède une suite magnifique dans sa collection et dont il a donné une idée dans l'article Volute du *Genera of shells* de

M. Sowerby, paroît devoir admettre une autre distribution, qui nous a semblé préférable et que nous regrettons de ne pas pouvoir suivre dans cet article.

A. *Espèces alongées, subturriculées et un peu fusiformes.* (Les Fusoïdes; *Fusoideæ*, de Lamk.)

La Volute magellanique : *V. magellanica*, Chemn., *Conch.*, 10, tab. 148, fig. 1383 et 1384; de Lamk., Anim. sans vert., 7. p. 343, n.° 54; Encycl. méthod., pl. 385, fig. 1, *a, b*. Coquille ovale-oblongue, à spire conique, exserte, avec la columelle comme tronquée en avant et munie de quatre et quelquefois de cinq plis très-rapprochés : couleur blanchâtre, ornée de flammes rousses, étroites, longitudinales et ondées. Longueur, trois ou quatre pouces.

Du détroit de Magellan.

La V. subnoueuse; *V. subnodosa*, Leach, *Miscellan.*, 1, p. 24, tab. 8. Coquille ovale-alongée, à spire assez saillante, avec des nodosités peu marquées et un peu plissées au dernier tour : couleur d'un fauve roussâtre, ornée de lignes ferrugineuses, flexueuses et irrégulières. Longueur, quatre pouces.

Patrie inconnue.

Cette espèce pourroit bien ne pas différer beaucoup du *V. magellanica* ou du *V. festiva*.

La V. parée : *V. festiva*, de Lamk., Anim. sans vert., 7, p. 347, n.° 42, et Ann. du Mus., vol. 17, p. 71, n.° 40. Coquille fusiforme, ventrue, côtelée dans sa longueur, avec trois plis à la columelle : couleur de chair, maculée de fauve, avec des séries décurrentes de petites lignes et de points fauves. Longueur, vingt-sept lignes.

Des mers de l'Amérique méridionale, à ce que l'on suppose. Cette espèce est encore fort rare.

La V. ancille : *V. ancilla*, Solander; *V. spectabilis*, Linn., Gmel.. p. 3468, n.° 142; *V. ancilla*, de Lamk., *ibid.*, p. 343, n.° 55; Encycl. méth., pl. 385, fig. 5. Coquille ovale-oblongue, un peu ventrue, à spire conoïdale, un peu exserte; la suture des tours subplissée; trois plis à la columelle : couleur blanchâtre ou d'un fauve pâle, quelquefois peinte de flammes rousses, étroites, longitudinales et ondées. Longueur, cinq à six pouces.

Du détroit de Magellan.

La Volute émaillée: *V. magnifica*, Chemn., *Conch.*, 11, t. 174, fig. 1693, et tab. 175, fig. 1694; de Lamk., *ibid.*, n.° 52. Coquille ovale-oblongue, ventrue, à spire conoïdale et un peu exserte, avec quatre plis à la columelle, élégamment et vivement peinte de trois larges bandes décurrentes, de couleur orangé-marron, maculée de blanc et de brun sur un fond isabelle ou fauve pâle. Longueur, sept à huit pouces.

Des mers de la Nouvelle-Hollande.

La V. robe-turque: *V. pacifica*, Soland., Chemn., *Conch.*, 11, tab. 178, fig. 1713 et 1714; *V. arabica*, Linn., Gmel., p. 3452, n.° 144. Coquille ovale, fusiforme, à tours de spire couronnés de nodules tuberculeux sur le dernier; cinq plis à la columelle : couleur d'un fauve pâle ou presque rosée, ornée de trois bandes décurrentes, composées de taches irrégulières brunes ou marron, se rembrunissant encore avec l'âge. Longueur, trois pouces et demi.

Cette belle coquille, fort rare et fort recherchée dans les collections, habite les côtes de la Nouvelle-Zélande.

La V. foudroyée : *V. fulminata*, Martini, *Conch.*, 3, t. 98, fig. 941 et 942; *V. rupestris*, Linn., Gmel., p. 3464, n.° 106. Coquille fusiforme, à tours de spire striés dans la décurrence; le dernier traversé par des côtes bien marquées; columelle à neuf plis : couleur de chair, ornée de raies longitudinales, ondées en zigzag, d'un rouge brun. Longueur, trois pouces une ligne.

On ignore la patrie de cette espèce, qui est encore fort rare et fort recherchée dans les collections.

La V. queue-de-paon; *V. junonia*, Chemn., *Conch.*, 2, t. 177, fig. 1703 et 1704. Coquille ovale-alongée, subfusiforme, lisse, striée vers sa base, cancellée vers le sommet de la spire, avec sept plis à la columelle : couleur d'un blanc jaunâtre, tesselée par des taches subcarrées, de couleur rouge et sériales. Longueur trois pouces huit à neuf lignes.

C'est encore une espèce extrêmement rare et précieuse dans les collections, mais dont on ignore la patrie.

La V. ondulée; *V. undulata*, de Lamk., Ann. du Mus., 5, p. 157, pl. 12, fig. 1, *a*, *b*, et vol. 17, p. 71, n.° 36. Coquille ovale, fusiforme, lisse, avec quatre plis principaux à la co-

lumelle : couleur d'un blanc jaunâtre, nuée de taches fauves
ou violettes, avec des lignes flexueuses, nombreuses, jaunâtres, longitudinales. Longueur, trois pouces environ.

Des côtes de la Nouvelle-Hollande, au détroit de Bass et à
l'île Maria, d'où elle a été rapportée par MM. Péron et Lesueur. Elle est encore assez rare dans les collections; mais elle
l'étoit beaucoup plus avant le voyage de ces naturalistes.

La VOLUTE PONCTICULÉE : *V. laponica*, Linn., Gmel., p. 3463,
n.° 105; Martini, *Conch.*, 3, tab. 89, fig. 872—875, et tab.
95, fig. 920 et 921. Coquille subfusiforme, lisse, striée transversalement en avant et longitudinalement sous le sommet,
qui semble acuminé; columelle à sept plis, dont les deux
supérieurs sont les plus petits : couleur blanche. nuée de
fauve, avec des séries très-nombreuses et décurrentes de points
et de linéoles fauves. Longueur, deux pouces huit lignes et
au-delà.

De l'océan des grandes Indes.

La V. PAVILLON : *V. vexillum*, Linn., Gmel., p. 3464, n.° 104;
Chemn., *Conch.*, 10, p. 156, vign. 20, fig. *A*, *B*, et Encycl.
méthod., pl. 381, fig. 1, *a*, *b*; vulgairement le PAVILLON
D'ORANGE. Coquille ovale, subfusiforme, lisse, luisante, à
spire conique, obscurément noduleuse; le dernier tour couronné de tubercules comprimés, éloignés; columelle à six ou
huit plis, dont les trois supérieurs sont les plus petits : couleur blanchâtre, avec des rubans décurrens d'un rouge-orangé
vif. Longueur, deux à trois pouces.

Cette jolie coquille, encore fort recherchée dans les collections, à cause de la vivacité de sa coloration, qui la fait comparer à un pavillon, habite l'océan des grandes Indes.

La V. VOLVACÉE : *V. volvacea*, de Lamk.; *V. flavicans*, Linn.,
Gmel., pag. 3464, n.° 105; *V. volva*, Chemn., *Conch.*, 10,
t. 148, fig. 1589 et 1590; Linn., Gmel., p. 3457, n.° 126.
Coquille ovale-oblongue, subpyriforme, lisse, à spire courte;
columelle à quatre plis : couleur d'un blanc jaunâtre, nuée
de brun sous les sutures, ainsi qu'auprès de la columelle.
Longueur, vingt-sept lignes.

Cette espèce, qui ressemble un peu aux marginelles et qui
est fort rare, habite les côtes de Guinée.

La V. MITRÉE : *V. mitræformis*, de Lamk., Ann. du Mus.,

ibid., n.° 41, et Anim. sans vert., 7, p. 347, n.° 43. Coquille ovale, fusiforme, à spire presque pointue et traversée par des côtes nombreuses et serrées; columelle multiplissée, les plis inférieurs plus grands : couleur blanchâtre, maculée de brun et de linéoles rougeâtres, qui croisent les côtes. Longueur, vingt-une lignes.

Cette espèce vient des mers de Java et de celles de la Nouvelle-Hollande.

La VOLUTE NOYAU : *V. nucleus*, Lamk., *ibid.*, n.° 42, et Anim. sans vert., 7, p. 348, n.° 44. Coquille ovale. à spire courte, traversée par des côtes peu nombreuses; columelle à plusieurs plis, dont les deux inférieurs sont les plus grands : couleur fauve, tachée de blanc et de châtain. Longueur, neuf lignes et demie.

Cette petite espèce, qui a beaucoup de ressemblance avec une petite harpe, habite peut-être les mers du Sud.

B. *Espèces ovales et plus ou moins tuberculeuses.* (Les MURICINES, *Muricinæ*, de Lamarck; G. TURBINELLE, Oken.)

La V. IMPÉRIALE : *V. imperialis*, de Lamk., *ibid.*, 7, p. 355; n.° 15; Martini, *Conch.*, 5, tab. 97, fig. 954 et 955, et Enc. méthod., pl. 382, fig. 1. Coquille épaisse, turbinée, à spire très-courte, couronnée d'épines longues, relevées et un peu courbées en dedans au sommet; columelle à quatre plis : couleur de chair, ornée de nombreuses lignes en zigzag et de taches angulaires d'un rouge brun; celles-ci un peu disposées en deux zones. Longueur, six pouces.

Cette coquille, fort rare dans les collections, et l'une des plus précieuses de ce genre, se trouve dans l'océan oriental des grandes Indes.

La V. PEAU-DE-SERPENT : *V. pellis serpentis*, id., *ibid.*, n.° 16; Encycl. méth., pl. 378, fig. 1, *a*, *b*. Coquille ovale-oblongue, à spire conique, hérissée de tubercules aigus et courts, plus noueux et plissés sur l'angle du dernier tour; columelle à quatre plis : couleur de chair pâle, ornée de nébulosités fines et de taches rousses. Longueur, quatre pouces et demi.

De l'océan des grandes Indes.

Cette espèce avoit été confondue avec la suivante, dont

elle diffère surtout parce que le bord externe ne forme pas d'angle ou de pli dans sa partie supérieure.

La VOLUTE CHAUVE-SOURIS : *V. vespertilio* , Linn., Gmel., p. 3462. n.° 97 : Mart., *Conchyl.*. 5. t. 98. fig. 957 - 959 Enc. méthod.. pl. 5-8, fig. 2, *a*, *b*. Coquille turbinée. à spire muriquée et armée de tubercules très forts, distans et aigus sur le dernier tour ; bord externe pourvu d'un sinus à sa partie postérieure. columelle à quatre plis : couleur blanchâtre ou d'un gris fauve, peinte de lignes angulo-flexueuses et de taches angulaires d'un brun roux. Longueur, trois ou quatre pouces.

Cette espèce. qui habite l'océan Indien, les Moluques et la Nouvelle Hollande, offre un grand nombre de variétés, qui portent essentiellement sur la disposition des couleurs. L'une est plus courte (Martini, *Conch*.. 5. t. 97. fig. 596) : une seconde est ornée d'une large bande blanche transversale (Chemn.. *Conch.*, 10. t. 149. fig. 1399 et 1400) : une troisième est traversée par deux bandes blanchâtres, maculées de fauve ou de brun (Chemn.. *Conch.*. 11. t. 96. fig. 1699 et 1700) : une quatrième est d'un châtain uniforme (Chemn., *Conch.*, 10. tab. 149, fig. 1597 et 1598) : enfin, une cinquième est peinte d'un réticule arachnoïdien (Petiver, *Gaz.*, tab. 70. fig. 10).

La V. DOUCE : *V. mitis*, de Lamk., *ibid.*. n.° 18 : Martini, *Conch.*., 5, t. 98. fig. 940. Coquille ovale-oblongue, subturbinée. à spire simplement noduleuse ; le dernier tour entièrement mutique : columelle à quatre plis : couleur d'un jaune fauve. ornée de flammes anguleuses d'un fauve ventre de biche. Longueur. deux ou trois pouces.

Cette espèce. qui vient des mers de la Nouvelle-Hollande et des grandes Indes. offre une variété plus courte , tantôt dextre et tantôt sénestre, dont les flammes sont brunes et confluentes.

La V. NEIGEUSE : *V. nivosa* , de Lamk., Ann. du Mus., vol. 5, p. 158, pl. 12. fig. 2, *a*, *b*, et Anim. sans vert.. 7. pag. 357, n.° 15. Coquille ovale. mutique ou à peine tuberculée sur les premiers tours de la spire. et quelquefois anguleuse et tuberculeuse même sur le dernier : columelle à quatre plis : couleur générale fauve ou un peu rosée , parsemée de taches blanches, avec deux bandes transverses, formées de linéoles brunes. Longueur, deux ou trois pouces.

Des côtes de la Nouvelle-Hollande.

La VOLUTE SERPENTINE; *V. serpentina*, id., ib., vol. 17, p. 65, n.º 19. Coquille cylindro-fusiforme, à spire courte, légèrement tuberculeuse; columelle à quatre plis, avec un cordon oblique, granuleux, à la base : couleur blanche, peinte de lignes fauves, longitudinales, flexueuses. Longueur, deux pouces et quelques lignes.

De l'océan des grandes Indes.

C. *Espèces ovales, turbinoïdes, subtuberculeuses.*
(LES MUSIQUES.)

La V. PIED-DE-BICHE : *V. scapha*, Linn., Gmel., p. 3468, n.º 121; Martini, *Conch.*, 3, t. 72, fig. 774, et t. 75, fig. 775 et 776; Encycl. méthod., pl. 392, fig. *a*, *b*. Coquille épaisse, pesante, ventrue, turbinée, à tours de spire subcarinés, quelquefois noduleux postérieurement; le dernier comme ailé à l'endroit de la terminaison de la carène, formant sinus; quatre plis à la columelle : couleur blanchâtre, peinte de lignes longitudinales, angulo-flexueuses, brunes ou fauves. Longueur, six pouces.

Des mers du cap de Bonne-Espérance et des côtes de Java. La coquille de cette dernières localité a le fond rose et les lignes ondées d'un rouge brun : elle est en outre subnoduleuse.

La V. BOIS-VEINÉ : *V. hebræa*, Linn., Gmel., p. 3461, n.º 98; Martini, *Conch.*, 3, t. 96, fig. 924 et 925; Encycl. méthod., pl. 380, fig. 2. Coquille épaisse, ovale, turbinée, à spire conique, un peu tuberculeuse; le dernier tour couronné de grands tubercules non piquans; columelle à cinq plis inférieurs plus grands que les supérieurs : couleur d'un blanc fauve, entourée de lignes fauves, ondées, vermiformes, en faisceaux serrés. Longueur, quatre pouces quelques lignes.

De l'océan Indien et des Antilles.

La V. MUSIQUE : *V. musica*, Linn., Gmel., p. 3460, n.º 96; Martini, *Conch.*, 3, t. 96, fig. 927 et 929; Encycl. méthod., pl. 380, fig. 1, *a*, *b*. Coquille ovale, turbinée, à tours de spire couronnés par une série décurrente de tubercules assez forts et costiformes sur le dernier ; columelle à cinq ou six plis, les inférieurs plus grands que les autres : couleur blanchâtre, ornée de bandes transverses, les unes formées de lignes brunes, les autres de points bruns ou de taches noires plus grandes sur les bords. Longueur, deux à trois pouces.

Coquille commune de l'océan des Antilles.

La VOLUTE CHLOROSINE ; *V. chlorosina*, de Lamk., Ann. du Mus., *ibid.*, n.° 22. Coquille ovale, turbinée, à tours de spire tuberculés ; columelle à dix plis, dont les antérieurs sont les plus grands : couleur d'un blanc jaunâtre, ornée de fascies d'un brun fauve, interrompues, et de points fauves rares. Longueur, deux pouces.

Cette espèce, dont on ignore la patrie, ne diffère guère de la précédente que par la disposition si variable des couleurs.

La V. THIARELLE : *V. thiarella*, id., *ibid.*, n.° 23 ; Chemn., Conch., 10, t. 149, fig. 1401 et 1402 ; Encycl. méthod., pl. 380, fig. 5. *a*, *b*. Coquille ovale-oblongue, non turbinée ; la spire armée de tubercules ; dix ou douze plis à la columelle, dont les supérieurs sont les plus petits : couleur blanchâtre, avec quatre bandes transverses, alternativement formées de lignes parallèles ou de points articulés de blanc et de brun vers les bords. Longueur, deux à trois pouces.

C'est encore très-probablement une simple variété de la V. musique, dont elle ne diffère que par sa forme plus alongée ; ce qui fait présumer qu'elle provient d'individus mâles.

La V. CARNÉOLÉE : *V. carneolata*, id., *ibid.*, n.° 24 ; Chemn., Conch., 3, t. 96, fig. 950 et 951, et Encycl. méth., pl. 379, fig. 4, *a*, *b*. Coquille ovale, mutique ; le dernier tour traversé par des côtes épaisses et obtuses ; columelle à dix plis, dont les supérieurs sont les plus petits : couleur d'un blanc jaunâtre ou rose, safranée ou même rouge-brun, avec des bandes de lignes de points ou de taches brunes. Longueur, un pouce et demi.

C'est encore une espèce de cabinet plus que réelle et dont on ignore la patrie.

La V. DE GUINÉE : *V. guinaica*, id., *ibid.*, n.° 25 ; *Voluta musica guineensis*, Chemn., Conch., 11, t. 178, fig. 1717 et 1718 ; vulgairement la MUSIQUE DE GUINÉE. Coquille ovale, tuberculée, moins élargie que la V. musique, à columelle garnie de quatre plis, dont les supérieurs plus petits : couleur blanchâtre, nuée de violet, avec des bandes de lignes brunes et d'autres de points bruns. Longueur, deux pouces quatre lignes.

Des côtes de Guinée.

La Volute lisse : *V. lævigata*, id., ib., n.° 26 ; Enc. méth., pl. 3-9, fig. 2, *a*, *b*; vulgairement la Musique lisse. Coquille ovale, mutique, à peine noduleuse sur la tranche des tours de spire, à columelle à huit plis : couleur blanchâtre, nuée de violet, ornée de bandes ponctuées de brun et de lignes brunes croisées. Longueur, deux pouces.

Patrie inconnue.

La V. polyzonale : *V. polyzonalis*, id., ibid., n.° 27 ; Martini, *Conch.*, 3, t. 97, fig. 932 et 933 ; Encycl. méth., pl. 379, fig. 1, *a*, *b*; vulgairement la Musique verte. Coquille ovale, turbinée, à spire conique, aiguë, dont le dernier tour est couronné par une rangée de tubercules aigus ; columelle à douze plis, dont les supérieurs plus petits : couleur d'un cendré verdâtre, parsemée de points rouge-bruns, avec des taches brunes ou noirâtres, écartées, et cinq ou six bandes transverses d'un blanc de lait. Longueur, deux pouces deux lignes.

De l'océan Indien.

C'est une belle coquille fort rare et estimée.

La V. fauve : *V. fulva*, id., ibid., n.° 28 ; Encycl. méthod., pl. 382, fig. 3, *a*, *b*. Coquille ovale, turbinée, striée, à spire conique, courte, noduleuse ; le dernier tour anguleux et couronné de tubercules sur son angle ; columelle à douze ou quatorze plis : couleur d'un rouge fauve, avec quatre bandes blanchâtres transverses et quelques points colorés en avant. Longueur, un peu au-dessous de deux pouces.

De l'océan Indien.

Cette espèce diffère-t-elle réellement de la précédente autrement que par la couleur ?

La V. sillonnée : *V. sulcata*, id., ibid., n.° 30 ; Chemn., *Conch.*, 10, t. 149, fig. 1403 et 1404. Coquille ovale, scabre, à spire obtuse, sillonnée en travers, avec des côtes longitudinales obtuses : couleur safranée en dedans.

Patrie inconnue.

La Volute noduleuse; *V. nodulosa*, *id.*, Anim. sans vert., 7, p. 542, n.° 51. Coquille ovale, côtelée et noduleuse, avec sept plis à la columelle : couleur d'un blanc fauve, avec deux séries de taches irrégulières d'un roux brun.

D. *Espèces ovales, bombées et ventrues.* (Les Gondolières ; genre Cymbium, Monf.)

La V. nautique : *V. nautica*, de Lamk., *ibid.*, p. 329, n.° 1 ; Martini, *Conch.*, 3, t. 75, fig. 785 ; Encycl. méthod., pl. 587, fig. 2. Coquille extrêmement ventrue, renflée, à spire très-courte, couronnée d'épines courtes, entièrement recourbées vers le sommet, et à columelle marquée de trois plis : couleur uniforme d'un fauve roussâtre. Longueur, sept à huit pouces.

De la mer des Indes.

La V. diadème : *V. diadema*, de Lamarck, Ann. du Mus., vol. 17, p. 57, n.° 1 ; Martini, *Conch.*, 1, t. 74, fig. 780 ; Encycl. méthod., pl. 588, fig. 2. Coquille ventrue, à spire courte, couronnée d'épines voûtées, pointues, presque droites, avec trois plis à la columelle : couleur d'un fauve orangé, quelquefois marbrée de blanc. Longueur, sept pouces.

De l'océan Asiatique.

La V. armée : *V. armata*, *id.*, *ibid.*, n.° 2 ; Martini, *Conch.*, 3, t. 76, fig. 787 — 788 ; Encycl. méthod., pl. 588, fig. 1. Coquille ventrue, atténuée un peu supérieurement, couronnée d'épines droites et très-longues, avec trois plis à la columelle : couleur uniforme d'un jaune orangé.

Des mers du cap de Bonne-Espérance.

La V. ducale ; *V. ducalis*, *id.*, *ibid.*, n.° 3. Coquille cylindro-ventrue, à spire commençant par un mamelon très-saillant et très-renflé, et couronnée d'épines très-courtes, avec quatre plis à la columelle : couleur blanchâtre, subréticulée de veines rousses, flexueuses, coupées à angle droit par des taches châtaines irrégulières, formant deux séries. Longueur, deux à trois pouces.

De l'océan Indien.

La V. mouchetée : *V. tessellata*, *id.*, *ibid.*, n.° 5 ; Martini, *Conch.*, 3, t. 74, fig. 781. Coquille ventrue, couronnée d'épines courtes et un peu inclinées vers l'axe de la spire, avec quatre plis à la columelle : couleur d'un blanc un peu jaune de soufre , avec deux rangées de taches brunâtres , presque carrées. Longueur, trois pouces.

Patrie inconnue, mais probablement de l'océan d'Afrique comme la précédente , dont elle n'est sans doute qu'une variété.

La Volute éthiopienne : *V. æthiopica*, Linn., Gmel., p. 3465, n.° 113 ; Martini, *Conch.*, 3, t. 75, fig. 784, et tab. 73, fig. 777—779, et t. 74, fig. 782 ; Encycl. méthod., 1, pl. 387, fig. 1, et 388, fig. 3 ; vulgairement la Couronne d'Éthiopie. Coquille ovale, ventrue, couronnée d'épines voûtées, courtes, nombreuses et assez droites, avec trois ou quatre plis à la columelle : couleur jaune orangée, immaculée ou avec une bande transversale blanche , ou même avec deux bandes brunes. Longueur, quatre à cinq pouces.

De l'océan d'Afrique et du golfe Persique.

Le V. melon : *V. melo*, Soland.; *Voluta indica*, Linn., Gmel., p. 3467, n.° 120 ; Martini, *Conch.*, 3, t. 72, fig. 772 et 773, et Encycl. méthod., pl. 389, fig. 2. Coquille ovoïde, très-ventrue, bombée, à spire très-resserrée vers le sommet et presque cachée, avec quatre plis à la columelle : couleur d'un blanc jaunâtre , avec des taches brunes, rares, et disposées à peu près sur trois séries. Longueur, un demi-pied.

De l'océan Indien.

La V. de Neptune : *V. Neptuni*, Linn., Gmel., p. 3467, n.° 117, et *V. navicula*, p. 3467. n.° 118 ; Martini, *Conch.*, 3, t. 72, fig. 767—771 ; Encycl. méthod., pl. 386, fig. 1 ; vulgairement la Tasse de Neptune. Coquille ovale , renflée , ventrue , à spire entièrement cachée , carinée, avec quatre plis à la columelle : couleur d'un roux brunâtre, plus foncé avec l'âge. Longueur, sept pouces.

De l'océan d'Afrique et du golfe de Perse.

La V. gondole : *V. cymbium*, Linn., Gmel., p. 3466, n.° 114 ; Martini, *Conch.*, 3, t. 70, fig. 762 et 763 ; Encycl. méthod., pl. 386, fig. 3, *a*, *b* ; vulgairement le Char-de-Neptune ; l'Yet, Adanson, Sénégal, p. 43, pl. 3, fig. 7. Coquille ovale, un peu alongée, à tours de spire carinés supérieurement, et formant ainsi un canal vers la suture ; le sommet mamelonné, visible ; quatre à six plis à la columelle : couleur marbrée de blanc et de roux. Longueur, cinq à six pouces.

De l'océan Atlantique et des côtes de Provence, suivant

M. Risso : mais il faut avouer que cela est fort douteux ; car cet auteur dit que la volute gondole n'a que deux plis à la columelle ; que sa couleur est uniforme, d'un jaune safran, et qu'elle n'a que trois pouces de long. Il y a là sans doute quelque erreur.

La VOLUTE BOUTON : *V. olla*, Linn., Gmel., p. 3466, n.° 115 ; Martini, *Conch.*, 3, t. 71, fig. 766 ; Enc., méth., pl. 385, fig. 2. Coquille ovale, un peu alongée, dilatée, ou un peu ventrue, à tours de spire subcarinés, et formant une gouttière vers la suture ; mamelon terminal alongé, glandiforme, exserte ; deux ou trois plis à la columelle : couleur d'un fauve pâle, immaculé. Longueur, quatre pouces.

De l'océan des grandes Indes.

La V. PROBOSCIDALE : *V. proboscidalis*, de Lamarck, *ibid.*, n.° 10 ; Lister, *Conch.*, t. 800, fig. 7 ; Enc. méth., pl. 389, fig. 2. Coquille ovale, alongée, ventricoso-cylindrique, à tours de spire carinés ; la carène élevée et dépassant le sommet, mamelonné, peu marqué ; deux lignes élevées et peu marquées, décurrentes sur le dernier tour ; quatre plis à la columelle : couleur d'un fauve pâle. Longueur, dix à onze pouces.

De la mer des Philippines.

La V. PORCINE : *V. porcina*, id., *ibid.*, n.° 11 ; Martini, *Conch.*, 3, t. 70, fig. 764 et 765 ; Encycl. méthod., pl. 386, n.° 2 ; vulgairement la CUILLER-DE-NEPTUNE. Coquille ovale, alongée, subcylindrique, à tours de spire presque cachés par la carène du dernier, formant une sorte d'excavation au sommet ; trois ou quatre plis à la columelle : couleur blanchâtre. Longueur, cinq à six pouces.

De l'océan d'Afrique.

Il y a sans doute encore plusieurs autres espèces de volutes, soit déjà décrites, soit inédites dans les collections ; mais elles sont, probablement pour la plupart, dans le cas d'un assez grand nombre des précédentes, établies sur des caractères de couleur ou de forme peu importans, et provenant des différens sexes.

Nous terminerons en faisant observer que ce genre passe insensiblement aux mitres d'un côté, et aux marginelles de l'autre. En effet, M. le docteur Leach a décrit et figuré une jolie coquille, tab. 12, fig. 1, dans ses *Miscellanea*, sous le nom de *voluta zebra*, qui est pour M. de Lamarck une marginelle : elle semble cependant avoir le sommet mamelonné.

M. Risso a aussi décrit comme une volute, une véritable volvaire ; car sa *voluta mitrella*, p. 230, n.º 661, fig. 143, n'est rien autre chose que la volvaire grain de blé de M. de Lamarck : il est probable que sa *voluta nitidula*, p. 249, n.º 660, est aussi une volvaire ; mais je ne sais laquelle. (De B.)

VOLUTE. (*Foss.*) Ce n'est que dans les couches plus nouvelles que la craie que, jusqu'à présent, on a rencontré des espèces fossiles de ce genre. Voici celles que nous connoissons à cet état :

Volute harpe : *Voluta cithara*, Lamk., Anim. sans vert., tom. 7, p. 543 ; *Voluta harpa ejusd.*, Ann. du Mus., vol. 1, p. 476, et vol. 17, p. 74, n.º 1 ; Vélins du Mus., n.º 2, fig. 11 ; Encycl., pl. 384, fig. 1. Coquille ventrue, sillonnée transversalement à sa base, couverte de côtes longitudinales qui portent deux rangées d'épines à la partie supérieure de chaque tour ; columelle garnie de cinq à six plis. Longueur, quatre pouces. Fossile de Grignon, département de Seine-et-Oise, et des autres couches du calcaire grossier des environs de Paris.

Volute épineuse : *Voluta spinosa*, Lamk., Vélins du Mus., n.º 2, fig. 12 ; *Strombus spinosus*, Linn. ; *Voluta spinosa*, Ann. du Mus., vol. 1, p. 477, n.º 2 ; Sowerby, *Min. conch.*, tab. 115, fig. 2, 3 et 4, et tab. 599, fig. 1. Coquille turbinée, sillonnée transversalement à la base, portant sur chaque tour neuf à dix côtes longitudinales, épineuses à leur partie supérieure et presque nulles à l'inférieure. Longueur, dix-neuf lignes. Cette espèce se rencontre avec la précédente. On en trouve quelques individus qui sont rayés transversalement par des lignes jaunes.

Nous sommes portés à regarder comme des variétés de cette espèce des coquilles plus ventrues, qu'on trouve à Bartoncliff en Angleterre, ainsi que d'autres plus alongées, qui sont couvertes de stries qui suivent les tours, et que l'on trouve au même lieu, à Acy, département de l'Oise, et à Ronca en Italie. On voit une figure de ces dernières dans l'ouvrage de Brander sur les fossiles du Hamsphire, fig. 69. Cet auteur leur a donné le nom de *strombus ambiguus*, et M. de Lamarck celui de *voluta ambigua*. Ann. du Mus., vol. 17. p. 77, n.° 12.

Volute musicale : *Voluta musicalis*, Lamk., Ann. du Mus., vol. 1, p. 477, et vol. 6, pl. 45, fig. 7 ; *Strombus luctator*, Brander, fig. 64 ; Sowerby, *loc. cit.*, tab. 115, fig. 1, et tab. 397 ; Encyclop., pl. 392, fig. 4. Coquille ovale - pointue, à spire conique et muriquée, son dernier tour, un peu turbiné, est muni de côtes longitudinales qui se terminent à leur sommet par autant de tubercules épineux ; en outre il est finement strié longitudinalement et en même temps treillissé par des rides écartées et transverses. Longueur, trois pouces. Fossile de Grignon, de Courtagnon, près de Reims, et du Hampshire.

MM. de Lamarck et Sowerby ont regardé la *V. musicalis* comme *identique* avec la *V. luctator* ; mais il y a entre les coquilles de cette espèce qu'on trouve en France et celles d'Angleterre des différences assez marquées : le nombre des rides transverses des premières varie de huit à douze ; elles ont quatre et quelquefois cinq plis à la columelle, et leur bord n'est pas strié intérieurement, tandis que sur les autres le nombre des stries transverses s'élève de vingt à vingt-cinq, qu'il ne se trouve que trois plis à la columelle, et que le bord est strié intérieurement. Comme en Angleterre on ne trouve pas notre *Voluta musicalis*, il est extrêmement probable qu'elle y est remplacée par la *Voluta luctator*, que nous ne trouvons pas en France.

Volute hétéroclite ; *Voluta heteroclita*, Lamk., Ann. du Mus., vol. 17, p. 75, n.° 4. Coquille ovale, lisse à la partie inférieure, à spire courte, côtelée et un peu tuberculeuse. Longueur, deux pouces et demi. Fossile de Betz, département de l'Oise. Cette coquille, qui ne diffère de celle qui précède que parce qu'elle n'est pas striée transversalement, paroît n'en être qu'une variété.

Volute muricine : *Voluta muricina*, Lamk., Ann. du Mus., vol. 1, p. 477, n.° 4. et vol. 17, p. 75, n.° 5 ; Favanne, Conch., pl. 66, fig. 11 ; Encyclop., pl. 385. fig. 1. Coquille ovale-fusiforme, à base effilée et lisse, à spire composée de six à sept tours. couverte de côtes longitudinales portant de grands tubercules épineux à leur partie supérieure ; le pli le plus inférieur de la columelle étant grand et séparé des autres par un sillon assez large. Longueur, plus de trois pouces. Fossile de Courtagnon, d'Épernay et de Grignon.

Volute côtes-douces: *Voluta costaria*, Lamk., Ann. du Mus., vol. 1, p. 477, n.° 5; Encyclop., pl. 383, fig. 7. Coquille fusiforme, turriculée, effilée à la base, portant sur chacun des tours huit côtes longitudinales séparées, un peu plus élevées et comme comprimées dans leur partie supérieure, lisses et douces. Longueur, deux pouces et demi. Fossile de Grignon, Courtagnon et des autres localités du calcaire grossier des environs de Paris.

La variété *b* est moins alongée et porte un petit tubercule court sur chaque côte. Cette variété semble lier cette espèce à la volute muricine.

Volute pointue; *Voluta acuta*, Def. Cette coquille a de très-grands rapports avec la *V. costaria* (var. *b*); mais elle est beaucoup plus alongée et sa spire commence par un très-petit mamelon, ce qui n'a pas lieu pour les deux espèces qui précédent immédiatement. Longueur, dix-neuf lignes. Nous ne savons où a vécu cette espèce, qui pourroit n'être qu'une variété de la *V. costaria*.

Volute couronne-double: *Voluta bicorona*, Lamk., Ann. du Mus., vol. 1, p. 478, n.° 7; Encyclop., pl. 384, fig. 6. Coquille ovale-pointue, couverte de stries transverses et de dix-huit côtes longitudinales qui portent une double rangée d'épines à leur partie supérieure. Longueur, deux pouces. Fossile de Mouchy-le-Chatel, de Chaumont et de Cuise-la-Mothe, département de l'Oise.

Des coquilles qu'on trouve à Betz, même département, et qui paroissent appartenir à la même espèce, ne portent de stries transverses qu'à la base et ont la spire beaucoup moins épineuse; d'autres, qu'on trouve à Parnes, et qui ne portent que dix à onze côtes longitudinales, ont les stries transverses peu marquées, la spire moins épineuse, et sont plus ventrues.

Volute côtes-crénelées: *Voluta crenulata*, Lamk., Ann. du Mus., vol. 1, p. 478, n.° 8; Brand., fig. 71? Encyclop., pl. 384, fig. 5. Coquille ovale-pointue, couverte de stries transverses et de côtes longitudinales serrées et crénelées. La suture est accompagnée de deux stries profondes. Longueur, vingt lignes. Fossile de Courtagnon, de Parnes, du val Sangonini, et de Hordwel dans le Hampshire. Cette espèce présente, dans chacun de ces endroits, de très-légères différences; c'est à celle de Hordwel que la volute d'Italie ressemble le plus. (Brong.)

Volute petit-dé : *Voluta digitalina*, Lamk., Ann. du Mus., vol. 17, p. 77, n.º 10; *Buccinum scabriculum*, Brand., fig. 71; *Voluta lima*, Sow., pl. 398, fig. 2. Cette coquille, qui n'a qu'un pouce de longueur, ressemble parfaitement à celle qui précède, dont elle n'est probablement qu'une variété modifiée par la localité. Fossile de Monneville, département de l'Oise, et du Hampshire.

Volute treillissée : *Voluta clathrata*, Lamk., Ann., *ibid.*, n.º 11; *Murex suspensus*, Brand., fig. 70. Cette espèce est très-voisine des précédentes par ses rapports, et nous sommes porté à croire qu'elle n'en est qu'une variété, quoiqu'elle soit éminemment treillissée, même entre ses côtes, qui sont bien séparées. Longueur, dix-huit lignes. Fossile de Courtagnon.

Volute petite-harpe : *Voluta harpula*, Lamk., Ann. du Mus., vol. 1, pag. 478, n.º 9; Encycl., pl. 383, fig. 8. Coquille ovale-fusiforme, couverte de côtes longitudinales assez serrées, à suture simple et bien marquée; portant beaucoup de plis à la columelle, mais dont les trois inférieurs sont les plus gros et l'avant-dernier le plus élevé. Longueur des plus grands individus, quatorze lignes. Fossile de Grignon, de Hauteville et de Dax.

Volute de Brander; *Voluta Branderi*, Def. On trouve à Monneville cette espèce, qui a de très-grands rapports avec celle ci-dessus, mais qui en diffère cependant, parce que ses côtes longitudinales sont moins nombreuses et plus grosses, et parce que le mamelon de son sommet est beaucoup plus petit. Les individus qu'on trouve à Monneville n'ont que onze lignes de longueur; mais d'autres, dont la localité nous est inconnue, ont jusqu'à dix-neuf lignes, et ne présentent que trois plis à la columelle. Cette espèce n'est peut-être qu'une variété de la précédente.

Volute labrelle : *Voluta labrella*, Lamk., Ann. du Mus., vol. 1, p. 478, n.º 10; Enc., pl. 384, fig. 3. Coquille épaisse, ovale-turbinée, ventrue, sillonnée transversalement, anguleuse à la partie supérieure des derniers tours, qui sont aplatis en dessus; à spire courte, pointue et striée au sommet. Les plis de la columelle varient de trois à six. Longueur, près de deux pouces. Fossile de la couche du grès marin supérieur d'Acy, de Monneville, de Lachapelle, près de Paris et d'Armentières. Nous pensons qu'on ne la trouve pas à Grignon.

VOLUTE FICULINE : *Voluta ficulina*, Lamk., Ann. du Mus., vol. 17, p. 79, n.° 15; *Voluta depressa*, Ann., vol. 1, p. 479, n.° 12. Coquille ovale-turbinée, couverte de stries transverses, dont le dernier tour est couronné d'épines; à spire courte et pointue; à bord épais, marginé extérieurement et strié à l'intérieur. Quelques individus de cette espèce ont le bord gauche appliqué sur la columelle en expansion. Longueur, vingt-six lignes. Fossile des environs de Bordeaux. On trouve à Abbecourt et à Bracheux, près de Beauvais, dans une couche de sable quarzeux, des coquilles qui ont de très-grands rapports avec cette espèce.

VOLUTE RARE-ÉPINE: *Voluta rarispina*, Lamk., Ann. du Mus., vol. 17, pag. 79, n.° 16; Encycl., pl. 384, fig. 2; de Bast., Mém. géol. sur les envir. de Bordeaux, pl. 11, fig. 2. Cette espèce a de tels rapports avec l'espèce précédente, que M. de Basterot ne l'a regardée que comme une variété de celle-ci; nous sommes également disposés à le croire, mais nous remarquons que celles de ces coquilles qu'on trouve à Dax diffèrent de celles des environs de Bordeaux, en ce que le bord gauche est très-calleux, et en ce que quelques-unes ne portent pas d'épines. Il est très-possible que la localité où elles ont vécu soit la cause de cette différence.

VOLUTE DÉLAISSÉE: *Voluta decerta*, Def. Coquille ovale-turbinée, transversalement striée et couverte de petites côtes longitudinales. La columelle porte sept à huit petits plis, dont l'inférieur est le plus gros. Longueur, un pouce. Fossile de Dax.

VOLUTE A BOURRELET : *Voluta varicalosa*, Lamk., Ann. du Mus., vol. 1, p. 479, n.° 13, et vol. 17, p. 79, n.° 17; Vél. du Mus., n.° 2, fig. 10. Coquille oblongue, subfusiforme, lisse, portant une varice sur le dos et quatre plis à la columelle. Longueur, huit lignes. Fossile de Grignon.

Volute mitréole : *Voluta mitreola*, Lamk., Ann., *ibid.*, n.º 14 et n.º 18; Vél. du Mus., Suppl., fig. 8. Coquille ovale-pointue, lisse, portant trois plis à la columelle et une petite dent au bord droit. Longueur, cinq lignes. Fossile de Grignon.

Volute fusiforme; *Voluta fusiformis*, Defr. Coquille très-alongée, portant cinq à six tours bombés, couverte de petites côtes longitudinales et de légères stries transverses. Longueur, six lignes. Fossile de Hauteville.

Volute de Lambert : *Voluta Lambertii*, Sow., pl. 129; *Voluta of Harwich*, Park., *Org. rem.*, vol. 5, pag. 26, tab. 5, fig. 13. Coquille lisse, alongée à la base, portant un très-gros mamelon au sommet et quatre plis à la columelle. Longueur, quatre et quelquefois sept pouces. Fossile de Holliwel, de Bawdsey et d'Alborough, dans le comté de Suffolk, de la Touraine et des environs d'Angers. M. de Basterot dit que son analogue vit dans la mer du Sud.

Voluta subspinosa, Brong., Vicent., pl. 3, fig. 5. Coquille ovale, courte, couverte de grosses côtes longitudinales épineuses à leur partie supérieure; à base effilée, plissée, et à spire courte. Longueur, quinze lignes. Fossile de Ronca. Cette espèce a beaucoup de rapports avec la *V. spinosa* et avec la *V. affinis* ci-après.

Voluta citharella, Brong., *loc. cit.*, pl. 6, fig. 9. Coquille fusiforme, couverte de côtes longitudinales, arrondies, dont l'intervalle est strié transversalement, et portant deux ou trois plis à la columelle. Longueur, onze lignes. Fossile de la montagne de Turin. Cette espèce a beaucoup de rapports avec la *voluta harpula* et avec la *voluta fusiformis*.

Voluta affinis, Brocc., p. 306, pl. 15, fig. 8; *an Voluta geminata?* Sow., pl. 398, fig. 1. Coquille ovale, portant des côtes longitudinales, obtuses à leur partie supérieure, à spire conique, noduleuse, et à base striée transversalement. Longueur, vingt lignes. Fossile de Belfort, ancien département de Montenotte.

Dans son Mémoire sur les terrains du Vicentin, M. Brongniart a cité cette espèce comme se trouvant à Ronca et dans la montagne de Turin, et il en a donné une figure, pl. 5, fig. 6, mais il y a peut-être une erreur; car cette figure paroit se rapporter à la *voluta coronata* de Brocchi. M. de Basterot (*loc. cit.*) a fait une erreur en rapportant à la fig. 7 de la pl. 15 de l'ouvrage de Brocchi la *voluta affinis* qui s'y trouve fig. 8, et il a cité, comme M. Brongniart, la fig. 6 au lieu de la fig. 5 de l'ouvrage de ce dernier. A l'égard des caractères ils se rapportent beaucoup plus à la *voluta coronata* ci-après qu'à toute autre espèce.

Voluta coronata, Brocc., p. 307, tab. 15, fig. 7; Brongn., *loc. cit.*, pl. 3, fig. 6. Coquille ovale, couverte de profondes stries transverses et de côtes longitudinales obtuses à leur partie supérieure; à spire conique et noduleuse, et portant six plis à la columelle. Longueur, dix-sept lignes. Brocchi n'a pas su d'où cette coquille provenoit; mais il paroît que M. Brongniart l'a trouvée à Ronca et dans la montagne de Turin.

Voluta mayorum, Brocc., *loc. cit.*, pl. 4, fig. 2; *Voluta costata* et *Voluta mayorum*, Sow., *Min. conch.*, pl. 290. Coquille fusiforme, lisse, couverte de côtes longitudinales obtuses, à columelle garnie de beaucoup de plis, dont les inférieurs sont les plus gros. Longueur, près de deux pouces. Fossile de Belfort, de Barton en Angleterre.

VOLUTE A GROS MAMELON: *Voluta mammosa*, Defr. Il est difficile de donner tous les caractères de cette espèce, dont nous n'avons vu qu'un jeune individu entier et des débris d'autres plus âgés. Un mamelon de la grosseur d'un pois se trouve au haut de la spire; la coquille est couverte de légères stries transverses et de côtes longitudinales épineuses à leur partie supérieure. La columelle est chargée de quatre plis. Nous présumons que cette coquille a deux pouces de longueur. Fossile de Hauteville, département de la Manche.

VOLUTE PEINTE; *Voluta picta*, Def. Coquille ovale-turbinée, lisse, couverte de lignes jaunes transverses; portant deux ou trois plis à la columelle. Longueur, près de deux pouces. Fossile des environs de Paris. Cette espèce devra peut-être entrer dans le genre Fasciolaire.

Voluta athleta, Sow., *loc. cit.*, pl. 396, fig. 1, 2 et 3; *Strombus athleta*, Brand., *loc. cit.*, fig. 66. Coquille rhomboïdale, ventrue, à spire pointue, couverte de côtes longitudinales, qui se terminent à leur partie supérieure par des épines; à

base striée transversalement et portant trois plis à la columelle. Longueur, deux pouces et demi. Fossile de Barton.

Voluta depauperata, Sow., *loc. cit.*, même pl., fig. 4; *Strombus luctator*. Brand., fig. 67. Coquille ovale-rhomboïdale, à
spire pointue. couverte de côtes longitudinales, qui se terminent à leur partie supérieure par des épines droites; à
base striée transversalement. Longueur, quinze lignes. Fossile
de Barton. Nous regardons cette coquille comme une variété
de celle qui précède immédiatement.

Voluta nodosa, Sow., *loc. cit.*, pl. 399, fig. 2. Coquille
ovale-pointue, couverte de stries transverses et de côtes longitudinales noduleuses à leur partie supérieure, à spire noduleuse et portant trois plis à la columelle. Longueur, vingt-
deux lignes. Fossile de Barton.

VOLUTE PONCTUÉE; *Voluta punctata*, Risso, Hist. natur. des
princip. product. de l'Europe mérid., tom. 4, pag. 250. Coquille ovale, un peu épaisse, couverte de lignes transverses
et de longitudinales. L'ouverture a deux plis au bord droit
et est denticulée à gauche. Longueur, 0,006. Se trouve subfossile aux environs de Nice.

VOLUTE AIGUË; *Voluta acuta*. Risso, *loc. cit.* Coquille un
peu épaisse, opaque. couverte de stries transverses, dont les
quatre tours postérieurs sont granulés. L'ouverture est munie
d'un pli. Longueur, 0,016. Se trouve subfossile aux environs
de Nice.

VOLUTE ANCYLOÏDE; *Voluta ancyloides*, Risso, *loc. cit.*, p. 251.
Coquille très-lisse, luisante, translucide, à six tours de spire,
à suture étroite, très-profonde. L'ouverture est munie de
cinq plis. Longueur, 0,010. Fossile de Magnan près de Nice.
(D. F.)

VOLUTE CONIQUE. (*Conchyl.*) Dénomination que l'on a
quelquefois donnée aux cônes. (DESM.)

VOLUTE COURONNE D'ÉTHIOPIE. (*Conchyl.*) Coquille
du genre Volute qui, pour Denys de Montfort, est le type
d'un genre particulier, auquel il a donné le nom de cymbe,
cymbium. (DESM.)

VOLUTE GLABRE. (*Conchyl.*) Cette coquille ou *voluta
glabrella*, Linn., est le type du genre MARGINELLE. Voyez ce
mot. (DESM.)

VOLUTE MARCHANDE. (*Conchyl.*) C'est une colombelle pour M. de Lamarck. (Desm.)

VOLUTE OREILLE-DE-JUDAS. (*Conchyl.*) Ce nom marchand s'applique à une coquille du genre Auricule. Voyez ce mot. (Desm.)

VOLUTE PORPHYRE. (*Conchyl.*) Synonyme vulgaire de l'olive de Panama. (Desm.)

VOLUTE RÉTICULÉE. (*Conchyl.*) Le genre Cancellaire a pour type la coquille qui portoit anciennement ce nom, et qui est le *voluta cancellata* de Linné. (Desm.)

VOLUTE TORNATILE. (*Conchyl.*) Coquille du genre Volute qui est le type du genre Actéon de Denys de Montfort. (Desm.)

VOLUTELLA. (*Bot.*) Ce genre de Forskal a été réuni depuis long-temps, par Vahl, au *Cassytha* de Linnæus, qui appartient aux laurinées. (J.)

VOLUTELLA. (*Bot.*) Genre de la famille des champignons, établi par Tode, très-voisin du *Peziza*. Il comprend des champignons très-petits, en forme de soucoupe ou de vase stipité, dont la surface supérieure est ponctuée ou percée de trous, et le bord enroulé seulement dans le premier âge.

Fries, qui admet ce genre sans connoître les plantes qu'y ramène Tode, a modifié un peu ses caractères : il a ajouté celui donné par la présence d'un voile partiel qui recouvre le champignon, et d'un hyménium d'une consistance grasse, cireuse d'abord, qui se coagule ensuite et ressemble à de la résine. Il fait observer que ce genre est intermédiaire entre le *Ditiola* et le *Tympanis*.

Le Volutella nu : *Volutella nuda*, Fries, *Syst. mycol.*, 1, p. 173 ; *Volutella volvata*, Tode, *Fung. Meckl.*, 1, pag. 28, pl. 5, fig. 43. Épars, de couleur blanche, puis jaunâtre, et enfin d'un jaune brun ou noirâtre, en forme de soucoupe de moins d'une ligne de diamètre, recouvert d'un voile blanc, qui se déchire par les bords ; hyménium d'une consistance cireuse, puis résineuse, qui sort de la cupule et se détruit. Cette espèce offre un stipe très-court ; elle croît sur les rameaux desséchés du prunellier (*prunus spinosa*, Linn.), en Septembre, pendant les pluies.

Le *volutella nuda* de Tode (*loc. cit.*, fig. 44) est une petite espèce différente, très-fugace, qui croît éparse et dont la forme est celle d'une coupe nue, plane, puis discoïde. C'est le *peziza volutella*, Fries; elle a aussi beaucoup de rapports avec le *peziza amenti*, Batsch, *Elench.*, 1, pl. 148; Pers., etc. (Lem.)

VOLUTELLE. (*Bot.*) Nom françois donné par Bridel à un genre de mousse, le Schlotheimia. Voyez ce mot, t. XLVIII, p. 89. (Lem.)

VOLVA. (*Bot.*) Adanson réunissoit sous ce nom générique les champignons du genre *Agaricus* qui offrent un *volva*. Il cite pour exemple les *fungus*, Michéli, *Gen.*, pl. 76, fig. 1 et 2. qui représentent les *agaricus vaginatus* et *bombycinus* de Fries, placés dans le genre *Amanita* par MM. de Lamarck et Persoon. Le *volva* d'Adanson répond donc au genre *Amanita*. Voyez Amanite et Fonge. (Lem.)

VOLVÆ. (*Foss.*) On a quelquefois donné ce nom aux articulations ou portions de tiges des encrinites. (D. F.)

VOLVAIRE, *Volvaria.* (*Conchyl.*) Genre établi par M. de Lamarck pour un certain nombre de petites coquilles que Linné comprenait dans son grand genre Volute, Adanson dans son genre Porcelaine, et dont M. de Blainville ne fait qu'une simple section du genre Marginelle de M. de Lamarck, et également du nombre des volutes de Linné; ses caractères sont: Coquille lisse. polie. fortement involvée, à spire presque sans saillie: ouverture très-étroite, aussi longue que la coquille, avec deux ou trois plis à la partie antérieure de la columelle; le bord externe assez mince et non rebordé; opercule nul.

L'animal, d'après Adanson, est presque semblable à celui des porcelaines.

Les coquilles qui entrent dans ce genre, sont toutes marines et en général fort petites; elles se trouvent dans les mers des pays chauds et n'offrent rien de remarquable que leur jolie forme et même leur couleur et leur poli, qui les a fait comparer à des perles; aussi quelques-unes sont-elles employées par les sauvages à faire des colliers.

La distinction des espèces porte sur le nombre des plis de la columelle et sur la couleur; celle-ci est variable: est-il certain qu'il n'en soit pas de même du nombre des plis?

La V. à collier; *V. monilis*, Linn., Gmel., p. 3443, n.° 27.

Petite coquille ovale, subcylindrique, opaque, luisante, à spire à peine visible, et avec cinq plis à la columelle: couleur d'un blanc de lait. Longueur, quatre à cinq lignes.

Des mers du Sénégal et de celles de la Chine, d'après Linné.

Cette jolie petite coquille est, comme l'indique son nom, employée à faire des colliers ; c'est presque une marginelle, car son bord droit est souvent un peu épaissi.

La Volvaire hyaline : *V. pallida*, Linn., Gmel., p. 3444, n.° 3o ; Mart., *Conch.*, tab. 42, fig. 426. Petite coquille mince, pellucide, ovale-oblongue, cylindracée, à spire à peine proéminente, obtuse, avec quatre plis à la columelle, qui est un peu courbée en avant : couleur d'un blanc de corne, quelquefois fasciée de fauve. Longueur, cinq à six lignes.

Des mers du Sénégal.

La V. grain-de-blé : *V. triticea*, de Lamk., Anim. sans vert., 7, p. 363, n.° 3 ; *Voluta exilis*, Linn., Gmel., p. 3444, n.° 28 ; le Siméri, Adanson, Sénégal, pl. 5, fig. 5. Petite coquille ovale-oblongue, subcylindrique, à spire subproéminente, avec le bord externe déprimé vers son milieu, la columelle à quatre plis ; M. Risso dit trois, mais sans doute par erreur : couleur blanchâtre, fasciée quelquefois de fauve. Longueur, quatre à cinq lignes.

Des mers du Sénégal et de la Méditerranée.

Comme Adanson dit positivement que son siméri est employé par les Nègres à faire des colliers, il est très-probable que c'est la même que le *V. monilis*.

La V. grain-de-riz : *V. oriza*, de Lamarck, *ibid.*, n.° 4 ; Encycl. méthod., pl. 374 . fig. 6, *a*, *b*. Petite coquille obovale, à spire à peine proéminente, avec une columelle droite, à quatre plis : couleur blanche, avec une large zone fauve, et quelquefois toute blanche.

En supposant que ce soit le stipon d'Adanson, ce qui est extrêmement probable, cette coquille viendroit des mers du Sénégal.

La V. grain-de-mil : *V. miliacea*, id., ibid., n.° 5 ; *Voluta miliaria*, Linn., Gmel., p. 3443, n.° 6 ; Payraudeau, Corse, p. 168, pl. 8, fig. 28 et 29. Très-petite coquille subpellucide, subovale, à spire à peine apparente, avec cinq plis à la columelle, qui est droite : couleur d'un blanc de neige.

De la Méditerranée.

La Volvaire a six plis : *V. sexplicata*, Risso, Hist. nat. de
l'Europe mérid., 4, p. 154. Très-petite coquille, lisse, avec
six plis à la columelle, et de couleur blanche, laiteuse, ornée
de deux bandes transverses, ferrugineuses sur le dernier
tour, outre un de même couleur à la spire. Longueur, trois
lignes.

Des bords de la Méditerranée.

Cette espèce est-elle distincte de la volvaire grain-de-mil
de M. de Lamarck ? je n'ose l'assurer. Je ferai cependant l'observation que je possède dans ma collection plusieurs individus qui ont les caractères assignés par M. Risso à sa V. à
six plis, et chez lesquels le bord externe est finement denticulé en dedans ; caractère qui a également lieu dans la V.
grain-de-mil.

M. Risso parle encore d'une V. biplissée, *V. biplicata*, p. 154,
n.° 611, qui n'auroit que deux plis à la columelle : je ne l'ai
jamais vue.

Il décrit aussi une V. à sept plis, *V. septemplicata*, p. 234,
n.° 614. C'est probablement une simple variété de sa V. à
six plis.

Quant à sa V. à quatre plis, *V. quadriplicata*, p. 233, n.° 612,
il est fort probable que c'est le *V. oriza*, de M. de Lamarck,
ou son V. grain-de-blé. (De B.)

VOLVAIRE. (*Foss.*) Nous ne connoissons à l'état fossile
qu'une espèce de ce genre, qu'on trouve dans la couche du
calcaire grossier de Grignon.

Volvaire bulloïde : *Volvaria bulloides*, Lamk., Vélins du
Mus., n.° 19, fig. 14; Annales du Mus., vol. 5, p. 29, n.° 1,
et vol. 8, pl. 60, fig 12 ; Encycl., pl. 384, fig. 4. Coquille
cylindrique, couverte de stries qui suivent les tours, ces
stries offrant des points enfoncés qui sont le produit de
stries longitudinales moins apparentes. La spire, comme en-
foncée dans l'extrémité supérieure de la coquille, se termine
par une petite pointe particulière à peine en saillie. A la
base de la columelle on remarque quatre plis obliques. Longueur, dix à onze lignes.

Dans l'Histoire naturelle des principales productions de
l'Europe méridionale, M. Risso annonce qu'aux environs de

Nice on trouve à l'état subfossile les espèces ci-après, qui vivent dans la Méditerranée.

VOLVAIRE BIPLISSÉE; *Volvaria biplicata*, Risso. Coquille lisse, luisante, à quatre tours de spire, munie de deux plis sur la columelle. Longueur, 0,005.

VOLVAIRE A QUATRE PLIS; *Volvaria quadriplicata*, Risso. Coquille lisse, luisante, à cinq tours de spire, ayant la columelle munie de quatre plis. Longueur, 0,006.

VOLVAIRE A SIX PLIS; *Volvaria sexplicata*, Risso. Coquille lisse, luisante, composée de cinq tours de spire, avec la columelle munie de six plis très-inégaux. Longueur, 0,007.

VOLVAIRE A SEPT PLIS; *Volvaria septemplicata*, Risso. Coquille opaque, luisante, à quatre tours de spire; ayant la columelle munie de sept plis très-inégaux. Longueur, 0,005. (D. F.)

VOLVARIA. (*Bot.*) C'est sous ce nom que M. De Candolle avoit établi, dans la Flore françoise, un genre de la famille des lichens. qu'il a reconnu être le même que celui nommé ensuite THELOTREMA (voyez ce mot) par Acharius. Rafinesque avoit donné ce même nom à un genre de champignons, qu'il a désigné ensuite par VOLVYCIUM (voyez ce mot). Enfin, ce nom est, dans le *Systema mycologicum* de Fries, celui d'une série d'espèces dans le genre *Agaricus*, où sont rangés une partie des *agaricus* des auteurs munis d'un *voiva*. Voyez VOLVYCIUM. (LEM.)

VOLVOCE, *Volvox*. (*Amorphoz.*) Genre d'êtres microscopiques, fort incomplétement observés, à cause de leur extrême petitesse, et cependant établi et caractérisé par Muller, par la phrase suivante : *Vermis inconspicuus simplicissimus, pellucidus, sphericus*, en y ajoutant que ces corpuscules sphériques, pellucides, très-simples et invisibles, offrent des mouvemens de rotation sur eux-mêmes, ce qui a déterminé le nom du genre.

J'ai plusieurs fois observé, dans le cours de mes recherches sur les êtres appelés microscopiques, des corps sphériques entraînés dans un mouvement plus ou moins évident de rotation; mais je n'ai pu encore avoir une idée arrêtée sur ce qu'ils sont définitivement; aussi je vais me borner à extraire de Muller ce que je puis dire sur les volvoces. Il en définit douze espèces.

Le Volvoce point : *V. punctum*, Mull., *Inf.*, p. 12, n.° 13, pl. 3, fig. 1 et 2. Corps globuleux, dont une moitié est opaque et noire, et l'autre moitié pellucide et cristalline.

On le trouve à la surface de l'eau de mer fétide.

C'est dans la partie noire que se remarque le mouvement lorsque le petit animal nage ; la partie transparente est échancrée et comme composée de deux points lucides.

Le V. grain ; *V. granum*, id., ibid., fig. 3. Corps sphérique, de couleur verte, avec la périphérie hyaline.

Dans cette espèce, qui a été observée dans de l'eau de marais au mois de Juin, le mouvement était fort lent.

Le V. globule : *V. globulus*, id., ibid., fig. 4. Corps globuleux, quelquefois ovalaire, contenant à l'intérieur des vésicules transparentes et subobscur en arrière.

Dans une infusion végétale.

Les mouvemens sont lents, et quelquefois plus vifs.

Le V. pilule ; *V. pilula*, id., ibid., n.° 16, tab. 3, fig. 5. Corpuscule sphérique, pellucide, avec l'intérieur vert et immobile : mouvement rotatoire lent et quelquefois un peu plus vif.

Commun, au mois de Décembre, dans l'eau où croît la lentille d'eau.

Le V. grêle ; *V. grandinella*, id., ibid., n.° 17, fig. 6 et 7. Corpuscule sphérique, opaque, marqué de linéoles circulaires, variées, avec l'intérieur immobile et non moléculaire.

Trouvé, aux mois d'Août et d'Octobre, dans les eaux où croît la lentille polyrhize.

Le V. social ; *V. socialis*, id., ibid., n.° 18, fig. 8 et 9. Corpuscule sphérique, composé à sa circonférence d'un nombre plus ou moins considérable de molécules cristallines, égales et distantes : mouvemens de toute la sphère de droite à gauche et quelquefois en tournant.

Trouvé dans une eau dans laquelle on avoit conservé pendant un mois du *chara vulgaris*.

Le V. sphérule ; *V. Sphærula*, id., ibid., n.° 19, fig. 10. Corpuscule sphérique, composé de molécules ou points pellucides, homogènes, de différentes grandeurs : mouvemens lents de droite à gauche et de gauche à droite, dans l'étendue d'un quart de cercle au plus.

Dans les eaux d'étang en automne.

Le Volvoce lunule; *V. lunula, id., ib.,* n.º 20, fig. 11. Corpuscule hémisphérique. hyalin, composé d'une quantité innombrable de molécules homogènes. pellucides, ayant la forme d'un quartier lunaire : mouvement continuel et de deux sortes : l'un, rotatoire. de toute la masse entière ; l'autre, plus vif, de chaque molécule.

Dans l'eau de marais au premier printemps.

Il me paroit extrêmement probable que c'est une agglomération de très-jeunes animaux.

Le V. globuleux : *V. globator, id., ibid.,* n.º 21, fig. 12 et 15; *Volvox globosus,* Linn. Corpuscule sphérique, diaphane, vert, rempli de globules plus petits d'un vert très-foncé, devenant blanchâtre ou orangé avec l'âge.

Ce corpuscule, qui est cependant assez gros pour être aperçu à l'œil nu, paroit être formé d'une membrane pellucide, recouverte à sa surface de molécules, qui la rendent comme hérissée et velue. On peut en enlever ces molécules sans détruire la membrane. C'est sur lui qu'on a remarqué une sorte d'accouchement, dans lequel la membrane se crève et des globules plus petits sortent par la fente, celle-là se flétrissant et se détruisant.

Ses mouvemens paroissent être excessivement lents.

Leuwenhoeck est le premier qui ait observé ce volvoce et qui en ait donné une bonne histoire et une figure.

Il a été trouvé dans les eaux stagnantes des aulnaies.

Le V. mûre ; *V. morum, id., ibid.,* n.º 22, fig. 14 — 16. Corpuscule membraneux, orbiculaire, rempli d'un grand nombre de molécules sphériques, vertes, transparentes : mouvement rotatoire fort lent.

Dans des eaux où croît la lentille aquatique, aux mois d'Octobre et de Décembre.

Le V. raisin; *V. uva, id., ib.,* n.º 23, fig. 17 — 21. Corpuscule globuleux, composé de molécules sphériques, verdâtres, nues ou non, contenues dans une membrane commune, avec un point pellucide dans chacune d'elles : mouvement de toute la masse de droite à gauche, mais imperceptible dans chaque molécule.

Dans de l'eau où étoit du *lemna polyrhiza,* aux mois d'Août et de Décembre. Muller dit avoir observé quelquefois les molécules sphériques solitaires.

Le Volvoce végétant; *V. vegetans*, id., ib., n.° 24, fig. 22 à 25. Corpuscule composé de ramuscules simples et dichotomes, terminés par une petite rose globuleuse.

Muller, qui a observé ce singulier être, qu'il regarda d'abord comme une sertulaire microscopique d'eau douce, dans de l'eau de rivière, aux mois de Novembre 1779 et 1780, ajoute qu'ayant vu les globules qui constituent la rosette terminale se séparer et se mouvoir lentement à part, il a été conduit à penser que c'étoient des monades réunies en société autour des ramuscules et pouvant passer de la vie sédentaire à la vie libre et errante. (De B.)

VOLVOXIS. (*Entom.*) Kugellan a formé sous ce nom un petit genre d'insectes tétramérés, qui se rapporte au genre *Agathidium* d'Illiger. (Desm.)

VOLVULUS. (*Conchyl.*) C'est le nom que M. Oken a proposé (Manuel d'hist. nat., Zool., t. 1, p. 313) pour les genres Clausilie et Maillot de Draparnaud. Voyez ces mots. (De B.)

VOLVYCIUM. (*Bot.*) Rafinesque-Schmaltz a désigné ainsi un genre de champignons qui lui paroît voisin du *Lycogala* et du *Diderma*, et qu'il caractérise ainsi : Volva entourant un péridium globuleux, gélatineux, dans le centre duquel sont les graines attachées à des veines capillaires, qui s'étendent jusqu'à la circonférence.

Une seule espèce est indiquée dans ce genre, que Rafinesque avoit d'abord nommé *Volvaria*; c'est :

Le *volvycium coccineum*, Rafin. Schm., *Medic. repos.*, t. 20. Il est pisiforme, de couleur écarlate, avec le volva raboteux et la surface du péridium unie. On le trouve sur les troncs d'arbres, dans le Maryland, aux États-Unis. (Lem.)

VOMER, *Vomer*. (*Ichthyol.*) M. Cuvier a ainsi appelé un genre de poissons susceptible lui-même d'être subdivisé et ayant pour type le *zeus vomer* de Linnæus et de Bloch.

Ce genre, qui appartient à la famille des leptosomes, est reconnoissable aux caractères suivans :

Corps très-comprimé, aussi ou plus haut que long; écailles à peine visibles, si ce n'est sur la ligne latérale; front tranchant et extrêmement élevé; mâchoires peu ouvertes et peu extensibles: dents très-fines, larges, difficilement visibles; bord inférieur du corps caréné; anus avancé sous les catopes; une seule ou deux nageoires dorsales.

Le genre Vomer, ainsi défini, renferme les Sélènes, les Gals, les Argyréioses, de feu de Lacépède, et les Vomers proprement dits de M. G. Cuvier.

Ceux-ci offrent les caractères spéciaux suivans :

Toutes les nageoires courtes et sans prolongemens, surtout la première dorsale et les catopes, qu'on a peine à distinguer; dents non crénelées; bouche dépourvue de soupape membraneuse.

On isolera donc sans peine les Vomers proprement dits des Chrysostoses et des Capros, qui n'ont point de dents; des Holacanthes, des Premnades, des Énoploses, des Pomacanthes, des Anabas, des Amphiprions, des Pomacentres, des Pomadasys, des Acanthinions, des Ephippus, des Heniochus, des Platax, des Chelmons et des Chétodiptères, qui ont les dents rondes et fines; des Aspisures, des Prionures, des Acanthures, des Archers, des Glyphisodons et des Acanthopodes, dont les dents sont crénelées; des Nasons, des Sidjans, des Zées, des Poulains, des Argyréioses, des Gals et des Ciliaires, qui ont la bouche munie d'une soupape membraneuse; des Sélènes, enfin, dont les nageoires sont très-apparentes. (Voyez ces divers noms de genres et Leptosomes.)

Le nom de *vomer*, qui, en latin, signifie *soc de charrue*, a été donné aux poissons qui constituent le genre dont nous parlons, en raison de la forme tranchante de leur front.

Parmi eux, nous citerons :

Le Vomer de Browne : *Vomer Brownei*, Cuv.; *Rhomboidea major, alepidota*, etc., Browne; *Zeus setapinnis*, Mitchill. Nageoire càudale fourchue; deux aiguillons au devant de chacune des nageoires dorsale et anale; robe d'une couleur argentine éclatante; nageoires d'un beau bleu.

Il vient de l'Amérique méridionale, et ne parvient pas au-delà de la taille de cinq à six pouces.

Sa chair passe pour être de facile digestion et pour avoir une saveur agréable.

On le pêche au filet et à l'hameçon. (H. C.)

VOMIER. (*Bot.*) M. Poiret, dans le Supplément du Dictionnaire encyclopédique, rappelle sous ce nom le genre *Erios-*

temon de Smith, voisin et peut-être congénère du *Crowea*, dans le groupe des rutacées. Voyez ERIOSTEMON. (J.)

VOMIQUE et VOMIQUIER. (*Bot.*) Voyez CANIRAM. (POIR.)

VONCONDRE. (*Ichthyol.*) Nom spécifique d'une tanche. (H. C.)

VOND. (*Mamm.*) Les noms de *vond* et de *muldvarp* sont employés, en Norwége, pour désigner la taupe d'Europe. (DESM.)

VOND-SIRA et VOANG-SHIRA. (*Mamm.*) Noms du vansire, espéce de mangouste, à Madagascar. (DESM.)

VONGO. (*Bot.*) A Madagascar on donne ce nom, suivant Poivre, à quelques espéces du genre *Clusia*, dont on extrait une résine employée à calfater les barques. Rochon dit que le fruit d'une de ces espèces est nommé *vanssou-voura*. (J.)

VONTACA. (*Bot.*) Fruit de Madagascar, gros comme un coing, renfermant sous une coque dure des graines semblables à celles de la noix vomique, mais plus petites : suivant Flacourt, l'arbre qui le fournit est certainement une autre espèce de vomiquier, *strychnos*, nommée aussi *voantac* et *vont'ac.* (J.)

VOODFORDIA. (*Bot.*) Genre de plantes, établi par Curtis (*Bot. Mag.*), pour placer le *salicaria frutescens*, Linn. : il ne diffère pas du *Grœvillea* de Roxburg. (LEM.)

VOODSIA. (*Bot.*) Voyez WOODSIA. (LEM.)

VOODWARDIA. (*Bot.*) Voyez WOODWARDIA. (LEM.)

VOOGINOS. (*Bot.*) C'est Bruce qui, dans son Voyage en Abyssinie, a recueilli les graines de l'arbre de ce nom, regardé dans le pays comme un bon antidysentérique. Ces graines ont levé en Europe, et cet arbre est devenu un genre, nommé *Brucea* par Miller, appartenant à la section des zanthoxylées, dans le groupe des rutacées. (J.)

VOQUI. (*Bot.*) Voyez VOCHI. (J.)

VORATOR [MACNIS]. (*Mamm.*) Dénomination que d'anciens auteurs, au rapport de Klein, ont appliquée à la hyéne. (DESM.)

VORDRE. (*Bot.*) Nom du saule marceau dans la Champagne, suivant M. Poiret. (J.)

VORGE. (*Bot.*) M. Poiret cite ce nom vulgaire de l'ivraie. (J.)

VORMIA. (*Bot.*) Nom sous lequel Adanson désigne le *se-lago* de Linnæus, en donnant ce dernier nom au *polycnemum* du même auteur. (J.)

VORMIELA. (*Mamm.*) Désignation du hamster d'Europe, selon Agricola. (Desm.)

VOROUDOL. (*Ornith.*) Nom de l'orfraie, mentionné dans le tome 8, p. 606, de l'Histoire des voyages. (Ch. D. et L.)

VORTEX. (*Conchyl.*) Division générique établie par M. Oken (Man. d'hist. nat., Zool., t. 1, p. 314), dans le genre *Helix*, Linn., pour les espèces déprimées et dont l'ouverture est circonscrite par un bord tranchant. Cette division contient non-seulement celles que M. de Lamarck a séparées sous le nom de *Carocolle*, mais beaucoup d'autres, comme les *H. algira*, *cartusiana*, *lactea*, *obvoluta*, *zonaria*, partagées en deux sections, suivant qu'elles sont carénées ou non. Voyez Hélice. (De B.)

VORTICELLE, *Vorticella*. (*Polyp.?*) Genre établi par Muller (*Infus.*, p. 214) pour un très-grand nombre d'animaux généralement fort petits, auxquels il trouvoit pour caractères communs d'être nus, contractiles, pourvus d'organes rotatoires et qui présentent réellement des différences énormes; les uns étant des animaux binaires, appendiculés, fort complexes; les autres paroissant radiaires et très-simples. Aussi M. de Lamarck a-t-il établi dans les vorticelles de Muller plusieurs coupes génériques, qui ont été adoptées. M. Bory de Saint-Vincent en a aussi proposé quelques-unes de nouvelles. Malheureusement ces genres ne sont guère établis et même caractérisés que d'après les figures et les descriptions de Muller, et non sur des observations nouvelles, qui manquent à la science, mais qui sont d'une très-grande difficulté. Nous nous sommes déjà beaucoup occupé de l'étude des vorticelles; mais, quoique nous croyons être déjà arrivé à quelques résultats, nous sommes encore trop loin d'être pleinement satisfait de nos recherches pour en parler. Nous allons donc nous borner à copier Muller, comme l'ont fait, depuis lui, tous les zoologistes.

M. de Lamarck a formé, aux dépens des animaux rassemblés par Muller sous la dénomination de *vorticelles*, les genres Furculaire, Urcéolaire et Tubulaire (voyez ces mots), et il n'a conservé dans ses vorticelles que les espèces dont le corps,

nu et contractile, se termine en arrière par un pédoncule plus
ou moins long, susceptible de se fixer, et en avant par une
ouverture buccale fort ample et garnie de cils rotatoires.

L'organisation des vorticelles ainsi définie est beaucoup
plus simple que celle des espèces qui en ont été retranchées
par M. de Lamarck, à l'exception cependant des urcéolaires,
qui n'en diffèrent que parce que le corps n'est pas terminé
par un pédoncule. En effet, les vorticelles ressemblent tout-
à-fait à une fleur de muguet portée sur un long filament. Ce
filament est cylindrique et un peu élargi à sa partie terminale.
Le corps lui-même est en forme de petite bourse ou de fleur
monopétale, ayant ses bords évasés et pourvus de deux groupes de cils courts, très-fins, opposés latéralement : ainsi, sous
ce rapport, les vorticelles seroient des animaux pairs ou binaires. Lorsque ces petits animaux sont dans leur état de développement complet, on les voit attachés à quelques corps
submergés par l'extrémité du pédoncule, cette partie extrêmement tendue, ainsi que le corps, au bord antérieur duquel
s'agitent avec une grande vitesse les deux faisceaux de cils.
Il en résulte alors une sorte de double tourbillon, qui écarte
ou rejette en dehors les molécules extrêmement fines qui se
trouvent dans le fluide ambiant, et que l'on regarde cependant comme servant à diriger la proie vers la cavité buccale.
Au moindre choc, ces petits animaux se contractent rapidement, en ondulant leur pédoncule, qui, fixé, leur sert de point
d'appui : d'autres fois on les voit se détacher spontanément
et nager en traînant après eux leur pédoncule tendu en ligne
droite. Enfin j'en ai vu quelquefois se fixer par la partie élargie de leur corps et sembler se mouvoir au moyen de leurs
appendices. Cela s'observe surtout chez les individus dont le
pédoncule est court ou même nul, ce qui en fait alors de
véritables urcéolaires. Je suis porté à penser, en effet, que
ces deux genres n'en doivent former qu'un.

Il paroit qu'il y a des vorticelles qui s'attachent les unes
sur les autres, de manière à ce qu'elles semblent constituer
des animaux composés. C'est ce que Trembley a nommé des
polypes à panaches ou *à bouquets*. Je n'ai pas encore eu l'occasion d'en observer de cette espèce.

Les vorticelles proprement dites se multiplient par sections naturelles, le corps se divisant peu à peu par le milieu, mais de manière que le pédoncule reste cependant à un seul individu. La promptitude avec laquelle se fait cette scission est proportionnelle avec la température ; en sorte que, dans les temps chauds, la multiplication de ces animaux se fait avec une grande rapidité.

Aux approches de l'hiver, on dit qu'ils produisent des gemmes ou bourgeons oviformes, qui se conservent dans l'eau pendant toute cette saison, pour se développer au printemps.

Les vorticelles vivent essentiellement dans les eaux douces et stagnantes, fixées sur tous les corps qui s'y trouvent.

Les espèces que Muller a distinguées sont encore assez nombreuses ; mais il me semble qu'il y en a plusieurs de véritablement nominales. M. de Lamarck les divise en deux sections, suivant qu'elles sont simples ou ramifiées.

A. *Espèces simples.*

La Vorticelle trompette : *V. stentorea*, Mull., *Inf.*, p. 302, n.° 330, tab. 43, fig. 6 — 12 ; Enc. méth., pl. 23, fig. 6 — 12. Corps pellucide, conique, alongé, tubiforme, terminé par un élargissement dont le limbe est cilié et souvent échancré : couleur blanche.

En faisant l'observation que Muller dit de ce petit animal, trouvé dans une eau de fossé, que son corps est traversé par un filament d'une extrémité à l'autre ; que, dans sa plus grande extension, l'extrémité de la queue semble formée de trois filamens, et enfin, qu'il en a trouvé trois individus dans un tissu cellulaire, muqueux, transparent, d'où ils pouvoient sortir et y rentrer, et le plus souvent fixés par des crochets, il paroîtra fort probable qu'il s'agit ici d'un animal voisin des furculaires.

M. Bory de Saint-Vincent a fait de cette espèce un genre sous le nom de *Stentor*.

La V. sociale ; *V. socialis*, id., ibid., p. 304, n.° 331, fig. 13 — 15. Corps en forme de cupule, terminé par un pédoncule étroit et à disque supérieur oblique.

Des eaux de marais.

La V. flosculeuse ; *V. flosculosa*, id., ibid., n.° 332, fig. 16 — 20. Corps ovale-oblong, terminé par un long pédoncule à disque dilaté, pellucide, et s'agrégeant en nombre variable.

Cette espèce, qui offre un peu la distinction d'une tête, d'un abdomen et d'une queue double de celui-ci, a été trouvée dans de l'eau de marais.

La Vorticelle citrine : *V. citrina*, id., ib., n.° 333, tab. 34, fig. 1 — 7 ; Enc. méth., pl. 23, fig. 21 — 27. Corps simple, multiforme, terminé d'un côté par un pédoncule court, et de l'autre par un orifice fort grand et contractile.

De l'eau des étangs.

La V. pyriforme ; *V. pyriformis*, id., ibid., n.° 334. Corps simple, obovale, avec un pédicelle extrêmement petit et rétractile.

Trouvée adhérente sur des daphnies.

La V. tubéreuse : *V. tuberosa*, id., ibid., fig. 8 et 9 ; Enc. méthod., pl. 23, fig. 28 et 29. Corps simple, turbiné, divisé en deux tubercules à sa partie élargie.

Dans les eaux de marais.

La V. calicée : *V. ringens*, id., ibid., fig. 10 ; Enc. méth., pl. 23, fig. 30. Corps simple, obovale, à pédoncule très-court et à ouverture contractile.

Sur les naïdes.

La V. inclinée : *V. inclinans*, id., ibid., fig. 11 ; Enc. méth., pl. 23, fig. 31. Corps pellucide, incliné et tronqué en avant, avec un pédoncule deux fois plus court que lui.

Sur les naïdes.

La V. urnule : *V. cyathina*, id., ibid., n.° 339 ; *Zool. Dan.*, Icon., tab. 35, fig. 1 ; Encycl. méth., pl. 24, fig. 1 — 5. Corps simple, cratériforme, terminé par un pédicule en spirale.

Dans de l'eau de mer gardée.

La V. globulaire : *V. globularis*, id., ibid., n.° 342, fig. 14 ; Encycl. méthod., pl. 24, fig. 6. Corps simple, sphérique, terminé par un pédoncule à peine quatre fois plus long que lui et rétractile en spirale.

Sur le cyclope quadricorne.

La V. puante : *V. putrina*, id., ibid., n.° 340 ; Enc. méth., pl. 24, fig. 7 — 11 ; Mull., *Zool. Dan.*, tab. 35, fig. 2. Corps simple, rétractile à son sommet antérieur, et à pédoncule roide.

Dans de l'eau de mer extrêmement fétide.

La Vorticelle parasol: *V. patellina, id., ib.*, n.° 541; Mull., *Zool. Dan.*, tab. 55, fig. 5; Enc. méth., pl. 24, fig. 12 — 17. Corps simple, en forme de parasol, à pédoncule contractile en spirale.

Dans de l'eau de mer conservée depuis long-temps.

La V. hémisphérique: *V. lunaris, id., ibid.*, fig. 15; Encycl. méthod., pl. 24, fig. 18. Corps simple, hémisphérique ou cratériforme, à ouverture semi-lunaire, à pédoncule rétractile en spirale et huit ou dix fois plus long que lui.

Sur la lentille d'eau.

La V. muguet: *V. convallaria, id., ibid.*, fig. 16; Encycl. méthod., pl. 24, fig. 19. Corps simple, campanulé, en forme de fleur de muguet et terminé par un pédoncule sétacé, extrêmement long et rétractile en spirale.

Sur les coquilles fluviatiles.

La V. nutante: *V. nutans, id., ibid.*, n.° 545, fig. 17; Enc. méth., pl. 24, fig. 20. Corps simple, turbiné, terminé par un pédoncule rétractile en spirale.

Sur des coquilles fluviatiles.

La V. nébuleuse: *V. nebulifera, id., ibid.*, n.° 546, t. 45, fig. 1; Encycl. méthod., pl. 24, fig. 1. Corps simple, ovale, terminé par un pédoncule sétacé, pellucide, se rétractant vers le milieu sans former de spire.

Sur les conferves de la mer Baltique.

La V. annelée: *V. annularis, id., ibid.*, n.° 347, fig. 2 et 3; Encycl. méth., pl. 24, fig. 23 et 24. Corps simple, visible à l'œil nu, tronqué au sommet et terminé par un pédoncule très-long, roide, rétractile en spirale seulement à son origine.

Sur les planorbes.

La V. baie: *V. acinosa, id., ibid.*, n.° 348, fig. 4; Encycl. méthod., pl. 24, fig. 22. Corps simple, globuleux, offrant des granules noirâtres et un pédicule rigide.

Des eaux stagnantes.

La V. pelotonnée: *V. fasciculata, id., ibid.*, n.° 349, fig. 5 et 6; Encycl. méthod., pl. 24, fig. 25 et 26. Corps simple, campanulé, à bords réfléchis, de couleur verte, avec un pédoncule très-long et rétractile en spirale.

Sur des conferves fluviatiles au premier printemps.

La V. citriforme: *V. hians, id., ibid.*, n.° 350, fig. 7; Enc.

méth., pl. 24, fig. 29. Corps simple, en forme de citron, ouvert par une fente, terminé par un long pédicule rétractile en spirale.

Dans des eaux d'infusions anciennes.

B. *Espèces composées.*

La Vorticelle conicugale : *V. pyraria*, id., ib., n.° 353, fig. 1 — 4; Enc. méth., pl. 25, fig. 1 — 4. Corps étroit, alongé, cyathiforme. géminé à l'extrémité du pédoncule rameux.

Sur le cératophylle.

La V. rose de Jéricho : *V. anastatica*, id., ibid., n.° 354, fig. 5; Encycl. méth., pl. 25, fig. 5. Corps oblong, tronqué obliquement, porté sur un pédoncule roide, arborescent, et couvert de petites écailles.

Sur les animaux et les végétaux fluviatiles.

La V. digitale : *V. digitalis*, id., ibid., n.° 355, fig. 6; Enc. méth., pl. 25, fig. 6. Corps cylindrique, cristallin, tronqué et fendu au sommet, et terminé par un pédoncule fistuleux et rameux.

Sur le cyclope quadricorne.

La V. polypine : *V. polypina*, id., ibid., n.° 356, fig. 7 — 9; Encycl. méth., pl. 25, fig. 7 — 9. Corps ovale, tronqué, porté sur un pédoncule subflexible et très-rameux.

Sur les fucus de la mer Baltique.

La V. œuvée : *V. ovifera*, Brug.; Encycl. méthod., id., pl. 26, fig. 10 — 15, *ex* Spallanzani. Corps inversement conique, tronqué, porté sur un pédoncule roide, fistuleux et rameux; les ramules ovifères conglomérés.

Des eaux douces stagnantes.

La V. en grappe : *V. racemosa*, Muller, *Infus.*, pag. 330, n.° 387, tab. 46, fig. 10 et 11; Encycl. méthod., pl. 25, fig. 16 et 17. Corps ovale, porté par un pédicule roide, composé de pédicelles très-nombreux et très-longs.

Des eaux stagnantes et des ruisseaux.

Muller a observé sur cette espèce que le mode de génération est tout particulier. Voici comme il le décrit : Un individu adulte se fixe sur un corps quelconque ; alors de son corps ou à sa base germent huit corps semblables, qui en peu d'heures s'élèvent sur leurs pédoncules propres. En peu de temps chacun de ces nouveaux corps donne naissance à huit autres, qui, pourvus à leur tour de leurs pédoncules, vont ensuite se propager de la même manière. Pendant ce temps les pédoncules du premier et du second ordre croissent à la manière des rameaux d'un végétal; quant au pédoncule de la vorticelle mère, et qui soutient tous les autres, il conserve la même longueur.

La Vorticelle en ombelle : *V. umbellaria*, Roësel, *Ins.*, 5, t. 100; Encycl. méthod., pl. 26, fig. 1 — 7. Corps globuleux, porté sur des pédoncules formant par leur disposition une sorte d'ombelle.

Dans les eaux stagnantes.

La V. operculaire : *V. opercularis*, Roësel, *Ins.*, tom. 3, tab. 99, fig. 5 et 6; Encycl. méthod., pl. 26, fig. 8 et 9. Corps ovale-oblong, donnant issue à un opercule cilié, porté sur des pédoncules subarticulés et extrêmement rameux.

Des eaux d'étangs.

La V. berbérine : *V. berberina*, id., ibid., fig. 3 — 10; Enc. méth., pl. 26, fig. 10 — 17. Corps ovale-oblong, porté sur des pédicelles dilatés supérieurement.

Des ruisseaux et fontaines. (De B.)

VOS. (*Mamm.*) C'est la dénomination hollandoise du renard. (Desm.)

VOSACAN. (*Bot.*) Adanson a adopté ce nom indien pour désigner le *corona solis* de Tournefort, *helianthus* de Linnæus. (J.)

VOSACY. (*Ornith.*) Dans l'Histoire générale des voyages, t. 3, p. 587, ce nom désigne le perroquet gris d'Afrique ou jaco. (Ch. D. et L.)

VOSMAER. (*Ichthyol.*) Nom spécifique d'un Lutjan décrit dans ce Dictionnaire, tome XXVII, p. 371. (H. C.)

VOSMAR GRUNT. (*Ichthyol.*) Nom anglois du *lutjan vosmaer*. (H. C.)

VOSMARCHE ROTHLING. (*Ichthyol.*) Nom allemand du *lutjan vosmaer*. (H. C.)

VOSSE. (*Mamm.*) Voyez l'article Mangouste, espèce du *vansire*. (Desm.)

VOSSIA. (*Bot.*) Adanson, séparant le ficoïde, *mesembryanthemum*, en quatre genres, avoit donné ce nom à celui qu'il caractérisoit par un nombre indéfini d'étamines et huit à quinze styles. C'est l'*abryanthemum* de Necker. (J.)

VOTAMITA. (*Bot.*) Voyez Glossoma. (Poir.)

VOUA-AZIGNÉ. (*Bot.*) Nom, cité par Rochon, d'un très-grand arbre de Madagascar, dont le bois jaune, dur et pesant, est employé à la construction des maisons et des quilles des grandes pirogues. Il en découle une résine jaune, gluante et sans odeur. L'auteur ajoute qu'on en retire aussi (probablement du fruit) une huile très-claire et d'une odeur agréable lorsqu'elle est fraiche, laquelle, mêlée au riz, rend cet aliment plus délicat. On pourroit présumer, d'après ces indications, que ce végétal appartient à la famille des guttifères et a de l'affinité avec le calaba. (J.)

VOUAC. (*Bot.*) Deux espèces de *tabernæmontana*, plantes apocinées, sont ainsi nommées par les Galibis de la Guiane, suivant Aublet. (J.)

VOUA-CAPOUA. (*Bot.*) Nom galibi d'un arbre de la Guiane, qui est présenté par Aublet comme genre avec sa dénomination de pays et avec une description incomplète. Il le nomme *angelin* de la Guiane et le regarde comme le même que l'*andira* ou *angelin* du Brésil, mentionné par Marcgrave et Pison, lequel a beaucoup d'affinité avec le *geoffræa* dans la famille des légumineuses. Son bois, fort dur, est employé pour des constructions et pour la fabrication de divers meubles. (J.)

VOUACNE. (*Bot.*) C'est l'urcéole de Madagascar, d'après Cossigny. (Lem.)

VOUA-FATRE. (*Bot.*) Nous possédons sous ce nom des échantillons en herbier et des fruits de Madagascar, donnés par Poivre, d'un arbre ou arbrisseau dont nous avons fait le genre *Fatræa* dans la famille des myrobolanées, qui a beaucoup d'affinité avec le *terminalia*. Rochon le cite comme une espèce de buis, dont il a un peu le port. (J.)

VOUA-HINTCHI. (*Bot.*) Nom du fruit d'un arbre de Madagascar, cité par Poivre et Rochon, qui est le courbaril, *hymenæa*. (J.)

VOUA-HONDA. (*Bot.*) Rochon cite sous ce nom à Madagascar un fruit oblong, cylindrique, ramifié, de bonne odeur, porté sur un arbre qui a les feuilles opposées. Nous possédons sous le même nom une feuille tirée de l'herbier de Poivre, laquelle paroît appartenir à un *plumeria*, et des fruits aussi donnés par lui, presque semblables pour la forme alongée à des petits concombres de sept centimètres ou deux pouces et demi de longueur, de substance coriace ou presque ligneuse, rétrécis et un peu contournés à leur base; ce qui peut faire présumer que le même support en portoit deux, et que ces fruits, ainsi que la feuille, appartiennent à une apocinée voisine du *plumeria* ou du *tabernæmontana*. On ajoutera que ces fruits sont biloculaires et que leurs graines, en partie détruites ou avortées, ne paroissent pas ailées. (J.)

VOUA-HUA. (*Bot.*) Une nouvelle espèce d'eupatoire est ainsi nommée dans un herbier de Madagascar, donné par Poivre. (J.)

VOUA-LOMBA. (*Bot.*) Dans un herbier de Madagascar, donné par Poivre, on trouve sous ce nom une vigne qui approche du *vitis vulpina*. Rochon dit que les Européens préfèrent son fruit à celui des autres espèces, quoiqu'il ait un goût un peu âcre. Il ajoute qu'elle meurt tous les ans et que sa racine est tubéreuse comme celle de l'igname. (J.)

VOUA-MANDROUCOU. (*Bot.*) Nom d'une espèce de sapotillier à Madagascar, cité par Rochon. (J.)

VOUA-MENA. (*Bot.*) Dans un herbier de Madagascar, donné par Poivre, on trouve sous ce nom une espèce de *justicia* non déterminée. (J.)

VOUANG-TITIRANG. (*Bot.*) Suivant Rochon, c'est une espèce de noix de Madagascar dont le brou est jaune et velu. (J.)

VOUAPA. (*Bot.*) Voyez Macrolobe hyménoïde. (J.)

VOUAPA-TABACA. (*Bot.*) L'*eperua* d'Aublet, genre de légumineuses, est ainsi nommé par les Galibis de la Guiane. (J.)

VOUARANA. (*Bot.*) Le petit arbre de la Guiane qu'Aublet a mentionné sous ce nom galibi, a les feuilles pennées, à folioles alternes. Il n'a point vu ses fleurs; son fruit est une petite capsule biloculaire, s'ouvrant en deux valves coriaces et contenant une seule graine dans chaque loge. Nous avons pensé que, d'après son port et son fruit, cet arbre appartenoit à la famille des sapindées et pouvoit être rapproché de l'*ornitrophe*. (J.)

VOUARANA. (*Bot.*) Voyez Voirane. (Poir.)

VOUA-RONGNOU. (*Bot.*) On trouve sous ce nom, dans une collection de fruits de Madagascar, recueillis par Poivre, un fruit appartenant au genre *Carapa* d'Aublet ou *Xylocarpus* de Schreber, dont une espèce est décrite et figurée dans l'*Herb. Amboin.* de Rumph sous le nom de *granatum littoreum.* (J.)

VOUA-SEVERANTOU. (*Bot.*) Rochon cite sous ce nom un arbuste de Madagascar de six à sept pieds de hauteur, qui croît dans le sable. C'est probablement le même que le Seva-rantou de l'herbier de Poivre. Voyez ce mot. (J.)

VOUA-SOURINDI. (*Bot.*) Rochon cite sous ce nom un grand arbre de Madagascar qui porte, dit-il, une petite fleur rouge à grand bouquet. L'herbier fait par Poivre pour cette île, contient sous le même nom un échantillon à feuilles alternes et simples, à fleurs en épis, avec des fruits séparés, dont le caractère le rapproche de la famille des homalinées de M. Brown, et surtout du *nysa* de M. Du Petit-Thouars, parce qu'il a de même l'ovaire demi-infère, cinq à six divisions au calice, autant de pétales et d'étamines, avec trois styles. On ajoute que le fruit, au commencement de sa maturité, est uniloculaire, polysperme, et que le port est celui du *blakwellia.* M. Du Petit-Thouars décrit un autre sourindi ou *sorindeia* de Madagascar, qu'il place, ainsi que M. De Candolle, dans la famille des térébinthacées, dont les feuilles sont pennées, avec impaire, les fleurs rouges en panicules terminales ou axillaires, hermaphrodites sur un pied, mâles sur un autre, ayant cinq divisions au calice, cinq pétales, cinq étamines et trois stigmates sessiles ; mais dont l'ovaire devient un drupe contenant un noyau monosperme et un embryon non périspermé. Ces descriptions prouvent que ces végétaux sont différens et qu'il y a erreur au moins sur l'un des deux. (J.)

VOUA-TANCASSOU. (*Bot.*) Voyez Tancessou. (J.)

VOUA-VIROUCA. (*Bot.*) Les Garipons de la Guiane nomment ainsi le *coffea paniculata* d'Aublet. (J.)

VOUAY. (*Bot.*) Aublet, dans le Supplément de ses Plantes de la Guiane, mentionne sous ce nom trois petits palmiers, dont la tige, simple, basse et menue, comme les cannes de bambou, et garnie de nœuds très-rapprochés, porte à son sommet une touffe de feuilles que l'on emploie pour des couvertures de cases, et de très-petits fruits sphériques, qui ne sont d'aucun usage. (J.)

VOUAYARA, VOYARA. (*Bot.*) Aublet cite sous ce nom donné par les Garipons de la Guiane, un grand arbre à bois très-dur, à écorce raboteuse, à feuilles simples et alternes, qu'il n'a trouvé qu'en fruit dans les forêts voisines de Sinamari. Ce fruit est une coque cassante, de la grosseur et forme d'un cornichon, contenant quelques graines, entourée d'une pulpe gélatineuse, douce et bonne à manger. (J.)

VOUÉ. (*Bot.*) Voyez Vouacné. (Lem.)

VOUEDE. (*Bot.*) Adanson cite ce nom vulgaire du pastel, *isatis*, nommé aussi la guède. (J.)

VOUHOPA. (*Bot.*) Arbre inconnu résineux de Madagascar. (Lem.)

VOULIBOHITS. (*Bot.*) Herbe de Madagascar, qui est la même que le Fionouts, décrit précédemment. Voyez ce mot. (J.)

VOULIVASA. (*Bot.*) Arbrisseau de Madagascar, dont le fruit, suivant Flacourt, est gros comme une pomme et bon à manger. Sa fleur, comparée à celle du jasmin, mais beaucoup plus grande, réunit l'odeur de jasmin, de fleurs d'orange et de diverses espèces, et elle la conserve étant flétrie. Il est probable que c'est une espèce de *gardenia*. (J.)

VOULONGOZA. (*Bot.*) Espèce de *cardamomum*, Linn. (Lem.)

VOULOU. (*Bot.*) Voyez Vaulu. (J.)

VOULOUCOULONE. (*Ornith.*) Espèce d'aigle pêcheur mentionné par Flacourt sur les côtes de Madagascar. (Ch. D.)

VOULPU. (*Bot.*) Voyez Bambou. (Poir.)

VOU-NOUTZ. (*Bot.*) Palmier de Madagascar qui donne du caire. (Lem.)

VOUPRISTI. (*Entom.*) Du temps de Belon, ce nom, qui a la plus grande analogie avec le mot *buprestis*, étoit donné, en Grèce, par les Caloyers à un insecte coléoptère semblable à la cantharide, mais jaune, plus gros et fort puant, qu'on trouvoit sur les ronces, les chicorées, les conises, etc., du mont Athos, et qui faisoit périr les bœufs et les chevaux qui en mangeoient avec l'herbe. M. Latreille suppose avec beaucoup de vraisemblance que cet insecte appartient au genre Mylabre. (Desm.)

VOURON. (*Ornith.*) Nom malgache, synonyme de celui d'oiseau, d'après Flacourt, p. 163. (Ch. D. et L.)

VOURON-AMBOUA. (*Ornith.*) Sorte de *strix*, que Flacourt se borne à indiquer comme un oiseau d'un pronostic malheureux, et criant la nuit comme un petit chien. (Ch. D. et L.)

VOURON-CHONTSI. (*Ornith.*) Nom malgache que Flacourt cite comme étant celui d'un oiseau blanc qui suit les bœufs et qui paroit être un héron blanc ou même l'aigrette. (Ch. D. et L.)

VOURON-COBO. (*Ornith.*) Flacourt, dans sa Description de Madagascar, se borne à dire que cet oiseau est grand comme un pigeon et a les plumes rouges et blanches. (Ch. D. et L.)

VOURON-DOULE. (*Ornith.*) Flacourt, page 164 de son Histoire de Madagascar, mentionne sous ce nom une espèce de chouette, que les Madécasses regardent comme de mauvais augure. Le nom de vouron-doule signifie *oiseau de mort*. « Cet oiseau sent de loin quelque homme moribond ou atté-« nué de longue maladie, il vient faire des cris auprès ou « au-dessus de la case où il est, et ainsi étonne ces gens-ci, « ainsi qu'en France l'orfraye. » (Ch. D. et L.)

VOURON-FANG-HARAC-VOHAA. (*Ornith.*) On pense que sous ces termes on entend une sorte de cormoran des rivages de Madagascar. (Ch. D. et L.)

VOURON-GONDROU. (*Ornith.*) Nom de la spatule dans l'île de Madagascar. « C'est l'espatule, dit Flacourt, d'au-« tant qu'il a le becq comme un espatule de chirurgien. » (Ch. D. et L.)

VOURON-SAMBÉ. (*Ornith.*) Nom usité à Madagascar pour un oiseau de rivage inconnu, et que Flacourt indique très-mal, peut-être est-ce une sterne? (Ch. D. et L.)

VOUROU. (*Ornith.*) Ce mot, dans la langue madécasse, signifieroit *oiseau*, si l'on s'en rapportoit à une citation de l'Histoire générale des voyages, t. 8, p. 6o6. Flacourt et Lacroix écrivent *vouron*. (Ch. D. et L.)

VOUROUDRIOU. (*Ornith.*) Les Madécasses nomment Vouroudriou une grande espèce de coucou qui habite Madagascar, et qui diffère assez pour que Levaillant l'ait distinguée des coucous ordinaires par le nom de *courol*, contracté des mots *coucou* et *rolle*, par analogie aux formes des oiseaux de ces deux genres que le Vouroudriou présente. M. Vieillot, dans son Analyse élémentaire d'ornithologie, adopta le nom de *vouroudriou* comme nom françois du genre qu'il créa, et auquel il imposa le nom scientifique de *leptosomus*, en lui donnant pour caractères d'avoir : un bec plus long que la tête, robuste, comprimé sur les côtés, un peu trigone, à dos étroit, à mandibule supérieure crochue et échancrée vers le bout; à narines oblongues, à bords saillans, et placées vers le milieu du bec; quatre doigts, deux en avant réunis à leur base, deux en arrière; les ailes pointues, à première et seconde rémiges les plus longues; les rectrices au nombre de douze.

On ne connoît que deux espèces de ce genre, qui sont toutes deux de la grande île de Madagascar, et nommées la première *vouroudriou*, ou plutôt *vourong-driou*, et la seconde *cromb*.

Le Vouroudriou Courol: *Leptosomus viridis*, Vieill., Dict., t. 36, p. 251; *Cuculus afer*, Lath., *Synops.*, esp. 34; le grand Coucou male de Madagascar, Buffon, Enlum., 587; Levaill., Afriq., pl. 226.

Cet oiseau a environ quinze pouces de longueur totale. Son bec est noir, et ses pieds sont couleur de chair ; une calotte brune avec des reflets bronzés couvre l'occiput; un trait noir va de la commissure de la bouche, et se rend à l'œil; les joues, la gorge, le cou en entier, jusqu'au haut de la poitrine, sont d'un gris ardoisé tendre ; la poitrine, le ventre et les couvertures inférieures sont d'un blanc plus ou moins mêlé de gris clair. Le dos est d'un vert glacé avec des teintes de cuivre de rosette, qui s'étendent sur les moyennes rémiges; les grandes sont d'un noir teinté de verdâtre.

Le vouroudriou a été regardé à tort par plusieurs auteurs comme l'individu mâle de l'espèce suivante.

Le Vouroudriou cromb : *Leptosomus crombus; Leptosomus viridis*, *fœm.*, Vieill.; *Cuculus afer*, Lath., esp. 34, *fœmina;*

la femelle du GRAND COUCOU DE MADAGASCAR , Buff. pl. 588.

Il paroit que Buffon a pris par erreur cet oiseau pour l'individu femelle de l'espèce précédente, dont il n'a aucun des caractères propres, hormis ceux du genre. La taille du *cromb.* ainsi nommé par les Madécasses, est presque double ; son corps est largement développé ; le bec est plus épais et plus long proportionnellement, les tarses sont plus courts, et la queue est un peu moins longue ; ses formes plus lourdes et plus massives ; son plumage est d'un roux assez vif sur l'occiput, et rayé sur la tête et sur le cou de brun disposé par raies fines et légères ; tout le dessus du corps est d'un brun roux tacheté de brun ; tout le dessous est d'un roux clair, varié de noirâtre, chaque plume étant terminée par un bord noir ; les petites couvertures alaires sont brunes et œillées de roux ; les rémiges secondaires sont brunâtres et bordées de roux ; les primaires sont d'un brun verdâtre lustré ; les rémiges sont égales et d'un brun roux uniforme.

Plusieurs beaux individus de cet oiseau se trouvent au Muséum , et proviennent de Madagascar.

L'ancien genre Coucou , *Cuculus* de Linné , se trouve donc aujourd'hui divisé en plusieurs genres, qui sont : les *Cuculus , Coccyzus, Saurothera, Centropus, Leptosomus, Indicator, Monasa* et *Eudynamis.* Ce dernier, récemment proposé par MM. Horsfield et Vigors, a pour type deux espèces anciennement connues des Indes, et une récemment découverte à la Nouvelle-Hollande.

EUDYNAMIS.

Ce genre a reçu son nom du grec ευ, *bien,* et δυναμις, *puissance,* et a été établi t. 15. p. 305, des Transactions de la société linnéenne de Londres. Ses caractères sont : Bec épais, assez alongé, arrondi sur son arête, à base arquée, à côtés comprimés ; mandibule supérieure échancrée au sommet : narines assez grandes , ouvertes, ovalaires, disposées obliquement, en partie recouvertes d'une membrane ; ailes assez courtes, arrondies ; troisième, quatrième, cinquième rémiges très-longues et presque égales : la première courte, égale à la onzième ; celles du poignet entières ; pieds robustes, nus ; métatarses en devant très-comprimés sur le côté externe, garnis de quatre grandes scutelles, comprimés en arrière dans leur milieu, et divisés en plusieurs squamelles; ailes alongées, ouvertes et arrondies.

Ce genre ne renferme jusqu'à présent que trois espèces, qui sont : 1.º le coucou tacheté des Indes orientales, Buffon, Enl., 771; 2.º le coucou des Indes orientales. Buffon, Enl. 274, et 3.º l'*eudynamis Flindersii*, de MM. Vigors et Horsfield. Le coucou de l'Enluminure 274, ou le *cuculus orientalis* de Gmelin, a été décrit p. 117 du tome XI de ce Dictionnaire; voyez aussi l'article *Courol*, au mot Coucou. (Lesson.)

VOUROU-PATRA. (*Ornith.*) Sous ce nom imprimé dans la Description de Madagascar, par Flacourt, on indique une sorte d'autruche. (Ch. D. et L.)

VOUSIEU. (*Mamm.*) Le lérot, mammifère du genre des loirs, porte ce nom en Bourgogne. (Desm.)

VOVAN, (*Conchyl.*) Nom sous lequel Adanson, Sénégal, p. 254, pl. 18, fig. 10, a décrit et figuré une coquille du genre Pétoncle, de M. de Lamarck, *Arca glycimeris*, Linn., Gmel. (De B.)

VOYÈRE. (*Bot.*) Voyez Vohiria. (Poir.)

VOYRIA. (*Bot.*) Voyez Vohiria. (J.)

VRAC, VRACQ. (*Ichthyol.*) Deux des noms qu'en Normandie on donne à la Vieille. Voyez ce mot. (H. C.)

VRAIRO. (*Bot.*) C'est le vératre blanc. (L. D.)

VRANG FLONDER. (*Ichthyol.*) Un des noms norwégiens du Turbot. Voyez ce mot. (H. C.)

VREILLE. (*Bot.*) Voyez Vrillée. (J.)

VRILLÉE, VRILLIE, VILLÉE. (*Bot.*) Noms vulgaires du liseron dans l'Anjou, suivant M. Desvaux. Ils sont aussi donnés, ainsi que celui de *vreille*, au *polygonum convolvulus*. (J.)

VRILLÉE BATARDE. (*Bot.*) Nom vulgaire de la renouée liseron et de la renouée des buissons. (L. D.)

VRILLÉE COMMUNE. (*Bot.*) C'est le liseron des champs. (L. D.)

VRILLES. (*Bot.*) Filets simples ou rameux qui se roulent en spirale, et au moyen desquels plusieurs plantes foibles montent sur les corps voisins. Les vrilles naissent à l'aiselle des feuilles (*passiflora*, etc.), ou à l'opposé des feuilles (vi-

gne), ou à l'extrémité des feuilles (pois, *gloriosa superba*),
ou à la place des stipules (*smilax horrida*). (Mass.)

VRILLETTE, *Anobium*. (*Entom.*) Genre d'insectes coléoptères, à cinq articles à tous les tarses, à corps arrondi,
alongé, à élytres durs, à antennes en fil, de la famille des
perce-bois ou térédyles. Ce genre est en outre caractérisé
par la disposition de la tête, qui est reçue dans un corselet
creusé en capuchon, de la largeur de l'abdomen, et par
les antennes, dont les trois derniers articles sont un peu plus
gros et surtout plus alongés que les autres.

Ce genre a été établi d'abord par Geoffroy sous le nom
françois de *vrillette;* mais en latin sous celui de *byrrhus.* Linnæus avoit rangé alors ces espèces parmi les dermestes. Dans
les éditions qu'il a données ensuite, il adopta le nom de genre
Byrrhus, mais pour l'appliquer aux insectes que Geoffroy
avoit appelés *cistèles;* enfin, et comme pour augmenter la
confusion, Linnæus appela *cistèles* d'autres coléoptères, que
Geoffroy avoit placés dans sa seconde division ou famille des
ténébrions. Les vrillettes de Geoffroy furent rangées par Linnæus avec les espèces du genre Bruche, dont il changea le
nom en celui de *Ptinus.*

Degéer réunit les ptines et les vrillettes sous les mêmes
noms de vrillette en françois, et de *ptinus* en latin. Enfin Fabricius, pour terminer le différent, introduisit le nom latin
d'*anobium*, par lequel il désigna les vrillettes, et il laissa dans
le genre *Ptinus* les Bruches de Geoffroy.

Le nom latin d'*anobium* a été adopté par tous les entomo-
logistes de ces derniers temps. Il exprime, en effet, une
des particularités qu'offrent ces insectes comme nous l'indi-
quons plus bas, c'est de feindre la mort au moindre danger,
et de rester dans la plus parfaite immobilité pendant des
heures entières, afin que leurs mouvemens ne trahissent
pas leur existence, de sorte qu'ils ont en apparence la faculté de ressusciter, de là leur nom tiré du grec Ἀνά, *sur-
sum*, *derechef, de nouveau;* βιόω, *je vis, je me revivifie, je res-
suscite.*

Quant au nom françois de vrillette, c'est un diminutif de
vrille, instrument propre à percer le bois et à y former un
trou rond, comme avec une tarière. Il a été imaginé par Geof-

froy, ainsi qu'il le dit lui-même, à cause de la particularité suivante. On voit tous les jours les vieilles tables dans les maisons et les vieux meubles de bois, percés de trous ronds et tout vermoulus. Si l'on aperçoit à l'ouverture de l'un de ces petits trous un amas de poussière fine de bois, on peut conjecturer que la larve de l'insecte est dans ce trou. Si on coupe peu à peu ce bois par lames, pour découvrir le fond de ce trou ou de ce canal que l'insecte a percé, on trouvera la larve, qui ressemble à un petit ver blanc, mou, à six pattes écailleuses, avec deux fortes mâchoires, dont elle se sert pour déchirer le bois, dont elle se nourrit et qu'elle rend ensuite par petits grains qui forment cette poussière de bois vermoulue dont nous avons parlé. Ce n'est pas seulement dans nos maisons que les bois sont percés par les vrillettes, d'autres espèces attaquent les arbres verts et sur pied dans les campagnes et les jardins.

Nous avons fait figurer une espèce de ce genre sous le n.º 1 *bis* de la planche 8 de l'atlas de ce Dictionnaire, à laquelle nous renvoyons le lecteur pour comparer ce genre avec ceux de la même famille des térédyles ou perce-bois.

Ainsi les antennes, à peu près en fil, les distinguent des *tilles*, qui les ont presque en masse et dont le corselet est d'ailleurs plus étroit vers la base des élytres. Ces antennes ne sont pas pectinées, comme dans les *melasis* et les *panaches;* le corps n'est pas très-alongé, comme dans les *lymexylons;* il est court, comme dans les *ptines :* mais ceux-ci ont le corselet étranglé vers les élytres, tandis qu'il est accolé dans les *vrillettes.*

Le genre des Vrillettes présente une particularité de mœurs que nous avons eu occasion de faire connoître dans un mémoire particulier sur les moyens que les insectes emploient pour leur conservation. La plupart, d'une couleur terne, cherchent encore à dissimuler leur existence par l'instinct qu'elles ont de se contracter, de tomber et de rester immobiles au moindre danger; de sorte que les oiseaux, par exemple, ou les autres animaux qui voudroient en faire leur proie, ne trouvant qu'un corps sec, arrondi, inanimé, qui ressemble plutôt au résidu des alimens de quelque autre animal qu'à un être vivant, ne cherchent pas à s'en nourrir. D'ailleurs, si l'on vient à les toucher, ces insectes, semblant doués d'une crainte salutaire, gardent le repos le plus absolu ; ils tombent dans une catalepsie complète avec les membres fortement contractés. Degéer, et nous-même , avons plusieurs fois répété la cruelle expérience de les placer dans l'eau, de les exposer à l'action la plus vive de la chaleur, de la lumière, sans pouvoir parvenir à leur faire donner le moindre signe de vie ; abandonnés à eux-mêmes et délivrés de la crainte par l'absence du mouvement, ces insectes se sont ensuite développés, et leurs membres étendus leur ont servi à s'échapper par une course rapide ou à se confier à leurs ailes pour s'élancer dans l'atmosphère.

Une autre particularité, que nous avons consignée dans le premier volume de ce Dictionnaire, page 124, à l'article ACCOUPLEMENT ; c'est la faculté qu'ont ces insectes de produire un bruit très-singulier de *tic et tac* ou de va et vient très-rapide, analogue à celui d'une pendule dont l'échappement ne seroit pas retenu par le balancier. C'est en frappant vivement la tête contre le bois après s'être accroché fortement avec les pattes, que l'insecte produit ce mouvement ; c'est ce qui l'a fait nommer par les anciens auteurs *sonicéphale*. Geoffroy avoit soupçonné que l'insecte produisoit ce bruit ; mais nous nous sommes convaincu plusieurs fois et sur diverses espèces, dont quelques-unes même font ce mouvement dans l'intérieur des arbres creux et en particulier dans les saules excavés, que ce n'est pas avec leurs mandibules que les vrillettes produisent ce bruit, comme avoit cru l'observer M. Latreille, mais bien avec le vertex ou le sommet de la tête, qui est consolidée fortement dans son articulation en forme de capuchon dans le corselet, qui lui-même s'appuie sur l'abdomen et les élytres.

Il est évident que ce bruit est une sorte d'appel que fait l'un des sexes à l'autre, et qu'il remplace le chant d'amour des oiseaux ou la voix des mammifères. On voit en effet l'insecte le produire partout où il soupçonne qu'il pourra être entendu de l'individu qui lui est nécessaire pour propager sa race.

Les métamorphoses des vrillettes ont lieu dans les mines qu'elles se sont pratiquées sous l'état de larves ; mais celles-ci, à l'époque où elles doivent se métamorphoser en nymphes, se rapprochent des surfaces les plus voisines du dehors, afin

que l'insecte parfait qui en proviendra, puisse facilement
briser la paroi de la coque que l'insecte s'est faite avec le
détritus de la poussière du bois.

Fabricius a rapporté une quinzaine d'espèces à son genre
Anobium. Les principales sont les suivantes : d'abord celle que
nous avons fait figurer planche 8, n.° 1 *bis*, qui est

1. La VRILLETTE ENTÊTÉE, *Anobium pertinax*.

C'est la *vrillette fauve* de Geoffroy, tom. 1, p. 112, n.° 3.

Car. D'un brun foncé; élytres striés à points enfoncés; corselet à quatre lignes élevées, deux en longueur et deux latérales obliques, et deux points jaunâtres à la base. Degéer a
décrit, observé et figuré cette espèce, pl. 8 du tome 4, fig. 24
et 25. Il a indiqué cette sorte d'opiniâtreté à ne pas se mouvoir dont nous avons parlé et qui lui a valu son nom. Fabricius
dit que la larve de cette espèce est la pâture des tilles mu-
tillaire et formicaire, qu'il nomme *clerus*.

2. La VRILLETTE MARQUETÉE, *Anobium tesselatum*.

C'est la *vrillette savoyarde* de Geoffroy, n.° 4.

Car. Brune; élytres sans stries, à poils cendrés, disposés par
groupes, qui lui donnent un aspect soyeux par places.

3. La VRILLETTE DU PAIN, *Anobium paniceum*.

C'est une petite espèce, qui se nourrit des matières farineuses, qui détruit ainsi les pains azymes, les morceaux de
biscuits et de pains séchés.

Beaucoup d'autres espèces attaquent les bois, les racines,
les tiges des végétaux que les herboristes veulent conserver.
(C. D.)

VROGNE. (*Bot.*) Nom vulgaire de l'aurone, *artemisia
abrotanum*, dans le Boulonnois, cité par M. Poiret. (J.)

VRONCELLE. (*Bot.*) Nom vulgaire du liseron des champs
dans le Boulonnois, cité par M. Poiret. (J.)

VRONE. (*Bot.*) Voyez VIENNE. (J.)

VRUS. (*Mamm.*) Voyez URUS et AUROCHS. (DESM.)

VUA-MACALIONG. (*Bot.*) Le fruit cité sous ce nom par
Rochon, et dont on tire de l'huile, est une espèce de calaba.
(J.)

VUA-MISSA-VOI. (*Bot.*) Rochon dit que la plante ainsi
nommée à Madagascar est un *aster*. C'est au moins une plante
radiée. (J.)

VUARD. (*Bot.*) Voyez Uard. (J.)

VUA-SAO. (*Bot.*) Espèce de sagoutier de Madagascar, cité par Rochon. (J.)

VUA-TCHIRIÉ. (*Bot.*) Il paroît que le végétal de Madagascar, cité sous ce nom par Rochon, est une espèce de vacoua, *pandanus.* (J.)

VUA-TOUTOUC. (*Bot.*) Espèce de mélastome de Madagascar, citée par Rochon, dont on mange le fruit, qui a le goût de la fraise. (J.)

VUBA. (*Bot.*) Graminée du Brésil. Loureiro la rapproche de la plante de dix pieds de haut, qu'il désigne par *sacoharum jaculatorum*, qui est employée aux mêmes usages en Cochinchine. Poiret et Romer placent cette dernière graminée dans le genre *Imperata.* (Lem.)

VUBÆ, TACOMARE. (*Bot.*) Marcgrave cite sous ces deux noms brésiliens la canne dont on tire le sucre ; elle est dans Pison sous ceux de *vibi* et *tacomare*. Ailleurs Marcgrave mentionne un *vuba* ou *arundo sagittata*, qu'il croit être le *nastos* des Grecs. Ce roseau a sa base presque ligneuse et épaisse de quatre à cinq doigts ; sa tige, qui s'élève à treize ou quinze pieds, ne pousse qu'un ou deux rameaux, et se réduit supérieurement au diamètre d'un petit doigt. Il ne paroît pas que ce soit le bambou, *nastos* des anciens, qui est très-ligneux, très-rameux et plus élevé, ni notre *nastus* qui habite les Indes et se ramifie par paquets. Ce seroit plutôt, comme l'ont pensé Barrère et Aublet, le Kouroumary de la Guiane (voyez ce mot), roseau à flèches, *saccharum sagittatum* de ce dernier. (J.)

VUDAH. (*Bot.*) Voyez Mudah. (J.)

VUDDJEF. (*Bot.*) Nom arabe du *boerhaavia diandra*, suivant Forskal. (J.)

VUDNE. (*Bot.*) Voyez Odejn. (J.)

VUE, ou mieux VISION, *Visus.* (*Anat. et Phys. génér.*) On appelle ainsi l'un des sens spéciaux, celui dont l'œil est l'organe immédiat, celui par lequel on distingue les couleurs, et souvent la figure, la distance, le genre de mouvement des objets extérieurs.

Tous les animaux qui ont des yeux, jouissent de l'exercice de ce sens. Voyez Animal, Aspalax, Cécilie, Homme, Insectes, Mollusques, Oiseaux, Poissons, Reptiles, Vers, Zoologie et Zoophytes. (H. C.)

VUE DANS LES INSECTES. (*Entom.*) Voyez à l'article Insectes, tom. XXIII, pag. 444. (C. D.)

VUELBLUD. (*Mamm.*) En Illyrie, selon Gesner, ce nom est employé pour désigner le chameau proprement dit ou à deux bosses. (Desm.)

VUENDRANG. (*Bot.*) Nom d'une espèce de *galanga* à Madagascar, suivant Rochon. (J.)

VUFVENGER-VISCH. (*Ichthyol.*) Un des noms de pays de l'*hémiptéronote cinq taches.* Voyez Hémiptéronote. (H. C.)

VUIDECOQ. (*Ornith.*) Nom anglois corrompu de la bécasse. (Ch. D. et L.)

VUINTERGRUEN. (*Bot.*) Daléchamps cite ce nom allemand de la pyrole, lequel, dans sa vieille orthographe, signifie verdure d'hiver, parce qu'elle conserve pendant l'hiver son feuillage vert. (J.)

VULCAIN. (*Entom.*) Nom donné par Geoffroy à un papillon du sous-genre Vanesse : c'est l'*Atalante*, à l'article Papillon, tom. XXXVII, pag. 414, n.° 117. (C. D.)

VULFENIA ou WULFENIA. (*Bot.*) Calice divisé en cinq parties ; corolle à deux lèvres, la supérieure courte, entière, l'inférieure, divisée en trois parties et velue à sa base ; deux étamines ; ovaire supérieur, surmonté d'un style, à un stigmate en tête ; une capsule à deux loges.

Le Vulfenia de Carinthie (*Vulfenia carinthicea*, Jacq.) est vivace, à feuilles radicales presque ovales, obtuses, crénelées, glabres, à hampe un peu velue ; ses fleurs sont bleues, pédonculées et accompagnées de bractées. Cette espèce est voisine des pæderotes, avec lesquels elle a été réunie par plusieurs botanistes. (Lem.)

VULGAGO. (*Bot.*) Un des noms anciens du cabaret, *asarum*, cité par C. Bauhin. (J.)

VULNÉRAIRE DES PAYSANS. (*Bot.*) Nom vulgaire de l'anthyllide vulnéraire. (L. D.)

VULNÉRAIRES SUISSES. (*Bot.*) Voyez Falltrank. (L. D.)

VULNERARIA. (*Bot.*) Suivant C. Bauhin, Durantez nommoit ainsi une petite espèce de gentiane ; et ce nom avoit été adopté par Gesner pour une plante légumineuse à laquelle

Tournefort l'avoit conservé en l'établissant comme genre, auquel il ajoutoit d'autres espèces. C'est celui que Linnæus a nommé *anthyllis*. (J.)

VULPANSER. (*Ornith.*) Ce nom signifie *oie-renard* et étoit donné à l'oie bernache, bien que Klein ait cité sous ce nom peut-être le canard tadorne. (CH. D. et L.)

VULPECULA. (*Ichthyol.*) Belon a appelé ainsi le HUMANTIN. Voyez ce mot. (H. C.)

VULPECULA. (*Mamm.*) Plusieurs quadrupèdes carnassiers ont reçu de divers auteurs cette dénomination, qui signifie *petit renard.* Une mangouste est l'*ichneumon seu vulpecula ceylonica* de Séba ; une mouffette est le *conepatl seu vulpecula puerilis* d'Hernandez et de Jonston ; un autre animal du même genre est le *yzquepatl seu vulpecula* d'Hernandez, ou *viverra vulpecula*, Schreber ; le loup noir est désigné par Schæffer (*Lap.*, p. 340) sous le nom de *vulpecula nigra; l'isatis* est le *vulpecula cinerea* du même auteur et aussi son *vulpecula cruce notata.* (DESM.)

VULPES. (*Mamm.*) Dénomination latine du renard, aussi appliquée à plusieurs animaux du genre des Chiens, qui ont effectivement plus de rapports avec le renard qu'avec les autres espèces de ce même genre. (DESM.)

VULPI AFFINIS AMERICANA. (*Mamm.*) Dénomination composée, par laquelle Sloane et Rai ont désigné le raton laveur. (DESM.)

VULPIN; *Alopecurus*, Linn. (*Bot.*) Genre de plantes monocotylédones, de la famille des *graminées*, Juss., et de la *triandrie digynie*, Linn., dont les principaux caractères sont : Un calice glumacé, uniflore, à deux valves égales ; une corolle paléacée, à une seule valve, munie d'une arête à sa base ; trois étamines à filamens capillaires, terminés par des anthères fourchues à leurs deux extrémités; un ovaire supère, surmonté de deux styles capillaires plus longs que le calice, terminés par deux stigmates velus; une graine enveloppée par la corolle, qui persiste, mais sans y être adhérente.

Les vulpins sont des plantes herbacées, à feuilles linéaires et à fleurs disposées en panicule resserrée en épi cylindrique et terminal. On en connoit une vingtaine d'espèces, parmi lesquelles les cinq suivantes croissent en France.

Vulpin des prés; *Alopecurus pratensis*, Linn., *Spec.*, 88; *Engl. bot.*, t. 759. Ses racines sont fibreuses, vivaces; elles produisent un ou plus ordinairement plusieurs chaumes droits, hauts d'un pied et demi à deux pieds ou plus. Ses fleurs sont blanchâtres, rayées de vert, disposées en panicule resserrée en épi alongé et cylindrique. Les glumes calicinales sont aiguës, connées dans leur partie inférieure et ciliées sur leur dos. Cette plante est commune dans les prés, en France et dans d'autres parties de l'Europe : on la trouve aussi dans plusieurs contrées de l'Asie et dans l'Amérique septentrionale.

Vulpin genouillé; *Alopecurus geniculatus*, Linn., *Spec.*, 89; *Fl. Dan.*, t. 564. Ses chaumes sont rameux dès leur base, couchés et coudés, ensuite redressés et simples dans le reste de leur étendue, hauts de huit pouces à un pied. Ses fleurs sont blanchâtres, mêlées de vert, disposées en panicule resserrée en épi alongé et cylindrique. Leurs glumes calicinales sont très-obtuses, distinctes à leur base, ciliées sur leur dos. L'arête de la paillette est sujette à varier; elle est tantôt plus courte que celle-ci, tantôt de la même longueur, mais ordinairement plus longue, et toutes ces variations se trouvent souvent réunies sur le même épi. Cette espèce croît dans les prés humides, dans les fossés et sur les bords des eaux, en France et autres parties de l'Europe, et dans l'Amérique du Nord.

Vulpin bulbeux; *Alopecurus bulbosus*, Linn., *Spec.*, 1665. Cette espèce a tout le port de la précédente; mais elle en diffère parce que la base de son chaume est renflée en forme de bulbe, et parce que ses glumes calicinales sont très-aiguës. L'arête de la corolle est en général plus d'une fois aussi longue que celle-ci. Ce vulpin est vivace, de même que le précédent. Il croît dans les prés, en France et dans quelques autres contrées de l'Europe.

Vulpin agreste, vulgairement Chien-dent, Queue-de-renard; *Alopecurus agrestis*, Linn., *Spec.*, 89; *Fl. Dan.*, t. 697. Ses chaumes sont droits, hauts d'un à deux pieds; ses fleurs sont d'un blanc verdâtre, quelquefois tirant un peu sur le violet, disposées en panicule resserrée en épi alongé, cylindrique et aigu; ses glumes calicinales sont très-aiguës, glabres ou presque glabres, connées dans la moitié de leur longueur ou

plus. Cette espèce est commune dans les champs et les prés
en France, dans d'autres contrées de l'Europe et plusieurs
parties de l'Asie; elle est annuelle, ainsi que la suivante.

VULPIN UTRICULÉ; *Alopecurus utriculatus*. Schrad., *Fl. Germ.*,
1, pag. 174; *Phalaris utriculata*. Linn., *Spec.*, 80. Son chaume
est droit, grêle, haut de huit pouces à un pied, et la gaîne
de la feuille supérieure est renflée ou ventrue. Les fleurs sont
blanchâtres, panachées de vert, resserrées en un épi ovale;
les glumes calicinales sont connées à leur base, dilatées et cartilagineuses dans leur moitié inférieure, terminées en pointe
aiguë. Cette plante se trouve dans les prés humides du midi
de la France et de l'Europe. (L. D.)

VULPINUS - TESTICULUS et TESTICULUS VULPINUS.
(*Bot.*) Dénomination qui a été donnée par Lobel aux *ophrys
myodes, araneifera* et *apigera*. (LEM.)

VULPISIMIA ou SIMI VULPA. (*Mamm.*) Ces noms, appliqués aux quadrumanes du genre Maki par Aldrovande et
Jonston, rendent assez bien l'idée de la forme de ces animaux, dont les pieds sont semblables à ceux des singes et
dont la tête est terminée par un museau effilé, comme celui
des mammifères carnassiers. (DESM.)

VULSELLE, *Vulsella*. (*Malacoz.*) Genre établi par M. de
Lamarck pour un certain nombre de coquilles bivalves,
de la famille des ostracés, de celle des margaritacés de M.
de Blainville, et qu'il a caractérisé ainsi : Corps alongé,
comprimé, enveloppé dans un manteau très-prolongé en
arrière, et bordé de deux rangs de tubercules papillaires très-
serrés; pied abdominal médiocre, proboscidiforme, canali-
culé, sans byssus; bouche transverse, très-grande, pourvue
d'appendices labiaux triangulaires, très-développés; branchies
étroites, très-longues, réunies dans presque toute leur étendue.
Coquille libre et subnacrée, irrégulière, aplatie, alongée,
subéquivalve, inéquilatérale, à sommets antérieurs distans,
recourbés en bas; charnière ovale, édentule; ligament
indivis, épais, inséré dans une excavation arrondie, creusée
dans une apophyse assez saillante de chaque valve; une impression musculaire subcentrale assez grande, et deux très-
petites, tout-à-fait en avant.

Quoique nous ayons observé un assez bel individu de la

vulselle lingulée, rapporté par MM. Quoy et Gaymard, et que nous n'ayons pu y apercevoir de byssus, la forme canaliculée du pied et les bâillemens qu'on remarque à la partie antérieure du bord inférieur de la coquille, pourroient faire présumer qu'il y en a un. Peut-être disparoit-il avec l'âge comme dans les lithodomes; et en effet plusieurs vulselles vivent renfermées dans les éponges.

M. de Lamarck a caractérisé six espèces de vulselles vivantes; mais sont-elles toutes bien certaines? c'est ce que je ne voudrois pas assurer. Elles viennent toutes des mers de l'Inde ou de l'hémisphère austral; on en connoît cependant une fossile à Grignon, ce qui fait présumer que quelque jour on en trouvera de vivantes dans nos mers.

La Vulselle lingulée : *V. lingulata*, *Mya vulsella*, Linn., Gm., p. 3219; Chemn., *Conch.*, 6, tab. 3, fig. 11; Enc. méth., pl. 178, fig. 4. Coquille alongée, déprimée, striée verticalement, et peinte de lignes longitudinales, ondulées, colorées en brun sur un fond d'un blanc sale. Longueur, cinq pouces.

De l'océan Indien.

C'est la plus grande espèce du genre.

La V. baillante : *V. hians*, de Lamarck, Anim. sans vert., 7, p. 211, n.° 2; Chemn., *Conch.*, 6, tab. 2, fig. 10. Coquille oblongue, renflée, subarquée, fortement bâillante sur les côtés, et surtout à l'antérieur : couleur d'un blanc sale, peinte de lignes longitudinales d'un roux pâle. Longueur, deux pouces et quelques lignes.

De l'océan Indien ?

La V. ridée : *V. rugosa*, id., ibid., n.° 3. Coquille oblongue, aplatie, subarquée à son bord antérieur, et comme treillissée par des rugosités longitudinales, croisées par des stries d'accroissement arquées. Longueur, deux pouces.

Patrie inconnue.

La V. des éponges : *V. spongiarum*, id., ibid., n.° 4; Chemn., *Conch.*, 6, t. 2, fig. 8 et 9 ? Encycl. méthod., pl. 178, fig. 5. Coquille oblongue, droite, subatténuée en avant, avec des stries longitudinales peu marquées, traversées par des rugosités d'accroissement concentriques : couleur d'un gris jaunâtre.

Cette espèce, qui vient des mers de l'Inde ou de la mer Rouge, vit dans les éponges.

La Vulselle mytiline : *V. mytilina*, *id.*, *ibid.*, n.° 5. Grande coquille alongée, à valves convexes, atténuées et crochues en avant, amincies et élargies en arrière, avec des stries d'accroissement concentriques fort marquées : de couleur blanche. Longueur, quatre à cinq pouces.

Patrie inconnue.

La V. ovale : *V. ovalis*, *id.*, *ibid.*, n.° 6. Coquille subelliptique ou ovale, nacrée à l'intérieur, un peu déprimée, avec des stries d'accroissement concentriques assez marquées : couleur violacée. Longueur, quinze à seize lignes.

Des mers de la Nouvelle-Hollande. (De B.)

VULSELLE. (*Foss.*) On n'a trouvé jusqu'à présent des coquilles de ce genre à l'état fossile, que dans la couche du calcaire grossier.

Vulselle perdue ; *Vulsella deperdita*, Lamk., Anim. sans vert., tom. 6, part. 1.re, page 222, n.° 7 ; Vélins du Mus., n.° 56, fig. 516 et 517. Coquille oblongue, linguiforme, mince, transparente, déprimée, couverte de fines stries transverses. Longueur, deux pouces ; largeur, dix lignes. Fossile de Grignon, département de Seine-et-Oise.

On trouve à Orglandes, département de la Manche, une espèce à laquelle M. de Gerville a donné le nom de *vulsella sowerbiana*, qui paroît avoir beaucoup de rapports avec celle ci-dessus, dont elle pourroit n'être qu'une variété. (D. F.)

VULTUR. (*Ornith.*) Nom latin du genre Vautour. Voyez ce mot. (Ch. D. et L.)

VULTUR QUADRUPES. (*Mamm.*) Le nom de *vultur quadrupes*, imaginé par Scaliger pour désigner l'hyène, fait connoître le rapport qui existe dans les habitudes de ce quadrupède carnassier et celles des vautours. (Desm.)

VULTURIDÉES. (*Ornith.*) Nous nommons ainsi la famille des oiseaux de proie appelés vautourins par quelques auteurs ou les vautours par quelques autres. Cette famille comprend les genres Vautour, Sarcoramphe, Percnoptère, Catharte, Gypaète et Iribin. (Ch. D. et L.)

VULTURINI. (*Ornith.*) Nom adopté par Illiger, dans son *Prodromus*, pour désigner la famille des vautours, comprenant les genres *Vultur* et *Cathartes*. Voyez Vautour. (Ch. D. et L.)

VULVAIRE. (*Bot.*) Nom spécifique d'une ansérine ou chénopode. MM. Lassaigne et Chevalier ont fait connoître que l'odeur fétide de cette plante est due à une petite quantité de sous-carbonate d'ammoniaque et cinq parties et demie de potasse pour cent. (L. D.)

VULVARIA. (*Bot.*) Des auteurs anciens ont donné ce nom à une anserine , *chenopodium* , remarquable par son odeur très-désagréable , et à laquelle il a été conservé comme nom spécifique par Linnæus. (J.)

VUPPI-PI. (*Ornith.*) Nom indien , dans Sonnerat, d'une espèce de jacana. (Cɴ. D. et L.)

VUSAB, SCHUDJARET, SZIRR. (*Bot.*) Noms arabes d'un basilic, *ocimum tenuiflorum* de Forskal. (J.)

VUSAR. (*Bot.*) Forskal cite ce nom arabe pour trois espèces de carmentine, indigènes dans l'Arabie, son *justicia cærulea*, son *justicia paniculata* ou *justicia Forskalii* de Vahl, et son *justicia trispinosa* ou *barleria trispinosa* de Vahl. Le vuzar, très-différent, est un *sida*. Voyez Sᴏᴄᴋᴀ. (J.)

VY. (*Bot.*) C'est le nom que les Otaïtiens donnent au fruit du *spondias dulcis*, que M. Bougainville et plusieurs autres voyageurs mentionnent à tort sous celui d'*e-vy* , et encore plus mal sous celui d'*hévi*. Ce fruit est de la grosseur d'un citron et a une chair savoureuse. C'est, suivant moi, un des meilleurs fruits des tropiques. Les Otaïtiens pensent de même, car leur croyance religieuse attribue à cet arbre une origine céleste. Ils disent que le *martin-pêcheur otataré* ou *sacré* s'éleva un jour dans la lune, qu'il y mangea de ces fruits, et qu'en revenant à *fenoa nui* ou la *grande terre d'Otaïti* , il laissa tomber sur le sol une graine du *vy* , qu'il en naquit un bel arbre , chargé de fruits délicieux , qui se multiplia à l'infini.

Les Otaïtiens recherchent encore dans les feuilles du vy l'acidité agréable de notre oseille. (Lᴇssᴏɴ.)

VYLIA. (*Bot.*) Voyez Wʏʟɪᴀ. (Lᴇᴍ.)

Fɪɴ ᴅᴜ ᴄɪɴǫᴜᴀɴᴛᴇ-ʜᴜɪᴛɪèᴍᴇ ᴠᴏʟᴜᴍᴇ.

STRASBOURG, de l'imprimerie de F. G. Lᴇᴠʀᴀᴜʟᴛ, impr. du Roi.